普通高等教育土木工程专业新形态教材

混凝土结构设计

张敬书　主　编
王亚军　杨青顺　副主编

清華大学出版社
北　京

内容简介

本书包括高校土木工程专业建筑工程方向混凝土结构设计的全部学习内容，也包括建筑结构抗震设计和高层建筑结构设计中有关混凝土结构的主要内容。其中第一篇为结构设计通论，主要介绍设计程序和内容，设计标准、标准设计图集和设计软件，注册结构工程师制度，建筑结构的作用和结构设计基本要求等；第二篇为梁板结构设计，主要介绍单向板和双向板肋梁楼盖，以及楼梯和雨篷；第三篇为单层工业厂房结构设计；第四篇为多层及高层建筑结构设计；第五篇为课程设计和毕业设计。本书附录中给出了设计常用的资料和图表。

本书符合2021—2022年我国发布的全文强制性工程建设通用规范和项目规范，以及其他现行国家标准和行业标准。本书可作为高校土木工程专业的教材，也可供相关专业的设计、施工和科研人员参考。

图书在版编目(CIP)数据

混凝土结构设计/张敬书主编. —北京：清华大学出版社，2023.2
普通高等教育土木工程专业新形态教材
ISBN 978-7-302-62598-8

Ⅰ. ①混… Ⅱ. ①张… Ⅲ. ①混凝土结构－结构设计－高等学校－教材 Ⅳ. ①TU370.4

中国国家版本馆CIP数据核字(2023)第022853号

责任编辑：王向珍
封面设计：陈国熙
责任校对：赵丽敏
责任印制：沈 露

出版发行：清华大学出版社
网　　址：http://www.tup.com.cn，http://www.wqbook.com
地　　址：北京清华大学学研大厦A座　　**邮　　编**：100084
社 总 机：010-83470000　　**邮　　购**：010-62786544
投稿与读者服务：010-62776969，c-service@tup.tsinghua.edu.cn
质量反馈：010-62772015，zhiliang@tup.tsinghua.edu.cn
印 装 者：三河市天利华印刷装订有限公司
经　　销：全国新华书店
开　　本：210mm×285mm　　**印　张**：27.5　　**字　　数**：866千字
版　　次：2023年2月第1版　　**印　　次**：2023年2月第1次印刷
定　　价：85.00元

产品编号：094687-01

编 委 会

主　编　张敬书

副主编　王亚军　杨青顺

编　委　赵紫岩　张振宁　罗　玚
　　　　杜长虹　范萍萍　曹　锋

前言

PREFACE

2021—2022年，我国发布了一批全文强制性工程建设通用规范和项目规范，在工程建设项目的勘察、设计、施工等建设活动全过程中必须严格执行。本书按照上述规范和其他现行国家标准和行业标准编写而成，强调理论联系实际，教学联系设计，有以下特点。

一、将结构抗震与结构设计相统一。目前，全国所有地区均为抗震设防区，建筑结构均应进行抗震设计。本书较为全面地介绍了结构的抗震概念设计、地震作用计算方法和混凝土结构的抗震措施。

二、将单层、多层与高层结构相联系。单层、多层与高层结构没有本质上的区别，本书将梁板结构和排架、框架、剪力墙、框架-剪力墙结构等一并介绍。

三、将"混凝土结构设计"课程与课程设计、毕业设计等实践课程相结合。为便于在课程设计、毕业设计时查找相关知识，也为减少学生的经济负担，本书增加了课程设计、毕业设计的内容。

四、将课程思政与专业知识融合。课程思政建设是落实立德树人根本任务的战略举措，专业课教材应考虑课程思政。因此，本书力求将思政元素融入各教学章节和知识模块，以便教师在授课时挖掘并灵活运用。

五、对教学内容进行适当的增删。本书增加了设计必需的设计标准、标准设计图集和设计软件的介绍，删除了设计很少使用的剪力墙结构、框架-剪力墙结构的计算图表等。

本书共分五篇，包括高校土木工程专业建筑工程方向混凝土结构设计的全部学习内容。其中第一篇为结构设计通论，主要介绍设计程序和内容，设计标准、标准设计图集和设计软件，建筑结构的作用和结构设计基本要求等；第二篇为梁板结构设计，主要介绍单向板和双向板肋梁楼盖，以及楼梯和雨篷；第三篇为单层工业厂房结构设计；第四篇为多层及高层建筑结构设计；第五篇为课程设计和毕业设计。为便于学习，本书给出了例题、思考题、习题，同时在附录中给出了设计常用的资料和图表。由于个别资料内容较多，书中附录提供的内容不全，可通过附录提供的二维码查看全文。

本书共20章，第1～3章由张敬书编写，第4～6章由赵紫岩、曹锋、王亚军编写，第7、19章由张振宁编写，第8～11章由王亚军编写，第12、13章由罗玚编写，第14、15章由杜长虹编写，第16～18章由杨青顺编写，第20章由范萍萍编写。全书由张敬书统稿、定稿。

在本书编写过程中，清华大学出版社有限公司王向珍等编辑提供了大力支持和帮助，兰州大学研究生陈卓、杨宏博、刘海杨、于婷、迟东、宋建新等为本书绘制了部分插图并协助整理了书稿，在此深表谢意。

本书编写过程中参考了大量国内外文献，也引用了其他教材的部分内容，已在书末的参考文献中列出，特此向相关作者表示感谢。如有遗漏，恳请联系编者或清华大学出版社有限公司，以便后续修改。

由于编者水平有限，书中难免存在不足之处，敬请批评指正。

编　者

2022年11月

目录

CONTENTS

第一篇　结构设计通论

第二篇 梁板结构设计

第三篇　单层工业厂房结构设计

第四篇 多层及高层建筑结构设计

第五篇 课程设计和毕业设计

第一篇

结构设计通论

第1章 概论

1.1 建筑结构的特点、类型和发展趋势

本书的适用对象主要是土木工程(civil engineering)专业的本科生。土木工程专业可分为建筑工程和岩土工程等方向。在设计单位,建筑工程方向主要适合从事结构设计,岩土工程方向主要适合从事岩土工程勘察和岩土工程设计。

土木工程的含义非常广泛,它不但指建造各类工程设施所应用的材料、设备和所进行的规划、勘察、设计、施工、运维、消纳等技术活动,而且指建筑物、桥梁、道路、隧道、岩土工程、地下工程、铁路工程、矿山设施、港口工程等各种工程设施。在各种工程设施中,建筑结构最为常见,是人类生活、生产必不可少的。

1.1.1 建筑结构的特点

建筑物的设计原则是"适用、经济、绿色、美观"。建筑结构(building structure)是建筑物中能承受、传递各种水平和竖向作用的骨架,需满足安全性、适用性、耐久性和绿色的要求。

1. 安全性(safe ability)

安全是建筑结构永恒的主题。建筑结构必须要能够抵御地震、风、重力等自然作用和预估的振动、爆炸等人为作用。建筑物在承受预定的各种作用时,应具有足够的承载力,不产生过大的变形和开裂,不出现过大的地基变形,即使在面对偶然事件时,也应保持整体坚固性,不发生连续倒塌。

2. 适用性(serviceability)

建筑物可分为民用建筑和工业建筑,不同建筑类型有不同的功能要求和美观要求。建筑结构首先应提供适合各种功能要求的空间。对于民用建筑,量大面广的住宅、旅馆、宿舍等居住建筑一般需要小空间,而影剧院、体育场馆、展览馆等公共建筑则往往需要人流密集的高大空间;对于工业建筑,建筑结构必须要满足生产工艺要求,往往需要高大空间,并且大多要考虑吊车安装、运行的要求。其次,建筑结构中,构件的布置不能影响使用功能和人流疏散的要求,一般不宜在某一房间的中部布置墙、柱,不应在疏散通道上布置凸出墙外的柱、墙等结构构件。最后,建筑结构还要满足美观要求,要与建筑艺术融为一体。

3. 耐久性(durability)

耐久性是指结构在确定的环境作用和维修、使用条件下,结构构件在设计使用年限内保持其适用性和安全性的能力。如果耐久性不足,不仅会增加使用过程中的维修费用,影响建筑物的正常使用,而且会缩短使用年限,严重浪费资源。合理的耐久性设计,可以在造价不明显增加的前提下,大幅提高建筑物的使用年限,使建筑物具有全寿命周期的经济性。

4. 绿色(green)

绿色建筑指在全寿命周期内,节约资源、保护环境、减少污染,为人们提供健康、适用、高效的使用空

间，最大限度地实现人与自然和谐共生的高质量建筑。为实现绿色建筑结构，首先，应在综合考虑经济、供应、施工便利、结构性能等因素的基础上，尽可能选择资源节约型、环境友好型的建筑材料；其次，要选择合理的结构体系，充分发挥所采用材料的性能，有效地利用材料，尽可能地节约材料。

1.1.2 建筑结构的分类

1. 按材料分类

按照所用材料，建筑结构主要分为混凝土结构(concrete structure)、钢结构(steel structure)、砌体结构(masonry structure)和木结构(wood structure)。依性能从优到劣按 A、B、C、D 排列，这 4 种结构类型的对比如表 1-1 所示。

表 1-1 不同结构类型的对比

结构类型	强度	自重	工艺性	耐久性	经济性	整体性	防火性	可塑性
混凝土结构(现浇)	B	C	C	A	B	A	B	A
钢结构	A	B	B	C	C	B	C	C
砌体结构	D	D	D	B	A	D	A	D
木结构	C	A	A	C	D	C	D	B

注：① 本表引自易伟建编著《混凝土结构试验与理论研究》，科学出版社，2012 年；

② 关于耐久性的评价有一些争议，结构耐久性主要取决于材料，混凝土结构中，钢筋的腐蚀对耐久性影响较大，而钢结构采用耐候钢时，结构的耐久性较好。

从表 1-1 可以看出，混凝土结构的综合优势明显，这就是目前混凝土结构使用最为普遍的原因。

按制作和施工方式，混凝土结构可分为现浇混凝土结构(cast-in-situ concrete structure)和装配式混凝土结构(precast concrete structure)。现浇混凝土结构指在施工现场原位支模并整体浇筑而成的混凝土结构，整体性好，目前使用最为普遍，本书第四篇介绍的多层及高层建筑结构主要指现浇混凝土结构。但现浇混凝土结构存在耗费模板和脚手架、施工现场用工量大、劳动生产率低、污染环境、质量不稳定等问题。装配式混凝土结构简称为装配式结构，是先在工厂或施工现场预先制作混凝土构件，即预制混凝土构件，然后在施工现场将预制混凝土构件通过可靠的连接方式装配而成。装配式混凝土结构具有节省模板和脚手架、现场用工量少、劳动生产率高、保护环境、质量稳定等优点。因此，装配式结构代表了混凝土结构的发展趋势。第三篇介绍的单层工业厂房结构设计，就是曾经广为使用的、极为典型的装配式结构。

装配式结构可分为装配整体式混凝土结构和全装配混凝土结构。装配整体式混凝土结构简称装配整体式结构，指由预制混凝土构件通过可靠的连接方式进行连接并与现场后浇混凝土、水泥基灌浆料形成整体的装配式混凝土结构。全装配混凝土结构指现场不需要后浇混凝土、水泥基灌浆料，由预制混凝土构件直接通过可靠的连接方式进行连接而形成整体的装配式混凝土结构。这两种结构类型均有较好的发展前景。

实际工程中，钢-混凝土混合结构(steel-concrete hybrid structure)也较为常见。影剧院、体育场馆和展览馆等建筑的屋盖大多采用网架、网壳等钢结构，其他部分大多采用混凝土结构，从而形成了下部为钢筋混凝土结构，上部为钢结构的空间结构(space structure)。一些超高层建筑，周边采用钢梁、钢柱等钢结构，中间部位大多采用钢筋混凝土筒体，形成了钢-混凝土混合结构。

2. 按部位分类

建筑结构按室内地面±0.000 分界，以上部分为地上结构，以下为地下结构。

地上结构由水平结构体系和竖向结构体系组成。水平结构体系主要是楼盖结构，在本书第二篇将重点介绍楼盖结构。

竖向结构体系包括①单层工业厂房主要采用的排架结构(bent-frame)，将在第 10 章介绍；②多高层建筑主要采用的框架结构(frame structure)、剪力墙结构(shear wall structure)和由二者混合组成的框架-剪力墙结构(本书以下简称为框剪结构)(frame-shear wall structure),即通常所说的三大结构体系,将在本书第四篇介绍。框架结构的竖向承重构件一般为一维的柱,剪力墙结构一般为二维平面的墙,框剪结构则既有柱,也有墙。墙在平面内的刚度比柱大得多,因此,剪力墙结构的侧向刚度比框架结构大,在水平地震和风荷载作用下的侧移较小。但墙在平面外刚度较小,如将墙在结构平面内连续、封闭布置,即形成了筒体。有了筒体,就组成了侧向刚度更大的筒体结构(tube structure)。

地下结构和地上结构并没有本质区别,但地下结构具有以下特点:

(1) 地下结构的外围要考虑防水要求,一般采用混凝土结构。地下结构外围应根据地表水、地下水、毛细管水等的作用,以及由于人为因素引起的附近水文地质改变的影响,依据《建筑与市政工程防水通用规范》(GB 55030—2022)进行防水设计。因此,地下结构一般采用混凝土结构,迎水面采用结构厚度不小于250mm的自防水混凝土。

(2) 地下结构外围的耐久性问题更加突出。地下结构的外围与土、水直接接触,如果土、水对混凝土或钢筋具有腐蚀性,则应采取防腐蚀措施。根据《混凝土结构设计规范》(GB 50010—2010,2015年版,以下简称《混凝土规范》),地上结构的环境类别多为一类—室内干燥环境,但地下外围混凝土结构的环境类别分别为二a类(非严寒和非寒冷地区与无侵蚀性的水或土壤直接接触的环境)、二b类(严寒和寒冷地区冰冻线以上与无侵蚀性的水或土壤直接接触的环境)、三a类(严寒和寒冷地区冬季水位冰动区环境)、三b类(盐渍土环境)和五类(受人为或自然的侵蚀性物质影响的环境)。地下外围的钢筋混凝土结构应按照《混凝土结构耐久性设计标准》(GB/T 50476—2019)和《工业建筑防腐蚀设计标准》(GB/T 50046—2018)等要求进行防护设计。

(3) 地下结构应和地基基础统一进行设计。如果地下结构的安全性出现问题,不仅地下结构自身受到影响,地上结构也难以幸免。由于地下结构的周边是土体,平时室内人员也较少,裂缝不易被发现。地下结构的检测鉴定、维修加固也比地上结构困难。因此,地下结构的安全性需要更加重视。

(4) 地下空间往往用作设备用房、车库、防空地下室(civil air defence basement)等特殊房间,一般地下室设计比地上结构复杂。防空地下室指具有预定战时防空功能的地下室,应根据《人民防空地下室设计规范》(GB 50038—2005)设计。除临空墙、防护门的门框墙等特殊构件需要根据抗力级别承受不同的爆炸动荷载作用外,其内外墙、顶板、底板也承受了较大的荷载。此外,防空地下室对建筑、采暖通风、给水排水、电气、通信等专业的要求较多、较高,需要在梁、墙、板上设置预埋件、预埋管线、预留洞口,其设计比其他地下室的设计更为复杂。

(5) 部分荷载和地上结构不同。主要区别是:地下结构外墙、底板要承受土压力、水压力;地下结构一般不承受风荷载;地下结构的地震作用和温度作用一般比地上结构小。

3. 按使用功能分类

如按使用功能分类,建筑结构可分为工业建筑结构和民用建筑结构。工业建筑结构为工业生产服务,主要包括单层、多层工业厂房结构和仓储设施;民用建筑结构为人民生活、社会活动等服务,包括公共建筑结构和居住建筑结构。但从本质上来说,工业建筑结构和民用建筑结构并没有根本的区别。

单层工业建筑结构主要是排架和刚架结构,两者之间的区别在于排架的梁、屋架与柱为铰接,而刚架的梁与柱为刚接。排架主要采用装配式钢筋混凝土结构,刚架包括钢筋混凝土结构门式刚架和钢结构门式刚架,目前主要采用钢结构门式刚架。多层工业建筑结构主要采用框架结构。民用建筑结构以框架结构、剪力墙结构和框剪结构为主,其中框架结构主要用于多层建筑,剪力墙结构和框剪结构主要用于高层建筑。

4. 按高度分类

依据《民用建筑设计统一标准》(GB 50352—2019),建筑可按地上建筑高度或层数进行分类,相应结构也可随之进行分类:

(1) 低层或多层建筑结构，指建筑高度不大于 27.0m 的住宅建筑、不大于 24.0m 的公共建筑及大于 24.0m 的单层公共建筑的结构；

(2) 高层建筑结构，指建筑高度大于 27.0m 的住宅建筑和大于 24.0m 的非单层公共建筑，且高度不大于 100.0m 的建筑结构；

(3) 超高层建筑结构，指建筑高度大于 100.0m 的建筑结构。

需要注意的是，依据最新发布的《住宅项目规范》(征求意见稿)，住宅建筑按层数如下分类：1～3 层为低层住宅，4～6 层为多层Ⅰ类住宅，7～9 层为多层Ⅱ类住宅，10～18 层为高层Ⅰ类住宅，19～26 层为高层Ⅱ类住宅。同时，住宅的层高不应低于 3.00m。

1.1.3 建筑结构的发展趋势

1. 建筑结构材料的发展趋势

100 多年来，混凝土和钢筋、钢材奠定了现代建筑结构的基石，迄今仍居于绝对主导地位。但建筑结构材料也在不断朝着更轻、更强、更耐久、更可持续的方向发展。

1) 高性能混凝土

20 世纪 70 年代以来，众多建成的混凝土基础设施出现了过早劣化，由此带来了建筑物寿命缩短、维修费用高昂的问题。为增强混凝土的耐久性，可采用高性能混凝土(high performance concrete，HPC)。根据《高性能混凝土评价标准》(JGJ/T 385—2015)，高性能混凝土指"以建设工程设计、施工和使用对混凝土性能特定要求为总体目标，选用优质常规原材料，合理掺加外加剂和矿物掺合料，采用较低水胶比并优化配合比，通过预拌和绿色生产方式以及严格的施工措施，制成具有优异的拌合物性能、力学性能、耐久性能和长期性能的混凝土"。高性能混凝土包括超高性能混凝土、自密实混凝土、再生混凝土、海水海砂混凝土等类型，具有良好的发展前景。

超高性能混凝土(ultra-high performance concrete，UHPC)按照最大堆积密度原理配制，各组分间相互填充，水胶比一般为 0.16～0.2，显著地降低了孔隙尺寸和孔隙率，掺入的硅灰等矿物掺合料可与水泥的水化产物氢氧化钙进行火山灰反应，形成水化硅酸钙，使得水泥基体与骨料间的界面过渡区如同水泥基体一样致密。此外，通过添加短而细的钢纤维，改善了材料的强度与变形性能。因此，超高性能混凝土具有超高的力学性能和超高的耐久性能。目前已发展出高耐磨 UHPC、真空振动挤压成形 UHPC、低收缩自密实性 UHPC、轻型组合桥面专用 UHPC 等多种类型，是近 30 年研究、应用、创新、发展最具活力的水泥基复合材料之一。普通混凝土、高性能混凝土、超高性能混凝土的性能指标比较如表 1-2 所示。

表 1-2 普通混凝土、高性能混凝土、超高性能混凝土的性能指标

性能指标	普通混凝土(NC)	高性能混凝土(HPC)	超高性能混凝土(UHPC)
抗压强度/MPa	20～50	60～100	120～250
抗折强度/MPa	2～5	6～10	30～60
弹性模量/GPa	30～40	30～40	40～60
断裂能/(kJ/m^2)	0.12	0.14	20～40
氯离子扩散系数/($10^{-12}m^2/s$)	1.1	0.6	0.02
冻融剥落/(g/cm^2)	＞1000	900	7
吸水特性/(kg/m^3)	2.7	0.4	0.2
磨耗系数	4.0	2.8	1.3

注：本表引自邵旭东，樊伟，黄政宇. 超高性能混凝土在结构中的应用[J]. 土木工程学报，2021，54(1)：1-13。

自密实混凝土(self-compacting concrete，SCC)也是一种高性能混凝土，具有高流动性、均匀性和稳定性，浇筑时无需外力振捣，可避免人工振捣的工序，能够在自重作用下流动并充满模板空间，进而提高生产效率。其配合比的特征是不大于 0.45 的低水胶比、400～550kg/m^3 的高胶凝材料用量和 50%左右的高砂率。目前,我国已颁布《自密实混凝土应用技术规程》(JGJ/T 283—2012),自密实混凝土已在工程中使用。

再生混凝土(recycled aggregate concrete,RAC)同样也是一种高性能混凝土。再生混凝土利用了旧的基础设施和建筑拆除后产生的混凝土等建筑废弃物,部分或全部代替砂石等天然骨料制作混凝土,有利于节材、节能、节地和保护环境。目前,我国已颁布《混凝土和砂浆用再生细骨料》(GB/T 25176—2010)、《混凝土用再生粗骨料》(GB/T 25177—2010)及《再生骨料应用技术规程》(JGJ/T 240—2011),再生混凝土已在土木工程中应用。

海水海砂混凝土(seawater sea-sand concrete,SSC)是利用海水和海砂或珊瑚礁石配制的混凝土。海水海砂混凝土不但可以缓解河砂资源日益匮乏和供不应求的困难,而且在远海岛礁建设中具有重要地位。目前海水海砂混凝土应用现状和发展方向主要分为以下四类：①钢筋＋海砂混凝土,采用海水淡化技术/阻锈技术；②FRP筋材＋海水海砂混凝土；③FRP筋材＋(活性粉末材料＋海水海砂)混凝土；④FRP筋材＋(再生骨料＋海水海砂)混凝土。《海砂混凝土应用技术规范》(JGJ 206—2010)已颁布,海水海砂混凝土也已在岛礁建设中得到应用。

高性能混凝土的推广应用,对提高工程质量、降低工程全寿命周期的综合成本、发展循环经济、促进技术进步、推进混凝土行业结构调整具有重大意义。

2) 高性能结构钢材

钢结构与混凝土结构相比,钢材可以循环再使用,其生产及施工过程中的总能耗较混凝土材料更低,是符合绿色发展趋势的一种建筑结构形式。钢结构还具有抗震性能优异、施工效率高、后期改造方便等优势。建筑钢结构的标准体系也较为完善,产品质量可控。但钢结构在隔音、防火、防腐方面劣于混凝土结构,钢结构本身与屋面板、楼板和墙板之间的协调性也存在一定问题。在造价方面,若只考虑建造环节前期投入,现阶段钢结构建筑的成本高于混凝土建筑。

采用高性能结构钢材,可以减少用钢量,从而降低成本。高性能结构钢材包括：①高强钢,屈服强度达到或超过460MPa,最高可达到1000MPa；②耐候钢,其耐腐蚀性指数不小于6.0,抗大气腐蚀能力比普通钢材高2～8倍；③耐火钢,在钢材受600℃高温作用时,剩余屈服强度不低于常温屈服强度的2/3,且钢材可以承受更高温度作用；④抗震耐蚀耐火钢,其常温屈服强度不低于460MPa,600℃高温屈服强度不低于常温屈服强度的2/3,耐腐蚀性指数不小于6.0,钢材屈强比不大于0.85,断后伸长率不低于18%。采用高性能结构钢材,可以充分发挥结构钢材自身的高强、抗灾、环保等优势,进一步提升钢结构体系的耐久性、耐高温和抗火能力。

3) 纤维复合材料

纤维复合材料(fiber reinforced polymer,FRP)简称复合材料或复材,是由纤维增强体与树脂基体复合而成的材料。纤维增强体包括玻璃纤维、碳纤维、芳纶纤维以及玄武岩纤维,各类纤维性能价格比较如表1-3所示。

表1-3 各类纤维性能与价格对比

纤维种类	纤维产品	拉伸强度/MPa	拉伸模量/GPa	断裂伸长率/%	价格/(元/kg)
玻璃纤维	E玻璃纤维	3100～3800	93～120	≤2.0	5～15
	S玻璃纤维	3600～4600	70～90	≤2.0	5～20
碳纤维	日本东丽T300(标准弹性模量)	>2500	200～280	1.50～2.00	200
	日本东丽T800HB(中等弹性模量)	>4500	280～350	1.73～1.81	3500～4000
	日本东丽M40JB(高弹性模量)	>4500	350～600	0.50～1.30	3200
	日本东邦UM63(超高弹性模量)	>4500	>600	0.50～0.60	3800
芳纶纤维	美国杜邦Kevlar纤维(Kelvar49)	2900～3400	70～140	2.8～4.4	300～400
	荷兰Twaron(Kelvar149)	2800～3100	65～120	2.0～3.4	200～350
	俄罗斯CBM、APMOC(HM-50)	4000～5000	130～145	3.5～4.0	150～280
玄武岩纤维	—	3000～4500	79～93	1.5～3.2	30～40

注：① 本表引自刘伟庆,方海,方园. 纤维增强复合材料及其结构研究进展[J]. 建筑结构学报,2019,40(4)：1-16；
② 表中价格为2018年市场调研结果。

根据纤维增强体的不同，常见的复材分为玻璃纤维增强复合材料(GFRP)、碳纤维增强复合材料(CFRP)、玄武岩纤维增强复合材料(BFRP)以及芳纶纤维增强复合材料(AFRP材)。主要产品包括复材筋、复材管及复材型材等。复材筋可代替钢筋，用于耐腐蚀、无磁等特殊要求的混凝土结构中。复材管可与混凝土组合，形成复材管约束混凝土柱、桩，复材管约束海水海砂混凝土尤其适合于岛礁工程建设。复材型材具有工业化程度高、质量稳定等优点，已用于桥面板、房屋结构、钻井平台以及护栏系统等。

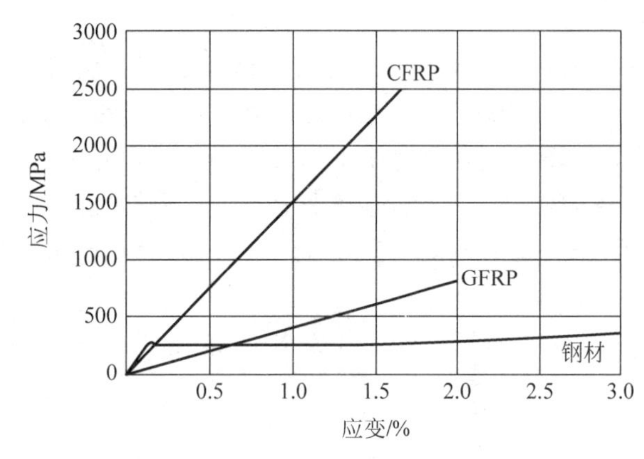

图 1-1 复材和钢材的典型应力-应变曲线

与传统结构材料相比，复材具有轻质高强(密度约为钢材的1/4，而强度可达普通碳素结构钢的10倍以上，见图1-1)、良好的抗腐蚀性能、可设计性强等优点，是目前唯一被认为能够解决基础设施腐蚀问题及实现长寿命和高性能的结构材料。因此复合材料结构在面广量大的土木、交通、船舶、海洋等工程领域拥有广阔的应用前景，我国已颁布《纤维增强复合材料工程应用技术标准》(GB 50608—2020)，复合材料结构呈现出良好的发展态势。

4) 智能混凝土

智能混凝土(intelligent concrete)是在混凝土原有的组分基础上复合智能型组分，使混凝土材料具有自诊断、自调节、自修复等特性，包括自诊断混凝土、自调节混凝土、自修复混凝土和高阻尼混凝土等。自诊断混凝土又称自感应混凝土，主要有碳纤维混凝土和光纤维混凝土，具有压敏性、温敏性、磁敏性等自感应特性。自调节混凝土包括形状记忆合金混凝土和添加沸石粉的混凝土。在混凝土中埋入形状记忆合金后，在受到异常荷载干扰时，可通过合金形状的变化，使混凝土内部应力重分布并产生一定的预应力，从而提高混凝土结构的承载能力。在混凝土中添加沸石粉后，由于沸石中的硅酸钙含有大量的孔隙，这些孔隙可以对水分进行有选择性的吸附，从而制备符合实际需要的自动调节环境湿度的混凝土。自修复混凝土包括自愈合混凝土和复合无机渗透结晶材料的混凝土，自愈合混凝土复合某种特殊组分(如含有修补剂的液芯纤维或胶囊)，在混凝土内部形成智能型仿生自愈合神经系统，材料损伤破坏后，能够对受创伤部位自动分泌修补剂，从而恢复甚至提高材料性能；复合无机渗透结晶材料的自修复混凝土通过其含有的特殊活性组分在混凝土内部渗透和反应，生成一种不溶于水的硅酸盐晶体填充、修复裂缝，从而提高了混凝土的强度和抗渗性能。高阻尼混凝土在聚合物混凝土的基础上，添加乳胶微料、硅粉、甲基纤维素等材料，增加混凝土的阻尼比，以增加结构的耗能，提高结构的抗震性能。尽管智能混凝土在投入实际工程之前，还存在很多问题，但包括智能混凝土在内的智能材料的研究与应用，肯定是混凝土结构重要发展方向之一。

2. 高性能结构构件的发展与应用

高性能结构构件主要包括钢-混凝土组合构件和复材-混凝土组合构件。钢-混凝土组合构件主要包括型钢混凝土和钢管混凝土构件。型钢混凝土(steel reinforced concrete，SRC)如图1-2所示，也称为劲性混凝土，是以型钢为骨架并在型钢周围配置钢筋和浇筑混凝土的钢-混凝土组合构件。与钢筋混凝土构件相比，型钢混凝土构件的承载力大，刚度大，抗震性能好；与钢结构相比，型钢混凝土构件的防火性能好，结构局部和整体稳定性好，节省钢材。

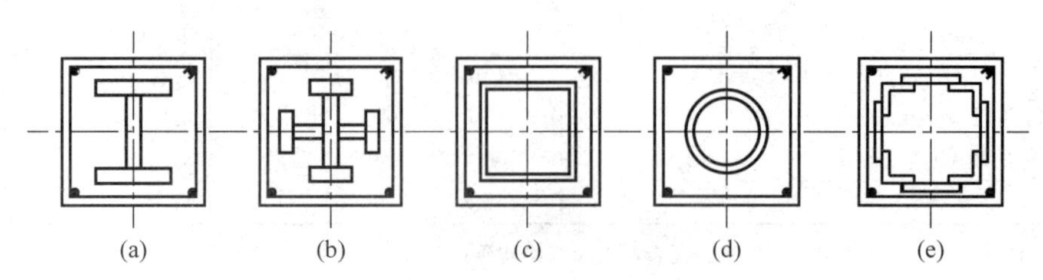

图 1-2 型钢混凝土的典型截面

钢管混凝土(concrete filled steel tube,CFST)如图 1-3 所示,是在钢管中填充混凝土而形成的钢-混凝土组合构件。钢管混凝土中的钢管可以为混凝土提供侧向约束力从而提高其承载力,中间的混凝土可以避免钢管过早屈曲,并可以防止钢管内壁的腐蚀,增加钢管的耐火极限。因此,钢管混凝土具有承载力高、耐久性好、抗震性能优良等优点。按截面形式不同,可分为圆形、方形、矩形和多边形等形状的钢管混凝土。

型钢混凝土和钢管混凝土应遵照《组合结构设计规范》(JGJ 138—2016)进行设计。

复合材料(简称复材)-混凝土组合构件主要为复合材料管混凝土组合柱,如图 1-4 所示。复合材料管(简称复材管)混凝土组合柱中,复材管的纤维缠绕方向接近环向,为内部混凝土提供环向约束。由于复材管的约束作用,混凝土强度及极限应变相对于素混凝土有大幅提高,从而提高了承载力及延性。

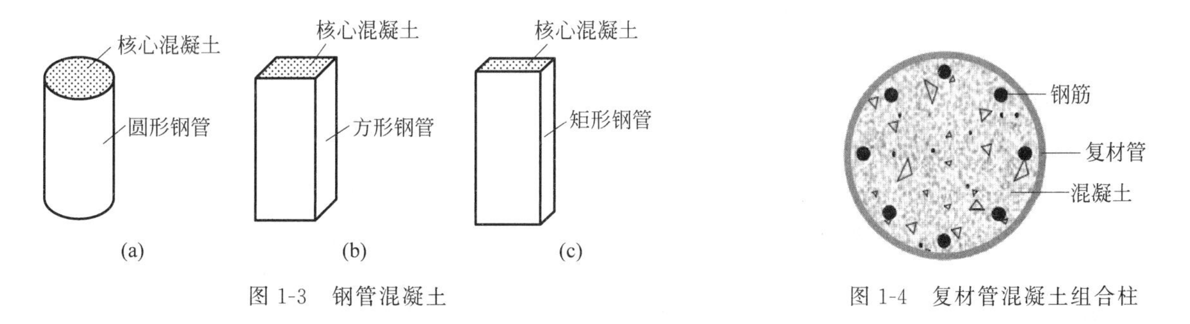

图 1-3 钢管混凝土　　图 1-4 复材管混凝土组合柱

复材管混凝土柱中,也可在混凝土中配置型钢、钢管,从而形成了承载力高、抗震性能好、耐久性好的复材管-钢-混凝土组合柱,如图 1-5 所示。

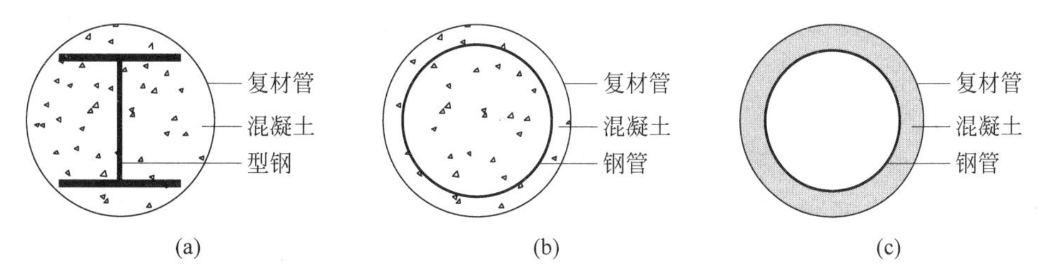

图 1-5 复材管-钢-混凝土组合柱

复材管-钢-混凝土组合柱也可做成空心的,如图 1-6 所示。

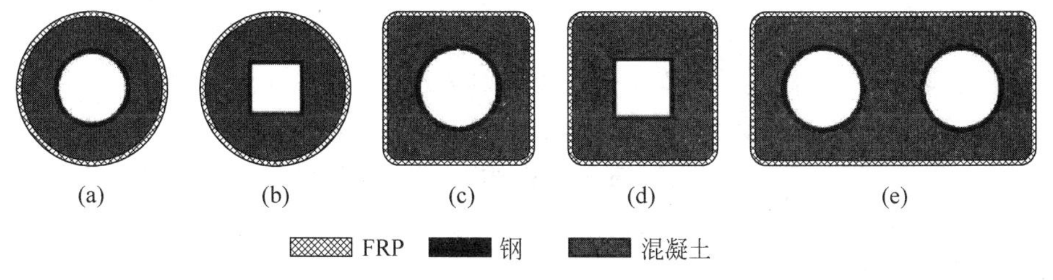

图 1-6 复材管-钢-混凝土空心组合柱

综上所述,混凝土和钢材是应用最普遍的两种结构材料,复材是正在兴起的新型结构材料。混凝土具有抗压强度高、耐久性好、经济等突出优点,但抗拉强度低、施工不便且要耗费模板;钢筋和钢材的抗拉强度高、施工方便、可循环使用,但耐火极限低、存在腐蚀问题和受压时的稳定性问题,材料成本也较高;复材耐腐蚀性能优异、抗拉强度高,但抗压强度很小。因此,结构构件的发展趋势就是充分发挥混凝土、钢材、复材的优势,最大限度地趋利避害,从而研发出承载力更高、耐久性能更佳、抗震性能更好、施工更为便利、造价更为经济、自重更轻、绿色的组合构件。

3. 结构体系的发展

结构体系的主要进展是钢-混凝土混合结构的应用。钢-混凝土混合结构主要指由钢框架或型钢混凝土、钢管混凝土框架与钢筋混凝土核心筒组成的框架-筒体结构,以及由钢或型钢混凝土、钢管混凝土外筒与钢筋混凝土核心筒组成的筒中筒结构。与混凝土结构相比，钢-混凝土混合结构在降低结构自重、减少结构断面尺寸、改善结构受力性能、加快施工进度等方面具有明显的优势；与纯钢结构相比，又具有防火性能好、综合用钢量小、风荷载作用下舒适度好的特点。因此，钢-混凝土混合结构兼有钢结构和混凝土结构的优点，在我国高层及超高层建筑中得到了广泛的应用。据不完全统计，截至 2019 年年底，全国已完成主体结构封顶最高的 100 幢建筑中，混合结构、组合构件约占 82%。

除常用的型钢混凝土和钢管混凝土外，一些新型的组合结构构件也在工程中得到了应用，如钢管混凝土叠合柱、约束钢管混凝土柱、钢板剪力墙、暗埋型钢剪力墙、暗埋桁架式剪力墙、异形钢管混凝土柱、巨型组合柱、钢-混凝土组合梁等。这些新型组合构件解决了混合结构设计中的一些难题，更加适应超高、超复杂的高层建筑。

4. 抗震设计方法和理论

目前的钢筋混凝土抗震结构一般采用延性设计方法。虽然通过延性设计能够实现三水准基本设防目标，可以避免结构在强震下发生倒塌，但是延性设计是以结构主要受力构件发生塑性变形为代价，存在大震后损伤严重、难以修复的问题。近年的震害表明，地震中建筑倒塌和人员伤亡的数量已经得到了有效控制，但地震所造成的经济损失和社会影响仍然十分巨大，主要原因是地震时建筑受损严重，震后难以修复，或者由于修复时间过长，建筑功能中断，影响正常生产和生活。因此，消能减震及隔震技术得到了推广应用，建筑抗震韧性理论和方法也应运而生。

1）消能减震及隔震技术

消能减震结构利用结构抗震控制思想，把支撑、剪力墙等设计成消能构件，或在结构节点、顶层等部位安装消能元件以增加结构阻尼，从而减少结构在风和地震作用下的响应。常用的消能元件有金属阻尼器和黏滞阻尼器。金属阻尼器属于位移相关型阻尼器，包括软钢阻尼器和屈曲约束支撑等，在地震往复作用下通过金属屈服时产生的滞回变形耗散地震能量；黏滞阻尼器属于速度相关型阻尼器，包括杆式黏滞阻尼器和黏滞阻尼墙等，在地震往复作用下利用其黏滞材料的阻尼特性来耗散地震能量。隔震技术则通过在建筑物底部和基础间或楼层间设置隔震层，在隔震层设置叠层橡胶支座和滑动支座等具有很小的水平刚度的隔震装置，减少输入上部结构的地震能量，从而减轻结构的地震响应和破坏。

消能减震和隔震技术已列入《建筑抗震设计规范》（GB 50011—2010，2016 年版，以下简称《抗震规范》），并颁发了《建筑消能减震技术规程》（JGJ 297—2013）和《建筑隔震设计标准》（GB/T 51408—2021）等相关技术标准。理论研究和震后调查表明，消能减震及隔震技术可有效降低地震作用，便于震后建筑使用功能的快速恢复，减小震后修复的工作量和难度，大幅度改善结构的抗震性能。

2021 年 9 月 1 日起施行的《建设工程抗震管理条例》规定："位于高烈度设防地区、地震重点监视防御区的新建学校、幼儿园、医院、养老机构、儿童福利机构、应急指挥中心、应急避难场所、广播电视等建筑应当按照国家有关规定采用隔震减震等技术，保证发生本区域设防地震时能够满足正常使用要求"，并鼓励在其他建设工程中采用隔震减震等技术，提高抗震性能。

2）建筑抗震韧性理论和方法

20 世纪 90 年代后，为了减轻地震的经济损失，基于性能的抗震设计得到了广泛的重视和发展。进入 21 世纪，特别是在 2011 年日本"3・11"大地震和新西兰克赖斯特彻奇（Christchurch，又称基督城）地震后，城市中建筑和公共设施大多中断服务，且多数房屋由于损坏严重，修复代价极大而只能将其拆除重建，造成了极大的经济损失。有鉴于此，提出了建筑抗震韧性（seismic resilioence of building）的理论，建筑抗震韧性指"建筑在设定水准地震作用后，维持与恢复原有建筑功能的能力"。通过建筑抗震韧性的实施，实现在遭遇中小地震时城市的基本功能不丧失，可以快速恢复；在遭遇严重地震灾害时，城市应急功能不中断，不造成大规模的人员伤亡，所有人员均能及时完成避难，城市能够在几个月内基本恢复正常运行。

随着我国社会、经济的不断发展，人们对于建筑物抵御地震灾害的期望已由抗震安全性向抗震韧性转变，要求安全和功能双保护。我国现行抗震设计规范中关于性能化设计的规定均集中于保障建筑物结构部分的抗震安全性能，对建筑功能的震后可恢复性关注不足，建筑抗震韧性有望解决该问题。目前，我国已颁布《建筑抗震韧性评价标准》(GB/T 38591—2020)，建筑抗震韧性将逐渐成为防震减灾工作的重心。

5. 绿色建筑结构

根据《绿色建筑评价标准》(GB/T 50378—2019)，绿色建材指："在全寿命期内可减少对资源的消耗、减轻对生态环境的影响，具有节能、减排、安全、健康、便利和可循环特征的建材产品"。结构服务建筑，建筑结构也应向绿色化发展，采用绿色建材。

目前，我国的建筑结构主要为现浇混凝土结构，施工现场工作环境差，并存在潜在的安全风险，建筑业不能吸引高素质的专业技术工人，并且造成了劳动力短缺和劳动力成本显著上升，这是影响建筑业长远发展的最主要因素之一。因此，我国决定发展装配式结构，装配式结构是典型的绿色建筑结构。发展装配式结构是建造方式的重大变革，是推进供给侧结构性改革和新型城镇化发展的重要举措，有利于节约资源能源、减少施工污染、提升劳动生产效率和质量安全水平，有利于促进建筑业与信息化工业化深度融合、培育新产业新动能、推动化解过剩产能。

现浇混凝土结构和装配式混凝土结构的比较如表1-4所示。装配式混凝土结构主要执行《装配式混凝土结构技术规程》(JGJ 1—2014)。

表1-4　现浇混凝土结构和装配式混凝土结构的比较

比较项	现浇混凝土结构	装配式混凝土结构
劳动生产率	现场手工施工，劳动生产率低	工厂批量生产，劳动生产率高
资源消耗	耗能多，耗地多，耗水多，耗材多	节能、节地、节水、节材
环境污染	建筑垃圾多，噪声扰民，粉尘和废水的排放多	建筑垃圾易回收循环使用，容易控制噪声扰民和粉尘排放，废水容易处理，且可循环使用
质量和耐久性	质量不稳定，耐久性低	质量稳定，耐久性高
安全	高空作业、露天作业、湿作业等增大安全事故	减少了露天作业、高空作业，减少了安全风险
施工人员素质	现场施工环境差，施工人员流动性大，技术素质和教育水平较低	工厂生产环境好，人员稳定，有利于提高技术素质和教育水平

除装配式混凝土结构外，钢材可再循环、再利用，竹材、木材可再生、再利用，均为绿色建材，因此，钢结构、竹木结构及混合结构均有良好的发展前景。

2021年10月，出于绿色低碳发展和防灾减灾的考虑，住房和城乡建设部和应急管理部发布了《关于加强超高层建筑规划建设管理的通知》，该通知要求："各地要严格控制新建超高层建筑。一般不得新建超高层住宅。城区常住人口300万以下城市严格限制新建150m以上超高层建筑，不得新建250m以上超高层建筑。城区常住人口300万以上城市严格限制新建250m以上超高层建筑，不得新建500m以上超高层建筑"。同时要求"各地相关部门审批80m以上住宅建筑、100m以上公共建筑建设项目时，应征求同级消防救援机构意见，以确保与当地消防救援能力相匹配。城区常住人口300万以下城市确需新建150m以上超高层建筑的，应报省级住房和城乡建设主管部门审查，并报住房和城乡建设部备案。城区常住人口300万以上城市确需新建250m以上超高层建筑的，省级住房和城乡建设主管部门应结合抗震、消防等专题严格论证审查，并报住房和城乡建设部备案复核"。因此，未来对于不符合绿色发展要求的超高层结构的需求将明显放缓，取而代之的是绿色低碳的建筑结构。

1.2　结构设计程序、内容及与其他专业的关系

1.2.1　建设程序

建设程序是指建设项目从策划、评估、决策到勘察、设计、施工，再到竣工验收、投产或交付使用的整个建设过程中，各项工作必须遵循的先后次序。按照建设项目发展的内在联系和发展过程，建设程序如图1-7所示。

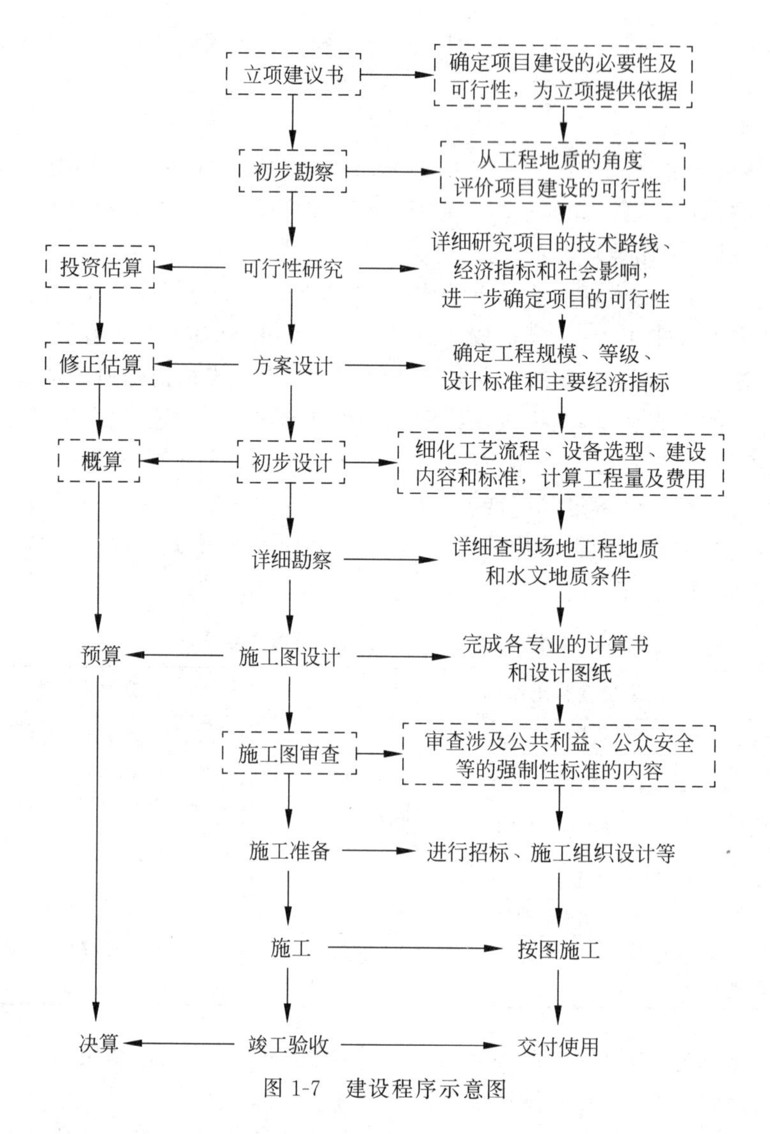

图 1-7　建设程序示意图

图 1-7 中，立项建议书、可行性研究和方案设计阶段，是建设项目的策划、评估和决策阶段，即前期工作阶段；初步设计到施工图审查阶段，为勘察设计阶段。对于企业自筹资金建设的项目，国家实行核准制和登记备案制，可不做立项建议书(图 1-7 中用虚线框表示)，而只做可行性研究。对于规模小、投资少的小型项目，可不做初步勘察和初步设计。另外，有些地方或部门没有施工图审查要求，或缩小了施工图审查范围，则有些项目也可不进行施工图审查。

建设程序的原则是先批准后建设、先勘察后设计、先设计后施工、先验收后使用，不应未批先建，边勘察边设计，边设计边施工，未验收先使用。

1.2.2　结构设计的阶段和内容

建筑工程涉及的专业一般包括建筑、结构、建筑电气、给水排水、暖通空调和工程经济。根据《建筑工程设计文件编制深度规定》(2016 版)，设计一般为方案设计、初步设计和施工图设计三个阶段。对于技术要求相对简单的民用建筑工程，也可在方案设计审批后直接进入施工图设计。

1. 方案设计

方案设计的任务就是提出设计方案。该阶段应根据设计任务书的要求和收集到的基础资料，结合基地环境，综合考虑技术经济条件和建筑艺术的要求，对建筑总体布置、空间组合进行可能与合理的安排，提出两个或多个方案供建设单位选择。其深度应满足编制初步设计、方案审批或报批的需要。

在方案设计阶段，结构设计的主要内容是确定结构设计标准、上部结构和地基基础设计方案和主要结构材料。如建设项目按绿色建筑或装配式建筑要求进行建设，还要有与绿色建筑或装配式建筑相关的专门内容。

特别要注意的是，在方案设计阶段之前，即应根据工程需要和地震活动情况、工程地质和地震地质的有关资料，按表1-5对拟建设场地地段的抗震性能做出有利、一般、不利和危险的评价。

表1-5 有利、一般、不利和危险地段的划分

地段类别	地质、地形、地貌
有利地段	稳定基岩，坚硬土，开阔、平坦、密实、均匀的中硬土等
一般地段	不属于有利、不利和危险的地段
不利地段	软弱土，液化土，条状突出的山嘴，高耸孤立的山丘，陡坡，陡坎，河岸和边坡的边缘，平面分布上成因、岩性、状态明显不均匀的土层(含故河道、疏松的断层破碎带、暗埋的塘浜沟谷和半填半挖地基)，高含水量的可塑黄土，地表存在结构性裂缝等
危险地段	地震时可能发生滑坡、崩塌、地陷、地裂、泥石流等及地震断裂带上可能发生地表错位的地段

按表1-5划分地段后，对危险地段，严禁建造甲、乙类的建筑，不应建造丙类的建筑。对不利地段，应提出避开要求；当无法避开时应采取有效的措施。因此，对拟建设场地地段应尽早划分，以确定工程的建设地点。若后期才发现场地处于危险地段而不得不另找场地，不但耗费大量的时间，而且会造成较大的经济损失。

2. 初步设计阶段

初步设计根据批准的设计方案进行，需要满足编制施工图设计文件和初步设计审批的需要。初步设计文件一般包括设计说明书、设计图纸、主要设备材料表和工程概算等四部分。

在初步设计阶段，结构应在通过审批的方案设计的基础上，进一步细化设计标准，确定设计参数，对地基基础和上部结构进行选型、布置、计算，给出截面尺寸。一般要完成计算书和包括结构设计说明书在内的图纸。对于比较复杂的工程，需要提出多个地基基础和上部结构的方案，进行计算分析和技术经济比较，最后确定地基基础和上部结构方案。

根据2021年7月19日公布的中华人民共和国国务院令第744号《建设工程抗震管理条例》，对位于高烈度设防地区、地震重点监视防御区的重大建设工程、地震时可能发生严重次生灾害的建设工程、地震时使用功能不能中断或者需要尽快恢复的建设工程，在初步设计阶段，要按照国家有关规定编制建设工程抗震设防专篇，作为设计文件组成部分。

在大多数设计院，地基基础设计由结构专业统一完成。岩土专业主要承担的工作是进行岩土工程勘察，完成该工程的《岩土工程勘察报告》。

3. 施工图设计阶段

建筑工程施工图设计阶段的任务是在各专业完成自身设计任务的基础上，综合建筑、结构、设备各专业，相互交底、核实核对，把满足工程施工的各项具体要求反映在图纸中，做到整套图纸齐全统一，明确无误。其深度应满足设备材料采购、非标准设备制作和施工的需要。

在施工图设计阶段，结构专业应在审批的初步设计的基础上，主要完成以下工作：

(1) 确定结构选型、构件布置、截面尺寸；

(2) 确定结构上的作用，计算作用效应；

(3) 进行结构及构件的设计和验算；

(4) 分析并图示结构及构件的构造、连接措施；

(5) 进行结构和材料耐久性的设计；

(6) 研究施工可行性；

(7) 进行满足特殊要求结构的专门性能的设计，如绿色建筑、装配式建筑等。

具体来说，在施工图设计阶段，首先应准确无误地确定所有结构设计参数，完成结构设计说明书。说明书应注明工程概况、设计依据、建筑分类等级、结构体系、主要作用取值及设计参数、计算软件、结构材料、地基基础和地下室工程、钢筋混凝土工程、检测观测要求等内容。然后进行上部结构和地基基础的计算，绘制地基基础和上部所有楼层的结构布置图和构件、节点的配筋详图，完成结构施工图设计。所有计算书和设计图纸应进行校审后送交施工图审查，按施工图审查意见修改完善后交付施工，竣工后整理存档。

施工单位应按照设计文件施工，需要对设计图纸修改时，应取得设计单位的同意。施工完成后，业主应按设计规定的用途使用，并应定期检查结构状况，进行必要的维护和维修。严禁下列影响结构使用安全的行为：

(1) 未经技术鉴定或设计许可，擅自改变结构用途和使用环境；

(2) 损坏或擅自变更结构体系及抗震措施；

(3) 擅自增加结构使用荷载；

(4) 损坏地基基础；

(5) 违规存放爆炸性、毒害性、放射性、腐蚀性等危险物品；

(6) 影响毗邻结构使用安全的结构改造与施工。

需要对结构或构件进行拆除时，拆除前应制定详细的拆除计划和方案，并对拆除过程中可能发生的意外情况制定应急预案。结构拆除应遵循减量化、资源化和再生利用的原则。

1.2.3 结构设计与其他专业的关系

建筑设计是建筑师、结构工程师、设备工程师密切合作的复杂过程，建筑设计完成后，由建造师负责完成建造。各类工程师的主要职责如表 1-6 所示。

表 1-6 各类工程师的主要职责

建筑师的职责	结构工程师的职责
① 与规划协调，设计房屋体形和周围环境； ② 合理布置和组织室内空间； ③ 解决好采光、通风、照明、隔声、保温隔热、防水等建筑技术问题； ④ 进行艺术处理与室内外装饰	① 确定结构承受的作用，合理选用结构材料； ② 合理选用结构体系，确定构件截面尺寸； ③ 解决好结构承载力、变形、抗震、稳定、抗倾覆、耐久等技术问题； ④ 解决好结构连接构造和施工方法问题
设备工程师的职责	**建造师的职责**
① 确定水源，给排水标准、系统、装置； ② 确定热源，供热、制冷、空调的标准、系统、装置； ③ 确定电源、信息源，照明、通信、信息传输、动力用电的标准、系统、装置； ④ 使水暖电系统和建筑、结构布置协调一致	① 进行施工组织设计，配置施工现场装置； ② 确定施工技术方案，选用施工设备； ③ 购置建筑材料，进行检验和使用； ④ 组织劳动力； ⑤ 确保工程质量、安全、工期、环境，控制工程造价

注：本表引自罗福午等编著的《建筑结构概念设计及案例》，有修改。

结构工程师和建筑师、设备工程师的密切合作是结构设计的基本要求。在民用建筑设计中，建筑专业是核心，包括结构专业在内的其他专业都是为了实现建筑的功能要求和表现形式而服务的。结构工程师不但要保证建筑物的安全、耐久，而且要准确、完整地理解建筑的功能要求和建筑形式美的规律，主动配合建筑师，尽最大努力实现建筑师的设计意图。

建筑是艺术和技术的完美结合，建筑师也应具备一定的结构设计知识，要知晓结构概念，清楚抗震要求，熟悉场地地质。只有这样，才能构思出美观、适用且结构能够实现的建筑方案，建筑作品方能落地生根。

在设计中，除了建筑师和结构工程师以外，还必须有设备工程师的协调配合。在结构设计时，要按照设备工程师的要求，在楼板、墙体、梁柱等构件内预埋管线，解决通风管和楼盖高度影响建筑净高的问题，在较大的设备下布置承重构件并准确计算设备荷载。对于工业建筑，如单层工业厂房、锅炉房、变(配)电站等，设计的核心专业是工艺和设备专业，结构工程师必须要在构件布置、截面尺寸等方面和工艺工程师、设备工程师协调配合，满足生产、设备安装和运行的要求。

1.3　设计标准、标准设计图集和设计软件

1.3.1　设计标准

标准是工农业、服务业以及社会事业等领域需要统一的技术要求。我国标准包括国家标准、行业标准、地方标准和团体标准、企业标准。国家标准分为强制性标准、推荐性标准，行业标准、地方标准是推荐性标准。国家标准的代号为GB，建筑工业标准的代号JG，地方标准的代号为DB，团体标准根据行业特点规定有相应的代号，企业标准的代号为QB。

截至2016年，经过60余年发展，我国工程建设国家、行业和地方标准已达7000余项，形成了覆盖经济社会各领域、工程建设各环节的标准体系。但仍存在标准供给不足、缺失滞后，部分标准老化陈旧、水平不高等问题。目前，我国工程建设标准正处于改革期，到2025年，将形成以强制性标准为核心、推荐性标准和团体标准相配套的标准体系。

强制性标准统称为技术规范，是保障人民生命财产安全、人身健康、工程安全、生态环境安全、公众权益和公共利益，以及促进能源资源节约利用、满足社会经济管理等方面的控制性底线的要求，具有强制约束力，必须执行。其他所有标准的技术要求不得低于强制性标准的相关技术要求。

技术规范分为建设项目类和通用技术类。建设项目类规范是以建设项目为对象，以总量规模、规划布局，以及项目功能、性能和关键技术措施为主要内容的强制性标准。通用技术类规范是以专业技术为对象，以规划、勘察、测量、设计、施工等通用技术要求为主要内容的强制性标准。

我国建设项目类技术规范包括城市给水、城乡排水、燃气、供热工程，城市道路交通、城市轨道交通，园林绿化、市容环卫、生活垃圾处置工程，住宅，宿舍、旅馆，历史文化保护地保护利用等。通用技术类规范包括城乡规划，工程勘察、测量，工程结构，建筑与市政地基基础，混凝土结构，砌体结构，钢结构，木结构，组合结构，建筑与市政工程抗震，既有建筑鉴定与加固，既有建筑维护与改造等。

除技术规范外，其他推荐性标准、行业标准、地方标准和团体标准、企业标准等均称为标准。

需要说明的是，部分国家标准，如常用的《建筑结构荷载规范》(GB 50009—2012，以下简称《荷载规范》)、《混凝土规范》《抗震规范》《建筑地基基础设计规范》(GB 50007—2011)、《高层建筑混凝土结构技术规程》(JGJ 3—2010，以下简称《混凝土高规》)等正在修订。修订完成后，这些规范将作为推荐性国家标准，不再冠为"规范、规程"，而统称为"标准"。

从一定程度上可以认为，建设标准是土木工程本科专业课的主要学习内容。因此，由于教材修编的滞后，教材内容与现行标准有不一致之处，应以现行标准为准。

科研创新应为工程建设服务，科研成果如果要在工程建设中推广应用，应符合成熟、可靠的要求，需要将相关内容列入相应的标准，或编制专用的建设标准。因此，科研创新能够对建设标准产生助推作用，能够直接推动建设标准的实施、扩散与更新。但建设标准对科研创新则是激励与阻碍作用并存的"双刃剑"。作为科研创新的平台，建设标准会引导产生遵循建设规律、面向建设市场、提高工程质量、降低工程造价的创新。但建设标准对科研创新也存在一定的阻碍作用。这是因为创新的科研成果还没有列入现行的建设标准，如果教条、僵化地盲从标准条文，有时将阻碍科研创新。因此，学习建设标准时，一定要领会、学懂标准条文的内在含义和出发点，在不违背强制性标准的前提下灵活运用，不能让标准成为创新的绊脚石。

1.3.2　标准设计图集

建筑工程设计标准给出了设计的原则、方法和要求，而标准设计图集则是按照建筑工程设计标准等设计的通用性的建筑物、构筑物、构(配)件、零部件、工程设备等的施工图，可以直接用于加工制作和施工

安装。采用标准设计图集不但可以节省设计时间,提高设计效率,而且有利于提升设计质量,降低工程造价,促进建筑工业化的发展。设计标准和标准设计图集都是重要的专业学习资料。

建筑工程标准设计图集包括建筑、结构、给水排水、暖通空调、动力、电气、弱电、人防建筑工程等专业。结构设计最常用的是G101系列图集,即《混凝土结构施工图平面整体表示方法制图规则和构造详图(现浇混凝土框架、剪力墙、梁、板)》(22G101—1)、《混凝土结构施工图平面整体表示方法制图规则和构造详图(现浇混凝土板式楼梯)》(22G101—2)、《混凝土结构施工图平面整体表示方法制图规则和构造详图(独立基础、条形基础、筏形基础、桩基础)》(22G101—3)。上述三本图集提供了目前设计普遍采用的"平面整体表示方法"的制图方法,也提供了符合现行标准的构造详图。G101系列图集不但用于设计和施工,而且也是学习现行标准的主要参考资料。

混凝土单层工业厂房是一种非常典型的装配式结构,为我国的工业化提供了基础条件。混凝土单层工业厂房结构设计时,从厂房的屋面板、檩条、屋架、屋面梁、天窗架、屋盖支撑等屋盖结构,到吊车梁、连系梁、排架柱、抗风柱、柱间支撑等梁柱结构,一直到基础梁、基础等基础结构,都可按相应的标准设计图集直接选用或参考设计。施工时,可以按标准设计图集在预制厂或施工现场制作,并按图集要求现场装配成厂房。单层工业厂房系列标准图集是单层工业厂房设计、制作、施工不可或缺的图集,也是学习单层工业厂房最重要的参考资料。

1.3.3 设计软件

建筑结构设计的主要工作是计算和绘图,计算和绘图均依赖软件。计算软件较多,但最常用的是PKPM系列软件和盈建科软件。绘图目前以CAD软件为主,或采用在CAD基础上进行二次开发的商用软件。

PKPM软件是一套集建筑、结构、设备(给排水、采暖、通风空调、电气)等设计于一体的软件系统。在使用PKPM设计软件进行结构设计时,首先采用PMCAD建模软件建立计算模型、然后选择合适的计算模块进行结构内力、位移计算和截面配筋计算,最后采用施工图绘制软件绘制施工图。

PMCAD建模软件采用人机交互方式,首先逐层布置各层平面和各层楼面,接着输入层高,从而建立起一套描述建筑物整体结构的几何模型。然后输入外加荷载,软件自动完成从楼板到梁到承重的柱墙、再从上部结构传到基础的全部计算,从而建立整栋建筑的荷载模型。最后建立了整栋建筑的数据结构,为各分析设计模块提供必须的数据接口,用于后续的结构计算。

计算软件中,使用较多的是高层建筑结构空间有限元分析软件,即SATWE软件。该软件采用空间杆单元模拟梁、柱及支撑等杆件,采用墙元模拟剪力墙,用于多层和高层建筑结构。此外,复杂多高层建筑结构分析设计PMSAP也有较多应用,该软件核心是通用有限元程序。除上述两种通用计算软件外,PKPM还有针对普通钢结构、重型钢结构厂房、冷弯薄壁型钢住宅、网架、砌体结构、复杂楼板和既有建筑鉴定加固等模块,可根据不同结构形式和不同要求选用。

计算完成后,PKPM软件提供了施工图绘制功能,可以用于绘制施工图。

除了PKPM软件外,目前使用较多的另一种软件是盈建科软件。盈建科软件包括上部结构软件、基础设计软件、钢结构软件等,功能与PKPM软件类似。

上述软件可以统称为建筑结构专用设计软件,其共同的特点为:①符合我国现行设计标准的要求,软件不但能进行通用的计算分析,而且可以根据现行标准的要求进行内力调整和截面配筋计算;②采用人机交互方式建立计算模型,方便、直观、简单;③接口施工图绘制软件可以对计算配筋进行自动归并,进行包络配筋设计,便于绘制结构施工图。

除建筑结构专用设计软件外,有些工程也采用大型通用有限元软件如ANSYS、ABAQUS等进行补充分析。由于这些软件建模复杂,不能直接进行符合我国规范的内力调整,因此一般用于复杂结构的节点、构件的精细有限元分析及超限高层建筑的弹塑性分析。

软件给设计带来了极大便利,大幅提高了设计效率。但结构工程师绝不能盲从设计软件,成为软件的奴隶。无论什么软件,也只是辅助设计工具,设计文件质量要由设计者自己负责。因此,在使用软件时，应特别注意以下几点：

(1) 要按符合工程实际的计算假定，选择合适的计算软件。计算时，结构构件只有一维的杆、梁、柱，二维的墙、板，三维的壳和实体。结构就是由这些简化的构件通过铰接、刚接等节点连接成的整体结构。但实际工程比较复杂，不可能完全符合计算假定。计算时要抓住主要矛盾或矛盾的主要方面，建立简化的、符合工程实际的计算模型进行计算。如果计算假定与实际出入较大，再“准确”的分析也不可能得到符合实际的计算结果。因此，必须按照符合工程实际的假定，选择合适的软件进行计算。

(2) 软件是由人编制的，编制人有可能犯错误。不同编制组在软件中对于标准规定的处理也不一定一致。因此，对于较为重要或复杂结构，应当选用两种或三种不同模型，且由不同编制组编制的软件计算和校核。

(3) 要保证原始数据准确无误，计算参数取值合理。对关键数据和参数，如楼层总数、地震影响系数最大值、场地类别、特征周期、抗震等级等应特别校核，否则将导致计算结果出现严重错误。

(4) 计算完成后，一定要对计算结果进行认真检查，确认计算结果合理、符合标准要求后方可用于后续设计。一般情况下，计算完成后，必须要判断结构规则性，避免出现超限建筑。要确认水平位移限值、水平地震剪力系数、刚重比、轴压比、剪压比、大跨和长悬臂梁的挠度和裂缝宽度、梁端截面受压区高度等满足相关标准要求，防止梁、柱、墙超筋。如果出现不符合设计标准的情况，要分析原因，有针对性地采取措施后重新计算，直至满足设计标准的要求为止。因此，进行多次结构计算是很正常的，不要企望一次计算就完全满足标准的要求。

(5) 由于计算机计算能力等因素的影响，目前主体结构分析一般采用简化的、网格尺寸较大的有限元方法，精度有限。因此，对于受力复杂的结构构件，除采用常规软件进行整体分析外，尚应考虑与主体结构协调一致的边界条件，对受力复杂的部位，如对框支梁和与框支梁相邻的墙体进行精细的应力分析，按应力分析的结果校核配筋。

(6) 考虑到计算假定、几何模型、荷载模型与工程实际的差异，在进行概念设计的基础上，且有足够的经验和依据时，需对某些计算结果进行修正。

尽管今天的计算机软硬件日益发达，但对于土木工程专业的学生以及工程师而言，手算仍然必不可少。一是手算能提高自己的结构计算能力，巩固结构知识和概念，掌握常见结构的受力和变形特征；二是对某些不常用的结构或结构构件，在尚没有成熟可靠的设计软件时，只能通过手算进行设计。因此，本课程后续的课程设计、毕业设计，仍然提倡手算，而用电算校核计算结果。

1.4 注册结构工程师制度和资格考试概况

土木工程本科教育的主要目标是培养从事勘察、设计、施工、监理等工程建设工作的高素质的工程技术和管理人员。我国建立了勘察设计注册工程师制度，土木工程专业的同学将来要从事工程建设工作，有必要对该制度进行简单介绍。

勘察设计注册工程师包括注册土木工程师(岩土、港口与航道工程、水利水电工程和道路工程)、注册电气工程师、注册公用设备工程师、注册化工工程师、注册环保工程师和注册结构工程师。其中，注册结构工程师是指取得注册结构工程师资格证书和注册证书，从事房屋结构、桥梁结构及塔架结构等工程设计及相关业务的专业技术人员，分为一级注册结构工程师和二级注册结构工程师。一级注册结构工程师的执业范围不受工程规模及工程复杂程度的限制。二级注册结构工程师执业范围一般限制在中小型项目。

要成为注册结构工程师，首先要通过注册结构工程师考试，获得资格证书；然后通过唯一聘用的设计单位向所在省的住房和城乡建设部门提交注册申请，由国家住房和城乡建设部审批通过后，才能获得注册证书。

考试是获得注册结构工程师的前提条件。以一级注册结构工程师为例，考试分为基础考试和专业考试。基础考试为闭卷考试，科目是：高等数学、普通物理、普通化学、理论力学、材料力学、流体力学、计算机应用基础、电工电子技术、工程经济、信号与信息技术、法律法规和土木工程材料、工程测量、职业法规、土木工程施工与管理、结构设计、结构力学、结构试验、土力学与地基基础。专业考试为开卷考试，允许携带正规出版的各种专业标准和参考书目。专业考试的科目为：钢筋混凝土结构、钢结构、砌体结构与木结构、地基与基础、高层建筑、高耸结构与横向作用、桥梁结构。

从考试科目可以看出，一级注册结构工程师考试基本上涵盖了土木工程专业本科所有基础课、专业基础课和专业课。因此，作为土木工程专业的本科生，应认真学好每一门课。

本科毕业后即可报名参加一级注册结构工程师基础考试。但专业考试有职业实践最少年限的要求，对于具有认证通过并在合格有效期内的工学学士学位的考生，职业实践最少年限为 4 年；对于工学学士学位未通过认证或本科毕业的考生，职业实践最少年限为 5 年。

注册工程师每一注册期为 3 年。为使注册工程师掌握工程建设有关法律法规、标准规范，增强职业道德和诚信守法意识，熟悉工程建设新方法、新技术、新材料，不断提高综合素质和执业能力，注册工程师在每一注册期内应达到本专业继续教育的要求。继续教育分为必修课和选修课，每注册期各为 60 学时。继续教育是注册工程师延续注册和重新申请注册的先决条件。

1.5 本课程的主要内容和特点

1.5.1 本课程的主要内容

本课程是“混凝土结构设计原理”的后续课程，为土木工程专业建筑工程方向的主干专业课。“混凝土结构设计原理”讲述了梁、柱等混凝土构件的基本理论和设计方法，本课程将讲述构件通过节点连接成的各种混凝土结构的设计理论和方法，主要内容如下。

1. 楼盖结构设计

楼盖是所有结构类型共有的水平承重结构体系。其作用是：①将所承担的楼面、屋面永久、可变等竖向作用传递给竖向承重构件；②作为横向的隔板，将风、地震等水平作用分配、传递给与楼盖相连的竖向结构体系。该部分除重点介绍单向板、双向板肋梁楼盖结构的设计理论、方法和构造措施外，还将介绍建筑中常用的楼梯和雨篷的结构设计。对于部分建筑采用的井字梁楼盖、密肋楼盖、无梁楼盖、空心楼盖、叠合楼盖和预应力楼盖等，可学习相关专业书籍。

2. 单层工业厂房结构设计

混凝土结构的单层工业厂房是典型的装配式结构。该部分将介绍单层工业厂房的结构体系、构件布置、节点连接和设计要点，介绍排架结构的计算简图、荷载取值、内力计算和排架柱截面设计。混凝土结构单层工业厂房除了本课程重点介绍的最常见的“板-架-柱”结构体系外，尚有门式刚架结构、T 形板结构、拱结构、有檩体系、锯齿形屋面、下沉式天窗屋面等结构体系，可学习有关资料。

3. 多层与高层建筑结构设计

建筑结构中应用最为普遍的是多层与高层钢筋混凝土结构，主要包括钢筋混凝土框架结构、剪力墙结构、框剪结构等三大结构形式和筒体结构等。这部分将介绍结构布置、计算简图、内力位移计算方法、作用效应组合、结构构件配筋计算和构造措施等内容。对于多高层钢结构、混合结构等结构形式，将分别在“房屋钢结构设计”和“组合结构设计”课程中介绍。

此外，本教材包括了课程设计和毕业设计的内容。课程设计和毕业设计是本课程不可缺少的后续实践课程，对于理解课程内容、巩固专业知识、熟悉设计程序、掌握设计要求、提高设计能力、培养团队精神等都是必不可少的。课程设计一般安排在该课程的期末集中进行。内容有两部分，一是楼盖结构，二是混凝土结构单层工业厂房。教材给出了课程设计的主要内容、要求和题目。毕业设计的计算量和绘图量都很大,需要花几个月才能完成,一般安排在最后一个学期进行。毕业设计可选做多层钢筋混凝土框架结构、高层钢筋混凝土剪力墙结构或框剪结构,本教材给出了毕业设计的题目和要求。

1.5.2　本课程的特点

本课程着眼于工程设计,学习中应特别注意以下几点:

1. 实践性

该课程的学习目的是掌握房屋混凝土结构的设计方法。学习完该课程并完成课程设计和毕业设计后,将能够对混凝土结构单层厂房、多层与高层建筑进行结构布置,确定计算简图,进行内力和位移计算,组合作用效应,分析计算结果,按照"混凝土结构设计原理"讲述的方法进行截面配筋设计,落实构造措施,完成结构设计。本课程的设计对象是建筑,应保证建筑的安全性、适用性、耐久性和经济性。因此,学习中首先要将责任意识放在第一位,本课程许多的作业、考试就是未来的工程设计。所以作业、考试不能仅以及格为标准,不能出现较大的计算错误,以致影响结构安全、适用和耐久,也不能为保证"安全"而无谓地增加构件截面尺寸和配筋,浪费材料。其次要树立守时的习惯,工程的招投标、开工竣工时间、前置工序完成时间都不能改变,设计也是一样,结构设计是整个建筑设计的一部分,不但和本专业有关,也和建筑、设备、造价等专业密切相关,不能因为个人原因影响设计进度。最后一定要培养认真细致的工作作风。结构设计涉及方方面面,工程中由于设备基础位置错误、配筋不足、计算的荷载漏项、截面尺寸偏小等问题造成的事故时有耳闻,由于关键计算参数取值错误或计算结果不满足标准要求而造成设计返工、违反个别强制性标准条文被行政处罚等屡见不鲜,造成这些问题的原因都是没有认真细致地工作。

2. 综合性

综合性体现在以下几个方面:①作为结构专业的主干课程,该课程与其他专业如建筑、设备等专业密切相关。结构设计必须考虑其他专业的要求,才能完成一个合格的设计。如单层工业厂房的模数制要求,多高层建筑中建筑、设备各专业协调后确定的净高对结构梁板最大高度的限制,功能要求对结构柱、墙位置的制约,空调机房、电梯机房等设备用房的荷载取值,板、梁、墙上设备管线和预留洞口的要求等。②作为结构的专业课,该课程与之前学习的基础课、专业基础课密切相关。由于结构是由结构构件通过节点连接起来的,而结构构件是由材料组成的,因此,为建立结构的设计方法,必须通过理论和实验方法对材料、构件和节点、结构进行研究。就本课程而言,之前学习的绝大部分课程都可以认为是本课程的基础课。数学是力学的基础,力学是结构的基础。就思想政治课程而言,他们也是增强学习动力、培养学习兴趣、提高学习效果、掌握学习方法、理解大政方针、促进职业道德和诚信守法意识的重要课程。外国语是学习国外先进知识、进行国际交流的不可缺少的工具。体育锻炼则是学习、工作的重要保证。③结构设计与施工、造价密切相关。只有通过施工,设计才能变成建筑物,因此,设计必须要考虑施工单位的施工方法、机具要求和所在地的材料供应情况。同时,结构设计考虑经济性天经地义,甚至有些建筑对结构的含钢率都有明确的限制,结构设计应尽可能做到。

3. 社会性

结构服务建筑,建筑服务社会。建筑是社会的产品,应综合考虑经济效益、社会效益、环境效益,要考虑适用性和技术可行性。优秀的结构工程师应能够根据社会、科技发展现状,优选工程材料,优化结构体系,掌握传力路径,减轻结构自重,控制灾害损失,绘制优美蓝图,展现特色造型,在保证安全、耐久、经济的前提下圆满实现建筑意图。一个建筑的设计需要不同专业的技术人员合作才能完成。即使就结构设计而言,大型工程也需要多人合作才能完成,所有的结构设计完成后还需要多轮校审及施工图审查。设计前,要配合岩土工程勘察提出勘察要求。设计完成后,要进行施工交底、配合施工。因此,学习本课程时要注意社会性,要考虑技术的发展和进步,才能做出理想的结构设计。

4. 经验性

土木工程的发展已经几千年了，而混凝土结构问世不过一百多年。尽管混凝土结构的设计离不开科学计算，但现行的实用计算方法并不能较为准确地计算混凝土收缩、徐变、温度变化及地基不均匀沉降的效应。结构在遭遇中震、大震时难以保持弹性，但准确计算中震、大震作用下结构的内力和位移尚有困难，而现行的计算方法基本上建立在弹性分析的基础上。因此，设计标准根据长期的工程实践经验，总结出了许多行之有效的设计措施。尽管这些经验性措施的规定似乎生搬硬套，零七碎八，不讲道理，但实际上这些经验性措施仍然是结构和结构构件的受力需要，只不过这些力在目前乃至今后相当长时期内都难以较为准确地计算而已。这些经验性措施对保证工程安全、适用、耐久至关重要，需要认真体会，在今后的学习和工作中长期感悟。

思考题

1. 什么是土木工程？与建筑工程有什么关系？

2. 什么是建筑结构？建筑结构需满足什么要求？

3. 按照所用材料，建筑结构如何分类？各类的特点是什么？

4.《民用建筑设计统一标准》(GB 50352—2019)中高层建筑结构的定义是什么？为什么要区分高层建筑结构？

5. 什么是高性能混凝土、超高性能混凝土？

6. 为什么要发展建筑抗震韧性理论和方法？

7. 什么是绿色建筑？为什么装配式混凝土结构和钢结构是绿色建筑结构？为什么要限制超高层建筑建造？

8. 什么是建设程序？建设程序的原则是什么？

9. 建设场地地段如何划分为有利、一般、不利和危险地段？不利和危险地段有什么要求？

10. 在建设项目中，结构工程师和建筑师、设备工程师、建造师等如何分工合作？

11. 什么是技术规范？与其他技术标准有什么区别？

12. 什么是标准设计图集？为什么设计、施工中提倡采用标准图集？为什么说规范、标准、标准设计图集是专业课最重要的参考资料？

13. 为什么我国要建立勘察设计注册工程师制度？什么是一级注册结构工程师？

第2章 建筑结构的作用

结构设计时，首先应确定安全等级。安全等级分为一级、二级和三级，对应的可能破坏后果分别为很严重、严重和不严重。一般房屋建筑的安全等级为二级。然后根据使用功能、建造和使用维护成本以及环境影响等因素确定结构设计工作年限，特别重要的建筑结构、普通房屋和构筑物、临时性建筑结构的结构设计工作年限分别为100年、50年、5年。

结构在设计工作年限内，应能够承受在正常施工和正常使用期间预期出现的各种作用，应保障结构和结构构件的预定使用要求，应保障足够的耐久性要求。

2.1 结构的极限状态

2.1.1 结构的极限状态和设计状况

结构设计应考虑可能出现的各种直接作用和间接作用，按极限状态的分项系数设计方法进行设计。

1. 承载能力极限状态和正常使用极限状态

首先应考虑的极限状态是涉及人身安全以及结构安全的极限状态，即承载能力极限状态。当结构或结构构件出现下列状态之一时，认为超过了承载能力极限状态：

(1) 结构构件或连接因超过材料强度而破坏，或因过度变形而不适于继续承载；

(2) 整个结构或其部分作为刚体失去平衡；

(3) 结构转变为机动体系；

(4) 结构或结构构件丧失稳定；

(5) 结构因局部破坏而发生连续倒塌；

(6) 地基丧失承载力而破坏；

(7) 结构或结构构件发生疲劳破坏。

其次应考虑涉及结构或结构单元的正常使用功能、人员舒适性、建筑外观的极限状态，即正常使用极限状态。当结构或结构构件出现下列状态之一时，认为超过了正常使用极限状态：

(1) 影响外观、使用舒适性或结构使用功能的变形；

(2) 造成人员不舒适或结构使用功能受限的振动；

(3) 影响外观、使用功能或耐久性的局部损坏。

结构设计时，应对起控制作用的极限状态进行验算；当不能确定时，应对不同极限状态分别进行验算。

2. 设计状况

结构设计时选用的设计状况，应涵盖正常施工和使用过程中的各种不利情况。设计状况共分以下四种：

(1) 持久设计状况，适用于结构正常使用时的情况；

(2) 短暂设计状况,适用于结构施工或维修等临时情况;

(3) 偶然设计状况,适用于结构遭受火灾、爆炸、非正常撞击等罕见情况;

(4) 地震设计状况,适用于结构遭受地震时的情况。

一般建筑应选用持久设计状况、短暂设计状况和地震设计状况进行设计。各种设计状况均应进行承载能力极限状态设计,持久设计状况尚应进行正常使用极限状态设计。

2.1.2 作用的种类和代表值

1. 作用的种类

使结构产生内力或变形的原因称为作用,由作用引起的结构或结构构件产生的弯矩、轴力、剪力、扭矩等内力、变形、裂缝等的反应,称为作用效应(effect of action)。

建筑结构上的作用可分为直接作用和间接作用。直接作用习惯上称为荷载,是指施加在结构上的集中力或分布力,如结构构件的重力荷载、楼面和屋面活荷载(live load)、风荷载(wind load)、雪荷载(snow load)等。间接作用指引起结构外加变形或约束变形的原因,如地震作用、温度变化、材料收缩、基础的差异沉降等。间接作用与外界因素和结构自身的特性有关,如地震作用不仅与地震加速度、频谱等地震动参数有关,还与结构自身的动力特性有关,所以不能把地震作用称为"地震荷载"。

根据时间变化特性,直接作用分为永久作用(permanent action)、可变作用(variable action)和偶然作用(accidental action)。永久作用在设计使用年限内始终存在,且其量值变化与平均值相比可以忽略不计,或其变化是单调的并趋于某个限值,如结构构件的重力荷载、土压力、预应力等;可变作用在设计使用年限内其量值随时间变化,且其变化与平均值相比不可忽略不计,如楼面和屋面活荷载、雪荷载、风荷载、吊车荷载(crane load)等;偶然作用在设计使用年限内不一定出现,而一旦出现其量值很大,且持续期很短,如撞击力、爆炸力等。

根据空间分布特性,作用分为固定作用和非固定作用。固定作用指具有固定空间分布的作用,如固定设备的重力荷载等;非固定作用指结构上给定的范围内具有任意空间分布的作用,如吊车荷载等。

按使结构产生的加速度对结构的影响,作用可分为静态作用(static action)和动态作用(dynamic action)。静态作用使结构产生的加速度可以忽略不计,如永久作用、楼面和屋面活荷载等;而动态作用使结构产生的加速度不可忽略不计,如地震作用、风荷载、撞击力、爆炸力等。

建筑结构最常见的作用包括:建筑物和设备产生的重力荷载、楼面和屋面活荷载、雪荷载、风荷载、地震作用。工业厂房一般有吊车荷载、超长结构应考虑温度作用、地下结构外墙和底板应考虑土压力。设计时,应根据不同作用类型选择恰当的作用模型和加载方式。

2. 作用代表值

作用代表值(representative value of an action)指结构或结构构件设计时,针对不同设计目的所采用的各种作用规定值,包括标准值(characteristic value)、组合值(combination value)、频遇值(frequent value)和准永久值(quasi-permanent value)。

标准值是作用的基本代表值,可根据对观测数据的统计、作用的自然界限或工程经验确定。其他代表值可将标准值乘以相应的系数得到。永久作用采用标准值为代表值。可变作用应根据设计要求采用标准值、组合值、频遇值或准永久值为代表值。偶然作用应根据结构设计使用特点确定其代表值。

确定可变作用代表值时应采用统一的设计基准期(design reference period)。设计基准期是为确定可变作用取值及时间有关的材料性能而选用的时间参数,大多为50年。确定可变作用标准值时,对于有足够统计资料的可变荷载,可根据其最大荷载的统计分布按一定保证率取其上限分位值。实际荷载难以统计时,可根据长期工程经验确定一个协议值作为标准值。

可变作用的组合值是使组合后的作用效应的超越概率与该作用单独出现时其标准值作用效应的超越概率趋于一致的作用值,或组合后使结构具有规定可靠指标的作用值,可通过组合值系数对作用标准值的折减来表示。可变作用的频遇值是在设计基准期内被超越的总时间占设计基准期的比率较小的作用值,或被超越的频率限制在规定频率内的作用值,可通过频遇值系数对作用标准值的折减来表示。在设计中,频遇值很少使用。可变作用的准永久值是在设计基准期内被超越的总时间占设计基准期的比率较大的作用值,可通过准永久值系数对作用标准值的折减来表示。

生产工艺荷载应根据工艺及相关专业的要求确定。

2.2 竖向荷载

2.2.1 永久作用

1. 结构自重

结构自重的标准值应按结构构件的设计尺寸与材料密度计算确定。对于自重变异较大的材料和构件,对结构不利时自重标准值取上限值,对结构有利时取下限值。

材料和构件的自重可查《荷载规范》,部分常用数值见本书附录2。

对于设备自重,位置固定的永久设备自重应采用设备铭牌重量值,当无铭牌重量时,应按实际重量计算。楼盖上的隔墙自重,如果位置不变,可作为永久作用计算;对于位置可灵活布置的轻质隔墙,其自重按可变荷载考虑。

2. 其他永久作用

土压力按设计埋深与土的单位体积自重计算确定。对于地下水位以下的土,单位体积自重应根据计算水位分别取不同密度计算。

预应力在扣除预应力损失后,采用有效预应力进行计算。

2.2.2 楼面和屋面活荷载

楼面和屋面活荷载一般采用等效均布活荷载方法进行设计,设计时应保证其产生的荷载效应与最不利堆放情况等效;对于建筑楼面和屋面堆放物较多或较重的区域,应按实际情况考虑其荷载。

设计楼面梁及墙、柱和基础时,楼面活荷载可进行折减,但折减系数不应小于《工程结构通用规范》(GB 55001—2021)第4.2.4条和第4.2.5条的规定。

1. 民用建筑楼面均布活荷载

一般使用条件下的民用建筑楼面均布活荷载标准值及其组合值系数、频遇值系数和准永久值系数的取值,不应小于表2-1的规定。当使用荷载较大、情况特殊或有专门要求时,应按实际情况采用。

表2-1 民用建筑楼面均布活荷载标准值及其组合值系数、频遇值系数和准永久值系数

项次	类　别	标准值/(kN/m^2)	组合值系数 ψ_c	频遇值系数 ψ_f	准永久值系数 ψ_q
1	(1) 住宅、宿舍、旅馆、医院病房、托儿所、幼儿园	2.0	0.7	0.5	0.4
	(2) 办公楼、教室、医院门诊室	2.5	0.7	0.6	0.5
2	食堂、餐厅、试验室、阅览室、会议室、一般资料档案室	3.0	0.7	0.6	0.5
3	礼堂、剧场、影院、有固定座位的看台、公共洗衣房	3.5	0.7	0.5	0.3
4	(1) 商店、展览厅、车站、港口、机场大厅及其旅客等候室	4.0	0.7	0.6	0.5
	(2) 无固定座位的看台	4.0	0.7	0.5	0.3
5	(1) 健身房、演出舞台	4.5	0.7	0.6	0.5
	(2) 运动场、舞厅	4.5	0.7	0.6	0.3

续表

项次	类别		标准值/(kN/m²)	组合值系数 ψ_c	频遇值系数 ψ_f	准永久值系数 ψ_q
6	(1) 书库、档案库、储藏室(书架高度不超过 2.5m)		6.0	0.9	0.9	0.8
	(2) 密集柜书库(书架高度不超过 2.5m)		12.0	0.9	0.9	0.8
7	通风机房、电梯机房		8.0	0.9	0.9	0.8
8	厨房	(1) 餐厅	4.0	0.7	0.7	0.7
		(2) 其他	2.0	0.7	0.6	0.5
9	浴室、卫生间、盥洗室		2.5	0.7	0.6	0.5
10	走廊、门厅	(1) 住宅、宿舍、旅馆、医院病房、托儿所、幼儿园	2.0	0.7	0.5	0.4
		(2) 办公楼、餐厅、医院门诊室	3.0	0.7	0.6	0.5
		(3) 教学楼及其他可能出现人员密集的情况	3.5	0.7	0.5	0.3
11	楼梯	(1) 多层住宅	2.0	0.7	0.5	0.4
		(2) 其他	3.5	0.7	0.5	0.3
12	阳台	(1) 可能出现人员密集的情况	3.5	0.7	0.6	0.5
		(2) 其他	2.5	0.7	0.6	0.5

2. 汽车通道及客车停车库的楼面均布活荷载

车库等汽车通道及客车停车库的楼面均布活荷载标准值及其组合值系数、频遇值系数和准永久值系数的取值,不应小于表 2-2 的规定。当使用条件不符合表 2-2 的要求时,应按效应等效原则,将车轮的局部荷载换算为等效均布荷载。

表 2-2 汽车通道及客车停车库的楼面均布活荷载

类别		标准值/(kN/m²)	组合值系数 ψ_c	频遇值系数 ψ_f	准永久值系数 ψ_q
单向板楼盖(2m≤板跨 L)	定员不超过 9 人的小型客车	4.0	0.7	0.7	0.6
	满载总重不大于 300kN 的消防车	35.0	0.7	0.5	0.0
双向板楼盖(3m≤板跨短边 L≤6m)	定员不超过 9 人的小型客车	$5.5-0.5L$	0.7	0.7	0.6
	满载总重不大于 300kN 的消防车	$50.0-5.0L$	0.7	0.5	0.0
双向板楼盖(6m≤板跨短边 L)和无梁楼盖(柱网不小于 6m×6m)	定员不超过 9 人的小型客车	2.5	0.7	0.7	0.6
	满载总重不大于 300kN 的消防车	20.0	0.7	0.5	0.0

3. 工业建筑楼面均布活荷载

工业建筑楼面均布活荷载标准值及其组合值系数、频遇值系数和准永久值系数的取值,不应小于表 2-3 的规定。

表 2-3 工业建筑楼面均布活荷载标准值及其组合值系数、频遇值系数和准永久值系数

项次	类别	标准值/(kN/m²)	组合值系数 ψ_c	频遇值系数 ψ_f	准永久值系数 ψ_q
1	电子产品加工	4.0	0.8	0.6	0.5
2	轻型机械加工	8.0	0.8	0.6	0.5
3	重型机械加工	12.0	0.8	0.6	0.5

4. 屋面均布活荷载

房屋建筑的屋面,其水平投影面上的屋面均布活荷载的标准值及其组合值系数、频遇值系数和准永久值系数的取值,不应小于表 2-4 的规定。

表 2-4 屋面均布活荷载的标准值及其组合值系数、频遇值系数和准永久值系数

项次	类别	标准值/(kN/m^2)	组合值系数 ψ_c	频遇值系数 ψ_f	准永久值系数 ψ_q
1	不上人的屋面	0.5	0.7	0.5	0.0
2	上人的屋面	2.0	0.7	0.5	0.4
3	屋顶花园	3.0	0.7	0.6	0.5
4	屋顶运动场地	4.5	0.7	0.6	0.4

注：① 不上人的屋面，当施工或维修荷载较大时，应按实际情况采用；
② 当上人屋面兼做其他用途时，应按相应楼面活荷载采用；
③ 屋顶花园的活荷载不应包括花圃土石等材料自重；
④ 对于因屋面排水不畅、堵塞等引起的积水荷载，应采取构造措施加以防止。必要时，按积水的可能深度确定屋面活荷载。

5. 屋顶直升机停机坪荷载

由于防火疏散需要，有些建筑的屋顶兼做直升机停机坪。屋顶直升机停机坪荷载按局部荷载考虑，局部荷载标准值及作用面积的取值不应小于表 2-5 的规定。

表 2-5 屋顶直升机停机坪局部荷载的标准值及作用面积

类别	最大起飞质量/t	局部荷载标准值/kN	作用面积/(m×m)
轻型	2	20	0.20×0.20
中型	4	40	0.25×0.25
重型	6	60	0.30×0.30

屋顶直升机停机坪荷载也可根据局部荷载换算为等效均布荷载。换算后的等效均布荷载标准值不应低于 $5.0kN/m^2$。组合值系数取 0.7，频遇值系数取 0.6，准永久值系数取 0。

6. 动力系数

将动力荷载简化为静力作用施加于楼面和梁时，应将活荷载乘以动力系数，动力系数不应小于 1.1。

2.2.3 雪荷载

除屋面活荷载外，屋面也会承受雪荷载。雪荷载按屋面水平投影面计算，作用在屋面水平投影面上的雪荷载标准值 s_k 按下式计算：

$$s_k = \mu_r s_0 \tag{2-1}$$

式中：s_0——基本雪压，kN/m^2；

μ_r——屋面积雪分布系数。

雪荷载的组合值系数取 0.7，频遇值系数取 0.6。雪荷载的准永久值系数应根据气候条件的不同，分为Ⅰ、Ⅱ、Ⅲ三个分区，分别取 0.5、0.2 和 0，具体分区详见《荷载规范》。

1. 基本雪压

基本雪压根据空旷平坦地形条件下的降雪观测资料，采用极值Ⅰ型概率分布模型，按 50 年重现期进行计算。全国各城市重现期 5 年、50 年和 100 年的基本雪压见《荷载规范》。对雪荷载敏感的结构，应按照 100 年重现期的雪压和基本雪压的比值，提高其雪荷载取值。

屋面均布活荷载和雪荷载不同时考虑，取其中较大值。由于屋面均布活荷载最小值为 $0.5kN/m^2$，故只有基本雪压大于 $0.5kN/m^2$ 的地区，雪荷载才起控制作用。在全国范围内，仅黑龙江、内蒙古、新疆、西藏等省、自治区的部分区域，基本雪压大于 $0.5kN/m^2$，故本教材不提供基本雪压表。

2. 屋面积雪分布系数

屋面积雪分布系数应根据屋面形式按表 2-6 确定，并应同时考虑均匀分布和非均匀分布等各种可能的积雪分布情况。

表 2-6 屋面积雪形式及屋面积雪分布系数

<table>
<tr><th>项次</th><th>类　别</th><th>屋面积雪形式及屋面积雪分布系数</th><th>备　注</th></tr>
<tr><td>1</td><td>单跨单坡屋面</td><td> 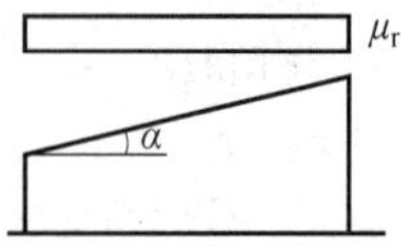μ_r
α
<table><tr><td>α</td><td>≤25°</td><td>30°</td><td>35°</td><td>40°</td><td>45°</td><td>50°</td><td>55°</td><td>≥60°</td></tr><tr><td>μ_r</td><td>1.0</td><td>0.85</td><td>0.7</td><td>0.55</td><td>0.4</td><td>0.25</td><td>0.1</td><td>0</td></tr></table></td><td>—</td></tr>
<tr><td>2</td><td>单跨双坡屋面</td><td> 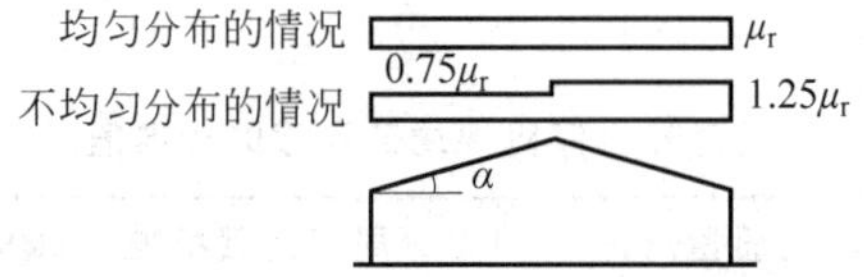均匀分布的情况 μ_r
不均匀分布的情况 $0.75\mu_r$ $1.25\mu_r$
α</td><td>μ_r 按第 1 项规定采用</td></tr>
<tr><td>3</td><td>带天窗坡屋面</td><td>均匀分布的情况 1.0
不均匀分布的情况 1.1 0.8 1.1
α</td><td>—</td></tr>
<tr><td>4</td><td>双跨双坡屋面</td><td>均匀分布的情况 1.0
不均匀分布的情况1 μ_r 1.4 μ_r
不均匀分布的情况2 μ_r 2.0 μ_r
α f
l l</td><td>μ_r 按第 1 项规定采用</td></tr>
</table>

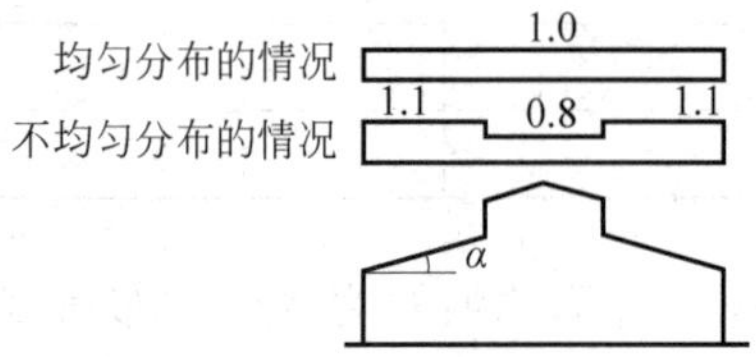

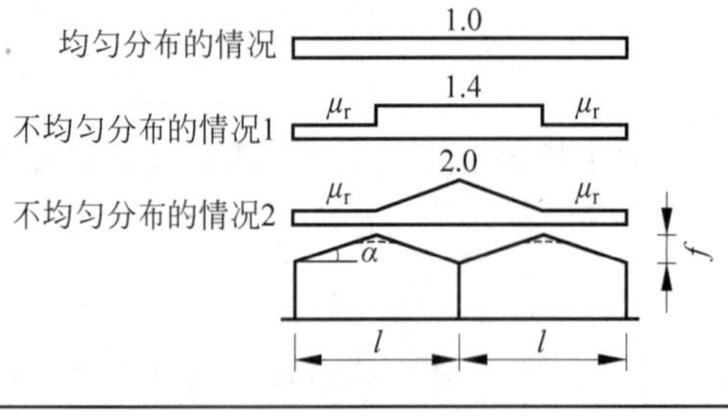

2.3 风荷载

垂直于建筑物表面上的风荷载标准值，应为基本风压、风压高度变化系数、风荷载体型系数、地形修正系数、风向影响系数和风振系数的乘积。

垂直于建筑物表面上的风荷载标准值 w_k(kN/m^2)按下式计算：

$$w_k = \beta_z \mu_s \mu_z \eta w_0 \tag{2-2}$$

式中：w_0——建筑物所在地的基本风压值，kN/m^2；

β_z——高度 z 处的风振系数；

μ_s——风荷载体型系数；

μ_z——风压高度变化系数；

η——地形修正系数。

风荷载的组合值系数、频遇值系数和准永久值系数分别取 0.6、0.4 和 0。

1. 基本风压

基本风压是以当地比较空旷平坦地面上离地 10m 高处统计所得的 50 年一遇 10min 平均最大风速为标准确定的风压值。基本风压 w_0 根据基本风速值 v_0(m/s)进行计算:

$$w_0 = \frac{1}{2}\rho v_0^2 \tag{2-3}$$

式中:ρ——空气密度,kg/m^3。

确定基本风速时,通过将标准地面粗糙度条件下观测得到的历年最大风速记录,统一换算为离地 10m 高、10min 平均年最大风速之后,采用极值Ⅰ型概率分布模型,按 50 年重现期计算得到。

部分城市重现期 10 年、50 年和 100 年的基本风压见附录 4。全国各城市基本风压见《荷载规范》,也可扫描本教材附录 4 二维码查看。

门式刚架(portal frame)轻型房屋,计算主刚架时,基本风压应乘以 1.1 的增大系数,计算檩条、墙梁、屋面板和墙面板及其连接时,乘以 1.5 的增大系数。对风荷载比较敏感的高层建筑(一般高度不小于 60m),承载力设计时,基本风压乘以 1.1 的增大系数。

任何情况下,基本风压不得低于 $0.30kN/m^2$。

2. 风压高度变化系数

风由大气流动引起。大气流过地面时,地面上各种粗糙物体,如树木、房屋等会使大气流动受阻,这种阻力随高度的增加而逐渐减弱,达到某一高度后便可忽略,此高度称为梯度风高度,大致为 300~550m,如图 2-1 所示。因此,在梯度风高度范围内,风速随离地面高度的增大而加大,建筑物所承受的风压也随建筑物高度的增加而加大,计算风荷载时,应乘以风压高度变化系数(height variation coefficient of wind pressure)。

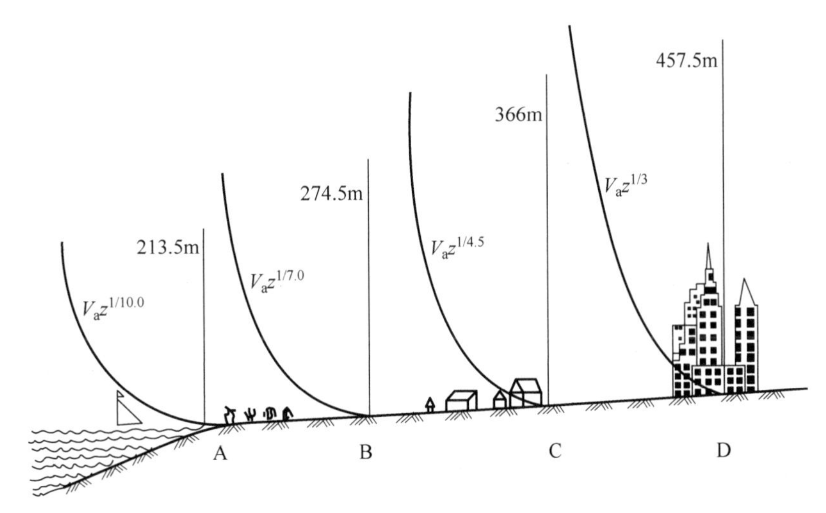

图 2-1 风速随高度变化示意

风压高度变化系数 μ_z 根据建设地点的地面粗糙度确定。地面粗糙度以结构上风向一定距离范围内的地面植被特征和房屋高度、密集程度等因素确定,需考虑的最远距离不小于建筑高度的 20 倍且不小于 2000m。地面粗糙度分为 A、B、C、D 四类。A 类指近海海面和海岛、海岸、湖岸及沙漠地区;B 类指田野、乡村、丛林、丘陵以及房屋比较稀疏的乡镇;C 类指有密集建筑群的城市市区;D 类指有密集建筑群且房屋较高的城市市区。

μ_z 按式(2-4)计算,且不超过 2.91。

$$\mu_z = v_{10}\left(\frac{z}{10}\right)^{\alpha} \tag{2-4}$$

式中:v_{10}——系数,A 类、B 类、C 类、D 类粗糙度类别分别取 1.284、1.000、0.544、0.262;

z——离地面或海平面高度，m。

α——指数，A类、B类、C类、D类粗糙度类别分别取0.24、0.30、0.44、0.60。

A类、B类、C类、D类粗糙度类别，μ_z取值分别不小于1.09、1.00、0.65、0.51。远海海面和海岛的建筑物距海岸40～60m时，μ_z除按A类粗糙度类别确定外，还要乘以修正系数1.0～1.1；距海岸60～100m时，乘以修正系数1.1～1.2。

μ_z的数值也可查《荷载规范》的相关表格。

3. 风荷载体型系数

风经过建筑物时，风压分布如图2-2所示，往往正面为压力（正号），侧面和背面为吸力（负号）。各面上的风压力是不均匀的，有正有负。风荷载体型系数是各面上的风压力平均值和基本风压的比值。

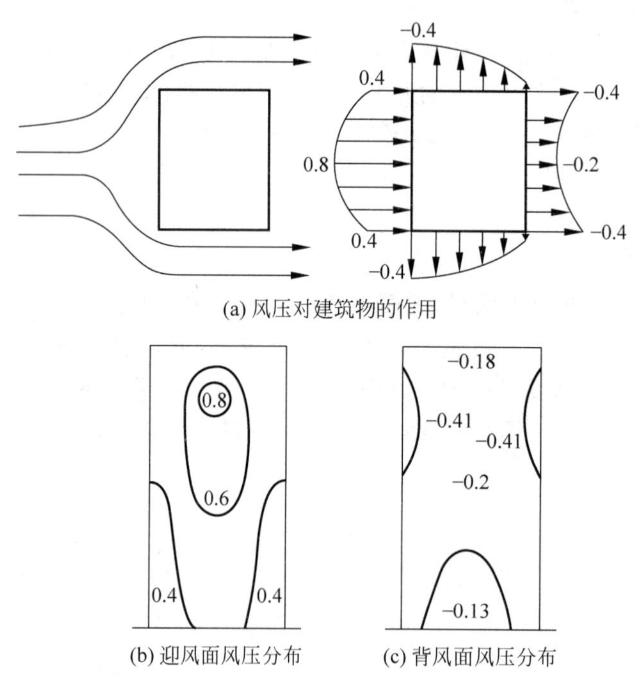

图2-2 风压分布示意

在计算主体结构的风荷载效应时，对于高宽比不大于4的矩形平面建筑，μ_s可取1.3，即0.8+0.5；对于高宽比大于4，长宽比不大于1.5的矩形平面建筑，μ_s取1.4。

常见结构形式的风荷载体型系数如表2-7所示，其他情况μ_s的数值见《荷载规范》及《混凝土高规》。

表2-7 风荷载体型系数

项次	类 别	风荷载体型系数	备 注
1	封闭式双坡屋面	μ_s −0.5 +0.8 α −0.5 −0.7 +0.8 −0.5 −0.7 α / μ_s: ≤15° −0.6; 30° 0.0; ≥60° +0.8	① 其他中间角度按线性插值计算； ② μ_s的绝对值不小于0.1
2	封闭式单坡屋面	μ_s α +0.8 −0.5 −0.5 +0.8 −0.5	迎风坡面的μ_s按第1项采用

续表

<table>
<tr><th>项次</th><th>类　别</th><th>风荷载体型系数</th><th>备　注</th></tr>
<tr><td>3</td><td>封闭式带天窗双坡屋面</td><td> 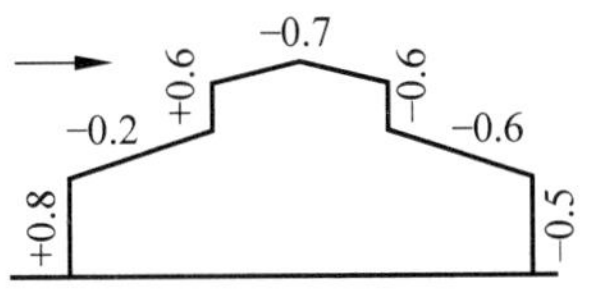−0.7
+0.6　−0.6
−0.2　−0.6
+0.8　−0.5</td><td>带天窗拱形屋面可按照本项采用</td></tr>
<tr><td>4</td><td>封闭式双跨双坡屋面</td><td>μ_s　α
−0.5　−0.4　−0.4
+0.8　−0.4</td><td>迎风坡面的 μ_s 按第 1 项采用</td></tr>
<tr><td>5</td><td>封闭式带天窗双跨双坡屋面</td><td> 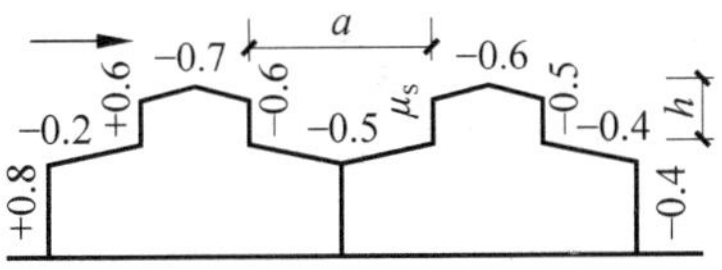a
−0.7　−0.6
+0.6　−0.6　μ_s　−0.5　h
−0.2　−0.5　−0.4
+0.8　−0.4</td><td>迎风面第 2 跨天窗面的 μ_s 按下列规定采用：
① 当 $a \leqslant 4h$，取 $\mu_s=0.2$；
② 当 $a > 4h$，取 $\mu_s=0.6$</td></tr>
<tr><td>6</td><td>封闭式房屋和构筑物</td><td> 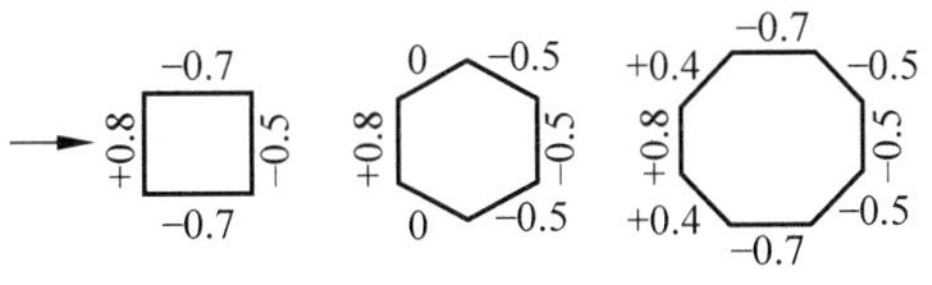−0.7　+0.8　−0.5　−0.7
0　−0.5　+0.8　−0.5　0　−0.5
−0.7　+0.4　−0.5　+0.8　−0.5　+0.4　−0.5　−0.7
(a) 正多边形（包括矩形）平面 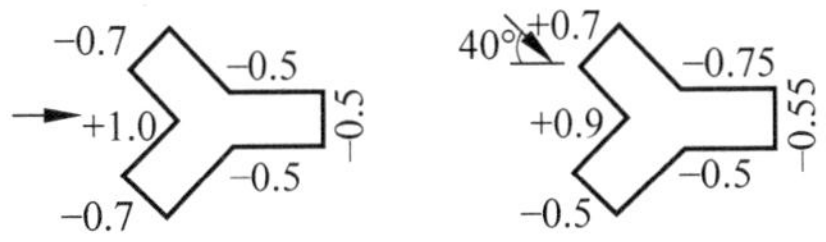
−0.7　−0.5　+1.0　−0.5　−0.5　−0.7
40°　+0.7　−0.75　+0.9　−0.55　−0.5　−0.5
(b) Y形平面 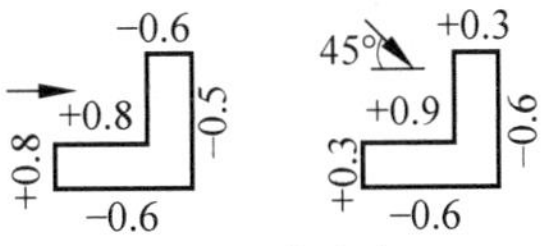
−0.6　+0.8　+0.8　−0.5　−0.6
45°　+0.3　+0.9　+0.3　−0.6　−0.6
−0.7　+0.8　+0.9　+0.8　−0.5　−0.7
(c) L形平面 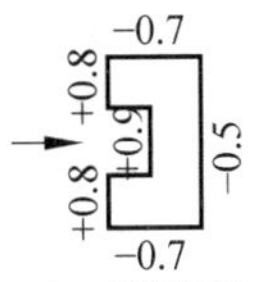　(d) Π形平面 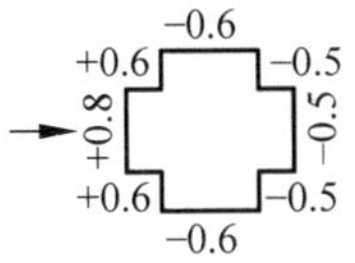
−0.6　+0.6　−0.5　+0.8　−0.5　+0.6　−0.5　−0.6
−0.45　−0.5　+0.8　−0.5　−0.45　−0.5
(e) 十字形平面 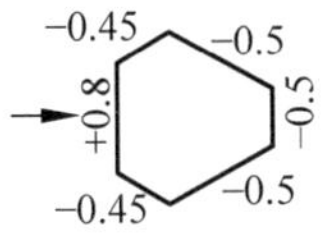　(f) 截角三边形平面</td><td>—</td></tr>
<tr><td>7</td><td>高度超过 45m 的矩形截面高层建筑</td><td> 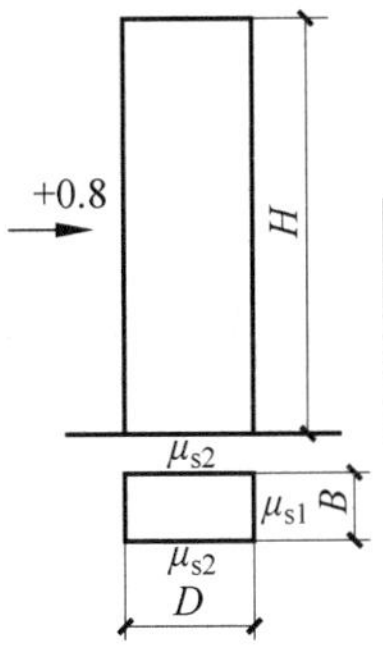+0.8　H
μ_{s2}　μ_{s1}　B　μ_{s2}　D
<table>
<tr><td>D/B</td><td>≤1</td><td>1.2</td><td>2</td><td>≥4</td></tr>
<tr><td>μ_{s1}</td><td>−0.6</td><td>−0.5</td><td>−0.4</td><td>−0.3</td></tr>
<tr><td>μ_{s2}</td><td colspan="4">−0.7</td></tr>
</table></td><td>—</td></tr>
</table>

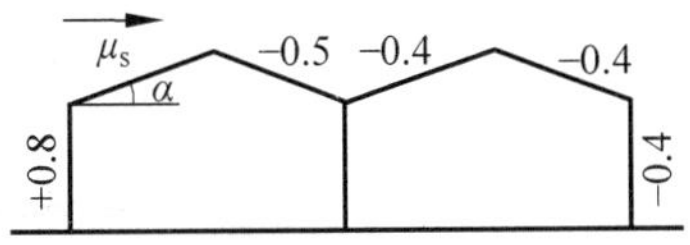

4. 地形修正系数

山地受其复杂的地形、地貌的影响，靠近地面的风速、风压会产生显著改变，风荷载标准值应乘以地形修正系数。

(1) 对于山峰和山坡等地形，应根据山坡全高、坡度和建筑物计算位置离建筑物地面的高度确定地形修正系数 η。图 2-3 所示顶部 B 处的地形修正系数 η_B 按式(2-5)计算。其值不应小于 1.0。

$$\eta_B = \left[1 + \kappa \tan\alpha \left(1 - \frac{z}{2.4H}\right)\right]^2 \tag{2-5}$$

式中：$\tan\alpha$——山峰或山坡在迎风面一侧的坡度，当 $\tan\alpha > 0.3$ 时，取 0.3；

κ——系数，对山峰，取 2.2；对山坡，取 1.4；

H——山顶或山坡全高，m；

z——建筑物计算位置离建筑物地面的高度，m，当 $z > 2.5H$ 时，取 $z = 2.5H$。

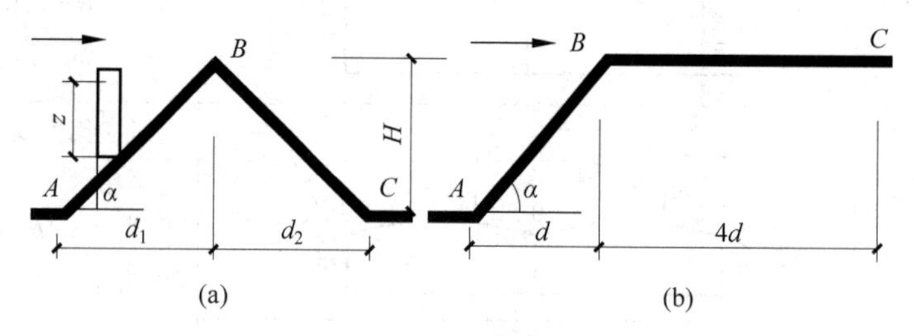

图 2-3 山峰和山坡示意

其他部位修正系数，按图 2-3 所示，取 A、C 处地形修正系数 η_A、η_C 为 1，AB 间、BC 间的地形修正系数按 η 的线性插值确定。

(2) 山间盆地、谷地等闭塞地形的风荷载较小，地形修正系数可在 0.75～0.85 选取。

(3) 与风向一致的谷口、山口，由于风在该地区被挤压，产生狭缝效应，使风速得到提升。因此，对于与风向一致的谷口、山口，地形修正系数在 1.20～1.50 选取。

5. 风向影响系数

当有 15 年以上符合观测要求且可靠的风气象资料时，可按照极值理论的统计方法计算不同风向的风向影响系数。所有风向影响系数的最大值不应小于 1.0，最小值不应小于 0.8。除此之外的其他情况，风向影响系数取 1.0。

6. 风振系数

风对建筑物是动力作用，但风荷载计算时，通常将风速看成稳定风速，即平均风速。实际风速在平均风速附近波动，风压也在平均风压附近波动，如图 2-4 所示。

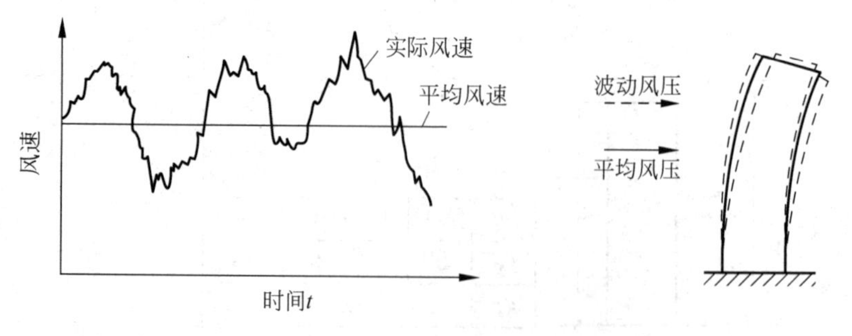

图 2-4 风振动作用

对于高度大于 30m 且高宽比大于 1.5 的建筑物，风引起的结构振动比较明显，应考虑风荷载脉动的增大效应，即乘以风振系数。

主要受力结构的风振系数 β_z 根据地形特征、脉动风特性、结构周期、阻尼比等因素，按式(2-6)计算，其值不应小于 1.2。

$$\beta_z = 1 + 5I_{10}B_z\sqrt{1 + R^2} \tag{2-6}$$

式中：I_{10}——10m 高度名义湍流强度，对应 A 类、B 类、C 类、D 类地面粗糙度类别，分别取 0.12、0.14、0.23、0.39；

R——脉动风荷载的共振分量因子；

B_z——脉动风荷载的背景分量因子。

脉动风荷载的共振分量因子 R 按下式计算：

$$R=\sqrt{\frac{\pi}{6\zeta_1}\frac{x_1^2}{(1+x_1^2)^{4/3}}} \tag{2-7}$$

$$x_1=\frac{30f_{\mathrm{I}}}{\sqrt{k_{\mathrm{w}}w_0}},\quad x_1>5 \tag{2-8}$$

式中：f_{I}——建筑结构第Ⅰ阶自振频率，Hz；

k_{w}——地面粗糙度修正系数，A 类、B 类、C 类和 D 类粗糙度类别，分别取 1.28、1.0、0.54 和 0.26；

ζ_1——结构阻尼比。按照主体结构的材料类型与填充墙的多少确定，钢结构可取 0.01，有填充墙的钢结构可取 0.02，钢筋混凝土与砌体结构可取 0.05；

w_0——基本风压。

对于体形和质量沿高度均匀分布的高层建筑，脉动风荷载的背景分量因子 B_z 可按下式计算：

$$B_z=kH^{a_1}\rho_x\rho_z\frac{\phi_{\mathrm{I}}(z)}{\mu_z} \tag{2-9}$$

式中：$\phi_{\mathrm{I}}(z)$——结构第Ⅰ阶振型系数，应根据结构动力计算确定。对外形、质量、刚度沿高度比较均匀的高层建筑，可根据相对高度 z/H 按《荷载规范》附录 G 确定。

H——结构总高度，m；对 A 类、B 类、C 类和 D 类地面粗糙度，H 的取值分别不应大于 300m、350m、450m 和 550m。

ρ_x——脉动风荷载水平方向相关系数，$\rho_x=\dfrac{10\sqrt{B+50\mathrm{e}^{-B/50}-50}}{B}$，其中 B 为迎风面宽度，m，$B\leqslant 2H$，对于迎风面宽度 B 较小的结构，$\rho_x=1$。

ρ_z——脉动风荷载竖直方向相关系数，$\rho_z=\dfrac{10\sqrt{H+60\mathrm{e}^{-H/60}-60}}{H}$。

k、a_1——系数，按表 2-8 取值。

表 2-8 系数 k、a_1 取值

粗糙度类别	A	B	C	D
k	0.944	0.670	0.295	0.112
a_1	0.155	0.187	0.261	0.346

围护结构的风荷载放大系数应根据地形特征、脉动风特性和流场特征等因素确定，且不应小于 $1+\dfrac{0.7}{\sqrt{\mu_z}}$，其中 μ_z 为风压高度变化系数。

2.4 地震作用

我国是一个地震多发频发的国家，大约 58%以上的国土、55%的人口处于 7 度以上高烈度地震区。地震灾害的统计结果表明，地震造成人员伤亡和经济损失的主要原因是建筑物的倒塌和工程设施、设备的破坏。世界上 130 次伤亡巨大的地震中，95%以上的人员伤亡是由于建筑物倒塌破坏造成的。建设工程抗震工作直接关系人民生命财产安全、经济发展和社会稳定。历次地震的震害经验表明，确保建设工程的抗震设防能力是减轻地震灾害最有效的手段，结构抗震是提高建设工程的抗震设防能力最基本、最有效的方法,其重要性如何强调都不为过。

2.4.1 地震作用计算的特点

1. 地震动

地震动是由震源释放出来的地震波引起的地表及近地表介质的振动。地震动通过地基基础使上部结构发生强迫振动,在振动过程中作用在结构上的惯性力就是地震作用。地震作用使结构产生加速度、速度和位移反应。

地震波可分解为6个振动分量,即2个水平分量,1个竖向分量及3个转动分量。所有建筑物应至少在2个主轴方向分别计算水平地震作用。竖向振动在震中附近的高烈度区对建筑物影响较大。因此,以下两种情况下应计算竖向地震作用:①高烈度区的大跨度和长悬臂结构;②抗震设防烈度9度时的高层建筑,详见2.4.5节。扭转振动对房屋破坏性很大,但目前难以计算,主要采用概念设计方法加大结构的抵抗能力。

地震作用与地震地面运动特性有关。地震地面运动特性可用强度、持续时间和频谱来描述,即地震动三要素。

强度可以表达为地面运动的峰值加速度PGA(peak ground acceleration)、峰值速度PGV(peak ground velocity)和峰值位移PGD(peak ground displacement)。峰值加速度与地震作用大小直接相关,是最重要的地震动参数之一。

由于很小的加速度对建筑的影响不大,因此,关于持续时间,设计关注的是指地震波第一次与最后一次到达$0.05g$的有效持续时间。有效持续时间越长,对建筑的破坏性越大。

频谱指地震地面运动的能量随频率的分布规律。通常高频2～6Hz范围的能量较大。地震震级越高,地震释放的能量越大。震中距越小,高频范围的能量密集,短周期结构的响应越大;震中距越大,低频部分的能量密度相对较大。工程场地对地震波有过滤作用,通常岩土与硬土场地,长周期的能量衰减较快,高频短周期的能量比较丰富。而软土场地中,中长周期范围的能量较丰富。因此,抗震设计时应划分建筑场地类别。

根据岩石的剪切波速或土层等效剪切波速和场地覆盖层厚度,建筑的场地类别按表2-9划分为Ⅰ、Ⅱ、Ⅲ、Ⅳ四类,其中Ⅰ类场地分为$Ⅰ_0$场地和$Ⅰ_1$场地两个亚类。

表2-9 各类建筑场地的覆盖厚度 m

岩石的剪切波速v_s或土的等效剪切波速v_{se}/(m/s)	场地类别				
	$Ⅰ_0$	$Ⅰ_1$	Ⅱ	Ⅲ	Ⅳ
$v_s>800$	0				
$800\geqslant v_s>500$		0			
$500\geqslant v_{se}>250$		<5	≥5		
$250\geqslant v_{se}>150$		<3	3～50	>50	
$v_{se}\leqslant 150$		<3	3～15	15～80	>80

注:建筑场地覆盖层厚度一般按地面至剪切波速大于500m/s且其下卧各层岩土的剪切波速均不小于500m/s的土层顶面的距离确定。

由表2-9可见,剪切波速越小、场地覆盖层厚度越大,则场地类别越高。设计时采用的场地类别应依据该工程所在场地的《岩土工程勘察报告》确定。

作为动力作用,建筑物承受的地震作用与建筑物自身的动力特性,即自振周期、振型和阻尼有关。通常质量大、刚度大、周期短的建筑物在地震作用下的惯性力较大;刚度小、周期长的建筑物位移较大,但惯性力较小。当地震波的主要振动周期与建筑物的自振周期相近时,会引起类共振,地震反应加剧。

2. 抗震设防范围、烈度和设计基本地震加速度

某一地区的建筑可能遭遇的地震是不确定的,应统一采用按国家规定的权限批准作为一个地区抗震设防依据的抗震设防烈度(seismic precautionary intensity)进行。

抗震设防烈度为6度及6度以上地区的新建、扩建、改建的建筑工程必须进行抗震设防。抗震设防烈度按照中国地震局提出的《中国地震动参数区划图》(GB 18306—2015)确定。根据该区划图,全国均为抗震设防烈度为6度及6度以上地区,因此,均应进行抗震设防。但当抗震设防烈度大于9度时,由于地震作用巨大,进行抗震设防在经济上不合理,在技术上难度大,故一般不建议在抗震设防烈度大于9度的地区进行工程建设。

地震是随机的,某一地区实际发生的地震烈度可能低于或高于抗震设防烈度。因此,一般将建筑可能遭遇的地震动划分为多遇地震动(frequent ground motion)、设防地震动(basis ground motion)和罕遇地震动(rare ground motion)三种。多遇地震动指该地区50年超越概率水准63%的地震动,也称为小震;设防地震动指该地区50年内超越概率10%的地震动,也称为中震;罕遇地震动指该地区50年内超越概率2%的地震动,也称为大震。

2008年5月12日发生的汶川地震是我国近年来烈度最高、损失最大的地震。该地震的极震区烈度达11度,已经超过了大震烈度。此后,《中国地震动参数区划图》(GB 18306—2015)提出了年超越概率为10^{-4}的极罕遇地震动,也称为巨震。目前,巨震尚未用于普通建筑的抗震设防,仅用于重大工程的规划选址、地震地质灾害防治、应急救灾准备。

抗震设防烈度越大,地震加速度越大。将50年设计基准期超越概率10%的地震加速度定义为设计基本地震加速度(design basic acceleration of ground motion),抗震设防烈度与设计基本地震加速度的对应关系如表2-10所示。

表2-10 抗震设防烈度和设计基本地震加速度

抗震设防烈度	6度	7度		8度		9度
设计基本地震加速度	$0.05g$	$0.10g$	$0.15g$	$0.20g$	$0.30g$	$0.40g$

注:g为重力加速度。

表2-10可以看出,7度分为$0.10g$和$0.15g$,8度分为$0.20g$和$0.30g$。$0.15g$和$0.30g$也分别称为7.5度、8.5度,即7度半、8度半。

震害调查表明,在宏观烈度相似的情况下,处在大震级远震中距下的柔性建筑,其震害要比中、小震级近震中距的情况重得多。例如,抗震设防烈度同样是7度,如果距震中较近,则地面运动的短周期成分多,对短周期的刚度较大的结构造成的震害大,长周期的结构反应较小;距离震中远,短周期振动衰减比较多,则高柔结构受地震的影响大。理论分析也发现,震中距不同时反应谱频谱特性并不相同。《抗震规范》用第一组、第二组和第三组的设计地震分组,粗略地反映这一宏观现象。分在第三组的地区,长周期结构的地震作用会较大。

2.4.2 反应谱法

反应谱法是计算结构地震作用的基本方法。

1. 地震反应谱

单自由度弹性体系在地震作用下的运动方程为:

$$m\ddot{x}(t)+c\dot{x}(t)+kx(t)=-m\ddot{x}_0(t) \tag{2-10}$$

式中:m、c、k——单自由度体系的质量、阻尼常数和刚度系数;

$\ddot{x}(t)$、$\dot{x}(t)$、$x(t)$——质点的加速度、速度和位移反应时程;

$\ddot{x}_0(t)$——地面运动加速度时程。

式(2-10)通过Duhamel(杜阿梅尔)积分或数值计算求解后,可得到随时间变化的质点的加速度、速度和位移反应。该方法将地震地面加速度时程$\ddot{x}_0(t)$,即地震波输入,计算得到结构随时间变化的地震反应,实际上就是时程分析法。

图2-5(a)给出了某个地面运动加速度时程$\ddot{x}_0(t)$作用下质点的加速度反应时程曲线$\ddot{x}(t)$。刚度为

$k_1, k_2, \cdots, k_n$ 的结构的加速度反应分别为 $\ddot{x}_1(t), \ddot{x}_2(t), \cdots, \ddot{x}_n(t)$，其绝对值最大分别为 $S_{a1}, S_{a2}, \cdots, S_{an}$。

对于某一次地震的地面运动 $\ddot{x}_0(t)$，S_a 与结构刚度 k 有关，而结构刚度 k 与结构的自振周期 T 或频率 f 有关。结构刚度越大，结构的自振周期越短，频率越高；反之，结构的自振周期越长，频率越低。将结构刚度用结构的自振周期表示，可以计算出不同自振周期 T 的结构的 S_a，如图 2-5(b)所示，将 S_{a1}，$S_{a2}, \cdots, S_{an}$ 在 S_a-T 坐标图上相连，即得一条 S_a-T 关系曲线，称之为某一次地震的加速度反应谱。

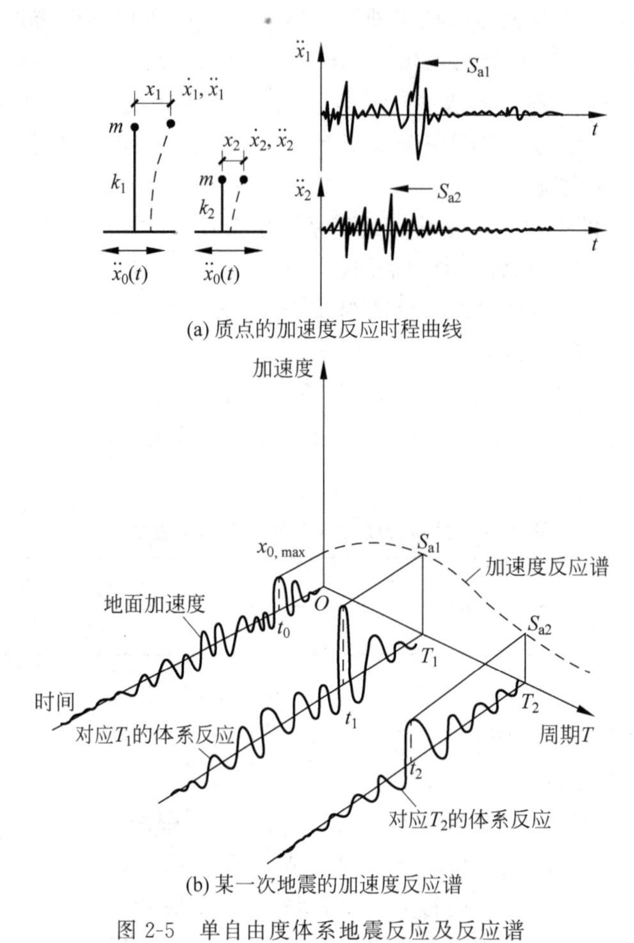

(a) 质点的加速度反应时程曲线

(b) 某一次地震的加速度反应谱

图 2-5 单自由度体系地震反应及反应谱

S_a 也与结构的阻尼有关。1940 年 EL Centro 地震 NS 记录加速度反应谱如图 2-6 所示。

从图 2-6 可以看出，阻尼越大，S_a 越低。

场地、震中距、震级会影响地震波的性质，也影响地震反应谱曲线形状。不同性质土壤的地震反应谱如图 2-7 所示，其中阻尼比 $\zeta=0.05$。

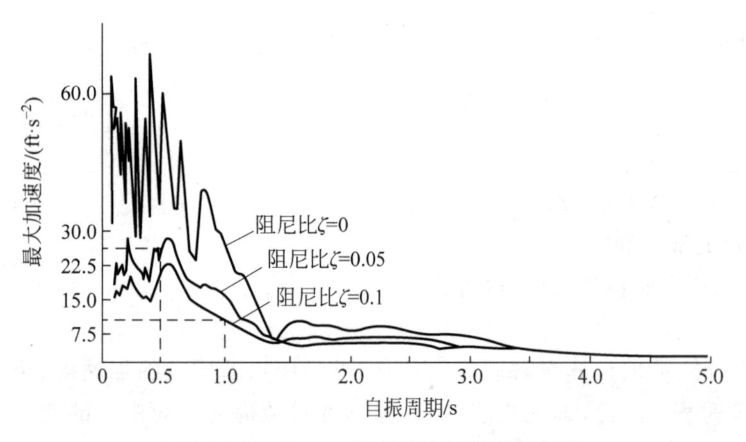

图 2-6 EL Centro 地震记录加速度反应谱

(1ft=0.3048m)

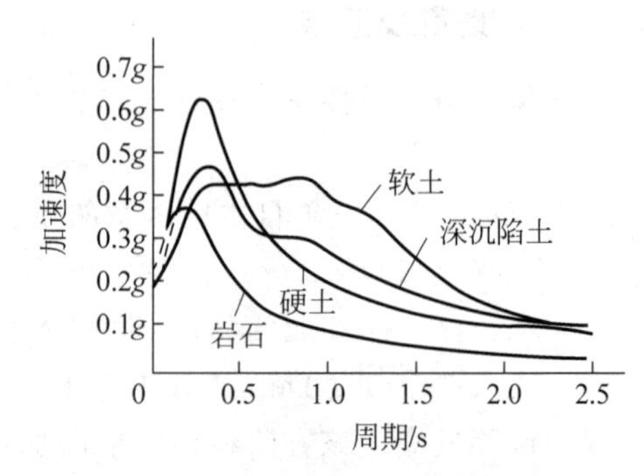

图 2-7 不同性质土壤的地震反应谱

从图 2-7 可以看出，硬土中反应谱的峰值对应的周期短；软土中反应谱的峰值对应的周期长，且曲线平台较硬土大，长周期结构在软土地基上的地震作用更大。

2. 地震影响系数曲线

采用加速度反应谱计算地震作用。取最大加速度反应绝对值计算惯性力作为地震作用，即：

$$F = mS_a \tag{2-11}$$

将公式的右边改写成：

$$F = mS_a = \frac{\ddot{x}_{0,\max}}{g}\frac{S_a}{\ddot{x}_{0,\max}}mg = k\beta G = \alpha G \tag{2-12}$$

式中：α——地震影响系数，$\alpha = k\beta$；

G——质点的重量，$G = mg$；

g——重力加速度；

k——地震系数，$k = \dfrac{\ddot{x}_{0,\max}}{g}$，即地面运动最大加速度与重力加速度的比值；

m——质点的质量；

S_a——最大加速度反应绝对值；

β——动力系数，$\beta = \dfrac{S_a}{\ddot{x}_{0,\max}}$，即结构最大加速度反应相对于地面最大加速度的放大系数；β 与 $\ddot{x}_{0,\max}$、结构周期 T 及阻尼比 ζ 有关。不同地震波的 $\beta_{\max}$ 平均值在 2.25～2.5。

我国建筑抗震设计采用 α 曲线，该曲线是基于不同场地的国内外大量地震加速度记录的反应谱计算得到的，又称地震影响系数曲线，也称为设计反应谱，如图 2-8 所示。

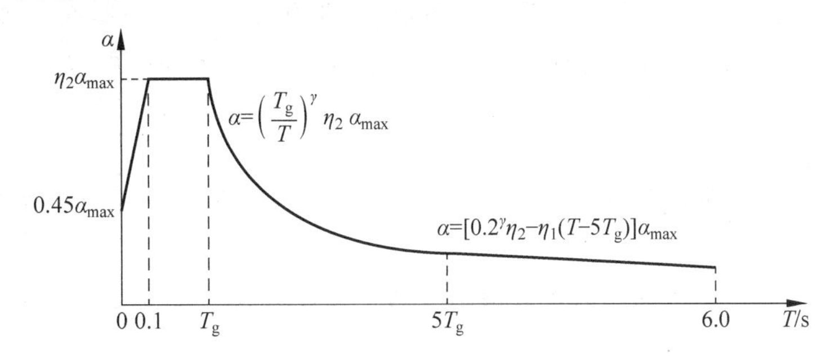

图 2-8 地震影响系数曲线

注：α—地震影响系数；$\alpha_{\max}$—地震影响系数最大值；η_1—直线下降段的下降斜率调整系数；γ—衰减指数；T_g—特征周期；η_2—阻尼调整系数；T——结构自振周期

由图 2-8 可见，地震影响系数曲线由 4 段组成：①直线上升段，即周期小于 0.1s 的区段，该段周期过小，设计中基本不用；②水平段，即自 0.1s 至特征周期 T_g 的区段，该段为加速度控制段，地震影响系数最大，为 $\eta_2\alpha_{\max}$；③曲线下降段，即自特征周期至 5 倍特征周期的区段，该段为速度控制段；④直线下降段，即自 5 倍特征周期至 6.0s 的区段，该段为位移控制段。对于周期大于 6s 的结构，《抗震规范》尚未给出地震影响系数，需专门研究。

地震影响系数曲线是计算结构地震作用的基础，主要参数如下。

1）水平地震影响系数最大值 $\alpha_{\max}$

水平地震影响系数最大值 $\alpha_{\max}$ 不应小于表 2-11 的规定。

表 2-11 水平地震影响系数最大值 $\alpha_{\max}$

地震影响	6 度	7 度		8 度		9 度
	0.05g	**0.10g**	**0.15g**	**0.20g**	**0.30g**	**0.40g**
多遇地震	0.04	0.08	0.12	0.16	0.24	0.32

续表

地震影响	6 度	7 度		8 度		9 度
	0.05*g*	**0.10*g***	**0.15*g***	**0.20*g***	**0.30*g***	**0.40*g***
设防地震	0.12	0.23	0.34	0.45	0.68	0.90
罕遇地震	0.28	0.50	0.72	0.90	1.20	1.40

需要注意的是，以下两种情况下，水平地震影响系数最大值应增大：

(1) 当工程结构处于发震断裂两侧10km以内时，地震的破坏性更大。此时，应计入近场效应的放大作用，5km以内宜乘以增大系数1.5，5km以外宜乘以不小于1.25的增大系数。

(2) 当工程结构处于条状突出的山嘴、高耸孤立的山丘、非岩石和强风化岩石的陡坡、河岸和边坡边缘等不利地段时，应考虑不利地段的放大作用。放大系数不得小于1.1，不大于1.6。

2) 结构阻尼比 ζ

图2-8给出了地震影响系数曲线下降段和直线下降段的表达式，公式中各系数与结构阻尼比 ζ 有关。曲线下降段的衰减指数 γ 用下式计算：

$$\gamma = 0.9 + \frac{0.05 - \zeta}{0.3 + 6\zeta} \tag{2-13}$$

直线下降段的下降斜率调整系数 η_1 用下式计算，小于0时取0：

$$\eta_1 = 0.02 + \frac{0.05 - \zeta}{4 + 32\zeta} \tag{2-14}$$

阻尼调整系数 η_2 用下式计算，小于0.55时取0.55：

$$\eta_2 = 1 + \frac{0.05 - \zeta}{0.08 + 1.6\zeta} \tag{2-15}$$

确定了结构阻尼比 ζ，代入上述公式计算出各系数后，即可计算出结构周期 T 对应的 α 值。钢筋混凝土结构 $\zeta=0.05$。对于钢结构，在多遇地震作用下，高度不大于50m时，可取0.04；高度大于50m且小于200m时，可取0.03；高度不小于200m时，可取0.02。在罕遇地震作用下，可取0.05。对于混合结构，多遇地震作用下的阻尼比取0.04。

地震影响系数曲线中，钢筋混凝土结构的衰减指数 $\gamma=0.9$，直线下降段斜率调整系数 $\eta_1=0.02$，阻尼调整系数 $\eta_2=1.0$。

结构阻尼比加大，地震影响系数降低。消能减震结构就是采取给结构增加阻尼的方法来降低结构承受的地震作用。

3) 特征周期 T_g

图2-8地震影响曲线水平段的终点对应的周期即为特征周期 T_g。特征周期根据设计地震分组和场地类别按表2-12确定。

表2-12 特征周期 s

设计地震分组	场地类别				
	I_0	I_1	Ⅱ	Ⅲ	Ⅳ
第一组	0.20	0.25	0.35	0.45	0.65
第二组	0.25	0.30	0.40	0.55	0.75
第三组	0.30	0.35	0.45	0.65	0.90

计算罕遇地震作用时，特征周期应按上表数值增加0.05s。多数情况下，特征周期 T_g 越大，地震影响系数 α 值越大。

【例2-1】 已知抗震设防烈度为8度(0.3g)，试计算下列条件下某层高为4m、总层数为20层的高层建筑结构在多遇地震时的地震影响系数 α，并分析不同因素对地震影响系数 α 的影响。

(1) 该建筑为钢筋混凝土框剪结构，设计地震分组为第二组，场地为Ⅱ类，分别计算自振周期 $T=1.80$s 和 $T=2.40$s 两种情况下的地震影响系数 α。

(2) 该建筑为混凝土框剪结构，自振周期 $T=1.80\text{s}$，抗震设防烈度为8度($0.3g$)，设计地震分组为第二组，分别计算场地为Ⅱ类和Ⅲ类两种情况下的地震影响系数 α。

(3) 该建筑为混凝土框剪结构，自振周期 $T=1.80\text{s}$，抗震设防烈度为8度($0.3g$)，场地为Ⅱ类，分别计算设计地震分组为第二组和第三组两种情况下的地震影响系数 α。

(4) 该建筑结构的自振周期 $T=1.80\text{s}$，抗震设防烈度为8度($0.3g$)，场地为Ⅱ类，设计地震分组为第二组，分别计算结构为混凝土框架结构和钢结构两种情况下的地震影响系数 α。

【解】 (1) 由表2-11查得多遇地震下抗震设防烈度为8度($0.3g$)时，$\alpha_{\max}=0.24$，由表2-12查得Ⅱ类场地、第二组时 $T_g=0.40\text{s}$。钢筋混凝土结构的阻尼比 $\zeta=0.05$，$\eta_1=0.02$，$\eta_2=1.0$，$\gamma=0.9$。

① $T=1.80\text{s}$ 时，因 $T_g<T<5T_g$，所以

$$\alpha=\left(\frac{T_g}{T}\right)^{\gamma}\eta_2\alpha_{\max}=\left(\frac{0.40\text{s}}{1.80\text{s}}\right)^{0.9}\times 0.24=0.062$$

② $T=2.40\text{s}$ 时，因 $5T_g<T$，所以

$$\begin{aligned}\alpha&=[\eta_2 0.2^{\gamma}-\eta_1(T-5T_g)]\alpha_{\max}\\&=[1.0\times 0.2^{0.9}-0.02\times(2.40-5\times 0.40)]\times 0.24=0.055\end{aligned}$$

当 $0.1\text{s}<T<T_g$ 时，随着自振周期的增大，地震影响系数 α 不变；当 $T_g<T$ 时，随着自振周期的增大，地震影响系数 α 会逐渐减小。

(2) 由表2-11查得多遇地震下抗震设防烈度为8度($0.3g$)时，$\alpha_{\max}=0.24$，当阻尼比 $\zeta=0.05$，$\eta_1=0.02$，$\eta_2=1.0$，$\gamma=0.9$。

① 场地为Ⅱ类时，由表2-12查得Ⅱ类场地、第二组 $T_g=0.40\text{s}$。

因 $T_g<T<5T_g$，所以

$$\alpha=\left(\frac{T_g}{T}\right)^{\gamma}\eta_2\alpha_{\max}=\left(\frac{0.40\text{s}}{1.80\text{s}}\right)^{0.9}\times 1.0\times 0.24=0.062$$

② 场地为Ⅲ类时，由表2-12查得Ⅲ类场地、第二组 $T_g=0.55\text{s}$。

因 $T_g<T<5T_g$，所以

$$\alpha=\left(\frac{T_g}{T}\right)^{\gamma}\eta_2\alpha_{\max}=\left(\frac{0.55\text{s}}{1.80\text{s}}\right)^{0.9}\times 1.0\times 0.24=0.083$$

场地类别会影响特征周期 T_g 的大小，当 $T>T_g$ 时，随着特征周期 T_g 的增大，地震影响系数 α 会逐渐增大。

(3) 由表2-11查得多遇地震下抗震设防烈度为8度($0.3g$)时，$\alpha_{\max}=0.24$，当阻尼比 $\zeta=0.05$，$\eta_1=0.02$，$\eta_2=1.0$，$\gamma=0.9$。

① 设计地震分组为第二组时，由表2-12查得Ⅱ类场地、第二组 $T_g=0.40\text{s}$。

因 $T_g<T<5T_g$，所以

$$\alpha=\left(\frac{T_g}{T}\right)^{\gamma}\eta_2\alpha_{\max}=\left(\frac{0.40\text{s}}{1.80\text{s}}\right)^{0.9}\times 1.0\times 0.24=0.062$$

② 设计地震分组为第三组时，由表2-12查得Ⅱ类场地、第三组 $T_g=0.45\text{s}$。

因 $T_g<T<5T_g$，所以

$$\alpha=\left(\frac{T_g}{T}\right)^{\gamma}\eta_2\alpha_{\max}=\left(\frac{0.45\text{s}}{1.80\text{s}}\right)^{0.9}\times 1.0\times 0.24=0.069$$

设计地震分组会影响特征周期 T_g 的大小，当 $T>T_g$ 时，随着特征周期 T_g 的增大，地震影响系数 α 会逐渐增大。

(4) 由表2-11查得多遇地震下抗震设防烈度为8度($0.3g$)时，$\alpha_{\max}=0.24$，由表2-12查得Ⅱ类场地、第二组 $T_g=0.40\text{s}$。

① 当采用钢筋混凝土结构时，阻尼比 $\zeta=0.05$，$\eta_1=0.02$，$\eta_2=1.0$，$\gamma=0.9$。

因 $T_g<T<5T_g$，所以

$$\alpha=\left(\frac{T_g}{T}\right)^{\gamma}\eta_2\alpha_{max}=\left(\frac{0.40s}{1.80s}\right)^{0.9}\times1.0\times0.24=0.062$$

② 当采用钢结构时，由于结构高度为80m，阻尼比 $\zeta=0.03$。

$$\eta_2=1+\frac{0.05-\zeta}{0.08+1.6\zeta}=1.156,\quad \gamma=0.9+\frac{0.05-\zeta}{0.3+6\zeta}=0.942$$

因 $T_g<T<5T_g$，所以

$$\alpha=\left(\frac{T_g}{T}\right)^{\gamma}\eta_2\alpha_{max}=\left(\frac{0.40s}{1.80s}\right)^{0.942}\times1.156\times0.24=0.067$$

不同的结构类型，阻尼比不同，地震影响系数 α 也不同。

2.4.3 水平地震作用计算方法

一般情况下，应至少在建筑结构的两个主轴方向分别计算水平地震作用，各方向的水平地震作用由该方向的抗侧力构件承担。有斜交抗侧力构件的结构，当相交角度大于15°时，应分别计算各抗侧力构件方向的水平地震作用。质量和刚度分布明显不对称的结构，应计入双向水平地震作用下的扭转影响，其他情况可采用调整地震作用效应的方法计入扭转影响。

建筑结构的抗震计算，一般采用振型分解反应谱法。

1. 振型分解反应谱法

振型分解反应谱法简称为振型分解法。采用振型分解法计算结构地震作用时，一般将质量集中在楼盖位置，首先计算各振型的水平地震作用及其效应，然后进行内力与位移的振型组合。

按照结构是否考虑扭转耦联振动影响，采用不同的振型分解反应谱法计算结构的地震作用及地震作用效应。

1）不考虑扭转耦联的振型分解反应谱法

不考虑扭转耦联影响的结构，一个水平主轴方向每个楼层为1个平移自由度，n 个楼层有 n 个自由度、n 个频率和 n 个振型，其一个水平主轴的振型如图2-9所示。

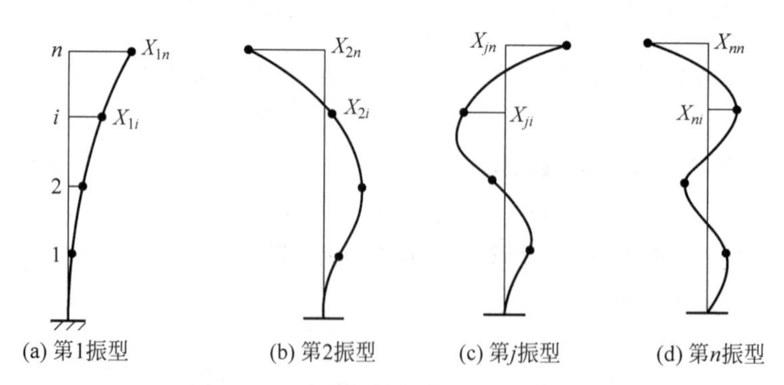

图2-9 不考虑扭转耦的结构振型示意

结构第 j 振型、i 质点的水平地震作用标准值 F_{ji} 为：

$$F_{ji}=\alpha_j\gamma_j x_{ji}G_i \tag{2-16}$$

式中：α_j——相应于 j 振型自振周期的地震影响系数（$j=1,2,\cdots,m$），m 为计算振型数，不超过楼层总数；

x_{ji}——j 振型 i 质点的水平相对位移（$i=1,2,\cdots,n$）；

γ_j——j 振型的振型参与系数，按下式计算：

$$\gamma_j=\frac{\sum_{i=1}^{n}x_{ji}G_i}{\sum_{i=1}^{n}x_{ji}^2G_i} \tag{2-17}$$

n——结构计算总质点数，多层楼房每层作为一个质点参与计算；

G_i——质点 i 的重力荷载代表值，为各层重力荷载代表值之和。

重力荷载代表值取结构和构(配)件标准值和各可变荷载组合值之和，各可变荷载的组合值系数，按表 2-13 采用。

表 2-13　可变荷载的组合值系数

可变荷载种类		组合值系数
雪荷载		0.5
屋面积灰荷载		0.5
屋面活荷载		不计入
按实际情况计算的楼面活荷载		1.0
按等效均布荷载计算的楼面活荷载	藏书库、档案库	0.8
	其他民用建筑	0.5
起重机悬吊物重力	硬钩起重机	0.3
	软钩起重机	不计入

每个振型的水平地震作用方向与图 2-9 给出的水平相对位移方向相同，每个振型都可由水平地震作用计算得到结构的位移和各构件的弯矩、剪力和轴力。

反应谱法各振型的水平地震作用是振动过程中的最大值，其产生的内力和位移也是最大值。由于各振型的内力和位移达到最大值的时间一般并不相同，因此，应通过概率统计将各个振型的内力和位移进行组合，即振型组合。

首先，第 j 振型参与的等效质量由下式计算：

$$\gamma G_j = \frac{\sum_{i=1}^{n}(x_{ji}G_i)^2}{\sum_{i=1}^{n}x_{ji}^2 G_i} \tag{2-18}$$

然后，取前 m 个振型，则参与的有效质量总和的百分比为：

$$\gamma_G^m = \frac{\sum_{j=1}^{m}\gamma G_j}{G_E} \tag{2-19}$$

一般是前面若干个振型起主要作用，因此，只需要用有限个振型计算内力和位移。当按式(2-19)计算后的有限个振型参与的有效质量达到总质量的 90%以上，则认为所取的振型数足够。

根据随机振动理论，地震作用下的内力和位移由各振型的内力和位移平方求和以后再开方的方法(square root of sum of square，SRSS 方法)组合得到：

$$S_{Ek} = \sqrt{\sum_{j=1}^{m}S_j^2} \tag{2-20}$$

式中：m——参与组合的振型数；

S_j——j 振型水平地震作用标准值的效应(弯矩、剪力、轴力、位移等)；

S_{Ek}——水平地震作用标准值的效应。

2) 扭转耦联振型分解反应谱法

质量和刚度分布明显不对称的结构，应考虑扭转影响，按扭转耦联振型分解反应谱法计算地震作用及其效应。

考虑扭转耦联时，各楼层可取 2 个正交的水平位移和 1 个转角位移共 3 个自由度，即 x、y、θ 3 个自由度，k 个楼层有 $3k$ 个自由度、$3k$ 个频率和 $3k$ 个振型，每个振型中各质点振幅有 3 个分量，当其 2 个分量不为零时，振型耦联。由于振型耦联，计算一个方向的地震作用时，会同时得到 x、y 方向及转角方向的地震作用。j 振型 i 层的水平地震作用标准值，按下列公式确定：

$$F_{xji}=\alpha_j\gamma_{tj}x_{ji}G_i \tag{2-21}$$

$$F_{yji}=\alpha_j\gamma_{tj}y_{ji}G_i \tag{2-22}$$

$$F_{tji}=\alpha_j\gamma_{tj}r_i^2\theta_{ji}G_i \tag{2-23}$$

式中：F_{xji}、F_{yji}、F_{tji}——j 振型 i 层的 x 方向、y 方向和转角方向的地震作用标准值($i=1,2,\cdots,n$；$j=1,2,\cdots,m$)；

x_{ji}、y_{ji}——j 振型 i 层质心在 x、y 方向的水平相对位移；

θ_{ji}——j 振型 i 层的相对扭转角；

r_i——i 层转动半径，按下式计算：

$$r_i^2=\frac{I_ig}{G_i} \tag{2-24}$$

I_i——i 层质量绕质心的转动惯量；

γ_{tj}——计入扭转的 j 振型的参与系数，可按下列公式确定：

当仅取 x 方向地震作用时：

$$\gamma_{tj}=\frac{\sum_{i=1}^{n}x_{ji}G_i}{\sum_{i=1}^{n}(x_{ji}^2+y_{ji}^2+\theta_{ji}^2r_i^2)G_i} \tag{2-25}$$

当仅取 y 方向地震作用时：

$$\gamma_{tj}=\frac{\sum_{i=1}^{n}y_{ji}G_i}{\sum_{i=1}^{n}(x_{ji}^2+y_{ji}^2+\theta_{ji}^2r_i^2)G_i} \tag{2-26}$$

当取与 x 方向斜交的地震作用时：

$$\gamma_{tj}=\gamma_{xj}\cos\theta+\gamma_{yj}\sin\theta \tag{2-27}$$

式中：n——总自由度数；

θ——地震作用方向与 x 方向的夹角。

单向水平地震作用下的扭转耦联效应采用完全二次方程法(complete quadratic combination，CQC 法)确定：

$$S_{\mathrm{Ek}}=\sqrt{\sum_{j=1}^{m}\sum_{r=1}^{m}\rho_{jr}S_jS_r} \tag{2-28}$$

$$\rho_{jr}=\frac{8\sqrt{\zeta_j\zeta_r}(\zeta_j+\lambda_{\mathrm{T}}\zeta_r)\lambda_{\mathrm{T}}^{3/2}}{(1-\lambda_{\mathrm{T}}^2)^2+4\zeta_j\zeta_r\lambda_{\mathrm{T}}(1+\lambda_{\mathrm{T}})^2+4(\zeta_j^2+\zeta_r^2)\lambda_{\mathrm{T}}^2} \tag{2-29}$$

式中：S_{Ek}——考虑扭转的地震作用标准值的效应；

S_j、S_r——j 振型和 r 振型地震作用标准值的效应；

m——参与组合的振型数，一般取 3 的倍数，当振型参与的有效质量达到总质量的 90%以上，则认为所取的振型数足够；

ρ_{jr}——j 振型与 r 振型的耦联系数；

λ_{T}——j 振型与 r 振型的周期比，$\lambda_{\mathrm{T}}=T_j/T_r$；

ζ_j、ζ_r——结构 j、r 振型的阻尼比，当 $\zeta_j=\zeta_r=\zeta$ 时，式(2-29)变为：

$$\rho_{jr}=\frac{8\zeta^2(1+\lambda_{\mathrm{T}})\lambda_{\mathrm{T}}^{3/2}}{(1-\lambda_{\mathrm{T}}^2)^2+4\zeta^2\lambda_{\mathrm{T}}(1+\lambda_{\mathrm{T}})^2+8\zeta^2\lambda_{\mathrm{T}}^2} \tag{2-30}$$

当 T_j 小于 T_r 较多时，λ_{T} 很小，由式(2-29)计算的 ρ_{jr} 值也很小，在式(2-28)中该项可以忽略；当 $T_j=T_r$ 时，$\lambda_{\mathrm{T}}=1$，因而 $\rho_{jr}=1$，在式(2-28)中该项为 S_j 的平方。CQC 公式就可简化为 SRSS 公式。因

此，SRSS方法是CQC方法的特例，适用于不考虑扭转耦联的结构。

双向水平地震作用下的扭转耦联效应，可以按式(2-31)和式(2-32)的较大值确定：

$$S_{\mathrm{Ek}}=\sqrt{S_x^2+(0.85S_y)^2} \tag{2-31}$$

$$S_{\mathrm{Ek}}=\sqrt{S_y^2+(0.85S_x)^2} \tag{2-32}$$

式中：S_x、S_y——x、y向单向水平地震作用，按照式(2-28)计算。

【例2-2】 层高为4m的3层框架结构，其各楼层的重力荷载代表值分别为$G_1=1500\mathrm{kN}$，$G_2=1400\mathrm{kN}$，$G_3=1280\mathrm{kN}$，场地为Ⅱ类。抗震设防烈度为8度(0.30g)，设计地震分组为第三组。现已算得前3个振型的自振周期和振型分别为$T_1=0.74\mathrm{s}$，$\boldsymbol{X}_1^{\mathrm{T}}=[1.000\quad 1.826\quad 2.274]$；$T_2=0.36\mathrm{s}$，$\boldsymbol{X}_2^{\mathrm{T}}=[1.000\quad 0.148\quad -1.126]$；$T_3=0.23\mathrm{s}$，$\boldsymbol{X}_3^{\mathrm{T}}=[1.000\quad -1.206\quad 1.687]$。阻尼比$\zeta=0.05$。试用振型分解反应谱法计算该框架在多遇地震时的层间地震剪力。

【解】 (1) 计算各振型的地震影响系数α_j

由表2-11查得多遇地震时抗震设防烈度为8度(0.30g)，$\alpha_{\max}=0.24$，由表2-12查得Ⅱ类场地、第三组$T_{\mathrm{g}}=0.45\mathrm{s}$，当阻尼比$\zeta=0.05$，$\eta_2=1.0$，$\gamma=0.9$。

第一振型，因$T_{\mathrm{g}}<T_1<5T_{\mathrm{g}}$，所以

$$\alpha_1=\left(\frac{T_{\mathrm{g}}}{T}\right)^{\gamma}\eta_2\alpha_{\max}=\left(\frac{0.45\mathrm{s}}{0.74\mathrm{s}}\right)^{0.9}\times 1.0\times 0.24=0.153$$

第二、三振型，因$0.1<T_2(T_3)<T_{\mathrm{g}}$，所以

$$\alpha_2=\alpha_3=\alpha_{\max}=0.24$$

(2) 计算各振型的参与系数γ_j

第一振型

$$\gamma_1=\frac{\sum_{i=1}^{3}X_{1i}G_i}{\sum_{i=1}^{3}X_{1i}^2G_i}=\frac{1.000\times 1500\mathrm{kN}+1.826\times 1400\mathrm{kN}+2.274\times 1280\mathrm{kN}}{1.000^2\times 1500\mathrm{kN}+1.826^2\times 1400\mathrm{kN}+2.274^2\times 1280\mathrm{kN}}=0.545$$

第二振型

$$\gamma_2=\frac{\sum_{i=1}^{3}X_{2i}G_i}{\sum_{i=1}^{3}X_{2i}^2G_i}=\frac{1.000\times 1500\mathrm{kN}+0.148\times 1400\mathrm{kN}-1.126\times 1280\mathrm{kN}}{1.000^2\times 1500\mathrm{kN}+0.148^2\times 1400\mathrm{kN}+(-1.126)^2\times 1280\mathrm{kN}}=0.084$$

第三振型

$$\gamma_3=\frac{\sum_{i=1}^{3}X_{3i}G_i}{\sum_{i=1}^{3}X_{3i}^2G_i}=\frac{1.000\times 1500\mathrm{kN}-1.206\times 1400\mathrm{kN}+1.687\times 1280\mathrm{kN}}{1.000^2\times 1500\mathrm{kN}+(-1.206)^2\times 1400\mathrm{kN}+1.687^2\times 1280\mathrm{kN}}=0.275$$

(3) 计算各振型各楼层的水平地震作用

第一振型：$F_1=\alpha_1\gamma_1X_1G$

$$F_{11}=0.153\times 0.545\times 1.000\times 1500\mathrm{kN}=125.08\mathrm{kN}$$

$$F_{12}=0.153\times 0.545\times 1.826\times 1400\mathrm{kN}=213.17\mathrm{kN}$$

$$F_{13}=0.153\times 0.545\times 2.274\times 1280\mathrm{kN}=242.71\mathrm{kN}$$

第二振型：$F_2=\alpha_2\gamma_2X_2G$

$$F_{21}=0.24\times 0.084\times 1.000\times 1500\mathrm{kN}=30.24\mathrm{kN}$$

$$F_{22}=0.24\times 0.084\times 0.148\times 1400\mathrm{kN}=4.18\mathrm{kN}$$

$$F_{23}=0.24\times 0.084\times(-1.126)\times 1280\mathrm{kN}=-29.06\mathrm{kN}$$

第三振型：$F_3=\alpha_3\gamma_3X_3G$

$$F_{31}=0.24\times0.275\times1.000\times1500\text{kN}=99.00\text{kN}$$

$$F_{32}=0.24\times0.275\times(-1.126)\times1400\text{kN}=-111.43\text{kN}$$

$$F_{33}=0.24\times0.275\times1.687\times1280\text{kN}=142.52\text{kN}$$

(4) 计算各振型的层间剪力

第一振型：$V_{1i}=\sum_{k=i}^{n}F_{1k}$

$$V_{11}=125.08\text{kN}+213.17\text{kN}+242.71\text{kN}=580.96\text{kN}$$

$$V_{12}=213.17\text{kN}+242.71\text{kN}=455.88\text{kN}$$

$$V_{13}=242.71\text{kN}$$

第二振型：$V_{2i}=\sum_{k=i}^{n}F_{2k}$

$$V_{21}=30.24\text{kN}+4.18\text{kN}-29.06\text{kN}=5.36\text{kN}$$

$$V_{22}=4.18\text{kN}-29.06\text{kN}=-24.88\text{kN}$$

$$V_{23}=-29.06\text{kN}$$

第三振型：$V_{3i}=\sum_{k=i}^{n}F_{3k}$

$$V_{31}=99.00\text{kN}-111.43\text{kN}+142.52\text{kN}=130.09\text{kN}$$

$$V_{32}=-111.43\text{kN}+142.52\text{kN}=31.09\text{kN}$$

$$V_{33}=142.52\text{kN}$$

(5) 计算水平地震作用效应——各层层间剪力

计算各层层间剪力 V_i：

$$V_1=\sqrt{V_{11}^2+V_{21}^2+V_{31}^2}=\sqrt{(580.96\text{kN})^2+(5.36\text{kN})^2+(130.09\text{kN})^2}=595.37\text{kN}$$

$$V_2=\sqrt{V_{12}^2+V_{22}^2+V_{32}^2}=\sqrt{(455.88\text{kN})^2+(-24.88\text{kN})^2+(31.09\text{kN})^2}=457.62\text{kN}$$

$$V_3=\sqrt{V_{13}^2+V_{23}^2+V_{33}^2}=\sqrt{(242.71\text{kN})^2+(-29.06\text{kN})^2+(142.52\text{kN})^2}=282.96\text{kN}$$

查表 2-16 得楼层最小地震剪力系数 $\lambda=0.048$，得楼层最小剪力为：

$$V_3^{\min}=0.048\times1280\text{kN}=61.44\text{kN}<282.96\text{kN}$$

$$V_2^{\min}=0.048\times(1280\text{kN}+1400\text{kN})=128.64\text{kN}<457.62\text{kN}$$

$$V_1^{\min}=0.048\times(1280\text{kN}+1400\text{kN}+1500\text{kN})=200.64\text{kN}<595.37\text{kN}$$

求得各层层间剪力均大于地震剪力最小值的要求，不需要对层间剪力值进行调整。

2. 反应谱底部剪力法

振型分解反应谱法计算过程复杂，一般仅用于电算。反应谱底部剪力法也称为底部剪力法，可看作振型分解反应谱法的简化方法，可用于手算。该方法是将多自由度体系等效为单自由度体系，采用结构基本自振周期计算总水平地震作用，然后再按规定分配到各个楼层。因此，底部剪力法适用于高度不超过 40m，以剪切变形为主且质量和刚度沿高度分布比较均匀的结构。

用底部剪力法计算地震作用时，结构底部总水平地震作用标准值 F_{Ek} 为：

$$F_{\text{Ek}}=\alpha_1G_{\text{eq}} \tag{2-33}$$

式中：α_1——相应于结构基本自振周期的水平地震影响系数值，按 2.4.2 节计算得到；

G_{eq}——结构等效总重力荷载，单质点结构取 $G_{\text{eq}}=G_{\text{E}}$，多质点结构取 $G_{\text{eq}}=0.85G_{\text{E}}$，其中，$G_{\text{E}}$ 表示结构总重力荷载代表值。

水平地震作用沿高度分布形式如图 2-10 所示。

i 楼层处的水平地震作用标准值 F_i 按下式计算：

$$F_i=\frac{G_iH_i}{\sum_{j=1}^{n}G_jH_j}F_{\mathrm{Ek}}(1-\delta_n) \tag{2-34}$$

式中：δ_n——顶部附加地震作用系数；

G_i——第 i 层（i 质点）的重力荷载代表值（$i=1,2,\cdots,n$）。

为了考虑高振型对水平地震的作用沿高度分布的影响，在顶部附加水平地震作用。顶部附加水平地震作用 ΔF_n 为：

$$\Delta F_n=\delta_nF_{\mathrm{Ek}} \tag{2-35}$$

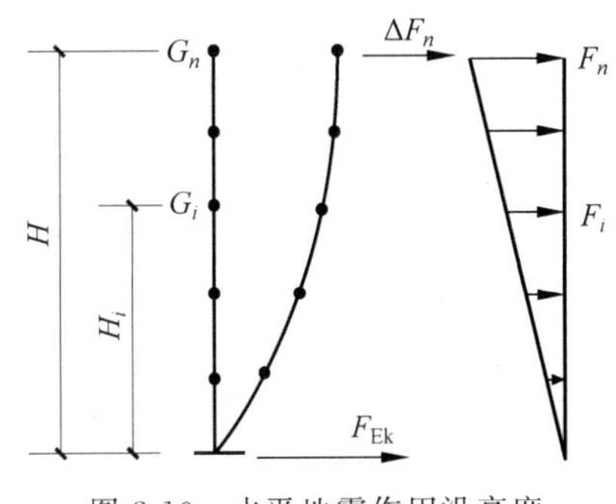

图 2-10　水平地震作用沿高度分布示意

基本周期 $T_1\leqslant1.4T_g$ 时，高振型影响小，不考虑顶部附加水平地震作用，$\delta_n=0$；基本周期 $T_1>1.4T_g$ 时，δ_n 和 T_g 有关，如表 2-14 所示。

表 2-14　顶部附加地震作用系数

T_g/s	$T_1>1.4T_g$	$T_1\leqslant1.4T_g$
$T_g\leqslant0.35$	$0.08T_1+0.07$	0.0
$0.35<T_g\leqslant0.55$	$0.08T_1+0.01$	0.0
$T_g>0.55$	$0.08T_1-0.02$	0.0

由于顶部鞭梢效应的影响，突出屋面的屋顶间、女儿墙、烟囱等的地震作用效应将被放大。当采用底部剪力法计算地震作用效应时，宜乘以增大系数 3，但此增大部分不往下传递，仅与该突出部分相连的构件应计入其影响。

3. 时程分析法

反应谱法是计算地震作用的基本方法，但反应谱法不能考虑地震动持续时间的影响。时程分析法是将地震地面运动的加速度时程曲线，即地震记录直接输入，对结构运动方程进行求解而得到结构的地震反应。因此，时程分析法可得到结构各个质点随时间变化的位移、速度和加速度动力反应，进而计算构件内力和变形的时程变化。时程分析法考虑了地震动持续时间的影响，计算可得到结构地震反应的全过程，包括每一时刻的内力、位移、屈服位置、塑性变形等。

地震是随机的，每一条地震记录都不相同。对于不同的地震记录，时程分析法计算的结果也不同，与结构未来可能的地震反应肯定有出入。因此，《抗震规范》要求应按建筑场地类别和设计地震分组，选用至少两组实际强震记录（也称天然波）和一组人工模拟的加速度时程曲线（也称人工波），或五组实际强震记录和两组人工模拟的地震加速度时程曲线作为输入进行计算。计算完成后，多组时程波的平均地震影响系数曲线与振型分解法所用的地震影响系数曲线相比，在对应于结构主要振型的周期点上相差不大于 20%。其加速度时程的最大值，即地震波的加速度峰值，根据设防烈度按表 2-15 的规定取用。

表 2-15　时程分析所用地震加速度时程的最大值　　cm/s^2

抗震设防烈度	6 度	7 度	8 度	9 度
多遇地震	18	35(55)	70(110)	140
设防地震	50	100(150)	200(300)	400
罕遇地震	125	220(310)	400(510)	620

注：7 度和 8 度括号内数值分别用于设计基本地震加速度为 $0.15g$ 和 $0.30g$ 的地区。

双向（两个水平方向）或三向（两个水平方向与一个竖向）地震输入时，其加速度最大值通常按照 1（水平 1）∶0.85（水平 2）∶0.65（竖向）的比例调整。

目前，时程分析法仅是振型分解法的“补充”计算方法。对下列建筑，要求首先采用振型分解法计算，然后采用时程分析法做多遇地震作用下的补充计算：①特别不规则的高层建筑；②甲类建筑；③抗震设防烈度8度Ⅰ、Ⅱ类场地和7度高度超过100m的高层建筑，8度Ⅲ、Ⅳ类场地高度超过80m和9度高度超过60m的房屋建筑。特别不规则的定义见13.9.3节，甲类建筑的定义见3.2节。

一般情况下，由于时程分析法的计算结果和振型分解法不一致，因此需要将主要计算结果的底部剪力、楼层剪力和层间位移进行比较。弹性时程分析时，每条时程曲线计算所得结构底部剪力不应小于振型分解法计算结果的65%，多条时程曲线计算所得结构底部剪力的平均值不应小于振型分解法计算结果的80%。但时程分析的计算结果也不能太大，每条地震波输入计算结果不大于反应谱法的135%，多条地震波输入的计算结果平均值不大于120%。工程设计中，可以通过选择合适的地震加速度记录，达到上述要求。

采用时程分析法进行计算时，输入的地震加速度时程曲线的有效持续时间一般为结构基本周期的5～10倍，以保证结构顶点的位移按基本周期往复5～10次。

4. 楼层最小地震剪力系数

为确保结构安全，多遇地震下，建筑结构抗震验算时，结构总水平地震剪力及各楼层水平地震剪力标准值应符合：

$$V_{\mathrm{Ek}i} \geqslant \lambda \sum_{j=i}^{n} G_j \tag{2-36}$$

式中：$V_{\mathrm{Ek}i}$——第i层水平地震剪力标准值；

G_j——第j层的重力荷载代表值；

λ——最小地震剪力系数，不应小于表2-16规定的值。

表2-16 最小地震剪力系数

类别	6度(0.05g)	7度(0.10g)	7度(0.15g)	8度(0.20g)	8度(0.30g)	9度(0.40g)
扭转不规则或基本周期小于3.5s的结构	0.008	0.016	0.024	0.032	0.048	0.064
基本周期大于5.0s的结构	0.006	0.012	0.018	0.024	0.036	0.048

注：① 对基本周期介于3.5～5.0s的结构，最小地震剪力系数按线性插入法取值；

② 对竖向不规则结构的薄弱层，尚应乘以1.15的增大系数。

最小地震剪力系数λ是地震剪力和结构重力荷载的比值，故称为剪重比。对于扭转不规则或基本周期小于3.5s的结构，最小地震剪力系数λ不小于水平地震影响最大值$\alpha_{\max}$的20%；对于基本周期大于5.0s的结构，最小地震剪力系数λ不小于水平地震影响最大值$\alpha_{\max}$的15%；对于基本周期在3.5～5.0s的结构，最小地震剪力系数λ为水平地震影响最大值$\alpha_{\max}$的15%～20%。以保证结构具有足够的抗震安全度。

当振型分解法计算得到的结构底部总地震剪力的剪力系数略小于最小地震剪力系数，而中上部楼层均满足规定时，可采用地震剪力乘以增大系数的方法进行调整，使地震剪力系数满足要求。此时，结构各楼层的剪力均需乘以增大系数，不能仅调整不满足的楼层。当底部总地震剪力的剪力系数相差较多时，应分析原因并采取相应措施，不能采用乘以增大系数方法处理，而需要对结构进行调整。不满足楼层最小地震剪力的结构，调整到符合最小地震剪力后才能进行相应的地震倾覆力矩、构件内力、位移等的计算分析。

对于存在竖向不规则的建筑，其突变部位楼层(软弱层、转换层和薄弱层)的水平地震剪力标准值乘以增大系数1.25后，该层的地震剪力系数不应小于规定数值的1.15倍。若不满足要求，需要调整结构布置。

5. 楼层水平地震剪力分配

各楼层的水平地震剪力应分配到各抗侧力结构上，分配原则是：

(1) 现浇和装配整体式混凝土楼、屋盖等刚性楼、屋盖建筑,宜按抗侧力构件等效刚度的比例分配;

(2) 木楼盖、木屋盖等柔性楼、屋盖建筑,宜按抗侧力构件从属面积上重力荷载代表值的比例分配;

(3) 普通的预制装配式混凝土楼、屋盖等半刚性楼、屋盖的建筑,可取上述两种分配结果的平均值。

如计入空间作用、楼盖变形、墙体弹塑性变形和扭转的影响,则可按《抗震规范》各有关规定对上述分配结果作适当调整。

【例 2-3】 采用底部剪力法计算例 2-2 的结构。

【解】 (1) 计算结构等效总重力荷载代表值 G_{eq}

$$G_{eq}=0.85\sum_{i=1}^{n}G_i=0.85\times(1500\text{kN}+1400\text{kN}+1280\text{kN})=3553\text{kN}$$

(2) 计算水平地震影响系数 α_1

由表 2-11 查得多遇地震时抗震设防烈度为 8 度(0.30g)时 $\alpha_{max}=0.24$,由表 2-12 查得Ⅱ类场地、第三组 $T_g=0.45\text{s}$,当阻尼比 $\zeta=0.05$,$\eta_2=1.0$,$\gamma=0.9$。因 $T_g<T_1<5T_g$,所以

$$\alpha_1=\left(\frac{T_g}{T}\right)^{\gamma}\eta_2\alpha_{max}=\left(\frac{0.45\text{s}}{0.74\text{s}}\right)^{0.9}\times1.0\times0.24=0.153$$

(3) 结构总水平地震作用效应标准值

$$F_{Ek}=\alpha_1G_{eq}=0.153\times3553\text{kN}=543.609\text{kN}$$

(4) 计算各楼层水平地震作用标准值

由于 $T_1>1.4T_g=1.4\times0.45\text{s}=0.63\text{s}$,$0.35\text{s}<T_g<0.55\text{s}$,根据表 2-14 可以得出顶部附加地震作用系数为:

$$\delta_n=0.08T_1+0.01=0.0692$$

附加顶部集中力为:

$$\Delta F_n=\delta_nF_{Ek}=0.0692\times543.609\text{kN}=37.618\text{kN}$$

各楼层水平地震作用标准值按下式计算:

$$\begin{aligned}F_3&=\frac{G_3H_3}{\sum_{j=1}^{3}G_jH_j}F_{Ek}(1-\delta_n)+\Delta F_n\\&=\frac{1280\text{kN}\times12\text{m}}{1280\text{kN}\times12\text{m}+1400\text{kN}\times8\text{m}+1500\text{kN}\times4\text{m}}\times543.609\text{kN}\times(1-0.0692)+37.618\text{kN}\\&=276.318\text{kN}\end{aligned}$$

$$\begin{aligned}F_2&=\frac{G_2H_2}{\sum_{j=1}^{3}G_jH_j}F_{Ek}(1-\delta_n)\\&=\frac{1400\text{kN}\times8\text{m}}{1280\text{kN}\times12\text{m}+1400\text{kN}\times8\text{m}+1500\text{kN}\times4\text{m}}\times543.609\text{kN}\times(1-0.0692)\\&=174.05\text{kN}\end{aligned}$$

$$\begin{aligned}F_1&=\frac{G_1H_1}{\sum_{j=1}^{3}G_jH_j}F_{Ek}(1-\delta_n)\\&=\frac{1500\text{kN}\times4\text{m}}{1280\text{kN}\times12\text{m}+1400\text{kN}\times8\text{m}+1500\text{kN}\times4\text{m}}\times543.609\text{kN}\times(1-0.0692)\\&=93.24\text{kN}\end{aligned}$$

(5) 计算各层层间剪力

$$V_3=F_3=276.318\text{kN}$$

$$V_2=F_2+F_3=450.368\text{kN}$$

$$V_1 = F_1 + F_2 + F_3 = 543.608\text{kN}$$

各楼层的最小剪力值验算：

$$V_i > V_i^{\min} = \lambda \sum_{j=i}^{n} G_i$$

$$V_3^{\min} = 0.048 \times 1280\text{kN} = 61.44\text{kN} < 276.318\text{kN}$$

$$V_2^{\min} = 0.048 \times (1280\text{kN} + 1400\text{kN}) = 128.64\text{kN} < 450.368\text{kN}$$

$$V_1^{\min} = 0.048 \times (1280\text{kN} + 1400\text{kN} + 1500\text{kN}) = 200.64\text{kN} < 543.608\text{kN}$$

2.4.4 结构自振周期计算

结构地震反应计算时，应先计算结构自振周期。结构自振周期的计算方法可分为三类：理论方法、半理论半经验方法和经验方法。

1. 理论方法

理论方法通过求解特征方程，得到结构的自振周期和振型。理论方法适用于各类结构，具体计算方法见结构力学教材。

但理论方法没有考虑填充墙等非结构构件对刚度的增大作用，得到的周期比结构的实际周期长。若直接用理论周期值计算地震作用，则地震作用可能偏小，因此必须对理论计算得到的周期值乘以周期折减系数 α_0 进行折减。周期折减系数 α_0 主要考虑结构自身刚度和填充墙的刚度，建议取值为：框架结构 0.6～0.7；框剪结构填充墙较多时 0.7～0.8，较少时，取 0.8～0.9；剪力墙结构可不折减。填充墙的刚度大、数量多，折减系数取小值，反之取大值。

2. 半理论半经验方法

半理论半经验方法通常只在采用底部剪力法时应用。以顶点位移法为例，该法适用于质量、刚度沿高度分布比较均匀的框架结构、剪力墙结构和框剪结构。计算基本周期的公式：

$$T_1 = 1.7\alpha_0\sqrt{\Delta_T} \tag{2-37}$$

式中：Δ_T——结构顶点假想位移，即把各楼层重量 G_i 作为 i 层楼面的假想水平荷载，视结构为弹性，计算得到的顶点侧移，m；

α_0——周期折减系数，与理论计算方法的取值相同。

3. 经验方法

经验方法是通过对一定数量的、同一类型的已建成结构进行动力特性实测后，进行回归得到计算结构自振周期的方法。经验方法简单，方便，常用于结构方案和初步设计。经验方法也可以用于对理论计算值的判断与评价，若理论值与经验公式结果相差太多，有可能是计算错误，也有可能所设计的结构不合理，结构太柔或太刚。

一般结构基本自振周期的经验周期为：钢筋混凝土剪力墙结构，高度为 25～50m、剪力墙间距为 6m 左右：

$$\begin{cases} T_{1横} = 0.06N \\ T_{1纵} = 0.05N \end{cases} \tag{2-38}$$

钢筋混凝土框剪结构：

$$T_1 = (0.06 \sim 0.09)N \tag{2-39}$$

钢筋混凝土框架结构：

$$T_1 = (0.08 \sim 0.1)N \tag{2-40}$$

钢结构：

$$T_1 = 0.1N \tag{2-41}$$

式中：N——建筑物层数。

以上公式中的系数，框剪结构可根据剪力墙的多少确定，框架结构可根据填充墙的材料和多少确定。

2.4.5　竖向地震作用计算

1. 简化方法

竖向振动对震中附近高烈度区的建筑影响大，因此，9度抗震设计时的高层建筑需要计算竖向地震作用。

如图2-11所示，结构总竖向地震作用标准值：

$$F_{\mathrm{Evk}} = \alpha_{\mathrm{v,max}} G_{\mathrm{eq}} \tag{2-42}$$

第 i 层竖向地震作用：

$$F_{\mathrm{v}i} = \frac{G_i H_i}{\sum_{j=1}^{n} G_j H_j} F_{\mathrm{Evk}} \tag{2-43}$$

式中：F_{Evk}——结构总竖向地震作用标准值；

$F_{\mathrm{v}i}$——质点 i 的竖向地震作用标准值；

$\alpha_{\mathrm{v,max}}$——竖向地震影响系数，取水平地震影响系数最大值的0.65倍；

G_{eq}——结构等效总重力荷载，取 $G_{\mathrm{eq}}=0.75G_{\mathrm{E}}$，其中 G_{E} 为结构总重力荷载代表值。

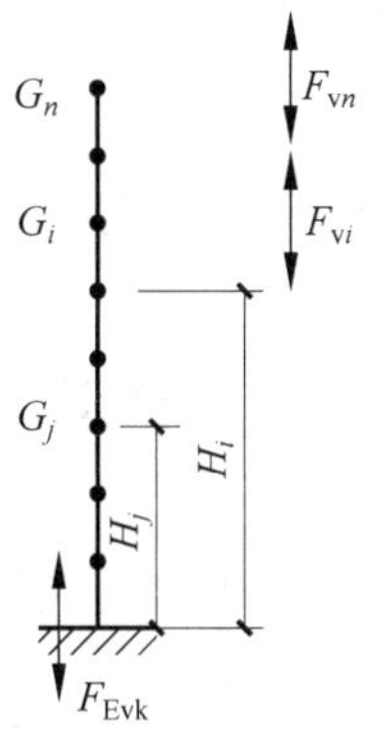

图2-11　竖向地震作用计算简图

按上述方法计算得到的竖向地震作用后，按各构件承受的重力荷载代表值的比例分配给柱、墙。竖向地震引起的轴力可能为拉力，也可能为压力，组合时按不利值取用。

同时，根据1999年9月21日发生在中国台湾的7.6级大地震的经验，《抗震规范》规定，按上述方法计算的楼层的竖向地震作用效应宜乘以增大系数1.5，使结构总竖向地震作用标准值，抗震设防烈度为8、9度时分别略大于重力荷载代表值的10%和20%。

2. 静力法

静力法是计算地震作用最早的方法，该方法计算地震作用时，只考虑抗震设防烈度和重力荷载，是一种粗略的方法。长悬臂构件和大跨度结构如需考虑竖向地震作用时，可采用静力法进行简化计算。

(1) 跨度大于24m的屋架、屋盖横梁及托架的竖向地震作用标准值，宜取其重力荷载代表值和表2-17竖向地震作用系数的乘积。

表2-17　竖向地震作用系数

抗震设防烈度	场地类别		
	Ⅰ	Ⅱ	Ⅲ、Ⅳ
8(0.20g)	0.10	0.13	0.13
8(0.30g)	0.15	0.19	0.19
9(0.40g)	0.20	0.25	0.25

(2) 长悬臂构件和跨度不大于24m的屋架、屋盖横梁及托架的竖向地震作用标准值，抗震设防烈度7度(0.15g)、8度(0.20g)、8度(0.30g)和9度(0.40g)可分别取该结构、构件重力荷载代表值的8%、10%、15%和20%。其中7度(0.15g)仅用于高层建筑结构。

大跨度和长悬臂结构指：抗震设防烈度9度时，跨度大于18m的屋架、1.5m以上的悬挑阳台和走廊；8度时，跨度大于24m的屋架、2m以上的悬挑阳台和走廊。

3. 时程分析法或振型分解反应谱法

大跨度空间结构的竖向地震作用可按竖向振型分解反应谱法计算。高层建筑结构中，跨度大于 24m 的楼盖结构、跨度大于 12m 的转换结构和连体结构、悬挑长度大于 5m 的悬挑结构也需计算竖向地震作用，计算方法可采用时程分析法或振型分解反应谱法。

时程分析计算时输入的地震加速度最大值可按规定的水平输入最大值的 65%采用。反应谱分析时结构竖向地震影响系数最大值可按水平地震影响系数最大值的 65%采用，但设计地震分组可采用第一组。计算所得竖向地震作用标准值，不宜小于结构或构件承受的重力荷载代表值与表 2-17 所规定的竖向地震作用系数的乘积。

2.5 作用组合

2.5.1 作用组合与设计方法

1. 作用组合要求

在计算出结构或结构构件承受的各种作用后，对每种设计状况，均应考虑各种不同的作用组合，以确定作用控制工况和最不利的效应设计值。

承载能力极限状态设计时采用的作用组合共有以下 3 种：

(1) 持久设计状况和短暂设计状况应采用作用的基本组合；

(2) 偶然设计状况应采用作用的偶然组合；

(3) 地震设计状况应采用作用的地震组合。

上述作用组合应为可能同时出现的作用的组合，每个作用组合中应包括一个主导可变作用或一个偶然作用或一个地震作用。一般选用持久、短暂设计状况和地震设计状况。

正常使用极限状态设计时采用的作用组合也有以下 3 种：

(1) 标准组合，用于不可逆正常使用极限状态设计，即当产生超越正常使用极限状态的作用卸除后，该作用产生的超越状态不可恢复的正常使用极限状态；

(2) 频遇组合，用于可逆正常使用极限状态设计，即当产生超越正常使用极限状态的使用卸除后，该作用产生的超越状态可以恢复的正常使用状态；

(3) 准永久组合，用于长期效应是决定性因素的正常使用极限状态设计。

一般建筑结构设计多采用标准组合和准永久组合，频遇组合目前的应用范围较小。

2. 设计方法

一旦结构或结构构件发生破坏或过度变形，则认为达到承载能力极限状态。设计时，作用组合的效应设计值与结构重要性系数的乘积不应超过结构或结构构件的抗力设计值。

持久、短暂设计状况：

$$\gamma_0 S \leqslant R$$

地震设计状况：

$$S \leqslant R/\gamma_{RE}$$

式中：S——结构构件的组合内力设计值；

R——结构构件承载力设计值，按结构材料的强度设计值确定；

γ_0——结构重要性系数，不小于表 2-18 的值；

γ_{RE}——承载力抗震调整系数，如表 2-19 所示。

表 2-18　结构重要性系数

结构重要性系数	对持久设计状况和短暂设计状况			对偶然设计状况和地震设计状况
	安全等级			
	一级	二级	三级	
γ_0	1.1	1.0	0.9	1.0

表 2-19　承载力抗震调整系数 γ_{RE}

结构构件	受力状态	γ_{RE}
梁	受弯	0.75
轴压比小于 0.15 的柱	偏压	0.75
轴压比大于 0.15 的柱	偏压	0.80
剪力墙	偏压	0.85
各类构件	受剪、偏拉	0.85

注：竖向地震为主的地震组合内力起控制作用时，$\gamma_{RE}=1.00$。

结构或结构构件按正常使用极限状态设计时，作用组合的效应设计值不应超过设计要求的效应限值。

2.5.2　作用组合方法

1. 设计值和分项系数

作用的设计值为作用代表值与作用分项系数的乘积。材料性能的设计值为材料性能标准值与材料性能分项系数之商。当几何参数的变异性对结构性能无明显影响时，几何参数的设计值取标准值；当有明显影响时，几何参数的设计值按不利原则取其标准值与几何参数附加量之和或差。结构或结构构件的抗力设计值为考虑了材料性能设计值和几何参数设计值之后，分析计算得到的抗力值。

按极限状态的分项系数设计方法进行设计，作用分项系数按下列规定取值：

(1) 永久作用(含预应力)：当对结构不利时，不应小于 1.3；当对结构有利时，不应大于 1.0。

(2) 可变作用：当对结构不利时，一般不应小于 1.5；但标准值大于 4.0kN/m^2 的工业建筑楼面活荷载，不应小于 1.4。当对结构有利时，均取 0。

(3) 地震作用：分项系数如表 2-20 所示。

表 2-20　地震作用分项系数

地震作用	γ_{Eh}	γ_{Ev}
仅计算水平地震作用	1.4	0
仅计算竖向地震作用	0	1.4
同时计算水平与竖向地震作用，水平地震作用为主	1.4	0.5
同时计算水平与竖向地震作用，竖向地震作用为主	0.5	1.4

2. 作用效应组合

结构应根据结构设计要求，按下列规定进行组合：

(1) 基本组合

$$\sum_{i=1}^{m}\gamma_{Gi}G_{ik}+\gamma_{P}P+\gamma_{Q1}\gamma_{L1}Q_{1k}+\sum_{j=2}^{n}\gamma_{Qj}\psi_{cj}\gamma_{Lj}Q_{jk} \tag{2-44}$$

(2) 偶然组合

$$\sum_{i=1}^{m}G_{ik}+P+A_{d}+(\psi_{f1}\text{ 或 }\psi_{q1})Q_{1k}+\sum_{j=2}^{n}\psi_{qj}Q_{jk} \tag{2-45}$$

（3）地震组合

$$\gamma_G S_{GE} + \gamma_{Eh} S_{Ehk} + \gamma_{Ev} S_{Evk} + \sum_{i=m_1+1}^{m} \gamma_{D_i} S_{D_i k} + \sum_{i=n_1+1}^{n} \psi_i \gamma_i S_{ik} \tag{2-46}$$

（4）标准组合

$$\sum_{i=1}^{m} G_{ik} + P + Q_{1k} + \sum_{j=2}^{n} \psi_{cj} Q_{jk} \tag{2-47}$$

（5）频遇组合

$$\sum_{i=1}^{m} G_{ik} + P + \psi_{f1} Q_{1k} + \sum_{j=2}^{n} \psi_{qj} Q_{jk} \tag{2-48}$$

（6）准永久组合

$$\sum_{i=1}^{m} G_{ik} + P + \sum_{j=1}^{n} \psi_{qj} Q_{jk} \tag{2-49}$$

式中：γ_{Gi}、G_{ik}——第 i 个永久作用的分项系数、标准值。

γ_P、P——预应力作用的分项系数、有关代表值。

γ_{Q1}、Q_{1k}——第 1 个可变作用（主导可变作用）的分项系数、标准值。

γ_{Qj}、Q_{jk}——第 j 个可变作用的分项系数、标准值。

γ_{Lj}——第 j 个考虑结构设计工作年限的荷载调整系数。对于楼面和屋面活荷载，设计工作年限分别为 5 年、50 年和 100 年时，调整系数分别取 0.9、1.0 和 1.1；对于雪荷载和风荷载，取重现期与设计工作年限相同确定标准值。

ψ_{cj}——第 j 个可变作用的组合值系数。

A_d——偶然作用的代表值。

ψ_{q1}——第 1 个可变作用的准永久值系数。

ψ_{f1}——第 1 个可变作用的频遇值系数。

ψ_{qj}——第 j 个可变作用的准永久值系数。

S_{GE}——重力荷载代表值的效应，计算重力荷载代表值时，各可变荷载的组合值系数见表 2-13。

γ_{Eh}、γ_{Ev}——水平、竖向地震作用分项系数。

S_{Ehk}、S_{Evk}——水平、竖向地震作用标准值的效应。

γ_{D_i}、$S_{D_i k}$——不包括在重力荷载内的第 i 个永久荷载分项系数、标准值的效应。

γ_i、S_{ik}——不包括在重力荷载内的第 i 个可变荷载的分项系数、标准值的效应。

ψ_i——不包括在重力荷载内的第 i 个可变荷载的组合值系数；当可变荷载为风荷载时，一般结构取 0.0，风荷载起控制作用的建筑（一般为高度不小于 60m），取 0.2。

m——参与组合的永久荷载个数。

m_1——地震组合中，包括在重力荷载内的永久荷载个数。

n——参与组合的可变荷载个数。

n_1——地震组合中，包括在重力荷载内的可变荷载个数。

作用组合的效应设计值，应将所考虑的各种作用同时加载于结构之后，再通过分析计算确定。当作用组合的效应设计值简化为单个作用效应的组合时，作用与作用效应需满足线性关系。

在选择结构材料种类、材料规格进行结构设计时，应考虑各种可能影响耐久性的环境因素。

思考题

1. 如何确定结构安全等级和结构设计工作年限？
2. 设计状况分哪四种？各自适用什么情况？
3. 什么是作用代表值？什么是标准值、组合值和准永久值？

4. 什么是设计基准期？与结构设计工作年限有什么异同？

5. 住宅、教室、餐厅、商店、书库的楼面均布活荷载标准值一般是多少？不上人的、上人的屋面均布活荷载标准值是多少？

6. 任何情况下，基本风压不得低于多少？

7. 什么是地震动和地震作用？地震动三要素是什么？

8. 什么是抗震设防烈度？什么是多遇地震动、设防地震动和罕遇地震动？什么是设计基本地震加速度？什么是设计地震分组？

9. 什么是地震影响系数？什么是设计反应谱？结构自振周期、阻尼比、特征周期对地震影响系数有什么影响？

10. 底部剪力法和振型分解法有什么异同？底部剪力法的适用范围是什么？

11. 在什么情况下，时程分析法做多遇地震作用下的补充计算？如何选择地震记录？三向(两个水平方向与一个竖向)地震输入时，其加速度最大值通常按照什么比例调整？时程分析法的计算结果和振型分解法不一致时如何处理？

12. 为什么要提出楼层最小地震剪力系数？为什么楼层最小地震剪力系数也称为剪重比？剪重比不满足要求时如何处理？

13. 为什么理论方法计算的结构自振周期应进行折减？折减的原则是什么？

14. 什么情况下应计算竖向地震作用？

15. 叙述承载力抗震调整系数的概念。

习题

1. 某现浇钢筋混凝土柱，柱底内力标准值 M_k(kN·m)、N_k(kN)分别为：

恒荷载：$M_G=-25.5$，$N_G=62.2$，

活荷载：$M_Q=16.2$，$N_Q=33.3$，

左风：$M_{W1}=49.8$，$N_{W1}=-20.6$，

右风：$M_{W1}=44.3$，$N_{W2}=17.9$。

按持久、短暂设计状况，采用基本组合，分别求柱的轴向力为最小、最大时，相应内力组合设计值 M、N。

2. 设某三层钢筋混凝土框架结构房屋，一层从柱底计算的高度为5.4m，二层、三层高度均为4.8m。一层重力荷载代表值为10000kN，二层、三层均为8000kN。现已算得前3个振型的自振周期和振型分别为 $T_1=0.50$s，$\boldsymbol{X}_1^{\mathrm{T}}=[1.000\quad 1.826\quad 2.274]$；$T_2=0.45$s，$\boldsymbol{X}_2^{\mathrm{T}}=[1.000\quad 0.148\quad -1.126]$；$T_3=0.40$s，$\boldsymbol{X}_3^{\mathrm{T}}=[1.000\quad -1.206\quad 1.687]$。分别采用底部剪力法和振型分解法计算该结构的地震作用。

(1) 该房屋在兰州市城区，场地类别为Ⅱ类。

(2) 该房屋在上海市城区，场地类别为Ⅳ类。

第3章

结构设计基本要求

3.1 结构分析

混凝土结构设计的主要工作可以分为两大部分，一部分是结构计算，另一部分是图纸绘制。结构计算包括结构分析（structural analysis）和截面配筋设计，结构分析即作用效应分析，是截面配筋设计和图纸绘制的前提。图纸绘制是将结构计算部分的成果用设计图的方式表达，图纸绘制的工作也包括落实合理的构造措施。

结构分析的基本要求是：根据结构方案确定合理的计算简图，选择不利的作用组合，通过分析准确地求出结构内力和变形，以便进行截面配筋计算并绘制图纸。

和钢结构、砌体结构相比，混凝土结构的分析比较复杂，主要原因是组成混凝土结构的钢筋及混凝土两种材料的性能差别很大。钢筋在屈服前是弹性材料，在屈服以后呈现塑性性能。混凝土由水泥凝胶体、砂石和微孔隙、微裂缝等组成，在拉、压作用下强度相差极大，在不同应力水平下分别呈现弹性和塑性，产生裂缝以后成为各向异性体。因此，钢筋混凝土结构在各种作用下的受力变形过程十分复杂，是一个变化的非线性过程。因此，在混凝土结构设计中，存在着各种不同的混凝土结构分析方法，设计时应考虑力学平衡条件、变形协调条件、材料时变特性以及稳定性等因素，以求得能够反映结构实际受力状态的效应。

目前，一般采用计算机进行结构分析。为了确保计算结果的正确性，结构分析所采用的计算软件应经考核和验证，其技术条件应符合现行标准的要求。分析结果应经判断和校核，在确认其合理、有效后，方可用于工程设计。

1. 基本原则

进行混凝土结构分析时，应遵守以下基本原则。

(1) 由于实际工程的复杂性和计算方法的局限性，结构分析所采用的计算模型均建立在近似假设和简化方法的基础上。计算模型应能代表实际结构的体形和几何尺度。边界条件和连接方式（刚接、铰接、简支等）应能反映结构的实际受力状况，并应有相应的构造措施加以保证。截面尺寸和材料性能应能符合结构的实际情况。作用的大小、位置及组合应与结构的实际受力情况吻合。应考虑施工偏差、初始应力及变形状况对计算模型加以适当修正。分析所采用的简化或假定，应以理论和工程实践为基础，无成熟经验时应通过试验验证其合理性。计算的最终结果应校核和修正。特别强调的是，许多建筑工程质量事故来自于计算模型与实际结构受力状况不符，这种教训应深刻汲取。

(2) 混凝土结构应进行整体作用效应分析，必要时尚应对结构中受力状况的特殊部位，如对结构中受力复杂部位、刚度突变部位以及内力和变形有异常变化的部位进行更精细的分析，即“整体+局部”的分析方法。如《混凝土高规》规定，对于复杂高层建筑结构中的受力复杂部位，宜进行应力分析，并按应力进行配筋设计校核。

(3) 混凝土结构一般进行承载能力极限状态计算和正常使用极限状态验算。一般应按照《荷载规范》和《抗震规范》规定进行持久设计状况、短暂设计状况和地震设计状况计算。当结构在施工及使用的不同阶段有多种受力工况时，应分别进行结构分析，并确定其可能的最不利作用效应组合。如《混凝土高规》规定，复杂高层建筑及房屋高度大于150m的其他高层建筑结构，应考虑施工过程的影响。

2. 分析模型

混凝土结构一般考虑结构构件的弯曲、轴向、剪切和扭转变形对结构内力的影响，按空间体系进行结构整体分析。但以下两种情况可进行简化分析：①对体形规则的空间结构，可沿柱列或墙轴线分解为不同方向的平面结构分别进行分析，并可考虑平面结构的空间协同工作；②当构件的轴向、剪切和扭转变形对结构内力分析影响不大时，可不予考虑。

在确定计算简图时，梁、柱、杆等一维构件的轴线取为截面几何中心的连线，墙、板等二维构件的中轴面取为截面中心线组成的平面或曲面。现浇结构和装配整体式结构的梁柱节点、柱与基础连接处等可作为刚接。

梁、柱等杆件的计算跨度或计算高度按其两端支承长度的中心距或净距确定，并根据支承节点的连接刚度或支承反力的位置加以修正。

当梁、柱等杆件间连接部分的刚度远大于杆件中间截面的刚度时，在计算模型中可作为刚域处理。如图3-1所示的高梁宽柱情况下，由于节点区较大，在取轴线作为框架计算模型时，杆件端部刚度比杆件本身刚度大很多，为简化计算，假定节点区无弯曲、剪切、轴向变形，则杆件成为带刚域杆件。

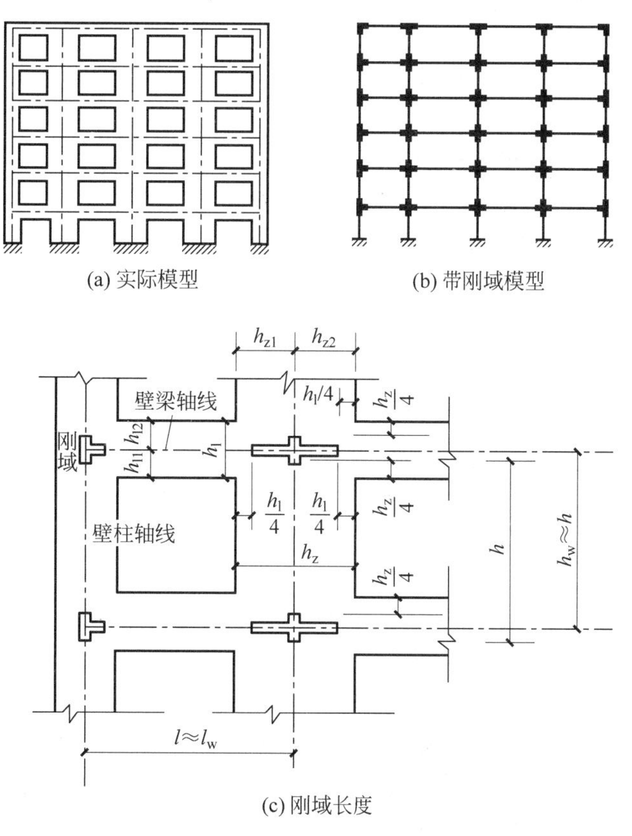

图3-1　刚域和带刚域杆件

图3-1(b)所示的粗黑线为刚域，其长度为：

梁左刚域：$h_{z1}-\frac{h_l}{4}$；梁右刚域：$h_{z2}-\frac{h_l}{4}$。

柱下刚域：$h_{l1}-\frac{h_z}{4}$；柱上刚域：$h_{l2}-\frac{h_z}{4}$。

取框架轴线为计算简图，进行计算时，计算得到的是节点处的内力，而设计构件时需要非刚域部分端部的内力,应进行换算。

结构整体分析时,为提高效率,对于现浇钢筋混凝土楼盖或有现浇面层的装配整体式楼盖,当面内刚度较大时,可忽略楼盖的面内变形,近似假定楼盖在其自身平面内为无限刚性,即刚性楼盖假定。

梁一般按矩形截面进行计算,对于现浇钢筋混凝土楼盖和有现浇面层的装配整体式楼盖,可近似采用增加梁翼缘计算宽度的方式或乘以梁刚度增大系数的方式来考虑楼板作为翼缘对梁刚度和承载力的贡献,详见 14.7 节。

3. 分析方法

混凝土结构常用的分析方法主要有:弹性分析方法、塑性内力重分布分析方法、弹塑性分析方法、塑性极限分析方法、试验分析方法和间接作用分析方法。

1) 弹性分析方法

绝大部分结构的设计采用弹性分析方法(elastic analysis method),该方法是最基本、最成熟也是最简单的结构分析方法,是其他分析方法的基础和特例。按弹性分析方法设计的结构,其承载力一般偏于安全。

采用弹性分析方法计算结构构件刚度时,混凝土的弹性模量按《混凝土规范》采用,截面惯性矩按匀质的混凝土全截面计算,不计钢筋的换算面积,不扣除预应力筋孔道等的面积。不同受力状态下构件的截面刚度需考虑混凝土开裂、徐变等因素的影响予以折减。

2) 塑性内力重分布分析方法

超静定混凝土结构在出现塑性铰后,可在结构中引起内力重分布。利用这一特点进行构件截面之间的内力调幅,即为塑性内力重分布分析方法(internal forces plastic redistribution analysis method)。该方法可用于连续梁、连续板和框架梁设计,具有充分发挥结构潜力、节约材料、简化设计和方便施工等优点。但由于塑性铰的出现,构件的变形和抗弯能力调小部位的裂缝宽度均较大,因此应进行构件变形和裂缝宽度验算。对于直接承受动力荷载的构件,以及要求不出现裂缝或处于三 a、三 b 类环境情况下的结构,不应采用考虑塑性内力重分布的分析方法。

3) 弹塑性分析方法

弹塑性分析方法(elastic-plastic analysis method)以钢筋混凝土的实际力学性能为依据,引入相应的本构关系后,可进行结构受力全过程分析,而且可以较好地解决各种体形和受力复杂结构的分析问题。但这种分析方法比较复杂,计算工作量大,各种非线性本构关系尚不够完善和统一,且要有成熟、稳定的软件,应用范围有限,主要用于重要、复杂结构工程,对结构整体或局部进行验算。

4) 塑性极限分析方法

超静定结构中的某一个截面或几个截面达到屈服,整个结构可能并没有达到其最大承载能力,外荷载还可以继续增加。先达到屈服截面的塑性变形会不断增大,并且不断有其他截面陆续达到屈服,直至有足够数量的截面达到屈服,使结构体系即将形成几何可变机构,结构才达到最大承载能力。因此,利用超静定结构的这一受力特征,可采用塑性极限分析方法(plastic limit analysis method)来计算超静定结构的最大承载力,并以达到最大承载力时的状态作为整个超静定结构的承载能力极限状态。这样既可以使超静定结构的内力分析更接近实际内力状态,也可以充分发挥超静定结构的承载潜力,使设计更经济合理。但超静定结构达到最大承载力时,结构中较早达到屈服的截面已形成塑性铰,意味着这些截面已具有一定程度的损伤。因此,该方法用于不承受多次重复荷载作用,且有足够的塑性变形能力的混凝土结构的承载力计算,同时必须满足正常使用的要求。目前,该方法主要用于周边有梁或墙支承的双向板设计。

5) 试验分析方法

当结构或其部位的体形不规则,受力状况复杂,无恰当的简化分析方法,对现有结构分析方法的计算结果没有充分把握时,可采用试验分析方法对结构进行分析或复核。例如,复杂剪力墙及其孔洞周围、大型框架和桁架的主要节点、构件的疲劳、受力状态复杂的水坝、不规则的空间壳体等,或采用了新型的材料及构造。该方法需要进行结构试验,成本高,周期长,难度大。

6）间接作用分析方法

对大体积混凝土结构、超长混凝土结构等约束较大的超静定结构，当混凝土的收缩、徐变以及温度变化等间接作用在结构中产生的作用效应可能危及结构的安全或正常使用时，宜进行间接作用效应的分析，并采取相应的构造措施和施工措施。

混凝土结构进行间接作用效应的分析可采用弹塑性分析方法，也可考虑混凝土的徐变及混凝土的开裂引起的应力松弛和重分布，采用简化的弹性分析方法。

4. 计算基本假定

采用简化的近似手算方法计算时，采用以下两个基本假定：

(1) 平面结构假定。该假定认为每片框架、剪力墙等抗侧力结构可以抵抗在本身平面内的侧向力，而在平面外的刚度很小，可以忽略。因而整个结构可以划分成若干平面结构共同抵抗与平面结构平行的侧向荷载，垂直于该方向的结构不参加受力。

如图3-2所示的框剪结构，沿 y 方向，可以划分为6榀框架和2片剪力墙组成的抗侧力体系，y 方向水平作用 P_y 完全由该框架和剪力墙共同承担；沿 x 方向，可以划分为2榀框架和1片框架剪力墙组成的抗侧力体系，x 方向水平作用 P_x 完全由框架和框架剪力墙共同承担。

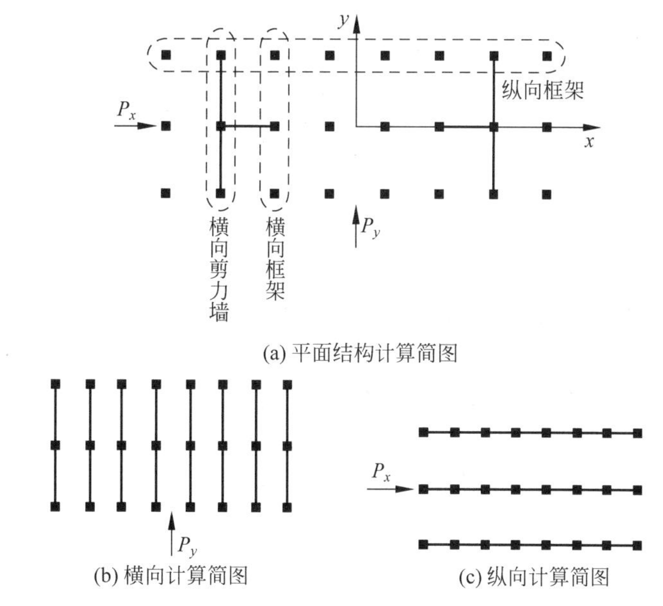

图3-2 平面结构计算简图

如图3-3所示，采用平面结构计算假定后，每个杆件的节点仅有3个自由度，而采用空间结构计算假定时，每个节点有6个自由度。

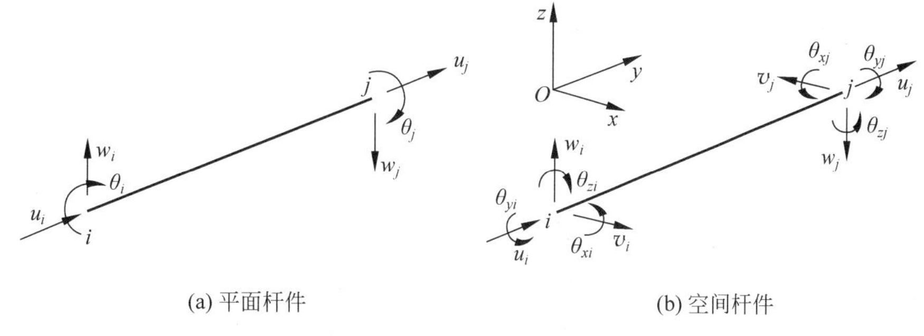

图3-3 平面杆件和空间杆件

需要注意区分空间结构计算假定和空间结构的概念。一般的空间结构是指剧院的观众厅、体育馆的比赛大厅等跨度、高度都很大的建筑，通常采用网架网壳、索膜、壳体等结构形式。

(2) 刚性楼盖假定。该假定认为楼盖在其自身平面内刚度无限大，楼盖平面外刚度很小，可以忽略。因而在侧向力作用下，楼盖可做刚体平移或转动，各个平面抗侧力结构之间通过楼盖互相联系并协同工作，如图 3-4 所示。

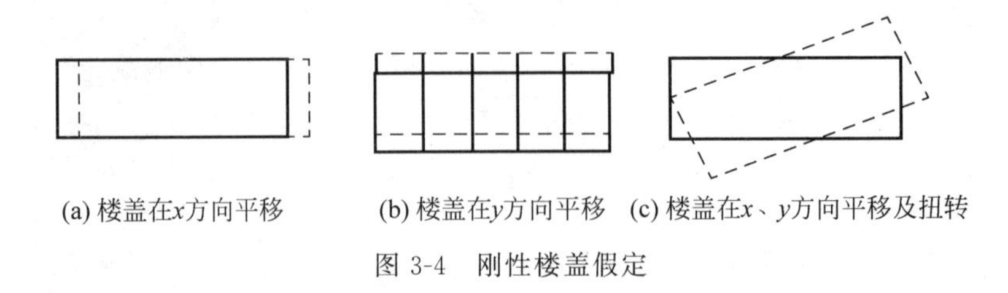

图 3-4 刚性楼盖假定

采用平面结构假定和刚性楼盖假定后，结构计算大大简化。但采用上述假定的前提是假定与实际工程相符。在采用平面结构假定时，抗侧力结构一般应沿两主轴方向"横平竖直"布置，可以明确按两主轴方向划分成若干榀平面抗侧力结构，如图 3-2 所示。对于图 3-5 所示的三角形、菱形、多边形等平面结构，以及抗侧力结构没有对齐，难以划分为平面结构时，则不适用采用平面结构假定。这些情况下，应采用空间结构假定的计算模型。

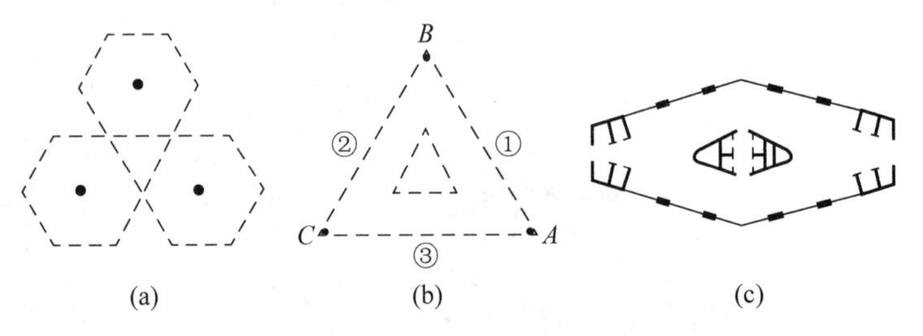

图 3-5 不能划分为平面结构的示例

采用刚性楼盖假定时，楼盖应具有较好的整体性和较大的面内刚度。对于如图 3-6 所示的长宽比较大的平面、突出部分的长宽比较大的平面、楼板开大洞的等需要考虑楼盖面内变形的平面，以及整体性较差的、没有后浇层的装配式楼面，则不能采用刚性楼盖假定。此外，需要计算与楼盖面内相连的构件内力时，如转换梁、伸臂桁架的上下弦杆等(见 13.5 节)，也不能采用刚性楼盖假定。这些情况下，结构分析时应在全部楼盖、部分楼盖或部分区域考虑楼盖平面内变形的影响，采用符合楼板面内刚度的弹性楼盖假定的计算模型。

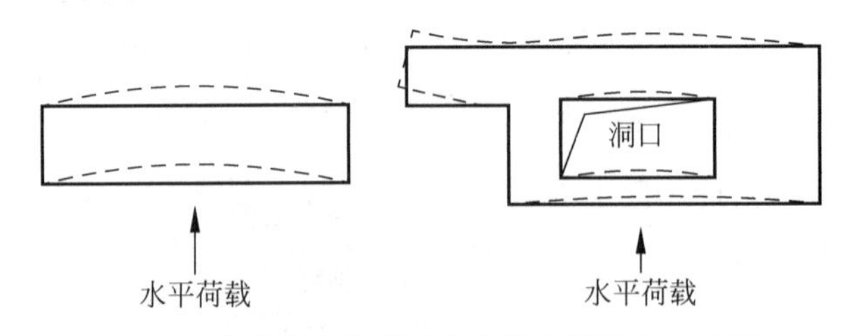

图 3-6 需要考虑楼盖面内变形的结构平面示例

5. 结构基本计算类型及适用范围

1) 平面结构计算

平面结构计算采用平面结构计算假定，且不考虑楼盖对各平面结构的联系和影响。计算时，沿水平作用的方向将结构拆分为若干平面结构，各个平面结构互不影响，各自独立，分别计算。

目前，该方法除计算单层工业厂房的平面排架结构和钢结构门式刚架外，主要用于手算。

2) 平面协同计算

平面协同计算采用平面结构假定及刚性楼盖假定，且楼盖只能平移。梁柱为平面杆件，每个节点有 3 个自由度，两端共有 6 个自由度。

计算时，沿水平作用的方向将结构拆分为若干平面结构，但各平面结构通过刚性楼盖联系成整体，在同一楼层具有相同的侧移，结构没有整体扭转变形。两个方向的平面结构各自独立，分别计算。

平面协同计算方法不考虑与水平作用方向垂直的结构承受水平作用，也不考虑扭转，不能计算平面复杂的结构。

3）空间协同计算

空间协同计算采用平面结构假定和刚性楼盖假定，楼盖有整体平移位移与整体扭转角，每个楼层有3个公共自由度。计算方法与平面协同计算基本相同，仍将结构分为若干平面子结构，不同之处在于空间协同计算时每个楼层有3个共用自由度。

空间协同计算可以计算不对称结构，可以计算结构扭转，比平面协同计算适用面略广。但是，由于仍然采用平面结构假定，相互垂直的各个平面结构即使相交，共用交线处单元的竖向平动自由度也互相独立，结构同一点在不同方向的平面结构计算模型中的竖向位移不一致，与实际结构受力的情况有差异，而与水平作用方向垂直的平面结构只参与抗扭。因此，空间协同计算只在结构可以划分成明确的互相正交的平面结构时才可以应用。

4）刚性楼盖假定下的空间结构计算

空间结构是整体计算，相交的各个杆件都互相关联，节点位移连续、协调。杆件为空间杆件，每个节点有6个自由度，两端共有12个杆端位移及节点力。由于假定楼盖平面内无限刚性，每个楼层有3个共用自由度，梁柱节点的独立自由度数量减少，可大大减少结构自由度及未知量。

但由于采用了刚性楼盖假定，在楼盖平面内的杆件两端没有相对位移，无法计算这些杆件的轴向变形和内力。

5）完全空间结构计算

完全空间结构计算是整体计算，杆件为空间杆件，可以考虑楼盖平面内的变形。这种方法可得到梁、柱、剪力墙等构件的所有变形和内力，并可以计算结构扭转和楼盖变形，是相对更为精确的一种计算方法。

五种计算方法的比较如表3-1所示。

表3-1　五种计算方法的比较

影响因素	平面结构计算	平面协同计算	空间协同计算	刚性楼盖假定下的空间结构计算	完全空间结构计算
楼板	无	刚性楼板	刚性楼板	刚性楼板	弹性楼板
扭转	不考虑	不考虑	考虑	考虑	考虑
结构	平面	平面	平面	空间	空间

随着计算机软硬件技术的发展，平面协同计算和空间协同计算方法已基本不用，电算大多采用刚性楼盖假定下的空间结构计算和完全空间计算。

6. 扭转近似计算

当水平作用合力作用线不通过刚度中心时，结构将出现扭转。例如，图3-7所示的结构，虽然平面形状对称，水平荷载合力通过平面形心 O_1 点，但由于抗侧力结构布置不对称，刚度中心 O_D 显然偏左下方，结构受扭。

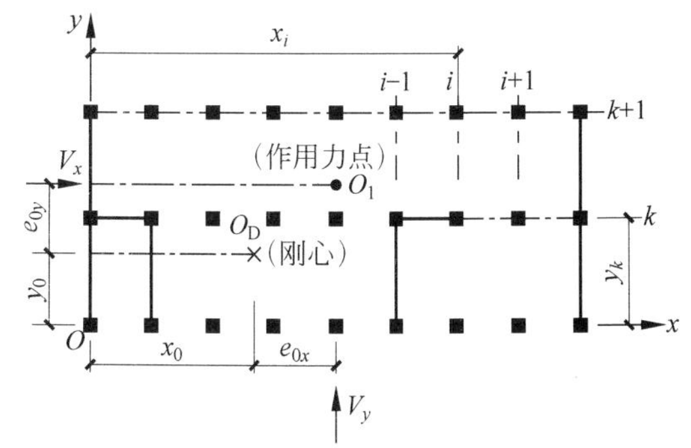

图3-7　结构受扭

在地震或风荷载作用下结构常常出现扭转，即使是完全对称的结构，地震作用下亦不可避免地会出现扭转。地震作用下扭转可能使结构遭受严重破坏，但扭转作用难以精确计算。在设计中，一方面尽可能减少扭转，另一方面尽可能加强结构的抗扭能力，计算仅作为一种设计补充手段。

扭转近似计算仍然建立在平面结构假定和刚性楼

盖假定的基础上，一般是先作平移下内力分析，然后考虑扭转作用对内力及位移作修正。

1）质量中心、刚度中心及扭转偏心距

在近似方法中，要先确定水平力作用线及刚度中心，二者之间的距离为扭转偏心距。风荷载的合力作用线位置可进行具体计算。水平地震作用点即惯性力的合力作用点，与质量分布有关，称为质心。计算时可用重量代替质量，具体方法是：将建筑面积分为若干质量均匀分布的单元，如图 3-8 所示，在参考坐标系 xOy 中确定重心坐标 x_m、y_m，见式(3-1)。

$$\begin{cases} x_m = \dfrac{\sum\limits_{i=1}^{s} x_i m_i}{\sum\limits_{i=1}^{s} m_i} = \dfrac{\sum\limits_{i=1}^{s} x_i w_i}{\sum\limits_{i=1}^{s} w_i} \\ y_m = \dfrac{\sum\limits_{i=1}^{s} y_i m_i}{\sum\limits_{i=1}^{s} m_i} = \dfrac{\sum\limits_{i=1}^{s} y_i w_i}{\sum\limits_{i=1}^{s} w_i} \end{cases} \tag{3-1}$$

式中：m_i、w_i——第 i 个面积单元的质量和重量；

x_i、y_i——第 i 个面积单元的重心坐标。

s——面积单元总数。

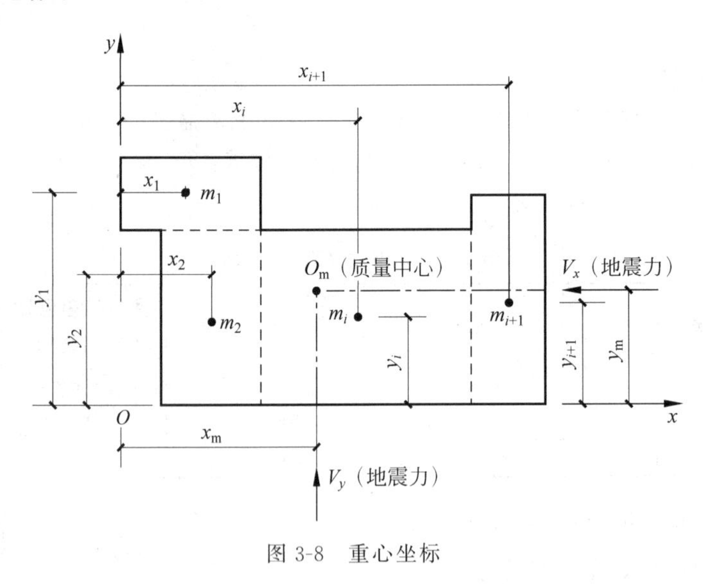

图 3-8 重心坐标

刚度中心指各抗侧力结构抗侧刚度的中心。把抗侧力单元的抗侧刚度作为假想面积，求得各个假想面积的总形心就是刚度中心。抗侧移刚度是指抗侧力单元在单位层间位移下的层剪力值，即：

$$\begin{cases} D_{yi} = \dfrac{V_{yi}}{\delta_y} \\ D_{xk} = \dfrac{V_{xk}}{\delta_x} \end{cases} \tag{3-2}$$

式中：V_{yi}——与 y 轴平行的第 i 片结构剪力；

V_{xk}——与 x 轴平行的第 k 片结构剪力；

δ_x、δ_y——该结构在 x、y 方向的层间位移。

以图 3-7 的平面为例计算刚度中心。任选参考坐标 xOy，与 y 轴平行的抗侧力单元以 $1,2,\cdots,m$ 系列编号，第 i 个单元的抗侧刚度为 D_{yi}；与 x 轴平行的抗侧力单元以 $1,2,\cdots,n$ 系列编号，第 k 个单元的抗侧刚度为 D_{xk}。则刚度中心坐标分别为：

$$
\begin{cases}
x_0 = \dfrac{\sum\limits_{i=1}^{m} D_{yi} x_i}{\sum\limits_{i=1}^{m} D_{yi}} \\
y_0 = \dfrac{\sum\limits_{k=1}^{n} D_{xk} y_k}{\sum\limits_{k=1}^{n} D_{xk}}
\end{cases}
\tag{3-3}
$$

框架结构中框架柱的 D 值(详见 15.1.3 节)就是抗侧刚度。所以分别计算每根柱在 y 方向和 x 方向的 D 值后,直接代入式(3-3)即可求 x_0 及 y_0。

对于剪力墙结构,根据式(3-2)的定义计算剪力墙的抗侧刚度。式中 V_{yi} 与 V_{xk} 是在剪力墙结构平移变形时第 i 片及第 k 片墙分配到的剪力,因为剪力是按各片墙的等效抗弯刚度(详见 16.2 节)分配的,所以剪力墙结构的刚度中心可以用等效抗弯刚度计算,同一层中各片剪力墙弹性模量相同,故刚心坐标可由下式计算:

$$
\begin{cases}
x_0 = \dfrac{\sum\limits_{i=1}^{m} EI_{\mathrm{eq}yi} x_i}{\sum\limits_{i=1}^{m} EI_{\mathrm{eq}yi}} \\
y_0 = \dfrac{\sum\limits_{k=1}^{n} EI_{\mathrm{eq}xk} y_k}{\sum\limits_{k=1}^{n} EI_{\mathrm{eq}xk}}
\end{cases}
\tag{3-4}
$$

计算时注意纵向及横向剪力墙要分别计算,式中求和符号表示对同一方向各片剪力墙求和。

框剪结构可根据抗侧刚度的定义,即将式(3-2)中的 D_{yi}、D_{xk} 分别更换为 $EI_{\mathrm{eq}yi}$、$EI_{\mathrm{eq}xk}$,把刚度表达式代入式(3-4),可得到:

$$
\begin{cases}
x_0 = \dfrac{\sum\limits_{i=1}^{m} [(V_{yi}/\delta_y) x_i]}{\sum\limits_{i=1}^{m} (V_{yi}/\delta_y)} = \dfrac{\sum\limits_{i=1}^{m} V_{yi} x_i}{\sum\limits_{i=1}^{m} V_{yi}} \\
y_0 = \dfrac{\sum\limits_{k=1}^{n} [(V_{xk}/\delta_x) y_k]}{\sum\limits_{k=1}^{n} (V_{xk}/\delta_x)} = \dfrac{\sum\limits_{k=1}^{n} V_{xk} y_k}{\sum\limits_{k=1}^{n} V_{xk}}
\end{cases}
\tag{3-5}
$$

式(3-5)中 V_{yi} 与 V_{xk} 分别是框剪结构 y 方向和 x 方向平移变形下协同工作计算得到的各片抗侧力单元所分配到的剪力。因此,在框剪结构中,需要先做不考虑扭转的平移的协同工作计算,得到各片平面结构分配到的剪力后,然后再按式(3-5)近似计算刚心位置。

从式(3-5)可以看出,刚度中心也是在不考虑扭转情况下各抗侧力单元层剪力的合力中心。因此,在其他类型的结构中,当已经知道各抗侧力单元抵抗的层剪力值后,也可直接由层剪力计算刚心位置。

确定了质心(或风力合力作用线)和刚度中心后,二者的距离 e_{0x} 和 e_{0y} 分别为 y 方向作用力(剪力) V_y 和 x 方向作用力(剪力)V_x 的计算偏心距,如图 3-9 所示。

为了安全,结构抗震设计时,需要考虑偶然偏心的影响。可将偏心距增大,得到设计偏心距。通常可按下式计算:

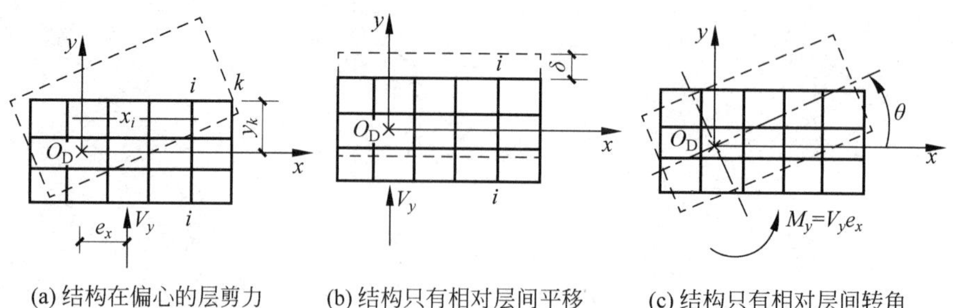

图 3-9　结构平移及扭转变形

$$\begin{cases} e_x = e_{0x} \pm 0.05L_x \\ e_y = e_{0y} \pm 0.05L_y \end{cases} \tag{3-6}$$

式中：L_x、L_y——与力作用方向相垂直的建筑平面长度。

2）考虑扭转作用的层剪力修正

图 3-9(a)中的虚线表示结构在偏心的层剪力作用下发生的层间变形情况。层剪力 V_y，距刚心 O_D 为 e_x，扭矩 $M_t=V_ye_x$。在 V_y 及 M_t 共同作用下，既有平移变形，又有扭转变形，图 3-9(a)可分解为图 3-9(b)和(c)，图 3-9(b)中结构只有相对层间平移 δ，而图 3-9(c)中只有相对层间转角 θ。利用叠加原理即可得到各片抗侧力单元的侧移及内力。

由于采用刚性楼盖假定，楼盖上任意一点的位移都可由 δ 及 θ 描述，将坐标原点设在刚心 O_D 处，并设坐标轴的正方向见图 3-9，规定与坐标轴正方向相一致的位移为正，θ 角则以逆时针旋转为正，则各片结构在其自身平面方向的侧移可表示如下：

与 y 轴平行的第 i 片结构沿 y 方向层间位移：

$$\delta_{yi} = \delta + \theta x_i \tag{3-7}$$

与 x 轴平行的第 k 片结构沿 x 方向层间位移：

$$\delta_{xi} = -\theta y_k \tag{3-8}$$

式中，x_i、y_k——i 片及 k 片结构形心在 xO_Dy 坐标系中的坐标值，为代数值。

由抗侧刚度的定义可求得：

$$\begin{cases} V_{yi} = D_{yi}\delta_{yi} = D_{yi}\delta + D_{yi}\theta x_i \\ V_{xk} = D_{xk}\delta_{xk} = -D_{xk}\theta y_k \end{cases} \tag{3-9}$$

式中：V_{yi}、V_{xk}——i 片及 k 片结构在层剪力 V_y 及扭矩 M_y 作用下的剪力。

由力平衡条件 $\sum Y=0$ 可得：$\delta = \dfrac{V_y}{\sum\limits_{i=1}^{m} D_{yi}}$

由力矩平衡条件 $\sum M=0$，可得：

$$V_ye_x = \sum_{i=1}^{m} V_{yi}x_i + \sum_{k=1}^{n} V_{xk}(-y_k) = \sum_{i=1}^{m}(D_{yi}\delta + D_{yi}\theta x_i)x_i + \sum_{k=1}^{n}(-D_{xk}\theta y_k)(-y_k)$$

$$= \delta\sum_{i=1}^{m} D_{yi}\theta x_i + \theta\sum_{i=1}^{m} D_{yi}x_i^2 + \theta\sum_{k=1}^{n} D_{xk}y_k^2$$

注意到刚心的定义，$\sum\limits_{i=1}^{m} D_{yi}x_i = 0$，故 $V_ye_x = \theta\left(\sum\limits_{i=1}^{m} D_{yi}x_i^2 + \sum\limits_{k=1}^{n} D_{xk}y_k^2\right)$，则：

$$\delta = \frac{V_y}{\sum\limits_{i=1}^{m} D_{yi}} \tag{3-10}$$

$$\theta=\frac{V_{y}e_{x}}{\sum_{i=1}^{m}D_{yi}x_{i}^{2}+\sum_{k=1}^{n}D_{xk}y_{k}^{2}} \tag{3-11}$$

D_{yi} 为结构在 y 方向的抗侧刚度，式(3-10)是平移时的力和位移关系，式(3-11)是扭矩与转角关系，分母 $\sum_{i=1}^{m}D_{yi}x_{i}^{2}+\sum_{k=1}^{n}D_{xk}y_{k}^{2}$ 称为结构的抗扭刚度。

将计算得到的 δ、θ 代入式(3-9)，经整理得：

$$\begin{cases}V_{yi}=\dfrac{D_{yi}}{\sum_{i=1}^{m}D_{yi}}V_{y}+\dfrac{D_{yi}x_{i}}{\sum_{i=1}^{m}D_{yi}x_{i}^{2}+\sum_{k=1}^{n}D_{xk}y_{k}^{2}}V_{y}e_{x}\\ V_{xk}=-\dfrac{D_{xk}y_{k}}{\sum_{i=1}^{m}D_{yi}x_{i}^{2}+\sum_{k=1}^{n}D_{xk}y_{k}^{2}}V_{y}e_{x}\end{cases} \tag{3-12}$$

同理，当 x 方向作用有偏心剪力 V_{x} 时，在 V_{x} 和扭矩 $V_{x}e_{y}$ 作用下也可得到类似公式：

$$\begin{cases}V_{xk}=\dfrac{D_{xk}}{\sum_{k=1}^{n}D_{xk}}V_{x}+\dfrac{D_{xk}y_{k}}{\sum_{k=1}^{n}D_{xk}y_{k}^{2}+\sum_{i=1}^{m}D_{yi}x_{i}^{2}}V_{x}e_{y}\\ V_{yi}=-\dfrac{D_{yi}x_{i}}{\sum_{k=1}^{n}D_{xk}y_{k}^{2}+\sum_{i=1}^{m}D_{yi}x_{i}^{2}}V_{x}e_{y}\end{cases} \tag{3-13}$$

式(3-12)、式(3-13)分别为 x 和 y 方向有扭矩作用时各抗侧力单元的剪力。从公式可以看出，无论在哪个方向水平荷载有偏心而引起结构扭转时，两个方向的抗侧力单元都能参加抵抗扭矩。

式(3-12)和式(3-13)中的 V_{yi} 是 y 方向抗侧力单元的剪力，分别是 y 方向和 x 方向的水平荷载作用下的剪力值。但式(3-12)的 V_{yi} 大于式(3-13)的 V_{yi}，应当用式(3-12)所得内力设计这些抗侧力单元。同理，在设计与 x 轴平行的那些抗侧力单元时，也应当取大值求出 V_{xk}。

将式(3-12)及式(3-13)改写成下式：

$$\begin{cases}V_{yi}=\left(1+\dfrac{e_{x}x_{i}\sum_{i=1}^{m}D_{yi}}{\sum_{i=1}^{m}D_{yi}x_{i}^{2}+\sum_{k=1}^{n}D_{xk}y_{k}^{2}}\right)\dfrac{D_{yi}}{\sum_{i=1}^{m}D_{yi}}V_{y}\\ V_{xk}=\left(1+\dfrac{e_{y}y_{k}\sum_{k=1}^{n}D_{xk}}{\sum_{i=1}^{m}D_{yi}x_{i}^{2}+\sum_{k=1}^{n}D_{xk}y_{k}^{2}}\right)\dfrac{D_{xk}}{\sum_{k=1}^{n}D_{xk}}V_{x}\end{cases} \tag{3-14}$$

或简写为：

$$\begin{cases}V_{yi}=\alpha_{yi}\dfrac{D_{yi}}{\sum_{i=1}^{m}D_{yi}}V_{y}\\ V_{xk}=\alpha_{xk}\dfrac{D_{xk}}{\sum_{k=1}^{n}D_{xk}}V_{x}\end{cases} \tag{3-15}$$

上式说明，在考虑扭转以后，某个抗侧力单元的剪力，可以用平移分配到的剪力乘以修正系数得到，修正系数为：

$$\begin{cases} 1+\dfrac{e_x x_i \sum\limits_{i=1}^{m} D_{yi}}{\sum\limits_{i=1}^{m} D_{yi} x_i^2+\sum\limits_{k=1}^{n} D_{xk} y_k^2}=\alpha_{yi} \\ 1+\dfrac{e_y y_k \sum\limits_{k=1}^{n} D_{xk}}{\sum\limits_{i=1}^{m} D_{yi} x_i^2+\sum\limits_{k=1}^{n} D_{xk} y_k^2}=\alpha_{xk} \end{cases} \tag{3-16}$$

在有扭转作用的结构中，各片结构的层间相对扭转角 θ 由式(3-11)近似计算，平移与扭转叠加的层间侧移可用式(3-7)、式(3-8)近似计算。

在同一个结构中，各片抗侧力单元的扭转修正系数大小不一。α 可能大于 1，也可能小于 1。当某片抗侧力结构的 $\alpha>1$ 时，表示其剪力在考虑扭转后将增大；$\alpha<1$ 时，表示考虑扭转后该单元的剪力将减小。离刚心越远的抗侧力结构，剪力修正也越多。

在扭转作用下，各片抗侧力结构的侧移及层间变形也不相同，距刚心较远的边缘抗侧力单元的侧移及层间变形最大。如果扭转越严重，边缘抗侧力单元的附加侧移也越大。

结构中纵向和横向抗侧力单元都能抵抗扭矩。距离刚心越远的抗侧力单元对抗扭刚度贡献越大。因此，若能把抗侧刚度较大的剪力墙放在离刚心远一点的地方，抗扭效果较好。此外，如果能把抗侧力结构布置成内部尺寸较大的正方形或圆形，就能较充分地发挥全部抗侧力结构的抗扭效果。

需要注意的是，在上、下布置都相同的框剪结构中，各层刚心并不在同一根竖轴上，有时刚心位置相差较大。因此结构各层的偏心距和扭矩都会改变，各层扭转修正系数也会改变。

7. 结构有限元法简介

有限元法是目前结构分析中普遍使用的方法，其基本思路是将复杂的结构看作有限数目的单元体构成的集合体，单元体仅在节点处相联系。

计算步骤是：

(1) 将结构离散为单元。建筑结构的构件包括梁、柱、支撑等一维受力构件，楼板、剪力墙等二维受力构件，转换厚板、各种曲面薄壳等三维受力构件，阻尼器以及构件之间的连接节点等，对应的分析单元有一维的杆单元(包括平面杆单元、空间杆单元、桁架单元、弹簧单元等)、平面单元(包括平面应力单元、轴对称单元、平面膜单元等)、板单元(包括薄板与厚板等)、壳单元(包括薄壳与厚壳等)、三维实体单元、阻尼器单元以及连接单元等。通过合理选择上述不同单元的集成，可以模拟实际结构的特性。

(2) 确定单元位移模式。即将单元中任意一点的位移近似表示成该单元节点位移的函数，建立单元节点位移矩阵。

(3) 建立单元刚度方程。利用应变与位移之间的关系建立几何方程，利用应力与应变之间的关系建立物理方程，利用虚位移原理或最小势能原理取节点位移为基本未知量，采用局部坐标建立单元刚度方程，即单元节点的力向量与节点位移向量间的平衡方程。

$$\boldsymbol{F}^e=\boldsymbol{k}^e\boldsymbol{\delta}^e \tag{3-17}$$

式中：$\boldsymbol{F}^e$——单元 e 的节点力向量；

$\boldsymbol{k}^e$——单元 e 的刚度矩阵；

$\boldsymbol{\delta}^e$——单元 e 的节点位移向量。

(4) 建立整体刚度方程。将单元在整体坐标系内集合成整体结构模型，并使其满足节点处的位移连续条件和平衡条件，将局部坐标转换为整体坐标，建立结构的整体刚度方程，即结构节点变形向量与节点荷载向量间的平衡方程。

$$\boldsymbol{K\Delta}=\boldsymbol{P} \tag{3-18}$$

式中：$\boldsymbol{P}$——结构的节点荷载向量；

$\boldsymbol{K}$——结构的整体刚度矩阵；

$\boldsymbol{\Delta}$——结构的节点位移向量。

(5) 解方程组并输出计算结果。首先代入支座条件及其他位移约束条件，简化式(3-18)。然后解式(3-18)，得到节点位移，再回代入式(3-17)，计算得到各杆的节点力与内力。最后以表格、图形的方式输出计算结果。

上述计算过程是一种静力计算，如果荷载作用下结构有显著的动力响应，例如地震作用或考虑风振效应等，则需要按照结构的动力分析要求，考虑惯性质量与阻尼影响，建立结构的运动方程。通过求解运动方程获得结构的动力响应，如加速度、速度、位移等时程以及构件的内力时程等。

采用反应谱方法计算结构的地震响应时，已经将作用在基础的地震加速度时程转换为施加在结构上的静力的水平或竖向地震作用，实际上是采用静力方法进行结构计算。

3.2　结构抗震设计的基本规定

3.2.1　抗震设防目标和抗震设计方法

1. 基本设防目标和设计方法

众所周知，强烈地震发生的时间、地点和强度带有很大的不确定性。过高的设防目标会浪费财力物力，过低的目标不安全。建筑的基本设防目标，也就是最低设防目标简称为“小震不坏，中震可修，大震不倒”，即“三水准设防目标”。具体要求是：①当遭遇低于本地区设防烈度的多遇地震影响时，主体结构不受损坏或不需修理可继续使用；②当遭遇相当于本地区设防烈度的设防地震影响时，建筑物可能发生损伤，但经一般性修理可继续使用；③当遭遇高于本地区设防烈度的罕遇地震影响时，建筑物不致倒塌或发生危及生命的严重破坏。

抗震设计均应进行构件截面抗震承载力和变形验算，采取抗震措施。为达到上述“三水准设防目标”，一般采用“二阶段设计”的方法。

第一阶段是小震作用下的结构设计。所有结构均应进行第一阶段设计，且对大多数结构来说，可只进行第一阶段设计来满足三水准的设计要求。第一阶段设计又分为两步。第一步：采用第一水准地震动参数计算地震作用，并进行构件截面设计，满足第一水准的强度要求；第二步：验算第一水准地震下的结构弹性变形，同时采取相应的抗震构造措施，保证结构具有足够的延性、变形能力和塑性耗能，从而满足第二、三水准的变形要求。因此，经过第一阶段设计，普通结构即具有实现三水准设防目标的能力。

第二阶段是大震作用下的弹塑性变形设计。该阶段仅针对：①特殊要求的建筑；②地震时易倒塌的结构；③有明显薄弱层的不规则结构。对于上述三类结构，第二阶段设计是在第一阶段设计的基础上，验算第三水准地震下的结构(特别是柔弱楼层和抗震薄弱环节)弹塑性变形，并结合必要的抗震构造措施，满足第三水准的防倒塌要求。

2008年汶川大地震的震害调查表明，经过抗震设防、特别是在1990年以后设计建造的建筑表现良好，即使在极震区实际烈度高出抗震设防烈度3～4度、地震动强度超出预计10倍的情况下，除了个别建筑物外，大多数建筑发生了中等至严重破坏，但没有倒塌，达到了“小震不坏，中震可修，大震不倒”的三水准抗震设防目标。

2. 抗震设防分类和要求

合理的抗震设防目标不能脱离现实的经济条件。我国抗震设防策略是保证重点、区别对待，将有限的力量集中使用，保护重要经济命脉和人民生命安全。因此，从1995年开始，对建筑工程进行了抗震分类。

根据遭受地震破坏后可能造成的人员伤亡、经济损失、社会影响程度及其在抗震救灾中的作用等因素，建筑划分为表3-2所示的四个抗震设防类别。

表 3-2 抗震设防类别

抗震设防类别	简称	定 义	举 例
特殊设防类	甲类	使用上有特殊要求的设施，涉及国家公共安全的重大建筑和地震时可能发生严重次生灾害等特别重大灾害后果，需要进行特殊设防的建筑	承担研究、中试和存放剧毒的高危险传染病病毒任务的疾病预防与控制中心的建筑等
重点设防类	乙类	为地震时使用功能不能中断或需尽快恢复的生命线相关建筑，以及地震时可能导致大量人员伤亡等重大灾害后果，需要提高设防标准的建筑	二、三级医院的门诊、医技、住院用房，消防车库及其值班用房，应急避难场所的建筑，大型的影剧院、礼堂，幼儿园、小学、中学的教学用房以及学生宿舍和食堂等
标准设防类	丙类	除甲、乙、丁类以外的按标准要求进行设防的建筑	量大面广的居住建筑，但高层建筑中，当结构单元内经常使用人数超过 8000 人时为重点设防类
适度设防类	丁类	使用上人员稀少且震损不致产生次生灾害，允许在一定条件下适度降低设防要求的建筑	一般的储存物品的价值低、人员活动少、无次生灾害的单层仓库等

针对上述甲、乙、丙、丁四类建筑，分别提出了不同的抗震设防要求，如表 3-3 所示。

表 3-3 不同类别建筑的抗震设防要求

抗震设防类别	抗 震 措 施	地 震 作 用
甲类	按本地区抗震设防烈度提高一度的要求加强	按批准的地震安全性评价的结果且高于本地区抗震设防烈度的要求确定
乙类	按本地区抗震设防烈度提高一度的要求加强	按本地区抗震设防烈度确定
丙类	按本地区抗震设防烈度确定	
丁类	按本地区抗震设防烈度的要求适当降低	

注：① 由于《抗震规范》采用的抗震设防烈度是 6～9 度，因此，当提高后的抗震设防烈度为 9 度时，按比 9 度更高的要求采取抗震措施；当降低后的抗震设防烈度低于 6 度时，按 6 度的要求采取抗震措施。

② 当工程场地为Ⅰ类时，对甲类和乙类建筑，可按本地区抗震设防烈度的要求采取抗震构造措施，对丙类建筑，抗震构造措施允许按本地区抗震设防烈度的要求降低一度。

地震安全性评价是在对具体建设工程场址及其周围地区的地震地质条件、地球物理场环境、地震活动规律、现代地形变化及应力场等方面研究的基础上，采用地震危险性概率分析方法，按照工程所需要采用的风险水平，给出一定概率水准下的地震动参数(加速度、设计反应谱、地震动时程等)和相应的资料的过程。根据表 3-3，甲类建筑需进行地震安全性评价。

需要注意的是，抗震措施和抗震构造措施不完全相同。抗震构造措施(details of seismic design)指根据抗震概念设计原则，一般不需计算而对结构和非结构各部分必须采取的各种细部要求。而抗震措施(seismic measures)指除地震作用计算和抗力计算以外的抗震设计内容，包括抗震计算时构件截面的内力调整措施和抗震构造措施。

按上述方法设计建造的建筑，对于量大面广的丙类建筑工程，达到了基本的“三水准设防目标”。而对生命线工程、重要的建设工程等甲、乙类建筑，设防标准已相应提高；对一些次要的丁类建筑，设防标准则已适当降低。

3. 结构抗震性能设计

长期以来，“三水准设防目标”是唯一的抗震设防目标，“两阶段设计”是唯一的抗震设计方法，而且迄今为止仍然是我国最基本的抗震设防目标和设计方法。但由于城市发展、人口增加、设施复杂等因素，地震灾害引起的经济损失急剧增加。如 1989 年美国加州 Lorma Prieta 7.1 级地震和 1994 年美国 Northridge 6.7 级地震，尽管人员伤亡较少，但造成的经济损失却高达 150 亿～200 亿美元。因此，采用“三水准设防、两阶段设计”虽然能保障生命安全，却无法避免巨大的经济损失，故提出了结构抗震性能设计(performance-based seismic design of structure)。

目前,结构抗震性能设计常用于超限建筑工程的设计。超限建筑工程指超出最大高度的超高建筑和体形特别不规则的建筑,按住房和城乡建设部2015年颁布的《超限高层建筑工程抗震设防专项审查技术要点》确定。

抗震性能设计需要综合考虑抗震设防类别、设防烈度、场地条件、结构的特殊性、建造费用、震后损失和修复难易程度等因素确定结构抗震性能目标。结构抗震性能目标是针对不同的地震地面运动水准设定的结构抗震性能水准,分A～D四级,如表3-4所示。

表3-4　结构抗震性能目标

地震分类	A	B	C	D
多遇地震	1	1	1	1
设防烈度地震	1	2	3	4
预估的罕遇地震	2	3	4	5

表3-4中,1～5为结构抗震性能水准,是对结构震后损坏状况及继续使用可能性等抗震性能的界定,按表3-5确定。

表3-5　各性能水准结构预期的震后性能状况

抗震性能水准	宏观损坏程度	损坏部位			继续使用的可能性
		关键构件	普通竖向构件	耗能构件	
1	完好、无损坏	无损坏	无损坏	无损坏	不需修理即可继续使用
2	基本完好、轻微损坏	无损坏	无损坏	轻微损坏	稍加修理即可继续使用
3	轻度损坏	轻微损坏	轻微损坏	轻度损坏、部分中度损坏	一般修理后可继续使用
4	中度损坏	轻度损坏	部分构件中度损坏	中度损坏、部分比较严重损坏	修复或加固后可继续使用
5	比较严重损坏	中度损坏	部分构件比较严重损坏	比较严重损坏	需排险大修

注:"关键构件"指该构件的失效可能引起结构的连续破坏或危及生命安全的严重破坏;"普通竖向构件"指"关键构件"之外的竖向构件;"耗能构件"包括框架梁、剪力墙连梁及耗能支撑等。

结构抗震性能目标A～D四级中,在小震作用下,均应满足第一抗震性能水准,即满足弹性设计要求。在中震或大震作用下,四种性能目标所要求的结构抗震性能水准有较大的区别。A级抗震性能目标是最高等级,中震作用下要求结构达到第一抗震性能水准要求(即满足弹性设计要求),大震作用下要求结构达到第二抗震性能水准(即结构仍处于基本弹性状态)要求;B级抗震性能目标,要求结构在中震作用下满足第二抗震性能水准要求(即结构仍处于基本弹性状态),大震作用下满足第三抗震性能水准要求(即结构仅有轻度损坏);C级抗震性能目标,要求结构在中震作用下满足第三抗震性能水准要求(即结构仅有轻度损坏),大震作用下满足第四抗震性能水准要求(即结构中度损坏);D级抗震性能目标是最低等级,要求结构在中震作用下满足第四抗震性能水准要求(即结构中度损坏),大震作用下满足第五性能水准(即结构有比较严重的损坏,但不致倒塌或发生危及生命的严重破坏)。

结构抗震性能设计的主要工作是:①分析结构方案的特殊性,选用适宜的结构抗震性能目标;②采取满足预期的抗震性能目标的措施;③进行弹性和弹塑性计算分析,找出结构有可能出现的薄弱部位以及需要加强的关键部位,提出有针对性的抗震加强措施。

从上文可以看出,"三水准设防、两阶段设计"在引入抗震设防分类,采取不同的抗震措施后,实质上也具有结构抗震性能设计的思想。

3.2.2　抗震等级

抗震措施分为图纸上直接表达的抗震构造措施和抗震计算时构件截面的内力调整措施,与建筑抗震设防类别、结构类型、烈度和房屋高度有关。甲类、乙类、丙类和丁类建筑的抗震措施依次降低。不同的结构类型，抗震措施也不同，即使是同样的框架，一般情况下，框架结构的框架比框剪结构的框架的抗震措施要高一些。抗震设防烈度越高，抗震措施越高。房屋高度越高，抗震措施也越高。为确定抗震措施，提出了抗震等级的概念。建筑结构根据其抗震等级确定结构抗震措施，抗震等级依次分为特一级和一、二、三、四级共 5 级，特一级的抗震措施要求最高，四级最低。

抗震等级根据抗震设防类别、结构类型、烈度和房屋高度四个因素确定。房屋的最大适用高度分为 A 级和 B 级，B 级的最大适用高度比 A 级高，详见 13.6 节。丙类建筑 A 级高度现浇钢筋混凝土结构的抗震等级如表 3-6 所示。

表 3-6 A 级高度现浇钢筋混凝土房屋的抗震等级

<table>
<tr><th colspan="3" rowspan="2">结构类型</th><th colspan="12">抗震设防烈度</th></tr>
<tr><th colspan="2">6 度</th><th colspan="4">7 度</th><th colspan="4">8 度</th><th colspan="2">9 度</th></tr>
<tr><td rowspan="3">框架结构</td><td colspan="2">高度/m</td><td>≤24</td><td>>24</td><td colspan="2">≤24</td><td colspan="2">>24</td><td colspan="2">≤24</td><td colspan="2">>24</td><td colspan="2">≤24</td></tr>
<tr><td colspan="2">框架</td><td>四</td><td>三</td><td colspan="2">三</td><td colspan="2">二</td><td colspan="2">二</td><td colspan="2">一</td><td colspan="2">一</td></tr>
<tr><td colspan="2">大跨度框架</td><td colspan="2">三</td><td colspan="4">二</td><td colspan="4">一</td><td colspan="2">一</td></tr>
<tr><td rowspan="3">框剪结构</td><td colspan="2">高度/m</td><td>≤60</td><td>>60</td><td>≤24</td><td colspan="2">25～60</td><td>>60</td><td>≤24</td><td colspan="2">25～60</td><td>>60</td><td>≤24</td><td>25～50</td></tr>
<tr><td colspan="2">框架</td><td>四</td><td>三</td><td>四</td><td colspan="2">三</td><td>二</td><td>三</td><td colspan="2">二</td><td>一</td><td>二</td><td>一</td></tr>
<tr><td colspan="2">剪力墙</td><td colspan="2">三</td><td>三</td><td colspan="3">二</td><td>二</td><td colspan="3">一</td><td colspan="2">一</td></tr>
<tr><td rowspan="2">剪力墙结构</td><td colspan="2">高度/m</td><td>≤80</td><td>>80</td><td>≤24</td><td colspan="2">25～80</td><td>>80</td><td>≤24</td><td colspan="2">25～80</td><td>>80</td><td>≤24</td><td>25～60</td></tr>
<tr><td colspan="2">剪力墙</td><td>四</td><td>三</td><td>四</td><td colspan="2">三</td><td>二</td><td>三</td><td colspan="2">二</td><td>一</td><td>二</td><td>一</td></tr>
<tr><td rowspan="4">部分框支剪力墙结构</td><td colspan="2">高度/m</td><td>≤80</td><td>>80</td><td>≤24</td><td colspan="2">25～80</td><td>>80</td><td>≤24</td><td colspan="2">25～80</td><td rowspan="4">一</td><td colspan="2" rowspan="4">一</td></tr>
<tr><td rowspan="2">剪力墙</td><td>一般部位</td><td>四</td><td>三</td><td>四</td><td colspan="2">三</td><td>二</td><td>三</td><td colspan="2">二</td></tr>
<tr><td>加强部位</td><td>三</td><td>二</td><td>三</td><td colspan="2">二</td><td>一</td><td>二</td><td colspan="2">一</td></tr>
<tr><td colspan="2">框支框架</td><td colspan="2">二</td><td colspan="3">二</td><td>一</td><td colspan="3">一</td></tr>
<tr><td rowspan="2">框架-核心筒结构</td><td colspan="2">框架</td><td colspan="2">三</td><td colspan="4">二</td><td colspan="4">一</td><td colspan="2">一</td></tr>
<tr><td colspan="2">核心筒</td><td colspan="2">二</td><td colspan="4">二</td><td colspan="4">一</td><td colspan="2">一</td></tr>
<tr><td rowspan="2">筒中筒结构</td><td colspan="2">外筒</td><td colspan="2">三</td><td colspan="4">二</td><td colspan="4">一</td><td colspan="2">一</td></tr>
<tr><td colspan="2">内筒</td><td colspan="2">三</td><td colspan="4">二</td><td colspan="4">一</td><td colspan="2">一</td></tr>
<tr><td rowspan="3">板柱-剪力墙结构</td><td colspan="2">高度/m</td><td>≤35</td><td>>35</td><td colspan="2">≤35</td><td colspan="2">>35</td><td colspan="2">≤35</td><td colspan="2">>35</td><td colspan="2">一</td></tr>
<tr><td colspan="2">框架、板柱的柱</td><td>三</td><td>二</td><td colspan="2">二</td><td colspan="2">二</td><td colspan="4">一</td><td colspan="2" rowspan="2">一</td></tr>
<tr><td colspan="2">剪力墙</td><td>二</td><td>二</td><td colspan="2">二</td><td colspan="2">一</td><td colspan="2">二</td><td colspan="2">一</td></tr>
</table>

注：① 接近或等于高度分界时，应允许结合房屋不规则程度及场地、地基条件确定抗震等级；

② 大跨度框架指跨度不小于 18m 的框架；

③ 高度不超过 60m 的框架-核心筒结构按框剪结构的要求设计时，按表中框剪结构的规定确定其抗震等级。

丙类建筑 B 级高度现浇钢筋混凝土结构的抗震等级如表 3-7 所示。

表 3-7 B 级高度现浇钢筋混凝土房屋的抗震等级

<table>
<tr><th colspan="2" rowspan="2">结构类型</th><th colspan="3">抗震设防烈度</th></tr>
<tr><th>6 度</th><th>7 度</th><th>8 度</th></tr>
<tr><td rowspan="2">框剪结构</td><td>框架</td><td>二</td><td>一</td><td>一</td></tr>
<tr><td>剪力墙</td><td>二</td><td>一</td><td>特一</td></tr>
<tr><td colspan="2">剪力墙结构</td><td>二</td><td>一</td><td>一</td></tr>
<tr><td rowspan="3">部分框支剪力墙结构</td><td>非底部加强部位剪力墙</td><td>二</td><td>一</td><td>一</td></tr>
<tr><td>底部加强部位剪力墙</td><td>一</td><td>一</td><td>特一</td></tr>
<tr><td>框支框架</td><td>一</td><td>特一</td><td>特一</td></tr>
<tr><td rowspan="2">框架-核心筒结构</td><td>框架</td><td>二</td><td>一</td><td>一</td></tr>
<tr><td>核心筒</td><td>二</td><td>一</td><td>特一</td></tr>
<tr><td rowspan="2">筒中筒结构</td><td>外筒</td><td>二</td><td>一</td><td>特一</td></tr>
<tr><td>内筒</td><td>二</td><td>一</td><td>特一</td></tr>
</table>

确定房屋建筑现浇钢筋混凝土结构的抗震等级，还需注意下列要求。

(1) 甲、乙类建筑的抗震等级。甲、乙类建筑应按其设防烈度提高一度查表3-6或表3-7确定抗震等级。

(2) Ⅰ类场地的抗震等级。当建筑场地为Ⅰ类时，甲、乙类建筑仍按本地区抗震设防烈度的要求采取抗震构造措施，按提高一度的要求采取内力调整措施，丙类建筑按本地区抗震设防烈度降低一度的要求采取抗震构造措施，按本地区烈度的要求采取内力调整措施，但抗震设防烈度为6度时仍按本地区抗震设防烈度的要求采取抗震构造措施。

(3) Ⅲ、Ⅳ类的抗震等级。建筑场地为Ⅲ、Ⅳ类时，设计基本地震加速度为 $0.15g$ 和 $0.30g$ 的地区，分别按抗震设防烈度8度($0.20g$)和9度($0.40g$)时各抗震设防类别建筑的要求采取抗震构造措施，分别按7度和8度的要求采取内力调整措施。

(4) 地下室的抗震等级。地下室顶板视作上部结构的嵌固部位时，在地震作用下的屈服部位将发生在地上楼层，但也同时影响到地下一层。因此，地下一层的抗震等级与上部结构相同，地下一层以下抗震构造措施的抗震等级逐层降低一级，但不低于四级。地下室中无上部结构的部分，抗震构造措施的抗震等级可根据具体情况采用三级或四级。

(5) 抗震设防烈度9度地区的抗震等级。当本地区抗震设防烈度为9度时，A级高度乙类建筑的抗震等级为特一级，甲类建筑应采取更有效的抗震措施。

丙类建筑钢-混凝土混合结构的抗震等级如表3-8所示。混合结构中钢结构构件的抗震等级，抗震设防烈度为6、7、8、9度时分别取四、三、二、一级。

表3-8　钢-混凝土混合结构房屋的抗震等级

结构类型		抗震设防烈度						
		6度		7度		8度		9度
房屋高度/m		≤150	>150	≤130	>130	≤100	>100	≤70
钢框架-钢筋混凝土核心筒	钢筋混凝土核心筒	二	一	一	特一	一	特一	特一
型钢(钢管)混凝土框架-钢筋混凝土核心筒	钢筋混凝土核心筒	二	二	二	一	一	特一	特一
	型钢(钢管)混凝土框架	三	二	二	一	一	一	一
房屋高度/m		≤180	>180	≤150	>150	≤120	>120	≤90
钢外筒-钢筋混凝土核心筒	钢筋混凝土核心筒	二	一	一	特一	一	特一	特一
型钢(钢管)混凝土外筒-钢筋混凝土核心筒	钢筋混凝土核心筒	二	二	二	一	一	特一	特一
	型钢(钢管)混凝土外筒	三	二	二	一	一	一	一

【例3-1】 已知办公楼框架结构，高度23m，所在地区抗震设防烈度8度，场地类别Ⅰ类。试确定此办公楼采取抗震措施时对应的抗震等级。

【解】 办公楼属于丙类建筑，高度23m。框架结构。抗震设防烈度为8度，场地类别Ⅰ类。

根据《抗震规范》要求，场地类别Ⅰ类时，丙类建筑按本地区抗震设防烈度降低一度的要求采取抗震构造措施，按本地区烈度的要求采取内力调整措施。

故本办公楼为丙类建筑，按抗震设防烈度7度的要求采取抗震构造措施，查表3-6，对24m高的框架结构，应按三级抗震等级采取抗震构造措施，但内力调整措施仍按二级采用。

3.2.3　抗震概念设计

震害调查、理论分析和试验研究(包括数值仿真)是工程抗震最主要的研究方法，其中，对历次大地震进行震害调查、总结震害经验对抗震设计至关重要。抗震设计起初重视"精确"计算，然而由于地震的随机性、结构的复杂性、在遭受地震作用后结构的破坏机理和过程的复杂性，经抗震设计的结构时有遭到超过预计情况的破坏。因此，逐渐认识到仅靠"精确"计算不能设计出良好的抗震结构，开始采取一些合理的抗震构造措施，且收到了较好的效果。目前认为，一个合理的抗震设计，在很大程度上取决于良好的"抗震概念设计"。抗震概念设计是指根据地震灾害和工程经验等所形成的基本设计原则和设计思想，进行建筑和结构总体布置并确定细部构造的过程。

抗震概念设计主要考虑以下因素：场地、地基和基础，建筑形体和布置的规则性，结构体系，非结构构件的抗震设计等。

1. 场地、地基和基础

建设场地地段按表1-5分为有利、一般、不利和危险地段。对危险地段，严禁建造甲、乙类的建筑，不应建造丙类的建筑。对不利地段，应尽可能避开，当无法避开时应采取有效的措施。

地面下存在饱和砂土和饱和粉土时，应进行液化判别。对于存在液化土层的地基，应根据建筑的抗震设防类别、地基的液化等级，结合具体情况分别采取以下三种措施：全部消除地基液化沉陷，部分消除地基液化沉陷，减轻液化影响的基础和上部结构处理。

(1) 全部消除地基液化沉陷时，可采用桩基础或深基础，桩端或基底伸入液化深度以下稳定土层；也可采用加密法(如振冲、振动加密、挤密碎石桩、强夯等)进行地基处理，处理至液化深度下界；或用非液化土替换全部液化土层，或增加上覆非液化土层的厚度。

(2) 部分消除地基液化沉陷时，处理深度应使处理后的地基液化指数减少，其值不宜大于5；也可增加上覆非液化土层的厚度和改善周边的排水条件等以减小液化震陷。

(3) 减轻液化影响的基础和上部结构处理时，可选择合适的基础埋置深度；也可调整基础底面积，减少基础偏心，加强基础的整体性和刚度，如采用筏基或钢筋混凝土交叉条形基础，加设基础圈梁等；或者减轻荷载，增强上部结构的整体刚度和均匀对称性，合理设置沉降缝，避免采用对不均匀沉降敏感的结构形式等；在管道穿过建筑处应预留足够尺寸或采用柔性接头等。

地基主要受力层范围内存在软弱黏性土层、新近填土或严重不均匀土和高含水量的可塑性黄土时，应结合具体情况综合考虑，采用桩基、地基加固处理或采用上文所述的减轻液化影响的基础和上部结构处理的措施。

基础设计时，同一结构单元的基础不宜设置在性质截然不同的地基上。同一结构单元也不宜部分采用天然地基部分采用桩基。

为保证结构在地震中的稳定，严防倾覆，高宽比大于4的高层建筑，在地震作用下基础底面不宜出现脱离区，即零应力区；其他建筑，基础底面与地基土之间零应力区面积不应超过基础底面面积的15%。

2. 建筑形体和布置的规则性

在抗震设计中，最重要的是合理的建筑形体和布置。简单、对称的结构容易估计其地震时的反应，容易采取抗震构造措施和进行细部处理。震害也表明，简单、对称的建筑在地震时较不易破坏。因此，应提倡采用平、立面简单对称的规则建筑。“规则”包含了对建筑的平、立面外形尺寸，抗侧力构件布置，质量分布，直至承载力分布等诸多因素的综合要求，详见13.9节。

3. 结构体系

结构体系应根据建筑的抗震设防类别、抗震设防烈度、建筑高度、场地条件、地基、结构材料和施工等因素，经技术、经济和使用条件综合比较确定。

(1) 应合理地选择结构类型。对钢筋混凝土结构来说，排架、框架、剪力墙、框剪结构的抗侧刚度是不同的。排架结构刚度低，一般仅适用于单层工业厂房；框架结构的刚度较排架结构大，但仍然偏低，一般用于多层建筑；框剪结构和剪力墙结构的刚度大，故适合用于高层建筑。结构设计既要考虑抗震的安全性，同时也要尽可能的经济。《抗震规范》对不同结构类型在不同抗震设防烈度下的最大适用高度作了规定，详见13.6.1节，设计时应执行该规定。如结构高度超过该规定，则结构超高，为超限高层建筑，应进行超限审查。

(2) 应具有清晰、合理的地震作用传递途径。一般来说，结构承受的地震作用从水平结构体系传递到竖向结构体系，再由竖向结构体系传递给基础，最终传递给地基。就上部结构而言，竖向结构和构件是关键。因此，墙、柱最下端一般应与基础连接，上部宜连续贯通到顶，不宜间断。同时，墙、柱、梁、板、基础等构件是通过节点才连接成为整体结构的，因此，地震作用下，连接节点的破坏，不应先于其连接的构件；节点预埋件的锚固破坏，不应先于连接件；装配式结构构件的连接，应能保证结构的整体性；预应力混凝土构件的预应力钢筋，宜在节点核心区以外锚固。

（3）应避免因部分结构或构件破坏而导致整个结构丧失抗震能力或对重力荷载的承载能力。结构在强烈地震下不存在强度安全储备，部分结构构件的损伤将较大，甚至失效。但部分结构构件的失效不应导致结构的连续倒塌（progressive collapse）。结构构件可划分为关键构件、普通竖向构件和耗能构件，关键构件指该构件的失效可能引起结构的连续破坏或危及生命安全的严重破坏。因此，结构抗震设计时，应提高关键构件的抗震承载力，必要时按中震，甚至大震作用下弹性设计，确保关键构件在地震时不发生严重破坏。对有特殊要求的建筑，宜进行抗连续倒塌设计，具体方法详见《混凝土高规》。

（4）应具备必要的刚度、强度和耗能能力。结构体系的抗震能力综合表现在刚度、强度和耗能能力三者的统一。刚度大的结构在地震作用下侧移小，但承受的地震作用大；刚度小的结构承受的地震作用相对小，但在地震作用下侧移大。因此，对于钢筋混凝土结构而言，结构刚度不应过小，应满足结构层间位移角的要求。但刚度也不宜过大，否则将承担更大的地震作用，耗费更多的材料。强度大的结构在地震作用下损伤小，但材料用量大，成本高。因此，普通的钢筋混凝土结构应设计为耗能大、变形能力强的延性结构，以在一定的强度水平下，通过增加结构的塑性变形能力而消耗地震能量。这种延性的设计对策尽管可能带来一定的损伤，但比较经济，反之，如果单纯通过提高强度来提升结构抗震能力，则必须耗费更多的材料。

（5）应具有足够的牢固性和抗震冗余度，具有多道抗震防线。抗震结构体系应为具有最大可能数量冗余度的超静定结构，有意识地建立起一系列在中震、大震作用下的塑性屈服区，在随后的持续地震中吸收和耗散大量的地震能量，保护其他重要构件不致损坏，一旦破坏也易于修复。同时，整个抗震结构体系应由若干延性较好的分体系组成，并由延性较好的结构构件连接起来协同工作，从而具有多道抗震防线。如框架-剪力墙体系是由第一道防线剪力墙和第二道防线延性框架两个系统组成，双肢或多肢剪力墙体系由第一道防线连梁和第二道防线剪力墙两个系统组成，框架-筒体体系由第一道防线筒体和第二道防线延性框架两个系统组成。

（6）楼、屋面应具有足够的面内刚度和整体性。楼、屋面不但承担、传递竖向荷载给墙、柱，而且在水平方向上将墙、柱端部在楼、屋面的面内连接成整体，将承担的风荷载、地震作用分配、传递给墙、柱。如果楼、屋面的面内刚度不足，如某些楼层局部楼板缺失，则地震作用下，楼、屋面将在面内发生不可忽视的变形，分配、传递地震作用的能力降低，甚至中断，使竖向构件承担的地震作用复杂；如果楼面、屋面的整体性差，像唐山地震、汶川地震中某些端部和侧面连接不佳的预制圆孔板那样，则地震作用下楼板有可能发生掉落，不但丧失了承担重力荷载的能力，失去了传递地震作用的能力，而且危及人们的生命安全。因此，楼、屋面不宜开设过大洞口，如采用预制板，最好增设后浇混凝土形成装配整体式的叠合板；如不设置后浇混凝土层，则应保证预制板端部与梁、墙有可靠的连接，预制板之间也应增设连接措施，以保证面内的整体性。

4. 非结构构件的抗震设计

非结构构件包括两大类，一类是持久性的建筑非结构构件；另一类是支承于建筑结构的附属机电设备。建筑非结构构件指建筑中除主体结构以外的固定构件和部件，主要包括非承重墙体，附着于楼面和屋面结构的构件、装饰构件和部件、固定于楼面的大型储物架等。建筑附属机电设备包括附属机械、电气构件、部件和系统，主要包括电梯、照明和应急电源、通信设备，管道系统，采暖和空气调节系统，烟火监测和消防系统，公用天线等。

长期以来，人们将非结构构件置于抗震次要位置，而且非结构构件的抗震设计所涉及的专业领域多，处于“三不管”的边缘交叉地带，往往忽略抗震设计。但汶川地震等震害调查表明，非结构构件在地震时倒塌伤人、砸坏设备、破坏主体结构的情况较为突出，特别是现代建筑，装修、设备的造价占总投资的比例很大，非结构构件破坏引起的财产损失也很大。因此，应对非结构构件进行抗震设计，要根据所属建筑的抗震设防类别、非结构构件在地震时破坏的后果及其对整个建筑结构影响的范围，采取不同的抗震措施。

具体来说，非结构构件的抗震设计，应根据不同情况区别对待。

(1) 非结构墙体，如排架结构的围护墙、框架结构的填充墙、女儿墙等。非结构墙体在地震作用下的震害主要是平面外倒塌和面内开裂、倒塌等。为防止非结构墙体平面外倒塌，砌体填充墙应设置拉结筋、水平系梁、圈梁、构造柱等与主体结构可靠拉结，人流出入口和通道处的砌体女儿墙应与主体结构锚固，防震缝处女儿墙的自由端应加强。为防止非结构墙体面内开裂、倒塌，墙体宜和周边梁、柱设缝分开，缝内填塞柔性材料，即采用柔性连接方式。

非结构墙体对主体结构也有很大影响。非结构墙体自身具有不小的面内刚度和重量，因此，①非结构墙体增加了整体刚度，减小了结构的自振周期，增大了结构的地震作用，因此，计算主体结构自振周期时，应对计算的自振周期进行折减。②非结构墙体改变了主体结构的侧向刚度分布和质量分布，可在平面上引起偏心扭转，在竖向引起刚度突变和地震作用突变，形成应力集中和变形集中。因此，非结构墙体宜采用轻质材料，布置时尽可能在平面和竖向均匀对称。③局部高度的填充墙可使框架柱形成短柱，而地震时短柱容易发生脆性剪切破坏。因此，应尽可能避免设置柱边不到顶的填充墙，不要在填充墙上紧贴柱开设较大洞口。

(2) 建筑装饰构件，如附着于楼面和屋面结构的构件、装饰构件和部件、固定于楼面的大型储物架等。这些部件的震害主要是构件脱落和装饰的破坏。因此，对这些部件采取的抗震措施主要是在安装部位加强锚固和连接，以承受由装饰构件传递的地震作用，防止构件脱落、破坏。

(3) 建筑附属机电设备，其震害主要是设备移位、变形、倒塌等，以致影响使用功能的发挥。因此：①建筑附属机电设备的基座、支架，以及相关连接件和锚固件，应有足够的强度和刚度，能将设备承受的地震作用全部传递到建筑结构上。建筑结构中用以固定附属机电设备预埋件、锚固件的部位，应采取加强措施，以承受附属机电设备传递给主体结构的地震作用。②建筑附属机电设备的设置部位要避开可能致使其功能障碍等二次灾害的部位。设防地震下需要连续工作的附属设备，应设置在地震反应较小的部位。③管道、电缆、通风管和设备的洞口应减少对主要承重构件的削弱，洞口边缘应补强。管道和设备与建筑结构的连接，应具有足够的变形能力，以满足相对位移的需要，如采用抗震支架等。

思考题

1. 进行混凝土结构分析时，应遵守哪些基本原则？
2. 什么是刚域？
3. 叙述平面结构假定和空间结构假定的概念，一般的空间结构指什么结构类型？
4. 叙述刚性楼盖假定和弹性楼盖假定的概念，什么情况下不能采用刚性楼盖假定进行结构计算？
5. 叙述平面结构计算、平面协同计算、空间协同计算、刚性楼盖假定下的空间结构计算和完全空间结构计算的异同。
6. 叙述刚心、质心和抗扭刚度的概念，如何提高结构的抗扭能力？
7. “三水准”抗震设防的基本设防目标是什么？“两阶段设计”设计方法是什么？为什么大部分建筑仅进行第一阶段设计就可以达到“三水准”的基本设防目标？哪些情况下需进行第二阶段设计？
8. 为什么要进行抗震设防分类？不同类别建筑的抗震设防要求是什么？
9. 什么是超限建筑工程？
10. 为什么要进行抗震性能设计？结构抗震性能目标与“三水准”的基本设防目标有什么异同？
11. 为什么要划分抗震等级？抗震等级分几级？与什么因素有关？抗震措施与抗震构造措施有什么异同？
12. 抗震结构体系有什么原则要求？
13. 非结构构件的设计要求是什么？

第二篇

梁板结构设计

第4章

混凝土楼盖基本知识

4.1 楼盖的分类

楼盖(floor systems)包括板和梁，故楼盖结构也称为梁板结构，大多数情况下采用钢筋混凝土结构，用于屋面时称为屋盖。楼盖不仅将其承受的竖向荷载传递给柱、墙，而且将柱、墙等竖向构件在其平面内连接在一起，是传递风荷载、地震作用的水平隔板。楼盖一般只进行竖向荷载作用下的计算，不进行水平作用下的计算。

1. 按施工方法的分类

按施工方法，混凝土楼盖可分为现浇楼盖、装配式楼盖和装配整体式楼盖。

现浇楼盖(cast-in-situ floor)首先在现场安装支撑、模板，然后铺设钢筋、管线等，最后浇筑混凝土并振捣、养护而成。现浇楼盖的整体性好，刚度大，防水性好，对不规则平面的适应性强，特别适用于平面形状不规则，或者有较多、较复杂孔洞等的楼盖。但现浇楼盖施工时现场需要的劳动量大，工期较长，耗费模板和支撑。

装配式楼盖(prefabricated floor)的楼板也称为预制板，是首先将板、梁(梁也可现浇)在工厂或现场预制为成品，然后运输、吊装到所在位置后安装而成。装配式楼盖的工业化程度高，质量稳定，可以节约劳动力，加快施工进度，节省模板和支撑。但无可靠连接的装配式楼盖的整体性较差，板缝易开裂，震害重，且不适合在复杂平面和较多孔洞的楼盖中使用。

装配整体式楼盖(assembled monolithic floor)是在预制板(即预制底板)上铺设必要的钢筋、管线后，浇筑混凝土并振捣、养护而成，属于半预制半现浇楼盖，楼板也称为叠合板。装配整体式楼盖的预制底板和后浇混凝土形成整体共同受力，兼有现浇楼盖和装配式楼盖的优点，节省模板和支撑，节约现场劳动力，整体性好，刚度大，抗震性能好，是目前装配式结构中最广泛采用的楼盖形式。预制带肋底板混凝土叠合楼板是一种典型的装配整体式楼板，如图 4-1 所示。

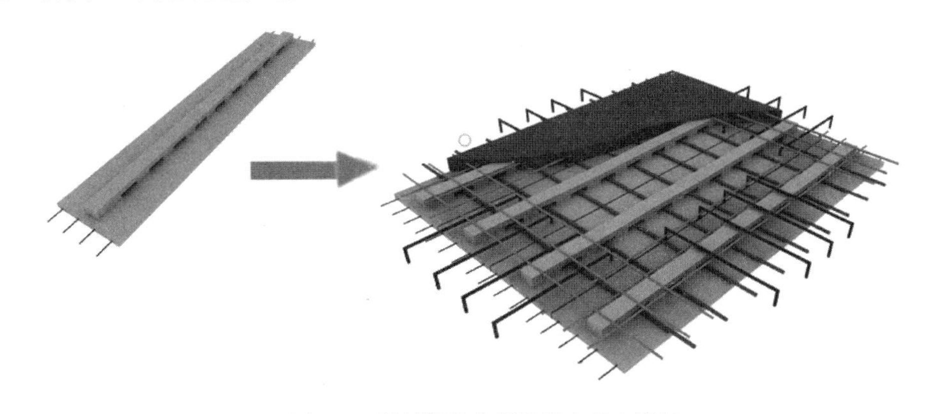

图 4-1　预制带肋底板混凝土叠合楼板

2. 按结构形式的分类

按结构形式，现浇混凝土楼盖可分为肋梁楼盖和无梁楼盖，其中肋梁楼盖又可分为单向板肋梁楼盖、双向板肋梁楼盖、密肋楼盖、井式楼盖和扁梁楼盖等，如图 4-2 所示。其中以单向板和双向板肋梁楼盖应用最为普遍。

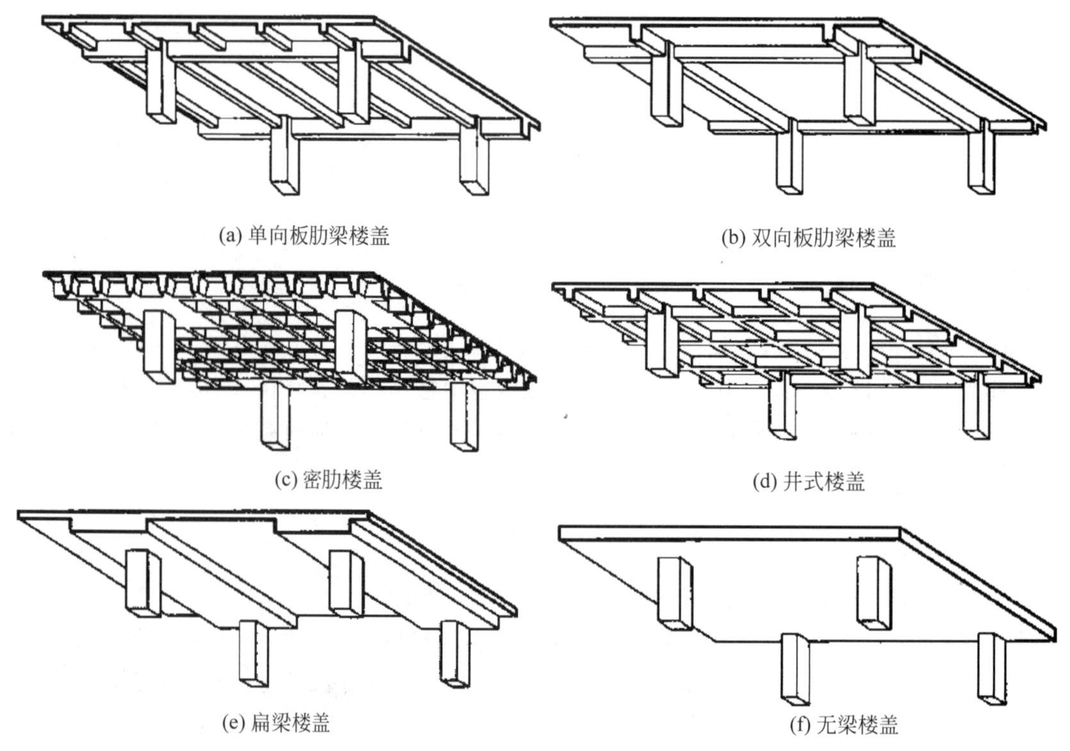

(a) 单向板肋梁楼盖　(b) 双向板肋梁楼盖　(c) 密肋楼盖　(d) 井式楼盖　(e) 扁梁楼盖　(f) 无梁楼盖

图 4-2　楼盖的结构类型

1) 单向板肋梁楼盖(one-way slab-and-beam floor)

肋梁楼盖一般由板、次梁和主梁组成。其中板被梁划分成许多区格，大多数的板是四边支承在梁或墙上。当板的长边 l_y 与短边 l_x 之比 $l_y/l_x \geqslant 3$ 时，在荷载作用下板短跨方向的弯矩远远大于板长跨方向的弯矩。可以认为板仅在短跨方向有弯矩存在并产生挠度，这类板称为单向板。单向板中的受力钢筋应沿短跨方向布置，长边方向布置构造钢筋。两对边支承的板均为单向板。

2) 双向板肋梁楼盖(two-way slab-and-beam floor)

四边支承的板，当板的长边 l_y 与短边 l_x 之比 $l_y/l_x < 3$ 时，板的短跨、长跨方向上都有弯矩存在，沿长边方向的弯矩不能忽略，这种板称为双向板。双向板沿板的长、短边两个方向都需布置受力钢筋。

3) 密肋楼盖(ribbed slab floor)

密肋楼盖由薄板和间距较小的肋(肋距一般不大于 1.5m)组成，肋的数量多，故称为密肋。肋不分主次，两方向肋的截面尺寸相同。由于肋的数量多，间距小，板厚小，肋截面尺寸也较普通肋梁楼盖的梁小，因此，密肋楼盖楼层的净空利用率高，便于布置通风等管线，特别适合书库、车库等柱网呈方形的建筑。但如采用普通模板，则耗费模板且支模耗时过长，故一般采用定型塑料模壳施工。

4) 井式楼盖(waffle slab floor)

井式楼盖也称为井字梁楼盖，梁沿两方向呈井字形布置。井式楼盖与密肋楼盖类似，但梁的间距较大，一般为 3m 左右。梁的截面尺寸比密肋楼盖的肋大，两个方向梁的截面尺寸也相等。井式楼盖宜用于跨度较大且柱网呈方形的结构。

5) 扁梁楼盖(shallow beam floor)

扁梁是梁宽比柱宽大但梁高较小的梁，有扁梁的楼盖称为扁梁楼盖。扁梁的高跨比可达 1/20 左右，梁高较小，从而增加了楼层的净高，适用于净高较小的楼层。扁梁较宽，板的净跨减小，板厚和配筋有所减小。但扁梁的部分截面在柱外，对传力、受力不利。

6）无梁楼盖(flat slab floor)

无梁楼盖不设梁，板直接支承在柱上。在同样层高下，无梁楼盖的板底平滑，楼层的净空利用率高，便于布置通风等管线，施工时可节约模板，加快施工进度。无梁楼盖常用于车库、仓库、书库、冷藏库、商店等柱网布置接近方形、对净空要求较严的建筑。当柱网较小时(3～4m)，柱顶可不设柱帽，柱网较大(6～8m)或荷载较大时，柱顶宜设柱帽以提高板的抗冲切能力。从结构性能方面看，由于未设梁，传力、受力不尽合理，楼板较厚，材料用量较多，而且在柱帽或柱顶处的破坏属于脆性冲切破坏，延性较差。

3. 按是否预加应力的分类

按是否施加预加应力，可将楼盖分为钢筋混凝土楼盖和预应力混凝土楼盖。钢筋混凝土楼盖施工简便，但刚度和抗裂性不如预应力混凝土楼盖好。预应力混凝土楼盖可以采用高强预应力钢丝、钢绞线，刚度大、抗裂性好，具有节约钢材、减小变形、减小截面尺寸、减轻自重等优点，但施工复杂。预应力楼板中最典型是预制板，其中之一是单层工业厂房中广泛使用的1.5m×6.0m预应力混凝土屋面板，见9.3.1节；另一种是民用建筑中曾广泛使用的预应力混凝土圆孔板(图4-3)，国家标准图集为《预应力混凝土圆孔板》(03SG435)。

图4-3　预应力混凝土圆孔板

4.2　梁、板截面尺寸确定

梁、板截面尺寸应满足承载力、刚度和裂缝宽度的要求。可按表4-1拟定，然后进行设计计算。

表4-1　梁、板截面的常用尺寸

构件种类		高(厚)跨比(h/l)	备注
多跨连续梁		1/18～1/8	梁的宽高比 b/h 一般为1/3～1/2，b 以50mm为模数
单跨简支梁		1/14～1/8	
单向板		≥1/30	高厚比 h/l 中的 l 取短向跨度
双向板		≥1/40	
密肋板	单跨简支	≥1/20	高跨比 h/l 中的 h 为肋高
	多跨连续	≥1/25	
悬臂板		≥1/12	
无梁楼板	无柱帽	≥1/30	h≥150mm
	有柱帽	≥1/35	

板厚一般为10mm的倍数，梁宽、高一般为50mm的倍数。现浇混凝土实心楼板的厚度不应小于80mm，空心楼板的顶板、底板厚度均不应小于50mm。矩形截面框架梁的截面宽度不应小于200mm。住宅的楼板厚度不应小于100mm。

此外，考虑防水要求，地下室顶板、底板的厚度不宜小于250mm。如地下室为平战结合人防地下室，其楼板厚度尚应满足人防地下室的要求，详见《人民防空地下室设计规范》(GB 50038—2005)。

4.3　现浇混凝土楼盖的受力特征

1. 单向板与双向板

在竖向荷载作用下，四边支承的板截面内将产生弯矩、剪力。如图4-4所示，设板由长边和短边两个方向的板条组成，并认为各相邻板条之间没有相互影响。当板面上有荷载 q 作用时，在板条两个方向交点处的挠度相等。板的挠度最大出现在板的正中间处，此处也是两个互相垂直板条中点处的挠度，根据板中点处挠度相等及竖向荷载的平衡条件，可得：

$$f=f_x=f_y \tag{4-1}$$

$$q_x+q_y=q \tag{4-2}$$

$$f_x=\alpha_x\frac{q_x l_x^4}{EI_x},\quad f_y=\alpha_y\frac{q_y l_y^4}{EI_y} \tag{4-3}$$

式中：q、q_x、q_y——板单位面积上的竖向均布荷载及此均布荷载在两个方向的分配值；

l_x、l_y、I_x、I_y——表示两个互相垂直方向板条的跨度和截面惯性矩；

α_x、α_y——挠度系数，根据板条两端的支撑条件而定，当两端简支时，$\alpha_x=\alpha_y=5/384$。

由式(4-2)得

$$q_x=\frac{\alpha_y l_y^4}{\alpha_x l_x^4+\alpha_y l_y^4}q=k_x q,\quad q_y=\frac{\alpha_x l_x^4}{\alpha_x l_x^4+\alpha_y l_y^4}q=k_y q \tag{4-4}$$

式中：k_x 和 k_y——表示荷载在两个方向的分配系数。

图 4-4 中的板条在两个方向均取为单位板宽，则有 $I_x=I_y$，得

$$k_x=\frac{l_y^4}{l_x^4+l_y^4}=\frac{(l_y/l_x)^4}{1+(l_y/l_x)^4},\quad k_y=\frac{l_x^4}{l_x^4+l_y^4}=\frac{1}{1+(l_y/l_x)^4} \tag{4-5}$$

设 l_y 为板的长边，则 $l_y/l_x\geqslant 1$，可得 k_x 与 (l_y/l_x) 之间的关系，如图 4-5 所示，从中可以看出，随着 l_y/l_x 的增大，k_x 值增大。当 $l_y/l_x=2$ 时，$k_x=0.941$；当 $l_y/l_x=3$ 时，$k_x=0.988$。因此，四边支承的板，当板的长边 l_y 与短边 l_x 之比 $l_y/l_x<3$ 时，为双向板，否则为单向板。

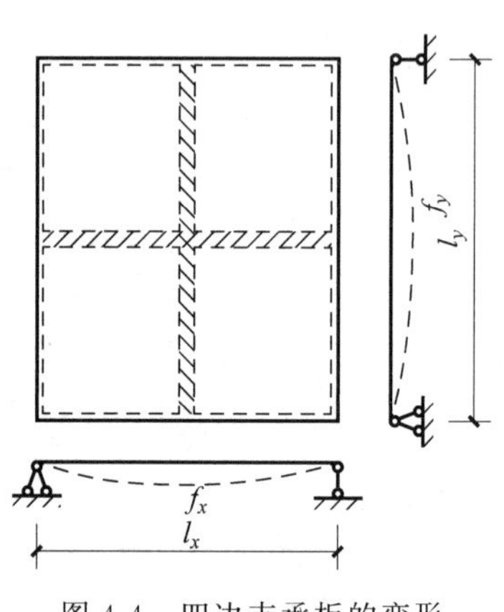

图 4-4　四边支承板的变形

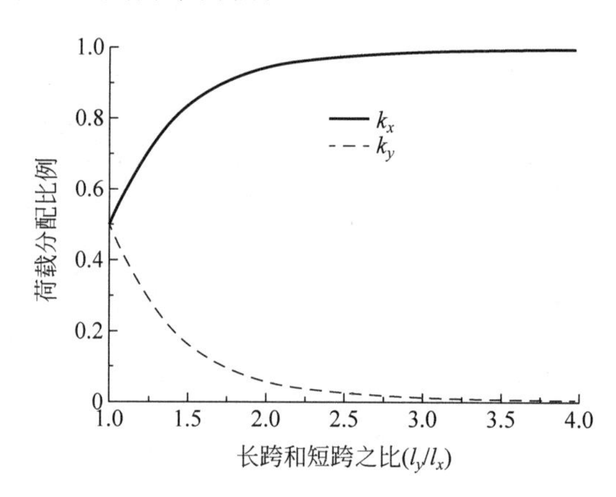

图 4-5　板的长短跨比与荷载分配比例关系

单向板的长边 l_y 比短边 l_x 大很多，板上荷载主要沿短向传递。而双向板的板上荷载沿两个方向传递。故单向板受力钢筋单向配置，另一方向仅配构造钢筋。而双向板双向受力，受力钢筋双向配置，但短跨方向受力较大，短跨方向的钢筋应放在板的外侧。

2. 主梁与次梁

梁两端如果直接支承在竖向构件柱、墙上，其承担的楼盖荷载将直接传给柱、墙，则这类梁称为主梁。如果该梁两端支承在另外的梁上，该梁承担的楼盖荷载通过另外的梁再传给柱、墙，则这类梁称为次梁。次梁支承在主梁上，次梁的梁高一般比主梁低 50mm 及以上。

当主梁线刚度与次梁线刚度之比不小于 8 时，可认为主梁是次梁的不动铰支座，次梁可按连续梁进行计算，次梁的支座反力即为传给主梁的集中力；当不满足上述条件时，宜按交叉梁系进行分析。次梁端部一般按简支考虑。

3. 主梁与柱

梁与柱现浇时，梁柱节点为刚接，则应按框架进行分析计算。只有当梁柱节点两侧梁的线刚度之和与节点上下柱的线刚度之和的比值大于3时，柱的线刚度相对较小，柱对梁的转动约束不大，可近似将柱作为梁的不动铰支座，梁按支承在柱上的连续梁进行分析计算。目前，主梁一般仅用于砌体结构。

思考题

1. 什么是装配整体式楼盖？其特点是什么？与装配式楼盖有什么区别？
2. 单向板和双向板如何划分？各自的受力特点和配筋要求是什么？
3. 现浇混凝土实心楼板的厚度不应小于多少？矩形截面框架梁的截面宽度不应小于多少？
4. 如何理解双向板短跨方向的钢筋应放在板的外侧？

第5章

单向板肋梁楼盖结构设计

5.1 单向板肋梁楼盖结构布置

预制板一般为两对边支承的单向板，现浇板多数为四边支承的双向板。梁的间距决定了板的跨度。

梁的平面布置可有下面两种方式：一种是主梁横向布置，次梁纵向布置，如图 5-1(a)所示；另一种是主梁纵向布置，次梁横向布置，如图 5-1(b)所示。但对于框架结构而言，与柱整浇的梁均为框架梁，即均为主梁。除框架梁外，考虑室内美观和便于使用，其他梁一般在隔墙下布置。

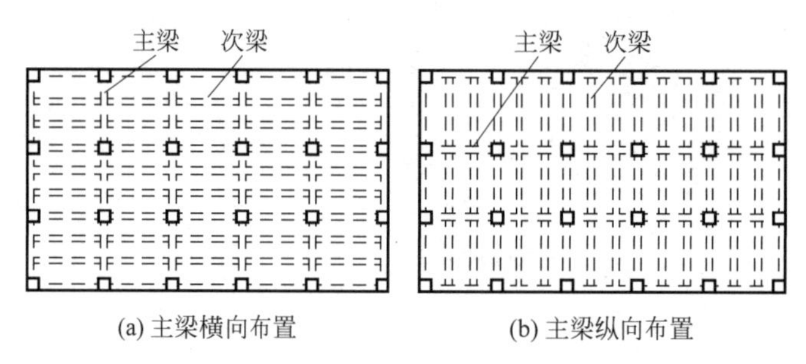

图 5-1　单向板肋梁楼盖布置方案

在进行平面布置时，应注意以下问题：

(1) 受力合理。荷载传递要直接、简捷，梁宜拉通，避免凌乱；避免把梁支承在门、窗过梁或剪力墙的连梁上；在楼、屋面上有较重设备、装置等荷载较大的地方，宜设次梁；当楼板上开有大于 800mm 的洞口时，应在洞口周边设梁。

(2) 方便施工。梁的截面种类不宜过多，以避免采用过多规格的模板。采用密肋楼盖时，肋距和肋的尺寸应尽可能统一。采用预应力楼盖时，要便于预应力筋的张拉和锚固。

(3) 满足建筑要求。一是不宜在房屋中间布置梁；二是对于厨房、卫生间和不封闭的阳台，为避免水流入相邻房间，其装修完成后的楼面标高宜低于其他部位 20mm，结构应按此计算板面标高。

5.2 单向板肋梁楼盖按弹性理论计算内力

5.2.1 结构的荷载及计算单元

楼盖上有永久作用和可变作用，其中永久作用包括结构和构造自重、隔墙及永久性设备等荷载；可变作用包括楼面或屋面活荷载、雪荷载和施工活荷载等。作用在板、梁上的可变作用在同一区格内或跨内均按满载布置。

为减少计算工作量，结构内力分析时，通常不是对整个结构进行分析，而是从实际结构中选取有代表性的某一部分作为计算对象，称为计算单元。一根次梁的承受荷载范围以及次梁传给主梁的集中荷载范围如图 5-2 所示，图中 l_1、l_2、l_3 分别为板、次梁和主梁的跨度，l_{01}、l_{02}、l_{03} 分别为板、次梁和主梁的计算跨度。

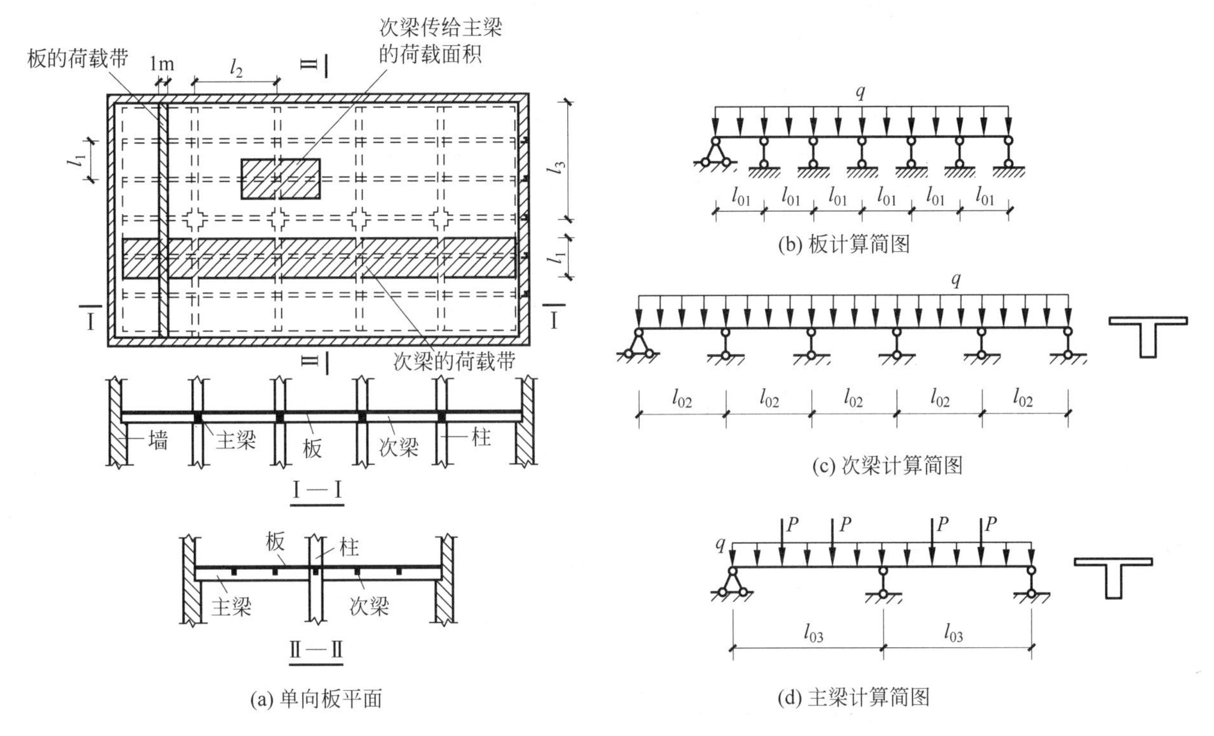

图 5-2 单向板肋梁楼盖计算简图

单向板除承受结构自重和构造自重(包括抹灰层、吊顶、装饰层、防水层、保温层、找平层等)外，还要承受作用在其上的活荷载，均为均布荷载。取 1m 宽度作为计算单元，次梁、墙作为板的不动铰支座，计算简图为连续梁。某一跨的计算跨度应取为该跨两端支座处转动点之间的距离，按表 5-1 取值。

表 5-1 按弹性理论确定的梁、板计算跨度

支承情况		计算跨度	
		梁	板
单跨或多跨的边跨	两端支承在砖墙上	$l_n+a(\leqslant 1.05l_n)$	$l_n+a(\leqslant l_n+h)$
	一端支承在砖墙上、另一端与梁(柱)整体连接	$l_n+a/2+b/2(\leqslant 1.025l_n+b/2)$	$l_n+h/2+b/2(\leqslant 1.025l_n+b/2)$
	两端与梁(柱)整体连接	l_n+b	l_n+b
中间跨		l_n+b	l_n+b

注：表中 a 为梁、柱支承在墙体上的长度，b 为梁、板中间支座宽度，h 为板的厚度，l_n 为梁(或板)的净跨。

次梁除承受次梁左右各半跨板自重、构造自重、次梁自重外，还要承受次梁左右各半跨板上活荷载，为均布荷载。当主次梁线刚度之比 $i_{主}/i_{次}\geqslant 8$ 时，认为主梁是次梁的不动铰支座，计算简图为连续梁。次梁端部一般按铰支考虑，次梁计算跨度如表 5-1 所示。

主梁除承受自重、构造自重外，还要承受次梁传来的集中荷载。当主梁与柱整浇，梁柱节点两侧梁的线刚度之和与节点上下柱的线刚度之和的比值大于 3 时，可近似将柱作为梁的不动铰支座，按多跨连续梁分析。主梁计算跨度如表 5-1 所示，表中有关参数如图 5-3 所示。

当采用现浇混凝土楼板，板与梁整浇时，在梁跨中处，板为梁的受压翼缘，故可按 T 形截面计算；但在支座处，翼缘位于受拉区，故仍按矩形截面计算。

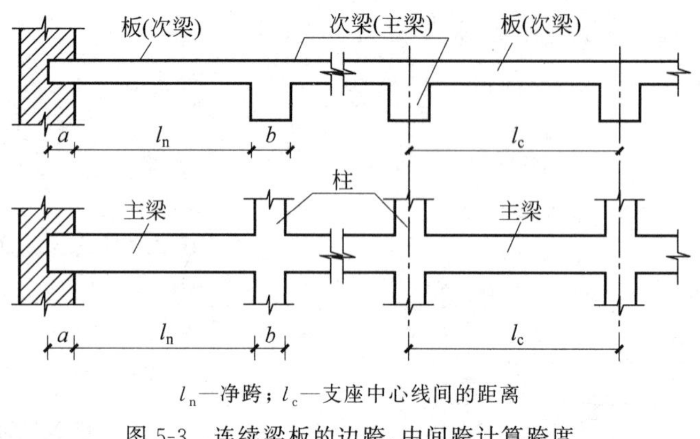

l_n—净跨；l_c—支座中心线间的距离

图 5-3 连续梁板的边跨、中间跨计算跨度

5.2.2 板拱效应对受力的有利影响

荷载作用下，连续板支座截面因承受负弯矩在上部开裂，而跨中截面承受正弯矩在下部开裂，板中未开裂部分形成图 5-4 虚线所示的从支座到跨中各截面受压区合力作用点的拱形压力线。当板四周设有边梁、墙或有另一区格的板，其水平位移受限时，在竖向荷载作用下，周边将对该板产生水平推力，形成内拱作用。此时，作用于板上的一部分荷载将通过拱的作用直接传给边梁，而使板的弯矩降低，即为板拱效应。

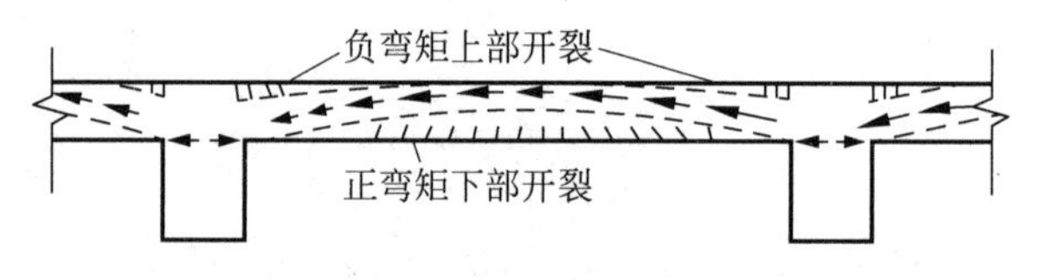

图 5-4 单向板的拱作用

考虑板拱效应时，对四周与梁整体连接的单向板，其中间跨的跨中截面及中间支座截面(不包含第二支座截面)的计算弯矩可减少 20%，其余部位不予减少，折减部位如图 5-5 所示。

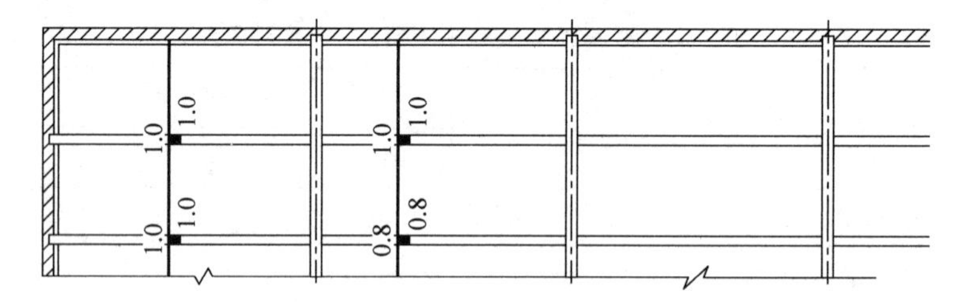

图 5-5 单向板的弯矩折减系数

5.2.3 板和次梁的折算荷载

对于图 5-6(a)所示支承在次梁上的连续单向板，在各跨恒荷载作用下，支座处的转角很小，尤其是等跨和各跨的均布荷载相同时，支座处梁的转角 θ 接近于 0，见图 5-6(b)，此时支座的抗扭刚度不影响梁的结构内力。但当只有某跨作用有活荷载时，支座处梁的转角较大，见图 5-6(c)，此时支座的抗扭刚度将阻止结构的转动，使结构在支座处发生的实际转角 θ' 小于按铰支连续梁计算的转角 θ，其效果是减小了跨中正弯矩，增大了支座负弯矩。

对于板和次梁所采用的连续板或连续梁的结构形式，假定板或梁支承在不动铰支座上。但实际现浇钢筋混凝土肋梁楼盖中，次梁对板的转动变形、主梁对次梁的转动变形都有一定的约束作用，约束作用大小与支承处支座的抗扭刚度有关。由于考虑支座抗扭刚度的影响对连续梁进行分析较为复杂，故设计一般采用折算荷载的方法，即增大恒荷载、减小活荷载的办法进行计算。

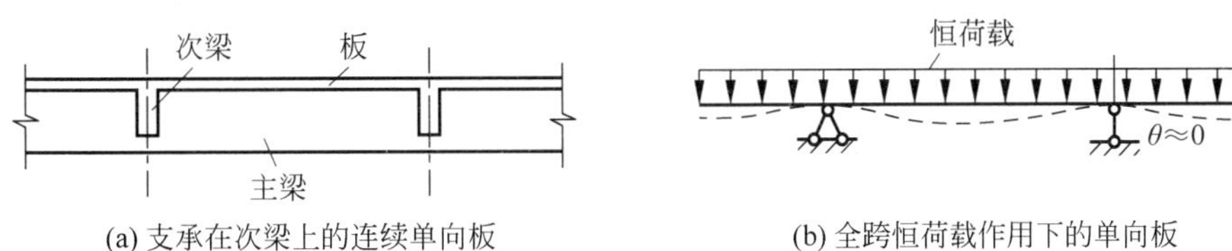

(a) 支承在次梁上的连续单向板　　(b) 全跨恒荷载作用下的单向板

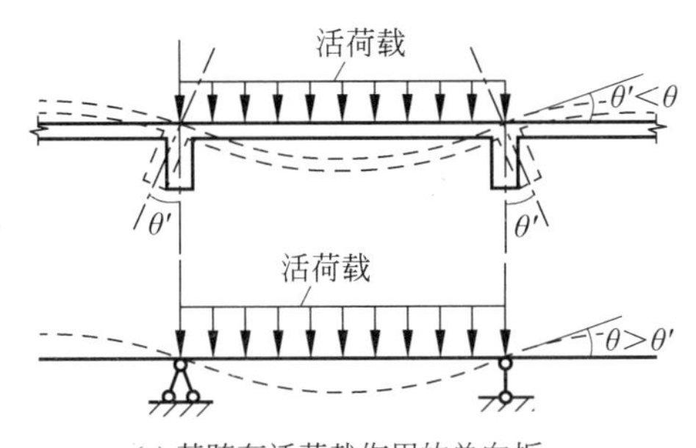

(c) 某跨有活荷载作用的单向板

图 5-6　次梁抗扭刚度对板的影响

连续板的折算荷载取值为：

$$\begin{cases}\text{折算恒荷载：} g'=g+q/2\\ \text{折算活荷载：} q'=q/2\end{cases}\tag{5-1}$$

连续次梁的折算荷载取值为：

$$\begin{cases}\text{折算恒荷载：} g'=g+q/4\\ \text{折算活荷载：} q'=3q/4\end{cases}\tag{5-2}$$

当板或梁支承在砌体或钢梁上时，砌体或钢梁对支座基本没有约束，荷载不作折算。

5.2.4　活荷载不利布置

从图 5-7 可以看出，连续梁的加载跨所产生的内力较大，离加载跨越远，产生的内力越小。连续梁设计时应考虑活荷载的不利布置。

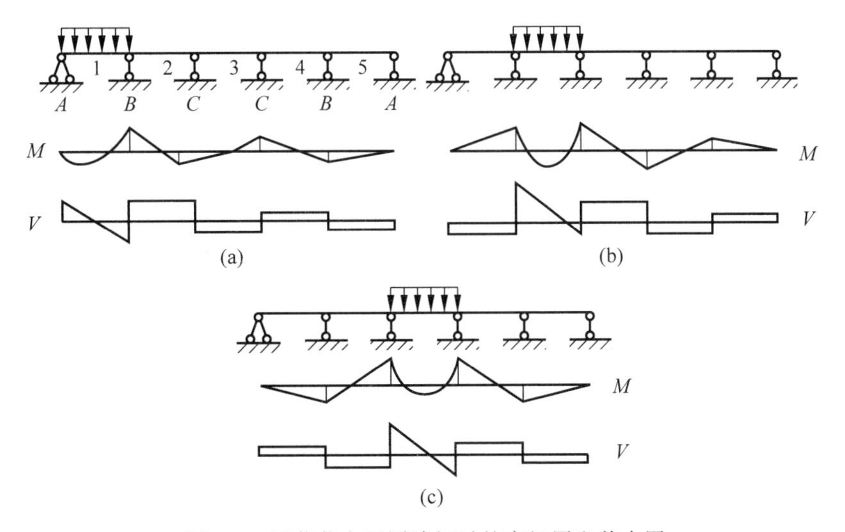

图 5-7　活荷载在不同跨间时的弯矩图和剪力图

活荷载的最不利布置规律为：

(1) 求某跨跨中最大正弯矩时，应在该跨布置活荷载，然后隔跨布置；

(2) 求某跨跨中最小正弯矩或最小负弯矩时，在相邻左、右跨布置活荷载，然后隔跨布置；

(3) 求某支座最大负弯矩时，在该支座左、右跨布置活荷载，然后隔跨布置；

(4) 求某支座最大剪力时，与(3)相同。

根据上述规律，对图 5-7 所示 5 跨连续梁，当求第 2、4 跨的跨中最大正弯矩时，活荷载应布置在第 2、4 跨；当求 B 支座截面的最大负弯矩时，应将活荷载布置在第 1、2、4 跨。

5.2.5 内力计算

按弹性理论进行连续板、连续梁内力计算时，一般采用查表法进行计算。

连续梁的相邻跨径相差不大于 10%时可近似看作等跨连续梁，实际跨数不小于 5 跨时按 5 跨计算，实际跨数小于 5 跨时按实际跨数考虑。

对于等跨连续梁，可由附录 7 查出相应的内力系数，利用下列公式计算跨内或支座截面的最大内力。

在均布及三角形荷载作用下：

$$M = k_1 g l_0^2 + k_2 q l_0^2 \tag{5-3}$$

$$V = k_3 g l_0 + k_4 q l_0 \tag{5-4}$$

在集中荷载作用下：

$$M = k_5 G l_0 + k_6 Q l_0 \tag{5-5}$$

$$V = k_7 G + k_8 Q \tag{5-6}$$

式中：$k_1 \sim k_8$——荷载作用下的内力系数，可从本书附录 7 查得。

以承受均布荷载的 5 跨连续梁为例，为了求出控制截面的弯矩和剪力(各跨内最大正弯矩、支座最大负弯矩、支座最大剪力)，根据活荷载最不利布置规律，共确定 6 种工况，考虑恒荷载之后的弯矩图和剪力图如图 5-8 所示。

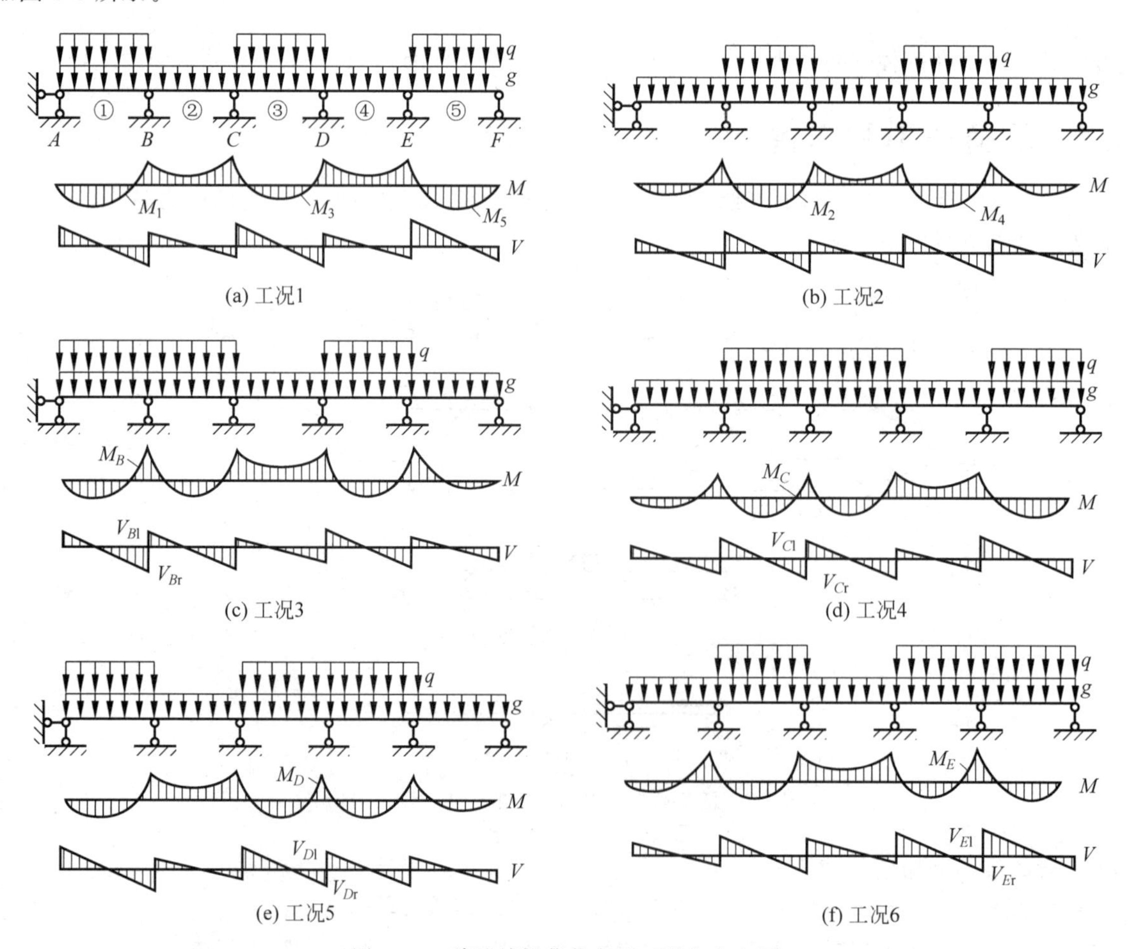

图 5-8 5 跨连续梁荷载布置工况和内力图

5.2.6 内力包络图

内力包络图反映了各截面可能产生的最大和最小内力值，有弯矩包络图和剪力包络图，是截面配筋计算和布置钢筋的依据。前述5跨连续梁的内力包络图如图5-9所示，它是将6种情况的弯矩叠合并画在一起，外包线所对应的弯矩值代表了各截面可能出现的弯矩上限、下限值，图5-9(a)中加粗的实线即为弯矩包络图。同理，还可画出如图5-9(b)所示的剪力包络图。

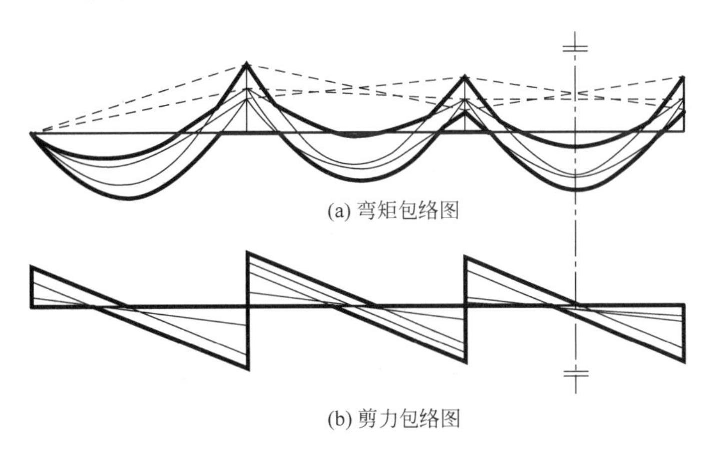

(a) 弯矩包络图

(b) 剪力包络图

图5-9 均布荷载作用下5跨连续梁的弯矩包络图和剪力包络图

5.2.7 控制截面及其内力

配筋计算时需选取控制截面，梁跨内取包络图中正、负弯矩绝对值最大的截面，支座取支承边缘处负弯矩最大值截面。由于支座处计算出的内力位于支座中心点处，故支座边缘处的内力值按下述方法计算。

支座边缘处弯矩值：

$$M = M_c - V_0 \frac{b}{2} \tag{5-7}$$

式中：M_c——支座中心处的弯矩；

V_0——可按简支梁计算的支座中心处剪力(取绝对值)；

b——梁的支座宽度。

支座边缘处剪力，当为均布荷载时：

$$V = V_c - (g + q)\frac{b}{2} \tag{5-8}$$

当为集中荷载时：

$$V = V_c \tag{5-9}$$

式中：V_c——支座中心处的剪力；

g、q——作用在梁上的均布恒荷载、活荷载值。

5.3 单向板肋梁楼盖按塑性内力重分布计算内力

上文按弹性理论计算时，连续梁(板)的支座弯矩一般大于跨中弯矩，造成支座配筋拥挤，施工不便。但钢筋混凝土具有明显的弹塑性，按塑性内力重分布方法计算可减小支座负弯矩，从而减小支座处的负弯矩配筋。

5.3.1 塑性铰

如图 5-10 所示，以跨中作用有集中荷载的适筋梁为例，当加载到受拉钢筋屈服时，对应的弯矩和曲率分别为 M_y 和 ϕ_y。此后荷载少许增加，受拉钢筋屈服伸长，受拉区混凝土裂缝向上开展，使截面受压区高度减小，内力臂增大，从而截面弯矩略有增加，但截面曲率增加更大，梁的跨中塑性变形较为集中的区域形成一个能够单向转动的“铰”，称为塑性铰(plastic hinge)，此时，对应的弯矩和曲率分别为 m_u 和 ϕ_u。

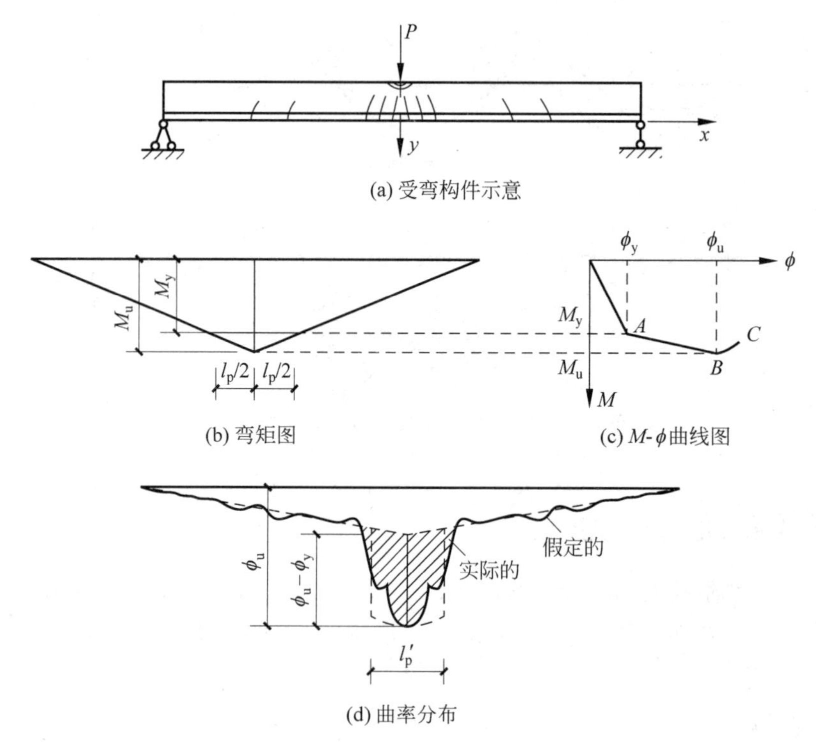

图 5-10 钢筋混凝土受弯构件的塑性铰

塑性铰与“结构力学”中的理想铰不同，理想铰不能传递弯矩，而塑性铰能传递一定的塑性弯矩；理想铰可以自由无限转动，而塑性铰仅能在弯矩作用的方向单向转动，且转动能力有一定限度；理想铰出现位置仅为一个节点，而塑性铰为一定长度区域。

塑性铰的转动能力主要取决于纵向钢筋的配筋率、钢材的品种和混凝土的极限压应变值。配筋率越低，受压区高度 x 就越小，极限曲率越大，塑性铰转动能力越大；受拉纵筋为热轧钢筋时，塑性铰的转动能力较大；混凝土的极限压应变值 ε_{cu} 越大，塑性铰转动能力也越大。

塑性铰出现之后，结构内力分布与按弹性理论获得的结构内力分布有显著的不同。按弹性理论分析时，结构内力与荷载呈线性关系；而按塑性理论分析时，结构内力与荷载为非线性关系。

5.3.2 结构塑性内力重分布

对于超静定结构，当某一截面出现塑性铰，即 M 到达 M_u 后，这时该截面处的 M 不再增加，但转角可继续增大，这就相当于超静定结构减少了一个约束，结构可以继续增加荷载而不破坏，只有当出现足够数量的塑性铰而使结构成为几何可变体系时，结构才达到破坏状态。因此，超静定结构在出现塑性铰后，结构的内力分布与弹性阶段不同，称为塑性内力重分布。

以图 5-11 所示两跨钢筋混凝土连续梁为例，该梁为等截面适筋梁，跨中和中支座处的纵筋相同。该梁每跨的跨中作用有集中力 P，设跨中和中支座承受的弯矩值均为 M_y，现讨论中支座截面及跨中截面弯矩随荷载变化的情况。

(1) 弹性阶段：从加载开始至混凝土开裂之前，整根梁接近于弹性，梁的支座和跨中弯矩比值为恒定值，如图 5-11(a)所示。其弯矩的实测值与按弹性理论的计算值非常接近。

(2) 弹塑性阶段：继续加载到中支座受拉区混凝土开裂，但跨中尚未出现裂缝时，由于开裂使截面刚度减小，故中支座弯矩增长率下降，而跨中弯矩增长率上升，此时发生了内力重分布，随着荷载继续增大，梁跨中出现裂缝，结构又一次发生内力重分布。

(3) 塑性阶段：当加载到支座处受拉钢筋屈服，此时对应的集中荷载为 P_1，弯矩图如图 5-11(b)所示。由于中支座截面屈服后会产生塑性铰，继续增加荷载后，连续梁的受力如同两个简支梁。见图 5-11(c)所示。此后梁仍可以继续加载，直至跨中截面也出现塑性铰。集中荷载增量为 P_2，则 P_1+P_2 为两跨连续梁考虑塑性内力重分布时的承载能力，弯矩图如图 5-11(d)所示。因此，按塑性理论计算，此梁的极限荷载要比按弹性理论计算的大 P_2。

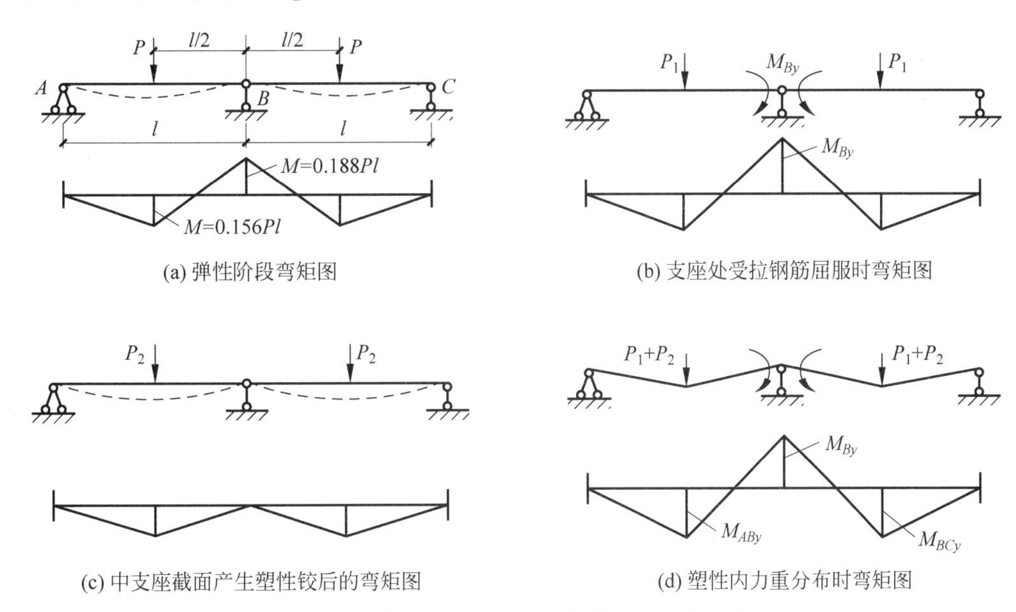

图 5-11　荷载作用下两跨连续梁弯矩变化过程

在整个加载过程中，内力重分布发生在两个阶段：第一阶段是从裂缝出现到塑性铰形成前，这时主要是由于裂缝的形成和开展，使构件刚度发生变化而引起了内力重分布；第二阶段是塑性铰形成后，由于塑性铰的转动而引起的内力重分布。由于第二阶段的内力重分布现象更为明显，故主要考虑塑性铰形成后的内力重分布。

考虑塑性内力重分布，可以充分利用结构的潜力，提高结构的极限承载力，从而达到节省钢材的效果。但考虑内力重分布的计算方法以截面形成塑性铰为前提，而一旦某截面出现塑性铰，则意味着该截面已发生较大损伤，因此下列情况不宜采用：

(1) 在使用阶段不允许出现裂缝或对裂缝有较严格限制的结构，如水池、自防水屋面以及处于侵蚀性环境中的结构；

(2) 直接承受动力和重复荷载的结构；

(3) 要求有较高承载力储备的结构；

(4) 预应力结构和二次受力叠合结构。

5.3.3　用调幅法计算连续梁、板

超静定混凝土结构考虑塑性内力重分布的计算方法有很多种，如极限平衡法、塑性铰法、变刚度法、调幅法等，其中调幅法的应用比较广泛。调幅法是将结构按弹性方法所求得的弯矩、剪力值进行适当的调整，以考虑结构非弹性变形所引起的内力重分布。

1. 等跨连续梁各跨跨中及支座截面的弯矩设计值

对于在相同均布荷载作用下的等跨度、等截面连续梁、板，结构各控制截面的弯矩和剪力可按下式计算：

1）均布荷载

$$M=\alpha_{mb}(g+q)l_0^2 \tag{5-10}$$

2）间距相同、大小相等的集中荷载

$$M=\eta\alpha_{mb}(G+Q)l_0 \tag{5-11}$$

式中：α_{mb}——连续梁考虑塑性内力重分布的弯矩系数，如表 5-2 所示；

η——集中荷载修正系数，如表 5-3 所示；

l_0——按塑性理论的计算跨度，如表 5-4 所示。

表 5-2　连续梁考虑塑性内力重分布的弯矩系数 α_{mb}

端支座支承情况	截面					
	端支座	边跨跨中	离端第二支座	离端第二跨跨中	中间支座	中间跨跨中
	A	Ⅰ	B	Ⅱ	C	Ⅲ
支承在墙上	0	1/11	−1/10（用于两跨连续梁） −1/11（用于多跨连续梁）	1/16	−1/14	1/16
与梁整体连接	−1/24	1/14				
与柱整体连接	−1/16	1/14				

表 5-3　集中荷载修正系数 η

荷载情况	截面					
	A	Ⅰ	B	Ⅱ	C	Ⅲ
跨间中点作用一个集中荷载	1.5	2.2	1.5	2.7	1.6	2.7
跨间三分点作用两个集中荷载	2.7	3.0	2.7	3.0	2.9	3.0
跨间四分点作用三个集中荷载	3.8	4.1	3.8	4.5	4.0	4.8

表 5-4　按塑性理论梁、板计算跨度 l_0

支承情况	计算跨度	
	梁	板
两端与梁（柱）整体连接（整浇）	$l_0=l_n$	$l_0=l_n$
一端与梁（柱）整体连接，另一端支承在砌体墙上	$1.025l_n\leqslant l_n+a/2$	$l_n+h/2\leqslant l_n+a/2$
两端支承在砌体墙上	$1.05l_n\leqslant l_n+a$	$l_n+h\leqslant l_n+a$

2. 等跨连续梁的剪力设计值

1）均布荷载：

$$V=\alpha_{vb}(g+q)l_n \tag{5-12}$$

2）间距相同、大小相等的集中荷载：

$$V=\alpha_{vb}n(G+Q) \tag{5-13}$$

式中：α_{vb}——考虑塑性内力重分布的剪力系数，如表 5-5 所示；

n——一跨内的集中荷载个数。

表 5-5　连续梁考虑塑性内力重分布的剪力系数α_{vb}

荷载情况	端支座支承情况	截面				
		1 支座左侧	2 支座右侧	2 支座左侧	3 支座右侧	3 支座左侧
		A_{in}	B_{ex}	B_{in}	C_{ex}	C_{in}
均布荷载	支承在墙上	0.45	0.60	0.55	0.55	0.55
	梁与梁或梁与柱整体连接	0.5	0.55			
集中荷载	支承在墙上	0.42	0.65	0.60	0.55	0.55
	梁与梁或梁与柱整体连接	0.5	0.6			

注：支座序号从左往右编号。

3. 承受均布荷载的等跨连续单向板，各跨跨中及支座截面的弯矩设计值

$$M=\alpha_{mp}(g+q)l_0^2 \tag{5-14}$$

式中：α_{mp}——单向连续板考虑塑性内力重分布的弯矩系数，如表 5-6 所示。

表 5-6　连续板考虑塑性内力重分布的弯矩系数α_{mp}

端支座支承情况	截面					
	端支座	边跨跨中	离端第二支座	离端第二跨跨中	中间支座	中间跨跨中
	A	Ⅰ	B	Ⅱ	C	Ⅲ
支承在墙上	0	1/11	−1/10（用于两跨连续梁）	1/16	−1/14	1/16
与梁整体连接	−1/16	1/14	−1/11（用于多跨连续梁）			

根据试验研究和实际的工程经验，采用弯矩调幅法进行结构内力分析时，需要满足如下规定：

(1) 纵筋宜采用热轧钢筋，混凝土强度等级宜选用 C30～C45，其原因是热轧钢筋具有明显的屈服台阶，塑性性能较好，普通混凝土的塑性性能比高强混凝土更好。选择塑性较好的材料，是保证出现塑性铰的一个基本条件。

(2) 为了避免正常使用阶段出现过宽裂缝，弯矩下调幅度不应大于 30%。一般来说，梁的弯矩下调幅度不宜超过 25%，板不宜超过 20%。

(3) 为了提高塑性铰转动能力，弯矩调整后的梁端截面相对受压高度 ξ 不应超过 0.35，也不宜小于 0.10；如果截面按计算配有受压钢筋，在计算 ξ 时，可考虑受压钢筋的作用。

(4) 调整后的结构内力必须满足静力平衡条件，连续梁、板各跨两支座弯矩的平均值与跨中弯矩值 M_1 之和不得小于简支梁弯矩值 M_0 的 1.02 倍，且调幅后控制截面的弯矩值应不小于简支梁弯矩值的 1/3。

(5) 在可能产生塑性铰的区段，考虑弯矩调幅后，连续梁的箍筋用量应增大 20%。增大区段：对于集中荷载，取支座边至最近一个集中荷载之间的区段；对于均布荷载，取支座边至距支座边 $1.05h_0$ 区段。

(6) 必须满足正常使用阶段变形及裂缝宽度的要求。

(7) 不等跨连续梁、板各跨中截面的弯矩不宜调整。

此外，在调幅时，应尽可能减少支座上部承受负弯矩的钢筋，尽量使各跨最大正弯矩与支座负弯矩相等，以便于布置钢筋。

5.4　单向板肋梁楼盖配筋及构造要求

5.4.1　连续单向板的配筋及构造要求

连续板的配筋有两种形式：一种弯起式；另一种分离式。分离式配筋施工比较方便，是目前最常用的方式。分离式配筋的单跨或多跨连续单向板的跨中正弯矩钢筋宜全部伸入支座；支座负弯矩钢筋向

跨内的延伸长度应覆盖负弯矩图并满足钢筋锚固的要求。

在实际设计中,单跨板的分离式配筋示意如图 5-12 所示。与梁整浇时,上部钢筋伸过支座内边缘距离不小于 $l_n/4$。下部纵向受力钢筋伸入支座的锚固长度 l_{as},不应小于钢筋直径的 5 倍,且宜伸过支座中心线。

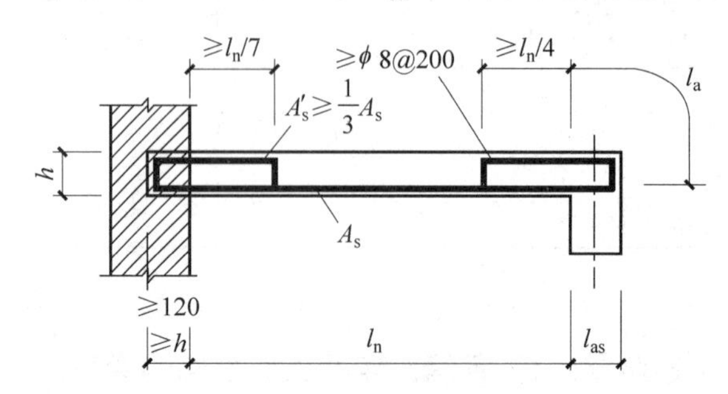

图 5-12 单跨板的分离式配筋示意

考虑塑性内力重分布设计的等跨连续板的分离式配筋示意如图 5-13 所示。板的下部受力钢筋根据实际长度也可以采取连续配筋,不在中间支座处截断。图中,当 $q \leqslant 3g$ 时,$a \geqslant l_n/4$; 当 $q > 3g$ 时,$a \geqslant l_n/3$(q 为均布活荷载设计值; g 为均布恒荷载设计值)。

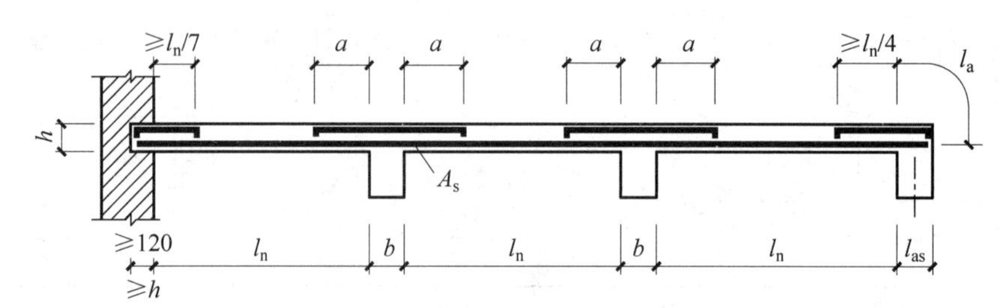

图 5-13 等跨连续板的分离式配筋示意

跨度相差不大于 20%的不等跨连续板,考虑塑性内力重分布设计的分离式配筋如图 5-14 所示。板中下部钢筋也可采用连续配筋。图中,当 $q \leqslant 3g$ 时,$a_1 \geqslant l_{n1}/4, a_2 \geqslant l_{n2}/4, a_3 \geqslant l_{n3}/4$; 当 $q > 3g$ 时,$a_1 \geqslant l_{n1}/3, a_2 \geqslant l_{n2}/3, a_3 \geqslant l_{n3}/3$。$l_{n1}$、$l_{n2}$、$l_{n3}$ 均为板的净跨,a_1、a_2、a_3 为支座边缘至钢筋截断位置的距离。

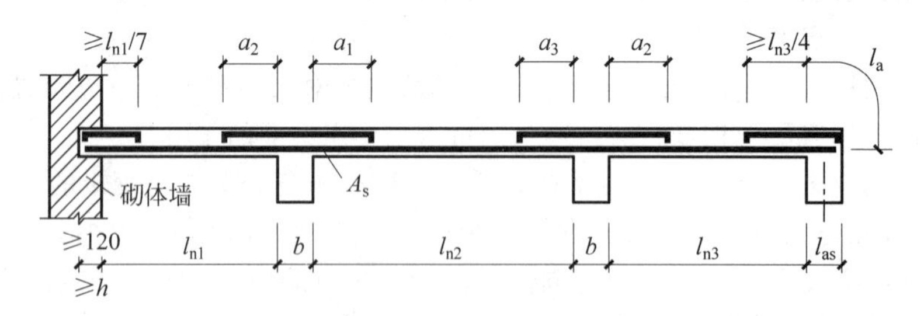

图 5-14 跨度相差不大于 20%的不等跨连续板的分离式配筋

对按塑性内力重分布设计跨度相差较大的多跨连续板,以及设计中要求钢筋必须按弹性分析的弯矩图配置的多跨连续板,其上部受力钢筋伸过支座边缘的长度应根据弯矩包络图确定并满足延伸长度和锚固的要求。

板中受力钢筋的间距,当板厚不大于 150mm 时不宜大于 200mm; 当板厚大于 150mm 时不宜大于板厚的 1.5 倍,且不宜大于 250mm。

简支板或连续板下部纵向受力钢筋伸入支座的锚固长度不应小于钢筋直径的 5 倍,且宜伸过支座中心线。当连续板内温度、收缩应力较大时,伸入支座的长度宜适当增加。

板中还需要配置以下构造钢筋。

1) 板面构造钢筋

按简支边或非受力边设计的现浇混凝土板,当与混凝土梁、墙整体浇筑或嵌固在砌体墙内时,应设置板面构造钢筋。

钢筋的间距不宜大于200mm，直径不宜小于8mm，且单位宽度内的配筋面积不宜小于跨中相应方向板底钢筋面积的1/3。与混凝土梁、混凝土墙整体浇筑单向板的非受力方向，钢筋面积尚不宜小于受力方向跨中板底钢筋截面面积的1/3。

钢筋从混凝土梁边、柱边、墙边伸入板内的长度不宜小于$l_n/4$，砌体墙支座处钢筋伸入板内的长度不宜小于$l_n/7$，其中计算跨对单向板按受力方向考虑，对双向板按短边方向考虑。在楼板角部，宜沿两个方向正交、斜向平行或放射状布置附加钢筋。钢筋应在梁内、墙内或柱内可靠锚固。

2）分布钢筋

分布钢筋具有以下主要作用：浇筑混凝土时固定受力钢筋的位置；抵抗混凝土收缩和温度变化产生的内力；承担并分布板上局部荷载产生的内力；对四边支承板，可承受在计算中未考虑到但实际存在的长跨方向的弯矩。

分布钢筋直径不宜小于6mm，间距不宜大于250mm；当集中荷载较大时，分布钢筋的配筋面积尚应增加，且间距不宜大于200mm。在垂直于受力方向单位宽度上布置的分布钢筋，钢筋面积不宜小于单位宽度上受力钢筋的15%，且配筋率不宜小于0.15%。

3）板的温度收缩钢筋

在温度、收缩应力较大的现浇混凝土区域，应在板的表面双向配置防裂构造钢筋。配筋率均不宜小于0.10%，间距不宜大于200mm。防裂构造钢筋可利用原有钢筋贯通布置，也可另行设置钢筋并与原有钢筋按受拉钢筋的要求搭接或在周边构件中锚固。

5.4.2　连续梁的配筋及构造要求

1. 次梁配筋

梁支座截面负弯矩纵向受拉钢筋不宜在受拉区截断，当需要截断时，应符合以下规定，如图5-15(图中①、②表示钢筋编号)所示：

(1) 当剪力设计值$V \leqslant 0.7f_tbh_0$时，应延伸至按正截面受弯承载力计算不需要该钢筋的截面以外不小于$20d$处截断，且从该钢筋强度充分利用截面伸出的长度不应小于$1.2l_a$。

(2) 当剪力设计值$V > 0.7f_tbh_0$时，应延伸至按正截面受弯承载力计算不需要该钢筋的截面以外不小于h_0和$20d$的最大值处截断，且从该钢筋强度充分利用截面伸出的长度不应小于$1.2l_a + h_0$。

(3) 若按本条第(1)、(2)款确定的截断点仍位于负弯矩对应的受拉区内，则应延伸至按正截面受弯承载力计算不需要该钢筋的截面以外不小于$1.3h_0$和$20d$的最大值处截断，且从该钢筋强度充分利用截面伸出的长度不应小于$1.2l_a + 1.7h_0$。

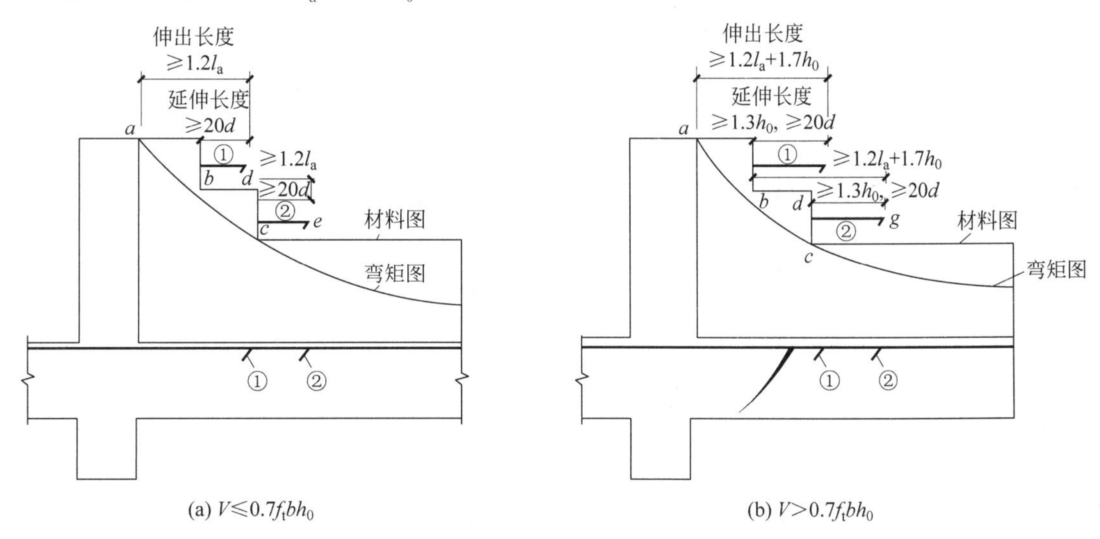

(a) $V \leqslant 0.7f_tbh_0$　　(b) $V > 0.7f_tbh_0$

图5-15　负弯矩区段纵向受拉钢筋的截断

2. 主梁配筋

主梁如果是框架梁，应按框架梁设计。

主梁纵向受力钢筋的弯起和截断，原则上应按弯矩包络图确定。

在主梁和次梁相交处，次梁在负弯矩作用下截面上部混凝土出现裂缝，因此次梁的支座反力以集中荷载的形式，通过其截面受压区在主梁截面高度的中、下部传递给主梁。主梁在次梁传递的集中荷载作用下，其下部混凝土可能产生斜裂缝而发生破坏。为保证主梁局部有足够的承载力，可根据图 5-16 所示的 s 范围内配置附加箍筋或吊筋，优先采用附加箍筋。

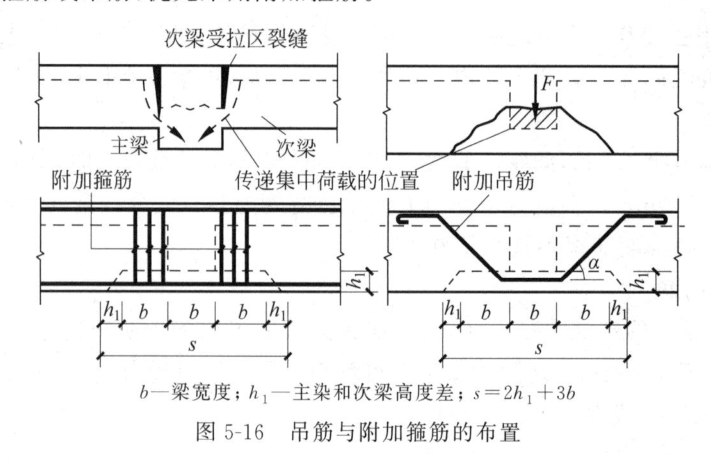

b—梁宽度；h_1—主染和次梁高度差；$s=2h_1+3b$

图 5-16 吊筋与附加箍筋的布置

附加箍筋或吊筋面积按下式计算：

$$F_1 \leqslant 2f_y A_{sb} \sin\alpha + mnf_{yv}A_{sv1} \tag{5-15}$$

式中：F_1——由主梁两侧次梁传来的集中荷载设计值；

f_y、f_{yv}——吊筋、附加钢筋的抗拉强度设计值；

m、n——附加箍筋的排数与箍筋的肢数；

A_{sb}、A_{sv1}——吊筋截面面积与附加单肢箍筋截面面积；

α——吊筋与梁轴线的夹角。

5.5 单向板肋梁楼盖设计实例

【例 5-1】 某多层会议室建筑的现浇钢筋混凝土楼盖，板厚 80mm。设计使用年限为 50 年，楼面活荷载标准值为 3.0kN/m^2，楼盖布置如图 5-17 所示。结构安全等级为二级，环境类别为一类，要求设计该楼盖结构。假设主梁和柱的线刚度之比大于 5，主梁和次梁线刚度之比大于 8。设计参数：①楼面做法：

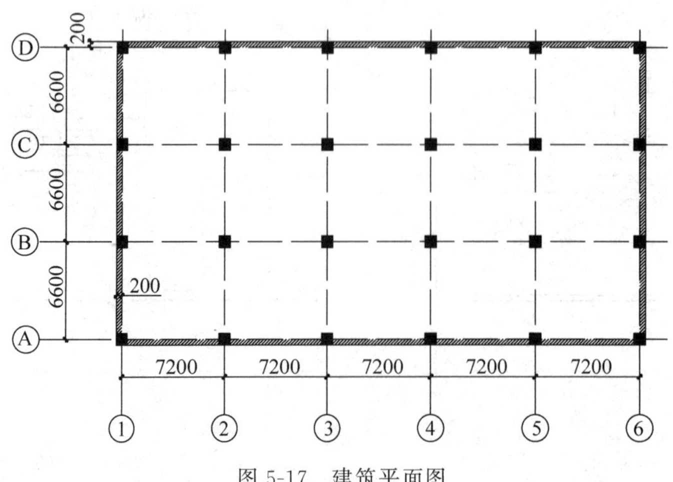

图 5-17 建筑平面图

水磨石面层，荷载标准值为 0.65kN/m²。梁、板底面及侧面用 20mm 厚混合砂浆抹面。②材料：混凝土强度等级 C30；梁、板钢筋均采用 HRB400 级钢筋。

【解】

1）基本参数

查附录 2 得，钢筋混凝土容重 25kN/m^3，水泥砂浆容重 20kN/m^3，混合砂浆容重 17kN/m^3；查附录 5 得，C30 混凝土，$f_c=14.3\text{N/mm}^2$，$f_t=1.43\text{N/mm}^2$，HRB400 级钢筋，$f_y=360\text{N/mm}^2$；按《混凝土规范》，环境类别为一类，板保护层厚度为 15mm，梁保护层厚度为 20mm；从 2.5.2 节知，永久荷载分项系数 $\gamma_g=1.3$，活荷载分项系数 $\gamma_q=1.5$。

2）楼盖的结构平面布置

主梁沿横向布置，次梁沿纵向布置。主梁的跨度为 6.6m，次梁的跨度为 7.2m，主梁每跨内布置 2 根次梁，板的跨度为 6.6m/3=2.2m，$l_{02}/l_{01}=7.2\text{m}/2.2\text{m}=3.27>3$，因此按单向板设计。

按跨高比条件，要求板厚 $h\geqslant 2200\text{mm}/30=73\text{mm}$，按现浇混凝土实心楼板的厚度不应小于 80mm 的要求，取板厚 $h=80\text{mm}$。

次梁截面高度应满足 $h=l_0/18\sim l_0/8=7200\text{mm}/18\sim 7200\text{mm}/8=400\sim 900\text{mm}$，截面高度取 $h=500\text{mm}$。截面宽度取 $b=200\text{mm}$。

主梁的截面高度应满足 $h=l_0/18\sim l_0/8=6600\text{mm}/18\sim 6600\text{mm}/8=367\sim 825\text{mm}$，截面高度取 $h=600\text{mm}$。截面宽度取 $b=300\text{mm}$。

楼盖结构平面布置如图 5-18 所示。

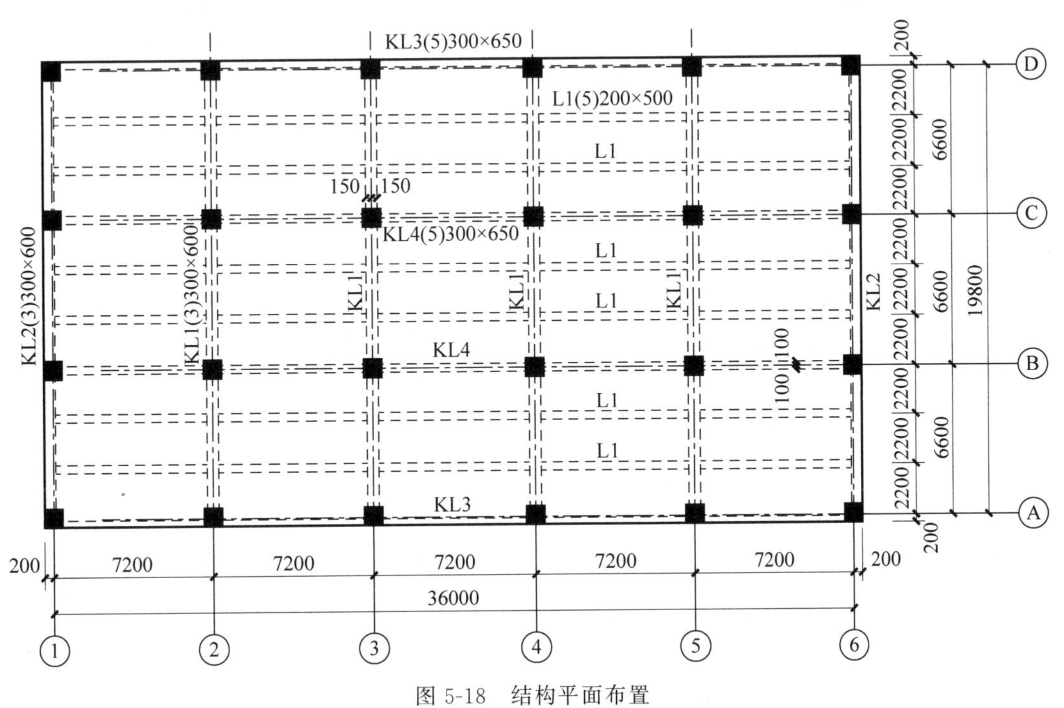

图 5-18 结构平面布置

3）板的设计

板按弹性方法计算

(1) 荷载

板的永久荷载标准值

水磨石面层 0.65kN/m^2；

80mm 钢筋混凝土板 $0.08\text{m}\times 25\text{kN/m}^3=2\text{kN/m}^2$；

20mm 混合砂浆层 $0.02\text{m}\times 17\text{kN/m}^3=0.34\text{kN/m}^2$；

小计 2.99kN/m^2。

板的可变荷载标准值 3.0kN/m^2；

永久荷载设计值 $g=1.3\times2.99\text{kN/m}^2=3.89\text{kN/m}^2$；

可变荷载设计值 $q=1.5\times3.0\text{kN/m}^2=4.5\text{kN/m}^2$；

荷载总设计值 $g+q=8.39\text{kN/m}^2$。

(2) 计算简图

混凝土板按弹性理论来计算，板支承在梁上时，板计算跨度：边跨为 $l_{01}=l_n+b=2200\text{mm}+100\text{mm}=2300\text{mm}$。

中间跨为 $l_{01}=l_n+b=2200\text{mm}$（次梁截面为 200mm×500mm）。边跨和中跨跨长相差小于 10%，可按等跨板计算，取 1m 宽板带作为计算单元计算简图如图 5-19 所示。

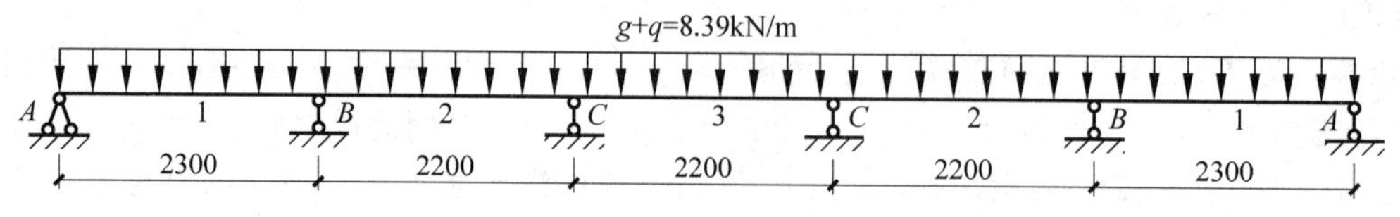

图 5-19 弹性方法计算时板的计算简图

(3) 内力设计值及包络图

① 弯矩设计值

弯矩 $$M=k_1gl_0^2+k_2ql_0^2$$

由附录 7 查得系数 $k_1\sim k_2$，可算出控制截面的弯矩。

$$M_{1,\max}=(0.078\times3.89\times2.20^2+0.1\times4.5\times2.20^2)\text{kN}\cdot\text{m}=3.65\text{kN}\cdot\text{m}$$

$$M_{2,\max}=(0.033\times3.89\times2.20^2+0.079\times4.5\times2.20^2)\text{kN}\cdot\text{m}=2.34\text{kN}\cdot\text{m}$$

$$M_{3,\max}=(0.046\times3.89\times2.20^2+0.085\times4.5\times2.20^2)\text{kN}\cdot\text{m}=2.72\text{kN}\cdot\text{m}$$

$$M_{B,\max}=(-0.105\times3.89\times2.20^2-0.119\times4.5\times2.20^2)\text{kN}\cdot\text{m}=-4.57\text{kN}\cdot\text{m}$$

$$M_{C,\max}=(-0.079\times3.89\times2.20^2-0.111\times4.5\times2.20^2)\text{kN}\cdot\text{m}=-3.91\text{kN}\cdot\text{m}$$

以上通过叠加方法求得的弯矩，在支座位置处是准确的，跨内最大弯矩采用各种不利组合下恒荷载和活荷载弯矩最大值的叠加，由于各种组合最大弯矩出现的位置不一定相同，故最大值的叠加是偏于安全的计算值，而不是准确的值，准确的跨内最大值应该将恒荷载和活荷载作用的弯矩图叠加后再求得弯矩的最大值。

② 剪力 $$V=k_3gl_0+k_4ql_0$$

由附录 7 查得系数 $k_7\sim k_8$，可算出控制截面的剪力。

$$V_{A,\max}=(0.394\times3.89\times2.20+0.447\times4.5\times2.20)\text{kN}=7.80\text{kN}$$

$$V_{Bl,\max}=(-0.606\times3.89\times2.20-0.620\times4.5\times2.20)\text{kN}=-11.32\text{kN}$$

$$V_{Br,\max}=(0.526\times3.89\times2.20+0.598\times4.5\times2.20)\text{kN}=10.42\text{kN}$$

$$V_{Cl,\max}=(-0.474\times3.89\times2.20-0.576\times4.5\times2.20)\text{kN}=-9.76\text{kN}$$

$$V_{Cr,\max}=(0.500\times3.89\times2.20+0.591\times4.5\times2.20)\text{kN}=10.13\text{kN}$$

(4) 承载力计算

按弹性理论计算连续梁内力时，中间跨的计算跨度取为支座中心线间的距离，故所求得支座弯矩和剪力都是指支座中心线的。实际上。正截面受弯承载力和斜截面承载力的控制截面应在支座边缘，内力设计值应以支座边缘截面为准，故取：

$$M_B=M_{B,\max}-(g+q)l_0b/2=(-4.57+8.39\times2.2\times0.2/4)\text{kN}\cdot\text{m}=-3.65\text{kN}\cdot\text{m}$$

$$M_C=M_{C,\max}-(g+q)l_0b/2=(-3.91+8.39\times2.2\times0.2/4)\text{kN}\cdot\text{m}=-2.99\text{kN}\cdot\text{m}$$

在进行板的设计时，一般只进行正截面受弯承载力计算，计算时取 1m 宽的板带作为计算单元，即 $b=1000\text{mm}$，板厚 $h=80\text{mm}$，板的有效高度 $h_0=(80-20)\text{mm}=60\text{mm}$，C30 混凝土，HRB400 级钢筋，连续板各截面的配筋计算如表 5-7 所示。

表 5-7　板的配筋计算

截　面	1	B 支座	2	C 支座	3
弯矩设计值/(kN·m)	3.65	−3.65	2.34	−2.99	2.72
$\alpha_s=M/(\alpha_1 f_c b h_0^2)$	0.071	0.064	0.045	0.052	0.053
$\gamma_s=(1+\sqrt{1-2\alpha_s})/2$	0.963	0.967	0.977	0.973	0.973
计算配筋/mm² $A_s=M/(f_y\gamma_s h_0)$	175	175	111	143	129
实际配筋/mm²	Φ8@200 $A_s=251$	Φ8@200 $A_s=251$	Φ8@200 $A_s=251$	Φ8@200 $A_s=251$	Φ8@200 $A_s=251$

板按塑性内力重分布计算

（1）荷载

板的荷载计算与弹性方法相同。

（2）计算简图

混凝土板一般是按照塑性理论来计算，板支承在梁上时，板计算跨度：边跨为 $l_{01}=l_n=2100\text{mm}$，中间跨为 $l_{01}=l_n=2000\text{mm}$（次梁截面为 200mm×500mm）。可按等跨板计算，取 1m 宽板带作为计算单元，计算简图如图 5-20 所示。

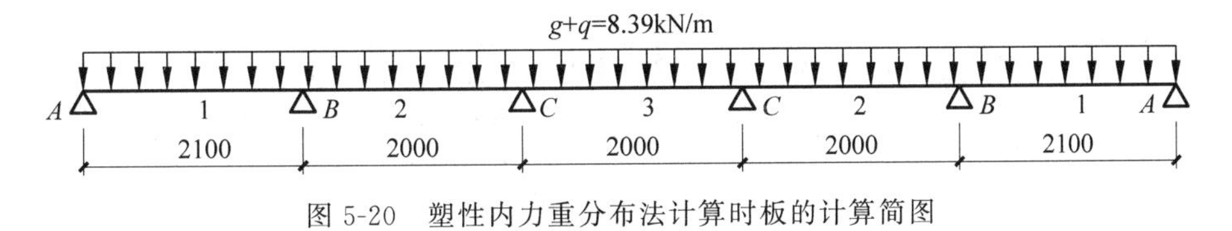

图 5-20　塑性内力重分布法计算时板的计算简图

连续板各截面的弯矩计算如表 5-8 所示。

表 5-8　连续板各截面的弯矩计算

截　面	端支座 A	边跨跨内 1	离端第 2 支座 B	第 2 跨跨内 2 中间跨跨内 3	中间支座 C
弯矩系数 α_{mb}	−1/16	1/14	−1/11	1/16	−1/14
$M=\alpha_{mb}(g+q)l_0^2$/(kN·m)	−2.31	2.64	−3.36	2.10	−2.40

（3）正截面承载力计算

在进行板的设计时，一般只进行正截面受弯承载力计算，计算时取 1m 宽的板带作为计算单元，即 $b=1000\text{mm}$，板厚 $h=80\text{mm}$，板的有效高度 $h_0=(80-20)\text{mm}=60\text{mm}$，C30 混凝土，HRB400 级钢筋，连续板各截面的配筋计算如表 5-9 所示。

表 5-9　板的配筋计算

截　面	A	1	B	2	C
弯矩设计值/(kN·m)	−2.31	2.64	−3.36	2.10	−2.40
$\alpha_s=M/(\alpha_1 f_c b h_0^2)$	0.073	0.084	0.107	0.066	0.076
$\xi=1-\sqrt{1-2\alpha_s}$	0.046<0.35	0.053	0.068<0.35	0.042	0.048<0.35
计算配筋/mm²	109	126	161	99	114
实际配筋/mm²	Φ6/8@200 $A_s=196$	Φ6/8@200 $A_s=196$	Φ6/8@200 $A_s=196$	Φ6/8@200 $A_s=196$	Φ6/8@200 $A_s=196$

计算结果表明，支座截面的 ξ 均小于 0.35，满足塑性内力重分布条件。纵筋的最小配筋率为 $\max(0.45f_t/f_y, 0.002)=0.002$，纵筋的面积 $A_s=196\text{mm}^2>0.002\times1000\times80=160\text{mm}^2$，满足最小配

筋率的要求。

4）次梁设计

次梁按弹性方法计算

（1）荷载设计值

永久荷载设计值

板传来永久荷载 $3.89\text{kN/m}^2\times2.2\text{m}=8.55\text{kN/m}$；

次梁自重 $0.2\text{m}\times(0.5\text{m}-0.08\text{m})\times25\text{kN/m}^3\times1.3=2.73\text{kN/m}$；

次梁粉刷 $0.02\text{m}\times(0.5\text{m}-0.08\text{m})\times25\text{kN/m}^3\times1.3=0.37\text{kN/m}$；

合计 $g=11.65\text{kN/m}$。

活荷载设计值

由板传来 $q=4.5\text{kN/m}^2\times2.2\text{m}=9.90\text{kN/m}$；

合计 $g+q=21.55\text{kN/m}$。

（2）计算简图

计算跨度

次梁与主梁和边跨梁是现浇在一起的。按照弹性理论计算时，次梁的计算跨度：边跨为 $l_{01}=l_n+b=7200\text{mm}-100\text{mm}+150\text{mm}=7250\text{mm}$，中间跨为 $l_{02}=l_n+b=7200\text{mm}$，边跨和中跨跨长相差小于10%，可按等跨连续梁计算，计算简图如图5-21所示。

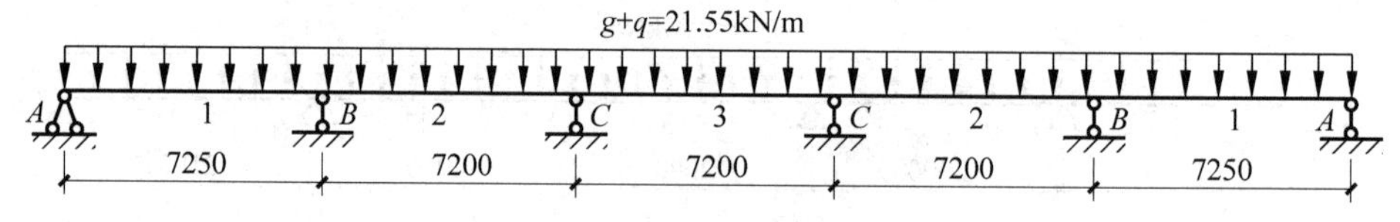

图5-21 弹性方法计算时次梁的计算简图

（3）内力设计值及包络图

① 弯矩设计值

弯矩 $$M=k_1gl_0^2+k_2ql_0^2$$

由附录7查得系数 $k_1\sim k_2$，可算出控制截面的弯矩。

$$M_{1,\max}=0.078\times11.65\text{kN/m}\times(7.20\text{m})^2+0.1\times9.9\text{kN/m}\times(7.20\text{m})^2=98.43\text{kN}\cdot\text{m}$$

$$M_{2,\max}=0.033\times11.65\text{kN/m}\times(7.20\text{m})^2+0.079\times9.9\text{kN/m}\times(7.20\text{m})^2=60.47\text{kN}\cdot\text{m}$$

$$M_{3,\max}=0.046\times11.65\text{kN/m}\times(7.20\text{m})^2+0.085\times9.9\text{kN/m}\times(7.20\text{m})^2=71.40\text{kN}\cdot\text{m}$$

$$M_{B,\max}=-0.105\times11.65\text{kN/m}\times(7.20\text{m})^2-0.119\times9.9\text{kN/m}\times(7.20\text{m})^2=-124.49\text{kN}\cdot\text{m}$$

$$M_{C,\max}=-0.079\times11.65\text{kN/m}\times(7.20\text{m})^2-0.111\times9.9\text{kN/m}\times(7.20\text{m})^2=-104.68\text{kN}\cdot\text{m}$$

如同板的计算情况类似，以上通过叠加方法求得的跨内最大弯矩，是偏于安全的计算值，而不是准确的值。

② 剪力 $$V=k_3gl_0+k_4ql_0$$

由附录7查得系数 $k_7\sim k_8$，可算出控制截面的剪力。

$$V_{A,\max}=0.394\times11.65\text{kN/m}\times7.20\text{m}+0.447\times9.9\text{kN/m}\times7.20\text{m}=64.91\text{kN}$$

$$V_{Bl,\max}=-0.606\times11.65\text{kN/m}\times7.20\text{m}-0.620\times9.9\text{kN/m}\times7.20\text{m}=-95.03\text{kN}$$

$$V_{Br,\max}=0.526\times11.65\text{kN/m}\times7.20\text{m}+0.598\times9.9\text{kN/m}\times7.20\text{m}=86.75\text{kN}$$

$$V_{Cl,\max}=-0.474\times11.65\text{kN/m}\times7.20\text{m}-0.576\times9.9\text{kN/m}\times7.20\text{m}=-80.82\text{kN}$$

$$V_{Cr,\max}=0.500\times11.65\text{kN/m}\times7.20\text{m}+0.591\times9.9\text{kN/m}\times7.20\text{m}=84.07\text{kN}$$

（4）截面承载力计算

① 正截面受弯承载力计算

按弹性理论计算连续梁内力时，中间跨的计算跨度取为支座中心线间的距离，故所求得得支座弯矩和剪力都是指支座中心线的。实际上，正截面受弯承载力和斜截面承载力的控制截面应在支座边缘，内力设计值应以支座边缘截面为准，故取：

$M_B = M_{B,\max} - (g+q)b/2 = -124.49\text{kN/m} + 21.55\text{kN/m} \times 0.3\text{m}/2 = -121.26\text{kN} \cdot \text{m}$

$M_C = M_{C,\max} - (g+q)b/2 = -104.68\text{kN/m} + 21.55\text{kN/m} \times 0.3\text{m}/2 = -101.45\text{kN} \cdot \text{m}$

次梁跨内截面按照T形截面计算，翼缘的计算宽度考虑3种情况：(a)按计算跨度 l_0 考虑，取 $l_0/3$；(b)按梁净距 s_n 考虑。取 s_n+b（b 为次梁的宽度）；(c)按翼缘有效高度 h_f' 考虑，取 $b+12h_f'$。翼缘的计算宽度取三者中的较小值。

边跨：　$b+12h_f'=200\text{mm}+12\times 80\text{mm}=1160\text{mm}$

$s_n+b=2100\text{mm}+200\text{mm}=2300\text{mm}$

$l_0/3=7250\text{mm}/3=2417\text{mm}$

计算宽度取1160mm。

中间跨：　$b+12h_f'=200\text{mm}+12\times 80\text{mm}=1160\text{mm}$

$s_n+b=2000\text{mm}+200\text{mm}=2200\text{mm}$

$l_0/3=7200\text{mm}/3=2400\text{mm}$

计算宽度取1160mm。

因此，中间跨和边跨跨内翼缘的计算宽度取1160mm。

环境类别为一类，C30混凝土，梁底钢筋按单排布置是截面有效高度 $h_0=500\text{mm}-40\text{mm}=460\text{mm}$。

次梁正截面承载力如表5-10所示。

由表5-10可知对于跨内截面的相对受压区高度 $\xi=0.028<h_f'/h_0=80\text{mm}/460\text{mm}=0.174$，属于第一类T形截面。

表5-10　次梁正截面受弯承载力计算

截　　面	1	B 支座	2	C 支座	3
弯矩设计值/(kN·m)	98.43	−112.85	60.47	−93.04	71.40
h_0/mm	460	460	460	460	460
$\alpha_s=M/(\alpha_1 f_c bh_0^2)$ 或 $\alpha_s=M/(\alpha_1 f_c b_f' h_0^2)$	0.028	0.186	0.017	0.154	0.020
$\xi=1-\sqrt{1-2\alpha_s}$	0.028	0.208	0.018	0.168	0.021
$A_s=\xi bh_0\alpha_1 f_c/f_y$ 或 $A_s=\xi b_f' h_0\alpha_1 f_c/f_y$/mm^2	593	760	360	614	445
实际配筋/mm^2	3⏀16 $A_s=603$	3⏀18 $A_s=763$	2⏀16 $A_s=402$	3⏀18 $A_s=763$	3⏀16 $A_s=603$

取实际配筋最小的截面作为研究对象，即2处，$\rho=A_s/(bh_0)=402\text{mm}^2/(200\text{mm}\times 460\text{mm})=0.44\%$，此值大于 $\max(0.45f_t/f_y, 0.2\%)=0.20\%$，满足最小配筋率的要求。

② 斜截面受剪承载力计算

在进行梁的斜截面受剪承载力的计算时，首先要验算梁的最小截面尺寸是否满足要求。所有截面都满足 $h_w/b\leqslant 4$，属于厚腹梁，应满足 $V\leqslant 0.25\beta_c f_c bh_0$。

$0.25\beta_c f_c bh_0=0.25\times 1.0\times 14.3\text{N/mm}^2\times 200\text{mm}\times 460\text{mm}=328900\text{N}=328.90\text{kN}>V_{\max}=95.03\text{kN}$，满足要求。

计算所需腹筋：

选择箍筋⏀10@250，则

$$V_{cs}=0.7f_t bh_0+f_{yv}\frac{A_{sv}}{s}h_0$$

$$=0.7\times1.43\text{N/mm}^2\times200\text{mm}\times460\text{mm}+360\text{N/mm}^2\times\frac{314\text{mm}^2}{250\text{mm}}\times460\text{mm}$$

$$=300085.6\text{N}\approx300.09\text{kN}>V_{max}=95.03\text{kN}$$

抗剪承载力满足要求。

验算配箍率下限：

配箍率下限为：$0.3f_t/f_{yv}=0.3\times1.43\text{N/mm}^2/360\text{N/mm}^2=0.12\%$，实际配箍率：

$$\rho_{sv}=\frac{A_{sv}}{bs}=\frac{314\text{mm}^2}{200\text{mm}\times250\text{mm}}=0.63\%>0.12\%$$

满足要求。

次梁按考虑塑性内力重分布计算

(1) 荷载设计值

次梁荷载计算及取值与弹性方法相同。

(2) 计算简图

计算跨度

次梁与主梁和边跨梁是现浇在一起的。按照塑性理论计算时，次梁的计算跨度：边跨为 $l_{01}=l_n=$ 7200mm−150mm−100mm=6950mm，中间跨为 $l_{02}=l_n=$7200mm−150mm×2=6900mm，边跨和中跨跨长相差小于10%，可按等跨连续梁计算，计算简图如图5-22所示。

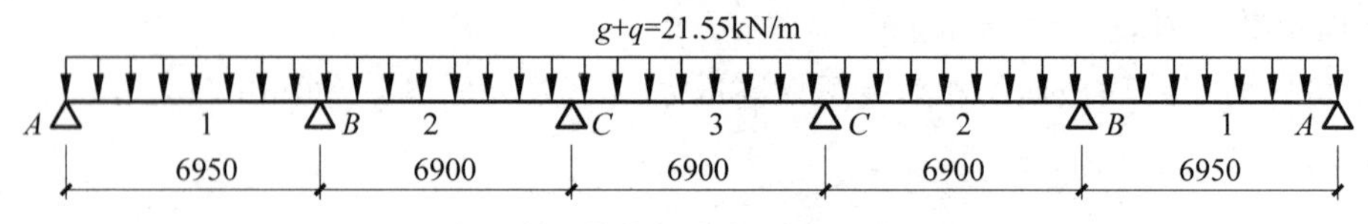

图5-22　塑性内力重分布法计算时次梁的计算简图

连续板各截面的弯矩计算如表5-11所示，剪力计算如表5-12所示。

表5-11　次梁各截面的弯矩计算

截　　面	端支座 *A*	边跨跨内1	离端第2支座 *B*	第2跨跨内2 中间跨跨内3	中间支座 *C*
弯矩系数 α_{mb}	−1/24	1/14	−1/11	1/16	−1/14
$M=\alpha_{mb}(g+q)l_0^2/(\text{kN}\cdot\text{m})$	43.38	74.36	94.64	64.13	73.29

表5-12　次梁各截面的剪力计算

截　　面	端支座内侧	离端第2支座外侧	离端第2支座外侧	中间支座外侧、内侧
剪力系数 a_{vb}	0.50	0.55	0.55	0.55
$V=a_v(g+q)l_n/\text{kN}$	74.90	82.39	81.79	81.79

(3) 截面承载力计算

① 正截面受弯承载力计算

次梁跨内截面按照T形截面计算，翼缘的计算宽度考虑3种情况：(a)按计算跨度 l_0 考虑，取 $l_0/3$；(b)按梁净距 s_n 考虑。取 s_n+b(b 为次梁的宽度)；(c)按翼缘有效高度h_f' 考虑，取 $b+12h_f'$。翼缘的计算宽度取三者中的较小值。

边跨 $b+12h_f'=200\text{mm}+12\times80\text{mm}=1160\text{mm}<6350\text{mm}/3=2117\text{mm}<2000\text{mm}+200\text{mm}=2200\text{mm}$；

中间跨 $b+12h_f'=200\text{mm}+12\times80\text{mm}=1160\text{mm}<6300\text{mm}/3=2100\text{mm}<2000\text{mm}+200\text{mm}=2200\text{mm}$。

因此，中间跨和边跨跨内翼缘的计算宽度取 1160mm。

环境类别为一类，C30 混凝土，梁底钢筋按单排布置时截面有效高度 $h_0=500\text{mm}-40\text{mm}=460\text{mm}$。

次梁正截面承载力如表 5-13 所示。

表 5-13　次梁正截面受弯承载力计算

截　　面	A	1	B	2	C
弯矩设计值/(kN·m)	43.38	74.36	94.64	64.13	73.29
h_0/mm	460	460	460	460	460
$\alpha_s=M/(\alpha_1 f_c bh_0^2)$	0.072	0.021	0.156	0.018	0.121
$\xi=1-\sqrt{1-2\alpha_s}$	0.074<0.35	0.021	0.171<0.35	0.018	0.129<0.35
A_s/mm^2	272	454	625	391	473
实际配筋/mm^2	2 Φ 16 $A_s=402$	2 Φ 18 $A_s=509$	3 Φ 18 $A_s=763$	2 Φ 16 $A_s=402$	2 Φ 18 $A_s=509$

由表 5-13 可知，对于跨内截面的相对受压区高度 $\xi=0.021<h_f'/h_0=80\text{mm}/460\text{mm}=0.174$，属于第一类 T 形截面。

计算结果表明，支座截面的 ξ 均小于 0.35，符合塑性内力重分布的原则；接下来验算截面的最小配筋率是否满足要求。取实际配筋最小的截面作为研究对象，即端支座 A。对于 A 支座，由于只配了 2 根钢筋，只能单排放置，因此 $a_s=40\text{mm}$，截面有效高度：$h_0=h-a_s=460\text{mm}$，$\rho=A_s/(bh_0)=402\text{mm}^2/(200\text{mm}\times460\text{mm})=0.44\%$，此值大于 $\max(0.45f_t/f_y,0.2\%)=0.2\%$，满足最小配筋率的要求。

② 斜截面受剪承载力计算

在进行梁的斜截面受剪承载力的计算时，首先要验算梁的最小截面尺寸是否满足要求。所有截面都满足 $h_w/b\leqslant4$，属于厚腹梁，应满足 $V\leqslant0.25\beta_c f_c bh_0$。

$0.25\beta_c f_c bh_0=0.25\times1.0\times14.3\text{N/mm}^2\times200\text{mm}\times460\text{mm}=328900\text{N}=328.90\text{kN}>V_{max}=82.39\text{kN}$，截面满足要求。

$0.7f_t bh_0=0.7\times1.43\text{N/mm}^2\times200\text{mm}\times460\text{mm}=92092\text{N}\approx92.09\text{kN}>V_{max}=82.39\text{kN}$，故采用构造配箍。

选择箍筋直径为 6mm，间距 200mm，为方便施工，箍筋间距沿梁长均为 200mm。

③ 验算配箍率下限

弯矩调幅后要求的配箍率下限为：$0.3f_t/f_{yv}=0.3\times1.43\text{N/mm}^2/360\text{N/mm}^2=0.12\%$，实际配箍率：

$$\rho_{sv}=\frac{A_{sv}}{bs}=\frac{56.6\text{mm}^2}{200\text{mm}\times200\text{mm}}=0.142\%>0.12\%$$

满足要求。

5）主梁设计

主梁应按框架梁进行计算，计算方法见 15.1.2 节。

6）绘制施工图

楼盖施工图包括结构平面布置图和板、次梁和主梁配筋图。

（1）结构平面布置图

结构平面布置图上应表示梁、板、柱、墙等所有结构构件的平面位置、截面尺寸、水平构件的竖向位置以及编号，构件编号由代号和序号组成，相同的构件尺寸、水平构件的竖向位置以及编号，构件编号由代号和序号组成，相同的构件可以用一个序号。楼盖的平面布置图如图 5-18 所示，图中柱、主梁、次梁、板的代号分别用“Z”“KL”“L”和“B”表示，主、次梁的跨数写在括号内。

（2）板配筋图

板按弹性方法的计算结果进行配筋，采用分离式配筋，板面钢筋从支座边伸出长度 $a=l_n/4=2000\text{mm}/4=500\text{mm}$，板的配筋如图 5-23 所示。

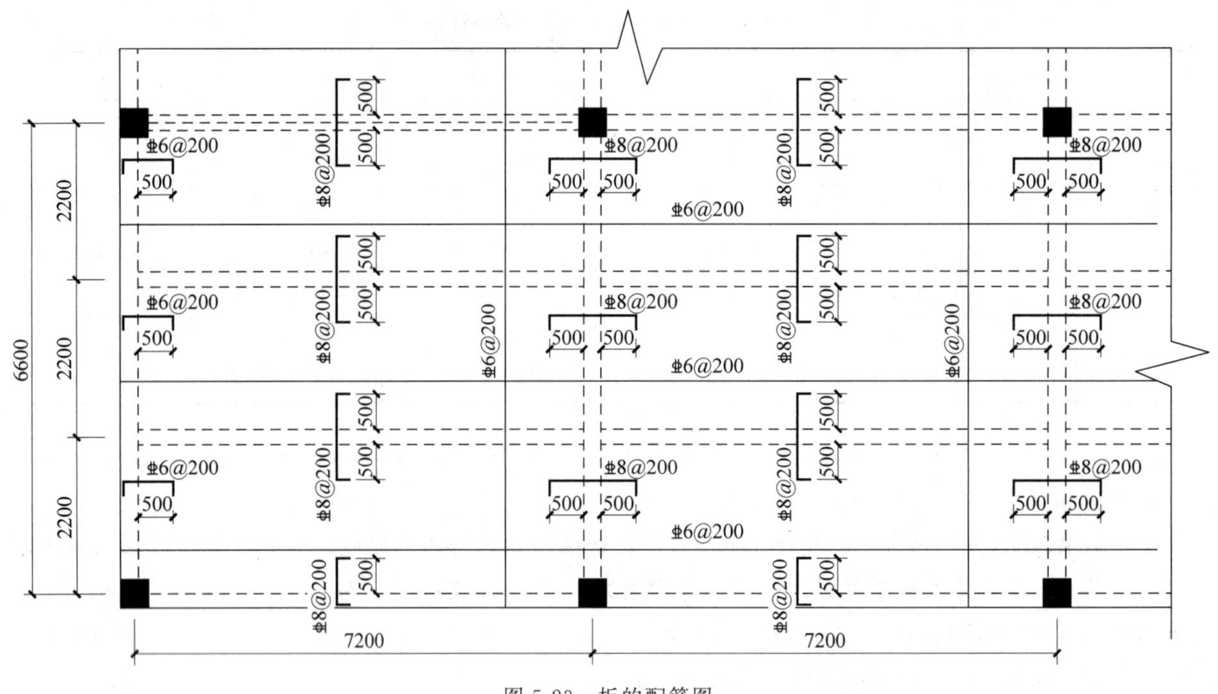

图 5-23 板的配筋图

（3）次梁配筋图

次梁按弹性计算结果配筋，B 支座截面上剪力设计值 $V>0.7f_tbh_0$，且截断点在负弯矩区，钢筋的截断点离该钢筋的充分利用截面距离不小于 $1.2l_a+1.7h_0=1543\text{mm}$，截断点离该钢筋不需要点的距离不小于 $1.3h_0=598\text{mm}$，且不小于 $20d=360\text{mm}$，满足要求。故截断点至支座边缘的距离为 1543mm＋38mm－150mm＝1431mm，取 1500mm。截断面积要求小于总面积的 1/2，B 支座截断 1 ⌀ 18，$254.5\text{mm}^2/763\text{mm}^2=0.33<0.5$，均满足要求。次梁支座负弯矩钢筋的截断点位置如图 5-24 所示，次梁配筋图如图 5-25 所示。

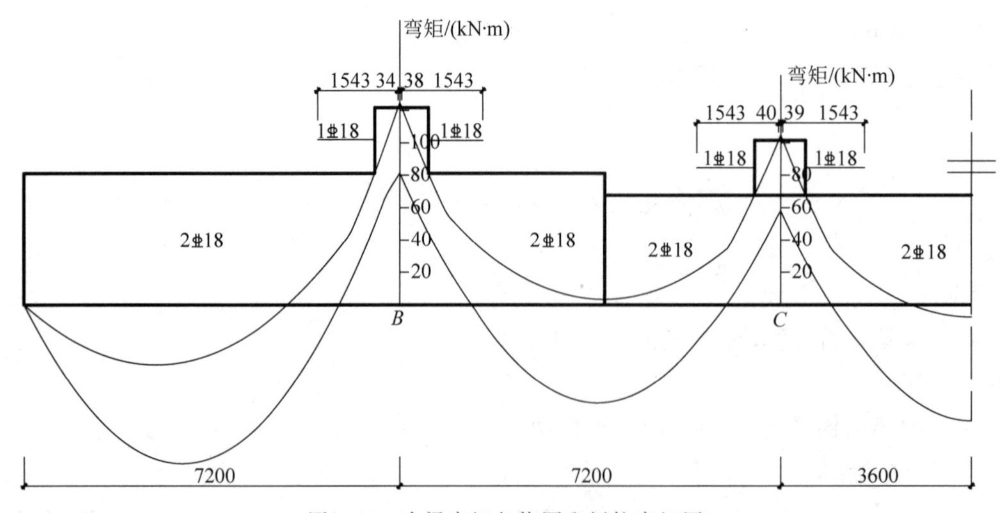

图 5-24 次梁弯矩包络图和抵抗弯矩图

（4）主梁配筋图

本例题的主梁应按 15.4 节框架梁的要求进行配筋。

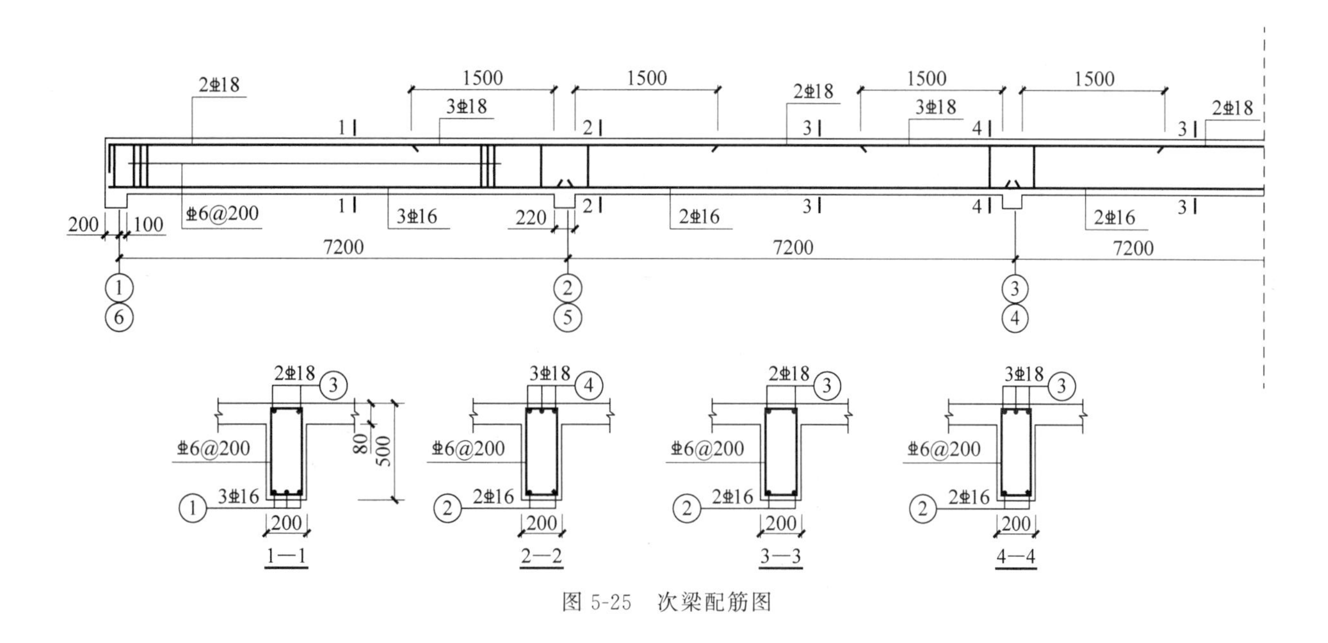

图 5-25　次梁配筋图

思考题

1. 什么是梁板的计算跨度？计算跨度与什么因素有关？
2. 什么是板拱效应？什么情况下不能考虑板拱效应？
3. 什么是板和次梁的折算荷载？
4. 为什么连续梁、板计算时要考虑活荷载不利布置？如何考虑活荷载不利布置？
5. 为什么结构设计时要绘制内力包络图？
6. 梁、板的控制截面是什么？
7. 什么是塑性铰？什么是塑性内力重分布？
8. 为什么目前梁板基本不采用弯起筋？
9. 为什么主梁和次梁相交处主梁要附加箍筋或吊筋？

第6章

双向板肋梁楼盖结构设计

双向板肋梁楼盖是工程中应用最多的一种楼盖结构形式。双向板内力分析方法有两种：一种是按弹性理论分析；另一种是按塑性理论分析。

6.1 双向板肋梁楼盖按弹性理论计算内力

6.1.1 单区格双向板的内力及变形计算

精确计算双向板的内力是比较复杂的。对于单区格双向板，多采用由弹性薄板理论计算的内力及变形结果编制的表格进行内力和变形分析。附录8给出了6种不同的支承情况下双向板在均布荷载作用下的弯矩和挠度系数。

$$m = \text{表中系数} \times (g+q)l_{0x}^2 \tag{6-1}$$

$$f = \text{表中系数} \times \frac{(g+q)l_{0x}^4}{B_c} \tag{6-2}$$

式中：m——双向板单位宽度中央板带跨内或支座处截面最大弯矩设计值；

f——双向板中央板带跨内最大挠度值；

g、q——双向板上均布恒荷载及活荷载设计值；

l_{0x}——双向板短向板带计算跨度，与单向板的计算相同；

B_c——双向板板带截面受弯截面刚度。

但由附录8查得的是泊松比$\nu_c=0$时的系数，求当$\nu_c \neq 0$时，尚应考虑双向弯曲对两个方向板带弯矩值的相互影响，可按下式计算：

$$m_x^{(\nu_c)} = m_x + \nu_c m_y \tag{6-3}$$

$$m_y^{(\nu_c)} = m_y + \nu_c m_x \tag{6-4}$$

式中：$m_x^{(\nu_c)}$、$m_y^{(\nu_c)}$——考虑双向弯矩相互影响后的x、y方向单位宽度板带的跨内弯矩设计值；

m_x、m_y——按$\nu_c=0$计算的x、y方向单位宽度板带的跨内弯矩设计值；

ν_c——泊松比，对于钢筋混凝土$\nu_c=0.2$。

泊松比对于挠度也有影响，可参考有关资料进行计算。

6.1.2 多区格等跨双向板的内力及变形计算

多区格等跨连续双向板内力分析更加复杂，工程设计中一般采用近似计算方法，将多区格等跨连续板转化为单区格板来进行内力计算。假定双向板支承梁受弯刚度很大，其竖向位移可忽略不计，而支承梁受扭刚度很小，可自由转动，则可将支承梁视为双向板的不动铰支座，从而使计算得到简化。当双向板在同一方向相邻跨度相对差值小于20%时，均可按下述方法进行内力及变形计算。

多区格等跨连续双向板进行内力分析时，一般取支座和跨内截面作为控制截面，并考虑活荷载的最不利布置。

(1) 各区格跨内截面最大弯矩。与连续梁活荷载不利布置规律相似，计算连续双向板某区格板跨中最大弯矩时，除恒荷载之外，应在该区格及其前后左右每隔一区格应布置活荷载，即呈棋盘式布置，如图 6-1(a)所示。

为了利用单区格板的计算表格，需将多区格板简化为单区格双向板。把棋盘式布置的活荷载分解为图 6-1(c)所示各区格板满布的荷载 $g'=g+q/2$ 和图 6-1(d)所示间隔布置的反对称荷载 $q'=\pm q/2$。在第一种对称荷载情况下，板在中间支座处的转角很小，可近似假定板在所有中间支座处均为固定支承，中间区格板可视为四边固定支承。板在边支座处的支承情况与梁、墙的约束有关，但一般视为简支支承。然后按相应支承情况的单区格板查附录 8 计算。在第二种反对称荷载情况下，板在中间支座处的转角方向一致、大小相等，接近于简支板的转角，故中间区格板可视为四边简支支承，而板在边支座处一般视为简支，故板均可视为四边简支支承，按四边简支板查表计算。将上述两种荷载作用下的内力相加，即为最后的计算结果。

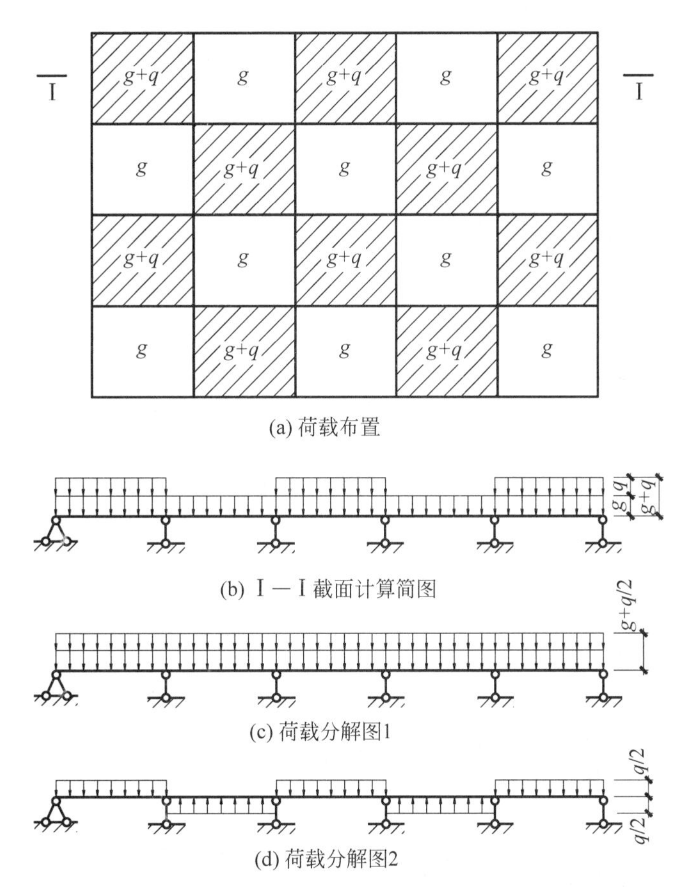

图 6-1　多区格双向板活荷载的最不利布置

(2) 支座截面处最大负弯矩。这时理论上的活荷载最不利布置比较复杂，计算也繁琐。为了简化计算，近似地将恒荷载和活荷载都布置在所有区格上。各区格内部板均按四边固定板计算支座弯矩，对于边区格和角区格板，内支座按固定考虑，边支座处按简支考虑，然后按单区格双向板计算支座处的负弯矩。

6.1.3　双向板楼盖支承梁的计算

双向板支承梁上的荷载由板传来，理论上为板的支座反力，求解较为复杂。一般近似按板的就近传递原则传给支承梁，即由每区格四角按 45°对角线和平行于长边的中线将区格划分为 4 块，形状为三角形和梯形，每块板上的荷载就近传递给支承梁。板均布荷载传给长向支承梁为梯形分布荷载，传给短向支承梁为三角形分布荷载，如图 6-2 所示。

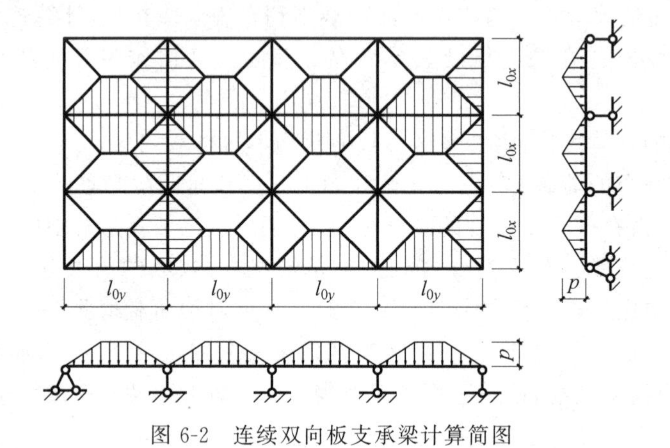

图 6-2　连续双向板支承梁计算简图

连续支承梁的内力求解时，需注意边梁承受荷载为中间梁的一半。跨内为梯形和三角形荷载时，为简化计算，可按固定端弯矩等效原则将荷载简化为均布荷载（图 6-3），按均布荷载求得对应截面的弯矩进行截面配筋。

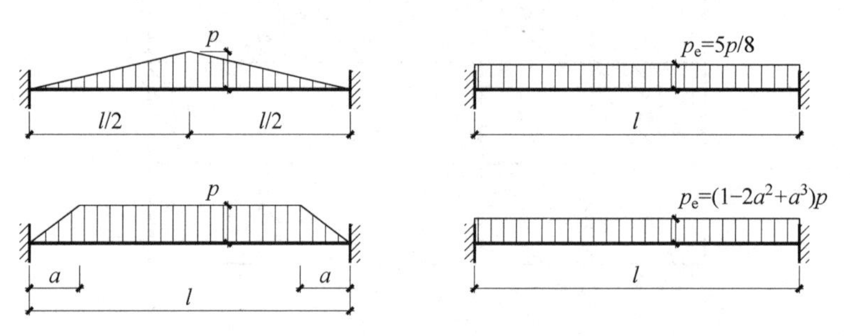

图 6-3　支承梁等效荷载及计算简图

三角形荷载作用时，等效均布荷载 p_e 为：

$$p_e=\frac{5}{8}p \tag{6-5}$$

梯形荷载作用时，等效均布荷载 p_e 为：

$$p_e=(1-2a^2+a^3)p \tag{6-6}$$

式中：$a=0.5l_{0x}/l_{0y}$，l_{0x}、l_{0y} 分别为短跨、长跨方向的计算跨度。

6.2　双向板肋梁楼盖按塑性理论计算内力

6.2.1　四边支承钢筋混凝土双向板的主要试验结果

试验研究表明，均布荷载作用下的正方形四边简支双向板，在板底部裂缝出现之前，板基本上是处于弹性工作状态；随着荷载的增加，首先在板底中央出现裂缝，然后裂缝沿着对角线向板角扩展。在板接近破坏时，四角顶面也出现圆弧形裂缝，如图 6-4(a)所示。最后由于对角线裂缝处截面受拉钢筋达到屈服点，混凝土达到抗压强度导致破坏。均布荷载作用下的矩形四边简支双向板与正方形板类似，区别在于第一批裂缝出现在板底中部且平行于板的长边方向，如图 6-4(b)所示。

钢筋混凝土双向板按照弹性理论的计算结果与试验结果差别较大，是因为双向板是超静定结构，且混凝土为弹塑性材料，在受力过程中将产生塑性内力重分布。

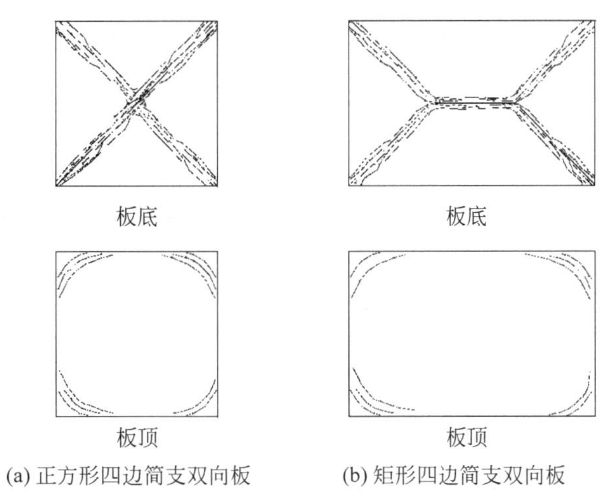

(a) 正方形四边简支双向板　　(b) 矩形四边简支双向板

图 6-4　均布荷载作用下钢筋混凝土双向板的破坏裂缝

6.2.2　双向板按塑性理论的分析方法

双向板按塑性理论的分析方法有很多，常用的有极限平衡法、机动法及条带法等。由于双向板属于高次超静定结构，无论采用何种塑性理论进行分析，求解极限荷载的精确值都是非常困难的。但当荷载形式确定之后，对已知的双向板，极限荷载是唯一的。目前应用最广泛的塑性分析方法是极限平衡法。

极限平衡法又称为塑性铰线法。塑性铰线的概念与塑性铰相仿，板中连续的一些截面均出现塑性铰，这些塑性铰连在一起即形成塑性铰线。塑性铰线通常也称为屈服线，由正弯矩引起的称为正屈服线，由负弯矩引起的称为负屈服线。当板中出现足够的塑性铰线之后，板就成为了机动体系，此时双向板达到承载力极限状态，板所受的荷载即为极限荷载。

1. 极限平衡法的基本假定

(1) 达到承载能力极限状态时，双向板在最大弯矩处形成塑性铰线，将整体板分割成若干板块，并形成几何可变体系。

(2) 在均布荷载作用下塑性铰线是直线。塑性铰线的位置与板的形状、尺寸、边界条件、荷载形式、配筋位置及数量等有关。通常板的负塑性铰线发生在板上部的固定边界处，板的正塑性铰线发生在板下部的正弯矩处。

(3) 板块处于弹性阶段，变形远小于塑性铰线处的变形，故板块可视为刚性体，整体双向板的变形集中于塑性铰线上，当板达到承载力极限状态时，各板块均绕塑性铰线转动。

(4) 满足几何条件及平衡条件的塑性铰线位置，有多组可能，但其中必定有一组最危险、极限荷载值为最小的结构塑性铰线为破坏模式。

(5) 在塑性铰线处，钢筋达到屈服点，混凝土达到抗压强度，截面具有一定数值的塑性弯矩。

2. 破坏机构的确定

确定板的破坏机构，就是要确定塑性铰线的位置。判断塑性铰线的位置可以依据以下四个原则来进行：

(1) 对称结构具有对称的塑性铰线分布。如图 6-5(a)所示的正方形简支板在两个方向都对称，因而塑性铰线也在两个方向对称。

(2) 正弯矩部位出现正塑性铰线，如图 6-5(b)中实线所示；负弯矩附近出现负塑性铰线，如图 6-5(b)中虚线所示。

(3) 塑性铰线应满足转动要求。每一条塑性铰线都是两相邻刚性板块的公共边界，应能随两相邻板块一起转动，因而塑性铰线必须通过相邻板块转动轴的交点。在图 6-5(b)中，板块Ⅰ和板块Ⅱ、Ⅱ和Ⅲ、

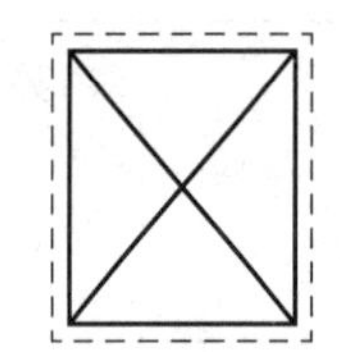
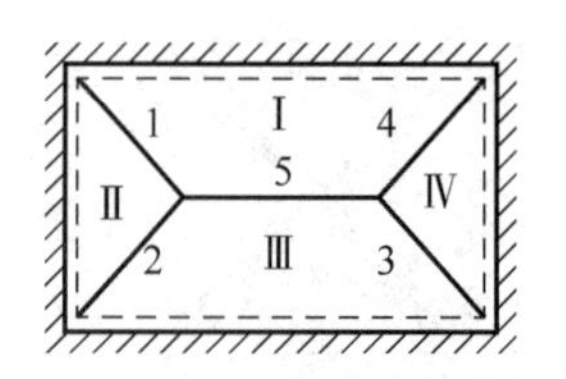

(a) 对称结构的塑性铰线分布 (b) 正、负弯矩部位的塑性铰线分布

图 6-5 板块的塑性铰线

Ⅲ和Ⅳ以及Ⅳ和Ⅰ的转动轴交点分别在四角，因而塑性铰线 1、2、3、4 需通过这些点，塑性铰线 5 与长边平行。

(4) 塑性铰线的数量应使结构变成一个几何可变体系。

3. 基本原理

现以均布荷载作用下四边固定的双向板为例。结构极限平衡法的计算模式如图 6-6 所示，板下部斜向塑性铰线与板边的夹角近似取 45°。塑性铰线将整块板分成 4 个板块，每个板块均应满足力和力矩的平衡条件。

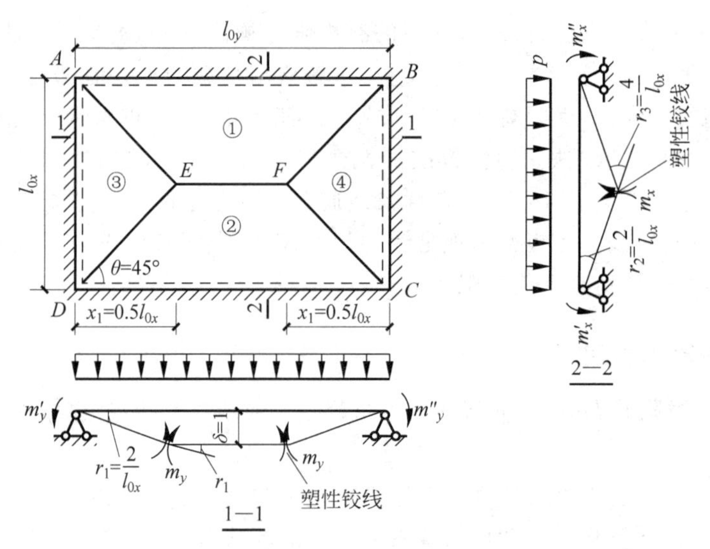

图 6-6 四边固定双向板的极限平衡法的计算模式

设板内配筋沿两个方向均为等间距布置，则板跨内承受正弯矩钢筋沿 l_{0x}、l_{0y} 方向塑性铰线单位板宽内的极限弯矩分别为：

$$m_x = A_{sx} f_y \gamma_s h_{0x} \tag{6-7}$$

$$m_y = A_{sy} f_y \gamma_s h_{0y} \tag{6-8}$$

板支座上承受负弯矩的钢筋沿 l_{0x}、l_{0y} 方向塑性铰线上单位板宽内的极限弯矩分别为：

$$m'_x = m''_x = A'_{sx} f_y \gamma_s h'_{0x} = A''_{sx} f_y \gamma_s h''_{0x} \tag{6-9}$$

$$m'_y = m''_y = A'_{sy} f_y \gamma_s h'_{0y} = A''_{sy} f_y \gamma_s h''_{0y} \tag{6-10}$$

式中：A_{sx}、A_{sy}——板跨内截面沿 l_{0x}、l_{0y} 方向单位板宽内的纵向受力钢筋截面面积；

A'_{sx}、A''_{sx}、A'_{sy}、A''_{sy}——板支座截面沿 l_{0x}、l_{0y} 方向单位板宽内的纵向受力钢筋截面面积；

h'_{0x}、h''_{0x}、h'_{0y}、h''_{0y}——板支座截面沿 l_{0x}、l_{0y} 方向板的有效高度；

γ_s——内力臂系数。

正塑性铰线极限弯矩 $M_x = m_x l_{0y}$，$M_y = m_y l_{0x}$，负塑性铰线极限弯矩 $M'_x = m'_x l_{0y}$，$M'_y = m'_y l_{0x}$。

由虚功原理，可得：

$$M_x + M_y + \frac{1}{2}(M'_x + M'_y + M''_x + M''_y) = \frac{1}{24} p l_{0y}^2 (3l_{0x} - l_{0y}) \tag{6-11}$$

令　　$\alpha=\frac{m_y}{m_x}$，　$\beta=\frac{m'_x}{m_x}=\frac{m''_x}{m_x}=\frac{m'_y}{m_y}=\frac{m''_y}{m_y}$，　$n=\frac{l_{0y}}{l_{0x}}M''_y=m''_y l_{0y}$

将弯矩的表达式代入式(6-11)，整理得：

$$m_x=\frac{pl_{0x}^2}{24}\frac{3n-1}{(n+\alpha)(1+\beta)} \tag{6-12}$$

式(6-12)建立了均布荷载和弯矩的对应关系，若能确定系数 α、β 值，则可通过均布荷载的大小获得 m_x 值，从而完成双向板的配筋设计工作。根据工程经验，通常选用 $\alpha=1/n^2$，β 值宜在 1～2.5 选取，常取 2。

6.2.3　多区格双向板的塑性计算

在计算连续双向板时，中间区格板可按四边固定的单区格板进行计算，边区格或角区格板的边支座按简支、内支座按固定考虑进行计算。计算时，首先从中间区格板(A，图 6-7)开始，将中间区格板计算得出的各支座弯矩值，作为计算相邻区格板支座的已知弯矩值。然后计算边区格(B、C)，最后计算角区格板(D)，这样，依次由内向外直至外区格板求解。

三边连续板 B，一短边简支，正截面设计值计算公式为：

$$m_x=\frac{pl_{0x}^2}{12}\frac{3n-1}{2n+2n\beta+2\alpha+\alpha\beta} \tag{6-13}$$

若 m'_y 已知，还可化为：

$$m_x=\frac{\frac{pl_{0x}^2}{24}(3n-1)-m'_y}{n+n\beta+\alpha} \tag{6-14}$$

三边连续板 C，一长边简支，正截面设计值计算公式为：

$$m_x=\frac{pl_{0x}^2}{12}\frac{3n-1}{2n+n\beta+2\alpha+2\alpha\beta} \tag{6-15}$$

若 m'_x 已知，还可化为：

$$m_x=\frac{\frac{pl_{0x}^2}{12}(3n-1)-nm'_x}{2n+2\alpha+2\alpha\beta} \tag{6-16}$$

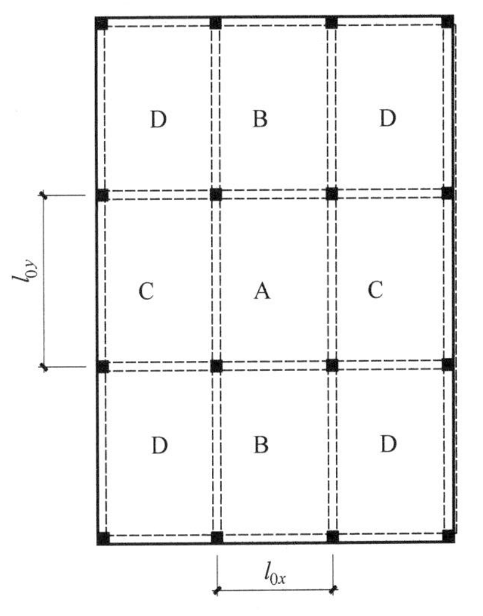

图 6-7　双向板区格编号

两相邻边连续，其余两边简支，正截面设计值计算公式为：

$$m_x=\frac{\frac{pl_{0x}^2}{12}(3n-1)-m'_2-nm'_x}{2n+2\alpha} \tag{6-17}$$

若 m'_x、m'_y 已知，还可化为：

$$m_x=\frac{\frac{pl_{0x}^2}{12}(3n-1)-m'_y-nm'_x}{2(n+\alpha)} \tag{6-18}$$

6.3　双向板肋梁楼盖截面设计及构造要求

1. 截面设计计算

1) 截面的有效高度

由于双向板短向板带弯矩值比长向板带大，故短向钢筋应放在长向钢筋的外侧，截面有效高度 $h_0=h-a_s$，短跨方向 a_s 近似取 20mm，长跨方向 a_s 近似取 30mm。

2）板的空间内拱效应

多区格连续双向板在荷载作用下，由于四边支承梁的约束作用，与多跨连续单向板相似，双向板也存在板空间内拱效应，使板的支座及跨中截面弯矩值均减小。因此，周边与梁整体连接的双向板，其截面弯矩值可按下述情况进行折减：

（1）中间区格板的支座及跨内截面可减少 20%。

（2）边区格板的跨内截面及第一内支座处截面：当 $l_{0b}/l_0<1.5$ 时，减少 20%；当 $1.5\leqslant l_{0b}/l_0\leqslant 2.0$ 时，减少 10%。l_0 为垂直于楼板边缘方向板的计算跨度；l_{0b} 为沿楼板边缘方向板的计算跨度。

（3）角区格不予折减。

2. 钢筋布置

双向板的受力钢筋沿板区格平面纵横两个方向配置，配筋的方式有弯起式和分离式两种，一般采用分离式。板中受力钢筋的间距，当板厚不大于 150mm 时不宜大于 200mm，当板厚大于 150mm 时不宜大于板厚的 1.5 倍，且不宜大于 250mm。

按弹性理论方法计算时，为节省钢筋，当双向板短边方向跨度 $l_x\geqslant 2.5$m，将板在两个方向上划分为 3 个板带，如图 6-8 所示。板的中间板带跨内截面按最大正弯矩配筋，而边区板带配筋数量可减少一半且每米宽度内不得少于 5 根。当 $l_x<2.5$m 可不划分板带，统一按中间板带配置钢筋。

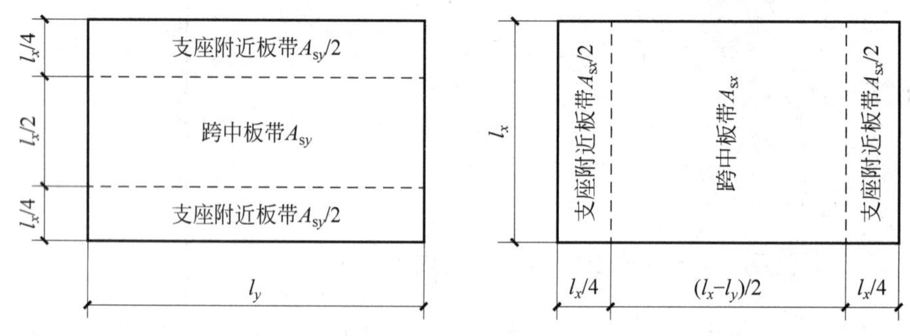

图 6-8 双向板配筋板带的划分

当按塑性理论设计时，应均匀配置钢筋。目前设计中一般不划分板带，均按板跨内最大弯矩配筋。对于多区格连续板，支座截面负弯矩配筋在支座宽度范围内均匀布置。

按弹性理论计算时，板的底部钢筋均匀配置的四边支承单跨双向板的分离式配筋如图 6-9(a)所示，连续双向板分离式配筋如图 6-9(b)所示。

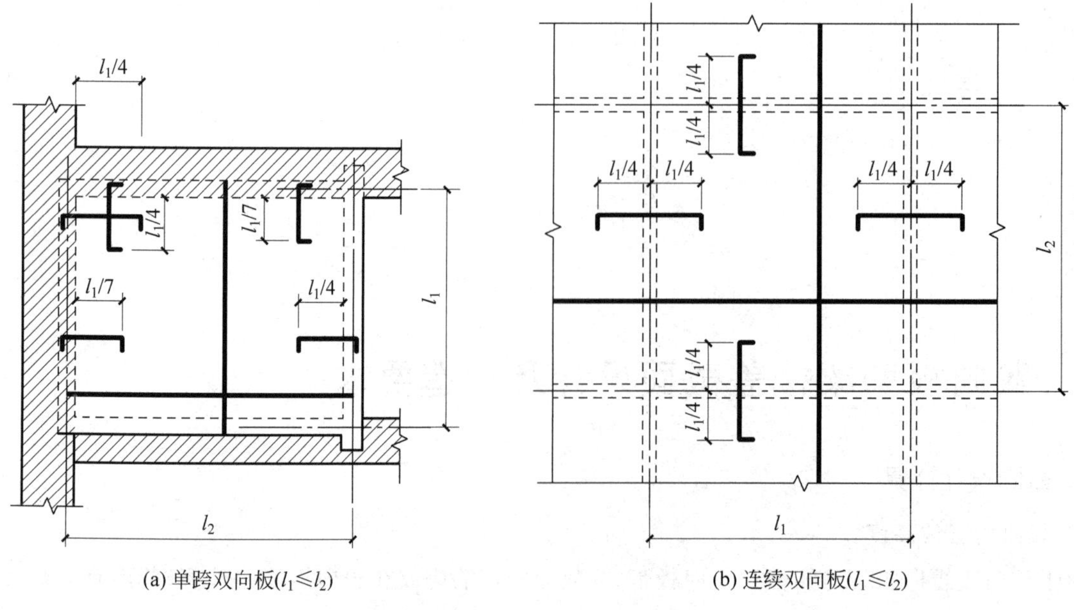

(a) 单跨双向板($l_1\leqslant l_2$)　　(b) 连续双向板($l_1\leqslant l_2$)

图 6-9 双向板的分离式配筋示意

3. 双向板楼盖支承梁内力计算

双向板支承梁的内力计算与弹性方法相同。

6.4 双向板肋梁楼盖设计实例

【例 6-1】 某办公楼的楼盖结构平面布置如图 6-10 所示，采用现浇钢筋混凝土结构，平面尺寸 $l_x=4.2\text{m}$，$l_y=6.0\text{m}$。楼面面层采用 20mm 厚水泥砂浆，板底为 15mm 厚混合砂浆，楼面活荷载标准值 $q=2.5\text{kN/m}^2$。混凝土强度等级为 C30，钢筋为 HRB400 级，环境类别为一类。分别按照弹性理论和塑性理论计算楼板的内力并配置钢筋。

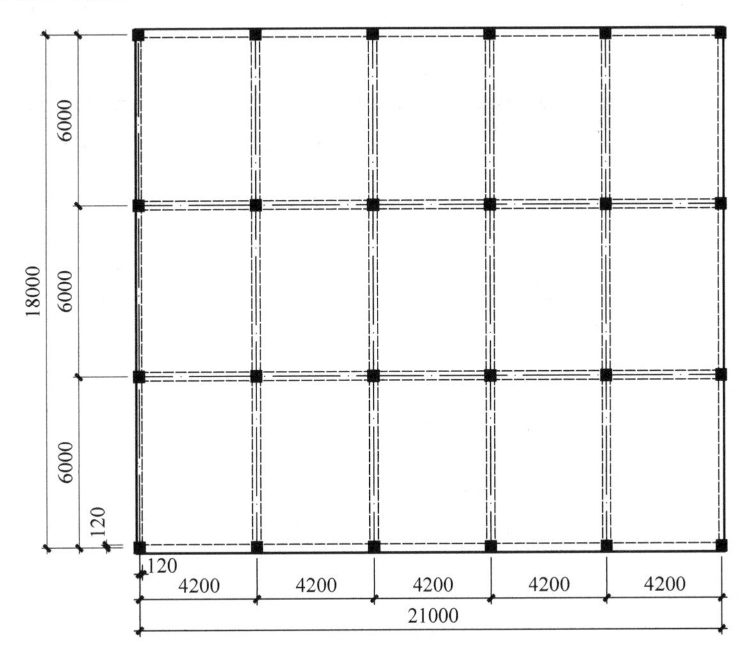

图 6-10 楼盖结构平面布置

【解】 设计参数：查附录 2 得，钢筋混凝土容重 25kN/m^3，水泥砂浆容重 20kN/m^3，混合砂浆容重 17kN/m^3；查附录 5 得，C30 混凝土，$f_c=14.3\text{N/mm}^2$，HRB400 级钢筋，$f_y=360\text{N/mm}^2$；按《混凝土规范》，混凝土的泊松比 $\nu_c=0.2$；环境类别为一类，板混凝土保护层厚度为 15mm；从 2.5.2 节知，分项系数 $\gamma_g=1.3$，$\gamma_q=1.5$。

双向板肋梁盖由板和支承梁构成。支承梁短边的跨度 $l_x=4200\text{mm}$，支承梁长边的跨度 $l_y=6000\text{mm}$。楼盖结构的柱网布置如图 6-11 所示。

板厚的确定：连续双向板的厚度一般大于或等于 $l/40=4200\text{mm}/40=105\text{mm}$，且双向板的厚度不宜小于 80mm，且短跨大于 3600mm，故取板厚为 140mm。

支承梁截面尺寸：根据经验，支承梁的截面高度 $h=l/18\sim l/8$，长跨梁截面高度 $h=6000\text{mm}/18\sim6000\text{mm}/8=333\sim750\text{mm}$，故取 $h=600\text{mm}$；长跨梁截面宽 $b=h/3\sim h/2=600\text{mm}/3\sim600\text{mm}/2=200\sim300\text{mm}$，故取 $b=300\text{mm}$；短跨梁截面高 $h=4200\text{mm}/18\sim4200\text{mm}/8=233\sim525\text{mm}$，故取 $h=500\text{mm}$；短跨梁截面宽 $b=h/3\sim h/2=500\text{mm}/3\sim500\text{mm}/2=166.7\sim250\text{mm}$，故取 $b=200\text{mm}$。

1. 荷载设计值

140mm 厚钢筋混凝土板：$0.14\text{m}\times25\text{kN/m}^3=3.5\text{kN/m}^2$；

20mm 厚水泥砂浆面层：$0.02\text{m}\times20\text{kN/m}^3=0.4\text{kN/m}^2$；

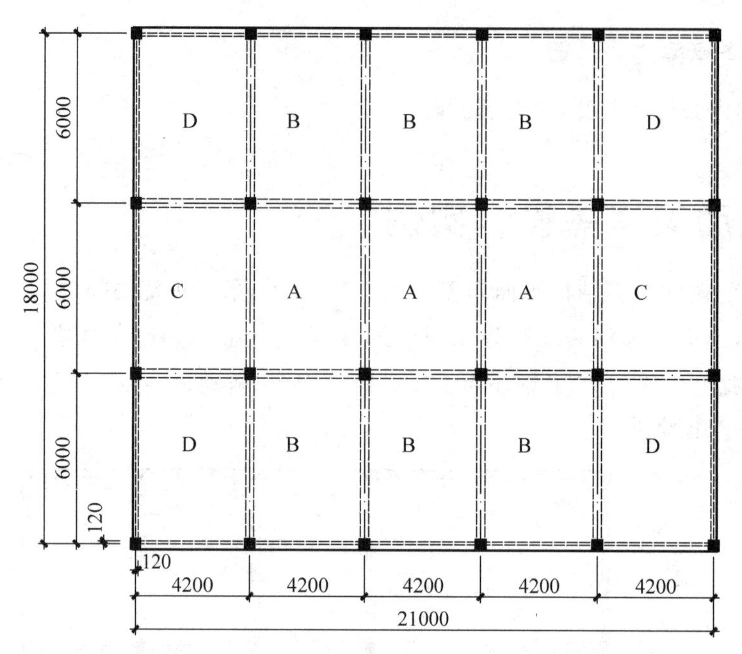

图 6-11 结构的平面布置

15mm 厚混合砂浆抹底：$0.015\text{m}\times17\text{kN/m}^3=0.255\text{kN/m}^2$；

恒荷载标准值：$g_k=3.5\text{kN/m}^2+0.4\text{kN/m}^2+0.255\text{kN/m}^2=4.155\text{kN/m}^2$；

活荷载标准值：$q_k=2.5\text{kN/m}^2$；

$$g+q/2=1.3\times4.155\text{kN/m}^2+1.5\times2.5\text{kN/m}^2/2=7.277\text{kN/m}^2$$

$$q/2=1.5\times2.5\text{kN/m}^2/2=1.875\text{kN/m}^2$$

$$g+q=1.3\times4.155\text{kN/m}^2+1.5\times2.5\text{kN/m}^2=9.152\text{kN/m}^2$$

2. 按弹性理论设计板

按弹性理论设计时，要求支承梁不产生竖向位移且不受扭，并且要求同一方向相邻跨度比值 $l_{\min}/l_{\max}\geqslant0.80$。本设计中 $l_{\min}/l_{\max}=1$，符合上述要求。

当求各区格跨中最大弯矩时，活荷载应按棋盘式布置，它可以简化为当内支座固支时 $g+q/2$ 作用下的跨中弯矩值与当内支座铰支时 $\pm q/2$ 作用下的弯矩之和。

所有区格板按其位置与尺寸分为 A、B、C、D 四类。计算系数可查附录 8。

1）A 区板格计算

(1) 计算跨度

中间跨：$l_{0x}=4.2\text{m}$，$l_{0y}=6.0\text{m}$，$l_{0x}/l_{0y}=4.2/6.0=0.70$。

(2) 跨中弯矩

A 区格板是中间部位区格板，在 $g+q/2$ 作用下，按四边固定板计算；在 $q/2$ 作用下按四边简支计算。具体计算过程如表 6-1 所示。

表 6-1 A 区格板弯矩计算系数

计算系数	l_{0x}/l_{0y}	计算系数			
		m_x	m_y	m'_x	m'_y
四边固定	0.70	0.0321	0.0113	−0.0735	−0.0569
四边简支	0.70	0.0683	0.0296	—	—

$$
\begin{aligned}
m_x^{u} &= m_{x1}^{u} + m_{x2}^{u} \\
&= (m_{x1} + 0.2m_{y1})(g + q/2)l_{0x}^2 + (m_{x2} + 0.2m_{y2})(q/2)l_{0x}^2 \\
&= (0.0321 + 0.2 \times 0.0113) \times 7.277\text{kN/m}^2 \times (4.2\text{m})^2 + \\
&\quad (0.0683 + 0.2 \times 0.0296) \times 1.875\text{kN/m}^2 \times (4.2\text{m})^2 \\
&= 6.87\text{kN} \cdot \text{m/m}
\end{aligned}
$$

$$
\begin{aligned}
m_y^{u} &= m_{y1}^{u} + m_{y2}^{u} \\
&= (m_{y1} + 0.2m_{x1})(g + q/2)l_{0x}^2 + (m_{y2} + 0.2m_{x2})(q/2)l_{0x}^2 \\
&= (0.2 \times 0.0321 + 0.0113) \times 7.277\text{kN/m}^2 \times (4.2\text{m})^2 + \\
&\quad (0.2 \times 0.0683 + 0.0296) \times 1.875\text{kN/m}^2 \times (4.2\text{m})^2 \\
&= 3.71\text{kN} \cdot \text{m/m}
\end{aligned}
$$

(3) 支座弯矩

短向支承边 a 支座：$m_x^{a} = m_x'(g+q/2)l_{0x}^2 = -0.0735 \times 7.277\text{kN/m}^2 \times (4.2\text{m})^2 = -9.43\text{kN} \cdot \text{m/m}$

长向支承边 b 支座：$m_y^{b} = m_y'(g+q/2)l_{0x}^2 = -0.0569 \times 7.277\text{kN/m}^2 \times (4.2\text{m})^2 = -7.30\text{kN} \cdot \text{m/m}$

(4) 配筋计算

截面有效高度：跨中截面 $h_{0x} = 140 - 20 = 120\text{mm}$(短跨方向)，$h_{0y} = 140 - 30 = 110\text{mm}$(长跨方向)；支座截面 $h_0 = h_{0x} = 120\text{mm}$。

对 A 区格板，考虑到该板四周与梁整浇在一起，整块板内存在内拱作用，使板内弯矩减小，故其弯矩设计值应乘以折减系数 0.8，近似取 $\gamma_s = 0.95$，$f_y = 360\text{N/mm}^2$。

跨中正弯矩配筋计算：

$$A_{sx} = 0.8m_x^{u}/(\gamma_s h_{0x} f_y) = 0.8 \times 6.87\text{kN/m} \times 10^6/(360\text{N/mm}^2 \times 0.95 \times 120\text{mm}) = 134\text{mm}^2$$

$$A_{sy} = 0.8m_y^{u}/(\gamma_s h_{0y} f_y) = 0.8 \times 3.71\text{kN/m} \times 10^6/(360\text{N/mm}^2 \times 0.95 \times 110\text{mm}) = 79\text{mm}^2$$

支座配筋见 B、C 区格板计算，因为相邻区格板分别求得的同一支座负弯矩不相等时，取绝对值的较大值作为该支座的最大负弯矩。

2) 其余区格板计算

B 区格板计算跨度

边跨：$l_{0x} = l_n + h/2 + b/2 = (4.2\text{m} - 0.12\text{m} - 0.3\text{m}/2) + 0.14\text{m}/2 + 0.3\text{m}/2 = 4.15\text{m}$

$l_{0y} = 6.0\text{m} - 0.12\text{m} + 0.2\text{m}/2 - 0.2\text{m}/2 + 0.14\text{m}/2 = 5.95\text{m}$

中间跨：$l_{0x} = 4.2\text{m}$；$l_{0y} = 6.0\text{m}$

B 区格板后续计算过程与 A 区格板类似，此处略去。将所有区格板计算结果汇总，如表 6-2 所示。

表 6-2　各区格板区跨中与支座弯矩计算

区　格		A	B	C	D
l_{0x}/l_{0y}		**0.70**	**0.69**	**0.71**	**0.70**
跨中	$m_x^{u}/(\text{kN} \cdot \text{m/m})$	6.87	7.14	7.10	8.17
	A_{sx}/mm^2	134	174	173	199
	$m_y^{u}/(\text{kN} \cdot \text{m/m})$	3.71	3.40	3.56	4.62
	A_{sy}/mm^2	79	90	95	123
支座	$m_x'/(\text{kN} \cdot \text{m/m})$	−9.43	−9.75	−9.87	−12.43
	$m_x''/(\text{kN} \cdot \text{m/m})$	−9.43	0	−9.87	0
	$m_y'/(\text{kN} \cdot \text{m/m})$	−7.30	−7.71	0	0
	$m_y''/(\text{kN} \cdot \text{m/m})$	−7.30	−7.71	−7.34	−9.65

3) 支座截面配筋计算

A—A：弯矩值为 $-9.43\text{kN} \cdot \text{m}$，

$$A_{sx}^{a} = m_{x\max}^{a}/(\gamma_s h_0 f_y) = [0.8 \times 9.43 \times 10^6/(360 \times 0.95 \times 120)]\text{mm}^2 = 184\text{mm}^2$$

其余支座同理。

4）选配钢筋

跨中截面配筋如表 6-3 所示，支座截面配筋如表 6-4 所示。

表 6-3 跨中截面配筋

截面	A 区格板跨中		B 区格板跨中		C 区格板跨中		D 区格板跨中	
	X 方向	Y 方向	X 方向	Y 方向	X 方向	Y 方向	X 方向	Y 方向
计算钢筋面积/mm^2	134	79	174	90	173	95	199	123
选用钢筋	⌽ 8@200	⌽ 8@200	⌽ 8@200	⌽ 8@200	⌽ 8@200	⌽ 8@200	⌽ 8@200	⌽ 8@200
实际配筋面积/mm^2	251	251	251	251	251	251	251	251

表 6-4 支座截面配筋

截面	A—A	A—B	A—C	C—D	B—B	B—D
m/(kN·m/m)	0.8×7.30	0.8×9.43	5.87	9.94	6.17	7.72
h_0/mm	120	120	120	120	120	120
计算钢筋面积/mm^2	142	184	143	242	150	188
选用钢筋	⌽ 8@200	⌽ 8@200	⌽ 8@200	⌽ 8@200	⌽ 8@200	⌽ 8@200
实际配筋面积/mm^2	251	251	251	251	251	251

3. 按塑性理论设计板

塑性铰线法是最常用的塑性理论计算方法之一，是在塑性铰线位置确定的前提下，利用虚功原理建立外荷载与作用在塑性铰线上的弯矩二者间的关系式，从而求出各塑性铰线上的弯矩值，并依次对各截面进行配筋计算。

基本公式为 $2M_x+2M_y+M'_x+M''_x+M'_y+M''_y=1/12(g+q)l_{0x}^2(3l_{0y}-l_{0x})$

令 $n=l_{0y}/l_{0x}$，$\alpha=m_y/m_x$，$\beta=m'_x/m_x=m''_x/m_x=m'_y/m_y=m''_y/m_y$，考虑到节省钢材和配筋方便，一般取 $\beta=1.5\sim2.5$，本题取 $\beta=2.0$。为使在使用阶段两方向的截面应力较为接近，宜取 $\alpha=(1/n)^2$。

1）A 区格板弯矩计算

计算跨度：

$$l_{0x}=l_c-b=4.2\text{m}-0.3\text{m}=3.9\text{m}（l_c \text{ 为轴线间距离）}$$

$$l_{0y}=6.0\text{m}-0.2\text{m}=5.8\text{m}$$

$$n=l_{0y}/l_{0x}=5.8\text{m}/3.9\text{m}=1.49$$

$\alpha=(1/n)^2=0.45$，β 取为 2.0，则

$$m_x=(g+q)l_{0x}^2(n-1/3)/[8(n\beta+\alpha\beta+n+\alpha)]$$

$$=9.152\text{kN/m}^2\times(3.9\text{m})^2\times(1.49-1/3)/[8\times(1.49\times2.0+0.45\times2.0+1.49+0.45)]$$

$$=3.46\text{kN}\cdot\text{m/m}$$

$$m_y=\alpha m_x=0.45\times3.46\text{kN}\cdot\text{m/m}=1.56\text{kN}\cdot\text{m/m}$$

$$m'_x=m''_x=\beta m_x=-2.0\times3.46\text{kN}\cdot\text{m/m}=-6.92\text{kN}\cdot\text{m/m}$$

$$m'_y=m''_y=\beta m_y=-2.0\times1.56\text{kN}\cdot\text{m/m}=-3.12\text{kN}\cdot\text{m/m}$$

2）B 区格板弯矩计算

计算跨度：

$$l_{0x}=l_n+h/2=4.2\text{m}-0.12\text{m}-0.3\text{m}/2+0.14\text{m}/2=4.0\text{m}$$

$$l_{0y}=6.0\text{m}-0.2\text{m}=5.8\text{m}$$

$$n=l_{0y}/l_{0x}=5.8\text{m}/4.0\text{m}=1.45$$

$\alpha=(1/n)^2=0.48$，β 取为 2.0，将 A 区格板算得的长边支座弯矩 $m''_x=6.92\text{kN}\cdot\text{m/m}$ 作为 B 区格板的 m'_x 的已知值，则

$$\begin{aligned}m_x &= [(g+q)l_{0x}^2(n-1/3)/8-nm'_x/2]/(\alpha\beta+n+\alpha)\\&=[9.152\text{kN/m}^2\times(4.0\text{m})^2\times(1.45-1/3)/8-1.45\times6.92\text{kN}\cdot\text{m/m}/2]/\\&\quad(0.48\times2.0+1.45+0.48)\\&=5.34\text{kN}\cdot\text{m/m}\end{aligned}$$

$$m_y=\alpha m_x=0.48\times5.34\text{kN}\cdot\text{m/m}=2.56\text{kN}\cdot\text{m/m}$$

$$m'_x=-6.92\text{kN}\cdot\text{m/m}$$

$$m''_x=0\text{kN}\cdot\text{m/m},\quad m'_y=m''_y=\beta m_y=-2.0\times2.56\text{kN}\cdot\text{m/m}=-5.12\text{kN}\cdot\text{m/m}$$

3）C 区格板弯矩计算

计算跨度：

$$l_{0x}=4.2\text{m}-0.3\text{m}=3.9\text{m}$$

$$l_{0y}=6.0\text{m}-0.12\text{m}-0.2\text{m}/2+0.14\text{m}/2=5.85\text{m}$$

$$n=l_{0y}/l_{0x}=5.85\text{m}/3.9\text{m}=1.50$$

$\alpha=(1/n)^2=0.44$，β 取为 2.0，将 A 区格板算得的长边支座弯矩 $m''_y=3.12\text{kN}\cdot\text{m/m}$ 作为 C 区格板 m'_y 的已知值，则 C 区格板的弯矩为

$$\begin{aligned}m_x &= [(g+q)l_{0x}^2(n-1/3)/8-m'_y/2]/(n\beta+n+\alpha)\\&=[9.152\text{kN/m}^2\times(3.9\text{m})^2\times(1.50-1/3)/8-3.12\text{kN}\cdot\text{m/m}/2]/(1.5\times2.0+1.5+0.44)\\&=3.79\text{kN}\cdot\text{m/m}\end{aligned}$$

$$m_y=\alpha m_x=0.44\times3.79\text{kN}\cdot\text{m/m}=1.67\text{kN}\cdot\text{m/m}$$

$$m'_y=-3.12\text{kN}\cdot\text{m/m},\quad m''_y=0\text{kN}\cdot\text{m/m}$$

$$m'_x=m''_x=\beta m_x=-2.0\times3.79\text{kN}\cdot\text{m/m}=-7.58\text{kN}\cdot\text{m/m}$$

4）D 区格板弯矩计算

计算跨度：

$$l_{0x}=4.0\text{m}（同 B 区格板）$$

$$l_{0y}=5.85\text{m}（同 C 区格板）$$

$$n=l_{0y}/l_{0x}=5.85\text{m}/4.0\text{m}=1.46$$

$\alpha=(1/n)^2=0.47$，β 取为 2.0，该区格板的支座配筋分别与 B 区格板和 C 区格板相同，故支座弯矩 m'_x、m'_y 已知，则

$$\begin{aligned}m_x &= [(g+q)l_{0x}^2(n-1/3)/8-m'_y/2-nm'_x/2]/(n+\alpha)\\&=[9.152\text{kN/m}^2\times(4.0\text{m})^2\times(1.46-1/3)/8-5.12\text{kN}\cdot\text{m/m}/2-\\&\quad1.46\times7.58\text{kN}\cdot\text{m/m}/2]/(1.46+0.47)\\&=6.49\text{kN}\cdot\text{m/m}\end{aligned}$$

$$m_y=\alpha m_x=0.47\times6.49\text{kN}\cdot\text{m/m}=3.05\text{N}\cdot\text{m/m}$$

$$m'_y=-5.12\text{kN}\cdot\text{m/m},\quad m''_y=0\text{kN}\cdot\text{m/m}$$

$$m''_x=0\text{kN}\cdot\text{m/m},\quad m'_x=-7.58\text{kN}\cdot\text{m/m}$$

5）配筋计算

对 A 区格板，考虑到该板四周与梁整浇在一起，整块板内存在内拱作用，使板内弯矩减小，故对其跨中弯矩设计值应乘以折减系数 0.8。近似取 $\gamma_s=0.95$。计算配筋截面面积的近似计算公式为 $A_s=m/(\gamma_s h_0 f_y)$。

跨中正弯矩配筋计算：钢筋选用 HRB400，跨中截面配筋如表 6-5 所示。

表 6-5 跨中截面配筋

截　面	A 区格板跨中		B 区格板跨中		C 区格板跨中		D 区格板跨中	
	X 方向	*Y* 方向	*X* 方向	*Y* 方向	*X* 方向	*Y* 方向	*X* 方向	*Y* 方向
m/(kN·m/m)	0.8×3.46	0.8×1.56	5.34	2.56	3.79	1.67	6.49	3.05
h_0/mm	120	110	120	110	120	110	120	110
计算钢筋面积/mm^2	67	33	130	68	92	44	158	81
选用钢筋	⌀ 8@200	⌀ 8@200	⌀ 8@200	⌀ 8@200	⌀ 8@200	⌀ 8@200	⌀ 8@200	⌀ 8@200
实际配筋面积/mm^2	251	251	251	251	251	251	251	251

支座负弯矩配筋计算：钢筋选用 HRB400，截面配筋如表 6-6 所示。

表 6-6 支座截面配筋

截　面	A—A	A—B	A—C	C—D	B—B	B—D
m/(kN·m/m)	0.8×3.12	0.8×6.92	2.50	6.01	4.10	4.10
h_0/mm	120	120	120	120	120	120
计算钢筋面积/mm^2	61	135	61	148	100	100
选用钢筋	⌀ 8@200	⌀ 8@200	⌀ 8@200	⌀ 8@200	⌀ 8@200	⌀ 8@200
实际配筋面积/mm^2	251	251	251	251	251	251

思考题

1. 双向板按弹性理论的设计步骤是什么？
2. 双向板按塑性方法设计时，基本假定是什么？
3. 双向板支承梁设计时，作用在支承梁上的荷载如何确定？

第7章

楼梯、雨篷结构设计

7.1 楼梯结构设计

楼梯是多、高层建筑中实现竖向交通的构件，也是当建筑遭遇火灾和其他灾害时的疏散和逃生通道。楼梯属于梁板结构，最常见的是板式楼梯和梁式楼梯(图7-1(a)、(b))，在一些公共建筑中有时也采用螺旋式楼梯和悬挑式楼梯(图7-1(c)、(d))。本书只介绍板式楼梯和梁式楼梯。

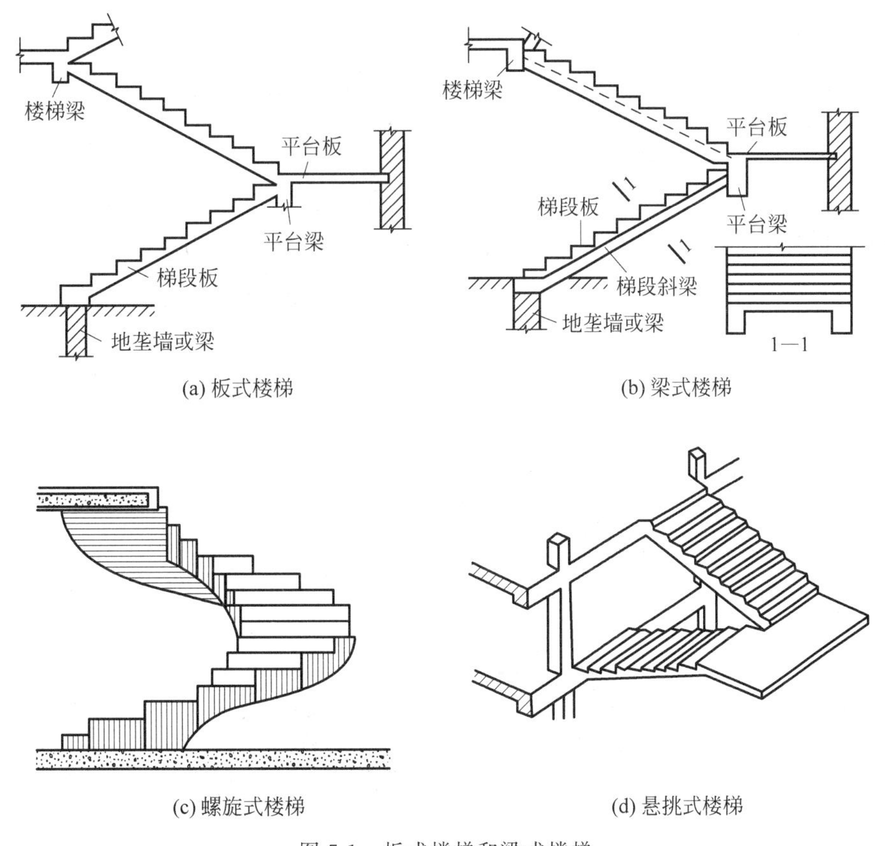

图7-1 板式楼梯和梁式楼梯

7.1.1 现浇板式楼梯的设计与构造

当楼梯梯段板的跨度较小(约在4.5m以下)时，一般采用板式楼梯。板式楼梯的梯段板(也称为梯段踏步板)的下表面平整，施工支模简单，轻巧美观，是应用最普遍的楼梯形式。板式楼梯由梯段板、平台板和平台梁组成，如图7-1(a)所示，梯段板类型如图7-2所示。

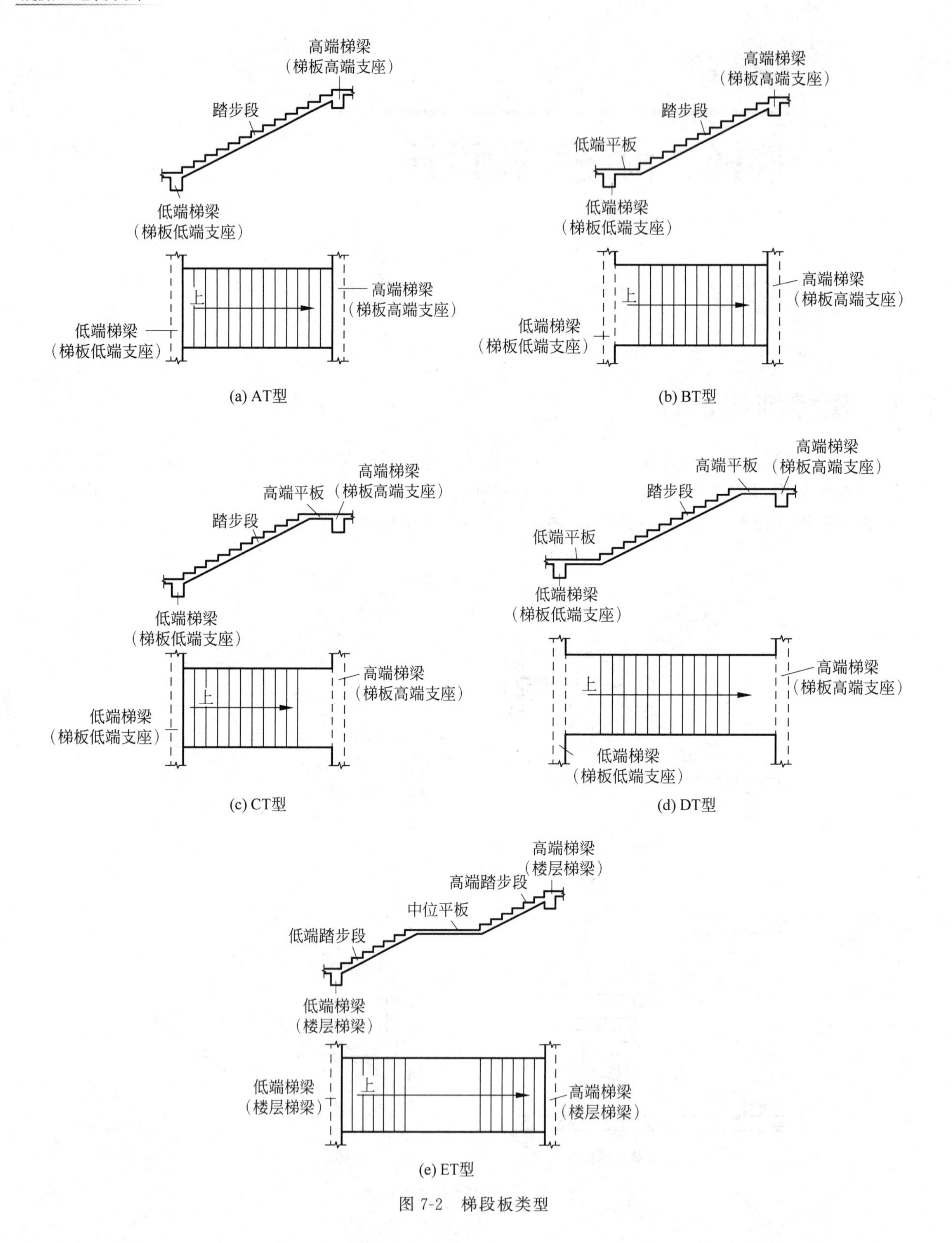

图 7-2 梯段板类型

1. 梯段板

板式楼梯的梯段板是一块带踏步的斜板。为便于施工，梯段板两侧一般不伸入楼梯间的横墙。两板端支承在平台梁上，板上的荷载直接传至平台梁，最下部的梯段板底端可以支承在梁或地垄墙上。因此，计算时，梯段板实际是一个斜向支承的简支板。

梯段板上沿水平投影方向作用的恒荷载为 g，均布活荷载为 q，沿梯段板斜向单位长度上的竖向荷载为 $g'+q'=(g+q)\cos\alpha$，α 为梯段板与水平面的夹角，如图 7-3 所示。

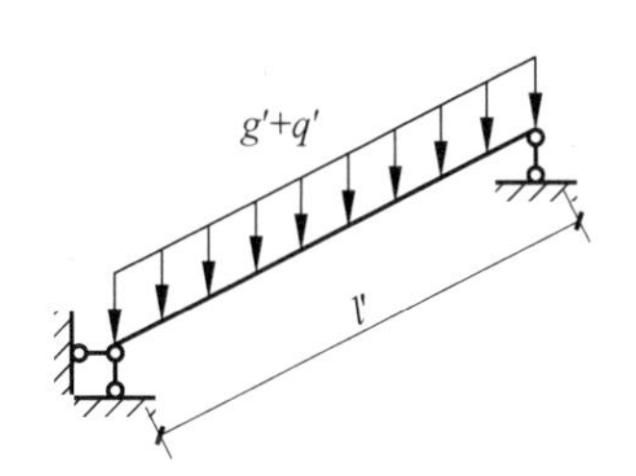

(a) 楼梯计算简图

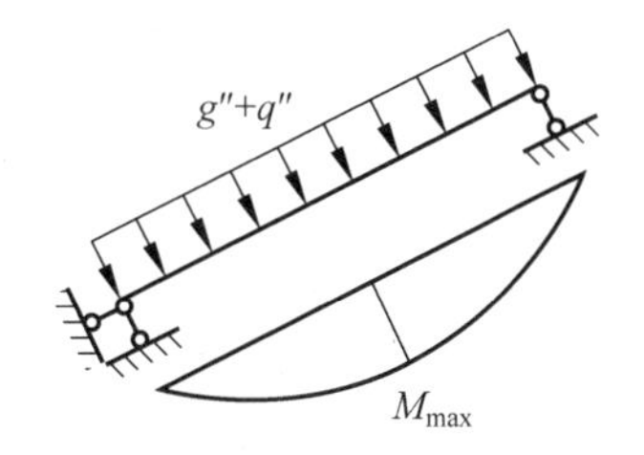

(b) 恒荷载和活荷载沿梯段斜向板长度分布

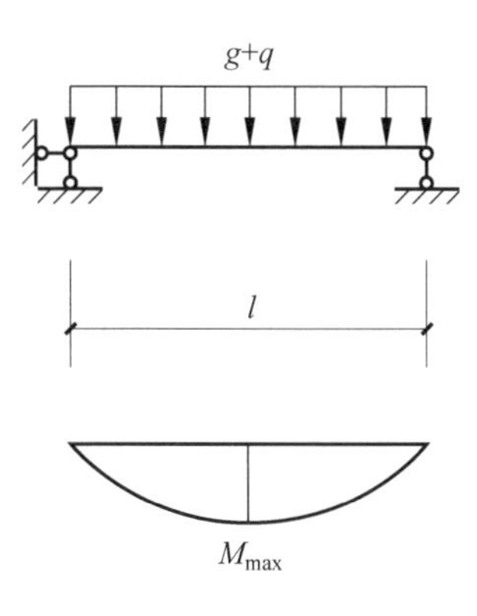

(c) 恒荷载和活荷载沿梯段水平投影长度分布

图 7-3　梯段板计算简图

为计算梯段板的内力，将 $g'+q'$ 分解为垂直于斜板和平行于斜板的两个分量，平行于斜板的均布荷载使其产生轴力，因其值不大，可以忽略。垂直于斜板的荷载分量使其产生弯矩和剪力，荷载分量 $g''+q''=(g+q)\cos^2\alpha$。故：

$$M_{\max}=\frac{1}{8}(g''+q'')l'^2=\frac{1}{8}(g+q)l^2 \tag{7-1}$$

式中：l'——梯段板斜向计算跨度；

l——梯段板的水平投影计算跨度。

由式(7-1)可以看出，斜向梁板在竖向荷载下跨中正截面最大弯矩是其在水平投影下的水平梁板在此荷载下的最大弯矩。故图 7-3(a)斜向梁板在内力计算时，可简化为图 7-3(b)所示简支水平梁板计算，其计算跨度按照斜板的水平投影长度取值，荷载也按照换算后的沿斜板的水平投影长度上的均布荷载。

考虑到梯段板与平台梁为整体连接，平台梁对梯段板有弹性约束作用，可以减小梯段板的跨中弯矩，同时也产生支座负弯矩，故计算时近似将梯段板跨中最大弯矩和支座弯矩均取：

$$M_{\max}=\frac{1}{10}(g+q)l^2 \tag{7-2}$$

梯段板和一般板一样，因剪力较小，可不必进行斜截面抗剪承载力验算。

梯段板中受力钢筋按跨中弯矩计算求得，计算时梯段板的截面计算高度 h 不计踏步尺寸，按垂直斜向跨度取用，一般取梯段水平投影方向跨度的 1/30～1/25。在构造上，考虑到梯段板和支座连接处的整体性，一般在斜板上部靠近支座处配置负弯矩钢筋，其用量一般与跨中截面相同，伸出支座长度为 $l_n/4$（图 7-4）。梯段板的配筋可以采用分离式和弯起式，但和普通板一样，基本上均采用分离式，极少采用弯起式。在垂直受力钢筋方向，至少每个踏步板内放置一根分布钢筋。

2. 平台板

当平台板四边支承时按单向板或双向板计算；当平台板两边支承时，一端支承于平台梁、另一端支承于外墙上或钢筋混凝土梁上，可按照简支单向板进行计算，其设计和配筋与一般简支板相同。

3. 平台梁

平台梁承受平台板和梯段板传来的均布荷载以及平台梁的自重，平台梁一般支承在楼梯间承重墙或者楼梯平台柱上，可按简支梁计算内力，计算和构造按一般受弯构件处理。

4. 折线形板式楼梯的设计与构造

为满足楼梯下净高要求，经常会采用折线形梯段板（图 7-5），折线形梯段板的计算与普通楼梯没有区别。

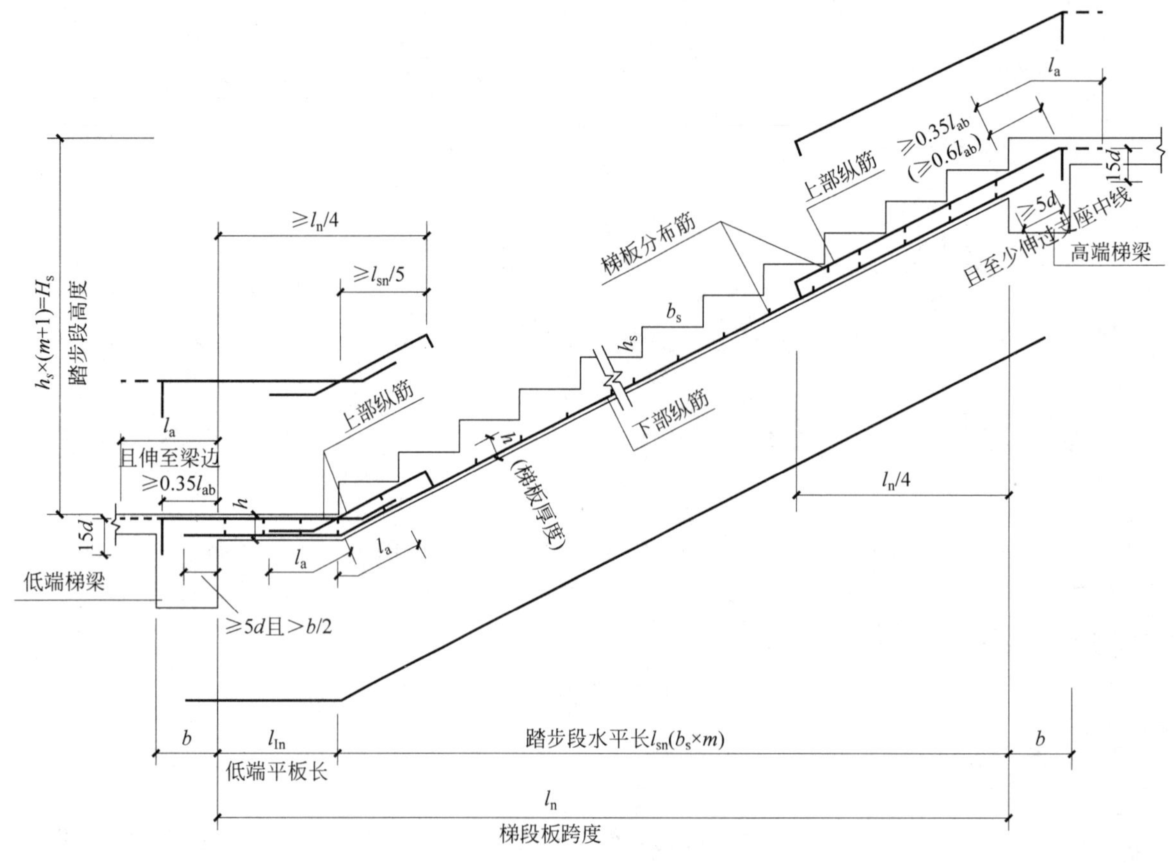

图 7-4 板式楼梯梯段板配筋构造

折线形梯段板的水平段板厚与梯段板相同。在梯段上内折角的钢筋不能沿板底弯折，否则受拉的纵向钢筋将产生较大的向外合力，使该处混凝土崩脱（图 7-6(a)），故该处钢筋应断开后各自锚固（图 7-6(b)）。

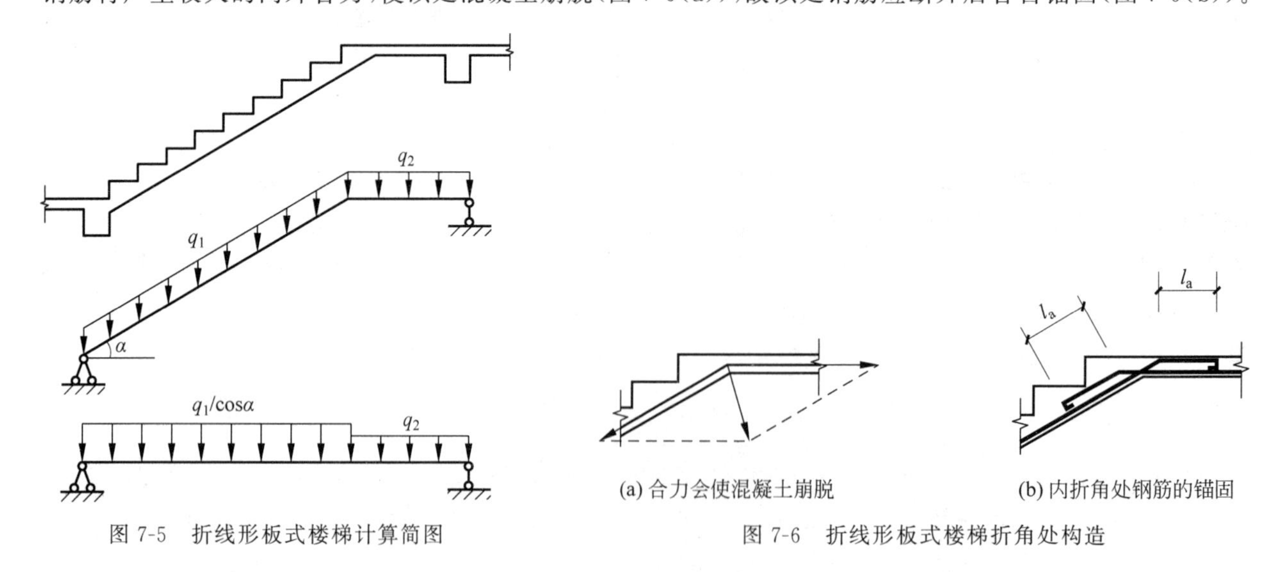

图 7-5 折线形板式楼梯计算简图

图 7-6 折线形板式楼梯折角处构造

7.1.2 现浇梁式楼梯的设计与构造

当梯段的跨度较大时，采用板式楼梯不经济，可采用梁式楼梯。但梁式楼梯施工较为复杂，外观也显得比较笨重，目前很少使用。梁式楼梯由踏步板、梯段梁、平台板和平台梁组成，如图 7-1(b)所示。

1. 踏步板

梁式楼梯的踏步板为两端简支在梯段斜梁上的单向板。如图 7-7 所示，计算时一般取一个踏步板作为计算单元，其截面为梯形，可按截面面积相等的原则简化为同宽度的矩形截面，截面高度近似取其平均值 $h=c/2+t/\cos\alpha$，其中 c 为踏步高度，t 为板厚。按换算后的矩形截面进行内力及配筋计算，其配筋计算结果偏于安全。

梁式楼梯踏步板的跨度小，厚度 t 一般取 30～40mm。踏步板的受力钢筋除按计算确定外，每一级踏步不少于 2 根直径为 6mm 的钢筋，另沿梯段斜向布置直径不小于 6mm，间距不大于 250mm 的分布钢筋，如图 7-8 所示。

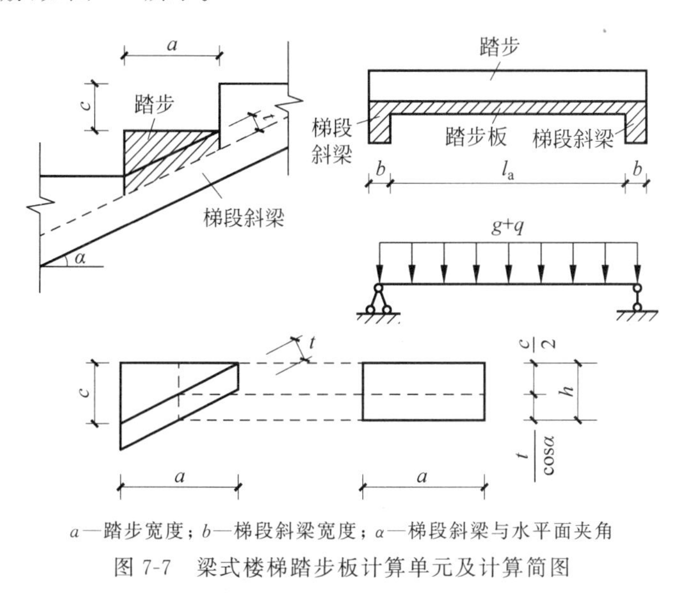

a—踏步宽度；b—梯段斜梁宽度；α—梯段斜梁与水平面夹角

图 7-7　梁式楼梯踏步板计算单元及计算简图

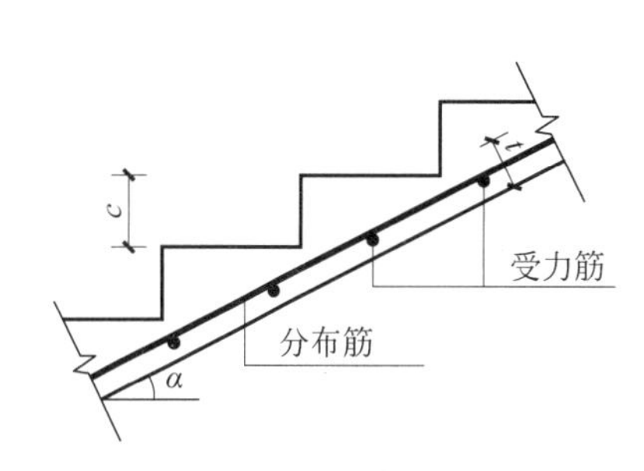

图 7-8　梁式楼梯踏步板配筋图

梁式楼梯踏步板和板式楼梯的梯段板均为两端支承的单向板。梁式楼梯踏步板两端支承在梯段梁上，主要受力钢筋与梯段梁垂直；而板式楼梯的梯段板两端支承在平台梁上，主要受力钢筋的方向与平台梁垂直。

2. 梯段梁

梯段梁两端支承在平台梁上，承受踏步板传来的荷载和自重等。其计算方法与板式楼梯的梯段板相同(图 7-9)，为 $M_{max}=(g+q)l^2/8$。沿水平投影长度的最大剪力为 $V_{max}=0.5(g+q)l_0\cos\alpha$，与一般梁的配筋设计相同(图 7-10)。

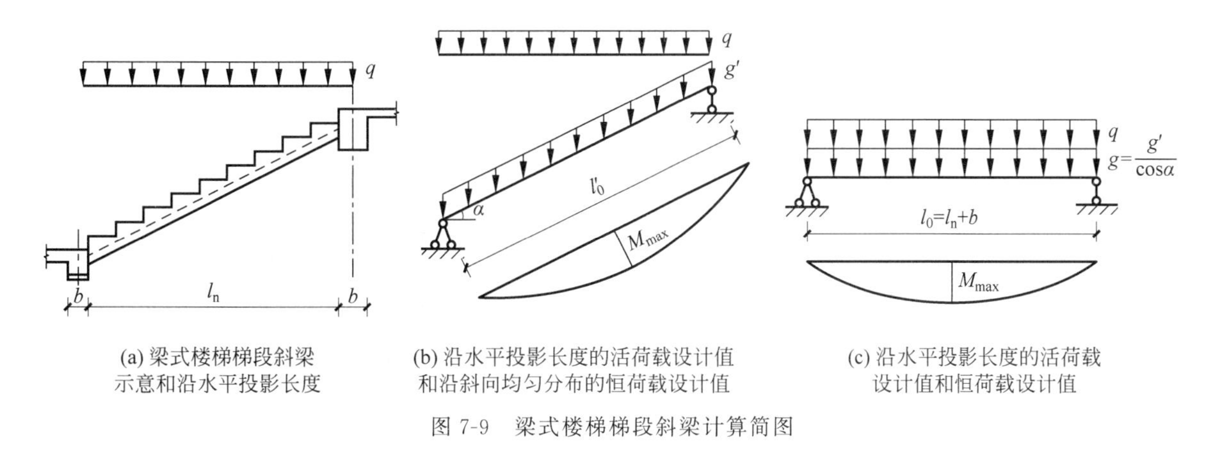

(a) 梁式楼梯梯段斜梁示意和沿水平投影长度　(b) 沿水平投影长度的活荷载设计值和沿斜向均匀分布的恒荷载设计值　(c) 沿水平投影长度的活荷载设计值和恒荷载设计值

图 7-9　梁式楼梯梯段斜梁计算简图

3. 平台板与平台梁

梁式楼梯的平台板与平台梁的计算与板式楼梯的计算基本相同，不同的是梁式楼梯的平台梁除承受平台板传来的均布荷载与平台梁自重外，还承受梯段斜梁传来的集中荷载，其计算简图如图 7-11 所示。

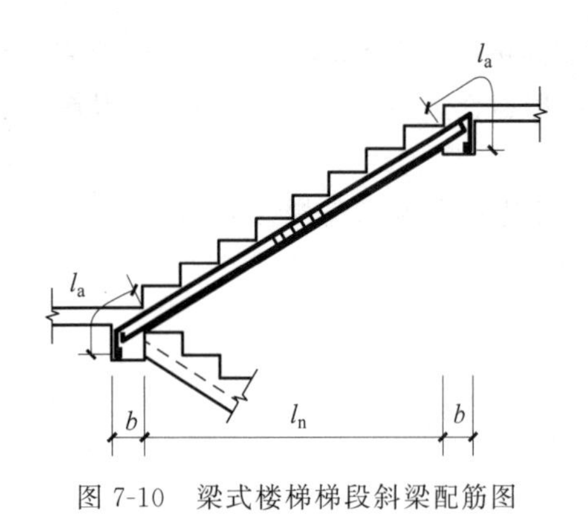

图 7-10 梁式楼梯梯段斜梁配筋图

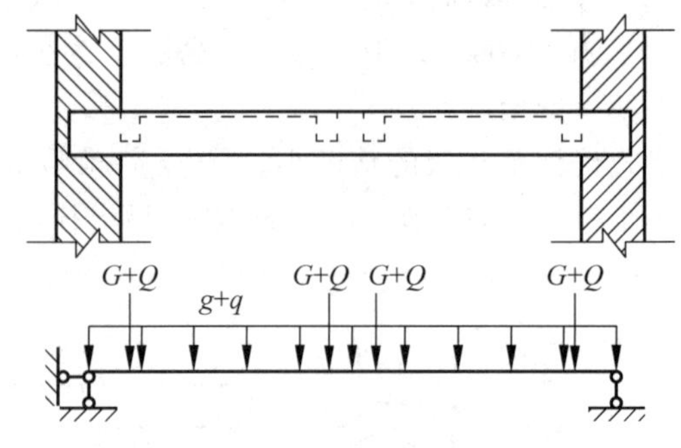

图 7-11 梁式楼梯平台梁计算简图

7.1.3 现浇楼梯抗震构造

在 2008 年的汶川地震中，框架结构的楼梯破坏较重。典型震害是：①板式楼梯的梯段板在支座负筋的截断点、施工缝薄弱部位和梯段板与梁相交的部分发生拉裂破坏；②梯段板的推力使平台梁平面外受弯、受剪，并且由于上下梯段的剪力作用，从而使平台梁产生剪切、扭转破坏和平台板的破坏。详见 15.3.1 节。

因此，楼梯设计时应注意：

(1) 框架结构设计时，宜采用梯段板与框架构件脱开的设计方案，在梯段板的一端采用滑动支座，以降低梯段板的斜撑作用，减少梯段板的拉力，避免梯段板被拉断。

(2) 梯段板两端与平台梁整浇时，应计入楼梯构件对地震作用及其效应的影响，应进行楼梯构件的抗震承载力验算。同时，纵向受力钢筋不采用延性较差的冷加工钢筋，上部及下部纵筋均应贯通设置，锚固长度不小于 l_{aE}。

(3) 提高平台梁的抗剪、抗扭承载力。与楼梯构件相连的框架梁、支承梯段板的平台梁，梁侧加强配置抗扭纵筋，且上部纵筋全部贯通。箍筋沿梁全长加密，间距不大于 100mm，直径不小于 10mm。

(4) 支撑楼梯平台的短柱全截面配筋率不应小于 1.5%，纵筋间距及箍筋肢距不大于 200mm，箍筋直径不小于 10mm，且沿柱全高间距不大于 100mm。

7.2 雨篷结构设计

7.2.1 雨篷的形式

雨篷一般由支承构件和悬挑构件组成，是房屋结构中最常见的悬挑构件。根据其悬挑长度，其结构布置有悬挑板式和悬挑梁式两种。当悬挑长度不大于 1m 时，一般采用悬挑板式雨篷，挑出部分悬挑板(图 7-12)，由雨篷板和雨篷梁组成，雨篷梁除支承雨篷板外，一般还兼有门窗洞口过梁的作用。

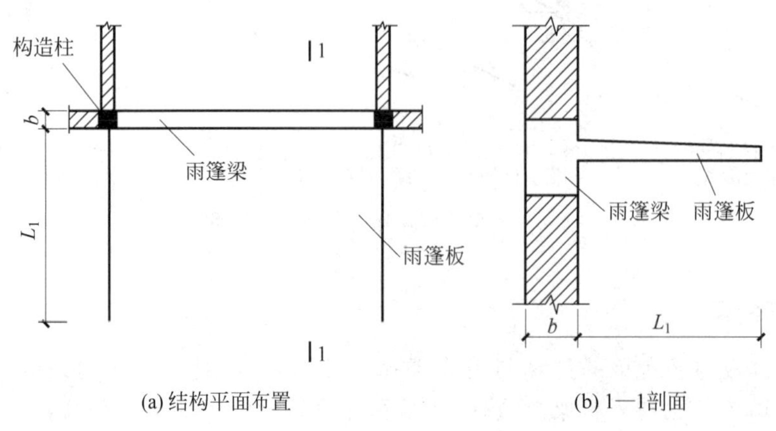

图 7-12 悬挑板式雨篷

当悬挑长度大于 1m 时，可采用悬挑梁式雨篷(图 7-13)，挑出部分为悬挑梁，悬挑梁端部设置边梁，梁上布板，板为四边支承双向板或单向板，悬挑梁式雨篷一般由悬挑梁、雨篷边梁和雨篷板组成。

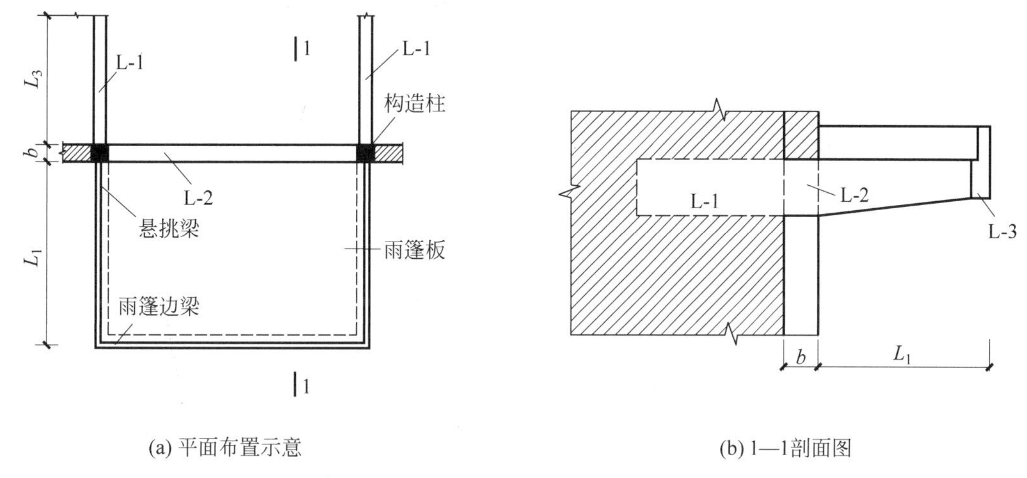

图 7-13 悬挑梁式雨篷

雨篷计算包括三方面的内容：①雨篷板正截面承载力计算；②雨篷梁在弯矩、剪力和扭矩共同作用下的计算；③雨篷抗倾覆验算(关于雨篷抗倾覆验算的内容，见《砌体结构设计规范》(GB 50003—2011)第 7.4.7 条规定)。

本节以悬挑板式雨篷为例说明其计算特点。

7.2.2 雨篷板的设计

作用于雨篷板上的恒荷载除包括板自重、抹灰层自重外，还有防水层等。可变作用包括均布活荷载、雪荷载。均布活荷载一般按不上人屋面取 0.5kN/m^2，与雪荷载不同时考虑，取其中较大值。对于因排水不畅、堵塞等引起的积水荷载，应采取构造措施加以防止；必要时，雨篷应按积水的可能深度确定活荷载。此外，尚应考虑端部作用的施工或检修集中荷载，在计算挑檐、悬挑雨篷的承载力时，应沿板宽每隔 1.0m 取不小于 1.0kN 的集中荷载。在验算挑檐、悬挑雨篷的倾覆时，应沿板宽每隔 2.5～3.0m 取不小于 1.0kN 集中荷载。端部的集中荷载与均布活荷载和雪荷载的较大值不同时考虑，计算时取不利者。

板式悬挑雨篷按悬臂板计算内力，取板的固定端负弯矩值按根部板厚进行截面配筋计算，受力钢筋应布置在板顶，其伸入雨篷梁的长度应满足受拉钢筋锚固长度的要求。一般雨篷板的悬挑长度为 0.5～1.0m。现浇悬挑雨篷板多数采用变厚度形式，板根部厚度不小于 1/12 挑出跨度，端部厚度不小于 50mm。

计算和确定构造措施时要注意的是，雨篷一般处于露天，混凝土环境类别为二 a 或二 b 类，混凝土保护层厚度比一类环境大。

7.2.3 雨篷梁的设计

板式悬挑雨篷的雨篷梁除承受自重及雨篷板传来的均布荷载和集中荷载外，还承受雨篷梁上的墙体自重及上部楼层梁板可能传来的荷载，取值按过梁的规定取用。雨篷梁宽度通常与墙厚相同，高度可参照普通梁的高跨比确定，通常与砖的数量一致。为避免板上雨水沿墙缝渗入墙内，往往在梁顶设置高过板顶 60mm 的凸块，如图 7-12 所示。由于悬臂雨篷板上作用的均布荷载和集中荷载的作用点不在雨篷梁的竖向对称平面上，因此这些荷载还将使雨篷梁产生扭矩(图 7-14)。

雨篷梁在平面内竖向荷载作用下，按简支梁计算弯矩和剪力。计算弯矩时，按以下两种情况分别计算，按不利情况设计：①沿板宽每隔 1.0m 取一个 1.0kN 施工、检修集中荷载，并假定雨篷板的板端传来的集中荷载与梁跨中位置对应；②考虑雨篷板均布活荷载或雪荷载的较大值。

雨篷梁跨中截面最大弯矩按下式取值：

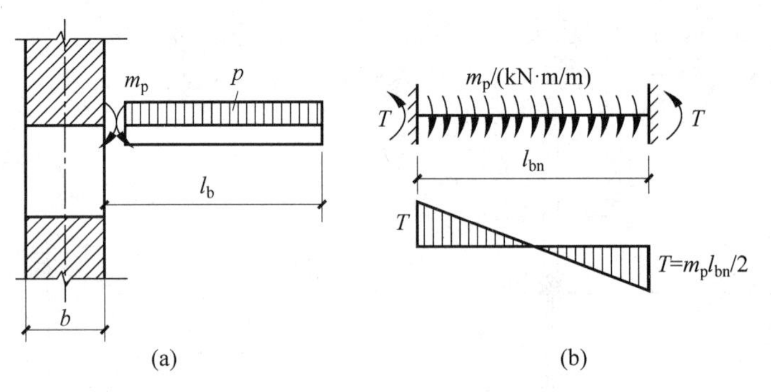

图 7-14　雨篷梁的扭矩计算简图

$$M=\max\begin{cases}\dfrac{1}{8}(g+q)l_b^2\\[2mm]\dfrac{1}{8}gl_b^2+\dfrac{1}{4}Fl_b\end{cases}\tag{7-3}$$

式中：g、q——作用在雨篷梁上的均布恒荷载、活荷载(分别包括雨篷梁自重、雨篷梁上墙自重等以及雨篷板传来的荷载)；

l_b——雨篷梁的计算跨度；

F——施工、检修集中荷载。

雨篷梁支座边缘截面剪力按下式取值：

$$V=\max\begin{cases}\dfrac{1}{2}(g+q)l_{bn}\\[2mm]\dfrac{1}{2}gl_{bn}+F\end{cases}\tag{7-4}$$

式中：l_{bn}——雨篷梁的净跨。

雨篷梁在线扭矩荷载作用下，按两端固定梁计算扭矩(图 7-14)。雨篷板上的均布恒荷载 g_s(kN/m^2)及均布活荷载 q_s(kN/m^2)在雨篷梁上引起的线扭矩荷载分别为 $m_{Tg}=g_sl(l+b)/2$，$m_{Tq}=q_sl(l+b)/2$，则雨篷梁支座边缘截面的扭矩取下列两式中的较大值：

$$T=\max\begin{cases}\dfrac{1}{2}(m_{Tg}+m_{Tq})l_{bn}\\[2mm]\dfrac{1}{2}m_{Tg}l_{bn}+F\left(l+\dfrac{b}{2}\right)\end{cases}\tag{7-5}$$

式中：l——雨篷板的悬臂长度；

b——雨篷梁的截面宽度，如图 7-12 所示。

雨篷梁在竖向荷载和线扭矩荷载作用下，将产生弯矩、剪力和扭矩，因此雨篷梁的纵筋和箍筋数量应分别按弯、剪、扭承载力计算确定，并应满足相应的构造要求。

悬挑梁式雨篷的悬挑侧梁按照悬挑梁设计，应考虑弯矩、剪力和扭矩；悬挑梁端的边梁和靠墙一侧边梁，按照弯、剪、扭构件设计(图 7-13)。

思考题

1. 常见的现浇钢筋混凝土楼梯有哪几种形式？各自的受力特点与适用范围是什么？
2. 板式楼梯由哪些构件组成？包括哪些设计计算内容？
3. 梁式楼梯由哪些构件组成？包括哪些设计计算内容？
4. 楼梯折板、折梁的内折角处受拉纵向钢筋为什么要分开配置？
5. 从汶川地震的震害看，楼梯抗震设计主要包括什么要求？
6. 雨篷的设计计算有哪些内容？

第三篇

单层工业厂房结构设计

第8章

单层工业厂房结构特性和体系

建筑按使用功能可以分为民用建筑和工业建筑两大类，工业建筑(industrial building)主要包括厂房和仓储等类型。厂房可按层数分为单层和多层工业厂房，多层厂房仅适用于生产设备和产品外形尺寸小、重量轻的产品的生产，应用于电子、食品、服装鞋帽等行业。单层工业厂房(one-story industrial building)只有屋盖，没有楼盖，主体层数为一层，适用于原材料、生产设备或产品外形尺寸大、重量重的产品的生产，广泛用于冶金、机械、化工、纺织等行业。

8.1 概述

一般来说，单层工业厂房(以下简称"单层厂房")具有以下特点：

(1) 跨度和净空较大，主要在四周布置围护墙，室内几乎没有隔墙，属于高大空旷结构。

(2) 室内通常布置桥式或梁式吊车(也称之为起重机、行车，本书一般称为吊车)，结构设计时需考虑动力、疲劳等作用的影响。

(3) 为尽快投产，单层厂房需要尽可能缩短建造工期，通常采用定型预制构件。绝大部分构配件都有配套完善、编制水平高的国家建筑标准设计图集。基本实现了标准化设计、工厂化生产和装配化施工，是迄今为止近乎完美的装配式混凝土结构体系。

8.2 单层厂房的结构类型

单层厂房按结构材料可分为钢筋混凝土结构和钢结构，目前既有厂房大部分是钢筋混凝土结构，新建厂房主要是钢结构。钢结构厂房在"房屋钢结构设计"课程中学习，本书学习钢筋混凝土结构单层厂房。

单层厂房按承重结构体系主要可分为排架结构和刚架结构(rigid-frame)。排架结构一般采用装配式钢筋混凝土结构，主要由屋架(roof truss)或屋面梁、柱和基础组成，柱也称为排架柱(bent column)，柱顶与屋架铰接，柱底与基础顶面固接。根据生产工艺和使用要求的不同，排架结构可设计成单跨和多跨、等高、不等高或锯齿形等多种形式，如图 8-1 所示。

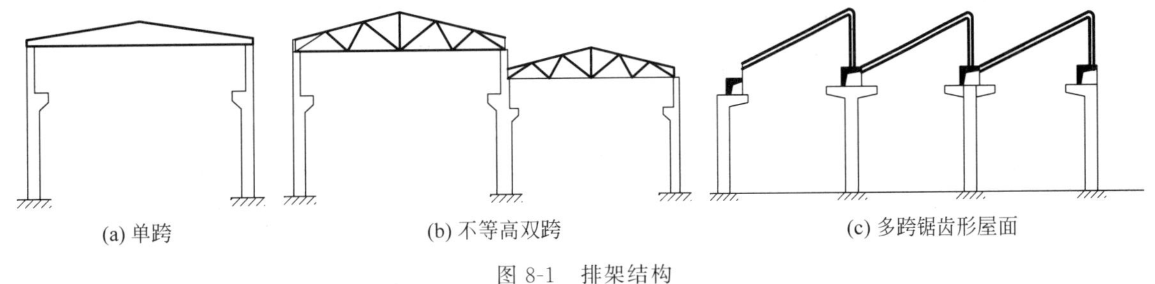

图 8-1　排架结构

刚架结构由横梁、柱和基础组成，柱顶与横梁为刚接，柱底与基础为铰接或刚接。新建厂房多采用钢结构，即门式刚架轻型房屋钢结构。一部分既有厂房为装配式钢筋混凝土门式刚架，可分为三铰门架、二铰门架和三段式门架结构，如图 8-2 所示。

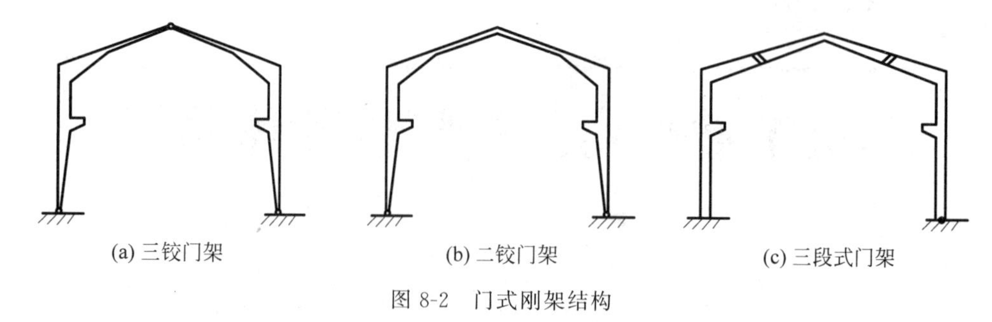

图 8-2 门式刚架结构

除上述排架结构和刚架结构外，单层厂房还有 V 形折板结构和 T 形板结构。

V 形折板结构如图 8-3 所示，由折板、三角架和托梁组成，屋盖是板架合一的空间结构。V 形折板结构造型优美，传力简洁，自重较轻，构件类型少，施工速度快，构件可在预制厂或施工现场就地预制，其制作、吊装和安装过程如图 8-4 所示。采用预应力混凝土 V 形折板时，折板的波宽为 2.0m、2.4m 和 3.0m，适用跨度 6～18m。但 V 形折板结构屋面采光和通风较差。V 形折板标准图集为《预应力 V 形折板》(95G437—1～6)和《钢筋混凝土 V 形折板》(95G358—1～5)，选用时需按现行标准校核。

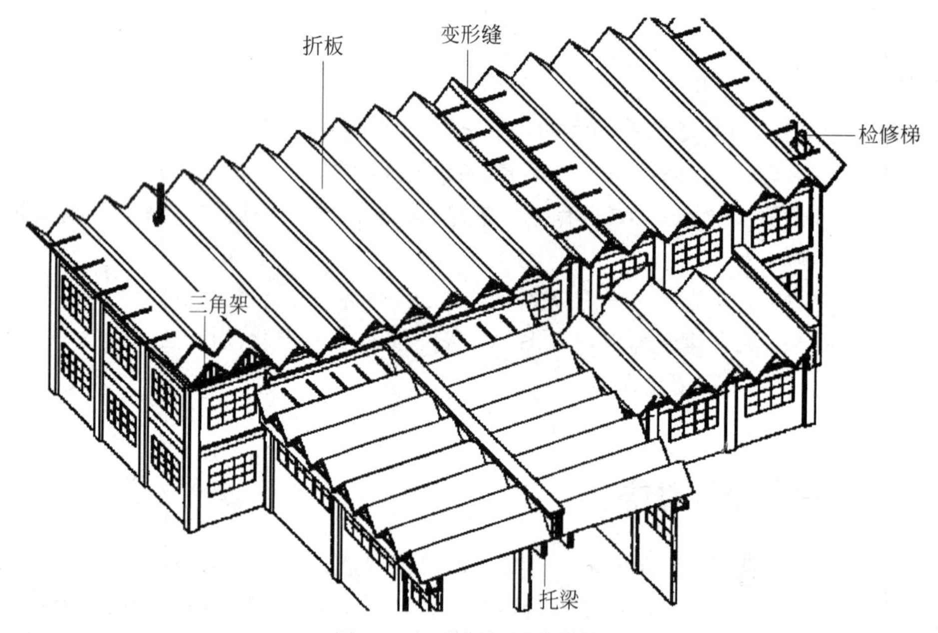

图 8-3 V 形折板屋盖结构

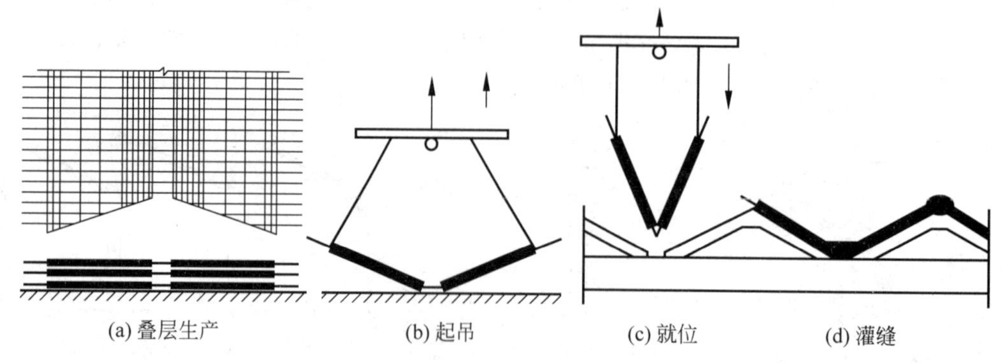

图 8-4 V 形折板屋盖结构制作和吊装、安装过程

T 形板结构由 T 形屋面板、承重墙和基础组成，如图 8-5 所示。T 形屋面板属于板梁合一的空间结构，可分为图 8-6 所示的单 T 板和双 T 板，以双 T 板最为常用。T 形板的板肋可施加预应力，一般采用先张法

施工工艺。双T板可选用《预应力混凝土双T板(坡板宽度2.4m、3.0m；平板宽度2.0m、2.4m、3.0m)》(18G432—1)，适用跨度为9.0～24.0m。T形板结构具有构件数量少、构造简单、便于工业化生产、经济等特点，但其横向刚度较差，适用于抗震设防烈度不大于8度地区建筑的屋面板和楼面板。

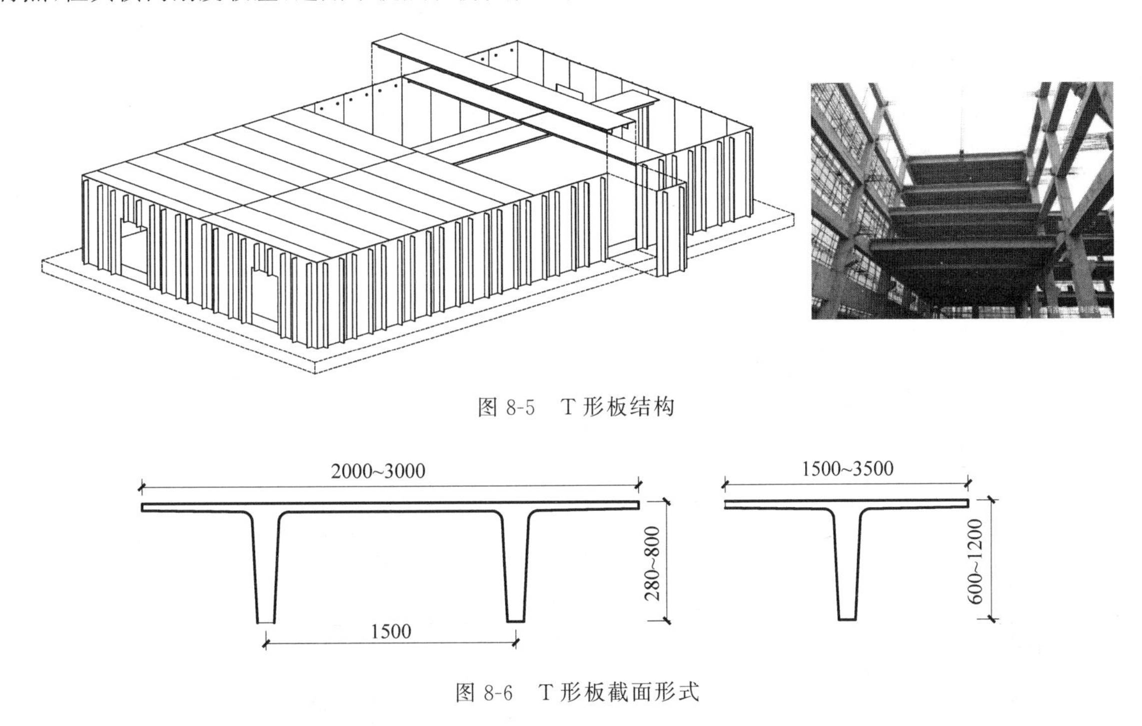

图8-5　T形板结构

图8-6　T形板截面形式

8.3　传统单层厂房结构体系

传统混凝土单层厂房结构基本体系是由“板-架-柱”体系组成(图8-7)，板即屋面板，架即屋架(或屋面梁)，柱即排架柱，包括：

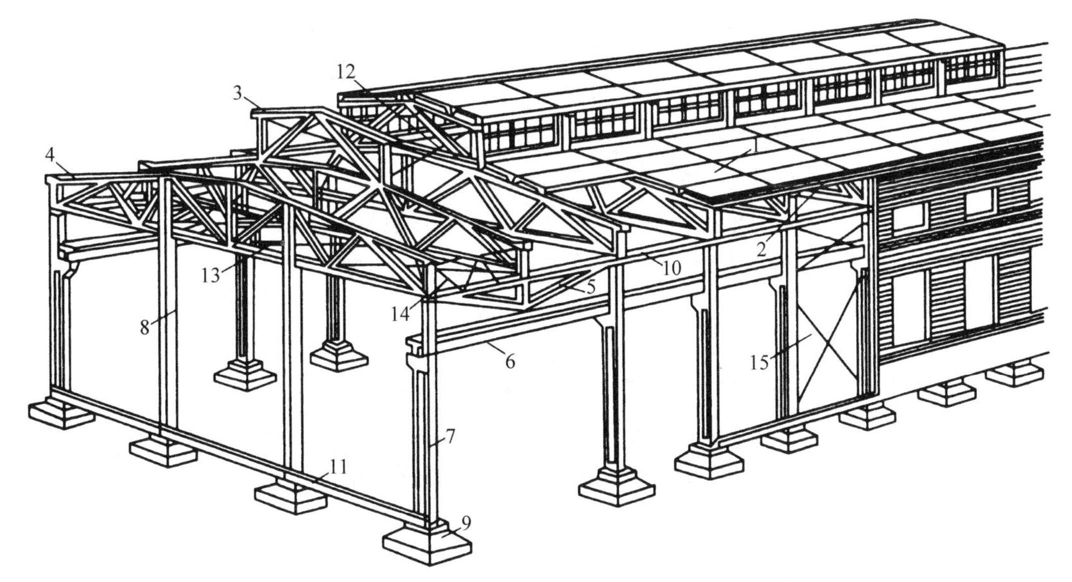

1—屋面板；2—天沟板；3—天窗架；4—屋架；5—托架；6—吊车梁；7—排架柱；8—抗风柱；9—基础；10—连系梁；11—基础梁；12—天窗架垂直支撑；13—屋架下弦横向水平支撑；14—屋架端部垂直支撑；15—柱间支撑

图8-7　单层厂房构件组成

(1) 屋盖结构：由“屋面板-屋架(或屋面梁)”或“屋面板-檩条-屋架(或屋面梁)”组成，主要作用是承受屋面荷载并将屋面荷载传递给柱顶，横向跨度较小的屋盖结构一般采用“屋面板-檩条-屋面梁”的有檩体系，横向跨度较大的屋盖结构一般采用“屋面板-屋架”无檩体系；

(2) 排架结构：由“屋盖-柱-基础”组成，是单层厂房主要的承重结构，根据方向可分为横向排架结构和纵向排架结构；

(3) 支撑结构：有屋盖支撑、柱间支撑等，是保证厂房纵向刚度和传递厂房纵向作用的重要结构，同时也是屋盖结构和排架结构的组成部分；

(4) 围护结构：由纵墙、山墙组成，是厂房分隔室内外以及建筑内部使用空间的自承重墙体。

这种传统板-架-柱体系的基本特点是：

(1) 在受力性能上，以简化的横向平面排架结构受力为主，抵抗纵向排架结构平面外水平力的能力较弱，如图 8-8 所示。纵向主要靠柱、屋面板、吊车梁、连系梁和各种支撑形成的结构系统来抵抗排架平面外的水平力。

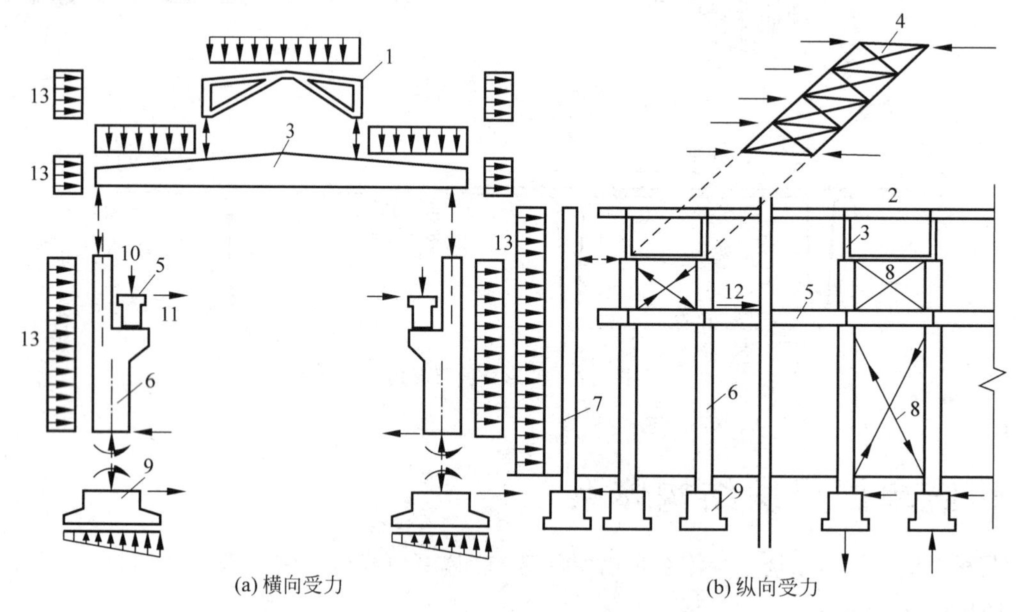

1—天窗架；2—屋面板；3—屋架；4—屋盖水平支撑；5—吊车梁；6—排架柱；7—抗风柱；8—柱间支撑；9—基础；10—吊车竖向荷载；11—吊车横向水平荷载；12—吊车纵向水平荷载；13—风荷载

图 8-8 传统单层厂房结构传力路径示意

(2) 在传力方式上，它是由屋面板、天窗架、屋架或屋面梁、吊车梁、墙、连系梁、柱、各种支撑、基础等多种构件组成的空间结构，传力路线简捷，传力途径明确。

(3) 在建造方法上，除基础一般采用现浇混凝土构件外，其他构件大多数为可大规模生产的定型预制构件。构件制作时均设置了配套的预埋件，便于在现场相互连接成整体结构。

(4) 在结构与工艺关系上，通常在吊车梁上设置桥式或梁式吊车，工艺和结构结合较好，节约建筑空间。

传统排架结构体系在我国有长期的、成熟的设计、施工和生产使用经验，为我国工业化奠定了坚实的基础，至今仍是我国存量厂房中最主要的结构体系。因此，掌握传统排架体系的设计方法，不但是了解我国现存厂房设计方法的需要，更是对既有厂房进行检测鉴定、维修加固的需要，而且有益于学习装配式混凝土结构的设计方法。

思考题

1. 排架结构、刚架结构和框架结构有什么异同？
2. V 形折板结构如何制作、施工？有什么优缺点？
3. T 形板结构有什么优缺点？

第9章

单层工业厂房结构布置及主要构件

9.1 结构布置

9.1.1 结构平面布置

厂房是为工业生产服务的，生产工艺决定了产品质量、生产效率，决定了设备、原材料和劳动力，决定了生产成本。厂房设计涉及工艺、结构、建筑和设备等专业，工艺专业是主导专业，决定厂房的空间尺寸、布局和吊车设置。在工艺专业确定了厂房的空间尺寸、布局和吊车设置后，以书面形式提出设计资料，交由结构专业、建筑专业和设备专业等进行配套设计。

结构专业收到工艺提供的设计资料后，首先应确定图 9-1 所示的柱网尺寸，柱网是指厂房承重柱的纵向和横向定位轴线所形成的网格。纵向定位轴线，用编号Ⓐ、Ⓑ、Ⓒ……表示，相邻纵向定位轴线的间距就是厂房的跨度。横向定位轴线，一般用①、②、③……编号表示，相邻横向定位轴线的间距即两柱之间的柱距，总长即为柱距的总长度。确定柱网尺寸的关键是确定纵向定位轴线、横向定位轴线和总长，故也将纵向定位轴线、横向定位轴线之间的间距称为平面关键尺寸。厂房平面关键尺寸直接影响屋面板、屋架、吊车梁等构件的选型和结构内力分析时关键参数的取值。

除必须符合工艺专业的要求外，由于厂房主要构件均为工业化生产的定型预制构件，外形尺寸应标准化和系列化，厂房平面关键尺寸应符合《厂房建筑模数协调标准》(GB/T 50006—2010，简称《模数标准》)的规定。根据《模数标准》，厂房的跨度小于或等于 18m 时，应采用扩大模数 30M(1M 为 100mm)数列；大于 18m 时，宜采用扩大模数 60M 数列。也就是说，厂房跨度不大于 18m 时，跨度一般为 6m、9m、12m、15m、18m；大于 18m 时，一般为 24m、30m、36m 等。但由于 60M 的扩大模数增量较大，按照偏大的模数设计可能会造成空间的浪费，故 21m、27m 跨度的厂房也较为常见。柱距应采用扩大模数 60M 数列，即 6m、12m 等，但最常见的是 6m，如图 9-1 所示。从图 9-1 也可以看出，厂房的外墙、山墙贴砌在柱外侧，墙内侧与柱外侧重合。

定位轴线是确定厂房主要承重构件位置及其标志尺寸的基准线，同时也是施工放线和设备定位的依据。确定定位轴线时应注意以下几点。

1) 厂房的横向定位轴线一般在柱截面中线处，但在厂房的尽端，由于横向定位轴线与山墙内皮重合，故应将山墙内侧第一排柱的中心线向内移 600mm，如图 9-2 所示。目的是保证抗风柱(又名山墙柱)、山墙和端部屋架的位置不产生冲突(图 9-3)。

2) 厂房纵向定位轴线有两种情况，对单跨厂房而言，当纵向定位轴线与边柱外缘(即纵墙内缘)重合时称为封闭轴线；当纵向定位轴线与边柱外缘(即纵墙内缘)不重合时称为非封闭轴线。非封闭轴线时，纵向定位轴线位于柱截面内。通过定位轴线确定的尺寸为标志尺寸(图 9-4)。

吊车轨距 L_k 即吊车跨度，一般为厂房跨度减 1500mm，即每侧减 750mm，如图 9-5(a)所示。

如图 9-5(b)、(c)所示，$A=B_1+B_2+B_3$。其中，B_1 为吊车端部尺寸，具体设计时可查阅吊车产品说明书，课程学习时可查阅表 9-1；B_2 为吊车安全行驶需要的侧方间隙，根据《通用桥式起重机》

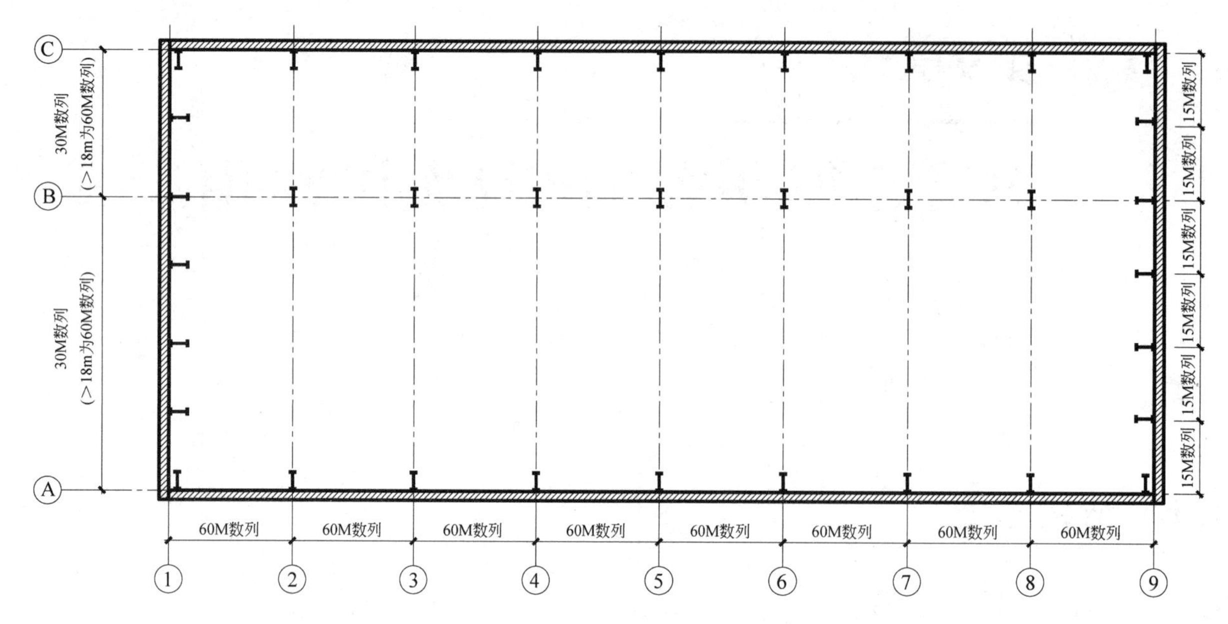

图 9-1 柱网平面布置

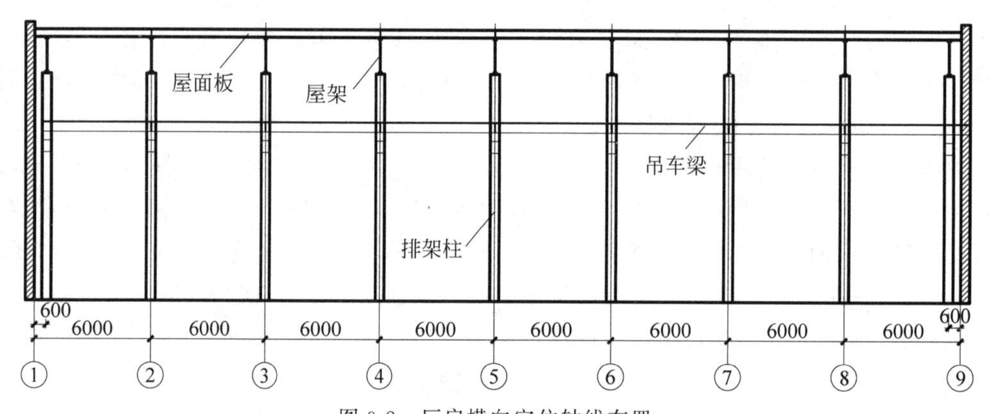

图 9-2 厂房横向定位轴线布置

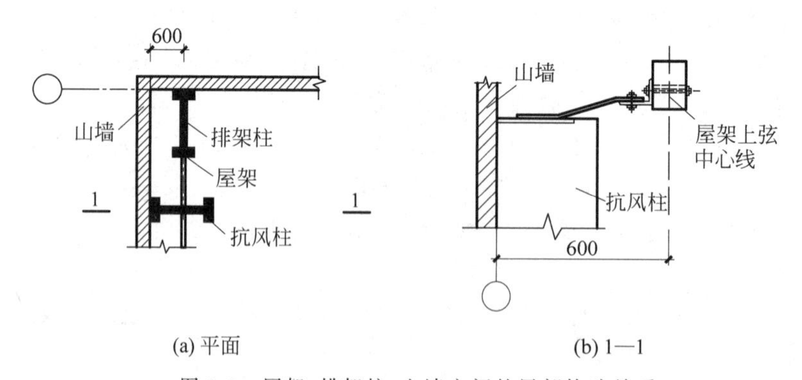

图 9-3 屋架、排架柱、山墙之间的局部构造关系

(GB/T 14405—2011)的要求,不应小于 100mm;B_3 为上柱截面高度,可通过工程经验确定,见 9.4.2 节。根据 A 值的大小,可分为以下两种情况:

(1) 当 $A \leqslant 750$mm 时,即"封闭式轴线",如图 9-5(b)所示。

(2) 当 $A > 750$mm 时,由于吊车端部尺寸 B_1 和上柱截面高度 B_3 不能减小,故为满足吊车侧向安全间隙 B_2 的要求,保证吊车安全运行,柱需外移。这时纵向定位轴线位置不变,但边柱外缘、即纵墙内缘不能和它重合,故轴线称为"非封闭轴线",如图 9-5(c)所示。非封闭轴线与外纵墙内皮间,即边柱外缘间的距离称为联系尺寸 a_c,联系尺寸需满足吊车侧向安全间隙 B_2 的要求,与吊车端部尺寸 B_1 和上柱截面高度 B_3 有关,一般为 50mm 的倍数。

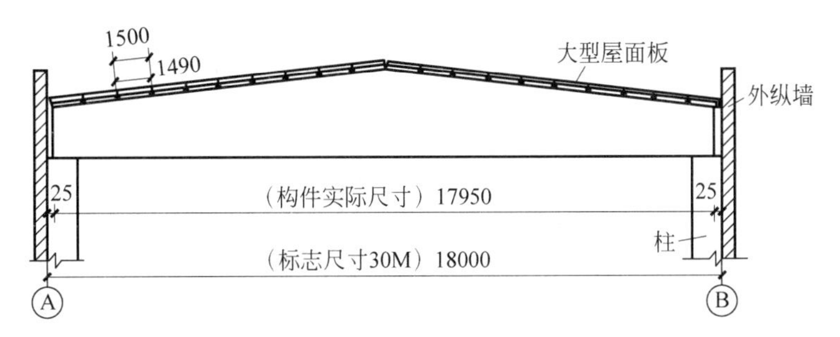

图 9-4　标志尺寸和实际尺寸关系

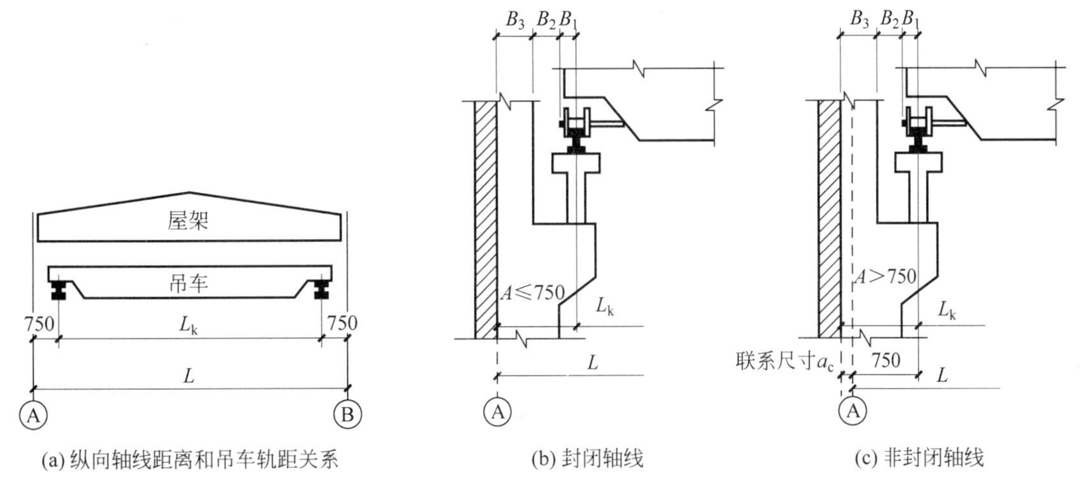

图 9-5　纵向定位轴线构造关系

吊车国家标准是《5～50/5t 一般用途电动桥式起重机基本参数和尺寸系列》(ZQ1—62)，如表 9-1 所示，学习时可以使用。但该标准早在 1962 年颁布，目前的吊车产品与其不完全相符。因此，在设计时，应按工艺专业确定的吊车型号，按吊车产品说明书确定相关参数。但由于招投标制度的执行，设计阶段尚不能确定吊车型号，则可按照吊车额定起重量和跨度，查阅多个生产厂的说明书，按不利情况确定相关参数。

表 9-1　一般用途电动桥式起重机基本参数和尺寸系列(ZQ1—62)

起重量	跨度	尺寸				中级工作制			
		宽度	轮距	轨顶以上高度	轨道中心至端部距离	最大轮压	最小轮压	起重机总重	小车总重
Q/t	L_k/m	B/mm	K/mm	H/mm	B_1/mm	P_{max}/t	P_{min}/t	G/t	Q_i/t
5	16.5	4650	3500	1870	230	7.6	3.1	16.4	2.1
	19.5	5150	4000			8.5	3.5	19.0	
	22.5					9.0	4.2	21.4	
	25.5	6400	5250			10.0	4.7	24.4	
	28.5					10.5	6.3	28.5	
10	16.5	5550	4400	2140	230	11.5	2.5	18.0	3.9
	19.5	5550	4400			12.0	3.2	20.3	
	22.5					12.5	4.7	22.4	
	25.5	6400	5250	2190		13.5	5.0	27.0	
	28.5					14.0	6.6	31.5	
15	16.5	5650	4400	2050	230	16.5	3.4	24.1	5.5
	19.5	5550		2140	260	17.0	4.8	25.5	
	22.5					18.5	5.8	31.6	
	25.5	6400	5250			19.5	6.0	38.0	
	28.5					21.0	6.8	40.0	

续表

起重量	跨度	尺寸				中级工作制			
		宽度	轮距	轨顶以上高度	轨道中心至端部距离	最大轮压	最小轮压	起重机总重	小车总重
Q/t	L_k/m	B/mm	K/mm	H/mm	B_1/mm	P_{max}/t	P_{min}/t	G/t	Q_i/t
15/3	16.5	5650	4400	2050	230	16.5	3.5	25.0	7.4
	19.5	5550		2150	260	17.5	4.3	28.5	
	22.5					18.5	5.0	32.1	
	25.5	6400	5250			19.5	6.0	36.0	
	28.5					21.0	6.8	40.5	
20/5	16.5	5650	4400	2200	230	19.5	3.0	25.0	7.8
	19.5	5550		2300	260	20.5	3.5	28.0	
	22.5					21.5	4.5	32.0	
	25.5	6400	5250			23.0	5.3	30.5	
	28.5					24.0	6.5	41.0	
30/5	16.5	6050	4600	2600	260	27.0	5.0	34.0	11.8
	19.5	6150	4800		300	28.0	6.5	36.5	
	22.5					29.0	7.0	42.0	
	25.5	6650	5250			31.0	7.8	47.5	
	28.5					32.0	8.8	51.5	
50/5	16.5	6350	4800	2700	300	39.5	7.5	44.0	14.5
	19.5			2750		41.5	7.5	48.5	
	22.5					42.5	8.5	52.0	
	25.5	6800	5250			44.5	8.5	56.0	
	28.5					46.0	9.5	61.0	

【例 9-1】 已知柱距 6m 的有吊车厂房，厂房跨度 $L=24$m，吊车轨距 $L_k=22.5$m，厂房内设有 1 台吊车，试确定当起重量 Q 分别为 10t 和 30/5t 时，纵向定位轴线构造关系。当吊车起重量为 10t 时，上柱截面高度取 400mm；当吊车起重量为 30/5t 时，上柱截面高度取 500mm。吊车基本参数按专业标准(ZQ1—62)取值。

【解】 当 $L_k=22.5$m，$Q=10$t 时，$B_1=230$mm；$Q=30/5$t 时，$B_1=300$mm。

(1) 当 $Q=10$t 时，$B_2=A-(B_1+B_3)=750\text{mm}-(230\text{mm}+400\text{mm})=120\text{mm}>100\text{mm}$，即侧方间隙大于允许间隙，故为封闭式轴线。

(2) 当 $Q=30/5$t 时，试算，$B_2=A-(B_1+B_3)=750\text{mm}-(300\text{mm}+500\text{mm})=-50\text{mm}<100\text{mm}$，侧向间隙为负值，即小于允许间隙，故为非封闭式轴线。此时，取联系尺寸 a_c 为 150mm，即柱外移 150mm，则 $B_2=A-(B_1+B_3)=750\text{mm}-(300\text{mm}+350\text{mm})=100\text{mm}$。

从该例题可知，非封闭轴线设联系尺寸，实质上是在纵向定位轴线，即跨度不变的情况下，将柱向两边外移，从而增大了室内净宽，保证吊车安装和安全运行。此时，厂房的建筑面积也相应增大，但跨度，即屋架、屋面梁的尺寸不变，可以减少屋架、屋面梁和屋面板的规格，利于工业化生产。

9.1.2 变形缝设置

与其他建筑一样，单层厂房变形缝的类型也分三种，即伸缩缝、沉降缝和防震缝。

1) 伸缩缝

设置伸缩缝的目的是防止结构因温度变化和混凝土收缩变形而产生裂缝。如图 9-6(a)所示，随着气温的变化，厂房会出现热胀冷缩。但是这种温度变形会受到基础的约束，沿厂房高度方向，越往上变形越大。当气温升高时，在结构中产生拉应力。当拉应力超过材料的抗拉强度时，厂房就会开裂。如图 9-6(b)所示，设置伸缩缝将厂房的上部结构断开后，则在相同条件下厂房的温度变形(温度应力)会明显减小。因此，当厂房的长度或宽度过大时，应设置伸缩缝，将结构分成不同的温度区段。对于混凝土收缩，由于主体构件大多采用装配式，混凝土收缩大部分在构件制作阶段已经完成，引起的变形可忽略不计。

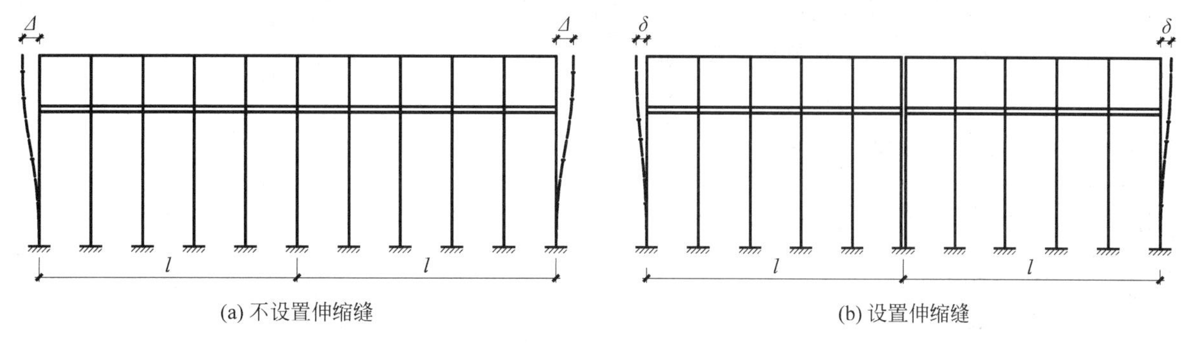

(a) 不设置伸缩缝　　(b) 设置伸缩缝

图 9-6　厂房温度变形示意

对于装配式排架结构，伸缩缝的最大间距在室内或土中为 100m，露天环境为 70m。伸缩缝处的定位轴线和主要受力构件的相关关系如图 9-7 所示。伸缩缝处应设双柱，基础一般不设缝。

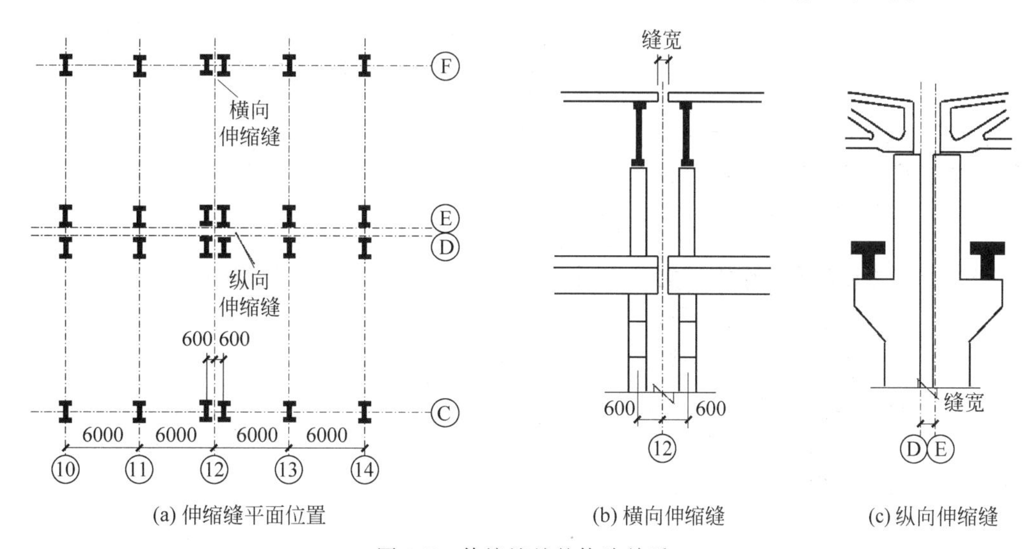

(a) 伸缩缝平面位置　　(b) 横向伸缩缝　　(c) 纵向伸缩缝

图 9-7　伸缩缝处的构造关系

如果是单纯的伸缩缝，其缝宽一般不大于 30mm。但伸缩缝一般也是防震缝，其缝宽应满足防震缝的缝宽要求。

2）沉降缝

当相邻跨厂房高度相差较大、承受的竖向荷载差异悬殊，或地基土的压缩性有显著差异、厂房结构或基础类型有明显不同时，为了防止由于地基不均匀沉降在结构中产生附加应力使结构破坏，可在厂房高度、地基性能或结构类型变化处设置沉降缝。沉降缝不但应该贯通上部结构，还应贯通基础本身。沉降缝可兼做伸缩缝，但伸缩缝不能兼做沉降缝。设置沉降缝需增加建筑面积，增加造价，因此目前设计一般采取措施减小不均匀沉降，而不设沉降缝。

3）防震缝

当相邻跨厂房的高度相差悬殊、厂房结构的类型和刚度有明显不同以及在厂房侧边布置附属用房时，为了防止在地震中由于结构不同部分的变形能力不同而造成损坏，可设置防震缝将相邻两部分分开。防震缝在地面以上沿全高设置，基础可不设缝。防震缝的宽度应考虑防止两侧结构相互碰撞，在厂房纵横跨交接处、大柱网厂房或不设柱间支撑的厂房，防震缝宽度可采用 100～150mm；其他情况可采用 50～90mm。

当厂房需要设置伸缩缝和防震缝时，缝应设置在同一位置处，并不得小于防震缝的宽度要求。

9.1.3　厂房竖向关键尺寸的确定

单层厂房剖面见图 9-8，吊车在安装在吊车梁上的轨道上运行，吊车梁安装在牛腿上。牛腿上表面以上称为上柱，柱截面高度较小；以下称为下柱，柱截面高度较大。

厂房室内地面标高一般为±0.000，竖向关键尺寸指牛腿面标高、吊车梁顶标高、柱顶标高，按《模数标准》，上述3个标高均应符合3M制的要求，如图9-9所示。

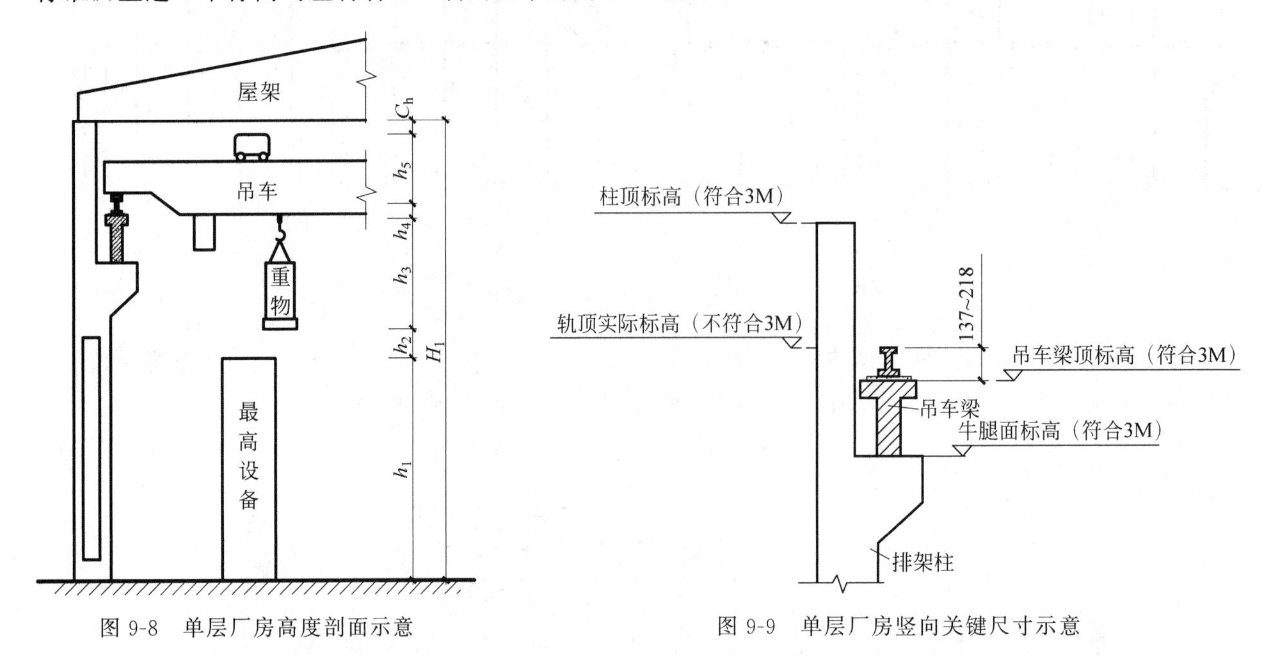

图9-8　单层厂房高度剖面示意

图9-9　单层厂房竖向关键尺寸示意

对有吊车厂房，根据起吊工作需要的净空，按下式确定室内地面以上的排架柱高度，即柱顶标高。

$$H_1 = h_1 + h_2 + h_3 + h_4 + h_5 + C_h \tag{9-1}$$

式中：$h_1 + h_2 + h_3$——厂房的吊车梁顶标高（也称轨顶标志标高），由工艺专业确定；

h_4——吊车轨道高度和垫层高度之和，按标准图集《吊车轨道联结及车挡（适用于混凝土结构）》（17G325）选用具体型号后确定，其值在137～218mm；

h_5——吊车的轨顶以上高度，根据吊车说明书查得；

C_h——吊车安全行驶所需的上方间隙，根据《通用桥式起重机》（GB/T 14405—2011）的要求，不应小于200mm。

结构专业在接到工艺提供的吊车参数和吊车梁顶标高后，首先在标准图集上选择吊车梁型号，确定了吊车梁截面高度和牛腿面标高，即确定了±0.000以上的下柱高度。从图9-8可知，上柱高度按以下四项之和确定：①吊车梁高；②吊车轨道高度加垫层高度；③吊车顶面至吊车轨顶高度；④吊车顶部安全间隙。如该四项之和不符合3M制，则就近增加到符合3M制的尺寸，即为上柱高度。

需要注意的是，吊车梁梁顶标高可称之为轨（指吊车轨道）顶标志标高。而轨顶实际标高为轨顶标志标高加上吊车轨道面至吊车梁顶面的距离，一般不符合3M制的要求。

对无吊车厂房，厂房没有吊车梁和牛腿，不分上下柱。柱顶标高由设备高度和生产需要来确定，也由工艺专业书面提供。

从图9-8可知，柱在±0.00m以下还有两段长度：①±0.00m至基顶之间的距离，一般为500～600mm；②柱插入基础的长度，见图9-9。

【例9-2】 某单层单跨厂房，柱距6m，跨度24m，吊车梁顶标高10.2m，吊车梁高1.2m，室内地面标高为±0.000，室内外高差150mm，基顶标高−0.500m，厂房设15/3t及20/5t桥式吊车各1台，吊车按专业标准ZQ1—62给出的基本参数进行设计。试确定厂房柱顶标高，牛腿面标高（柱顶、牛腿面标高均应符合模数要求），吊车顶部到排架柱顶的安全间隙不应小于200mm。

【解】 厂房跨度24m，则吊车跨度为22.5m。由吊车资料查表可得：20/5t吊车的轨顶以上高度为2300mm，15/3t吊车的轨顶以上高度为2150mm，由于20/5t吊车外形尺寸和起重量较大，起控制作用，故牛腿面以上高度按20/5t的吊车参数取值。

牛腿面标高＝吊车梁顶标高－吊车梁高＝10.2m－1.2m＝9.0m，符合3M制要求。

根据《吊车轨道联结及车挡（适用于混凝土结构）》（17G325），查得20/5t吊车的轨道面至梁顶面距离

(吊车轨道高度和垫层高度)为170～190mm,按190mm取值,则:

实际轨顶标高=牛腿面标高+吊车梁高+吊车轨道高度和垫层高度=9.0m+1.2m+0.19m=10.39m。

取吊车顶部到排架柱顶的安全间隙为200mm,则:

柱顶标高=实际轨顶标高+轨顶以上高度+0.2=10.39m+2.3m+0.2m=12.89m,不符合3M制要求,故就近增加至符合3M制要求的12.9m。

全柱高:H_1=柱顶标高-基顶标高=12.9m-(-0.5m)=13.4m。

上柱高:H_u=柱顶标高-牛腿顶面标高=12.9m-9.0m=3.9m。

下柱高:H_0=全柱高-上柱高=13.4m-3.9m=9.5m。

需要注意的是,例题中的全柱高和下柱高均为计算时的高度,从基顶计。但柱绘图和预制柱时,柱高应加上插入基础的长度。

9.2　结构构件名称及组成

单层厂房结构分为以下几个子结构体系。

1) 屋盖体系

由排架柱以上的各构件组成,包括屋面板(roof panel)、天窗架(skylight frame)、屋架(roof frame)或屋面梁(roof beam)、檩条(purlin)、屋盖支撑(roof bracing)等。其作用除了承重以及与柱组成排架结构外,尚有围护、采光和通风的作用。

2) 梁、柱体系

单层厂房是典型的平面结构,计算时,可将结构划分为横向、纵向平面排架结构,各方向的水平荷载由该方向的水平抗侧力结构承担,垂直于该方向的结构不参与受力。

(1) 横向平面排架结构

横向平面排架结构由厂房横向的屋架或屋面梁构成的刚性横梁、横向柱列及基础组成见图9-10,是厂房的基本承重结构。厂房承受的竖向荷载及横向水平荷载主要通过横向平面排架传至基础及地基。

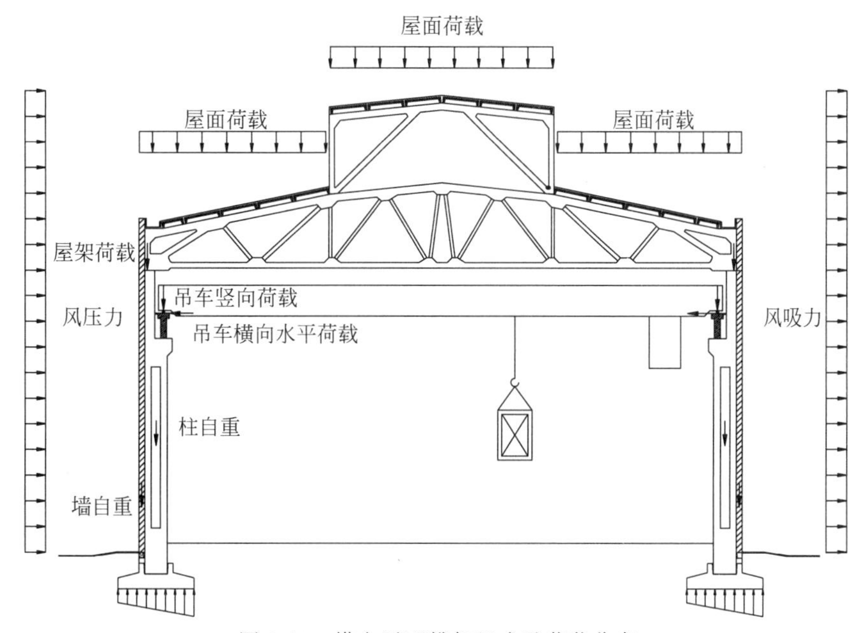

图9-10　横向平面排架组成及荷载分布

(2) 纵向平面排架结构

纵向平面排架结构由吊车梁、纵向柱列、柱间支撑、柱顶刚性系杆和基础等构件组成,见图9-11,作用是保证厂房结构的纵向稳定性和刚度,承受吊车纵向水平荷载、纵向水平地震作用、温度应力以及作用在山墙及天窗架端壁并通过屋盖结构传来的纵向风荷载等。

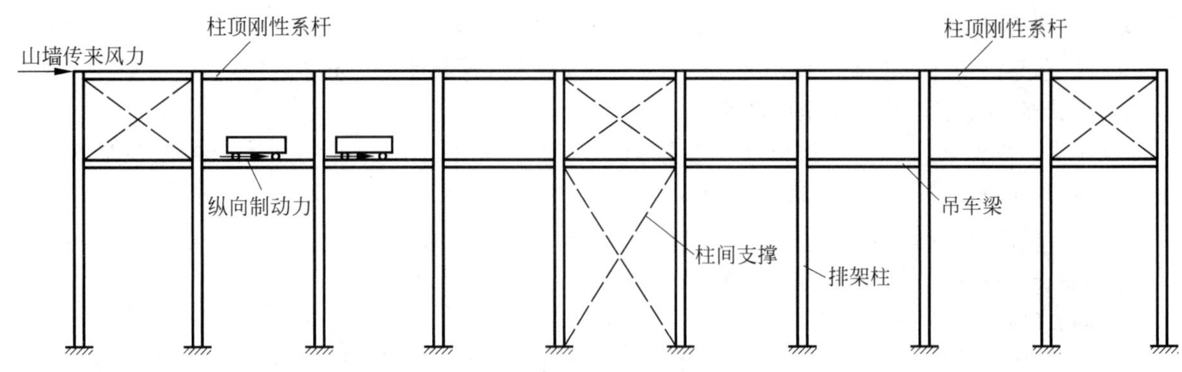

图 9-11　纵向平面排架组成及荷载分布

(3) 吊车梁(crane girder)

吊车梁简支在柱牛腿上，主要承受吊车竖向荷载、横向和纵向水平荷载，并将它们分别传至横向或纵向排架。

3) 基础体系

基础承受柱、基础梁传来的全部荷载，并将它们传给地基。

4) 支撑体系

支撑体系包括屋盖支撑和柱间支撑，作用是提高结构空间刚度，保证结构稳定，将荷载传递到排架结构和基础。

5) 围护体系

围护体系包括纵墙、横墙(山墙)、抗风柱(wind-rsistant column)、圈梁(ring beam)、过梁(lintel)、基础梁、连系梁(tie beam)等构件。这些构件所承受的荷载，主要是自重以及作用在墙面上的风荷载。

单层厂房各构件的名称、功能和标准图集如表 9-2 所示。

表 9-2　单层厂房结构构件及其作用

<table>
<tr><th colspan="3">构件名称</th><th>功　能</th><th>标 准 图 集</th><th>备　注</th></tr>
<tr><td rowspan="8">承重结构构件</td><td rowspan="8">屋盖结构</td><td>屋面板</td><td>具有围护作用，承受屋面自重、屋面均布活荷载等，并将它们传给屋架(屋面梁)、天窗架</td><td rowspan="2">《1.5m×6.0m 预应力混凝土屋面板(预应力混凝土部分)》(04G410—1)
《1.5m×6.0m 预应力混凝土屋面板(钢筋混凝土部分)》(04G410—2)</td><td rowspan="2">包括屋面板、檐口板、天沟板、嵌板、开洞板等</td></tr>
<tr><td>天沟板</td><td>承受和传递屋面积水及防水层等自重、屋面均布活荷载</td></tr>
<tr><td>天窗架</td><td>承受和传递屋面板的荷载、天窗的荷载等</td><td>《门型钢筋混凝土天窗架》(94G316)
《钢天窗架》(05G512)</td><td>跨度 6m、9m、12m</td></tr>
<tr><td>托架</td><td>用以支承 12m 柱距时的屋架，并将荷载传给柱</td><td>《钢托架》(05G513)
《预应力混凝土折线形托架》(96G433—1)
《预应力混凝土三角形托架》(96G433—2)</td><td></td></tr>
<tr><td>屋架</td><td>承受和传递来自屋面板、檩条传来的竖向荷载，以及悬挂吊车的荷载</td><td>《钢筋混凝土折线形屋架》(04G314)
《预应力混凝土折线形屋架(预应力钢筋为钢绞线　跨度 18m～30m)》(04G415—1)
《梯形钢屋架》(05G511)</td><td>钢筋混凝土屋架跨度 15m、18m；
预应力混凝土屋架跨度 18～30m；
钢屋架跨度 18～36m</td></tr>
<tr><td>屋面梁</td><td>承受和传递来自屋面板、檩条传来的竖向荷载</td><td>《钢筋混凝土屋面梁》(04G353—1～6)
《预应力混凝土工字形屋面梁》(05G414—1～5)</td><td>钢筋混凝土屋面梁分为 6m、9m、12m 单坡，9m、12m、15m 双坡；
预应力混凝土屋面梁分为 9m、12m 单坡，12m、15m、18m 双坡</td></tr>
<tr><td>檩条</td><td>支撑和传递小型屋面板(或瓦材)的荷载</td><td>《钢檩条 钢墙梁(2011 年合订本)》(11G521—1～2)</td><td>仅用于有檩体系的屋盖</td></tr>
</table>

续表

构件名称		功　　能	标 准 图 集	备　　注
排架结构	排架柱	承受屋盖结构、吊车梁、外墙、柱间支撑等传来的竖向和水平荷载，并将他们传给基础	《单层工业厂房钢筋混凝土柱》(05G335)	同时为横向排架和纵向排架中的构件
	吊车梁	承受和传递吊车荷载	《钢筋混凝土吊车梁（2015 年合订本）》(G323—1、2) 《6m 后张法预应力混凝土吊车梁》(04G426) 《先张法预应力混凝土吊车梁》(95G425) 《钢吊车梁（6～9m）(2020 年合订本）》(G520—1～2)	
	吊车轨道联结及车挡	支承吊车并将荷载传递给吊车梁	《吊车轨道联结及车挡（适用于混凝土结构）》(17G325) 《吊车轨道联结及车挡（适用于钢吊车梁）》(05G525)	
支撑体系	屋盖支撑	加强屋盖结构空间刚度，保证屋架的稳定		与相应屋架配套，见屋架图集
	柱间支撑	加强厂房的纵向刚度和稳定性，承受并传递纵向水平荷载	《柱间支撑》(05G336)	有上柱间支撑和下柱间支撑
围护结构	抗风柱	承受山墙和传来的风荷载，并将它们传给屋盖结构和基础	《钢筋混凝土抗风柱》(10SG334)	
	外纵墙山墙	厂房的围护构件，承受风荷载及其自重	《建筑物抗震构造详图（单层工业厂房）》(11G329—3)	
	连系梁	承受和传递高低跨封墙的重量	《钢筋混凝土连系梁》(04G321)	
	圈梁	加强厂房和围护墙的整体性	《建筑物抗震构造详图（单层工业厂房）》(11G329—3)	
	过梁	承受和传递门窗洞口上部墙体的重量	《钢筋混凝土过梁（2013 年合订本）》(13G322—1～4)	
	基础梁	承受和传递围护墙体的重量	《钢筋混凝土基础梁》(16G320)	

注：表中部分图集需要按现行标准校核。

根据对跨度为 24m，吊车起重量为 15t 的中型厂房所作的统计，厂房主要构件的材料用量百分比如图 9-12 所示，各部分造价占土建总造价百分比如图 9-13 所示。从所用材料来看，屋面板所占比重最多，从造价占比来看，屋盖部分占比最大。

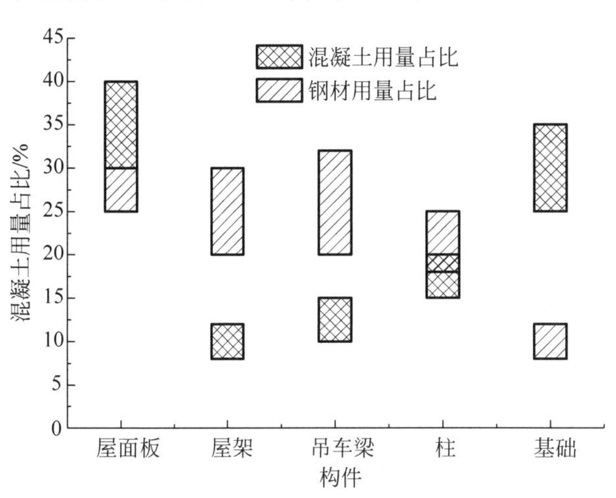

图 9-12　中型单层厂房各主要材料用量百分比

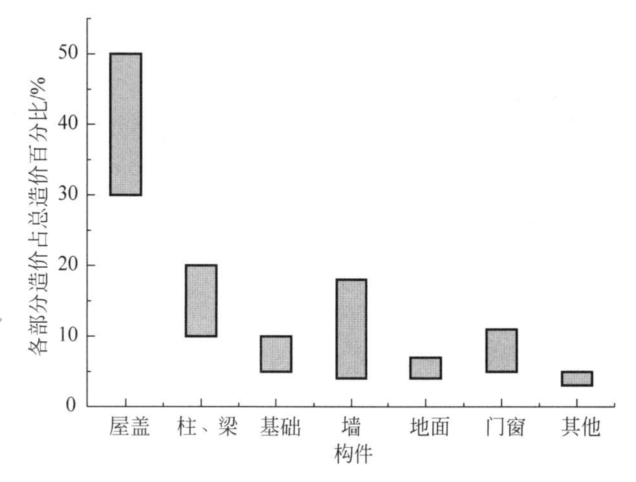

图 9-13　单层厂房各部分造价百分比

除柱和基础外，单层厂房结构其他构件一般都可以根据工程的具体情况，从标准设计图集中选用，不必另行设计。

9.3 屋盖结构布置及主要构件

单层厂房的屋盖结构分为无檩体系和有檩体系两种。无檩体系由大型屋面板、屋架或屋面梁、屋盖支撑、天窗架等组成。有檩体系由小型屋面板或瓦材、檩条、屋架或屋面梁、屋盖支撑、天窗架等组成。两相比较，有檩体系由于构件种类多、传力途径长、承载能力低、屋盖的刚度和整体性差，较少采用，单层厂房结构以无檩体系为主，故本书后续主要介绍无檩体系。

9.3.1 屋面板

无檩体系屋盖常用预应力混凝土大型屋面板，代号 Y-WB，主规格是 1.5m（宽）×6m（长）×0.24m（高），如图 9-14 所示。该板由面板、纵肋和横肋组成，面板厚度为 30mm，纵肋高度为 240mm，横肋高度为 120mm。板两端简支在 6m 间距的屋架或屋面梁上，但在厂房单元两端，由于屋架或屋面梁内缩 0.6m，故该屋面板的支座间距为 5.4m，一端悬挑 0.6m。屋面板采用先张法施加预应力，预应力筋布设在纵肋底部。

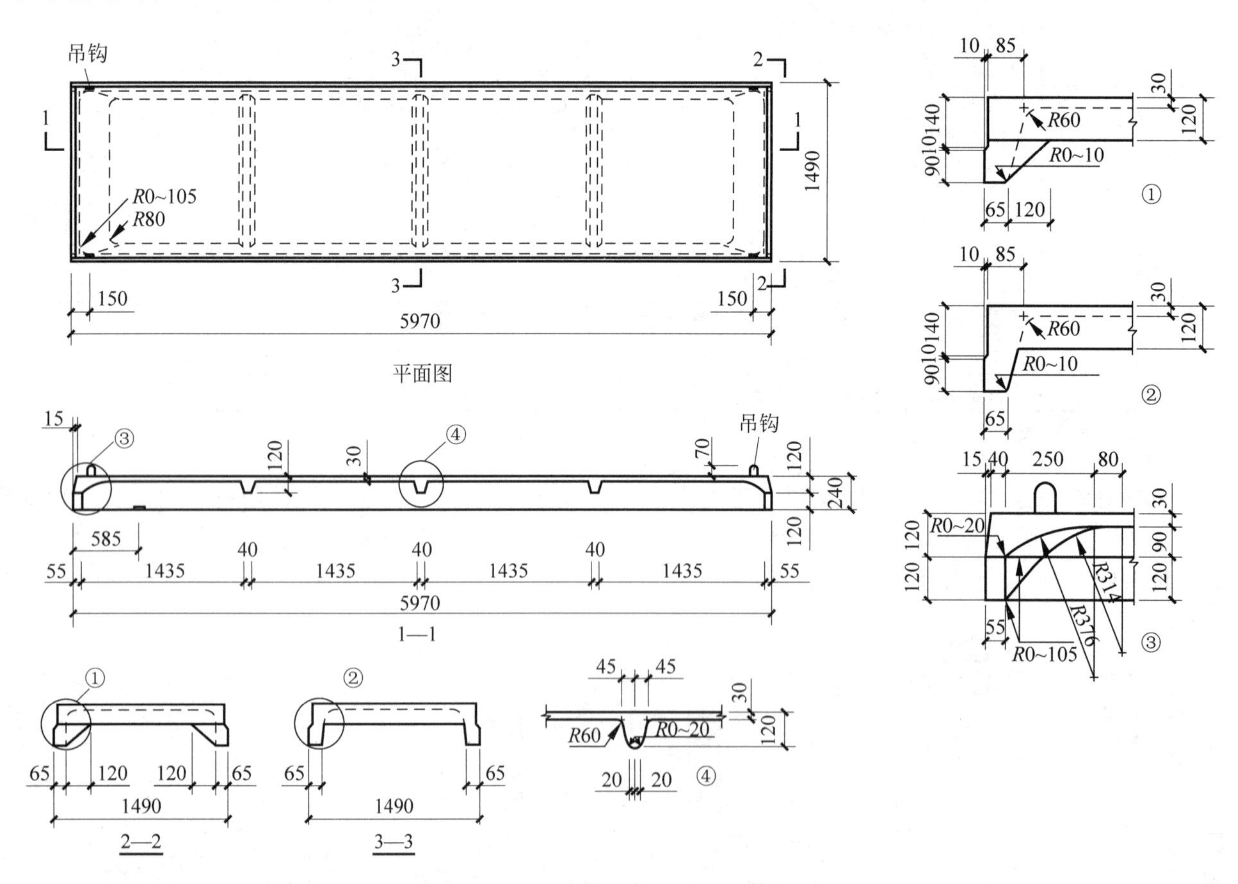

图 9-14　预应力混凝土屋面板构造

屋面板每肋两端底部共四个角部设有预埋钢板与屋架上弦（或屋面梁顶面）的预埋钢板现场焊接，形成了水平刚度较大的屋面结构，如图 9-15 所示。

屋面板可根据采光、通风的需要在板面横肋间面板范围内开设洞口，洞口尺寸为边长（直径）为 300～1100mm 的方洞（圆洞）。

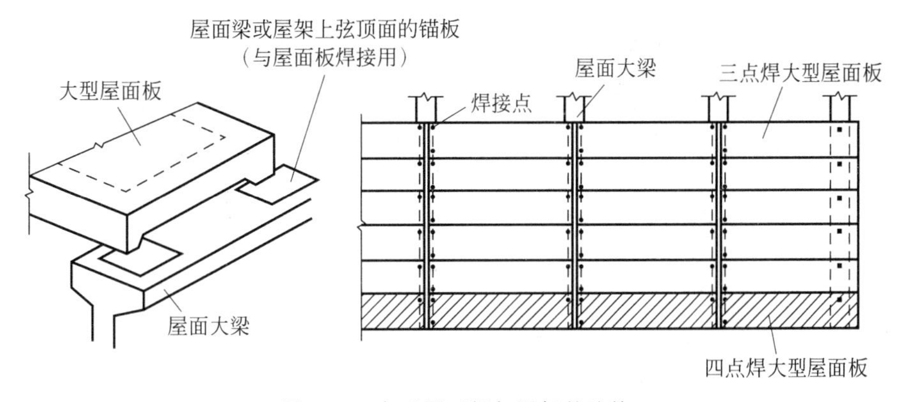

图 9-15　大型屋面板与屋架的连接

除图 9-14 所示的屋面板外，在一些特殊部位还要铺设檐口板（WBT、KWBT）、天沟板（TGB）、嵌板（KWB），如图 9-16 所示。

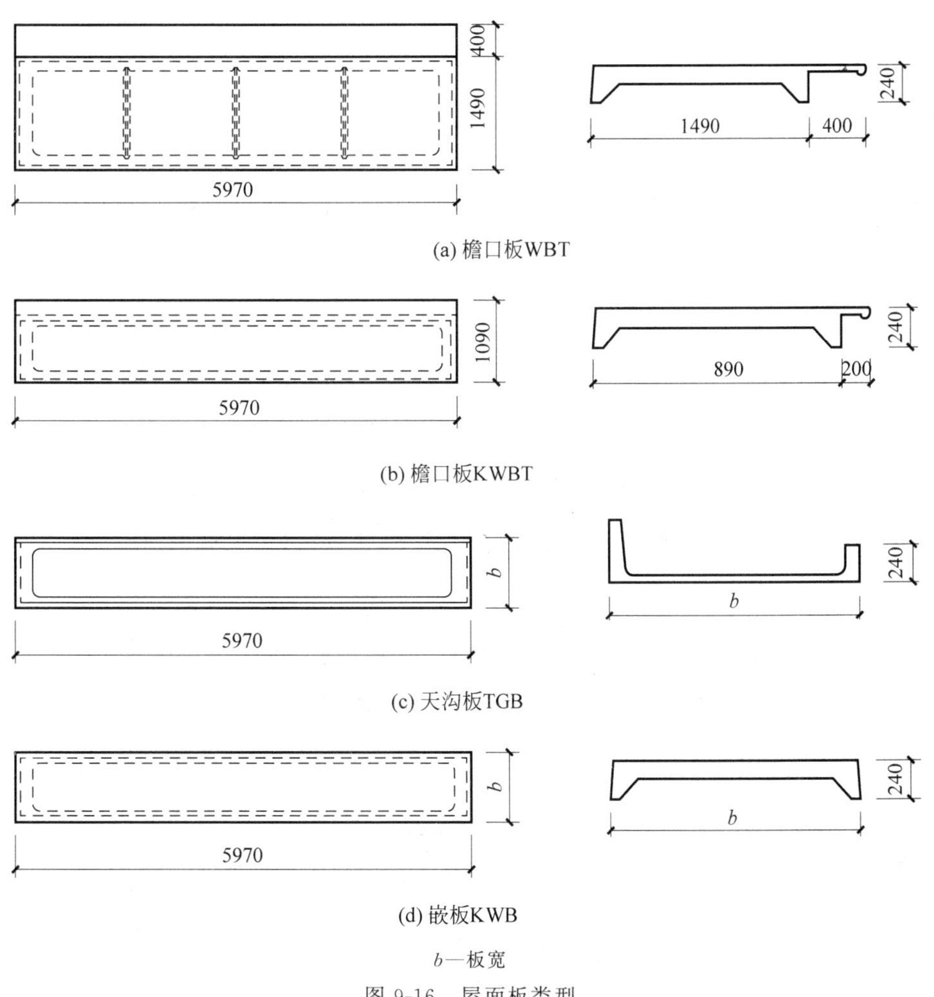

b—板宽

图 9-16　屋面板类型

檐口板用于屋面为无组织自由落水时，可分两种，一种为 WBT，板宽为 1.5m+0.4m，如图 9-16(b)所示，一般仅用于天窗架上，见图 9-17(a)；一种为 KWBT，用于屋架或屋面梁上，见图 9-17(b)。天沟板 TGB 用于屋面为有组织排水时，宽度为 580mm、620mm、680mm、770mm、860mm，与相应的屋架配套使用，见图 9-17(c)。由于屋面板按 1.5m 间距排列，故设置内天沟时，天沟板内侧需做嵌板 KWB，嵌板和天沟板的宽度相加为 1500mm，如图 9-17(d)所示。

此外，还有其他形式的屋面板，如预应力 F 形屋面板、预应力自防水保温屋面板、钢筋加气混凝土板等，在工程中使用较少。

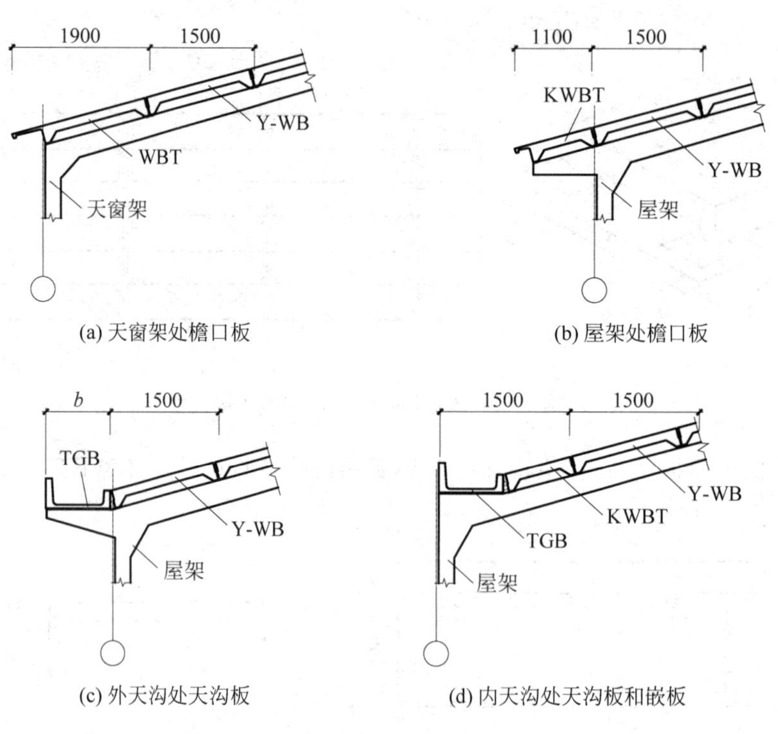

(a) 天窗架处檐口板　(b) 屋架处檐口板

(c) 外天沟处天沟板　(d) 内天沟处天沟板和嵌板

图 9-17　檐口板、天沟板和嵌板布置

9.3.2　屋架和屋面梁

1. 屋架和屋面梁

1）屋面梁(roof beam)

屋面梁一般适用于厂房跨度不大于 15m 的情况，根据外形分为单坡屋面梁和双坡屋面梁，如图 9-18 所示。除两端外，屋面梁中间的横截面呈“I”形，上下翼缘宽，腹板薄，故也称为薄腹梁。上翼缘的宽度一般为 240～350mm，下翼缘的宽度一般为 240mm。

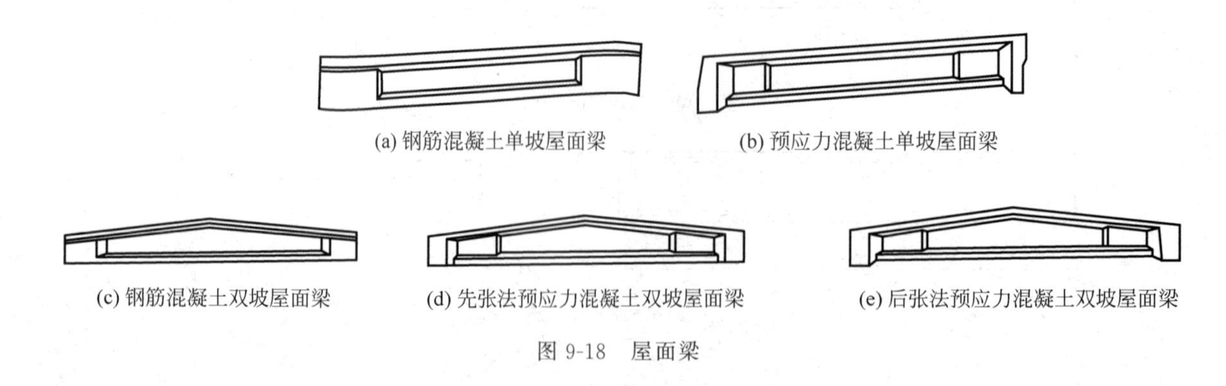

(a) 钢筋混凝土单坡屋面梁　(b) 预应力混凝土单坡屋面梁

(c) 钢筋混凝土双坡屋面梁　(d) 先张法预应力混凝土双坡屋面梁　(e) 后张法预应力混凝土双坡屋面梁

图 9-18　屋面梁

屋面梁按外形分为单坡和双坡两种，见图 9-18，均可采用钢筋混凝土或预应力混凝土，钢筋混凝土单坡屋面梁的常用跨度有 6m、9m、12m，双坡屋面梁的常用跨度有 9～15m；预应力混凝土工字形单坡屋面梁的常用跨度有 9m、12m，双坡屋面梁的常用跨度有 9～18m，屋面梁用法如图 9-19 所示。

2）预应力混凝土折线形屋架

预应力混凝土折线形屋架的间距为 6m，适用跨度为 18～30m，见图 9-20。18m、21m 跨屋架配置 6m 跨度的钢天窗架，24m、27m、30m 跨屋架配置 9m 跨度的钢天窗架。预应力屋架混凝土强度等级一般不小于 C40。

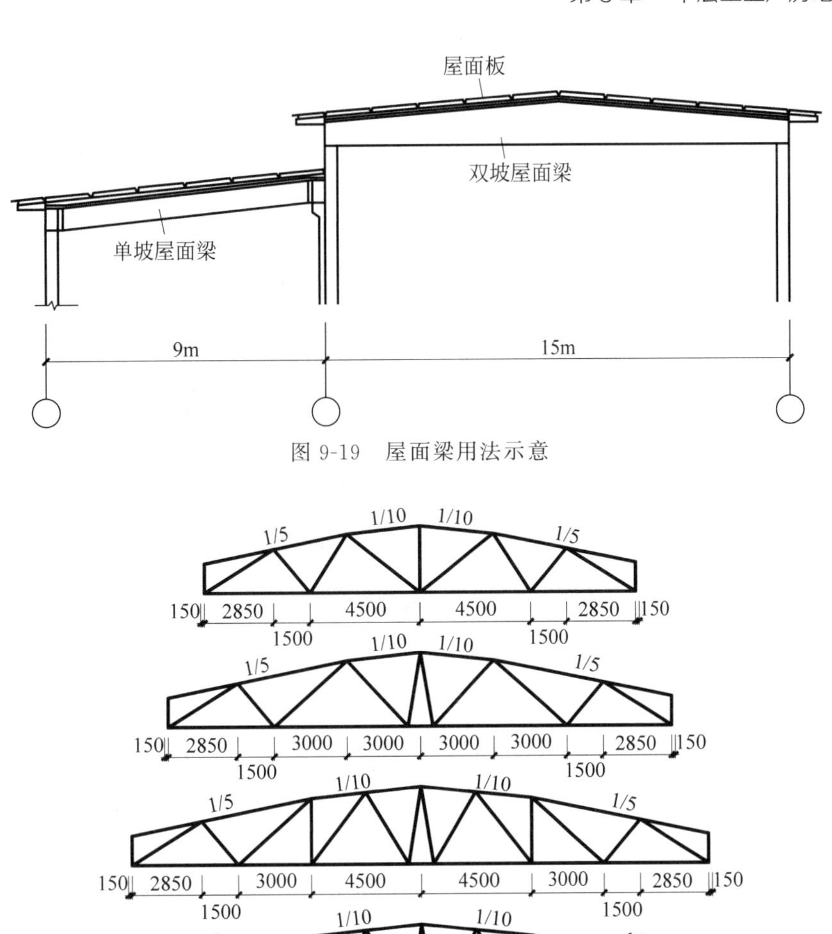

图 9-19　屋面梁用法示意

图 9-20　18～30m 预应力混凝土折线形屋架

屋架的高跨比一般为 1/10～1/6,屋架杆件的截面形式一般为矩形。屋架的上、下弦及端斜杆采用相同的宽度以利制作。以图 9-21 所示的 21m 跨预应力混凝土屋架为例,其屋面坡度在天窗范围内是 1/10,其余两侧坡度是 1/5,屋架端部竖杆中心线(也是屋架竖向荷载作用点位置)距厂房轴线均为 150mm。

确定屋架节点时,应尽量让屋架传来的较大集中荷载作用在节点上,同时还要考虑便于布置屋架支撑。屋架上弦的节间长度不宜过大,为了便于铺设屋面板并尽可能地使集中荷载传递到节间,一般多取为 3m,下弦的节间长度可比上弦大,一般为 4～6m。

屋架选型确定后,天沟板的宽度与屋架有关,应根据屋架型号确定天沟板的宽度。

3) 梯形钢屋架

梯形钢屋架的适用跨度为 18～36m,24m 跨梯形钢屋架尺寸及内力图如图 9-22 所示,图中左半部分标注数字为构件尺寸,右半部分标注数字为构件内力(单位: kN)。钢屋架自重较小,但不适用于长期受热 150℃以上、相对湿度较高和侵蚀性作用环境。

4) 其他形式屋架

包括两铰(或三铰)拱屋架。两铰拱的支座节点为铰接,顶节点为刚接；三铰拱的支座节点和顶节点均为铰接,如图 9-23 所示。两铰拱的上弦为钢筋混凝土构件,三铰拱的上弦可用钢筋混凝土或预应力混凝土构件,实际工程中较少采用。

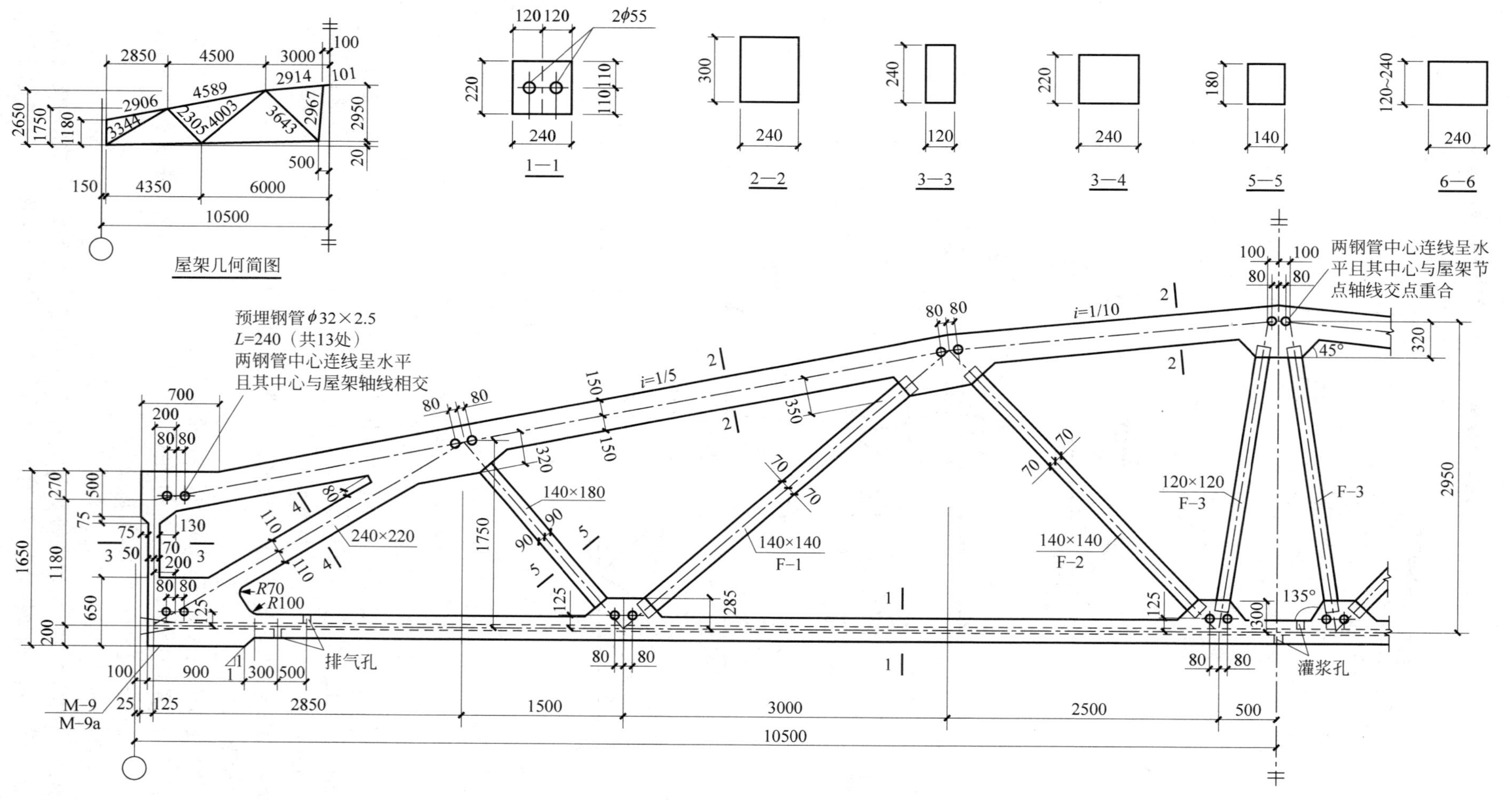

图 9-21 21m 跨预应力混凝土屋架构造

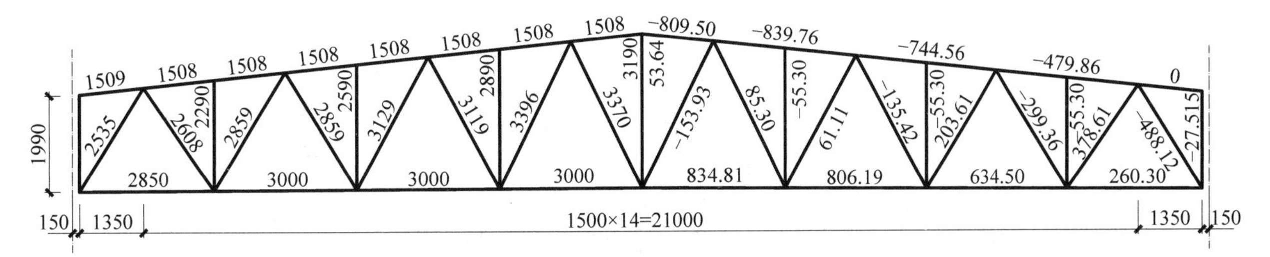

图 9-22　24m 跨梯形钢屋架尺寸及内力

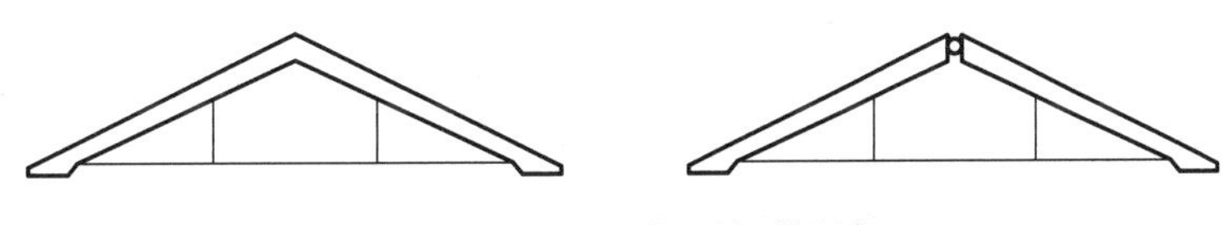

图 9-23　两铰(或三铰)拱屋架

钢筋混凝土屋架、预应力混凝土屋架、钢屋架实际上是桁架,外形有三角形、拱形、梯形、折线形等。桁架的矢高和外形对屋架受力有较大影响,见图 9-24。

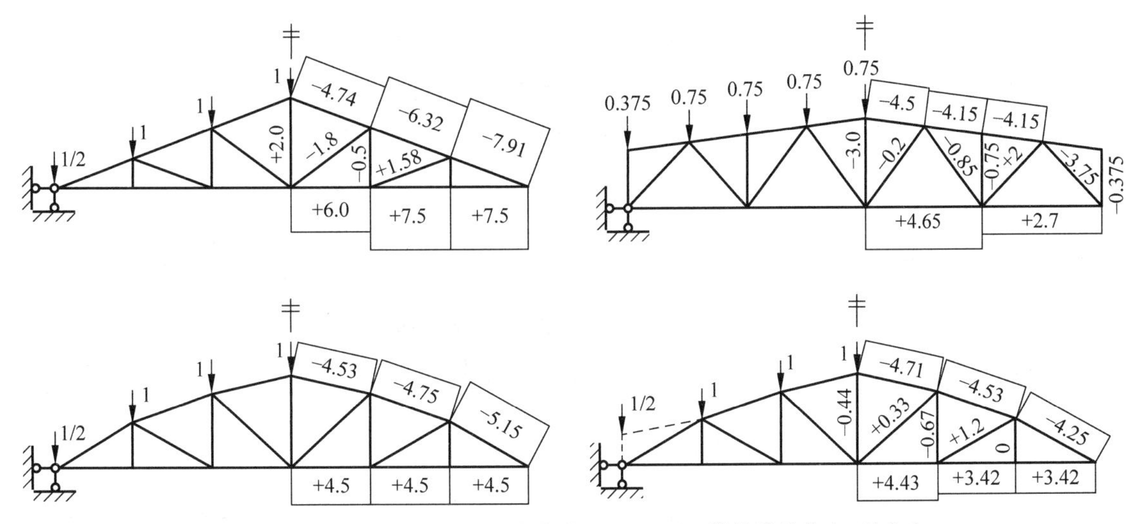

图 9-24　桁架式屋架承受集中荷载($f/L=1/6$,模拟满跨均布)及内力

2. 屋架与柱的连接

屋架与柱的连接方式有焊接、螺栓连接和钢板铰连接三种,如图 9-25 所示。焊接是在屋架或屋面梁端部支承部位的预埋件底部焊上一块垫板,待屋架或屋面梁就位后,与柱顶预埋钢板焊接。螺栓连接是在柱顶伸出预埋螺栓,在屋架或屋面梁端部支承部位焊上带有缺口的支撑钢板,就位后,用螺母拧紧。钢板铰连接与螺栓连接类似,但连接钢板应伸出柱外,螺栓在柱外连接。

三种连接方式中:钢板铰连接最接近铰接的计算假定,且节点有很大的变形和耗能能力,螺栓连接次之,焊接最差。因此,抗震设防烈度为 6~7 度时,三种连接方式均可采用,8 度、9 度时宜采用钢板铰或螺栓连接。

3. 屋架与抗风柱的连接

山墙抗风柱的柱顶应与端屋架的上弦(或屋面梁上翼缘)可靠连接,连接部位应位于上弦横向支撑与屋架的连接点处,以便将风荷载直接传至屋盖。当抗风柱位置不在支撑连接节点时,应增设辅助支撑杆与支撑交叉节点相连。

连接节点除应在水平方向有效地传递风荷载外,在竖向应使屋架与抗风柱之间允许有一定的相对竖向位移,防止屋盖与抗风柱相互影响。抗风柱与屋架的连接如图 9-3 所示。

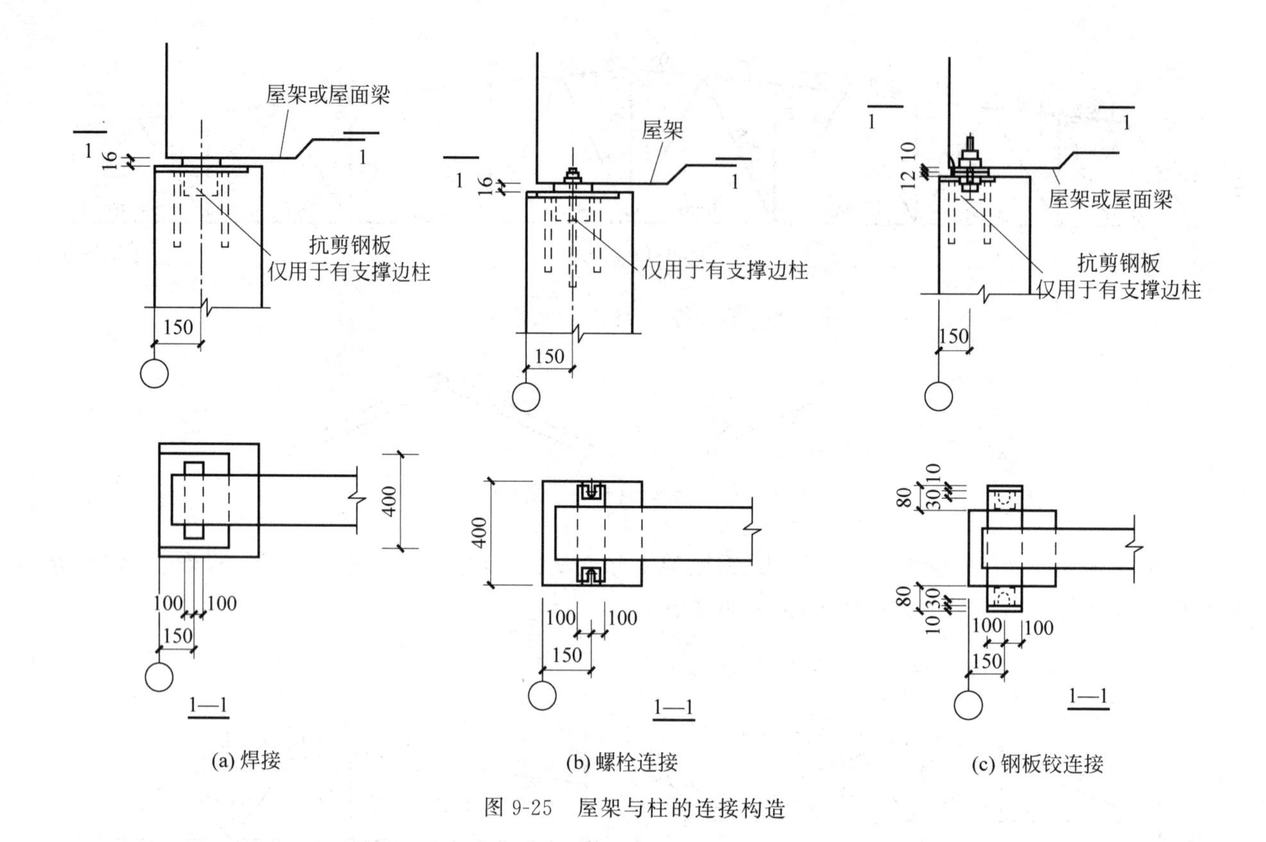

(a) 焊接 (b) 螺栓连接 (c) 钢板铰连接

图 9-25 屋架与柱的连接构造

4. 屋架与屋架支撑的安装节点

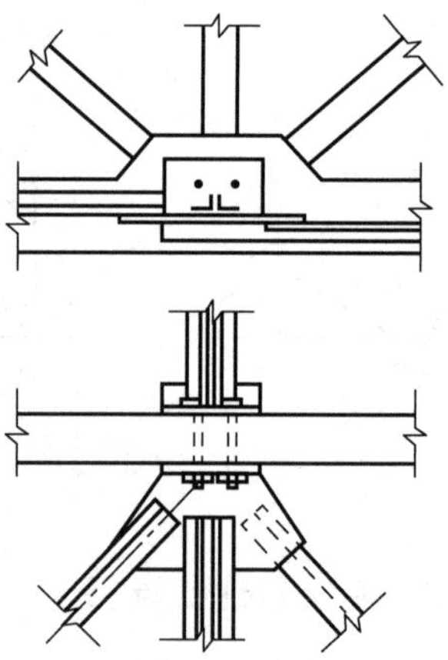

如图 9-26 所示，屋架节点处均预留了 2 个螺栓孔，2 个螺栓孔的预留是屋架设计的点睛之笔，不但用于屋架和抗风柱的连接，也非常方便安装屋架支撑。

屋架支撑一般采用角钢。屋架与屋架支撑连接时，首先将连接螺栓穿过螺栓孔，然后通过螺栓在屋架一侧或两侧连接角钢连接板，最后将支撑型钢与角钢连接板焊接，如图 9-26 所示。角钢连接板与支撑连接部分的尺寸可以调整，该方法构造简单、连接方便、适应性广。

图 9-26 屋架与屋盖支撑的连接

5. 屋架结构设计要点

屋盖结构中，屋架跨度大，设计、制作和施工的难度大，故本书着重介绍屋架的设计要点。

屋架为支承在柱顶的简支静定构件，施加于屋架结构上的荷载主要是通过屋面板和天窗架传递，屋面板的纵肋将荷载以集中荷载形式传递给屋架上弦杆。

屋架荷载应考虑以下问题：

(1) 屋面板施加于屋架上弦的荷载除了节点荷载外，还有节间荷载，为此，屋架的上弦杆往往处于偏心受力状态。

(2) 钢筋混凝土屋架一般在现场平放浇筑制作，就位前要经历扶直、吊装阶段，因此要进行屋架扶直、吊装阶段的验算。

1) 验算项目

钢筋混凝土或预应力混凝土屋架验算项目如表 9-3 所示。

表 9-3　钢筋混凝土或预应力混凝土屋架验算项目

序号	杆件		验算项目	
			使用阶段	制作、施工阶段(考虑动力系数 1.5)
1	上弦		全部屋盖(恒荷载＋活荷载)荷载作用下的偏心受压承载力	扶直阶段在屋架自身重力荷载作用下的正截面受弯承载力；吊装阶段在自身重力荷载作用下的正截面受拉承载力和抗裂度
2	下弦		全部屋盖(恒荷载＋活荷载)荷载作用下的轴心受拉承载力和抗裂度	施加预应力过程中混凝土截面受压承载力和张拉端局部受压承压力(此项仅针对预应力混凝土屋架)
3	腹杆	压杆	在(恒荷载＋活荷载)荷载组合后产生最不利内力作用下的轴心受压承载力	—
4		拉杆	在(恒荷载＋活荷载)荷载组合后产生最不利内力作用下的轴心受拉承载力和抗裂度	—

2) 荷载组合和内力计算特点

屋架荷载组合时，应注意以下原则：①屋面均布活荷载和雪荷载不同时考虑，设计时取两者中的较大者；②风荷载一般为吸力，起减小屋架内力的作用，设计时不予考虑。因此，屋架设计时考虑图 9-27 所示三种荷载效应组合：

(1) 全跨恒荷载＋全跨活荷载；

(2) 全跨恒荷载＋半跨活荷载；

(3) 屋架及屋盖支撑重力荷载＋半跨屋面板重力荷载＋半跨屋面均布活荷载(施工阶段屋面板安装的情况)。

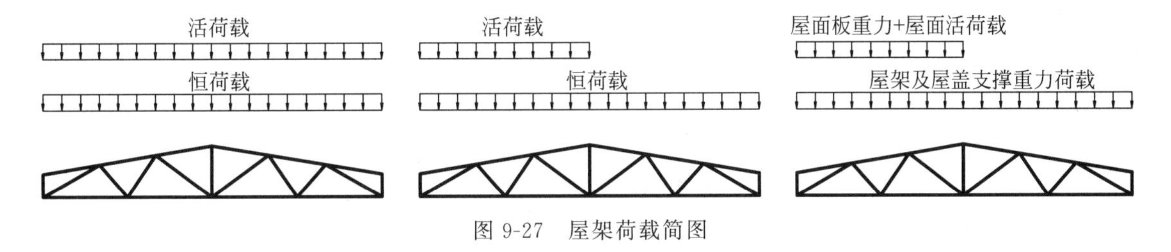

图 9-27　屋架荷载简图

屋架内力除按照图 9-28(b)所示的节点承受集中力的平面桁架结构计算外，还应注意以下四点：

(1) 屋面板传给上弦的集中力还可能作用在节点中间，故屋架上弦还承受弯矩。上弦可按连续梁计算(图 9-28(c))上弦各节点近似视为连续梁的不动铰支座。上弦杆的最终受力为按连续梁求得的弯矩和按铰接桁架求得的上弦杆轴力相叠加。

(2) 屋架杆件中的轴力按节点荷载作用下的铰接桁架计算(图 9-28(d))。节点的荷载取上弦连续梁的支座反力。

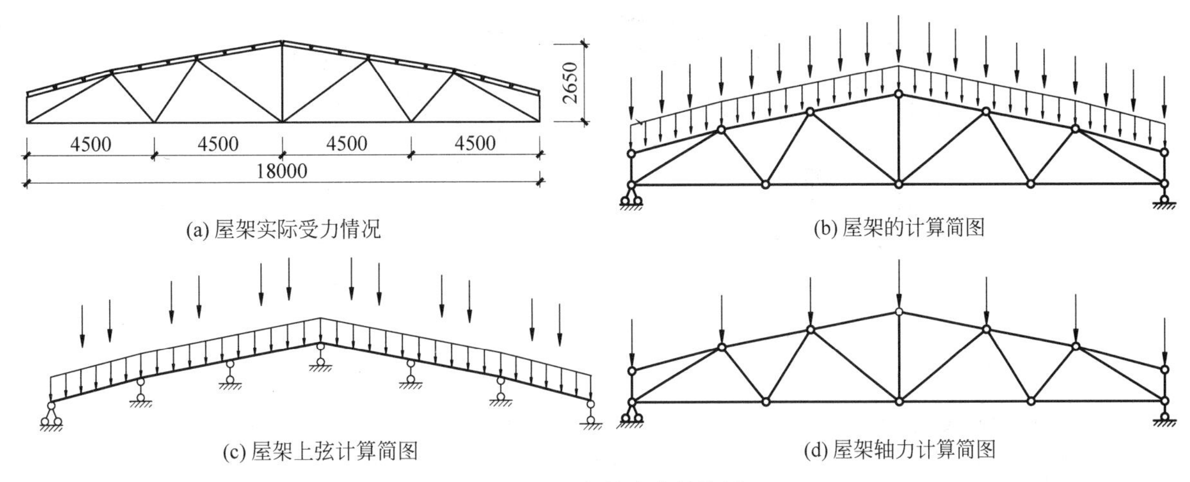

(a) 屋架实际受力情况　(b) 屋架的计算简图

(c) 屋架上弦计算简图　(d) 屋架轴力计算简图

图 9-28　屋架的内力计算图

(3) 要考虑屋架翻身扶直、吊装的受力状态。此时虽然承受荷载不大,但受力情况与使用阶段迥异。屋架一般平铺浇制,翻身扶直是屋架下弦不离开地面情况下,在上弦节点处设置起吊点,将屋架绕下弦转起。应对翻身扶直过程中屋架上弦进行验算,上弦以起吊点为支点,承受上弦自重和腹杆重量的一半,如图 9-29 所示。验算时要注意截面及配筋与使用阶段不同。

屋架吊装时,屋架重力荷载作用于下弦节点,屋架上弦受拉,故需对上弦进行轴心受拉承载力和抗裂验算,如图 9-30 所示。

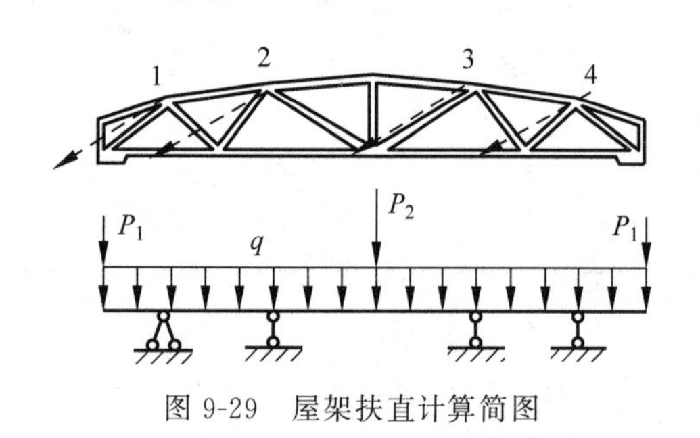

图 9-29　屋架扶直计算简图

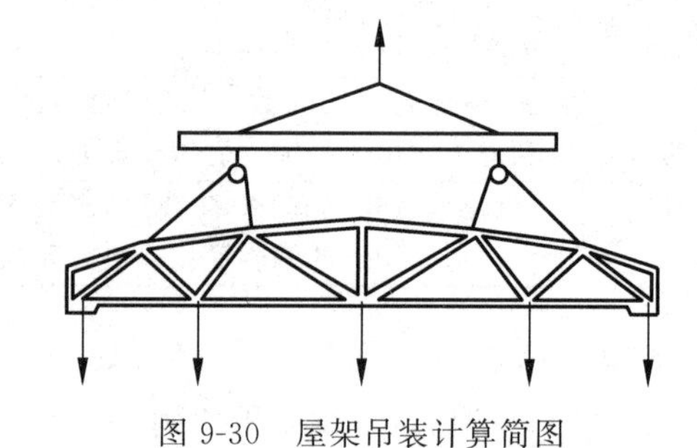

图 9-30　屋架吊装计算简图

对屋架进行翻身扶直和吊装验算时,应考虑起吊时的动力系数 1.5。

(4) 屋架节点均由混凝土整体浇筑而成,与节点铰接的计算假定有差别。

9.3.3 天窗架

天窗根据通风采光的需要一般沿纵向通长设置,位置在屋盖顶部的跨中。天窗架的作用是形成天窗,承受屋面板、天窗传来的竖向荷载和作用在天窗上的水平荷载,并将它们传给屋架或屋面梁。天窗架可分为图 9-31 所示的矩形截面的钢筋混凝土天窗架和图 9-32 所示的钢天窗架。混凝土天窗架的震害较重,建议采用钢天窗架。

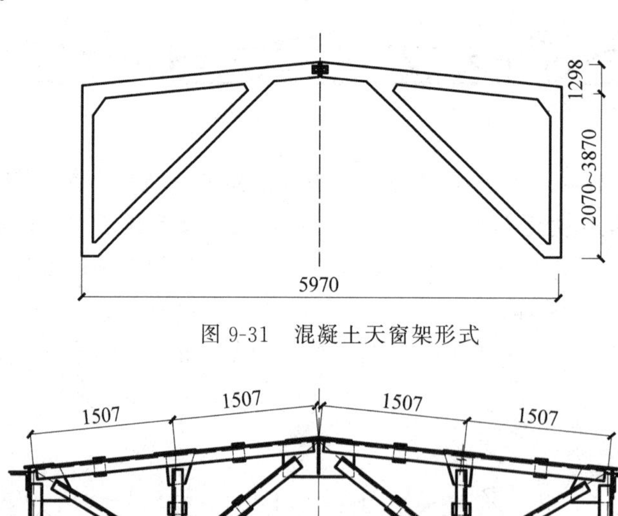

图 9-31　混凝土天窗架形式

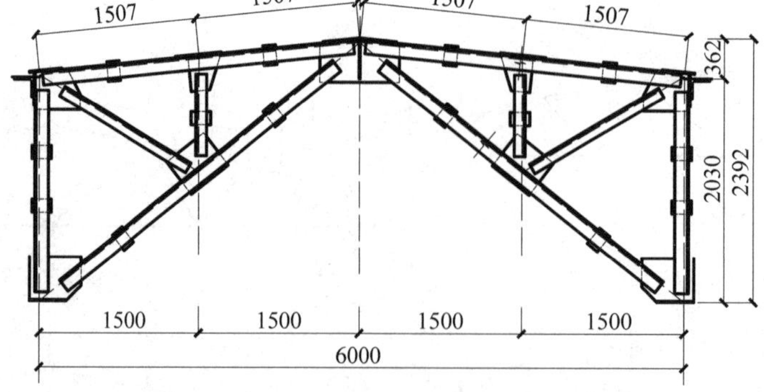

图 9-32　钢天窗架形式

常用的天窗架跨度有 6m、9m、12m,6m 跨度天窗架有 1×1.2m、1×1.5m、2×0.9m、2×1.2m 四种窗扇高度,和 15m、18m、2lm 跨度屋架配套;9m 跨度天窗架有 2×0.9m、2×1.2m、2×1.5m 三种窗扇高

度，和 24m、27m、30m 跨度屋架配套；12m 跨度天窗架有 2×1.2m、2×1.5m 两种窗扇高度，和 33m、36m 跨度屋架配套。

天窗范围的屋面板一部分在屋面，另一部分在天窗顶部，不在同一面，因此，天窗对屋面的整体性有削弱。天窗架不应从厂房结构单元第一开间开始设置，抗震设防烈度为 8 度和 9 度时，天窗架宜从厂房单元端部第三柱间开始设置。

9.3.4　托架

有些厂房由于设备、配件或产品等的外形尺寸大，全部采用 6m 的柱距将影响厂房的功能，则可将柱距局部扩大为 12m。此时，应在 12m 柱距两侧柱的柱顶沿厂房纵向设置 12m 跨度的托架，用于支承屋架或屋面梁。托架跨中支承屋架或屋面梁，两侧支承在柱顶，和排架柱的柱顶为铰接。

托架可采用预应力混凝土三角形或折线形构件(图 9-33)，也可采用钢托架。

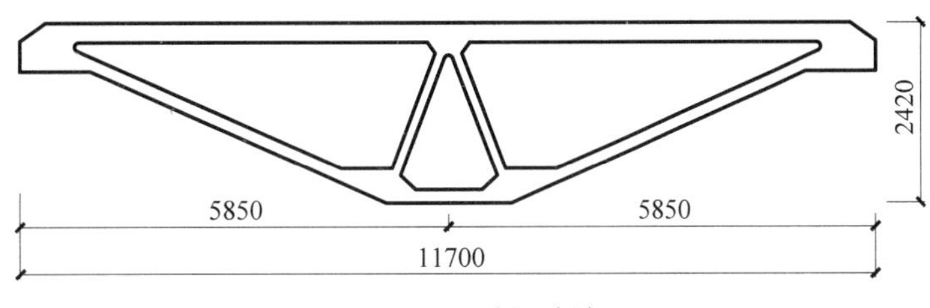

图 9-33　混凝土托架

9.3.5　檩条

当采用小型屋面板时，屋面板和屋架之间通过檩条联系，檩条起支承并传递屋面荷载给屋架的作用。檩条支承在屋架上，它与屋架间用预埋钢板焊接，并与屋盖支撑一起增强屋盖结构整体刚度。檩条的跨度一般为 6m。应用较多的是钢筋混凝土和预应力混凝土“Γ”形檩条，如图 9-34 所示。

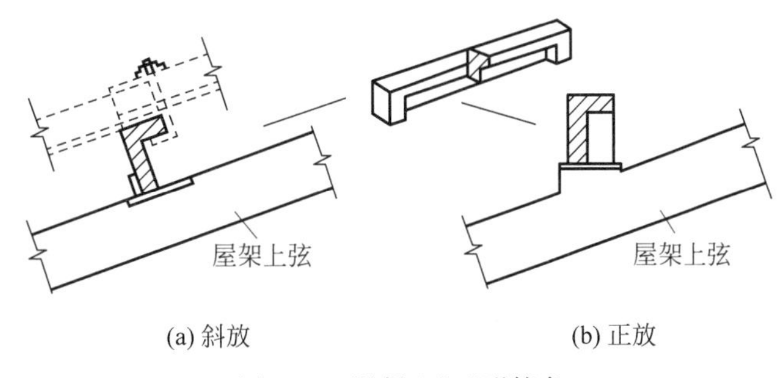

图 9-34　混凝土“Γ”形檩条

9.4　梁、柱结构布置及主要构件

9.4.1　吊车梁

1. 吊车概况

吊车是厂房内主要的运输装卸工具。可分为软钩吊车和硬钩吊车。常见的是软钩吊车，吊重通过钢丝绳等柔性材料与吊钩连接。硬钩吊车是通过夹钳、料耙等刚性结构把吊重传给小车的特种吊车，工作频繁、运行速度高，刹车时产生的横向水平惯性力较大，卡轨现象也较严重。

起重量较大的吊车，除设置吊重较大的主钩外，还设置一个吊重较小的副钩以方便使用，这类吊车的吊重有两个,如 30t/5t 指主钩额定起重量为 30t,副钩为 5t。

根据《起重机设计规范》(GB/T 3811—2008),吊车是将可能完成的总工作循环数划分成 10 个使用等级,用 $U_0 \sim U_9$ 表示,吊车的起升荷载状态级别是指在该吊车的设计预期寿命期限内,它的各个有代表性的起升荷载值的大小及各相对应的起吊次数,与吊车的额定起升荷载值的大小及总的起吊次数的比值情况有关,分为 Q_1、Q_2、Q_3、Q_4 四个级别。根据 10 个使用等级和 4 个荷载状态级别可将吊车划分为 A1～A8 共 8 个工作级别。

但早前仅将吊车粗略的划分为轻级、中级、重级、超重级工作制。一般满载机会少、运行速度低以及不需要紧张而繁重工作的场所,如水电站、机械检修站等的吊车工作级别属于 A1～A3;机械加工和装配车间属于 A4、A5;冶炼车间和直接参加连续生产的工作级别属于 A6、A7、A8。A1～A3 工作级别属于轻级工作制,A4、A5 工作级别属于中级工作制,A6、A7 工作级别属于重级工作制,A8 工作级别属于超重级工作制。

如图 9-35 所示,吊车可分为大车和小车,大车在吊车梁上的轨道上沿厂房纵向运行,小车在大车上沿厂房的横向运行,吊钩安装在小车上。一台吊车一般有 4 个安装在大车上的吊车轮,每侧各 2 个。

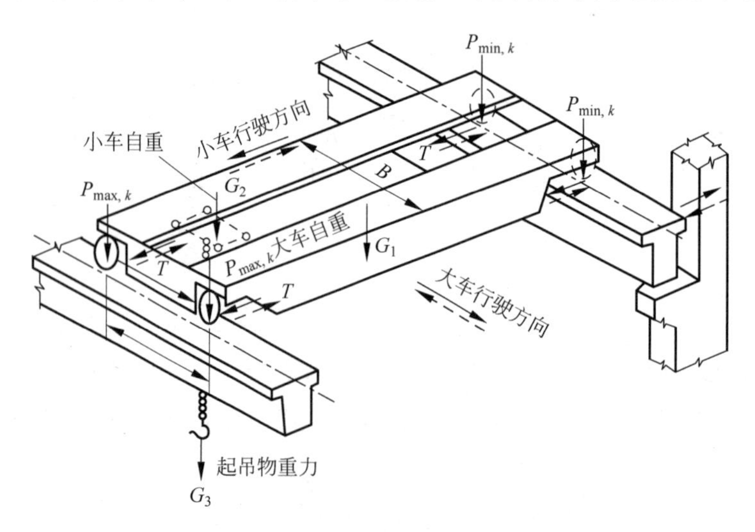

图 9-35 吊车荷载示意

起吊物重力,即吊重由小车直接承受,再传递到大车上。当小车运行到大车一侧极限位置时,该侧吊车 2 个吊车轮承受最大轮压 $P_{\max,k}$,另一侧 2 个吊车轮承受最小轮压 $P_{\min,k}$。所有最大轮压和最小轮压之和等于吊车自重加吊重。当小车在满载吊重情况下启动或刹车时,将产生惯性力,即吊车横向水平荷载,该荷载由 4 个吊车轮共同承担,每个轮承担 T。当包括大车和小车的吊车在满载吊重情况下启动或刹车时,也将产生惯性力,即吊车纵向水平荷载,该荷载经由吊车梁传给柱间支撑,对吊车梁自身设计不起控制作用。吊车自重、小车自重、最大轮压、最小轮压均是吊车重要参数,应查阅吊车说明书,学习时可以查阅表 9-1。

2. 吊车梁要求及与周围构件的关系

吊车梁用于支承桥式、梁式吊车,吊车通过布置在吊车梁顶的轨道在吊车梁上沿厂房纵向行驶。吊车梁除直接承受吊车自重和吊重、运行和制动时产生的往复移动荷载外,它还有将厂房的纵向荷载传递至纵向柱列、加强厂房纵向刚度等作用。吊车梁两端支承在排架柱牛腿顶面,一侧翼缘端面与排架柱上柱连接。吊车、吊车梁和柱的关系如图 9-36 所示。

与吊车梁相关的附属设施还有轨道、车挡等,吊车梁上安装钢轨供吊车运行,运行范围尽端要设置车挡。吊车轨道联结及车挡如图 9-37 所示。为安装吊车轨道及车挡,吊车梁上翼缘相应位置应预留螺栓孔。

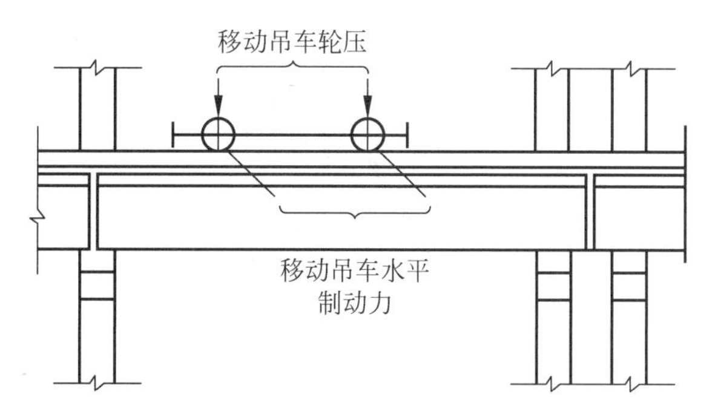

图 9-36　吊车、吊车梁和柱的连接关系

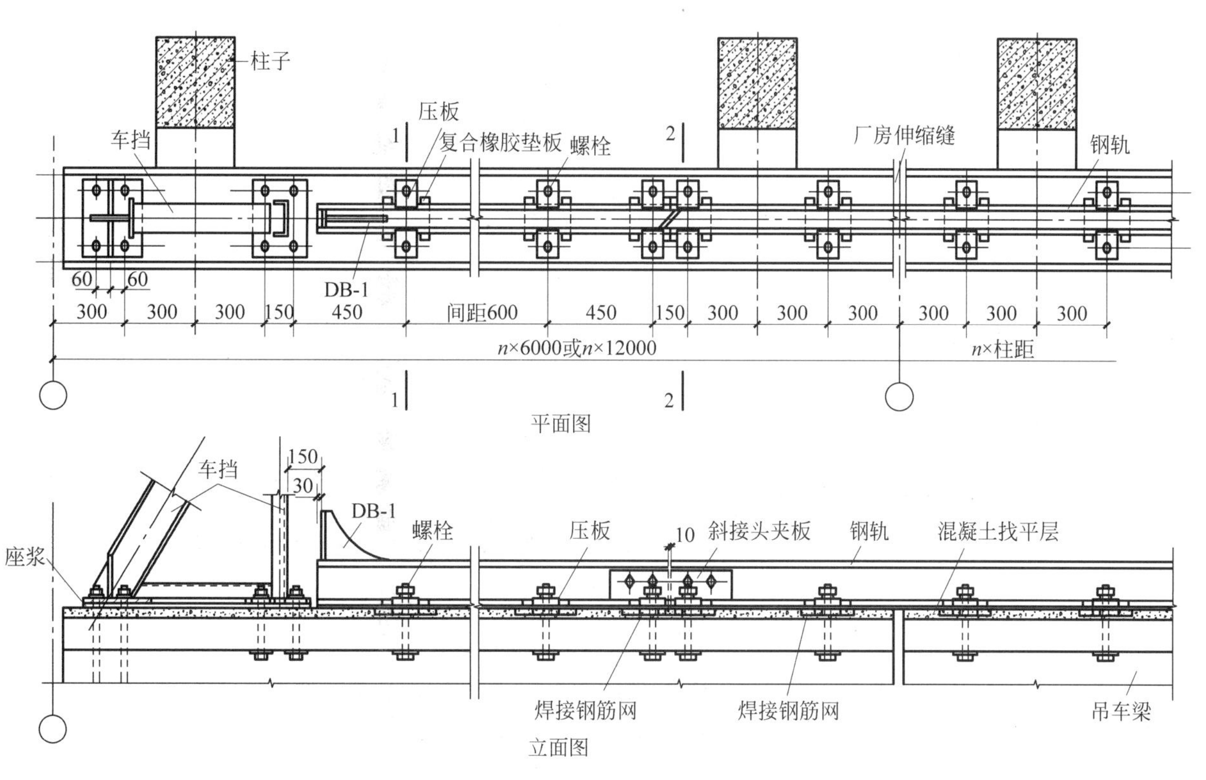

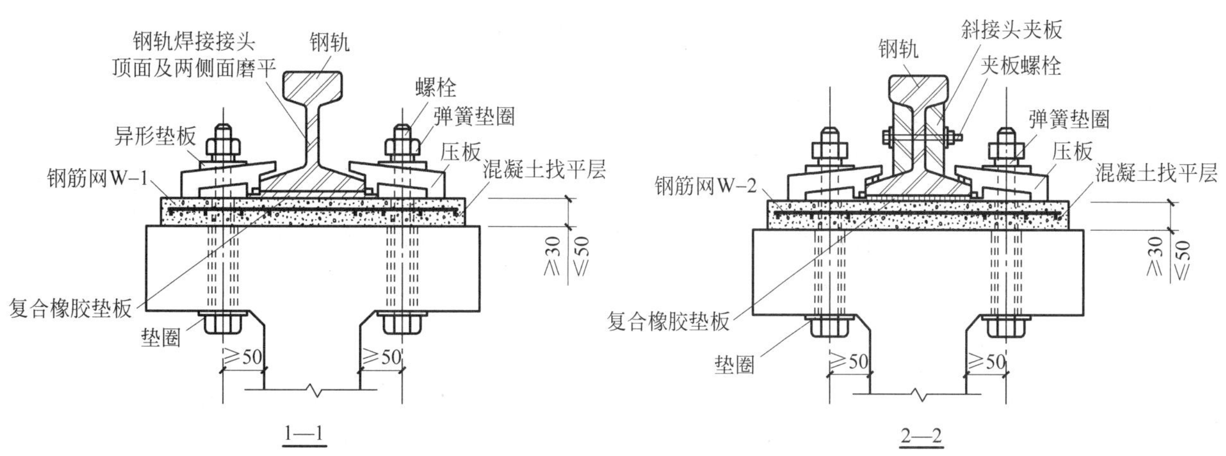

(a) 吊车梁轨道联结

图 9-37　吊车轨道联结及车挡

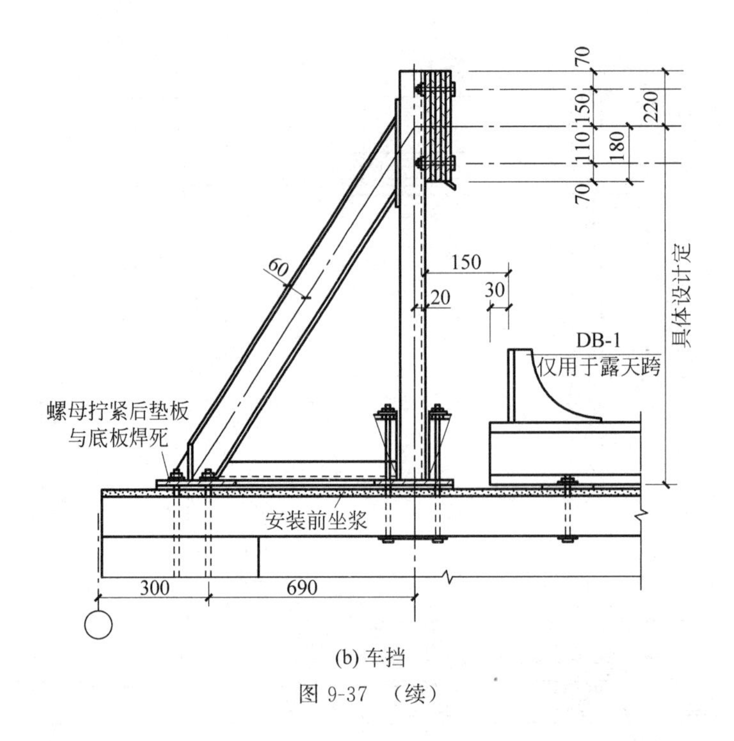

(b) 车挡

图 9-37 (续)

混凝土吊车梁有钢筋混凝土吊车梁和预应力混凝土吊车梁，如图 9-38 所示。吊车梁根据吊车的起重量、工作级别、厂房的跨度和柱距等因素选用。吊车梁两端一般简支在相邻柱的牛腿面上，由于柱距通常为 6m，故吊车梁的跨度也为 6m。但靠厂房单元两端的吊车梁，由于角柱内缩 0.6m，故该吊车梁为一端悬挑的外伸梁，支座间距为 5.4m，一端悬挑 0.6m。

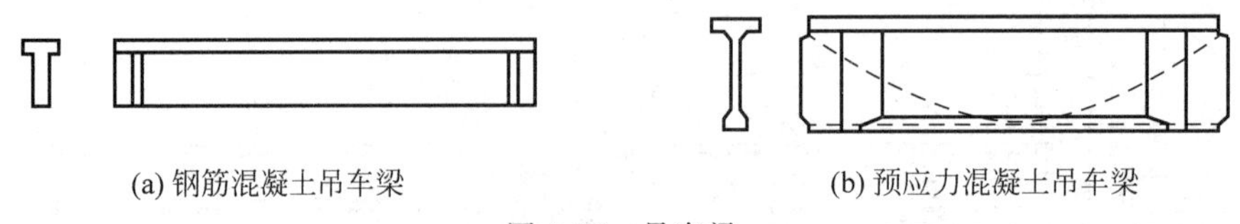

(a) 钢筋混凝土吊车梁　　(b) 预应力混凝土吊车梁

图 9-38 吊车梁

吊车梁的混凝土强度等级可采用 C30～C50，预应力混凝土吊车梁不宜低于 C40。预应力钢筋，可采用预应力钢丝、钢绞线。非预应力钢筋可采用 HRB400 级钢筋。

一般钢筋混凝土吊车梁为 T 形，预应力混凝土吊车梁为工字形。梁的截面高度为 600mm、900mm、1200mm、1500mm 四种，与吊车梁的起重量有关，为梁跨度的 1/10～1/4 倍。吊车梁的上翼缘宽度一般为 400mm、500mm、600mm。腹板的厚度一般为 140mm、160mm、180mm，腹板在梁端部加厚。工字形截面的下翼缘宽度小于上翼缘，由布置预应力钢筋的构造决定，一般为 300mm。

吊车梁腹板处应设置滑触线安装孔，滑触线也称为滑导线，是给吊车进行供电的一组输电装置。

吊车梁与柱的连接如图 9-39 所示。吊车梁两端的底部设置预埋件与牛腿面焊接，以承受和传递竖向荷载；吊车梁两端的顶面设置预埋件与上柱相应位置的预埋件用钢板或角钢焊接，以承受和传递吊车横向水平刹车力。吊车梁之间的空隙、吊车梁与柱之间的空隙均用混凝土填实。

3. 吊车梁的设计要点

吊车梁承受着吊车产生的竖向和水平荷载，对承载力、刚度和抗裂性的要求较高，同时它又是厂房的纵向构件，对传递作用在山墙上的风荷载、连接平面排架、加强厂房的纵向刚度以及保证单层厂房结构的空间作用起着重要影响。吊车梁是一种受力非常复杂的简支梁，设计难度较大。

1）吊车荷载特点

（1）吊车的竖向轮压 P 和横向水平制动力 T 是两组移动荷载，应按影响线原理进行计算。

（2）吊车荷载具有冲击和振动作用，属于动力荷载，当计算吊车梁及其连接的承载力时，吊车竖向荷载应乘以动力系数 μ。对悬挂吊车（包括电动葫芦）及工作级别 A1～A5 的软钩吊车，动力系数可取

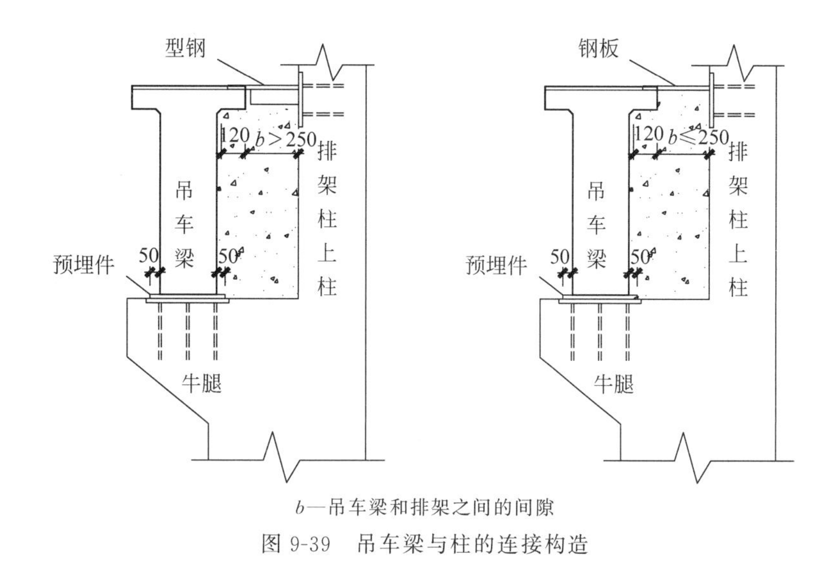

b—吊车梁和排架之间的间隙

图 9-39　吊车梁与柱的连接构造

1.05；对工作级别为 A6～A8 的软钩吊车、硬钩吊车和其他特种吊车，动力系数可取为 1.1。但动力作用在计算排架结构内力时可不考虑。

(3) 吊车荷载是重复荷载，吊车梁的相应截面进行疲劳强度验算。

(4) 吊车的横向水平制动力和吊车轨道安装偏差引起的竖向力使吊车梁产生扭矩，为此要验算吊车梁受弯、剪、扭时的承载力。

2) 吊车梁验算项目

进行吊车梁设计时，需要验算的项目如表 9-4 所示。

表 9-4　吊车梁验算项目

序号	验算项目				恒荷载	吊车		备注
						台数	荷载	
1	受弯	承载力	竖向荷载下正截面受弯		g	2	μP_{max}	
2			横向水平荷载下正截面受弯		—	2	T	
3		正截面抗裂度	使用阶段		g	2	μP_{max}	
4			施工阶段	制作	—	—	—	仅对预应力梁
5				运输	g	—	—	动力系数取 1.5
6	受弯剪扭	承载力	斜截面		g	2	μP_{max}	
7			扭曲截面		—	2	μP_{max}	
8							T	
		斜截面抗裂度			g	2	μP_{max}	
9	疲劳强度	正截面			g	1	μP_{max}	
10		斜截面			g	1	μP_{max}	
11	裂缝宽度				g	2	P_{max}	
12	挠度				g	2	P_{max}	

注：g 为恒荷载，包括吊车梁及轨道联结的重力荷载。

表 9-4 中的吊车台数大多数为 2 台，表明吊车梁在设计时要考虑跨内作用有相邻 2 台吊车的可能性，但在疲劳强度验算时，因为在使用期间很少有 2 台吊车满载并行的情况，故只需按 1 台吊车考虑，且不考虑横向水平荷载。

3) 吊车梁内力计算特点

由于吊车梁承受至少两组移动集中力，因此，要用影响线原理求出任一指定截面的最大内力，进而做出内力包络图。吊车梁的弯矩包络图和剪力包络图如图 9-40 所示，从图中可以看出，弯矩的最大值不在梁的跨中，而在偏离跨中的位置。设集中力的合力为 R，与之相邻就近集中力 F 或 T，当梁的中心线平分合力 R 与相邻就近集中力时，此集中力 F 或 T 所在位置的截面可能出现绝对最大弯矩。

4）吊车梁扭曲面承载力验算问题

吊车梁设计计算时，吊车荷载包括吊车竖向荷载 $\mu P_{\max}$、吊车水平荷载 $T_{\max}$，作用位置如图 9-41 所示。

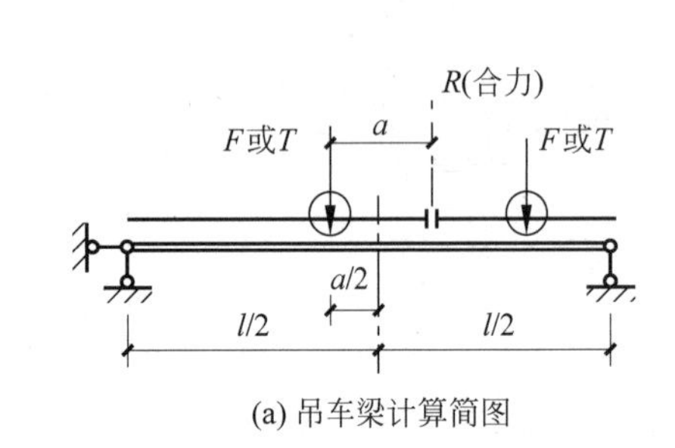

(a) 吊车梁计算简图

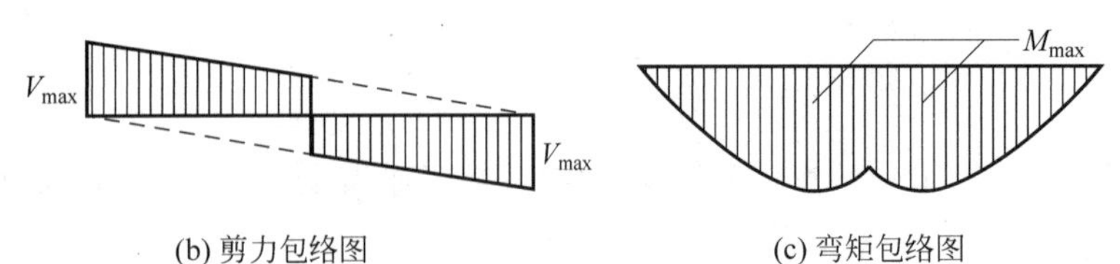

(b) 剪力包络图 (c) 弯矩包络图

a—合力与最近集中力之间的距离；l—吊车梁的跨度

图 9-40 吊车梁的内力包络图

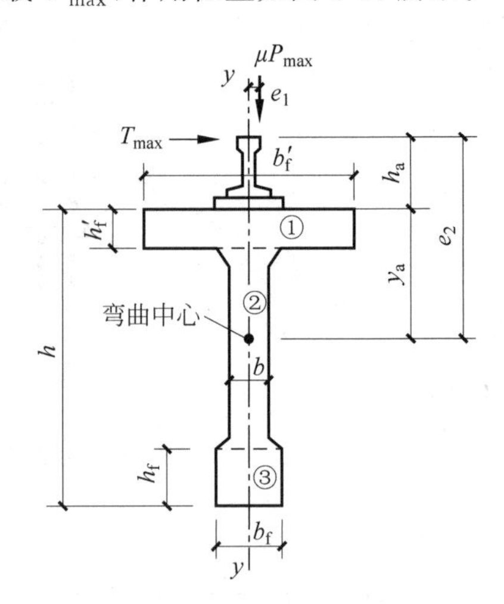

b_f'、b_f—吊车梁上、下翼缘宽度；

h_f'、h_f—吊车梁上、下翼缘高度；

b—吊车梁腹块宽度；h—吊车梁总高度

图 9-41 吊车荷载作用位置示意

第 i 个轮子产生的扭矩 m_i 按下式计算：

承载力计算时：

$$m_i = 0.7(1.5\mu P_{\max} e_1 + 1.5 T e_2) \tag{9-2}$$

抗裂计算时：

$$m_i = 0.7(\mu P_{\max} e_1 + T e_2) \tag{9-3}$$

疲劳验算时，不考虑横向水平制动力的作用，则

$$m_i^{\mathrm{f}} = 0.8\mu P_{\max} e_1 \tag{9-4}$$

式中：m_i、m_i^{f}——静力计算和疲劳强度验算时，由一个吊车轮压产生的扭矩值；

e_1——吊车轨道对吊车梁横截面弯曲中心的偏心距，一般取 20mm；

e_2——吊车轨顶至吊车梁横截面弯曲中心的偏心距，$e_2 = h_a + y_a$，h_a 为吊车轨顶至吊车梁顶面的距离，y_a 为吊车梁横截面弯曲中心至梁顶面的距离；

μ——动力系数。

式(9-2)～式(9-4)中，0.7、0.8 为扭矩和剪力共同作用的组合值系数。

由 m_i 和吊车梁相应截面的扭矩影响线（扭矩影响线与剪力影响线相同），可算得该截面需要承受的总扭矩：

$$M_{\mathrm{T}} = \sum_{i=1}^{n} m_i y_i \tag{9-5}$$

式中：n——作用在吊车梁车轮数。

5）疲劳强度验算

吊车荷载施加于吊车梁上是重复荷载，荷载不断地施加和卸载交替作用，梁内钢筋和混凝土应力的交变次数可达数百万，材料可能会发生疲劳破坏。将 $\sigma_{\max}^{\mathrm{f}}$ 称为材料的疲劳强度，则 $\Delta\sigma^{\mathrm{f}} = \sigma_{\max}^{\mathrm{f}} - \sigma_{\min}^{\mathrm{f}}$ 为疲劳应力幅限值。对混凝土，以疲劳强度作为疲劳指标；对钢筋，以疲劳应力幅限值作为疲劳指标。

吊车梁疲劳验算包括正截面和斜截面疲劳强度验算。对前者应验算正截面受压区边缘纤维的混凝土应力和受拉钢筋的应力幅，受压钢筋可不进行疲劳验算；对后者应验算截面中和轴处混凝土的剪应力和箍筋的应力幅。

以预应力混凝土吊车梁为例，需取下述最不利部位进行疲劳验算。

(1) 正截面在最大弯矩作用下的材料应力

对于混凝土纤维

$$\begin{cases}\sigma_{ct,max}^{f} \leqslant f_{t}^{f} & \text{受拉区} \\ \sigma_{cc,max}^{f} \leqslant f_{c}^{f} & \text{受压区}\end{cases} \tag{9-6}$$

对于受拉区纵向钢筋应力幅

$$\begin{cases}\Delta\sigma_{p}^{f} \leqslant \Delta f_{py}^{f} & \text{预应力钢筋} \\ \Delta\sigma_{s}^{f} \leqslant \Delta f_{y}^{f} & \text{普通钢筋}\end{cases} \tag{9-7}$$

式中：$\sigma_{ct,max}^{f}$——混凝土截面受拉区边缘纤维的混凝土拉应力；

$\sigma_{cc,max}^{f}$——混凝土截面受压区边缘纤维的混凝土压应力；

$\Delta\sigma_{p}^{f}$、$\Delta\sigma_{s}^{f}$——受拉区纵向预应力钢筋、纵向第 i 层普通钢筋的应力幅；

Δf_{py}^{f}、Δf_{y}^{f}——预应力钢筋、普通钢筋的疲劳应力幅限值，见《混凝土规范》。

(2) 斜截面(截面重心及截面宽度突变处)混凝土的主拉应力

$$\sigma_{tp}^{f} = \frac{\sigma_x + \sigma_y}{2} + \sqrt{\frac{(\sigma_x - \sigma_y)^2}{2} + \tau^2} \leqslant f_{t}^{f} \tag{9-8}$$

式中：σ_{tp}^{f}——预应力混凝土吊车梁斜截面疲劳验算纤维处的混凝土主拉应力；

f_{t}^{f}——混凝土轴心抗拉疲劳强度设计值。

6) 抗裂度验算

在一类环境下，对需作疲劳验算的钢筋混凝土吊车梁，其最大裂缝宽度限值为 0.2mm；在一类和二a类环境下需作疲劳验算的预应力混凝土吊车梁，应按裂缝控制等级不低于二级的构件进行验算。验算方法详见《混凝土规范》。

9.4.2 柱

单层厂房中的柱有排架柱和抗风柱，排架柱主要承受屋架结构传来的竖向荷载、风荷载、吊车梁传来的竖向、水平荷载和地震作用，并传递给基础。抗风柱作用主要是承受山墙的风荷载，并传递给基础。

新建厂房柱的混凝土强度等级一般不小于 C30，钢筋可采用 HRB400 级。

1. 排架柱和抗风柱的形式

钢筋混凝土排架柱分为边柱和中柱。边柱一侧有牛腿和吊车梁，另一侧与围护墙、连系梁、圈梁连接。

厂房山墙受风面积较大，承受的风荷载也较大，因此需用抗风柱将山墙分成几个区段。墙面受到的风荷载，一部分直接传给纵向柱列，另一部分则经抗风柱下端传至基础和经抗风柱上端通过屋盖系统传至纵向柱列。一般采用钢筋混凝土抗风柱，柱外侧贴砌山墙。

柱形式如图 9-42 所示，可分为实腹柱和格构柱。截面尺寸为 100mm 的倍数，宽度多为 400mm，高度不小于 400mm。截面高度不大于 500mm 时，采用矩形截面；大于 500mm 时，一般采用工字形截面；截面尺寸大于 1000mm 时，可采用空腹的格构柱，多为双肢柱。柱一般由下柱、牛腿和上柱组成，下柱截面尺寸较大，一般设计成矩形、工字形等，上柱截面尺寸较小，一般设计成矩形截面形式。抗风柱无牛腿，上柱为矩形截面，下柱一般为工字形截面。

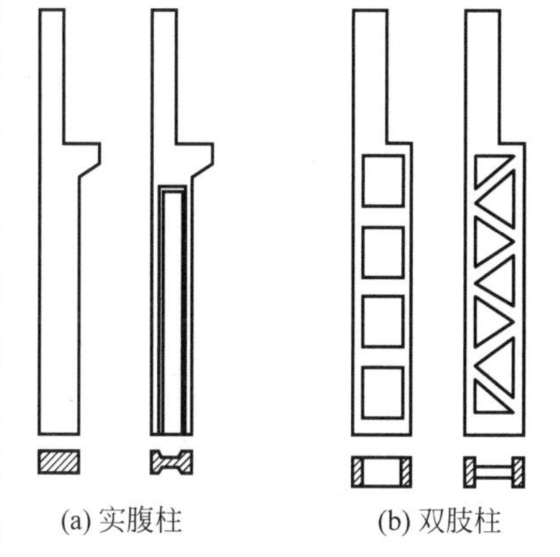

图 9-42　柱的形式

2. 柱的截面尺寸

柱的截面尺寸除应满足承载力的要求外，还应保证具有足够的刚度，以免厂房变形过大，造成吊车轮与轨道过早磨损，影响吊车的正常运行，或导致墙体和屋盖产生裂缝，影响厂房的正常使用。

根据《单层工业厂房钢筋混凝土柱》(05G335)，柱截面尺寸可按表 9-5 选用。

表 9-5　6m 柱距厂房钢筋混凝土边柱截面尺寸

吊车起重量/t	柱顶标高/m	牛腿标高/m	吊车梁顶标高/m	上柱高/mm	边柱模板尺寸/mm		
					上柱截面	下柱截面	柱形
无吊车	5.40					□400×500	
	6.00						
	6.60					□400×600	
	7.20						
	7.80						
1、2	6.30	4.20	4.80	2100	□400×400	□400×600	2100
	6.90	4.80	5.40	2100			
	7.50	5.40	6.00	2100			
3	6.60	4.20	5.10	2400	□400×400	□400×600	2400
	7.20	4.80	5.70	2400			
	7.80	5.40	6.30	2400			
	8.40	6.00	6.90	2400			
	9.00	6.60	7.50	2400			
	9.60	7.20	8.10	2400			
5	8.10	4.80	5.70	3300	□400×400	□400×600	3300
	8.70	5.40	6.30	3300			
	9.30	6.00	6.90	3300			
5、10	9.90	6.60	7.50	3300	□400×400	I 400×800	
	10.50	7.20	8.10	3300			
	11.10	7.80	8.70	3300			
10	9.00	5.40	6.30	3600	□400×400	I 400×800	3600
	9.60	6.00	6.90	3600			
	10.20	6.60	7.50	3600			
	10.80	7.20	8.10	3600			
	11.40	7.80	8.70	3600			
	12.00	8.40	9.30	3600			
	12.60	9.00	9.90	3600			
16、20	10.20	6.30	7.50	3900	□400×400	I 400×800	3900
	10.80	6.90	8.10	3900			
	11.40	7.50	8.70	3900			
	12.00	8.10	9.30	3900			
	12.60	8.70	9.90	3900			
	13.20	9.30	10.50	3900			
32	11.40	7.20	8.40	4200	□400×500	I 400×1000	4200
	12.00	7.80	9.00	4200			
	12.60	8.40	9.60	4200			
	13.20	9.00	10.20	4200			

抗风柱的上柱宜采用矩形截面，其截面尺寸不宜小于 400mm×400mm。抗风柱的下柱宜采用工字形截面，截面的高度 h_2 和宽度 b_2 应满足下列要求：

$$\begin{cases} h_2 \geqslant \max(H_x/25, 600) \\ b_2 \geqslant \max(H_y/35, 400) \end{cases} \tag{9-9}$$

式中：H_x——基础顶面至屋架与抗风柱连接点的距离；

H_y——抗风柱平面外竖向范围内支点间的最大距离，除抗风柱与屋架及基础的连接点外，与抗风柱有锚筋连接的圈梁也可视为连接点。

3. 排架柱与周围构件的关系

排架柱横向需要和屋架或屋面梁、吊车梁、连系梁、圈梁、围护墙、基础连接，纵向需要与吊车梁、柱间支撑连接。与屋架或屋面梁的连接见 9.3.2 节，与吊车梁的连接见 9.4.1 节。与连系梁、圈梁、围护墙的连接见 9.7 节，与柱间支撑的连接见 9.6.2 节。

9.5 基础体系布置及主要构造要求

单层厂房结构的基础体系由基础和围护墙下的基础梁组成。一般在边柱和抗风柱基础外侧需贴柱边在基顶设置基础梁，以承受围护墙传给基础的重力荷载。

单层厂房结构主要采用柱下扩展式基础（也称为独立基础）和桩基础。当天然地基的持力层较浅，或对软弱地基、特殊土地基等进行地基处理后采用人工地基时，一般采用独立基础。当地基的持力层较深时，可采用带承台的桩基础。独立基础和桩基础的设计方法见“基础工程”课程。由于柱一般为预制，而独立基础和桩基础的承台为现浇，因此为便于预制柱的安装，独立基础和承台上部需要做成“杯口”形，故单层厂房的独立基础也称为“杯口基础”。柱与基础的连接是将柱插入基础或承台的杯口，周边空隙用细石混凝土灌缝并振捣密实。

独立基础外形可为阶梯形，也可为锥形，如图 9-43(a)、(b)所示。阶梯形独立基础需要多次支模，耗工耗时，建议采用锥形独立基础。当基础持力层稍深时，基础中间出现短柱，杯口位置距基底较高，故称为高杯口基础，如图 9-43(c)所示。高杯口基础应加强短柱的水平刚度，以符合柱在基顶为固定端的计算假定的要求。

杯口外形尺寸如图 9-44 所示，基础高度 H、柱的插入深度 H_1、杯底厚度 a_1、杯壁厚度 t 可按表 9-6 确定。坡度 $\tan\alpha \geqslant 2.5$，边缘高度 $a_2 \geqslant a_1$。

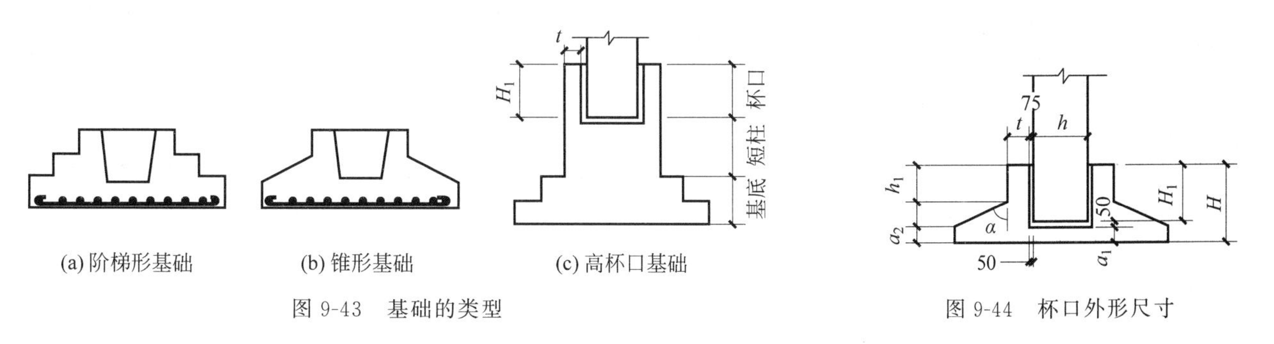

(a) 阶梯形基础 (b) 锥形基础 (c) 高杯口基础

图 9-43 基础的类型

图 9-44 杯口外形尺寸

表 9-6 杯口外形尺寸 H_1、a_1、t 的要求 mm

柱截面尺寸	H_1	a_1	t
$h<500$	$(1.0\sim1.2)h$	≥150	150～200
$500\leqslant h<800$	h	≥200	≥200
$800\leqslant h<1000$	$0.9h$ 且≥800	≥200	≥300
$1000\leqslant h<1500$	$0.8h$ 且≥1000	≥250	≥350
$1500\leqslant h<2000$		≥300	≥400

注：h 为柱截面长边尺寸。

9.6 支撑体系布置及主要构件

支撑包括屋盖支撑和柱间支撑。支撑体系使厂房结构形成一个整体的空间骨架，保证了厂房的空间刚度，在施工安装阶段和正常使用阶段保证了构件的稳定与安全，是承受和传递风荷载、水平地震作用到主要承重结构的不可缺少的构件。

9.6.1 屋盖支撑

屋盖支撑将各榀屋架、屋面梁、天窗架在水平方向联系起来，形成具有一定刚度的屋盖系统。以屋架为例，屋盖支撑由设置在屋架间的垂直支撑、上下弦平面内的横向和纵向水平支撑、水平系杆以及天窗架支撑组成。通常情况下，屋架不设纵向支撑。

1）上弦横向水平支撑

上弦横向水平支撑是沿厂房跨度方向用交叉角钢、直腹杆和屋架上弦杆构成的水平桁架（图 9-45），其作用是保证屋架上弦的侧向稳定性，增强屋盖的整体刚度，并作为山墙抗风柱的顶端水平支座，承受由山墙传来的风荷载和其他纵向水平荷载，并传至厂房纵向柱列。

上弦纵向一般设置水平系杆，不设纵向支撑。

2）下弦横向水平支撑

下弦横向水平支撑是沿厂房跨度方向用交叉角钢、直腹杆和屋架下弦杆构成的水平桁架。仅当屋架下弦设有悬挂吊车或受到其他下弦平面外的水平力时（如抗风柱与屋架下弦连接），才设下弦横向水平支撑。一般情况下，不设下弦横向水平支撑和纵向水平支撑。

3）屋架垂直支撑

屋架垂直支撑是由角钢杆件与屋架直腹杆组成的垂直桁架，形式随屋架的高度不同，呈交叉形或 W 形，如图 9-45 所示（图中代号 CC 的杆件）。屋架垂直支撑的作用是保证屋架受荷载后在平面外的稳定，增强屋盖的整体刚度，传递纵向风荷载和水平地震作用。

4）水平系杆

水平系杆分为上弦水平系杆和下弦水平系杆（图 9-45 中代号 GX 的杆件）。上弦水平系杆是为保证屋架上弦或屋面梁受压翼缘的侧向稳定；下弦水平系杆是为防止在吊车或有其他水平振动时屋架下弦侧向颤动。水平系杆分刚性和柔性系杆。刚性系杆截面尺寸大，一般采用钢筋混凝土；柔性系杆截面尺寸小，一般采用角钢。设在屋架端部主要支承节点处和屋架上弦屋脊节点处的通长水平系杆，应采用刚性系杆。

5）天窗架支撑

包括天窗架上弦横向水平支撑、天窗架间的垂直支撑和水平系杆，如图 9-46 所示。天窗架支撑作用是保证天窗架上弦的侧向稳定，将天窗端壁上的风荷载传给屋架。

9.6.2 柱间支撑

柱间支撑是纵向平面排架中最主要的抗侧力构件。由交叉型钢组成，交叉倾角宜取 45°，截面尺寸需经承载力和稳定计算确定。柱间支撑一般为十字交叉形，但当柱间需要通行或放置设备，或柱距较大而不宜采用十字交叉支撑时，可采用门架式支撑。对于有吊车的厂房，按其位置可分为上柱支撑和下柱支撑。上柱支撑位于牛腿上部，在柱顶设置通长的刚性系杆。下柱支撑位于牛腿下部。柱间支撑作用是提高厂房的纵向刚度和稳定性，将吊车纵向水平制动力、山墙及天窗端壁的风荷载、纵向水平地震作用等传至基础。

一般在结构单元两端与屋盖横向水平支撑相对应的柱间以及单元中央或临近中央的柱间共设置 3 道柱间支撑。为减小温度应力，避免温度作用产生过大变形，单元两端柱间只设上柱支撑，而单元中央柱间除设置上柱支撑外，还需设置下柱支撑，如图 9-11 所示。

上柱支撑一般为一片，布置在上柱截面形心轴线上，其上下节点分别在上柱柱顶和上柱根部附近；下柱支撑一般为两片，分别布置在下柱截面翼缘部分的形心轴线上，其上下节点分别在牛腿顶面和基础顶面附近。支撑一般采用型钢，支撑节点板与柱的预埋件焊接，如图 9-47 所示。

屋盖支撑和柱间支撑的截面均需按计算确定，屋盖支撑容许长细比如表 9-7 所示。

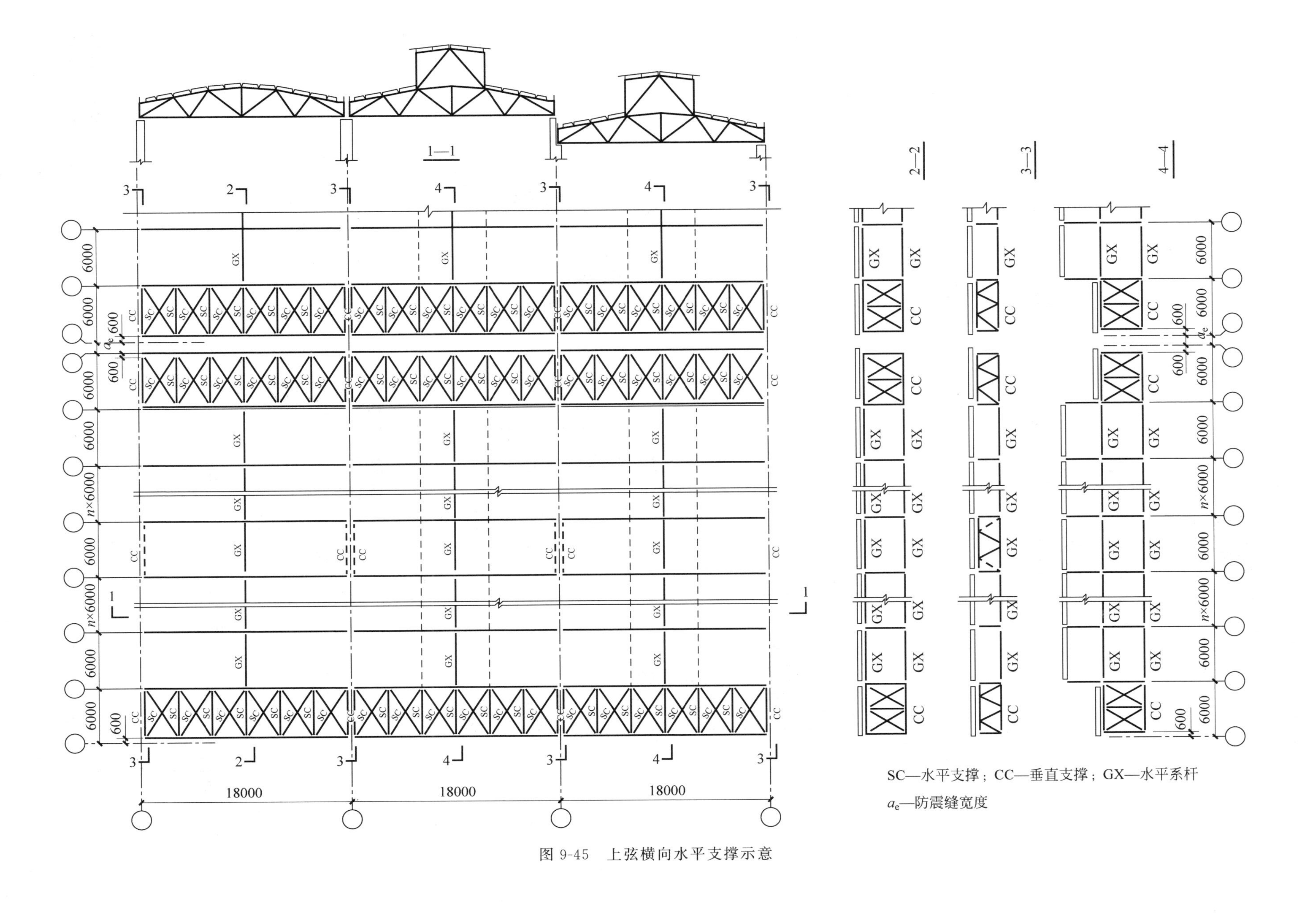

图 9-45　上弦横向水平支撑示意

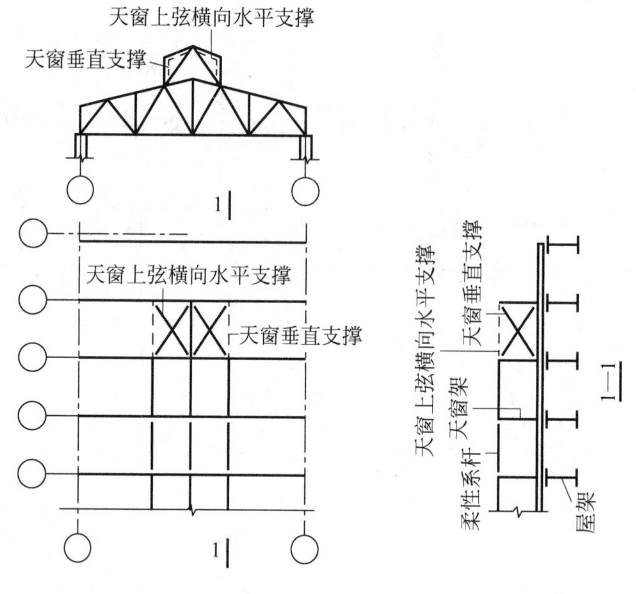

图 9-46 天窗架支撑布置

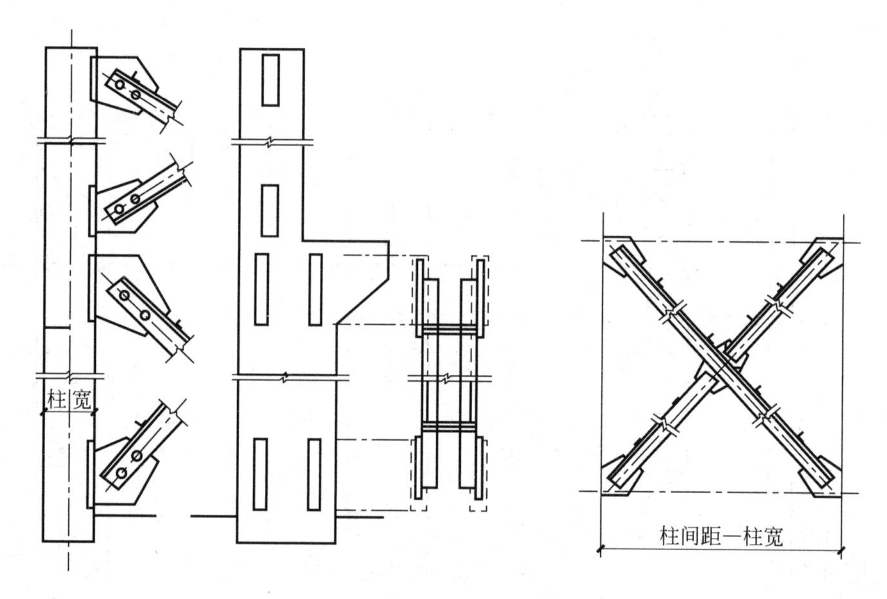

图 9-47 柱与柱间支撑的连接

表 9-7 屋盖支撑杆件容许长细比

支撑类型	压杆	拉杆
屋盖支撑	200	400

9.7 围护体系布置及主要构件

9.7.1 墙

厂房的墙体为自承重墙，一般沿厂房四周布置。既有厂房的墙体多采用实心黏土砖，实心黏土砖耗地、耗能、耗水，烧结时污染环境，自重大，砌筑速度慢，震害重，已限制或禁止使用。新建厂房应采用绿色、轻质的墙体材料。

为保证墙体稳定，可靠传递风荷载，防止地震时墙体垮塌，砌体墙应每隔400～600mm设置一道拉结筋，与排架柱、抗风柱拉结，如图9-48所示。

墙体中通常布置有钢筋混凝土圈梁、基础梁、连系梁、过梁等构件，过梁的设计详见“砌体结构”课程。下面主要介绍圈梁、基础梁和连系梁设计。

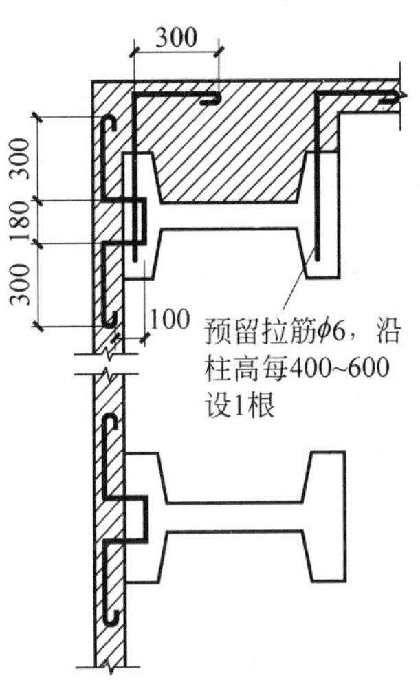

图9-48　柱与墙的连接

9.7.2　圈梁

圈梁是设于墙体内的连续围合的现浇钢筋混凝土梁，作用是增强墙体的整体刚度及墙身的稳定性，并将墙体与排架柱、抗风柱等箍在一起，增加厂房的整体性。圈梁不承受墙体自重，和柱连接仅起拉结作用，所以柱上不必设置支承圈梁的牛腿。圈梁应连续布置在墙体的同一水平面上，并形成封闭状；当圈梁在门窗洞口处不连续时，应在洞口上部墙体中布置一道相同截面的附加圈梁，构造如图9-49所示，图中h为圈梁和附加圈梁的距离。

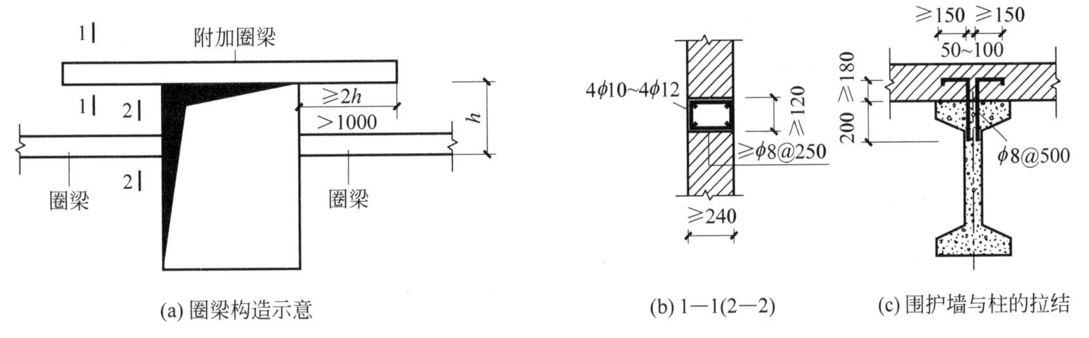

(a) 圈梁构造示意　(b) 1—1(2—2)　(c) 围护墙与柱的拉结

图9-49　圈梁搭接及围护墙与柱的拉结

一般情况下，圈梁在吊车梁标高附近、柱顶应各设一道，屋架端部较高时，在屋架顶增设置一道。其余部位结合门窗洞口和过梁结合设置。圈梁沿厂房高度方向间距为3～4m，按上密下疏的原则设置。圈梁与排架柱、抗风柱之间应设置拉结钢筋以实现可靠拉结，如图9-49(b)所示。

9.7.3　基础梁

墙下一般设置基础梁以承受墙体的重量，并把它传给柱下单独基础，构造如图9-50所示。有些工程也在墙下设置条形基础，由于墙下条形基础和柱下独立基础之间存在沉降差异，容易导致墙体开裂。

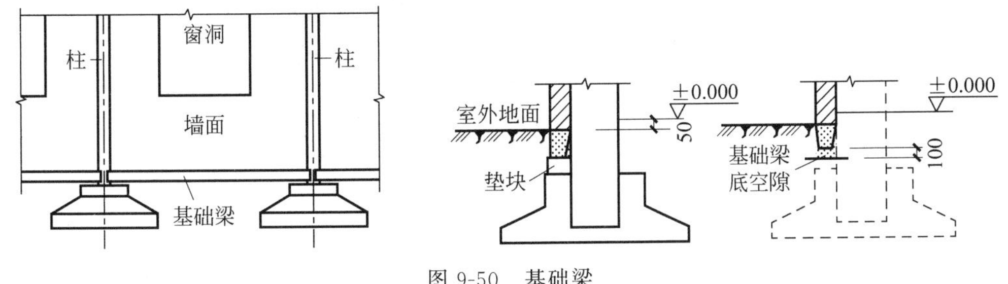

图9-50　基础梁

基础梁一般为预制，梁高多为450mm。从受力来说，基础梁为自承重简支墙梁，跨度为相邻柱距。基础梁两端坐浆支承在柱基础的杯口上，当柱基础埋置较深时，则通过混凝土垫块支承在杯口上，与柱一般不连接。梁底部距土壤表面应预留100mm左右的空隙，使梁可随柱下基础一起沉降。当基础梁下有冻胀性土时，应在梁下铺设一层干砂、炉渣或矿渣等松散材料，并留100mm左右的空隙，以避免土壤冻结膨胀时将梁顶裂。基础梁顶部至少低于室内地坪50mm，以满足防潮要求，避免影响开门。

基础梁截面上下纵筋的配置不同，下部配筋多，为避免施工时倒置，基础梁宜做成梯形截面，大头在上，如图 9-50 所示。

9.7.4 连系梁

高低跨厂房中，低跨屋面以上靠近高跨处应有围护墙，即高跨封墙。高跨封墙不宜直接砌筑在低跨屋面上，墙下应设置连系梁，如图 9-51 所示。连系梁一般是预制的简支梁，截面为矩形，宽度与墙厚相同，两端支承在柱外侧牛腿上。连系梁与柱可采用焊接连接，如图 9-52 所示（b 为连系梁宽度）。从受力来说，连系梁是自承重简支墙梁，按自承重墙梁设计。

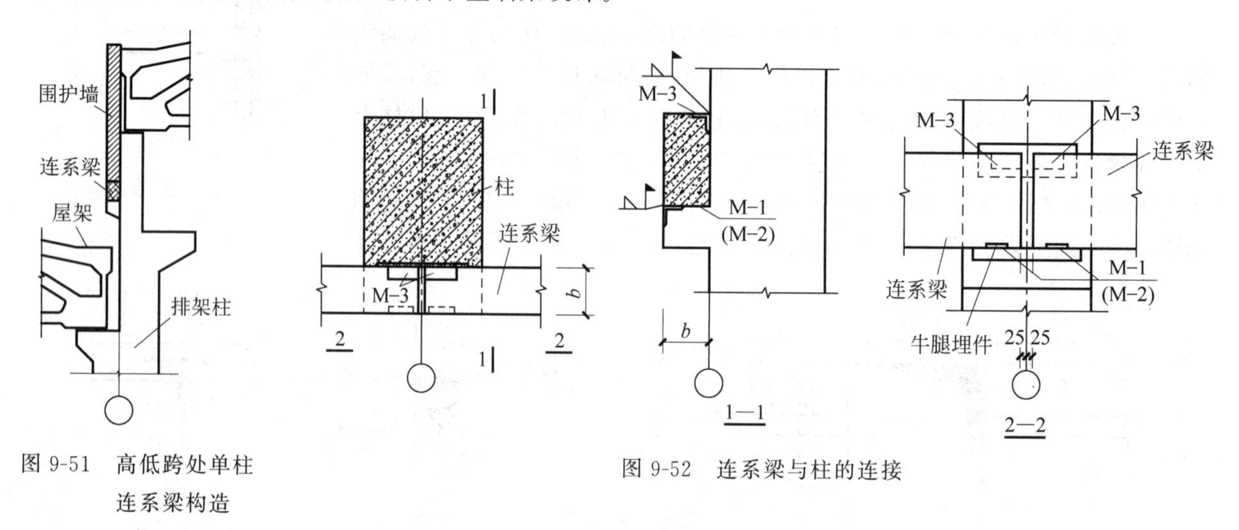

图 9-51 高低跨处单柱连系梁构造

图 9-52 连系梁与柱的连接

需要注意的是，封墙采用砌体墙时震害较重，宜采用轻质墙板。

9.8 预埋件设计

从前文可知，单层厂房构件之间的连接主要靠预埋件，预埋件由埋入混凝土中的锚筋和外露在构件表面的锚板两部分组成，如图 9-53 所示。按受力性质区分，预埋件分为受拉预埋件、受剪预埋件、受弯预埋件、受拉弯剪预埋件和压弯剪预埋件。

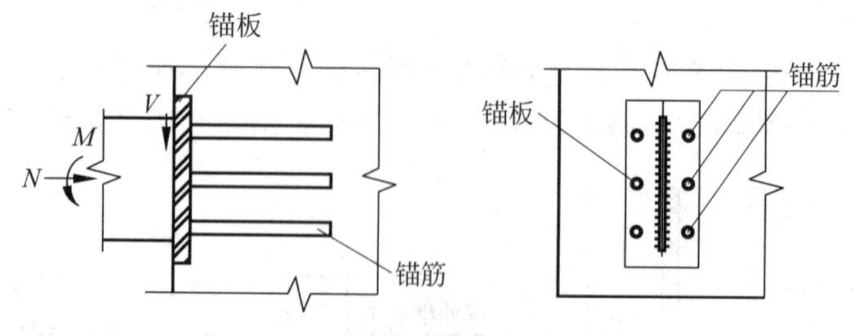

图 9-53 锚板和直锚筋组成的预埋件

9.8.1 构造要求

受力预埋件的锚板宜采用 Q235、Q345 级钢，锚板厚度应根据受力情况计算确定，且不宜小于锚筋直径的 0.6 倍。受拉和受弯预埋件的锚板厚度尚宜大于 $b/8$（b 为锚筋的间距）。受力预埋件的锚筋应采用 HRB400 或 HPB300 钢筋，不应采用冷加工钢筋。

直锚筋与锚板应采用 T 形焊接。当锚筋直径不大于 20mm 时宜采用压力埋弧焊；当锚筋直径大于 20mm 时宜采用穿孔塞焊。当采用手工焊时，焊缝高度不宜小于 6mm 和 $0.5d$（HPB300 级钢筋）或 $0.6d$（HRB400 级钢筋），d 为锚筋的直径。

预埋件的受力直锚筋不宜少于4根，且不宜多于4层；其直径不宜小于8mm，且不宜大于25mm。受剪预埋件的直锚筋可采用2根。

预埋件锚筋中心至锚板边缘的距离不应小于$2d$和20mm。预埋件的位置应使锚筋位于构件的外层主筋的内侧。对受拉和受弯预埋件，其锚筋的间距b、b_1和锚筋至构件边缘的距离c、c_1，均不应小于$3d$和45mm。对受剪预埋件，其锚筋的间距b及b_1不应大于300mm，且b_1不应小于$6d$和70mm；锚筋至构件边缘的距离c_1不应小于$6d$和70mm，b、c均不应小于$3d$和45mm。

受拉直锚筋和弯折锚筋的锚固长度不应小于受拉钢筋锚固长度；当锚筋采用HPB300级钢筋时，锚筋末端应有弯钩。受剪和受压直锚筋的锚固长度不应小于$15d$，d为锚筋的直径。

9.8.2　预埋件计算

锚板一般按构造要求确定其面积和厚度，锚筋一般对称配置，其直径和数量根据不同预埋件的受力特点通过计算确定。

1）受拉预埋件

在法向拉力的作用下，锚板将发生变形，从而使锚筋不仅承受拉力，还承受因锚板变形而引起的剪力，因此锚筋处于复合受力状态，其抗拉强度应进行折减。锚筋的总截面面积可按下式计算：

$$A_s \geqslant \frac{N}{0.8\alpha_b f_y} \tag{9-10}$$

式中：N——作用在预埋件上的拉力设计值；

f_y——锚筋的屈服强度设计值，不应大于300MPa；

α_b——考虑锚板变形引起锚筋内的剪力而使锚筋抗拉强度降低的影响系数，$\alpha_b=0.6+0.25\frac{t}{d}$，$t$和$d$分别为锚板的厚度和锚筋的直径；当采用可靠措施防止锚板变形时，可取$\alpha_b=1.0$。

计算时，考虑到预埋件的重要性和复杂性，引入0.8的安全储备系数。

2）受剪预埋件

预埋件的受剪承载力与混凝土强度等级、锚筋抗拉强度、锚筋截面面积和直径等有关，在保证锚筋锚固长度和锚筋到构件边缘合理距离的前提下，按下式计算：

$$A_s \geqslant \frac{V}{\alpha_r \alpha_v f_y} \tag{9-11}$$

式中：V——作用在预埋件上的剪力设计值；

α_r——锚筋层数的影响系数，当等间距配置锚筋时，二层时取1.0，三层时取0.9，四层时取0.85；

α_v——锚筋的受剪承载力系数，$\alpha_v=(4.0-0.08d)\sqrt{f_c/f_y}$，当$\alpha_v>0.7$时，取$\alpha_v=0.7$，$d$为锚筋直径，以mm计。

3）受弯预埋件

在弯矩作用下，预埋件各排锚筋的受力是不同的，受压区合力点往往超过受压区边排锚筋以外。为便于计算，取锚筋的拉力合力为$0.5A_s f_y$，力臂取$\alpha_r z$，同时考虑锚板的变形引入参数α_b，再引入安全储备系数0.8，则锚筋截面面积按下式计算

$$A_s \geqslant \frac{M}{0.4\alpha_r \alpha_b f_y z} \tag{9-12}$$

式中：M——作用在预埋件上的弯矩设计值；

α_r——锚筋层数的影响系数；

α_b——考虑锚板变形引起锚筋内的剪力而使锚筋抗拉强度降低的影响系数。

4）受拉弯剪预埋件

承受拉力和剪力以及拉力和弯矩作用的预埋件，锚筋的拉剪承载力和拉弯承载力均存在线性相关关系。承受剪力和弯矩的预埋件，当$V/V_{u0}>7$时，剪弯承载力线性相关；当$V/V_{u0}\leqslant 7$时，剪弯承载力不相

关，其中 V_{u0} 为预埋件单独受剪时的承载力。因此，在剪力、法向拉力和弯矩共同作用下，锚筋的截面面积应按下列两个公式分别计算，并取其中的较大值：

$$A_s \geqslant \frac{V}{\alpha_r \alpha_v f_y} + \frac{N}{0.8\alpha_b f_y} + \frac{M}{1.3\alpha_r \alpha_v f_y z} \tag{9-13}$$

$$A_s \geqslant \frac{N}{0.8\alpha_b f_y} + \frac{M}{0.4\alpha_r \alpha_v f_y z} \tag{9-14}$$

5）受压弯剪预埋件

承受剪力、法向压力和弯矩作用的预埋件，钢筋的面积按下列两个公式分别计算，并取其中的较大值：

$$A_s \geqslant \frac{V - 0.3N}{\alpha_r \alpha_v f_y} + \frac{M - 0.4N}{1.3\alpha_r \alpha_v f_y z} \tag{9-15}$$

$$A_s \geqslant \frac{M - 0.4N}{0.4\alpha_r \alpha_v f_y z} \tag{9-16}$$

当 $M \leqslant 0.4Nz$ 时，取 $M = 0.4Nz$。

思考题

1. 什么是柱网？跨度和柱距与柱网尺寸有什么关系？跨度和柱距为什么要采用3M制？吊车跨度与厂房跨度有什么关系？

2. 什么是厂房平面关键尺寸？什么是封闭轴线、非封闭轴线？如何确定？吊车侧向安全间隙不能小于多少？

3. 为什么厂房山墙内侧第一排柱的中心线要从横向轴线向内移600mm？

4. 什么情况下要设伸缩缝、沉降缝和防震缝？为什么不建议设沉降缝？

5. 什么是厂房竖向关键尺寸？如何确定？厂房内哪些标高应符合3M制的要求？

6. 预应力混凝土大型屋面板的主规格是什么？与屋架连接有什么要求？天沟板、檐口板和嵌板用于何处？

7. 预应力混凝土折线形屋架节点处为什么要预留2个螺栓孔？与排架柱的连接方式有几种？各自适用范围是什么？

8. 一般情况下，为什么抗风柱的柱顶与端屋架的上弦连接？连接有什么要求？抗风柱的计算简图是什么？

9. 屋架上弦杆的受力状态是什么？为什么要考虑屋架翻身扶直、吊装的受力状态？

10. 吊车梁与柱、轨道、车挡如何连接？

11. 吊车荷载有什么特点？为什么远比与普通简支梁的设计复杂？

12. 排架柱的形式有哪些？最常用的是什么？

13. 为什么单层厂房结构的独立基础也称杯口基础？

14. 屋盖支撑包括哪些？为什么吊车梁一般要设置上弦横向水平支撑、水平系杆和屋架间的垂直支撑，而不设置下弦水平支撑？屋盖支撑如何与屋架连接？

15. 柱间支撑一般如何设置？与柱如何连接？上柱支撑和下柱支撑有什么区别？

16. 砌体墙为什么要设贴在排架柱的外侧？为什么厂房端部不能采用山墙承重？砌体墙与排架柱如何拉结？

17. 单层厂房的基础梁、连系梁和过梁如何设计计算？

18. 预埋件由什么组成？受力预埋件的锚筋为什么不应采用冷加工钢筋？

第10章 排架结构的内力分析

10.1 排架结构的计算模型和基本假定

单层厂房是空间结构体系，为简化计算，可将其简化为纵、横向的平面排架分别计算。横向平面排架主要承受竖向荷载和横向水平作用，是厂房的主要承重结构。纵向平面排架主要承受风荷载和吊车纵向水平荷载，通常可不进行纵向平面排架结构的内力计算，而是通过设置柱间支撑等从构造上予以加强。

1. 计算模型

排架的柱距一般为 6m，其上的永久作用和可变作用沿厂房纵向基本是均匀分布的。如图 10-1 所示，可由相邻柱距的中线截出一个 6m 宽的典型区段(图中阴影部分)作为排架的计算单元，阴影部分也是单元内永久荷载和屋面活荷载作用区域。

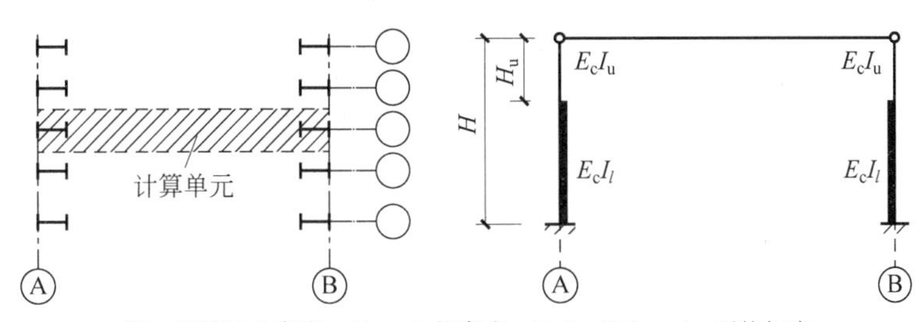

H—排架柱总高度；H_u—上柱高度；E_cI_u、E_cI_l—上、下柱钢度

图 10-1 排架计算单元和计算模型

2. 基本假定和计算简图

为了简化计算，通常作如下基本假定。

1) 柱下端与基础顶面为刚接

由于钢筋混凝土柱下端插入基础杯口后周边缝隙用细石混凝土灌实，与基础连接成整体，而基础刚度比柱的刚度大得多，因此柱下端不致与基础产生相对转角；且基础下地基土的变形受到控制，基础本身的转角一般很小。因此柱下端可按固定端考虑，固定端的位置在图 10-2(a)所示基础(或承台)顶面。

2) 柱顶与屋架为铰接

屋架两端和柱顶采用焊接、螺栓连接或钢板铰连接，抵抗弯矩的能力很小，但可有效地传递竖向力和水平力，故柱顶与屋架的连接为铰接。

3) 屋架为轴向刚度很大的刚性连杆

屋架或屋面梁的轴向刚度很大，受力后长度变化很小，可认为是一个刚性连杆。在荷载作用下，屋架两端的柱顶侧移相等。

4) 柱轴线为柱的几何中心线

偏于安全，假定柱轴线为柱的几何中心线，当柱为变截面时，各截面段的几何中心往往不在同一竖直线上，柱轴线为折线，如图 10-2(b)所示。为了便于受力分析，仍按柱底端截面几何中心所在位置的直线考虑，考虑柱轴线与竖向荷载不重合产生的弯矩，计算简图如图 10-2(c)所示。

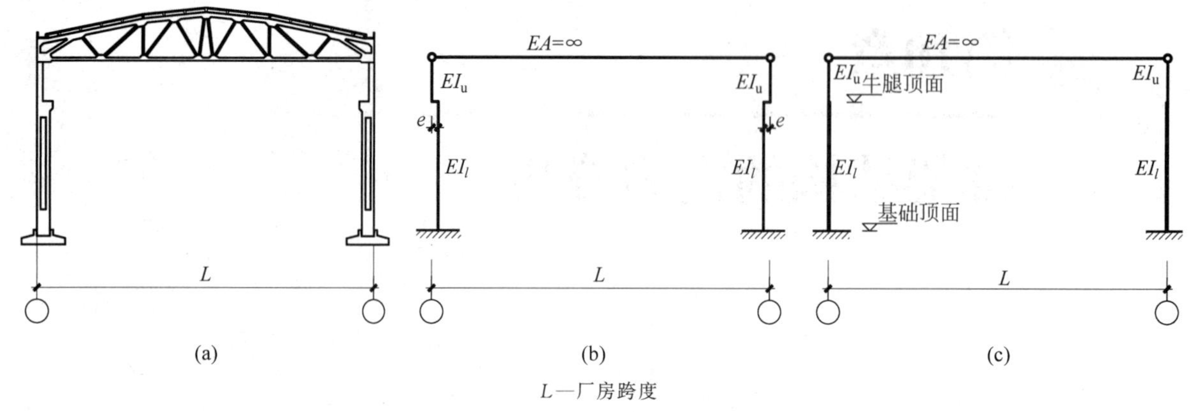

L—厂房跨度

图 10-2　横向平面排架的计算简图

大部分单层厂房符合上述基本假定。但当为软弱地基，地基变形较大时，或采用的高杯口基础的水平刚度较小时，则柱下端将产生转角或水平位移，柱下端应考虑转角、水平位移的影响。或者厂房采用下弦刚度较小的组合式屋架或带拉杆的两铰、三铰拱屋架时，由于屋架弦杆的轴向变形较大，屋架两端柱顶侧移不相等，此时考虑屋架轴向变形对排架内力的影响。

10.2　排架结构上的荷载

10.2.1　主要荷载及其传递路线

持久、短暂设计状况时，单层厂房承受的永久作用主要包括构件、围护结构及吊车的自重，可变作用主要包括屋面活荷载、雪荷载、风荷载、吊车荷载等。对大量排灰的厂房还应考虑屋面积灰荷载。按作用方向可分为竖向荷载、横向水平荷载和纵向水平荷载，如图 10-3～图 10-5 所示，图中虚线框表示荷载，实线框表示构件。

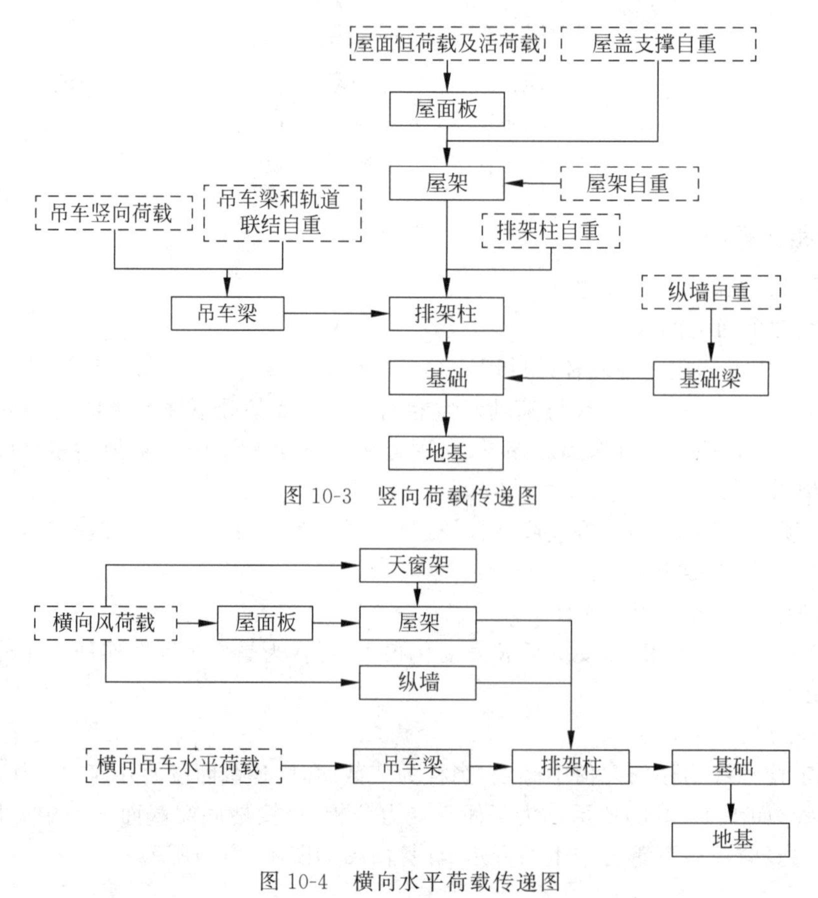

图 10-3　竖向荷载传递图

图 10-4　横向水平荷载传递图

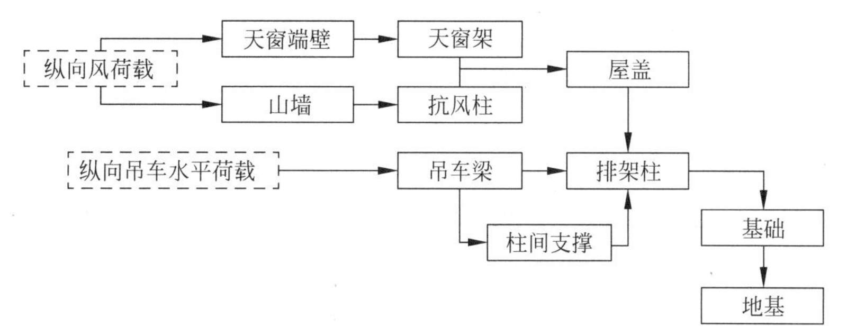

图 10-5　纵向水平荷载传递图

10.2.2　自重

自重包括屋盖自重、高跨封墙自重、吊车梁和轨道及连接件自重、柱自重等。

1）屋盖自重 G_1

屋盖自重包括屋面板、天沟板、天窗架、屋架(屋面梁)、屋面构造层以及屋盖支撑等重力荷载。

通常情况下，G_1 作用点位置距纵向定位轴线的距离为 150mm。

2）高跨封墙自重 G_2

当设有连系梁支承高跨封墙时，排架柱承受着计算单元范围内连系梁、墙体和窗等重力荷载，G_2 作用点位于墙体中心线。

3）吊车梁和轨道及连接件自重 G_3

吊车梁和轨道联结重力荷载可从《吊车轨道联结及车挡(适用于混凝土结构)》(17G325)中查得，轨道联结也可按 0.8～1.0kN/m 估算。G_3 作用点位置距纵向定位轴线的距离为 750mm。

4）柱自重 $G_4(G_5)$

柱自重包括上柱自重 G_4 和下柱自重 G_5，作用点位于柱截面中心线处。

自重的作用位置及排架柱的计算简图如图 10-6 所示。

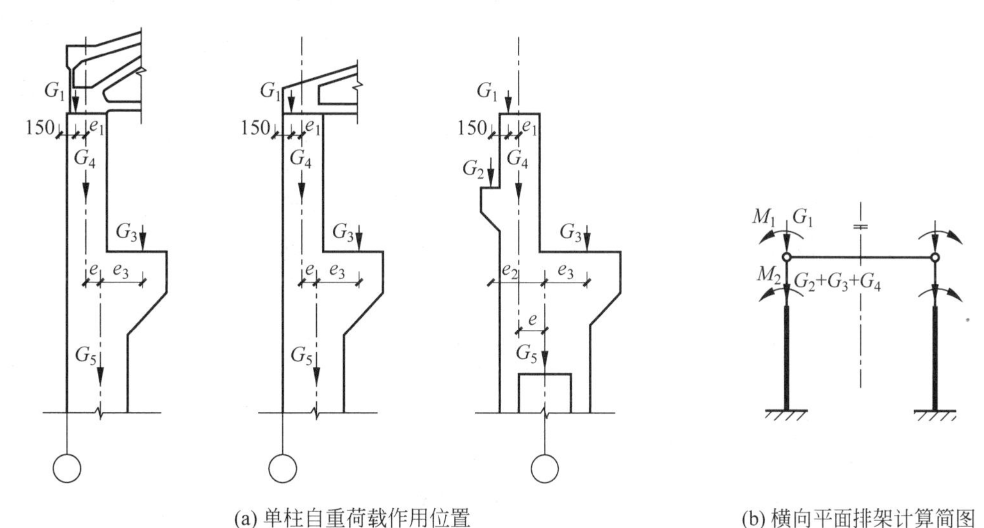

(a) 单柱自重荷载作用位置　　(b) 横向平面排架计算简图

e_1—G_1 作用点距上柱轴线的距离；e_2、e_3—G_2、G_3 作用点距下柱轴线的距离；e—上柱和下柱轴线之间的距离

图 10-6　自重荷载作用位置及相应横向平面排架计算简图

10.2.3　屋面可变荷载

屋面可变荷载包括屋面均布活荷载、雪荷载和积灰荷载三部分。

屋面均布活荷载为施工和维修的荷载，单层厂房屋面为不上人屋面，均布活荷载为 0.5kN/m^2。

屋面雪荷载按屋面水平投影面上的雪荷载标准值 s_k 考虑，见 2.2 节。

对生产中有大量排灰的厂房及其邻近建筑时，应考虑屋面积灰荷载的影响，积灰荷载的取值见《荷载规范》。

屋面均布活荷载不与雪荷载同时考虑，取两者中的较大值；当有屋面积灰荷载时，积灰荷载应与雪荷载或不上人屋面均布活荷载两者中的较大值同时考虑。

10.2.4 吊车荷载

作用在厂房横向排架结构上的吊车荷载有竖向荷载和横向水平荷载，作用在厂房纵向排架结构上的为纵向水平荷载，如图 10-7 所示。

1. 吊车竖向荷载

吊车竖向荷载是通过轮压传给吊车梁并传给排架柱的移动荷载，由吊重、大车重和小车重三部分组成，吊车荷载大小由大车、小车位置和吊重来决定。

厂房中同一跨内可能有多台吊车，计算吊车竖向荷载时，对单跨厂房的每个排架，参与组合的吊车台数不宜多于 2 台；对多跨厂房的每个排架，不宜多于 4 台。所以，每榀排架上作用的吊车竖向荷载是指几台吊车组合后通过吊车梁传给柱的可能的最大反力 D，一侧为几个 P_{max} 产生的最大反力 D_{max}，而另一侧为几个 P_{min} 产生的最小反力 D_{min}，如图 10-8 所示。

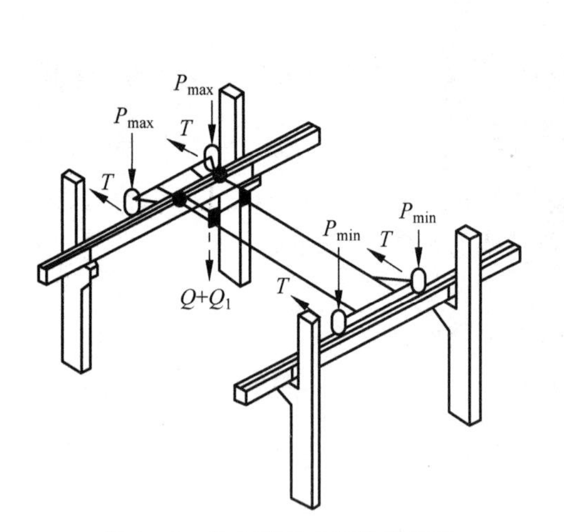

图 10-7 吊车荷载空间位置示意

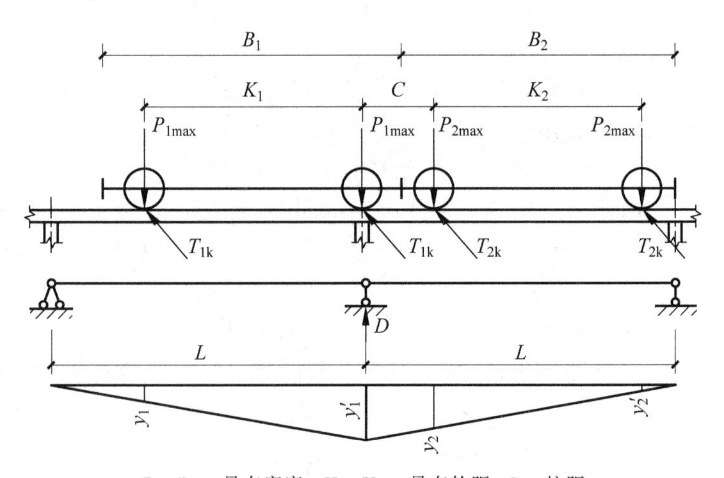

B_1、B_2—吊车宽度；K_1、K_2—吊车轮距；L—柱距

图 10-8 吊车荷载产生的排架柱反力计算简图

由于吊车荷载是移动荷载，作用在每榀排架上吊车竖向荷载最大值可按影响线来计算。最大反力出现在 2 台吊车挨紧并行，最重的吊车轮子正好运行在要计算的排架柱的位置时。

D_{max} 和 D_{min} 的标准值按下式计算：

$$D_{max,k}=\xi\sum_{i=1}^{n}P_{i\max}(y_i+y_i') \tag{10-1}$$

$$D_{min,k}=\xi\sum_{i=1}^{n}P_{i\min}(y_i+y_i') \tag{10-2}$$

式中：$P_{i\max}$、$P_{i\min}$——第 i 对轮子对应的最大轮压和最小轮压；

y_i、y_i'——与第 i 对轮子对应的排架柱反力影响线值；

ξ——多台吊车折减系数，按表 10-1 取值；

n——作用在吊车梁上轮子总对数。

表 10-1 多台吊车荷载折减系数

参与组合吊车台数	吊车工作级别	
	A1～A5	A6～A8
2	0.90	0.95
3	0.85	0.90
4	0.80	0.85

然后就可以求出吊车梁作用于排架柱的弯矩：

$$M_{max}=D_{max}e \tag{10-3}$$

$$M_{min}=D_{min}e' \tag{10-4}$$

式中：e 和 e'——表示两侧排架柱各自吊车梁中心线和下柱中心线间的距离。

吊车竖向荷载作用点距纵向定位轴线 750mm。

2. 吊车横向水平荷载

吊车横向水平荷载是指吊车的小车在启动或制动时产生的横向水平惯性力，故此力为小车自重与吊重之和乘以启动或制动时的加速度。故当一台四轮桥式吊车满载运行时，吊车每一轮子产生的吊车梁的横向水平力标准值 T_k 为：

$$T_k=\frac{1}{4}\alpha(Q+Q_1) \tag{10-5}$$

式中：Q——吊车的额定起重量；

Q_1——小车自重；

α——横向水平荷载系数，对软钩吊车其取值为：当 $Q\leqslant 100$kN 时，$\alpha=0.12$；当 $Q=150\sim500$kN 时，$\alpha=0.10$；当 $Q\geqslant750$kN 时，$\alpha=0.08$。

实测表明，小车惯性力可近似简化考虑由支承吊车的两侧相应排架柱各负担一半。因此，吊车横向水平荷载可通过图 10-8 所示的影响线计算，作用在排架柱上的横向水平荷载最大值为：

$$T_{max,k}=\xi\sum_{i=1}^{n}T_iy_i \tag{10-6}$$

式中：T_i——第 i 个大车轮子的横向水平力。

吊车横向水平荷载由埋设在吊车梁顶面的连接件传给上柱，故作用点在吊车梁顶面。横向水平荷载的平面位置与吊车的竖向轮压相同，其方向有向左或向右两种可能。

对单跨或多跨厂房的每个排架，参与水平荷载组合的吊车台数不应多于 2 台。

3. 吊车纵向水平荷载

吊车纵向水平荷载标准值 $T_{0,k}$ 作用点在吊车梁顶面标高处，按作用在一边轨道上所有刹车轮的最大轮压之和的 10%计算，即

$$T_{0,k}=nP_{max}/10 \tag{10-7}$$

式中：n——施加在一边轨道上所有刹车轮数之和，对于一般的四轮吊车，$n=1$。

当厂房有柱间支撑时，全部吊车纵向水平荷载由柱间支撑承受。吊车纵向水平荷载与横向排架无关，横向排架的内力分析不涉及吊车纵向水平荷载。

无论单跨或多跨厂房，在计算吊车纵向水平荷载时，一侧的整个纵向排架上最多只能考虑 2 台吊车。

吊车荷载的组合值系数、频遇值系数及准永久值系数按表 10-2 中的数值采用。

表 10-2　吊车荷载的组合值、频遇值及准永久值

吊车工作级别		组合值系数	频遇值系数	准永久值系数
软钩吊车	工作级别 A1～A3	0.70	0.60	0.50
	工作级别 A4、A5	0.70	0.70	0.60
	工作级别 A6、A7	0.70	0.70	0.70
硬钩吊车及工作级别 A8 的软钩吊车		0.95	0.95	0.95

【例 10-1】 某 24m 双跨单层厂房，柱距 6m，每跨设有 50/5t 和 15/3t 的桥式吊车各 1 台，工作级别为 A5 级，软钩吊车，采用工字形截面柱，其边柱、中柱吊车梁轴线与下柱中心线的距离分别为 500mm、750mm，吊车梁顶在基础顶面以上的距离为 9.71m，基础顶至排架柱顶的距离为 12.7m，上柱柱高 4.2m。吊车基本参数按 ZQ1—62，求吊车荷载作用在横向排架结构上的荷载标准值并画图。

【解】 (1) 吊车主要参数

按 ZQ1—62,可得吊车主要参数,如表 10-3 所示。

表 10-3 50/5t 和 15/3t 吊车主要参数

吊车吨位/t	Q/kN	吊车宽度 B/mm	轮距 K/mm	P_{max}/kN	P_{min}/kN	Q_1/kN
50/5	500	6350	4800	425	85	145
15/3	150	5550	4400	185	50	74

(2) 吊车竖向荷载标准值

求吊车竖向荷载标准值时,以 2 台吊车的作用使排架柱牛腿承受最大竖向荷载为条件,A5 工作级别的多台吊车折减系数为 0.9,确定吊车荷载在吊车梁上的作用位置,画出牛腿支反力影响线,如图 10-9 所示,从而求得吊车竖向荷载标准值:

$$D_{max,k}=0.9\times[425\text{kN}\times(1+0.20)+185\text{kN}\times(0.775+0.042)]=594.98\text{kN}$$

$$D_{min,k}=0.9\times[85\text{kN}\times(1+0.20)+50\text{kN}\times(0.775+0.042)]=128.55\text{kN}$$

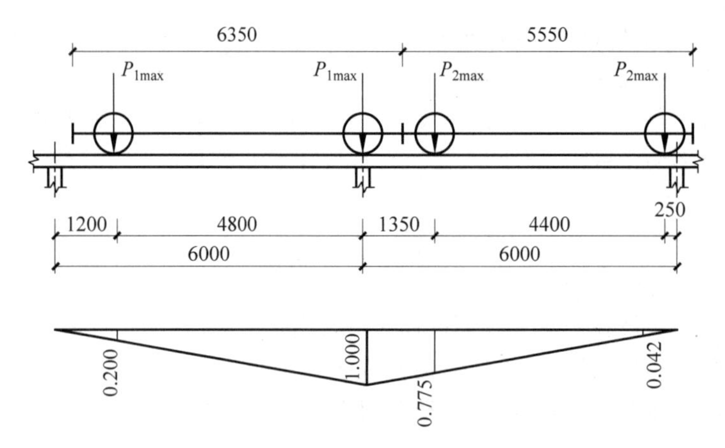

图 10-9 2 台吊车荷载作用下牛腿承受的支反力示意及影响线

① 当 2 台吊车作用在第一跨时

D_{max} 作用在 A 柱:

施加于 A 柱的轴力 $N=594.98\text{kN}$,弯矩 $M=594.98\text{kN}\times0.5\text{m}=297.49\text{kN}\cdot\text{m}$

施加于 B 柱的轴力 $N=128.55\text{kN}$,弯矩 $M=128.55\text{kN}\times0.75\text{m}=96.41\text{kN}\cdot\text{m}$

D_{min} 作用在 A 柱:

施加于 A 柱的轴力 $N=128.55\text{kN}$,弯矩 $M=128.55\text{kN}\times0.5\text{m}=64.28\text{kN}\cdot\text{m}$

施加于 B 柱的轴力 $N=594.98\text{kN}$,弯矩 $M=594.98\text{kN}\times0.75\text{m}=446.23\text{kN}\cdot\text{m}$

画出计算简图如图 10-10 所示。

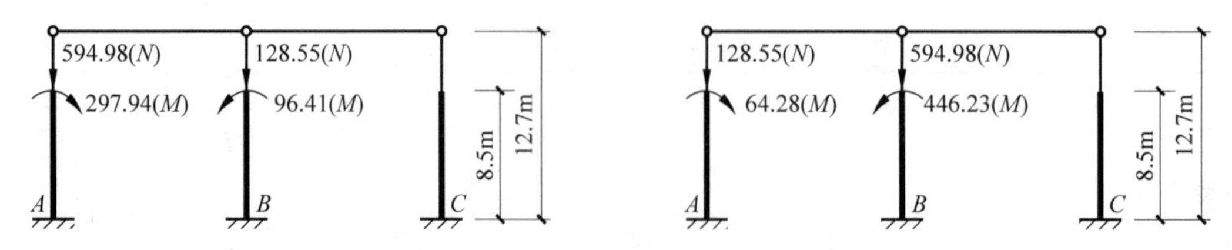

图 10-10 吊车竖向荷载作用下双跨厂房计算简图

② 当 2 台吊车作用在第二跨时,与作用在第一跨情况相似,不再赘述。

(3) 求吊车横向水平荷载(软钩吊车,$\alpha=0.10$)的标准值

50/5t 吊车一个轮子横向水平制动力:

$$T_{50}=\frac{0.1}{4}\times(500\text{kN}+145\text{kN})=16.125\text{kN}$$

15/3t 吊车一个轮子横向水平制动力：

$$T_{15}=\frac{0.1}{4}\times(150\text{kN}+74\text{kN})=5.60\text{kN}$$

① 当一台 50/3t，一台 15/3t 吊车同时作用时：

$$T_{\max,k}=0.9\times[16.125\text{kN}\times(1+0.20)+5.60\text{kN}\times(0.775+0.042)]=21.53\text{kN}$$

② 当一台 50/5t 吊车作用时：

$$T_{\max,k}=16.125\text{kN}\times(1+0.20)=19.35\text{kN}$$

由于当一台 50/3t、一台 15/3t 吊车同时作用时的数值较大，起控制作用，故作用在排架结构上的水平荷载标准值为 21.53kN。计算简图如图 10-11 所示。

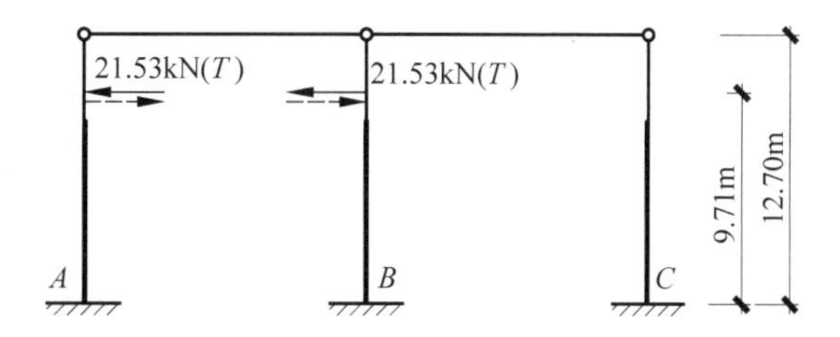

图 10-11 吊车横向水平荷载作用下双跨厂房计算简图

10.2.5 风荷载

风荷载计算方法见 2.3 节。对于单层厂房来说，横向风荷载作用于厂房纵墙面、天窗侧面和屋面，传给排架柱，如图 10-12 所示。

1）排架柱顶以下墙面上的水平风荷载近似按均布荷载计算，其风压高度变化系数可根据柱顶标高确定，即排架结构柱顶以下的均布风荷载可按下列公式计算：

$$q=w_kB=\mu_s\mu_z w_0 B \tag{10-8}$$

式中：B——计算单元宽度；

w_k—风荷载标准值；

μ_s——风荷载体型系数，按表 2-7 确定；

μ_z——风压高度变化系数。

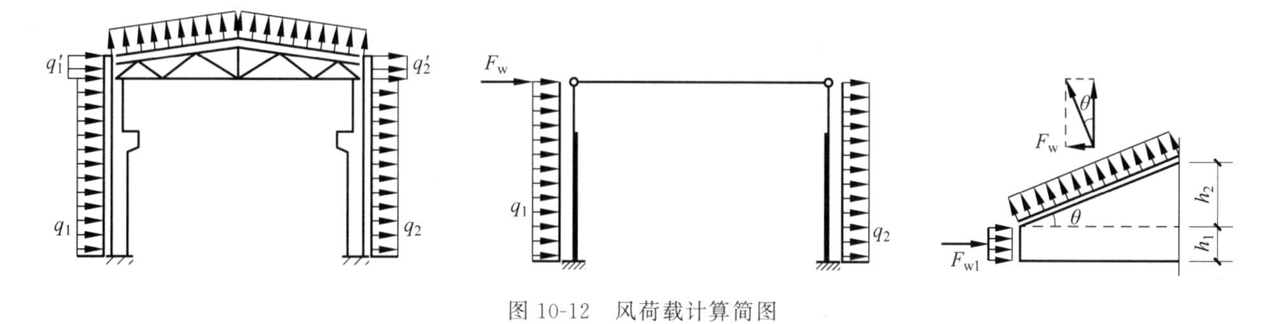

图 10-12 风荷载计算简图

2）排架柱顶以上水平风荷载以水平集中力 F_w 的形式作用在排架柱顶。无天窗时，风压高度变化系数按檐口标高处计算；有天窗时，按天窗檐口标高处计算。屋面的风荷载为垂直于屋面的均布荷载，仅考虑其水平分力对排架的作用。水平集中力 F_w 由屋盖端部的风荷载和屋面风荷载的水平分量两部分叠加，以水平集中力 F_w 的形式作用在排架柱顶：

$$F_w=\sum_{i=1}^{n}w_{ki}BL_i\sin\theta_i=w_0B\sum_{i=1}^{n}\mu_{si}\mu_{zi}h_i \tag{10-9}$$

式中：L_i——第 i 段屋面计算单元斜长；

θ_i——第 i 段坡屋面与风向的水平角；

h_i——第 i 段坡屋面的竖向投影；

μ_{si}——第 i 段屋面计算单元的风荷载体型系数；

μ_{zi}——第 i 段屋面计算单元的风压高度系数。

风荷载的组合值和准永久值系数分别取 0.6 和 0.0。对位于山区的建筑物，计算风荷载时还应考虑厂房所在位置地形条件的地形修正系数。

【例 10-2】 某封闭式带天窗双跨双坡屋面厂房，厂房跨度 24m，天窗架跨度 9m。计算模型及柱顶、天窗檐口离室外地坪高度如图 10-13 所示。该厂房所在地区基本风压 $w=0.40\text{kN/m}^2$，地面粗糙度 A 类，排架间距 $D=6\text{m}$，求作用于每榀排架上的风荷载标准值。

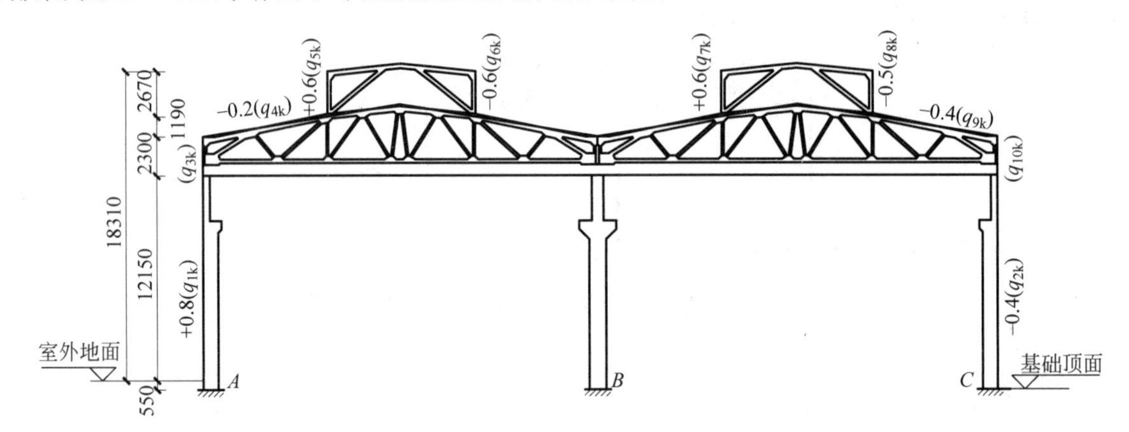

图 10-13 风荷载计算模型示意图

【解】 (1) 求风压高度变化系数

柱顶($h=12.15\text{m}$)处的风压高度变化系数为 1.340，檐口($h=18.31\text{m}$)处的风压高度变化系数为 1.486。

(2) 求风荷载体型系数

由表 2-7 知，$a=15000\text{mm}$，$h=3120\text{mm}$，$a>4h$，故取 $\mu_{s4}=+0.6$；其余如图 10-13 所示。

坡屋面风荷载应垂直于屋面，如图 10-12 所示，可分解为两部分：平行于地平面的风荷载和垂直于地平面的风荷载，它们的作用长度分别为坡屋面的竖向投影和坡屋面的水平投影。其中垂直于地平面的风荷载对 F_w 不起作用，计算 F_w 时只需考虑平行于地平面的那部分风荷载。

$$q_{ik}=Bw_k=B\mu_s\mu_z w_0=6\times 0.40\mu_s\mu_z=2.40\mu_s\mu_z$$

(3) 求风荷载标准值

由表 10-4 求得，$q_{1k}=2.58\text{kN/m}$，$q_{2k}=-1.29\text{kN/m}$。

$$\begin{aligned}F_{wk}&=2.30(q_{3k}-q_{10k})+1.19(q_{4k}-q_{9k})+2.67(q_{5k}-q_{6k}+q_{7k}-q_{8k})\\&=2.30\text{m}\times(2.85\text{kN/m}+1.43\text{kN/m})+1.19\text{m}\times(-0.71\text{kN/m}+1.43\text{kN/m})+\\&\quad 2.67\text{m}\times(2.14\text{kN/m}+2.14\text{kN/m}+2.14\text{kN/m}+1.78\text{kN/m})\\&=32.57\text{kN}\end{aligned}$$

表 10-4 各部位风荷载标准值

q	q_{1k}	q_{2k}	q_{3k}	q_{4k}	q_{5k}	q_{6k}	q_{7k}	q_{8k}	q_{9k}	q_{10k}
μ_z	1.35	1.35	1.49	1.49	1.49	1.49	1.49	1.49	1.49	1.49
μ_s	0.8	−0.4	0.8	−0.2	0.6	−0.6	0.6	−0.5	−0.4	−0.4
q_{ik}	2.58	−1.29	2.85	−0.71	2.14	−2.14	2.14	−1.78	−1.43	−1.43
作用高度			2.3	1.19	2.67	2.67	2.67	2.67	1.19	2.3
方向	→	→	→	←	→	→	→	→	→	→

风荷载作用下，双跨厂房的计算简图如图 10-14 所示。

F_{wk}=32.57kN
q_{1k}=2.58kN/m
12700
q_{2k}=1.29kN/m
A
B
C

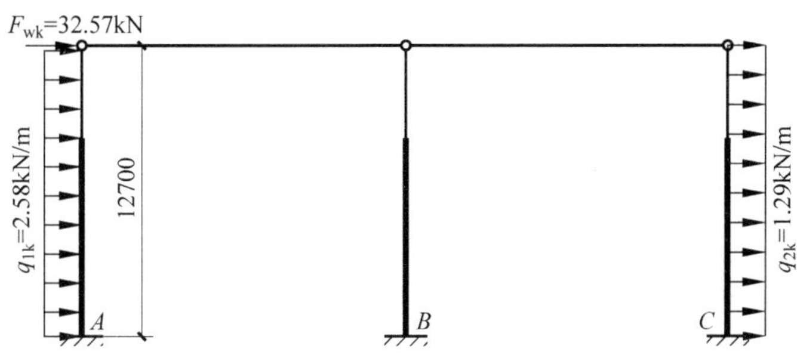

图 10-14　双跨厂房风荷载计算简图

10.3　排架结构的内力计算方法

单层厂房大多是变截面柱的平面排架结构，需先求出单项荷载作用下排架柱各个控制截面的内力。

以图 10-15(a)所示的柱间风荷载作用下的排架为例，可分为以下三个步骤进行排架计算：①在排架柱的柱顶附加一个固定铰，此时排架柱为图 10-15(b)所示的顶端不动铰下端固定端的单阶变截面柱，故第一步为顶端不动铰下端固定端的单阶变截面柱在任意荷载作用下的内力计算；②如图 10-15(b)所示，将不动铰的反力反向施加在排架的柱顶，计算该排架的内力，故第二步为柱顶水平集中力作用下的排架计算；③将上述两部分内力叠加，即为排架柱的实际内力，如图 10-15(c)所示。

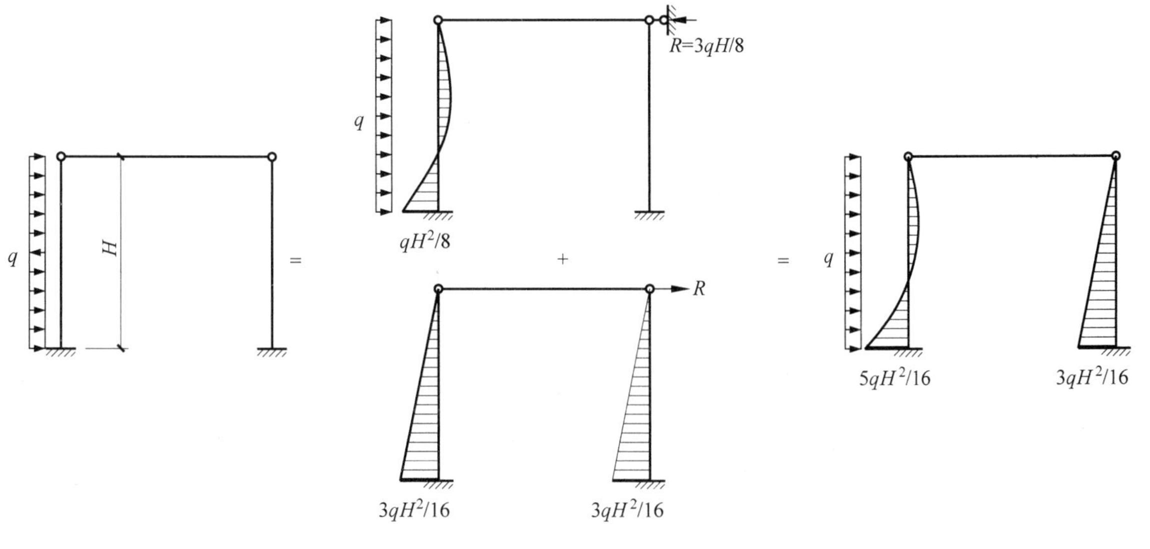

q
H
=
R=3qH/8
q
qH²/8
+
R
3qH²/16
3qH²/16
=
q
5qH²/16
3qH²/16

(a) 排架计算简图　(b) 柱顶内力分解　(c) 排架内力图

图 10-15　排架计算方法

10.3.1　顶端不动铰下端固定单阶变截面柱在任意荷载下的内力计算方法

顶端不动铰下端固定端单阶变截面柱在任意荷载下的内力计算方法实际上为力法。以图 10-16 所示单阶变截面柱为例，在变截面处作用有集中弯矩 M，设柱顶反力为 R_a，由柱顶的变形协调条件可得：

$$R_a\delta_a - M\Delta_{aM} = 0 \tag{10-10}$$

式中：R_a——柱顶不动铰支座处的反力；

δ_a——柱顶作用有水平方向的单位力时，柱顶的水平侧移；

Δ_{aM}——柱上作用有 $M=1$ 时，柱顶的水平侧移。

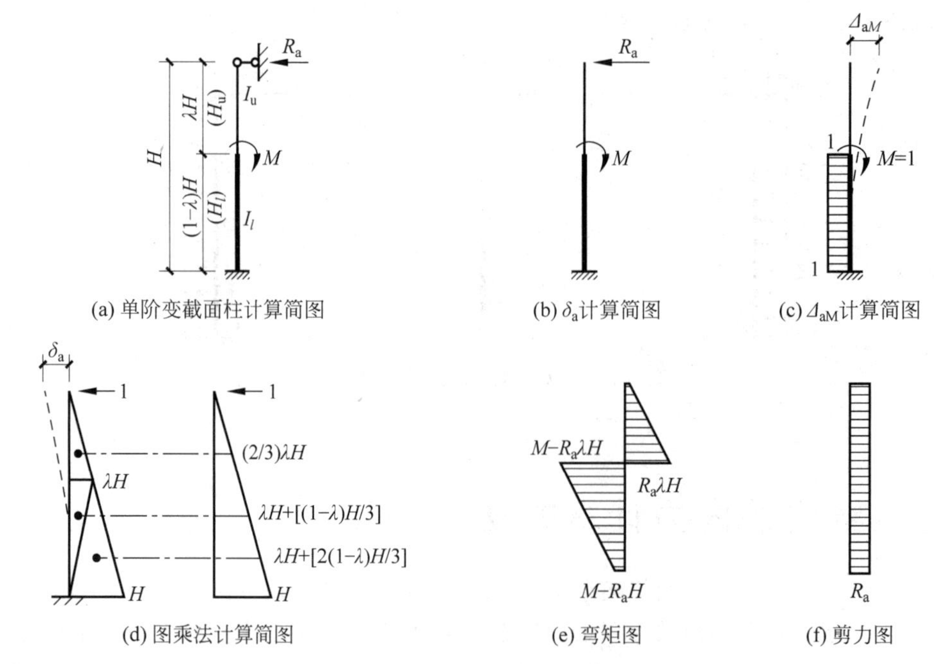

(a) 单阶变截面柱计算简图　(b) δ_a计算简图　(c) Δ_{aM}计算简图

(d) 图乘法计算简图　(e) 弯矩图　(f) 剪力图

图 10-16　顶端不动铰下端固定端单阶变截面柱求解简图

δ_a 如图 10-16(b)所示，可用图乘法计算。若上下柱高度 H_u、H_l，与柱总高 H 的关系分别为 $H_u=\lambda H$，$H_l=(1-\lambda)H$；上、下柱截面惯性矩分别为 I_u、I_l，之间的关系为 $I_u=nI_l$，则 δ_a 可表达为：

$$\delta_a=\frac{1}{\dfrac{3}{1+\lambda^3(1/n-1)}}\frac{H^3}{EI_l}=\frac{H^3}{C_0EI_l} \tag{10-11}$$

Δ_{aM} 如图 10-16(c)所示，也用图乘法求得：

$$\Delta_{aM}=(1-\lambda^2)\frac{H^2}{2EI_l} \tag{10-12}$$

将式(10-11)、式(10-12)代入式(10-10)，即得：

$$R_a=\frac{M\Delta_{aM}}{\delta_a}=\frac{3}{2}\frac{1-\lambda^2}{1+\lambda^3\left(\dfrac{1}{n}-1\right)}\frac{M}{H}=C_2\frac{M}{H} \tag{10-13}$$

根据求得的 R_a 值，根据平衡条件就可得到柱的内力图，如图 10-16(e)、(f)所示。将 C_0 定义为单阶变截面柱柱顶位移系数，将 C_2 定义为单阶变截面柱在下柱柱顶作用有弯矩 M 时的柱顶反力系数。采用同样的方法，可求得单阶变截面柱在其他荷载作用下的柱顶反力系数，如表 10-5 所示。

表 10-5　单阶变截面柱在其他荷载作用下的柱顶反力系数

序号	荷载情况	R_a	系　　数
0	1, δ_a, I_u, I_l, H_u, H_l, H		$\delta=\dfrac{H^3}{C_0EI_l}$ $\left(C_0=\dfrac{3}{1+\lambda^3(1/n-1)},n=\dfrac{I_u}{I_l},\lambda=\dfrac{H_u}{H},Z=1+\lambda^3\left(\dfrac{1}{n}-1\right)\right)$
1	M, R_a	$\dfrac{M}{H}C_1$	$C_1=\dfrac{3}{2}\dfrac{1-\lambda^2(1-1/n)}{Z}$

续表

序号	荷载情况	R_a	系　数
2	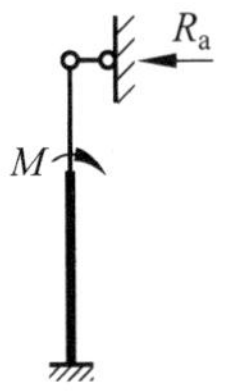	$\frac{M}{H}C_2$	$C_2=\frac{3}{2}\frac{1-\lambda^2}{Z}$
3	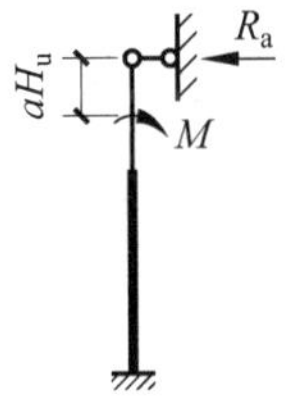	$\frac{M}{H}C_3$	$C_3=\frac{3}{2}\frac{1+\lambda^2\left(\frac{1-a^2}{n}-1\right)}{Z}$
4	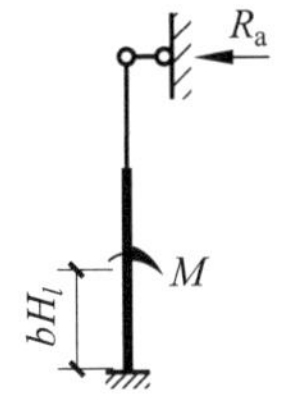	$\frac{M}{H}C_4$	$C_4=\frac{3}{2}\frac{2b(1-\lambda)-b^2(1-\lambda)^2}{Z}$
5	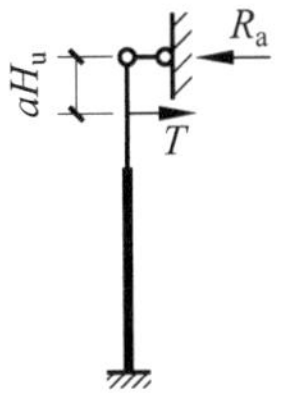	TC_5	$C_5=\frac{2-3a\lambda+\lambda^3\left[\frac{(2+a)(1-a)^2}{n}-(2-3a)\right]}{2Z}$
6	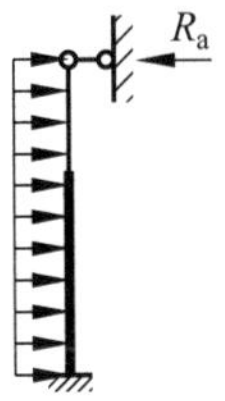	qHC_6	$C_6=\frac{3\left[1+\lambda^4\left(\frac{1}{n}-1\right)\right]}{8Z}$
7	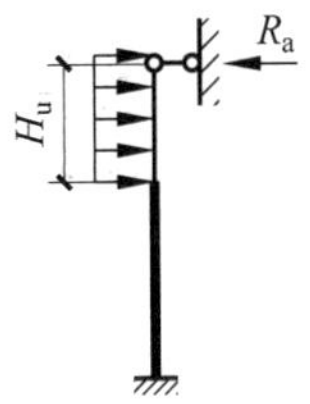	qHC_7	$C_7=\frac{8\lambda-6\lambda^2+\lambda^4\left(\frac{3}{n}-2\right)}{8Z}$
8	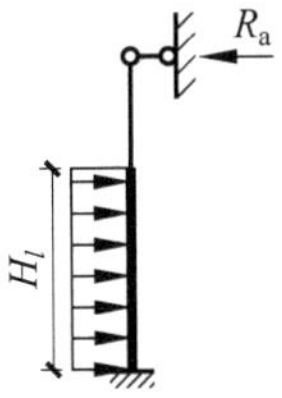	qHC_8	$C_8=\frac{(1-\lambda)^3(3+\lambda)}{8Z}$

根据表10-5，即可很方便地计算顶端不动铰下端固定端单阶变截面柱在任意荷载下的内力。

10.3.2 等高排架结构内力分析

1. 柱顶水平集中力作用下等高排架内力分析

在柱顶水平集中力 F 作用下，等高排架各柱顶将产生位移 Δ_i 和剪力 V_i，如图 10-17 所示。沿横梁与柱的连接处将各柱的柱顶切开，在各柱顶的切口上作用一对相应的剪力，取出横梁为脱离体，则有下列平衡条件：

$$F = V_1 + V_2 + \cdots + V_i + \cdots + V_n = \sum_{i=1}^{n} V_i \tag{10-14}$$

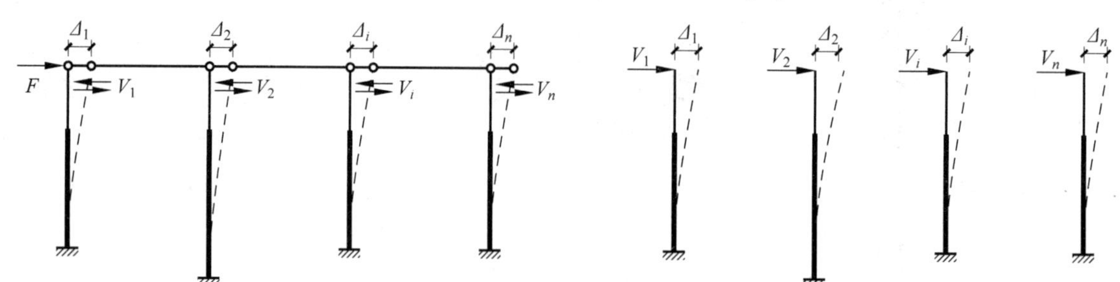

图 10-17 等高排架计算简图

由于横梁为无轴向变形的刚性杆件，故：

$$\Delta = \Delta_1 = \Delta_2 = \cdots = \Delta_i = \cdots = \Delta_n \tag{10-15}$$

对于第 i 个排架柱，根据 δ_i 的物理意义，可得：

$$V_i \delta_i = \cdots = \Delta_i \tag{10-16}$$

则：

$$V_i = \frac{1/\delta_i}{\sum\limits_{i=1}^{n} 1/\delta_i} F = \eta_i F \tag{10-17}$$

式中：$1/\delta_i$——第 i 根排架柱的抗侧刚度，即悬臂柱柱顶产生单位侧移所需施加的水平力；

η_i——第 i 根排架柱的剪力分配系数，按下式计算：

$$\eta_i = \frac{1/\delta_i}{\sum\limits_{i=1}^{n} 1/\delta_i} \tag{10-18}$$

当为刚性横梁时，排架结构柱顶作用水平集中力 F 时，各柱的剪力按其抗侧刚度与各柱抗侧刚度总和的比例关系进行分配，故上述方法也叫剪力分配法。

求得柱顶剪力 V_i 后，用平衡条件即可得排架柱各截面的弯矩和剪力。

2. 任意荷载作用下等高排架内力分析

等高排架在任意荷载作用下，采用以下三个步骤来进行内力分析，如图 10-18 所示。

1) 对承受任意荷载作用的排架，先在排架柱顶部附加一个不动铰支座以阻止其侧移，则各柱为单阶一次超静定柱，应用表 10-5 的柱顶反力系数可求得各柱反力 R_i 及相应的柱端剪力。

2) 撤除假想的附加不动铰支座，将支座总反力 R 反向作用于排架柱顶，应用剪力分配法可求出柱顶水平力 R 作用下各柱顶剪力 $\eta_i R$。

3) 将前面的计算结果相叠加，可得到在任意荷载作用下排架柱顶剪力 $R_i + \eta_i R$，然后可求出各柱的内力。

【例 10-3】 某两跨等高排架，承受水平方向均布荷载，计算基本参数如图 10-19 所示，求该排架在风荷载作用下的弯矩图和剪力图。

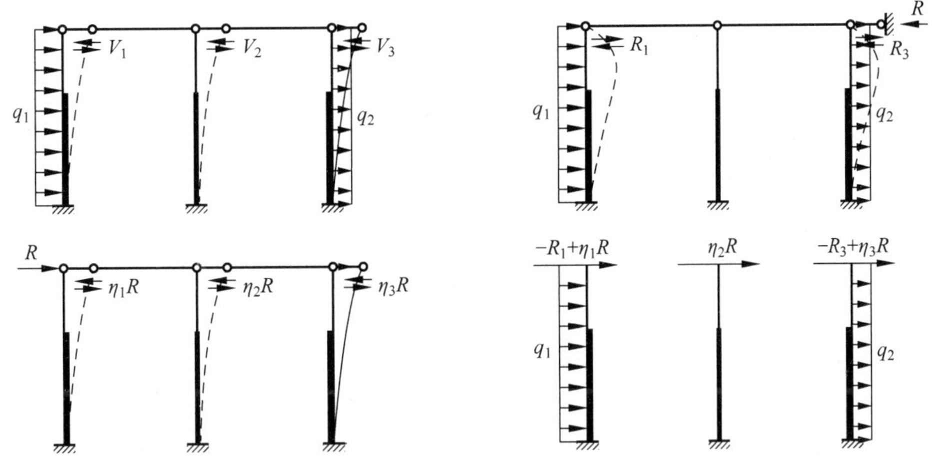

图 10-18 任意荷载作用下等高排架内力分析

【解】 (1) 求基本参数

$$\lambda=\frac{H_{\mathrm{u}}}{H}=\frac{4.2\mathrm{m}}{12.7\mathrm{m}}=0.331$$

对 A、C 柱

$$n_A=\frac{I_{uA}}{I_{lA}}=\frac{4.17EI}{14.38EI}=0.290$$

$$C_{0A}=\frac{3}{1+\lambda^3(1/n_A-1)}=2.756$$

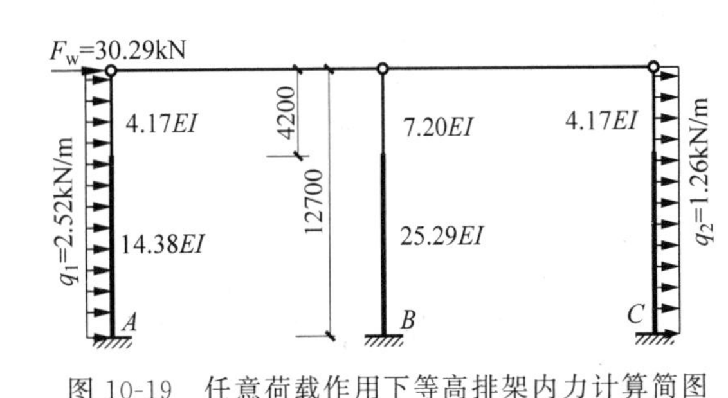

图 10-19 任意荷载作用下等高排架内力计算简图

对 B 柱

$$n_B=\frac{I_{uB}}{I_{lB}}=\frac{7.2EI}{25.29EI}=0.285$$

$$C_{0B}=\frac{3}{1+\lambda^3(1/n_B-1)}=2.750$$

(2) 求在柱顶加铰支座后的支座反力 R_i，如图 10-20 所示。

$$C_{6A}=\frac{3}{8}\times\frac{1+\lambda^4(1/n_A-1)}{1+\lambda^3(1/n_A-1)}=0.355$$

$$R_A=-C_{6A}Hq_1=-11.348\mathrm{kN}(\leftarrow)$$

$$R_C=-C_{6A}Hq_2=-5.674\mathrm{kN}(\leftarrow)$$

$$\delta_C=\delta_A=\frac{H^3}{C_{0A}\times 14.38EI}=\frac{H^3}{39.63EI},\quad \delta_B=\frac{H^3}{C_{0B}\times 25.29EI}=\frac{H^3}{69.55EI}$$

$$\eta_C=\eta_A=\frac{1/\delta_A}{\sum 1/\delta_i}=0.266,\quad \eta_B=\frac{1/\delta_B}{\sum 1/\delta_i}=0.468$$

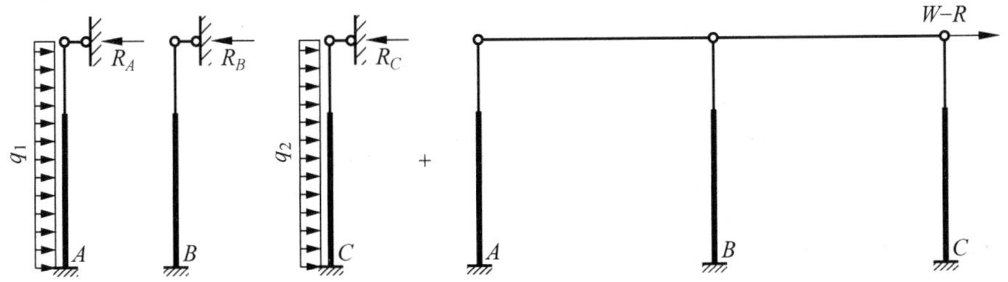

图 10-20 支座反力计算简图

(3) 求柱顶剪力 V_a、V_b、V_c

总支座反力 $R=F_{\mathrm{W}}-(R_A+R_C)=47.312\mathrm{kN}$；

$$V_a = R_A + \eta_A R = 1.24\text{kN}\ (\rightarrow)$$
$$V_b = \eta_B R = 22.14\text{kN}(\rightarrow)$$
$$V_c = R_C + \eta_C R = 6.91\text{kN}(\rightarrow)$$

（4）求柱底弯矩和剪力

$$M_A = V_a H + 0.5 q_1 H^2 = 218.97\text{kN}\cdot\text{m},\quad V_A = V_a + q_1 H = 33.24\text{kN}(\rightarrow)$$
$$M_B = V_b H = 281.18\text{kN}\cdot\text{m},\quad V_B = V_b = 22.14\text{kN}(\rightarrow)$$
$$M_C = V_c H + 0.5 q_2 H^2 = 189.37\text{kN}\cdot\text{m},\quad V_C = V_c + q_2 H = 22.91\text{kN}(\rightarrow)$$

画出弯矩图和剪力图，分别如图 10-21 和图 10-22 所示。

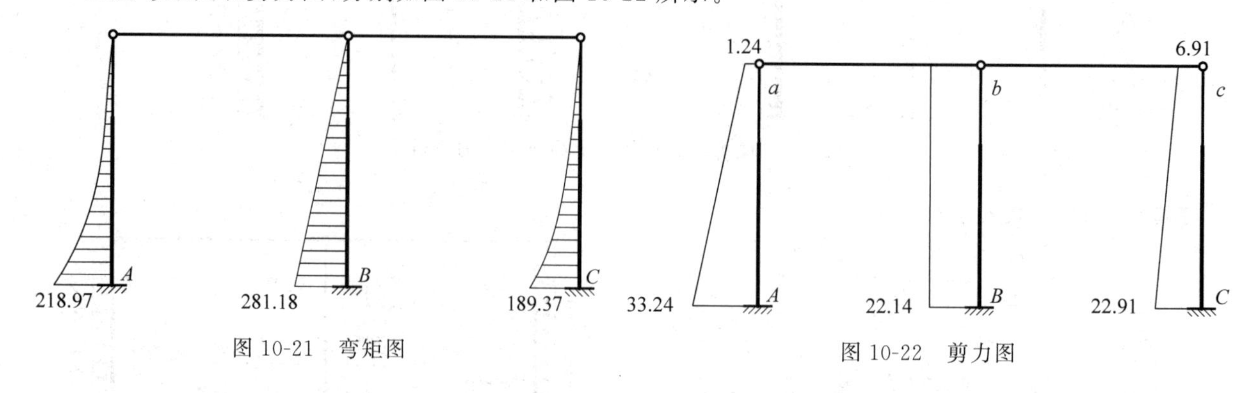

图 10-21 弯矩图　　　图 10-22 剪力图

10.3.3 不等高排架内力分析

不等高排架在任意荷载作用下，由于高、低跨的柱顶位移不相等，因此，不能用剪力分配法求解，其内力可用力法进行分析(图 10-23)。

$$\begin{cases}\delta_{11}x_1 + \delta_{12}x_2 + \Delta_{1\text{P}} = 0\\ \delta_{21}x_1 + \delta_{22}x_2 + \Delta_{2\text{P}} = 0\end{cases}\tag{10-19}$$

式中：δ_{11}、δ_{12}、δ_{21}，δ_{22}——基本结构的柔度系数，可由单位力弯矩图的图乘得到；

$\Delta_{1\text{P}}$、$\Delta_{2\text{P}}$——荷载产生的沿 x_1、x_2 方向的位移。

解力法方程(10-19)求得 x_1、x_2 后，不等高排架各柱的内力就可用平衡条件求得。

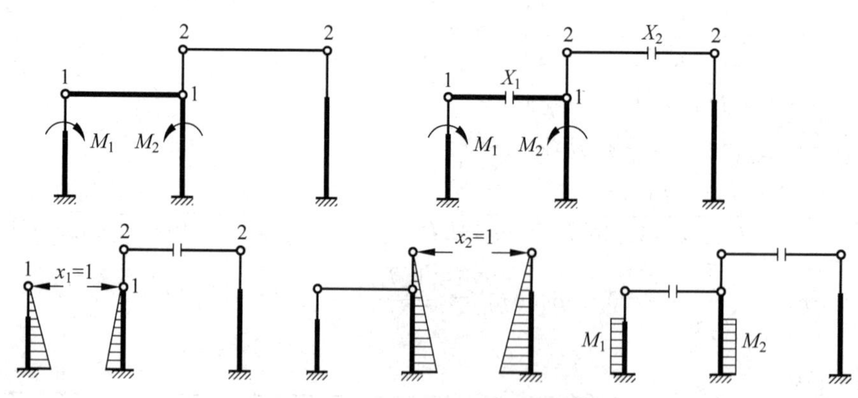

图 10-23 两跨不等高排架内力分析

10.3.4 考虑厂房整体空间作用的排架内力计算

1. 厂房整体空间作用的概念

作为平面排架进行计算时，各榀排架之间没有联系，各自独立，各榀排架的位移和内力互不影响。但由于屋盖等纵向联系构件将各榀排架或山墙联系在一起，故各榀排架或山墙的受力及变形都不是独立的。这种排架与排架、排架与山墙之间的相互制约作用，称为厂房的整体空间作用。

当厂房两端有山墙时，山墙通过屋盖等纵向联系构件对其他各榀排架有不同程度的约束作用，使各榀排架柱顶水平位移呈曲线分布(图 10-24(a)、(b))，且 $\Delta_b < \Delta_a$。当仅其中一榀排架柱顶作用水平集中力 R，且厂房两端无山墙时，则直接受荷排架通过屋盖等纵向联系构件，受到非直接受荷排架的约束，使其柱顶的水平位移减小(图 10-24(c))，即 $\Delta_c < \Delta_a$。当仅其中一榀排架柱顶作用水平集中力 R，但厂房两端有山墙时，则直接受荷载排架受到非受荷排架和山墙两种约束，故各榀排架的柱顶水平位移将更小(图 10-24(d))，即 $\Delta_d < \Delta_c$。

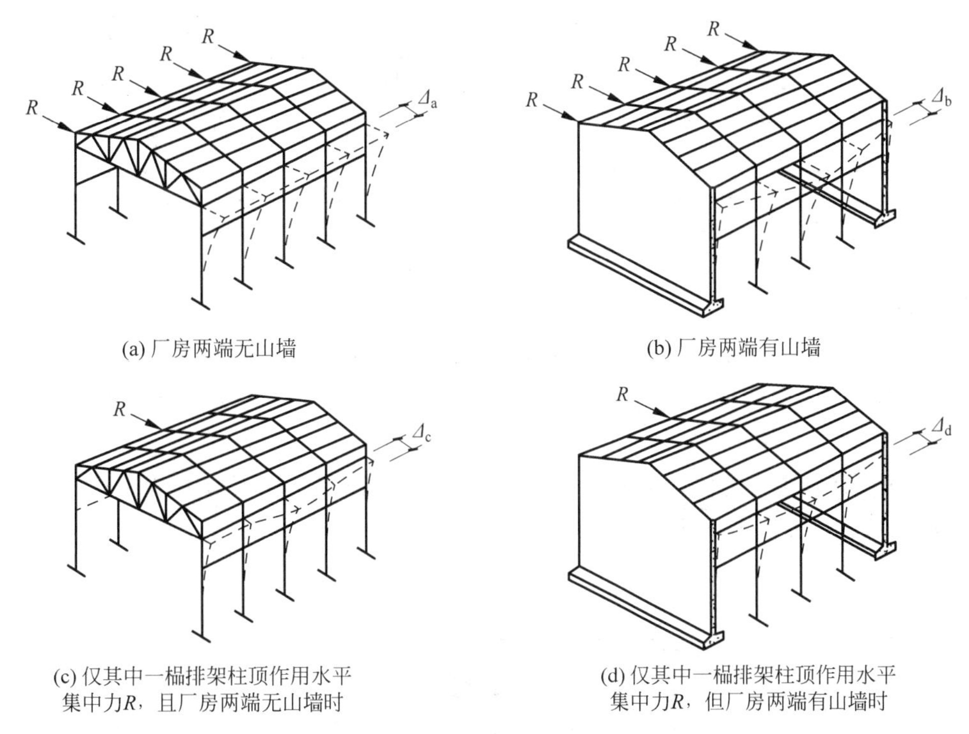

(a) 厂房两端无山墙

(b) 厂房两端有山墙

(c) 仅其中一榀排架柱顶作用水平集中力R，且厂房两端无山墙时

(d) 仅其中一榀排架柱顶作用水平集中力R，但厂房两端有山墙时

图 10-24 厂房整体空间作用示意

单层厂房整体空间作用的程度主要取决于屋盖的水平刚度、山墙刚度和间距等因素。

2. 厂房空间作用分配系数

当单层厂房某一榀排架柱顶作用水平集中力 R 时，若不考虑厂房的整体空间作用，此集中力全部由直接受荷排架承受。若考虑厂房的整体空间作用，则各个排架均要分担此水平集中力。将直接受荷排架承担的力用 R_0 表示，如图 10-25 所示。定义厂房空间作用分配系数 μ 为：

$$\mu = \frac{R_0}{R} < 1.0 \tag{10-20}$$

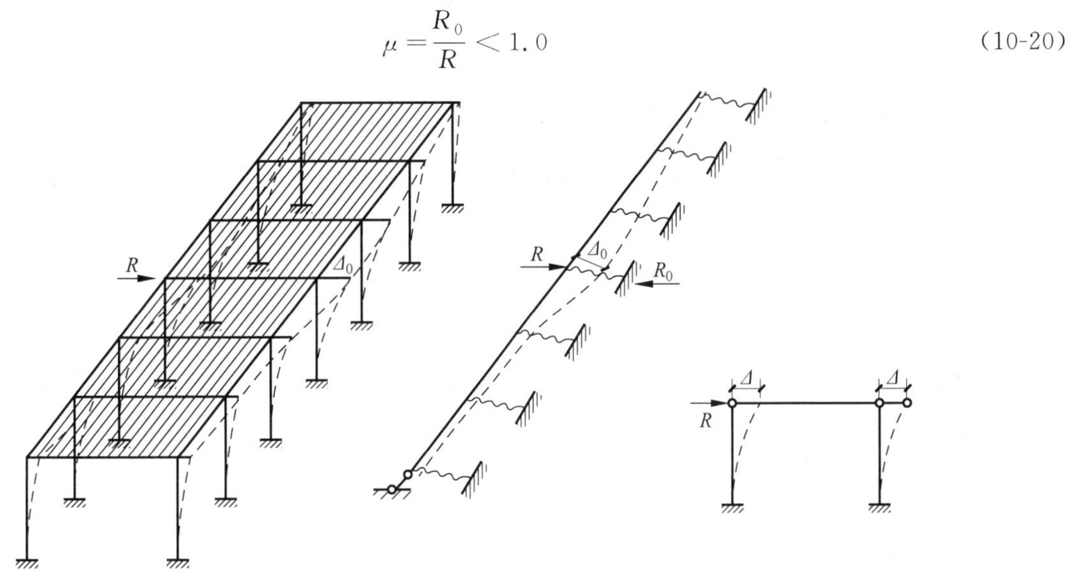

图 10-25 厂房空间工作示意

根据《机械工业厂房结构设计规范》(GB 50906—2013)的相关规定，吊车荷载作用下单层单跨厂房的空间作用分配系数如表 10-6 所示。

表 10-6 单跨厂房空间作用分配系数

厂房情况		吊车起重量/t	厂房长度/m			
			≤60		>60	
			厂房跨度/m			
			12～27	>27	12～27	>27
无檩屋盖	两端无山墙或一端有山墙	≤75	0.90	0.85	0.85	0.80
	两端有山墙	≤75	0.80	0.80	0.80	0.80

注：① 厂房山墙应为实心砖墙，如有开洞，洞口对山墙水平截面面积的削弱应不超过 50%，否则应视为无山墙情况；

② 当厂房设有伸缩缝时，厂房长度应按一个伸缩缝区段的长度计，且伸缩缝处应视为无山墙。

3. 考虑厂房整体空间作用时排架内力计算步骤

(1) 先假定排架柱顶无侧移，求出在吊车水平荷载作用下的柱顶反力 R 以及相应的柱顶剪力；

(2) 将柱顶反力 R 乘以空间作用分配系数 μ，并将它反方向施加于该榀排架的柱顶，按剪力分配法求出各柱顶剪力 $\eta_A\mu R$、$\eta_B\mu R$；

(3) 将上述两项计算求得的柱顶剪力叠加，即为考虑空间作用的柱顶剪力，根据柱顶剪力及柱上实际承受的荷载，按悬臂柱可求出各柱的内力。

计算步骤如图 10-26 所示。

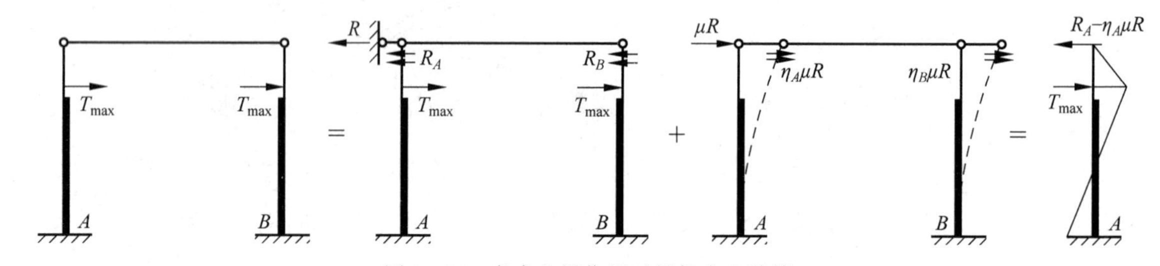

图 10-26 考虑空间作用时排架内力计算

考虑厂房整体空间作用时，柱顶剪力为：

$$V'_i = R_i - \eta_i \mu R \tag{10-21}$$

当 $\mu=1.0$ 时，为不考虑厂房整体空间作用情况。一般考虑厂房整体空间作用时，计算的柱顶剪力比不考虑情况要小，故考虑空间作用后，柱的钢筋用量会有所减少。

10.4 排架结构的内力组合

内力组合就是将排架柱在各单项荷载作用下的内力，按照它们在使用过程中同时出现的可能性，求出在某些荷载共同作用下，柱控制截面可能产生的最不利内力，作为柱和基础配筋计算的依据。

1. 柱的控制截面

控制截面对截面配筋计算起控制作用。对于上柱，底部Ⅰ—Ⅰ截面的内力最大，一般情况下整个上柱截面配筋相同，故Ⅰ—Ⅰ截面为控制截面(图 10-27)。对于下柱，在吊车竖向荷载作用下，一般牛腿顶截面处的弯矩最大，而在风荷载和吊车横向水平荷载作用下，柱底截面的弯矩最大。因此通常取牛腿顶截面Ⅱ—Ⅱ和柱底截面Ⅲ—Ⅲ(图 10-27)作为下柱的控制截面。

当柱上作用有较大的集中荷载时，还需将集中荷载作用处的截面作为控制截面。

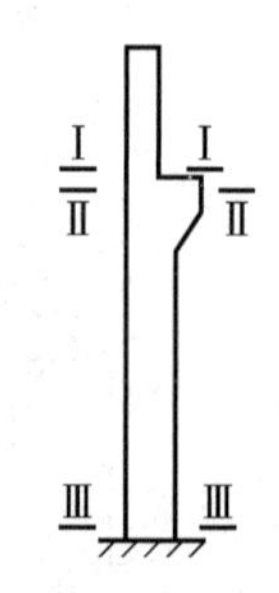

图 10-27 柱的控制截面

在吊车竖向荷载作用下，牛腿顶部Ⅱ—Ⅱ截面的弯矩比牛腿根部大，但牛腿截面高度一般比下柱的截面高度大，故下柱最不利截面可能是牛腿根部。为计算方便，控制截面仍取Ⅱ—Ⅱ截面，但按牛腿根部的截面计算下柱的配筋。

2. 荷载效应组合

对于一般排架结构，荷载效应组合的设计值 S_d 按式(2-44)计算。

验算柱下独立基础地基承载力时，应采用荷载标准组合的效应设计值按式(2-47)计算。

对排架柱进行裂缝宽度验算时，需进行荷载准永久组合，效应设计值按式(2-49)计算。

3. 最不利内力组合

内力包括 M、N、V，每次内力组合时，以一种内力为目标决定可变荷载的取舍，并求得与其相应的其余两种内力。排架柱都是对称配筋偏心受压构件。不论大小偏压，弯矩越大，配筋越大。大偏压时，轴力越大，配筋越小；在小偏压时，轴力越大，配筋越大。如图10-28所示。

因此，通常选择以下四种组合作为截面最不利内力组合：

(1) $+M_{max}$ 及相应的 N、V；

(2) $-M_{max}$ 及相应的 N、V；

(3) N_{max} 及相应的 $+M_{max}$ 或 $-M_{max}$、V；

(4) N_{min} 及相应的 $+M_{max}$ 或 $-M_{max}$、V。

按以上四项内力组合有时还不能控制柱截面的配筋量，以大偏心受压截面为例，有时 N 值虽比原取值小些，但对应的 M 值却大些，这时截面配筋可能会更多。但在一般情况下，按上述四项进行内力组合，已能满足工程设计要求。

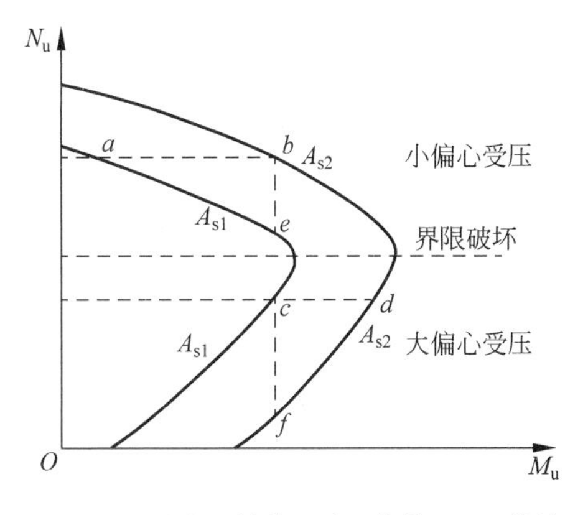

图10-28　对称配筋偏心受压构件 N-M 曲线

4. 内力组合注意事项

进行内力组合时，还应注意荷载的特点：

(1) 恒荷载在任何一种内力组合下都存在。

(2) 吊车竖向荷载中，同一柱的同一侧牛腿上有 D_{max} 或 D_{min} 作用，每次只能选择其中一种情况参加内力组合。

(3) 在选择吊车横向水平荷载时，该跨必然作用有吊车的相应竖向荷载；但选择吊车竖向荷载时，不一定存在该吊车相应的横向水平荷载。但一般为取最不利组合，选择吊车竖向荷载时，也选择相应的吊车横向水平荷载。

(4) 吊车横向水平荷载 T_{max} 同时作用在同一跨内的两个柱子上，向左或向右，组合时只能选取其中一个方向。

(5) 风荷载有向左、向右两种情况，只能选择其中一种参加内力组合。

10.5　钢筋混凝土排架柱设计

排架柱一般为对称配筋偏心受压构件。通过内力组合确定控制截面的内力(M、N、V)后，即可进行排架柱配筋计算。设计计算过程中需要确定柱的计算长度、偏心距增大系数，进行大小偏心受压的判断。

10.5.1　柱的设计

1. 刚性屋盖单层厂房排架柱计算长度

单层厂房大多采用大型屋面板直接与屋架、屋面梁连接的无檩屋盖，无檩屋盖的面内刚度大，属于刚性屋盖，其排架柱计算长度如表 10-7 所示。

表 10-7 刚性屋盖单层厂房排架柱计算长度(l_0)

柱的类型		排架方向	垂直排架方向	
			有柱间支撑	无柱间支撑
无吊车厂房柱	单跨	$1.5H$	$1.0H$	$1.2H$
	两跨及多跨	$1.25H$	$1.0H$	$1.2H$
有吊车厂房柱	上柱	$2.0H_u$	$1.25H_u$	$1.5H_u$
	下柱	$1.0H_l$	$0.8H_l$	$1.0H_l$

注：① 表中 H 为从基础顶面算起的柱全高；H_l 为从基础顶面至牛腿面的下柱高度；H_u 为从牛腿面算起的上柱高度；

② 表中有吊车房屋排架柱的计算长度，当计算中不考虑吊车荷载时，可按无吊车房屋柱的计算长度采用，但上柱的计算长度仍可按有吊车房屋采用；

③ 表中有吊车房屋排架的上柱在排架方向的计算长度，仅适用于 H_u/H_l 不小于 0.3 的情况；当 H_u/H_l 小于 0.3 时，计算长度宜采用 $2.5H_u$。

2. 排架柱考虑二阶效应的弯矩设计值

排架柱考虑二阶效应的弯矩设计值按式(10-22)计算：

$$M=\eta_s M_0 \tag{10-22}$$

偏心距增大系数 η_s 按式(10-23)计算：

$$\eta_s=1+\frac{1}{1500e_i/h_0}\left(\frac{l_0}{h}\right)^2\zeta_c \tag{10-23}$$

$$\zeta_c=\frac{0.5f_cA}{N} \tag{10-24}$$

$$e_i=e_0+e_a \tag{10-25}$$

式中：M_0——一阶弹性分析柱端弯矩设计值；

ζ_c——截面曲率修正系数；当 $\zeta_c>1.0$ 时，取 $\zeta_c=1.0$；

e_i——初始偏心距；

e_0——轴向压力对截面重心的偏心距，$e_0=M_0/N$；

e_a——附加偏心距，$e_a=\max(20,h/30)$；

l_0——排架柱的计算长度，见表 10-7；

h、h_0——所考虑弯曲方向柱的截面高度和截面有效高度；

A——柱的截面面积。

3. 对称配筋偏心受压排架柱配筋计算

一般情况下，矩形、I 形截面实腹柱可按构造要求配置箍筋，不进行受剪承载力计算。柱的纵筋按偏心受压构件正截面承载力计算，因弯矩有正、负两种情况，故纵筋一般采用对称配筋，计算流程如图 10-29 所示。

10.5.2 牛腿设计

牛腿支承吊车梁、屋架或屋面梁和连系梁，如图 10-30 所示，应专门进行设计。牛腿可分为：短牛腿，$a\leqslant h_0$，如图 10-30(a)所示，按牛腿设计；长牛腿，$a>h_0$，如图 10-30(b)所示，按悬臂梁设计。

1. 牛腿的破坏形态

通过光弹试验得到牛腿的主应力迹线如图 10-31 所示。从图中可以看出，在顶面竖向力作用下，牛腿上部主拉应力迹线基本与牛腿上边缘平行，其拉应力沿牛腿长度方向均匀分布；牛腿下部主压应力迹

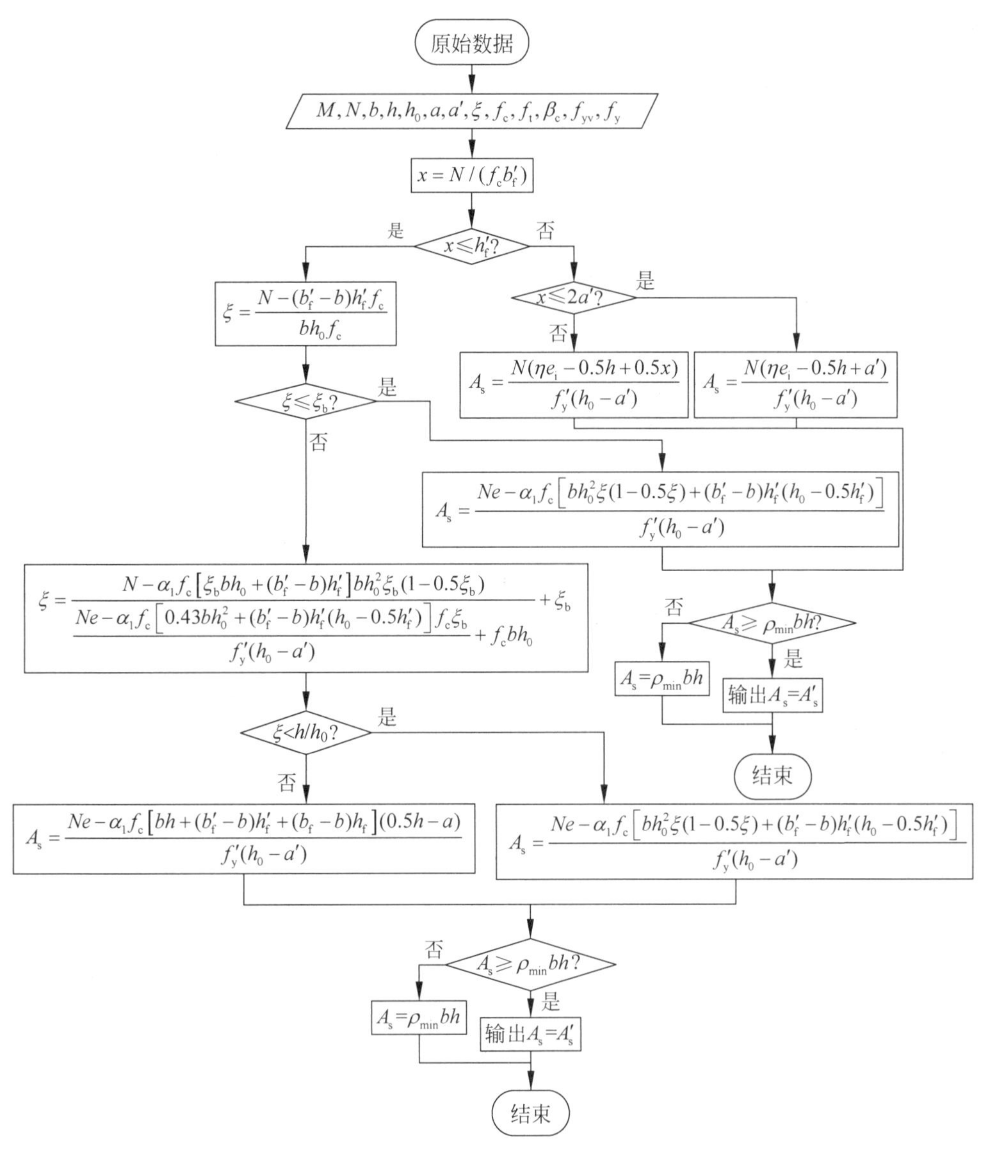

图 10-29　对称配筋偏心受压柱计算流程

线大致与从加载点到牛腿下部转角的连线 ab 相平行；牛腿中下部主拉应力迹线倾斜，加载后裂缝有向下倾斜的现象。在上柱根部与牛腿交界线处存在着应力集中现象。

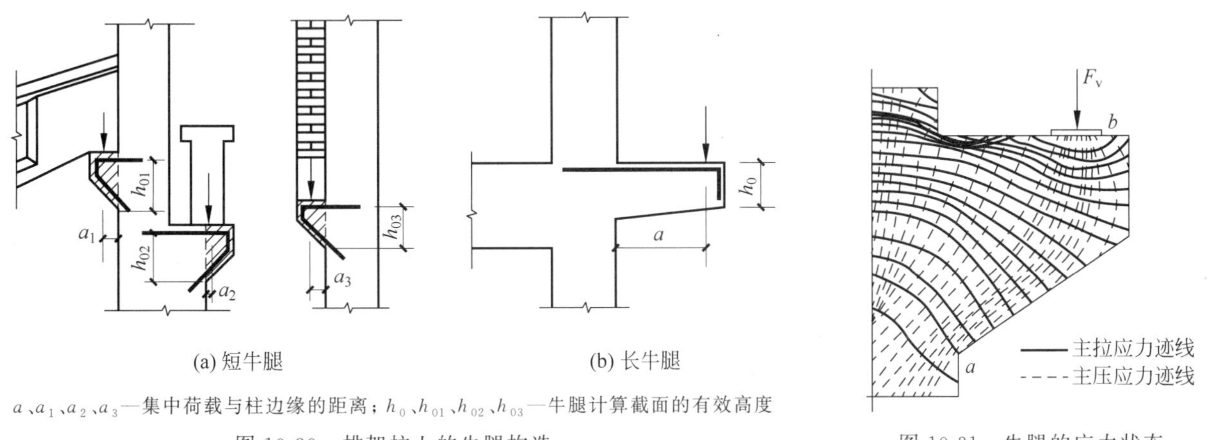

a、a_1、a_2、a_3—集中荷载与柱边缘的距离；h_0、h_{01}、h_{02}、h_{03}—牛腿计算截面的有效高度

图 10-30　排架柱上的牛腿构造

图 10-31　牛腿的应力状态

钢筋混凝土牛腿的试验结果表明：在 20%～40%极限荷载时，出现图 10-32(a)所示的垂直裂缝①，影响不大；在 40%～60%极限荷载时，在加载板内侧出现第一条斜裂缝②，大体与受压迹线平行，它是控

制牛腿截面尺寸的主要依据；继续加载，随着 a/h_0 的不同，牛腿产生几种不同的破坏形态：

(1) $a/h_0>0.75$ 或纵筋配筋率较低时，随着荷载增加，斜裂缝②向受压区延伸，同时纵筋拉应力达到屈服，直至受压区混凝土压碎而破坏，这种现象称为弯压破坏(图 10-32(a))。

(2) $a/h_0=0.1\sim0.75$ 时，随着荷载增加，斜裂缝②外侧出现较多的短而细的斜裂缝③，此时②、③间斜向主压应力超过混凝土抗压强度，直至混凝土剥落而破坏，有时不出现③而是在加载板下突然出现一条通长斜裂缝④而破坏，这种情况称为斜压破坏(图 10-32(b)、(c))。

(3) $a/h_0\leqslant0.1$ 时，牛腿与柱交接面上发生破坏，表现为一系列大体上平行的短斜裂缝，这种现象称为剪切破坏(图 10-32(d))。

此外，还会发生因加载板尺寸过小、牛腿宽度过窄而导致加载板下混凝土发生局部受压破坏(图 10-32(e))及纵向受力钢筋锚固破坏。为了防止上述各种破坏。牛腿应有足够的截面，配置足够的钢筋并要遵循相应的构造要求。

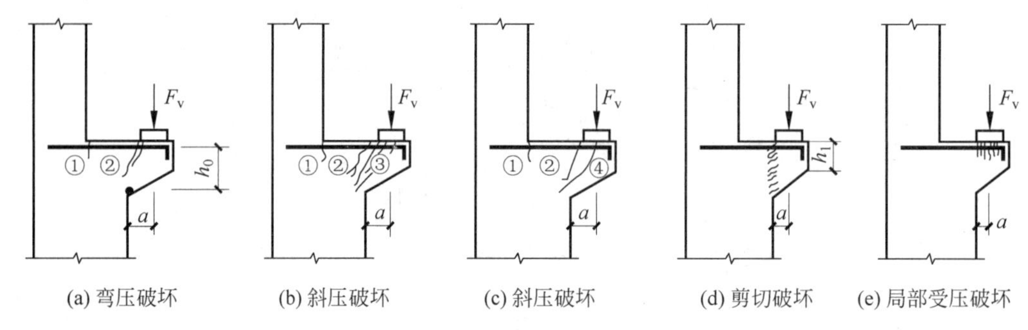

图 10-32 钢筋混凝土牛腿的破坏形态

2. 牛腿几何尺寸

牛腿与柱等宽，外边缘高度 $h_1\geqslant h/3$，且不应小于 200mm；边缘与吊车梁肋外边缘的距离不宜小于 70mm；牛腿底边倾斜角 $\alpha\leqslant45°$。

牛腿截面高度 h 以防止斜裂缝不致过宽为原则加以确定，采用下式计算：

$$F_{vk}\leqslant\beta\left(1-0.5\frac{F_{hk}}{F_{vk}}\right)\frac{f_{tk}bh_0}{0.5+a/h_0}\tag{10-26}$$

式中：F_{vk}、F_{hk}——作用于牛腿顶面按荷载效应标准组合计算的竖向力和水平拉力标准值；

f_{tk}——混凝土轴心抗压强度标准值；

β——裂缝控制系数，对支承吊车梁的牛腿取 0.65，其他牛腿取 0.80；

h_0——牛腿与下柱交接处垂直截面的有效高度；

b——牛腿宽度。

此外，为了防止牛腿顶面垫板下混凝土的局部受压破坏，垫板下的局部压应力应满足：

$$\sigma_c=\frac{F_{vk}}{A}\leqslant0.75f_c\tag{10-27}$$

式中：A——局部受压面积，按图 10-33 取值；

f_c——混凝土轴心抗拉强度设计值。

当上式不满足时，应采取加大受压面积、提高混凝土强度等级或设置钢筋网片等有效的加强措施。

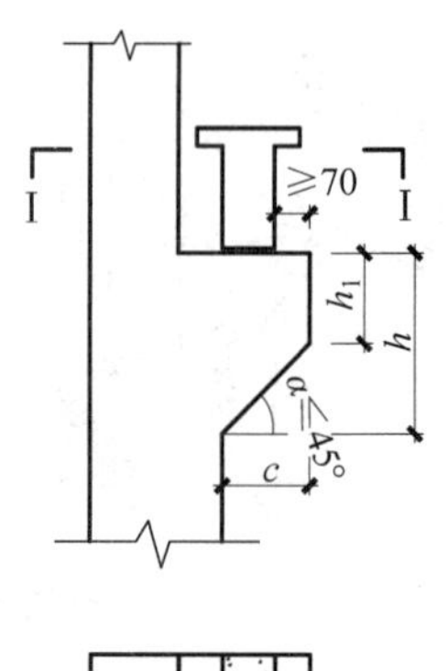

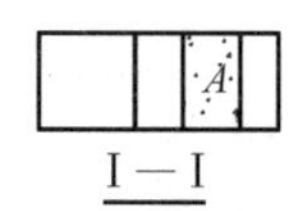

图 10-33 牛腿局部受压面积取值示意

3. 牛腿的配筋计算与构造

在竖向力和水平拉力作用下，牛腿的受力特征可用三角桁架简化模型来描述，牛腿顶部水平纵向受力钢筋为拉杆、牛腿内的斜向受压混凝土为压杆。

作用于牛腿顶面的竖向力由桁架水平拉杆的拉力和斜压杆的压力来承担，作用在牛腿顶部向外的水平拉力则由水平拉杆承担，如图10-34所示。

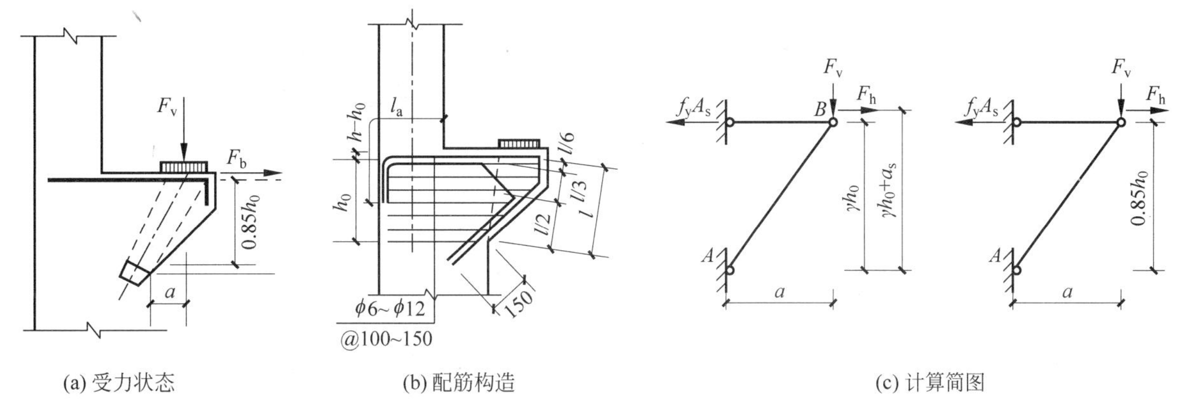

图10-34　牛腿配筋构造及受力图式

1）斜截面抗弯承载力计算以确定纵筋

当牛腿受有竖向力（设计值F_v）和横向水平拉力（设计值F_h）共同作用时，计算简图如图10-34(c)所示，对A点取矩，则有：

$$A_s\gamma f_y h_0 \geqslant F_v a + F_h(\gamma h_0 + a_s) \tag{10-28}$$

设计时取$\gamma\approx0.85$，$\gamma h_0+a_s\approx1.2\gamma_y h_0$，则得出纵筋总面积的计算公式为：

$$A_s \geqslant \frac{F_v a}{0.85 f_y h_0} + 1.2\frac{F_h}{f_y} \tag{10-29}$$

式中：当$a<0.3h_0$时，取$a=0.3h_0$。

承受竖向力所需的纵向受力钢筋的配筋率不应小于0.20%及$0.45f_t/f_y$，也不宜大于0.60%，不宜少于4根直径12mm的钢筋。

2）按照限制裂缝过宽的要求设置箍筋和弯筋

在牛腿设计中，若能符合式(10-26)限制斜截面裂缝宽度的条件，一般也会满足斜截面抗剪承载力的要求，可不再进行斜截面抗剪承载力计算，只需按下述构造要求设置水平箍筋和弯筋，如图10-34(b)所示。

箍筋：直径6～12mm，间距100mm，在牛腿上部$2h_0/3$范围内的水平箍筋总截面面积不小于承受竖向力纵筋截面面积的0.5倍。

弯筋：仅当牛腿的剪跨比a/h_0不小于0.3时可设置弯起钢筋，弯起钢筋宜采用HRB400级或HRB500级热轧带肋钢筋，并宜使其与集中荷载作用点到牛腿斜边下端点连线的交点位于牛腿上部$l/6$～$l/2$的范围内，面积不少于承受竖向力的受拉钢筋截面面积的0.5倍，根数不少于2根。

10.5.3　柱的吊装验算

柱在吊装阶段受力状态与使用阶段不同，而且吊装时混凝土强度等级可能未达到设计值，应根据混凝土的实际强度取值。在吊装过程中，有可能出现细微裂缝，开裂截面处受拉钢筋的应力，应满足下式的要求：

$$\sigma_s \leqslant 0.7 f_{yk} \tag{10-30}$$

式中：σ_s——各施工环节在荷载标准组合作用下产生的构件受拉钢筋应力，应按开裂截面计算(MPa)；

f_{yk}——受拉钢筋强度标准值(MPa)。

吊装验算时，根据吊装工艺有平吊和反转90°起吊两种，将排架柱视为伸臂梁，起吊点或地面支撑视作铰支撑，如图10-35所示。值得注意的是，两种情况对应的受弯截面惯性矩不同。

在吊装阶段的裂缝宽度验算同一般混凝土构件，当验算截面不满足要求时，应优先采用调整或增设吊点以减小弯矩的方法或采取临时加固措施来解决；当变截面处配筋不足时，可在相应区域局部加配短钢筋。

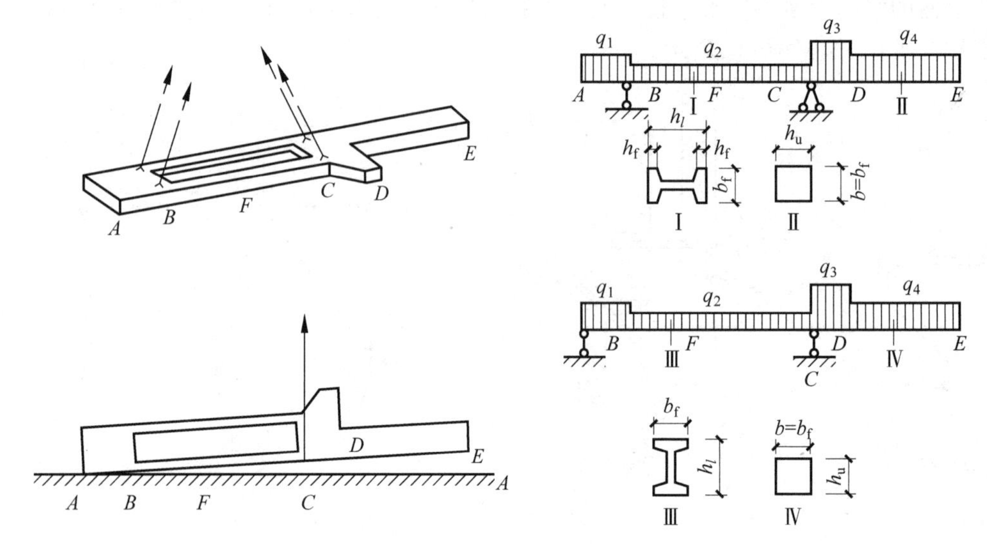

图 10-35　排架柱吊装验算示意及计算简图

思考题

1. 排架结构计算的基本假定是什么？为什么排架结构也称为平面排架？
2. 屋盖荷载都包括什么？作用点与纵向定位轴线的关系是什么？
3. 屋面均布活荷载、雪荷载和积灰荷载同时考虑吗？为什么？
4. 为什么吊车轮压分最大轮压和最小轮压？它们与吊车总重和吊重之间是什么关系？
5. 计算吊车横向水平荷载时，为什么只考虑小车自重和吊重？而计算纵向水平荷载时，考虑吊车总重和吊重？吊车横向水平荷载作用点位置在哪里？
6. 为什么排架结构风荷载计算时一般不考虑风振系数？
7. 柱顶水平集中力作用下，是否所有排架结构柱的剪力都按照抗侧刚度的比例进行分配？
8. 厂房整体空间作用是什么？受什么因素影响？
9. 排架柱的控制截面是哪里？为什么要进行最小轴力和最大轴力的组合？
10. 为什么选择吊车竖向荷载时，也选择相应的吊车横向水平荷载进行组合？
11. 为什么排架柱要采用计算长度？还要考虑附加偏心距？
12. 什么是对称配筋？为什么排架柱一般采用对称配筋？
13. 牛腿和悬臂梁在受力和配筋构造上有什么异同？
14. 为什么排架柱要进行吊装验算？

习题

1. 某单跨厂房，跨度 24m，柱距 6m，厂房内设有两台 10t 工作级别 A5 的吊车，吊车有关数据按 ZQ1—62 选取，计算吊车对排架柱产生的吊车竖向荷载标准值、横向水平荷载标准值。

2. 某排架结构计算简图如图 10-36 所示，A 柱和 B 柱形状和尺寸等均相同。求在 $M_{max}=103\text{kN}\cdot\text{m}$ 和 $M_{min}=35.9\text{kN}\cdot\text{m}$ 联合作用下按剪力分配法计算的排架内力。

3. 已知：在风荷载作用下的排架结构如图 10-37 所示，$\overline{W}=2\text{kN}$，$q_1=1.87\text{kN/m}$，$q_2=1.17\text{kN/m}$；A 柱和 C 柱截面相同，$I_{Au}=I_{Cu}=2.13\times10^9\text{mm}^4$，$I_{Al}=I_{Cl}=9.23\times10^9\text{mm}^4$，$I_{Bu}=4.17\times10^9\text{mm}^4$，$I_{Bl}=9.23\times10^9\text{mm}^4$；$E_c$ 都相同；上柱高均为 $H_u=3.10\text{m}$，柱总高均为 $H=12.22\text{m}$。计算此排架在风荷载作用下的内力。

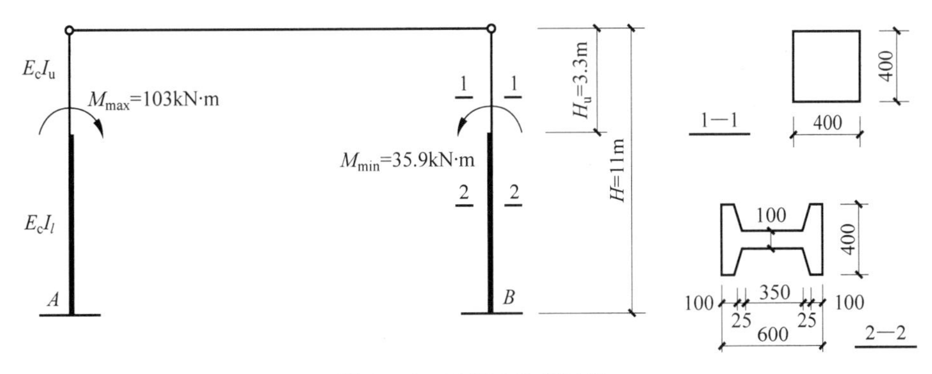

图 10-36 习题 2 计算示意

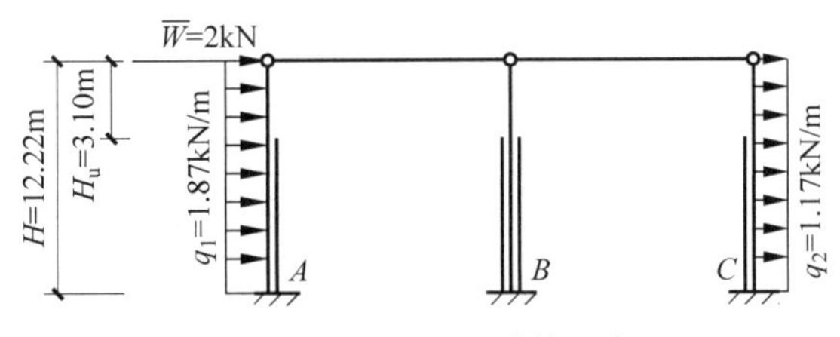

图 10-37 习题 3 计算示意

4. 某单层单跨厂房，无天窗，钢筋混凝土排架结构，大型屋面板，预应力混凝土折线型屋架。柱距6m，跨度24m，轨顶标高10.2m，吊车梁高1.2m，室内地面标高为±0.000，室内外高差150mm，基顶标高−0.500m，厂房设5t、20/5t桥式吊车各1台，吊车符合专业标准《起重机基本参数和尺寸系列》(ZQ1—62)，该厂房所在地区基本风压为0.45kN/m^2，地面粗糙度B类，设计计算以下内容：

(1) 确定厂房柱顶标高，牛腿面标高(柱顶、牛腿面标高均应符合模数要求，吊车顶部到排架柱顶的安全间隙不应小于200mm，吊车轨道及联结高度可按200mm计算)；确定排架方向柱与纵向定位轴线关系并用简图示意(吊车端部侧方安全间隙尺寸不应小于100mm)；确定柱截面形式和尺寸。

(2) 计算风荷载，并确定风荷载作用下排架的计算简图。

(3) 计算吊车荷载，并确定吊车荷载作用下排架的计算简图。

进行风荷载和吊车荷载作用下排架内力分析，给出计算结果，并画出 M、V、N 图。

第11章

单层工业厂房结构的抗震设计

11.1 震害概述

历次地震中，单层厂房多有震害。汶川地震的震害调查发现，经抗震设计的厂房震害较轻，而老旧厂房震害严重。采用钢筋混凝土排架结构的重屋盖厂房的震害较重，而采用钢结构或钢筋混凝土框排架结构、轻钢屋面的厂房则表现良好。单层厂房的典型震害如下。

1. 屋盖系统的破坏

屋盖系统主要由屋面板、屋架、天窗架及屋盖支撑等组成，典型破坏形式有以下几种：

1）屋面板的破坏

单层厂房屋盖体系可分为钢筋混凝土结构和钢结构两种。钢筋混凝土结构一般采用钢筋混凝土屋架和大型屋面板，质量大，抗震性能差，震害重，如图 11-1(a)所示。钢结构一般采用钢屋架、轻质屋面板，重量轻，抗震性能好，震害轻，如图 11-1(b)所示。

(a) 某厂重型屋盖屋面板坍塌

(b) 某厂轻钢屋盖屋面板脱落

图 11-1　单层厂房屋面板震害图

2）屋架的破坏

屋架的破坏主要是屋架部分杆件的局部破坏或屋架整榀垮塌。

第一种局部破坏是屋架端头与屋面板焊接的预埋件松动，并导致预埋件下混凝土开裂甚至剥落的震害(图 11-2(a))，其原因是预埋件的锚固能力不足；第二种局部破坏是屋架上弦第一节间弦杆开裂，严重者使混凝土弦杆折断以及端竖杆水平剪断(图 11-2(b))，其原因是屋架的上弦和端竖杆承受集中荷载的能力不足；第三种局部破坏是屋架腹杆的拉断(图 11-2(c))。

屋架垮塌如图 11-3 所示，多发生在地震烈度较高地区。一类是由于屋盖整体刚度不足和厂房平面与竖向刚度分布严重不均匀，厂房纵向变形严重不协调而导致垮塌；另一类是由于支撑屋架的排架柱的柱顶连接接头破坏(图 11-4)，或柱头发生破坏而导致屋架垮塌。

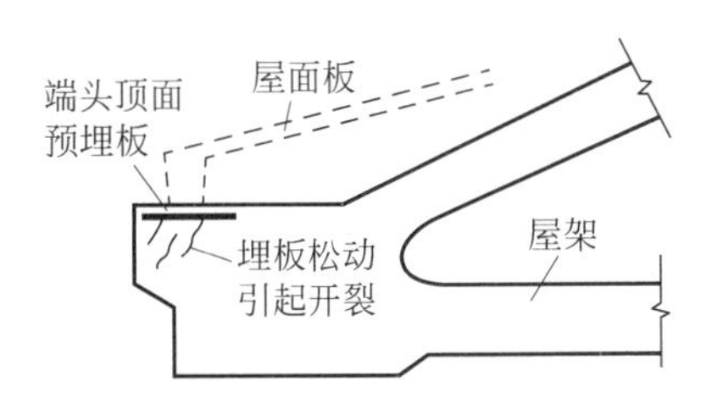

(a) 屋架端头顶面预埋件松动引起开裂

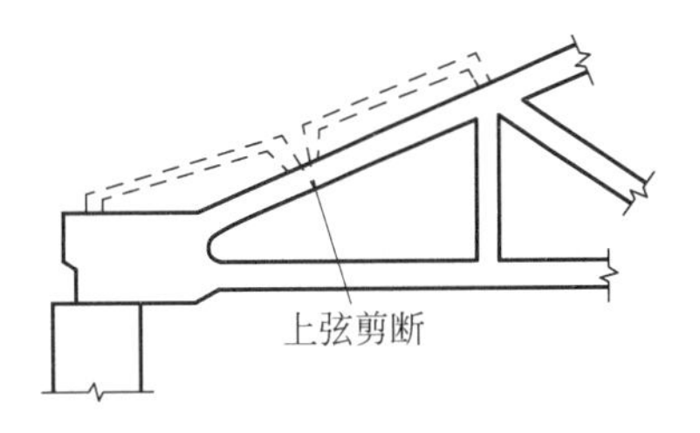

(b) 屋架上弦第一节间剪断

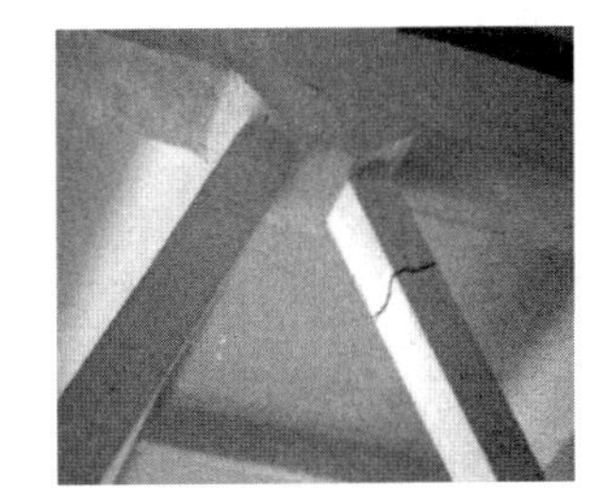

(c) 腹杆拉断

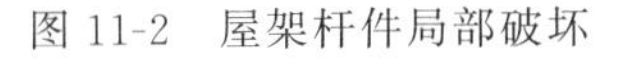

图 11-2　屋架杆件局部破坏

图 11-3　屋盖整体倒塌

图 11-4　上柱柱头与屋架的连接破坏

3）天窗架的破坏

天窗架主要震害表现在天窗架垂直支撑在中部交叉节点破坏(图 11-5(a))，支撑杆件压曲，支撑与天窗立柱连接节点被拉脱，天窗立柱根部开裂或折断等(图 11-5(b))，从而造成天窗纵向歪斜，严重者倒塌。主要原因是天窗所处的部位高，地震作用大。

(a) 天窗架垂直支撑在中部交叉节点破坏

(b) 天窗架根部严重破坏

图 11-5　天窗架震害图

4）屋盖支撑的破坏

当支撑数量不足，布置不合理，屋面板与屋架无可靠焊接时，将发生杆件失稳压曲、焊缝撕开、锚筋拉断等现象，从而造成屋面破坏和倒塌。

2. 厂房柱系统的破坏

1）柱顶破坏

柱顶直接承受来自屋盖的地震作用，如果柱顶箍筋间距过大、预埋件的锚筋过细、锚固不足，则柱顶将出现开裂、压酥、锚筋拔出等震害。

2）上柱根部破坏

上柱根部或吊车梁顶标高处易出现水平裂缝(图 11-6(a))、折断(图 11-6(b))、主筋压屈等震害。其原因是，上柱根部位于上下柱刚度和应力的突变处，易产生较重震害。出现在吊车梁顶面的水平裂缝，则是因为在吊车梁与上柱之间的空隙处灌注混凝土后，上柱根部的刚度突变位置上移至吊车梁顶面处。

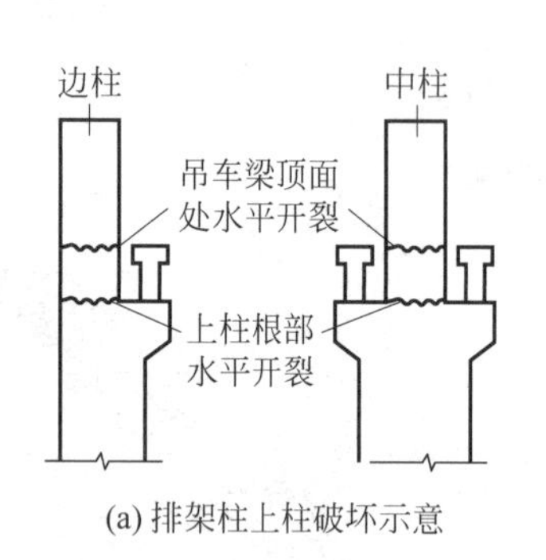

(a) 排架柱上柱破坏示意

(b) 某厂房上柱破坏

图 11-6　上柱根部破坏

3）平腹杆双肢柱和薄壁开孔预制腹板工字形柱严重开裂破坏

平腹杆双肢柱和薄壁开孔预制腹板工字形柱的抗侧刚度和强度均较差，地震中易出现柱在平腹杆与肢的相交处的剪切破坏，以及薄壁开孔预制腹板在上下孔间剪断的震害，如图 11-7 和图 11-8 所示。

图 11-7　平腹杆双肢柱破坏

图 11-8　薄壁开孔预制腹板工字形柱破坏

4）下柱根部破坏

下柱根部震害表现在靠近地面处开裂，并在地震反复作用下沿柱周边贯通。严重时，柱底的开裂加重为受压区混凝土破碎剥落，纵筋压曲，柱底出现塑性铰。图 11-9 为某钢筋混凝土排架柱厂房，由于柱底受弯出铰而失稳倾斜。

5）不等高厂房中柱支撑低跨屋盖牛腿以上柱截面水平开裂

不等高厂房的一种典型震害是高低跨交接处中柱支撑低跨屋盖的牛腿以上的柱截面开裂或严重破坏，如图 11-10 所示。其原因是此类厂房的屋盖不在一个标高，地震时高、低跨屋盖向相反方向运动，使高跨的上柱地震作用加大，导致高跨上柱根部的水平开裂。

6）柱间支撑破坏

柱间支撑是厂房抵抗纵向地震作用的主要抗侧力构件。支撑屈曲耗散了地震能量，保护了主体结构。柱间支撑破坏的现象为支撑杆压曲(图 11-11(a))、支撑与柱连接节点拉脱(图 11-11(b))。

图 11-9　某轻钢屋盖厂房柱底出铰

图 11-10　不等高厂房高低跨交接处中柱低跨上柱破坏

(a) 柱间支撑压曲

(b) 支撑与柱连接节点拉脱

图 11-11　柱间支撑破坏

3. 围护结构的破坏

砌体围护墙是单层厂房最易出现震害的部位。抗震设防烈度为 7 度时，墙体就出现外闪现象，8 度时可发展为局部墙体的倒塌，9 度时则发生大面积墙体的严重开裂或倒塌。其原因是墙体高、面积大，平面外稳定性差，与柱的拉结不足，圈梁设置不足等，相关震害分类总结如下。

1）檐墙和山墙的山尖破坏

在地震时，檐墙（柱顶以上部分）和山墙的山尖基本处于悬伸状态。震害特点是倾斜或垮塌，如图 11-12、图 11-13 所示。

图 11-12　檐墙发生倒塌

图 11-13　山墙的山尖破坏

2）山墙、纵墙的破坏

破坏形式主要有开裂（图 11-14(a)）和整体倒塌（图 11-14(b)）。

(a) 山墙裂缝

(b) 山墙整体倒塌

图 11-14 山墙震害

3）窗间墙的破坏

窗间墙抗剪裂缝如图 11-15 所示，其原因是窗间墙和下部不开窗部分刚度相差太大。

4）高低跨厂房的高跨封墙

高低跨厂房的高跨封墙容易垮塌倒向低跨，如图 11-16 所示。严重时砸坏低跨屋盖，使低跨屋面板塌落。发生此类震害的原因主要是高阶振型使封墙顶部振动加大，更易发生失稳倒塌。

图 11-15 窗间墙抗剪裂缝

图 11-16 高低跨封墙破坏

11.2 概念设计要求和主要抗震构造措施

11.2.1 概念设计要求

和其他结构形式一样，单层厂房宜符合规则性要求，平面和立面宜简单、规则、对称，具体要求是：

(1) 多跨厂房宜采用等高、等长布置，避免凹凸曲折。厂房重心应尽可能降低。不宜采用一端开口的结构布置，避免由于偏心布置造成过大的扭转效应。

(2) 厂房体形复杂时，宜设防震缝将其分为规则的结构单元。厂房有贴建的房屋和构筑物时，或两个主厂房之间有过渡跨时，或厂房内有工作平台、刚性工作间时，宜设防震缝与主体结构脱开。防震缝两侧应布置结构柱。

(3) 厂房同一结构单元不应采用不同的结构形式；厂房端部应设屋架，不应采用山墙承重；厂房单元内不应采用横墙和排架混合承重。

(4) 厂房柱距宜相等，各柱列的侧移刚度宜均匀。

(5) 厂房内上吊车的钢梯不应靠近防震缝设置；多跨厂房各跨上吊车的钢梯不宜设置在同一横向轴线附近。

11.2.2 主要结构构件的抗震措施

单层厂房为装配式混凝土结构，除构件应保证抗震承载力、变形能力和耗能能力外，构件之间的连接应能保证结构的整体性，且应合理设计构件间的连接构造，使得连接节点的承载力不低于其连接构件的承载力，预埋件的锚固承载力不低于连接件的承载力。各构件的主要抗震构造措施如下。

1. 屋面板

大型屋面板应与屋架(屋面梁)焊牢(图 9-15)，靠柱列的屋面板与屋架(屋面梁)的连接焊缝长度不宜小于 80mm。抗震设防烈度 6～7 度时有天窗厂房单元的端开间，或 8～9 度时各开间，宜将垂直屋架方向两侧相邻的大型屋面板的顶面彼此焊牢。8～9 度时，大型屋面板端头底面的预埋件宜采用角钢并与主筋焊牢。8 度(0.30g)和 9 度时，跨度大于 24m 的厂房不宜采用大型屋面板。

2. 天窗架

天窗架宜采用突出屋面较小的避风型天窗，有条件或抗震设防烈度 9 度时宜采用下沉式天窗；突出屋面的天窗架宜采用钢天窗架；6～8 度时也可采用矩形截面杆件的钢筋混凝土天窗架，但这时其两侧墙板与天窗立柱宜采用螺栓连接。天窗屋盖端壁板和侧板宜采用轻型板材。

天窗架不宜从厂房结构单元第一开间开始设置，抗震设防烈度 8～9 度时，天窗架宜从厂房单元第三柱间起设置。

3. 屋架

屋架宜采用钢屋架或重心较低的预应力混凝土、钢筋混凝土屋架。厂房跨度不大于 15m 时，可采用钢筋混凝土屋面梁；跨度大于 24m，或 8 度抗震设防烈度Ⅲ、Ⅳ类场地土地区和 9 度抗震设防烈度地区时，应优先采用钢屋架。

钢筋混凝土屋架的截面和配筋应符合：

(1) 屋架上弦第一节间和梯形屋架端竖杆的配筋，抗震设防烈度 6 度和 7 度时不宜少于 4ϕ12，8 度和 9 度时不宜少于 4ϕ14，箍筋间距不宜大于 100mm。梯形屋架的端竖杆截面宽度宜与上弦宽度相同。折线形屋架上弦端部支撑屋面板的小立柱，截面不宜小于 200mm×200mm，高度不宜大于 500mm。

(2) 屋架端部顶面预埋件的锚筋，抗震设防烈度 8 度时不宜少于 4ϕ10，9 度时不宜少于 4ϕ12。

4. 屋盖支撑

无檩屋盖的支撑布置如表 11-1 所示。

表 11-1　无檩屋盖的支撑布置

<table>
<tr><th colspan="2" rowspan="2">支撑名称</th><th colspan="3">抗震设防烈度</th></tr>
<tr><th>6、7 度</th><th>8 度</th><th>9 度</th></tr>
<tr><td rowspan="2">尾架支撑</td><td>上弦横向支撑</td><td>屋架跨度小于 18m 时，天窗开洞范围的两端各设一道；跨度不小于 18m 时，在厂房单元端开间各设一道</td><td colspan="2">单元端开间及柱间支撑开间各设一道，天窗开洞范围的两端各增设局部的支撑一道</td></tr>
<tr><td>上弦通长水平系杆</td><td>屋架跨度小于 18m 时，沿屋架两端下弦各设一道，天窗开洞范围的跨中上弦设一道；跨度不小于 18m 时，沿屋架两端下弦各设一道，屋架跨中上下弦各设一道</td><td>沿屋架跨度不大于 15m 设一道，但装配整体式屋面可仅在天窗开洞范围内设置；围护墙在屋架上弦高度有现浇圈梁时，其端部处可不另设</td><td>沿屋架跨度不大于 12m 设一道，但装配整体式屋面可仅在天窗开洞范围内设置；围护墙在屋架上弦高度有现浇圈梁时，其端部处可不另设</td></tr>
</table>

续表

支撑名称		抗震设防烈度		
		6、7度	8度	9度
屋架支撑	下弦横向支撑	一般不设		同上弦横向支撑
	跨中垂直支撑	跨度不小于18m时，在单元端开间各设一道	跨度不小于18m时，在单元端开间及柱间支撑开间各设一道	
	两端垂直支撑	跨度小于18m时，单元端开间各设一道，单元长度大于66m时，在柱间支撑开间增设一道；跨度不小于18m时，单元端开间及柱间支撑开间各设一道	单元端开间及柱间支撑开间各设一道	单元端开间、柱间支撑开间及每隔30m各设一道
天窗架支撑	天窗两侧竖向支撑	厂房单元天窗端开间及每隔30m各设一道	厂房单元天窗端开间及每隔24m各设一道	厂房单元天窗端开间及每隔18m各设一道
	上弦横向支撑		天窗跨度＞9m时，单元天窗端开间及柱间支撑开间各设一道	单元端开间及柱间支撑开间各设一道

注：表中所列两端垂直支撑布置仅适用于屋架端部高度＞900mm的情况。

屋盖支撑应符合以下要求：天窗开洞范围内，在屋架脊点处应设上弦通长水平系杆；8度抗震设防烈度Ⅲ、Ⅳ类场地土地区和9度抗震设防烈度地区时，梯形屋架端部上节点应沿厂房纵向设置通长水平系杆。屋架跨中竖向支撑在跨度方向的间距，6～8度时不大于15m，9度时不大于12m；当仅在跨中设一道时，应设在跨中屋架屋脊处；当设二道时，应在跨度方向均匀布置。屋架上、下弦通长水平系杆与竖向支撑宜配合设置。

5. 排架柱和抗风柱

抗震设防烈度为8度和9度时，排架柱宜采用矩形、工字形截面柱或斜腹杆双肢柱，不宜采用薄壁工字形柱、腹板开孔工字形柱、预制腹板的工字形柱和管柱。柱底至室内地坪以上500mm范围内和阶形柱的上柱宜采用矩形截面。

1）柱的箍筋

如图11-17所示，柱在以下范围内的箍筋应加密：

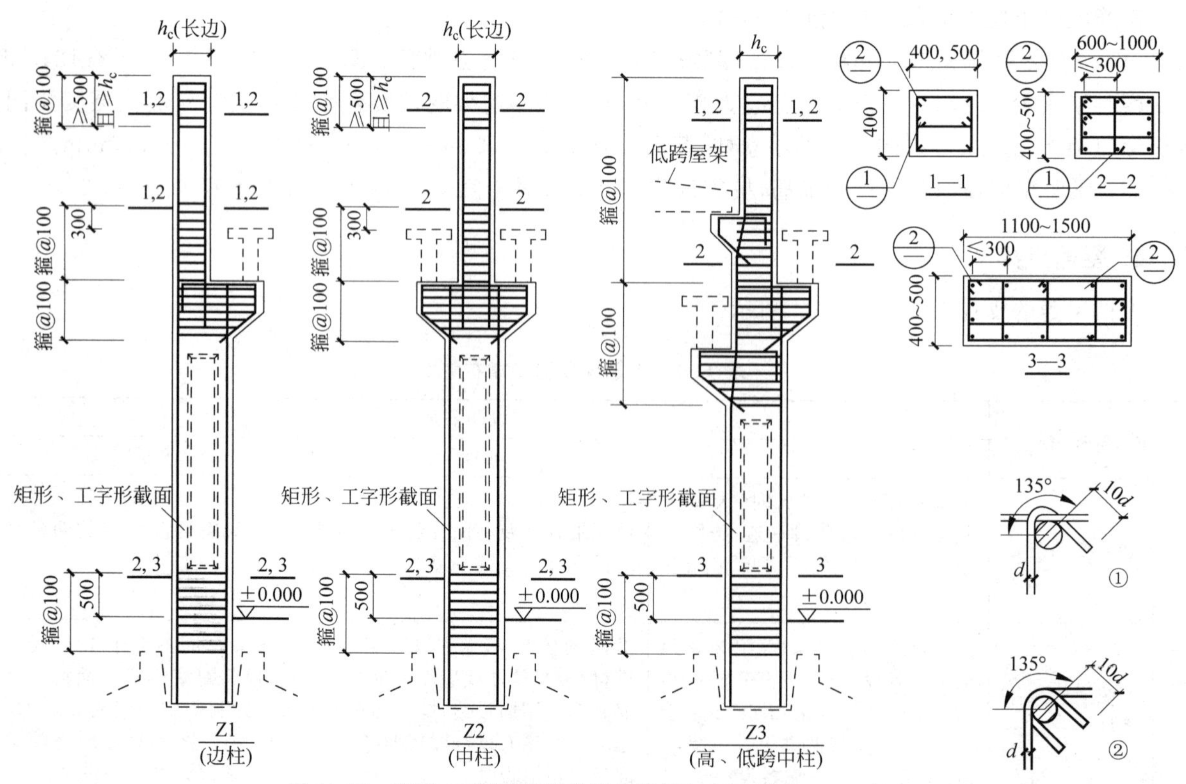

图11-17 矩形、工字形截面排架柱箍筋加密区示意（6～9度）

(1) 柱顶区段,取柱顶以下500mm,且不小于柱顶截面高度;

(2) 对吊车梁区段,取上柱根部至吊车梁顶面以上300mm高度;

(3) 对牛腿区段,取牛腿全高;

(4) 对柱根区段,取基础顶面至室内地坪以上500mm;

(5) 柱间支撑与柱连接节点和柱位移受约束的部位,取节点上、下各300mm。

箍筋加密区内的箍筋最大间距为100mm,箍筋最大肢距和最小直径应符合表11-2的规定。

表11-2　柱加密区箍筋最大肢距和最小箍筋直径

箍筋最大肢距和最小箍筋直径		抗震设防烈度和场地类别		
		6~7度Ⅰ、Ⅱ类场地	7度Ⅲ、Ⅳ类场地 8度Ⅰ、Ⅱ类场地	8度Ⅲ、Ⅳ类场地 9度
箍筋最大肢距/mm		300	250	200
箍筋最小直径	一般柱头和柱根	ϕ6	ϕ8	ϕ8(ϕ10)
	角柱柱头	ϕ8	ϕ10	ϕ10
	吊车梁、牛腿区段和有支撑的柱根	ϕ8	ϕ8	ϕ10
	有支撑的柱头和柱变位受约束部位	ϕ8	ϕ10	ϕ12

注:括号内数值用于柱根。

厂房柱侧向受约束且剪跨比不大于2的排架柱,柱顶预埋钢板和柱箍筋加密区的构造尚应符合下列要求:

(1) 柱顶预埋钢板沿排架平面方向的长度,宜取柱顶的截面高度,且不得小于截面高度的1/2及300mm;

(2) 屋架的安装位置,宜减小柱顶的偏心,其柱顶轴向力的偏心距不应大于截面高度的1/4;

(3) 柱顶轴向力排架平面内的偏心距在截面高度的1/6~1/4时,柱顶箍筋加密区的箍筋体积配筋率:抗震设防烈度9度不宜小于1.2%,8度不宜小于1.0%,6、7度不宜小于0.8%;

(4) 加密区箍筋宜配置四肢箍,肢距不大于200mm。

2) 抗风柱的配筋

(1) 抗风柱柱顶以下300mm和牛腿(柱肩)面以上300mm范围内的箍筋,直径不宜小于6mm,间距不应大于100mm,肢距不宜大于250mm;

(2) 抗风柱的变截面牛腿(柱肩)处,宜设置纵向受拉钢筋。

3) 柱与各构件的连接

(1) 柱顶与屋架连接,抗震设防烈度8度时宜采用螺栓,9度时宜采用钢板铰或螺栓(图9-25(b)、(c)),屋架(屋面梁)端部支承垫板的厚度不宜小于16mm。

(2) 柱顶预埋件的锚筋,抗震设防烈度8度时不宜少于4ϕ14,9度时不宜少于4ϕ16,有柱间支撑的柱,柱顶预埋件尚应增设抗剪钢板。

(3) 山墙抗风柱的柱顶,应设置预埋件,使柱顶与端屋架的上弦(屋面梁上翼缘)可靠连接(图9-26)。连接部位应位于上弦横向支撑与屋架的连接点处,不符合时应在支撑中增设次腹杆或设置型钢横梁,将水平地震作用传至节点部位。

(4) 支承低跨屋盖的中柱牛腿(柱肩)的预埋件,应与牛腿(柱肩)中按计算承受水平拉力部分的纵向钢筋焊接,且焊接的钢筋在抗震设防烈度6度和7度时不应少于2ϕ12,8度时不应少于2ϕ14,9度时不应少于2ϕ16。

6. 柱间支撑

一般情况下应在结构单元的中部设置上、下柱间支撑。当8、9度抗震设防烈度时,对有吊车的厂房尚宜在结构单元两端增设上柱柱间支撑,并在柱间支撑的开间柱顶处设置长细比$\lambda \leqslant 150$的水平受压系杆。如图11-18所示。柱间支撑的杆件宜采用型钢,杆件的最大长细比如表11-3所示。其斜杆与水平面夹

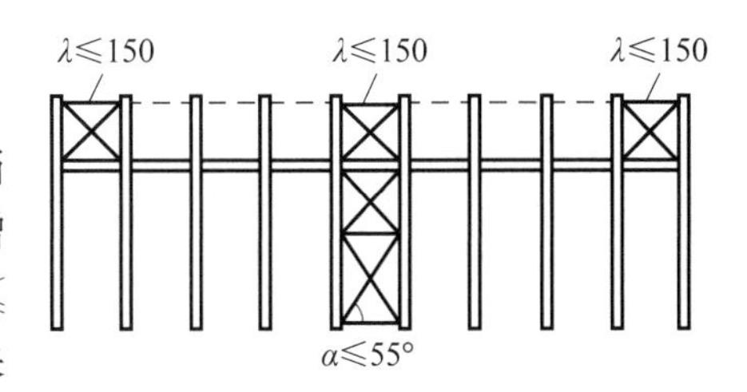

图11-18　柱间支撑布置构造

角 $\alpha \leqslant 55°$。下柱支撑的下节点位置和构造措施，应保证将地震作用直接传给基础，当抗震设防烈度为 6 度和 7 度(0.10g)不能直接传给基础时，应考虑支撑对柱和基础的不利影响采取加强措施。交叉支撑在交叉点应设置节点板，其厚度不应小于 10mm，斜杆与交叉节点板应焊接，与端节点板宜焊接，如图 9-47 所示。

表 11-3 柱间支撑斜杆的最大长细比

位置	抗震设防烈度			
	6～7 度Ⅰ、Ⅱ类场地	7 度Ⅲ、Ⅳ类场地 8 度Ⅰ、Ⅱ类场地	8 度Ⅲ、Ⅳ类场地 9 度Ⅰ、Ⅱ类场地	9 度Ⅲ、Ⅳ类场地
上柱支撑	250	250	200	150
下柱支撑	200	150	120	120

7. 围护墙及圈梁

围护墙宜采用轻质墙板或钢筋混凝土大型墙板，外侧柱距为 12m 应采用轻质墙板或钢筋混凝土大型墙板。如采用砌体围护墙，应采用外贴式并与柱可靠拉结。

刚性围护墙沿纵向宜均匀对称布置，不宜一侧为外贴式，另一侧为嵌砌式或开敞式；不宜一侧采用砌体墙一侧采用轻质墙板。不等高厂房的高跨封墙和纵横向厂房交接处的悬墙宜采用轻质墙板，抗震设防烈度 6、7 度采用砌体时不应直接砌在低跨屋面上。

砌体围护墙在下列部位应设置现浇钢筋混凝土圈梁：①梯形屋架端部上弦和柱顶的标高处应各设一道，但屋架端部高度不大于 900mm 时可合并设置；②应按上密下稀的原则每隔 4m 左右在窗顶增设一道圈梁，不等高厂房的高低跨封墙和纵墙跨交接处的悬墙，圈梁的竖向间距不应大于 3m；③山墙沿屋面应设钢筋混凝土卧梁，并应与屋架端部上弦标高处的圈梁连接。

圈梁的构造应符合下列规定：①圈梁宜闭合，圈梁截面宽度宜与墙厚相同，截面高度不应小于 180mm；圈梁的纵筋在抗震设防烈度 6～8 度时不应少于 4ϕ12，9 度时不应少于 4ϕ14。②厂房转角处柱顶圈梁在端开间范围内的纵筋，在 6～8 度时不应少于 4ϕ14，9 度时不应少于 4ϕ16；转角两侧各 1m 范围内的箍筋直径不宜小于 ϕ8，间距不宜大于 100mm；圈梁转角处应增设不少于 3 根直径与纵筋相同的水平斜筋。③圈梁应与柱或屋架牢固连接，山墙卧梁应与屋面板拉结；顶部圈梁与柱或屋架连接的锚拉钢筋不宜少于 4ϕ12，且锚固长度不宜少于 35 倍钢筋直径，防震缝处圈梁与柱或屋架的拉结宜加强。

砌体围护墙与柱的拉结节点位置如图 11-19 所示，围护墙与钢筋混凝土柱的拉结构造如图 11-20 所示。

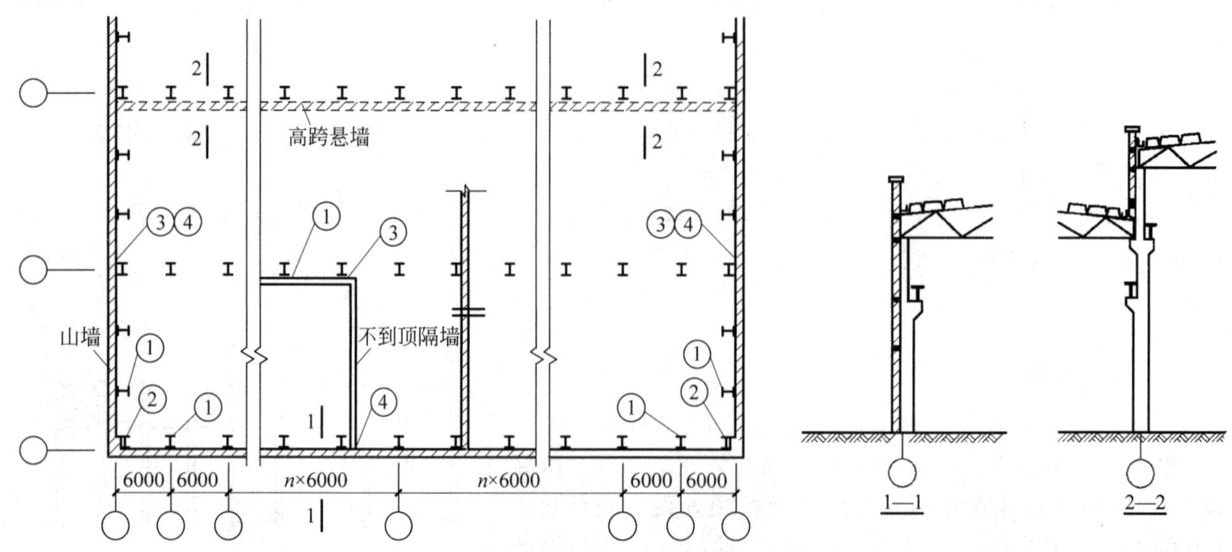

图 11-19 围护墙、隔墙与柱的拉结节点位置

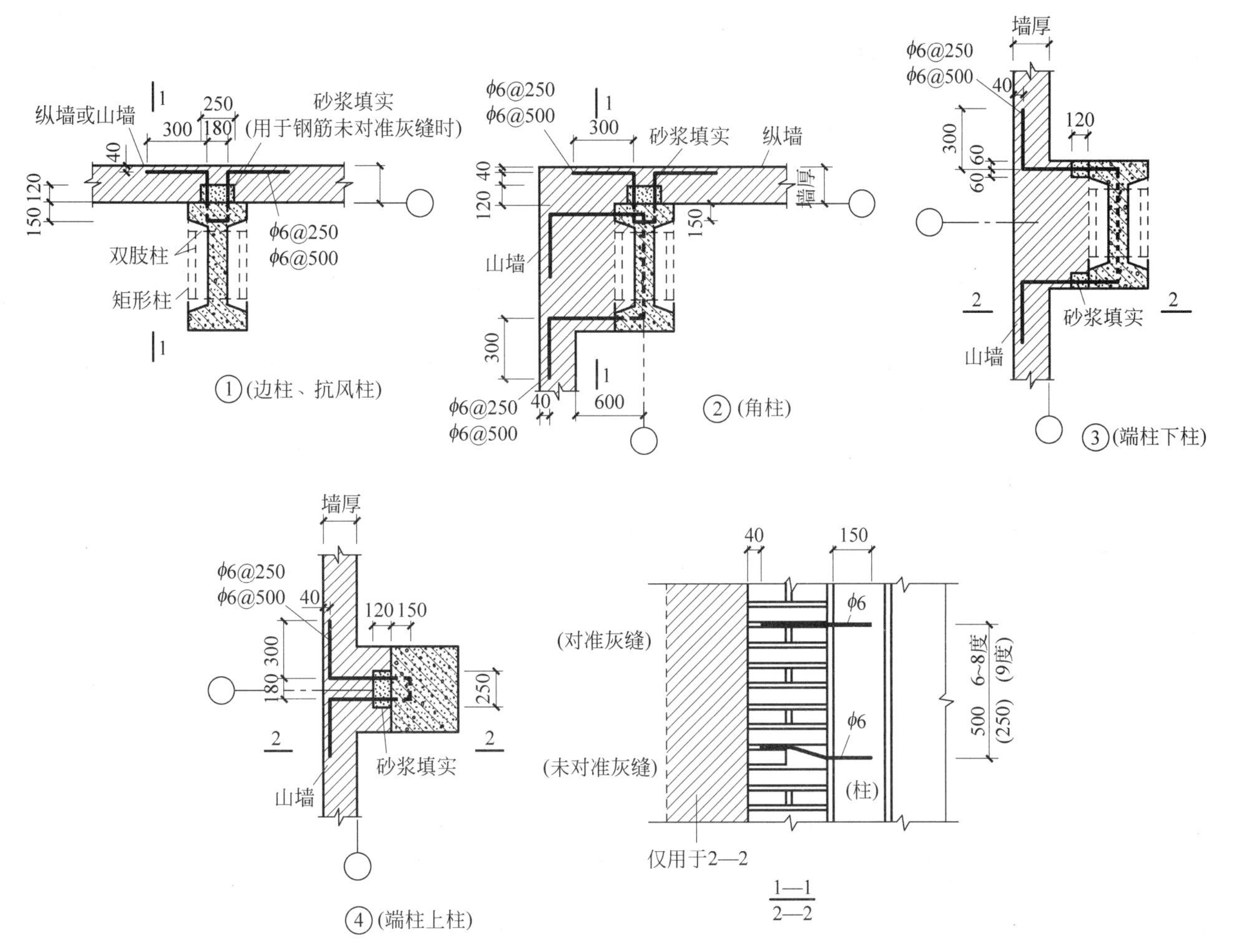

图 11-20 围护墙与钢筋混凝土柱的拉结

11.3 横向水平地震作用下抗震验算

单层厂房结构在横向水平地震作用下，计算单元的选取与10.1节一致，同样截取一个柱距的单片排架进行抗震验算。计算横向基本自振周期和水平地震作用时，由于屋盖和吊物的重力荷载占厂房总重力荷载中的比例较大，近似认为厂房的重力荷载分别集中在柱顶和吊车梁顶两个标高位置对应的质点处(计算基本自振周期和水平地震作用时，集中重力荷载的作用位置有所不同)，并假定每个质点只有一个自由度。于是单跨和等高多跨厂房可简化为单质点体系，多跨不等高厂房可简化为多质点体系(图11-21)，可应用底部剪力法求得施加在单层厂房结构上的水平地震作用。

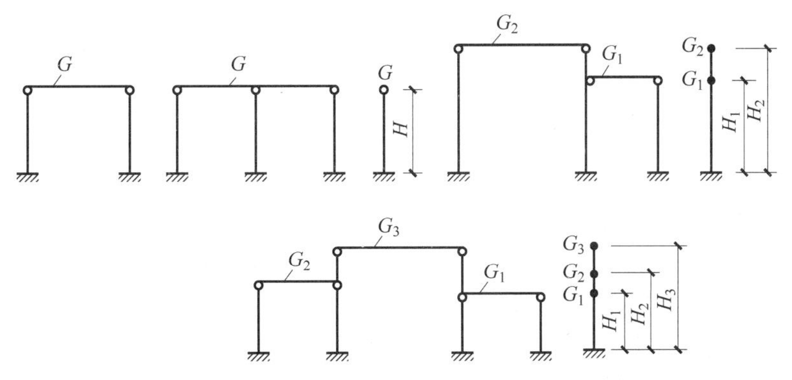

图 11-21 厂房结构横向动力分析计算模型

11.3.1 横向自振周期计算

1. 单质点体系横向基本自振周期 T_1

$$T_1 = 2k\sqrt{G_{eq}\delta_{11}} \tag{11-1}$$

$$G_{eq} = (G_{屋盖} + 0.5G_{雪} + 0.5G_{积灰}) + 0.5G_{吊车梁} + 0.25(G_{柱} + G_{纵墙}) \tag{11-2}$$

式中：k——考虑实际排架结构中纵墙以及屋架与柱连接的固结作用而引入的调整系数，钢筋混凝土屋架或钢屋架与柱组成的排架结构在有纵墙时为0.8，无纵墙时为0.9；

G_{eq}——质点等效重力荷载代表值，按式(11-2)计算。式中 G 指各种荷载的标准值，$G_{雪}$ 和 $G_{积灰}$ 前的系数为组合值系数，其余项的系数是根据质量折算至柱顶时的质量折算系数，根据“动能等效原则”获得；

δ_{11}——单位水平力作用于排架柱顶时该处沿水平方向的侧移(m/kN)。

2. 多质点体系横向基本自振周期 T_1

$$T_1 = 2k\sqrt{\sum_{i=1}^{n}G_i\Delta_i^2 \Big/ \sum_{i=1}^{n}G_i\Delta_i} \tag{11-3}$$

$$\begin{cases} \Delta_1 = G_1\delta_{11} + G_2\delta_{12} + \cdots + G_n\delta_{1n} \\ \vdots \\ \Delta_n = G_1\delta_{n2} + G_2\delta_{n2} + \cdots + G_n\delta_{nn} \end{cases} \tag{11-4}$$

式中：G_i——第 i 质点等效重力荷载代表值，与不等高厂房高低跨交接处中柱有关重力荷载的质量折算系数 ε 与其所在位置有关，不等高厂房中柱的下柱重力荷载集中到低跨柱顶，ε 为0.25；中柱的上柱重力荷载、高跨封墙、位于中低跨之间的吊车梁重力荷载分别集中到高跨和低跨柱顶，ε 均为0.5；靠近低跨屋盖的吊车梁荷载集中到低跨柱顶，ε 为1.0。

δ_{ij}——单位水平力作用于 j 质点引起 i 质点水平方向的位移。

Δ_i——G_i 沿水平方向作用下第 i 质点的侧移。

n——质点总数。

11.3.2 底部剪力法计算横向水平地震作用

在横向水平地震作用下，单层厂房可视作图11-22所示的单质点或多质点体系，采用底部剪力法进行地震作用计算。总水平地震作用标准值 F_{Ek} 按2.4节进行计算，各质点 i 处的水平地震作用标准值 F_i 按下式进行分配。

$$F_i = \frac{G_iH_i}{\sum_{j=1}^{n}G_jH_j}F_{Ek} \tag{11-5}$$

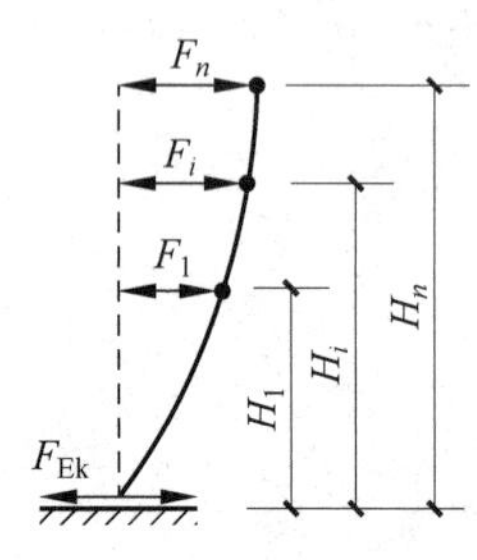

图11-22 水平地震作用计算简图

式中：G_i、G_j——集中于自基础顶面算起计算高度 H_i、H_j 处的质点 i、j 的重力荷载代表值。

对于单跨厂房和多跨等高厂房来说，G_j 为两类质点的重力荷载之和。一类为集中于屋盖标高处的等效重力荷载代表值 G_1，包括屋盖恒荷载标准值、屋面活荷载组合值、屋面雪载组合值、屋面积灰荷载组合值(组合值系数见表2-13，作用于柱顶标高处)、50%～70%的纵墙自重及折算柱自重(有吊车时取10%，无吊车时取50%)。另一类为集中于吊车梁顶面标高处的等效重力荷载代表值 G_{c1}，包括吊车梁自重、吊车自重、吊重(可变荷载组合系数见表2-13)，吊车自重单跨以一台计，多跨按分别在不同跨内两台合计，均作用于吊车梁顶面标高处，吊重作用于吊车梁顶面标高处。

对于多跨不等高厂房，G_j 也为两类质点的重力荷载之和。与多跨等高厂房不同的是，高低跨相交处中柱的上柱上的各种荷载和靠近低跨屋盖的吊车梁重力荷载的分配。上柱重力荷载、高跨封墙和位于高低跨柱顶之间的吊车梁重力荷载分别各以 50% 集中到高跨和低跨柱顶标高处，靠近低跨屋盖的吊车梁重力荷载全部集中到低跨柱顶标高处。其余与多跨等高厂房类似。

11.3.3　横向水平地震作用下内力计算

1. 计算简图

求得横向水平地震作用 F_i 后，将 F_i 当作静力荷载施加在质点 i 上，计算简图如图 11-23 所示。吊车梁顶标高处有一质点，作用于该质点的横向水平地震作用应平均分配给左右两柱。

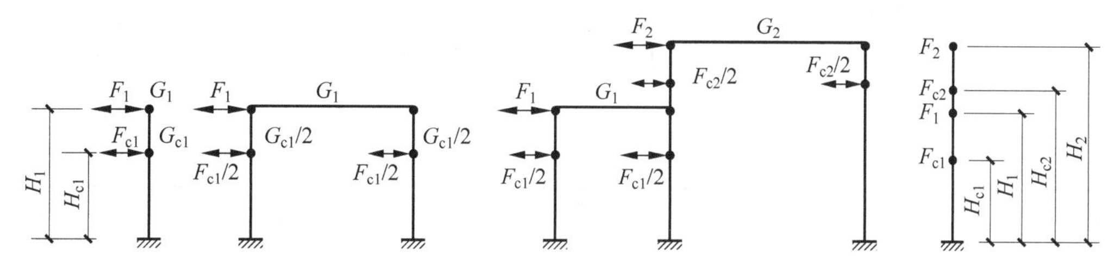

图 11-23　水平横向地震作用下排架结构的计算简图

2. 内力分析的调整和修正

1）考虑空间工作和扭转影响内力的调整

当厂房两端有刚度较大、间距较小的山墙时，其空间作用较大，内力应降低。对一端有山墙、一端无山墙的无檩体系结构单元，因厂房平面刚度不对称而产生扭转，内力应增大。因此，当符合下列要求时，可乘以表 11-4 的调整系数，以考虑空间工作和扭转影响。

（1）抗震设防烈度为 7 度和 8 度；

（2）厂房单元屋盖长度与总跨度之比小于 9 或厂房总跨度大于 12m；

（3）山墙的厚度不小于 240mm，开洞所占的水平截面积不超过总面积 50%，并与屋盖系统有良好的连接；

（4）柱顶高度不大于 15m。

表 11-4　钢筋混凝土柱(除高低跨交接处上柱外)考虑空间工作和扭转影响的调整系数

山墙		屋盖长度/m											
		≤30	36	42	48	54	60	66	72	78	84	90	96
两端山墙	等高厂房	—	—	0.75	0.75	0.75	0.8	0.8	0.8	0.85	0.85	0.85	0.9
	不等高厂房	—	—	0.85	0.85	0.85	0.9	0.9	0.9	0.95	0.95	0.95	1.0
一端山墙		1.05	1.15	1.2	1.25	1.3	1.3	1.3	1.3	1.35	1.35	1.35	1.35

2）高低跨交接处的钢筋混凝土柱内力的调整

高低跨交接处的钢筋混凝土柱支撑低跨屋盖牛腿以上各截面，考虑高振型时，地震作用下高低跨屋盖可能产生相反方向的运动，其内力将增大。因此，按底部剪力法求得的地震剪力和弯矩应乘以增大系数，其值可按下式采用：

$$\eta=\zeta\left(1+1.7\frac{n_{\mathrm{h}}}{n_0}\frac{G_{\mathrm{EL}}}{G_{\mathrm{Eh}}}\right) \tag{11-6}$$

式中：η——地震剪力和弯矩的增大系数；

ζ——不等高厂房高低跨交接处的空间工作影响系数，可按表 11-5 采用；

n_{h}——高跨的跨数；

n_0——计算跨数，仅一侧有低跨时应取总跨数，两侧均有低跨时应取总跨数与高跨跨数之和；
G_{EL}——集中于交接处一侧各低跨屋盖标高处的总重力荷载代表值；
G_{Eh}——集中于高跨柱顶标高处的总重力荷载代表值。

表 11-5 高低跨交接处钢筋混凝土上柱空间工作影响系数 ζ

山墙	屋盖长度/m										
	≤36	42	48	54	60	66	72	78	84	90	96
两端山墙	—	0.70	0.76	0.82	0.88	0.94	1.00	1.06	1.06	1.06	1.06
一端山墙	1.05										

3）考虑吊车引起地震作用效应对所在柱内力的调整

由于吊车的质量较大，地震作用亦较大，对所在柱产生的局部动力效应较大，故对钢筋混凝土柱单层厂房的吊车梁顶标高处的上柱内力有放大作用。由吊车引起的地震剪力和弯矩应在静力分析的基础上乘以增大系数，当按底部剪力法等简化计算方法计算时，增大系数可按表 11-6 采用。

表 11-6 高低跨交接处钢筋混凝土上柱内力增大系数

屋盖	山墙	边柱	高低跨柱	其他中柱
钢筋混凝土无檩屋盖	两端山墙	2.0	2.5	3.0
	一端山墙	1.5	2.0	2.5

4）考虑鞭梢效应对突出屋面天窗架结构内力的修正

常用的钢筋混凝土带斜腹杆的天窗架，横向刚度很大，基本上随屋盖平移，可以直接采用底部剪力法的计算结果。但在跨度大于 9m 或 9 度抗震设防烈度时，天窗架的地震作用效应乘以增大系数 1.5。

由于钢天窗架的强度和延性优于混凝土天窗架，且可靠度高，故底部剪力法计算得到的钢天窗架的地震作用效应不乘以增大系数。

但当天窗架结构的刚度和质量比排架结构小得多时，要考虑鞭梢效应的影响对底部剪力法计算得到的内力乘以增大系数。

3. 内力组合

地震设计状况下的内力组合具有以下特点：

（1）横向水平地震作用的方向是往复的；

（2）内力组合时不考虑风荷载、屋面均布活荷载和吊车横向水平荷载；

（3）持久、短暂设计状况下的竖向荷载计算中的吊车台数和所在跨，要与计算横向水平地震作用时所取的吊车台数和所在跨相一致。

内力组合设计值按 2.5 节计算。

11.3.4 高大单层厂房排架结构上柱的变形验算

在历次大地震中，高大单层厂房结构钢筋混凝土上柱的破坏比下柱严重得多。在抗震设防烈度 8 度Ⅲ、Ⅳ类场地和 9 度时，高大单层钢筋混凝土柱厂房（基本自振周期 $T_1>1.5$s 时）横向排架应进行高于本地区设防烈度预估的罕遇地震（即大震）作用下的弹塑性变形验算。该验算即为“二阶段设计”中的第 2 阶段设计。

在水平地震影响系数 α_{max}（表 2-11）取罕遇地震数值的情况下，计算得到横向水平地震作用标准值 F_{Ek}、F_i（式(11-5)）并考虑调整系数后，按下列计算公式算出上柱的弹塑性位移 Δu_p。并验算其变形：

$$\Delta u_p=\eta_p\Delta u_e \tag{11-7}$$

$$\Delta u_p\leqslant[\theta_p]H_u \tag{11-8}$$

式中：Δu_e——罕遇地震作用下按弹性分析算得的上柱侧移；

H_u——上柱高度；

$[\theta_p]$——上柱弹塑性位移限值，取 1/30；

η_p——上柱弹塑性位移增大系数，按表 11-7 取用。

表 11-7　上柱弹塑性位移增大系数 η_p

ξ_y	1.30	1.60	2.0
η_p	1.5	2.0	2.5

注：ξ_y 为楼层屈服强度系数，按实际配筋面积、材料强度标准值和轴向力计算的正截面受弯承载力与按罕遇地震作用标准值计算的弹性地震弯矩的比值。

11.4　单层厂房设计实例

【例 11-1】 某地需建一单层单跨钢筋混凝土厂房，厂房跨度为 30m，柱距 6m，厂房长 120m，60m 处设置伸缩缝兼作防震缝。厂房内设 2 台额定起重量为 20/5t 的吊车，吊车工作级别为 A5，吊车跨度为 28.5m，牛腿面标高为 8.7m。抗震设防烈度为 8 度，设计基本地震加速度值为 0.20g，设计地震分组为第三组，场地类别为Ⅱ类。基本雪压为 0.15kN/m^2，基本风压 0.3kN/m^2，地面粗糙度为 B 类。厂房仅四周设纵墙、山墙，山墙内设抗风柱。墙体均为厚 370mm 的烧结黏土空心砌块砌体(重度 8kN/m^3)。窗户为塑钢窗，门为平开大门。屋面为不上人屋面，做法为：SBS 改性沥青卷材防水层，40mm 厚水泥砂浆找平层，50mm 厚聚苯板保温层，20mm 厚水泥砂浆找平层。采用预应力混凝土大型屋面板。纵墙重力荷载为 754.65kN，山墙重力荷载为 2363.77kN，抗风柱重力荷载为 328.79kN。室外地坪低于厂房室内标高 0.15m。试对该单层厂房进行设计。

【解】

1) 构件选型

(1) 屋盖

采用无檩体系。

① 屋面板

屋面板上作用的荷载如下。

SBS 改性沥青防水层：0.30kN/m^2；

50mm 厚聚苯板保温层：0.05m×0.2kN/m^3=0.01kN/m^2；

40mm 厚水泥砂浆找平层：0.04m×20kN/m^3=0.80kN/m^2；

20mm 厚水泥砂浆找平层：0.02m×20kN/m^3=0.40kN/m^2；

合计：1.51kN/m^2。

屋面活荷载不与雪荷载同时考虑，且活荷载 0.50kN/m^2>雪压 0.15kN/m^2。故：

$$q=1.3\times 1.51\text{kN/m}^2+1.5\times 0.5\text{kN/m}^2=2.71\text{kN/m}^2$$

从《1.5m×6.0m 预应力混凝土屋面板(预应力部分)》(04G410—1)图集中，选用屋面板 Y-WB-3Ⅲ，6m×1.5m，容许荷载设计值$[q]$=3.24kN/m^2>q。

该屋面板及灌缝自重为 1.5kN/m^2。

② 屋架

屋架承受荷载如下。

永久荷载：

屋面板上的荷载(同上文)：1.51kN/m^2；

屋面板及灌缝自重：1.5kN/m^2；

屋面支撑及吊管自重：0.15kN/m^2；

则永久荷载标准值总计：3.16kN/m^2；

可变荷载标准值：0.5kN/m^2；

故屋架承受荷载设计值为 1.3×3.16kN/m^2+1.5×0.5kN/m^2=4.86kN/m^2。

屋架选自《梯形钢屋架》(05G511)，根据抗震设防烈度为 8 度的构造要求，本算例按厂房单元中部无屋架支撑考虑，型号为 GWJ 30-5A4，自重为 57.67kN，屋架端部高度为 1.99m，采用两端外天沟排水。

③ 天窗架

屋架 GWJ 30-5A4 配套的天窗架跨度为 9m。天窗架选自《钢天窗架》(05G512)，天窗架型号 GCJ9A-21，自重 5.69kN，端部高度为 3.25m。

按照天窗架型号 GCJ9A-21，查得窗扇高度为 2×1.2m，自重标准值 0.45kN/m^2。

(2) 钢筋混凝土吊车梁及轨道连接

① 吊车梁

吊车额定起重量 20/5t，吊车跨度 28.5m。吊车工作级别为 A5，为中级工作制。吊车梁选自《钢筋混凝土吊车梁(A4、A5 级)》(15G323-2)，型号 DL-9Z，梁高 1200mm，吊车梁腹板宽度为 190mm，自重 43.3kN。

② 轨道连接

轨道联结选自《吊车轨道联结及车挡(适用于混凝土结构)》(17G325)，根据吊车梁腹板宽度 190mm，根据螺栓孔位置距腹板边距离不小于 50mm，则吊车梁上螺栓孔间距为 290mm，选择型号为 DGL-11，轨道面至梁顶面距离取 190mm，自重为(44.65kg+9.05kg)×6=322.20kg，取 3.22kN。

(3) 预制钢筋混凝土柱

由表 9-1 查得，吊车轨顶至吊车顶部的高度为 2300mm，考虑屋架下弦至吊车顶部所需空隙高度为 200mm 以上，吊车梁高 1200mm，吊车轨道面至吊车梁顶面距离为 190mm，故上柱高度为：1200mm+2300mm+190mm+200mm=3890mm，按 3M 制要求，可取上柱高度为 3900mm。

柱顶标高：8.7m+3.9m=12.6m；

柱总高：H=12.6m+0.5m=13.1m；

上柱高：12.6m−8.7m=3.9m；

下柱高：13.1m−3.9m=9.2m；

根据表 9-5，选择柱截面尺寸和形式：上柱为矩形截面 $b \times h$=400mm×400mm

下柱采用工字型截面 $b_f \times h \times b \times h_f$=400mm×800mm×100mm×150mm。

(4) 基础

基础采用锥形杯口基础，基础顶面距室内地坪标高±0.000 为 500mm，室外地坪标高−0.150m，根据表 9-6，柱插入杯口深度为 800mm。

2) 计算单元

B_1：由表 9-1 查得轨道中心线至其端部距离 B_1=260mm；

B_2：吊车至上柱内边缘的距离，C_b≥100mm；

B_3：上柱截面高度 B_3=400mm；

$B_1+B_2+B_3$=260mm+100mm+400mm=760mm>750mm，非封闭轴线，定位轴线向内移 50mm，调整 C_b=140mm。

具体位置如图 11-24 所示。

由于该车间厂房在工艺上无特殊要求，结构布置均匀，除吊车荷载外，荷载在纵向的分布是均匀的，故可取一榀横向排架为计算单元，计算单元的宽度为纵向相邻柱间距中心线之间的距离即 B=6m。排架计算简图如图 11-25 所示。

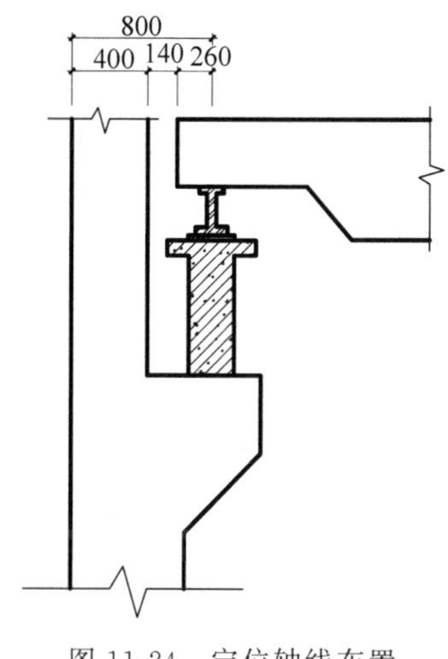

图 11-24 定位轴线布置

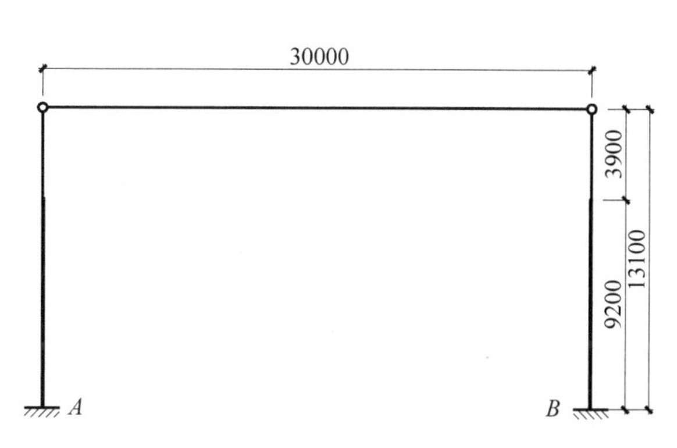

图 11-25 排架计算简图

3）荷载计算

（1）屋盖荷载

① 屋面支撑及吊管自重：$0.15\mathrm{kN/m^2}$；

$$\sum g = 0.3\mathrm{kN/m^2} + 0.8\mathrm{kN/m^2} + 0.01\mathrm{kN/m^2} + 0.4\mathrm{kN/m^2} + 0.15\mathrm{kN/m^2} = 1.66\mathrm{kN/m^2}$$

荷载组合：$1.3 \times 1.66\mathrm{kN/m^2} + 1.5 \times 0.5\mathrm{kN/m^2} = 2.91\mathrm{kN/m^2} < [q] = 3.65\mathrm{kN/m^2}$。

② 屋架

屋架恒荷载 $1.66\mathrm{kN/m^2}$，屋面自重 $1.5\mathrm{kN/m^2}$，总永久荷载 $3.16\mathrm{kN/m^2}$，可变荷载 $0.5\mathrm{kN/m^2}$；

荷载组合：$1.3 \times 3.16\mathrm{kN/m^2} + 1.5 \times 0.5\mathrm{kN/m^2} = 4.86\mathrm{kN/m^2} < [q] = 5\mathrm{kN/m^2}$。

③ 天窗架

天窗架自重：5.69kN。

④ 窗扇

$$0.45\mathrm{kN/m^2} \times 6\mathrm{m} \times 2 \times 1.2\mathrm{m} = 6.48\mathrm{kN}$$

故屋盖荷载

$$G_1 = 3.16\mathrm{kN/m^2} \times 6\mathrm{m} \times 15\mathrm{m} + \frac{57.67\mathrm{kN}}{2} + \frac{5.69\mathrm{kN}}{2} + 6.48\mathrm{kN} = 322.56\mathrm{kN}$$

作用于柱上部中心线处 $e_1 = 0\mathrm{mm}$ 处。

屋面活荷载 $0.5\mathrm{kN/m^2} \times 6\mathrm{m} \times 15\mathrm{m} = 45\mathrm{kN}$，作用于柱上部中心线处 $e_1 = 0\mathrm{mm}$。

（2）梁与柱的恒荷载

① 上部柱自重 $G_4 = 25\mathrm{kN/m^3} \times 0.4\mathrm{m} \times 0.4\mathrm{m} \times 3.9\mathrm{m} = 15.60\mathrm{kN}$，作用于上部柱中心线上。

② 下部柱自重

$$G_5 = 25\mathrm{kN/m^3} \times [0.4\mathrm{m} \times 0.8\mathrm{m} - (0.5\mathrm{m} + 0.45\mathrm{m}) \times 0.15\mathrm{m}] \times 9.2\mathrm{m} +$$
$$25\mathrm{kN/m^3} \times [0.4\mathrm{m} \times 0.2\mathrm{m} \times 0.4\mathrm{m} - 0.4\mathrm{m} \times 0.2\mathrm{m}^2 \div 2] = 41.43\mathrm{kN}$$

③ 吊车梁和轨道连接自重 $G_3 = (43.3 + 3.22)\mathrm{kN} = 46.52\mathrm{kN}$，作用于柱下部中心线内侧 $e_3 = 400\mathrm{mm}$。

（3）吊车荷载

吊车跨度 $L_k = 30\mathrm{m} - 1.5\mathrm{m} = 28.5\mathrm{m}$，有关参数如表 11-8 所示，吊车竖向荷载作用位置及支反力影响线如图 11-26 所示。

表 11-8 吊车参数

跨度 L_k/m	吊车宽度 B/mm	轮距 K/mm	最大轮压 P_{max}/kN	最小轮压 P_{min}/kN	起重机重 Q/kN	小车重 Q_1/kN
28.5	6400	5250	240	65	200	78

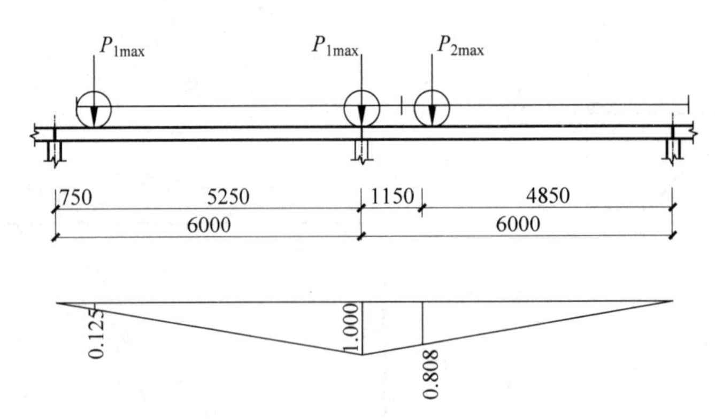

图 11-26 吊车竖向荷载作用位置及支反力影响线示意

① 吊车竖向荷载

$$D_{max,k}=0.9\times[240kN\times(1+0.125)+240kN\times(0.808+0.000)]=417.53kN$$

$$D_{min,k}=0.9\times[65kN\times(1+0.125)+65kN\times(0.808+0.000)]=113.08kN$$

D_{max} 作用在 A 柱：

施加于 A 柱的轴力 $N=417.53kN$，弯矩 $M=(417.53\times0.4)kN\cdot m=167.01kN\cdot m$

施加于 B 柱的轴力 $N=113.08kN$，弯矩 $M=(113.08\times0.4)kN\cdot m=45.23kN\cdot m$

② 吊车横向荷载

求吊车横向水平荷载(软钩吊车，$\alpha=0.10$)的标准值

20/3t 吊车一个轮子横向水平制动力

$$T_{20}=\frac{0.1}{4}(200kN+78kN)=6.95kN$$

当两台 20/3t 吊车同时作用时

$$T_{max,k}=0.9\times[6.95kN\times(1+0.125)+6.95kN\times(0.808+0.000)]=12.09kN$$

当一台 20/3t 吊车作用时

$$T_{max,k}=6.95kN\times(1+0.125)=7.82kN$$

故 $T_{max,k}=12.09kN$。

4) 风荷载(图 11-27)

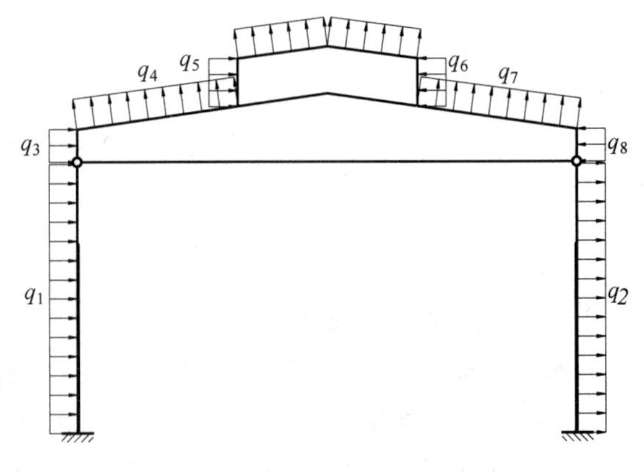

图 11-27 风荷载

柱顶处 $H=12.75m$，$\mu_z=1.07$；天窗檐口 $H=19.08m$，$\mu_z=1.21$；$q_{ik}=DW_k=6\times0.3\mu_s\mu_z=1.8\mu_s\mu_z$。

风荷载参数计算如表 11-9 所示。

表 11-9 风荷载参数计算

q	q_1	q_2	q_3	q_4	q_5	q_6	q_7	q_8
μ_z	1.07	1.07	1.21	1.21	1.21	1.21	1.21	1.21
μ_s	0.8	0.5	0.8	0.2	0.6	0.6	0.6	0.5
q_{ik}/(kN/m)	1.54	0.96	1.76	0.44	1.31	1.31	1.31	1.09
作用长度/m			1.99	1.05	3.25	3.25	1.05	1.99
方向	→	→	→	←	→	→	→	→

$$q_1=1.5q_{1k}=1.5\times1.54kN/m=2.31kN/m$$

$$q_2=1.5q_{2k}=1.5\times0.96kN/m=1.44kN/m$$

$$F_w = 1.5 \times [1.99\text{m} \times (1.76\text{kN/m} + 1.09\text{kN/m}) + 3.25\text{m} \times (1.31\text{kN/m} + 1.31\text{kN/m}) + 1.05\text{m} \times (1.31\text{kN/m} - 0.44\text{kN/m})] = 22.57\text{kN}$$

5）地震作用

作用于厂房上的荷载如表11-10所示。

表11-10　厂房荷载　kN

作用于一榀排架计算单元(6m)上的荷载						
天窗架恒荷载	屋盖恒荷载	屋面雪荷载	柱自重	吊车梁及轨道连接	20/5t吊车	围护纵墙
18.65	626.47	27	114.06	92.04	410	754.65

(1) 横向基本自振周期计算

$$G_{eq} = 18.65\text{kN} + 626.47\text{kN} + 0.5 \times 27\text{kN} + 0.5 \times 92.04\text{kN} + 0.25 \times (114.06\text{kN} + 754.65\text{kN}) = 921.82\text{kN}$$

$$\lambda = \frac{H_u}{H} = \frac{3.9\text{m}}{13.1\text{m}} = 0.298, \quad I_u = \frac{bh^3}{12} = 2.13 \times 10^9\text{mm}^4$$

$$I_l = \frac{400\text{mm}}{12} \times (800\text{mm})^3 - \frac{1}{12} \times 300\text{mm} \times (450\text{mm})^3 - 4 \times \frac{1}{36} \times 150\text{mm} \times (25\text{mm})^3 - 4 \times \frac{1}{2} \times 25\text{mm} \times 150\text{mm} \times \left(225\text{mm} + \frac{25\text{mm}}{3}\right)^2 = 14.38 \times 10^9\text{mm}^4$$

$$n = \frac{I_u}{I_l} = \frac{2.13 \times 10^9\text{mm}^4}{14.38 \times 10^9\text{mm}^4} = 0.148$$

$$\delta = \frac{1}{3\Big/\left[1 + \lambda^3\left(\frac{1}{n} - 1\right)\right]} \frac{H^3}{EI_l} = \frac{1}{3\Big/\left[1 + 0.298^3 \times \left(\frac{1}{0.148} - 1\right)\right]} \times \frac{(13.1\text{m})^3}{3 \times 10^4\text{N/mm}^2 \times 14.38 \times 10^9\text{mm}^4} = 0.00200\text{mm/N}$$

$$\delta_{11} = 1/(1/\delta + 1/\delta) = 0.00100\text{mm/N}$$

$$T_1 = 2k\sqrt{G_{eq}\delta_{11}} = (2 \times 0.8 \times \sqrt{921.82 \times 0.00100})\text{s} = 1.54\text{s}$$

(2) 横向水平地震作用($T_g = 0.45$)

$$\alpha_1 = \left(\frac{T_g}{T_1}\right)^{0.9} \alpha_{max} = \left(\frac{0.45}{1.54}\right)^{0.9} \times 0.16 = 0.0529$$

集中于柱顶标高处重力荷载代表值($H_2 = 13.1\text{m}$)：

$$G_1 = 18.65\text{kN} + 626.47\text{kN} + 0.5 \times 27\text{kN} + 0.7 \times 754.65\text{kN} + 0.1 \times 114.06\text{kN} = 1198.28\text{kN}$$

集中于吊车梁顶标高处重力荷载代表值($H_1 = 10.40\text{m}$)：

$$G_{c1} = 92.04\text{kN} + 410\text{kN} = 502.04\text{kN}$$

按一端山墙、屋盖长60m考虑，$\zeta_1 = 1.3$，

$$F_E = \alpha_1(G_{c1} + G_1)\zeta_1 = 0.0529 \times (502.04\text{kN} + 1198.28\text{kN}) \times 1.3 = 116.93\text{kN}$$

$$F_{c1} = \frac{502.04\text{kN} \times 10.40\text{m}}{(502.04\text{kN} \times 10.40\text{m}) + (1198.28\text{kN} \times 13.1\text{m})} \times 116.93\text{kN} = 29.19\text{kN}$$

$$F_1 = \frac{1198.28\text{kN} \times 13.1\text{m}}{(502.04\text{kN} \times 10.40\text{m}) + (1198.28\text{kN} \times 13.1\text{m})} \times 116.93\text{kN} = 87.74\text{kN}$$

6）内力分析

（1）荷载汇总

① 永久荷载作用(图 11-28)

$$F_1 = 1.3 \times 322.56\text{kN} = 418.67\text{kN}$$

$$F_2 = 1.3 \times (46.52\text{kN} + 15.60\text{kN}) = 80.76\text{kN}$$

$$M_1 = 0\text{kN} \cdot \text{m}$$

$$M_2 = 1.3 \times (G_3 e_3 + G_4 e_4) = 1.3 \times (-46.52\text{kN} \times 0.4\text{m} + 322.56\text{kN} \times 0.2\text{m}) = 59.68\text{kN} \cdot \text{m}$$

② 活荷载作用(图 11-29)

$$F = 1.5 \times 45\text{kN} = 67.50\text{kN}$$

$$M_1 = 0\text{kN} \cdot \text{m}$$

$$M_2 = 67.5\text{kN} \times 0.20\text{m} = 13.50\text{kN} \cdot \text{m}$$

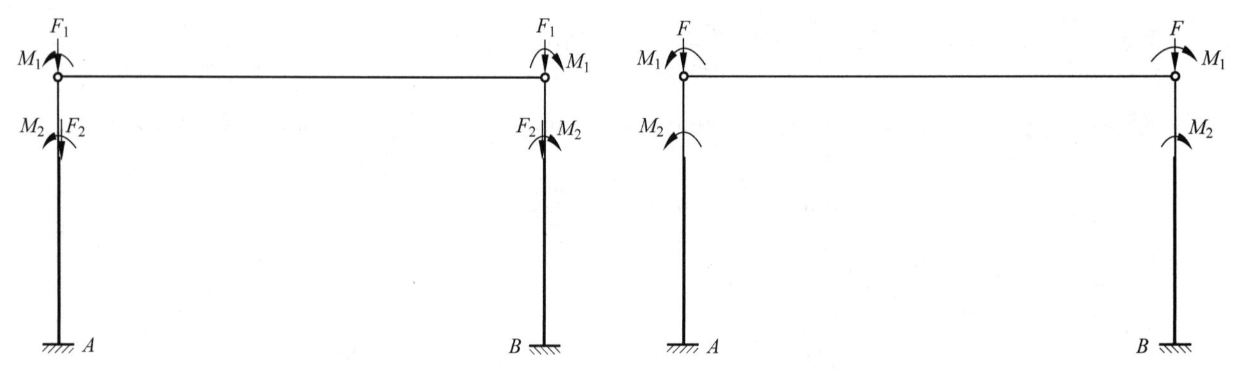

图 11-28　永久荷载简图　　　图 11-29　活荷载简图

③ 吊车竖向荷载(图 11-30)

D_{max} 在 A 柱

$$F = 1.5 \times 417.53\text{kN} = 626.30\text{kN}$$

$$M = 1.5 \times 167.01\text{kN} = 250.52\text{kN} \cdot \text{m}$$

D_{min} 在 A 柱

$$F = 1.5 \times 113.08\text{kN} = 169.62\text{kN}$$

$$M = 1.5 \times 45.23\text{kN} = 67.85\text{kN} \cdot \text{m}$$

④ 吊车横向荷载(图 11-31)

$$T_{max} = 1.5 \times 12.09\text{kN} = 18.14\text{kN}$$

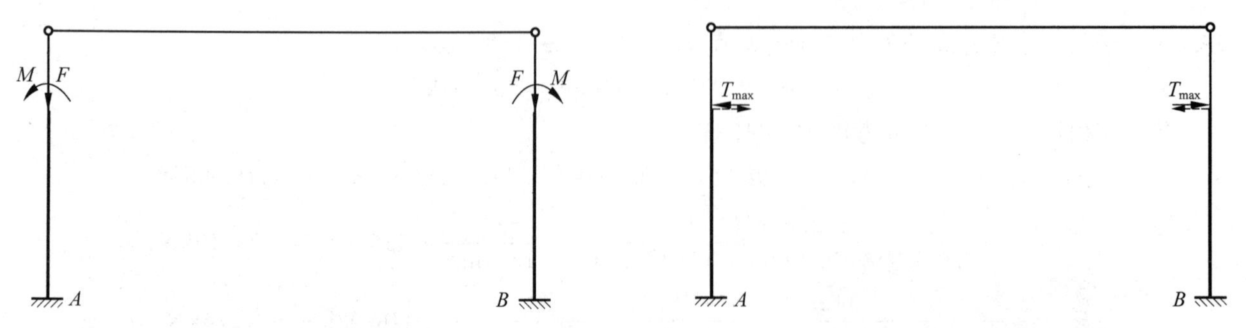

图 11-30　吊车竖向荷载简图　　　图 11-31　吊车横向荷载简图

⑤ 风荷载(图 11-32)

$$F_w = 22.57\text{kN},\quad q_1 = 2.31\text{kN/m},\quad q_2 = 1.44\text{kN/m}$$

⑥ 地震作用(图 11-33)

$$F_{c1} = 31.78\text{kN},\quad F_1 = 89.15\text{kN}$$

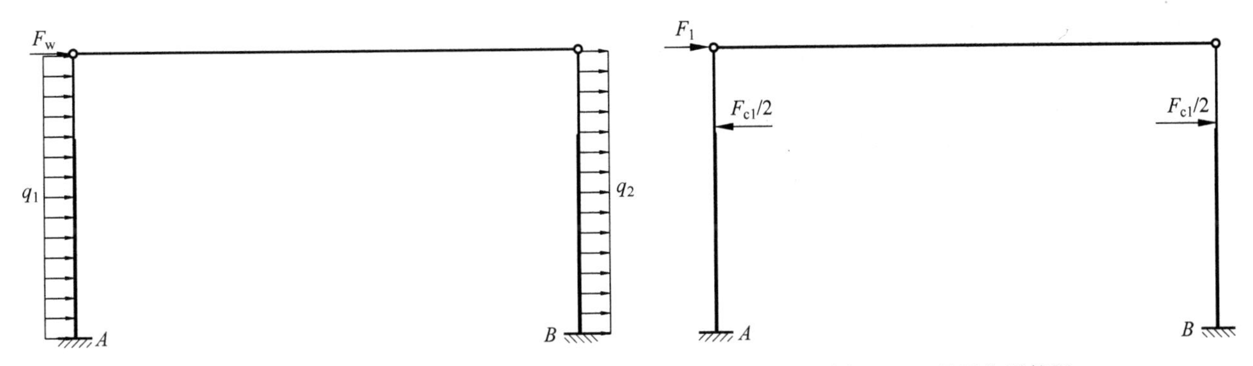

图 11-32　风荷载简图

图 11-33　地震作用简图

(2) 持久、短暂设计状况时内力计算

① 永久荷载作用

$$M_1 = 0\text{kN}\cdot\text{m},\quad M_2 = 59.68\text{kN}\cdot\text{m}$$

$$z = 1 + \lambda^3\left(\frac{1}{n} - 1\right) = 1.151$$

$$C_1 = \frac{3}{2}\,\frac{1 - \lambda^2\left(1 - \dfrac{1}{n}\right)}{z} = 1.97$$

$$C_2 = \frac{3}{2}\,\frac{1 - \lambda^2}{z} = 1.19,\quad R_1 = \frac{M_1}{H}C_1 = 0\text{kN},\quad R_2 = \frac{M_2}{H}C_2 = 5.42\text{kN}$$

$$V = R_1 + R_2 = 5.42\text{kN}$$

② 可变荷载作用

$$M_1 = 0\text{kN}\cdot\text{m},\quad M_2 = 13.5\text{kN}\cdot\text{m},\quad z = 1.151$$

$$C_1 = 1.97,\quad C_2 = 1.19,\quad R_1 = \frac{M_1}{H}C_1 = 0\text{kN},\quad R_2 = \frac{M_2}{H}C_2 = 1.23\text{kN}$$

$$V = R_1 + R_2 = 1.23\text{kN}$$

③ 吊车竖向荷载

D_{max} 在 A 柱

$$M_{max} = 250.52\text{kN}\cdot\text{m},\quad M_{min} = 67.85\text{kN}\cdot\text{m},\quad C_2 = 1.19$$

$$R_A = \frac{M_{max}}{H}C_2 = -22.76\text{kN}$$

$$R_B = \frac{M_{min}}{H}C_2 = 6.16\text{kN}$$

$$V_{A,1} = -22.76\text{kN},\quad V_{B,1} = 6.16\text{kN}$$

$$V_{A,2} = V_{B,2} = \frac{1}{2}(-R_A - R_B) = 8.30\text{kN}$$

$$V_A = V_{A,1} + V_{A,2} = -14.46\text{kN}$$

$$V_B = V_{B,1} + V_{B,2} = 14.46\text{kN}$$

④ 吊车横向荷载

$$T_{max} = 1.5 \times 12.57 = 18.86\text{kN}$$

$$a=\frac{13.1-10.4}{13.1}=0.206$$

$$R_A=T_{\max}C_5=18.86\times\frac{2-3a\lambda+\lambda^3\left[\dfrac{(2+a)(1-a)^2}{n}-(2-3a)\right]}{2z}\text{kN}=16.61\text{kN}$$

⑤ 风荷载作用

$$F_w=22.57\text{kN},\quad q_1=2.31\text{kN/m},\quad q_2=1.44\text{kN/m},\quad z=1.151$$

$$C_6=\frac{3\left[1+\lambda^4\left(\dfrac{1}{n}-1\right)\right]}{8z}=0.34$$

剪力分配系数

$$\eta_A=\eta_B=\frac{1}{2}$$

在 q_1 作用下

$$R_A=C_6Hq_1=-10.29\text{kN},\quad V_{A,1}=-10.29\text{kN}$$

在 q_2 作用下

$$R_B=C_6Hq_2=-6.41\text{kN},\quad V_{B,1}=-6.41\text{kN}$$

$$V_{A,2}=V_{B,2}=\eta_A(F_w-R_A-R_B)=19.64\text{kN}$$

$$V_A=V_{A,1}+V_{A,2}=9.35\text{kN}$$

$$V_B=V_{B,1}+V_{B,2}=13.23\text{kN}$$

表 11-11 A 柱在持久、短暂设计状况时内力汇总

截面示意图		荷载种类	恒荷载	可变荷载	吊车竖向作用		吊车水平荷载		风荷载	
					$D_{\max}$ 在 A	$D_{\min}$ 在 A	向右	向左	左来风	右来风
		编号	①	②	③	④	⑤	⑥	⑦	⑧
I—I / II—II / III—III		弯矩图								
截面	I—I	$M/(\text{kN}\cdot\text{m})$	21.14	4.8	−56.39	−56.39	−23.02	23.02	54.03	−62.55
		N/kN	418.67	67.5						
	II—II	$M/(\text{kN}\cdot\text{m})$	−38.54	−8.7	194.13	11.46	−23.02	23.02	54.03	−62.55
		N/kN	478.36	67.5	626.30	169.62				
	III—III	$M/(\text{kN}\cdot\text{m})$	11.32	2.62	61.10	−121.57	42.81	−42.81	320.69	−296.87
		N/kN	532.21	67.5	626.30	169.62				
		V/kN	5.42	1.23	14.46	14.46	7.15	−7.15	39.61	−32.09

注：表中 M、N、V 均为设计值，恒荷载分项系数取 1.3，活荷载分项系数取 1.5。

(3) 地震作用下内力计算

① 永久荷载作用

该内力与持久、短暂设计状况时内力计算部分的永久荷载作用下内力相同。

② 雪荷载作用

该内力为持久、短暂设计状况时内力计算部分的可变荷载作用下内力乘以 $0.15\text{kN/m}^2 \times 1.3 \times 0.5/(0.5\text{kN/m}^2 \times 1.5) = 0.130$。

③ 吊车竖向荷载

由于采用软钩吊车，起重机悬吊物重力不计入。

吊钩中心线到吊车梁中心线的最小距离为 1.5m。故最大轮压（空载，吊具为 0.5t）为（41000kg－7800kg)/4＋(500kg＋7800kg)×(28.5m－1.5m)/(2×28.5m)＝12231.6kg＝12.3t。

该内力为持久、短暂设计状况时内力计算部分的吊车竖向荷载作用下内力乘以

$$123\text{kN} \times (1 + 0.75/6.0) \times 1.3/(417.53\text{kN} \times 1.5) = 0.287$$

④ 地震作用(表 11-12)

$$F_{c1} = 29.19\text{kN}, \quad F_1 = 87.74\text{kN}$$

表 11-12　A 柱在地震作用下内力汇总

截面	荷载种类	恒荷载	雪荷载	吊车竖向作用		F_{c1}	F_1
				D_{max} 在 A	D_{min} 在 A		
	编号	①	②	③	④	⑤	⑥
Ⅰ—Ⅰ	M/(kN·m)	21.14	0.62	－16.20	－16.20	±52.82	±171.09
	N/kN	418.67	8.78	0	0	0	0
Ⅲ—Ⅲ	M/(kN·m)	11.32	0.34	17.55	－34.92	±270.40	±574.70
	N/kN	532.21	8.78	179.89	48.72	0	0

注：表中 M、N 均为设计值。

(4) 持久、短暂设计状况时排架内力组合

恒荷载＋任意一种＋(另外的任意一种或一种以上组合或不加)。

Ⅰ—Ⅰ截面

① $+M_{max}$ 及相应的 N：①＋⑦＋(0.7×②)

$$M = 21.14\text{kN}\cdot\text{m} + 54.03\text{kN}\cdot\text{m} + (0.7 \times 4.80)\text{kN}\cdot\text{m} = 78.53\text{kN}\cdot\text{m}$$

$$N = 418.67\text{kN}\cdot\text{m} + 0 + (0.7 \times 67.5)\text{kN}\cdot\text{m} = 465.92\text{kN}$$

② $-M_{max}$ 及相应的 N：①＋⑧＋(0.7×③＋0.7×⑤)

$$M = -97.00\text{kN}\cdot\text{m}, \quad N = 418.67\text{kN}$$

③ N_{ma} 及相应的 M：①＋②＋(0.7×③＋0.7×⑥＋0.6×⑧)

$$M = -34.95\text{kN}\cdot\text{m}, \quad N = 486.17\text{kN}$$

④ N_{min} 及相应的 M：①＋⑧＋(0.7×③＋0.7×⑤)

$$M = -97.00\text{kN}\cdot\text{m}, \quad N = 418.67\text{kN}$$

Ⅱ—Ⅱ截面

① $+M_{max}$ 及相应的 N：①＋③＋(0.7×⑤＋0.6×⑦)

$$M = 171.89\text{kN}\cdot\text{m}, \quad N = 1104.66\text{kN}$$

② $-M_{max}$ 及相应的 N：①＋⑧＋(0.7×②＋0.7×⑥)

$$M = -91.01\text{kN}\cdot\text{m}, \quad N = 525.61\text{kN}$$

③ N_{max} 及相应的 M：①＋③＋(0.7×②＋0.7×⑤＋0.6×⑦)

$$M = 165.80\text{kN}\cdot\text{m}, \quad N = 1151.91\text{kN}$$

④ $-N_{min}$ 及相应的 M：①＋⑧

$$M = -101.09\text{kN}\cdot\text{m}, \quad N = 478.36\text{kN}$$

Ⅲ—Ⅲ截面

① $+M_{max}$ 及相应的 N、V：①＋⑦＋(0.7×②＋0.7×③＋0.7×⑤)

$$M = 406.58\text{kN}\cdot\text{m}, \quad N = 1017.87\text{kN}, \quad V = 61.02\text{kN}$$

② $-M_{max}$ 及相应的 N、V：①+⑧+(0.7×④+0.7×⑥)

$$M=-400.62\text{kN}\cdot\text{m},\quad N=650.94\text{kN},\quad V=-21.55\text{kN}$$

③ N_{max} 及相应的 M、V：①+⑦+(0.7×②+0.7×③+0.7×⑤)

$$M=406.58\text{kN}\cdot\text{m},\quad N=1017.87\text{kN},\quad V=61.02\text{kN}$$

④ N_{min} 及相应的 M、V：①+⑦

$$M=332.01\text{kN}\cdot\text{m},\quad N=532.21\text{kN},\quad V=45.03\text{kN}$$

(5) 地震作用下排架内力组合

①+②+⑤+⑥或+③或+④或不加。

Ⅰ—Ⅰ截面

① $+M_{max}$ 及相应的 N：①+②+⑤+⑥

$$M=21.14\text{kN}\cdot\text{m}+0.62\text{kN}\cdot\text{m}+52.82\text{kN}\cdot\text{m}+171.09\text{kN}\cdot\text{m}=245.67\text{kN}\cdot\text{m}$$

$$N=418.67\text{kN}+8.78\text{kN}=427.45\text{kN}$$

② $-M_{max}$ 及相应的 N：①+⑤+⑥+③

$$M=-218.97\text{kN}\cdot\text{m},\quad N=418.67\text{kN}$$

③ N_{max} 及相应的 M：同第①种情况

④ N_{min} 及相应的 M：①+⑤+⑥

$$M=245.05\text{kN}\cdot\text{m},\quad N=418.67\text{kN}$$

Ⅲ—Ⅲ截面

① $+M_{max}$ 及相应的 N：①+②+⑤+⑥+③

$$M=874.31\text{kN}\cdot\text{m},\quad N=720.88\text{kN}$$

② $-M_{max}$ 及相应的 N：①+⑤+⑥+④

$$M=-868.70\text{kN}\cdot\text{m},\quad N=580.93\text{kN}$$

③ N_{max} 及相应的 M：同第①种情况

④ $-N_{min}$ 及相应的 M：①+⑤+⑥

$$M=856.42\text{kN}\cdot\text{m},\quad N=532.21\text{kN}$$

7) 排架柱截面设计

材料：混凝土 C30，$f_c=14.3\text{N/mm}^2$，$f_{tk}=2.01\text{N/mm}^2$，$f_t=1.43\text{N/mm}^2$；

HRB400 钢筋，$f_y=f'_y=360\text{N/mm}^2$；

箍筋 HRB400，$f_y=360\text{N/mm}^2$，$E_s=2\times10^5\text{N/mm}^2$；

上柱Ⅰ—Ⅰ截面：$b=400\text{mm}$，$h=400\text{mm}$，$A=1.6\times10^5\text{mm}^2$；

$$a'=a=45\text{mm},\quad h_0=400\text{mm}-45\text{mm}=355\text{mm}$$

下柱Ⅲ—Ⅲ截面：$b'_f=400\text{mm}$，$A=b_fh_0+2(b'_f-b)h'_f=1.70\times10^5\text{mm}^2$；

$$a'=a=45\text{mm},\quad h_0=(800-45)\text{mm}=755\text{mm}$$

Ⅰ—Ⅰ截面 $N_b=\alpha_1f_cb\xi_bh_0=1116.83\text{kN}$；

下柱 $N_b=\alpha_1f_cb\xi_bh_0+f_c(b'_f-b)h'_f=1237.31\text{kN}$。

由以上可知各组合下轴力均小于 N_b，故各控制截面均为大偏心受压。

(1) 上柱配筋计算

$$M=245.67\text{kN}\cdot\text{m},\quad N=427.45\text{kN}$$

$$e_0=\frac{M}{N}=575\text{mm},\quad e_a=20\text{mm},\quad e_i=e_0+e_a=595\text{mm}$$

$$l_0=2H_u=7800\text{mm},\quad \xi_c=\frac{0.5f_cA}{N}=2.67>1,\quad 取\ \xi_c=1$$

$$\eta=1+\frac{1}{1500\left(\dfrac{e_i}{h_0}\right)}\left(\frac{l_0}{h}\right)^2\xi_c=1+\frac{1}{1500\times\left(\dfrac{595\text{mm}}{355\text{mm}}\right)}\times\left(\frac{7800\text{mm}}{400\text{mm}}\right)^2\times1=1.15$$

$$x=\frac{N}{f_c b}=74.73\text{mm}<2a'=90\text{mm}$$

$$A_s=A'_s=\frac{N(\eta e_i-0.5h+a')}{f'_y(h_0-a')}$$

$$=\frac{427.45\text{kN}\times 1000\times(1.15\times 595\text{mm}-0.5\times 400\text{mm}+45\text{mm})}{360\text{N/mm}^2\times(355\text{mm}-45\text{mm})}=2028.96\text{mm}^2$$

最小配筋率构造要求 $\rho_{\min}A=320\text{mm}^2<2028.96\text{mm}^2$；

选用 5 ⌀ 25 钢筋，$A_s=2454\text{mm}^2$。

（2）下柱配筋计算Ⅲ—Ⅲ截面

$$M=874.31\text{kN}\cdot\text{m},\quad N=720.88\text{kN},\quad e_0=\frac{M}{N}=1212.84\text{mm}$$

$$e_a=\frac{h}{30}=26.67\text{mm}>20\text{mm},\quad 取\ e_a=26.67\text{mm}$$

$$e_i=e_0+e_a=1239.50\text{mm},\quad l_0=H_1=9200\text{mm}$$

$$\xi_c=\frac{0.5f_cA}{N}=3.17>1,\quad 取\ \xi_c=1$$

$$\eta=1+\frac{1}{1500\left(\frac{e_i}{h_0}\right)}\left(\frac{l_0}{h}\right)^2\xi_c=1.10$$

$$x=\frac{N}{f_c b_f}=126.02\text{mm}<h'_f=150\text{mm}$$

$$x=126.02\text{mm}>2a'=90\text{mm}$$

$$A_s=A'_s=\frac{N(\eta e_i-0.5h+0.5x)}{f'_y(h_0-a')}$$

$$=\frac{720.88\text{kN}\times 1000\times(1.10\times 1239.50\text{mm}-0.5\times 800\text{mm}+0.5\times 126.02\text{mm})}{360\text{N/mm}^2\times(755\text{mm}-45\text{mm})}$$

$$=2898.51\text{mm}^2$$

$$\rho_{\min}A=355\text{mm}^2<2898.51\text{mm}^2$$

选用 5 ⌀ 28 钢筋，$A_s=3079\text{mm}^2$。

（3）牛腿设计计算

$$F_{vk}=D_{k,\max}+F_5=417.53\text{kN}+46.52\text{kN}=464.05\text{kN}$$

$$F_v=1.5\times 417.53\text{kN}+1.3\times 46.52\text{kN}=686.77\text{kN}$$

$$F_{hk}=T_{\max}=12.57\text{kN},\quad F_h=1.5\times 12.57\text{kN}=18.855\text{kN}$$

牛腿宽度 $b=400\text{mm}$，牛腿截面高度 $h=800\text{mm}$，牛腿外边缘 $h_1=400\text{mm}>\frac{h}{3}>200\text{mm}$，牛腿伸出长度 $c=400\text{mm}$。

牛腿下表面角度 $\alpha=\arctan\frac{400}{400}=45°$；

$$h_0=h_1-a_s+c\tan\alpha=400\text{mm}-45\text{mm}+400\times\tan 45°=755\text{mm}$$

牛腿承受竖向荷载合力作用点至牛腿根部柱边缘的水平距离：$a=0+20=20\text{mm}$，取 $\beta=0.65$；

$$\beta\left(1-0.5\frac{F_{hk}}{F_{vk}}\right)\frac{f_{tk}bh_0}{0.5+a/h_0}=0.65\times\left(1-0.5\times\frac{12.57\text{kN}}{464.05\text{kN}}\right)\times\frac{2.01\text{N/mm}^2\times 400\text{mm}\times 755\text{mm}}{0.5+20\text{mm}/755\text{mm}}$$

$$=739.27\text{kN}$$

① 纵向受拉钢筋

$a=20<0.3h_0$，　取 $a=0.3h_0=0.3\times 755\text{mm}=226.5\text{mm}$

$$A_s=\frac{F_v a}{0.85 f_y h_0}+1.2\frac{F_h}{f_y}=\frac{686.77\text{kN}\times 226.5\text{mm}\times 10^3}{0.85\times 360\text{N/mm}^2\times 755\text{mm}}+1.2\times\frac{18855\text{kN}}{360\text{N/mm}^2}=736.15\text{mm}^2$$

$\rho_{\min}=0.45\dfrac{f_t}{f_y}=0.45\times\dfrac{1.43\text{N/mm}^2}{360\text{N/mm}^2}=0.18\%$，选用 3 ⏀ 18，$A_s=763\text{mm}^2$

$$\frac{A_s}{bh}=\frac{763\text{mm}^2}{400\times 800}=0.24\%\in(0.2\%,0.6\%)$$

另外，选用 2 ⏀ 12 作为锚筋焊接在牛腿顶面与吊车梁连接的钢板下。

② 牛腿局部承压

$$A=400\text{mm}\times 300\text{mm}=120000\text{mm}^2$$

$0.75Af_c=0.75\times 120000\text{mm}^2\times 14.3\text{N/mm}^2=1287\text{kN}>F_{vk}$，满足要求。

③ 按构造要求布置水平箍筋，取⏀ 8@100，上部$\dfrac{2}{3}h_0=\dfrac{2}{3}\times 755\text{mm}=503\text{mm}$ 范围内水平箍筋总面积

$2\times 50.3\times 503/100=506\text{mm}^2>\dfrac{A_s}{2}=0.5\times 763\text{mm}^2$，可以。

因$\dfrac{a}{h_0}=0.026<0.3$，故可不设弯筋。

(4) 柱的吊装验算(图 11-34)

$$q_1=\frac{1.70\times 10^5}{10^6}\times 25\text{kN/m}^3=4.25\text{kN/m},\quad q_2=4\text{kN/m},\quad q_3=11\text{kN/m}$$

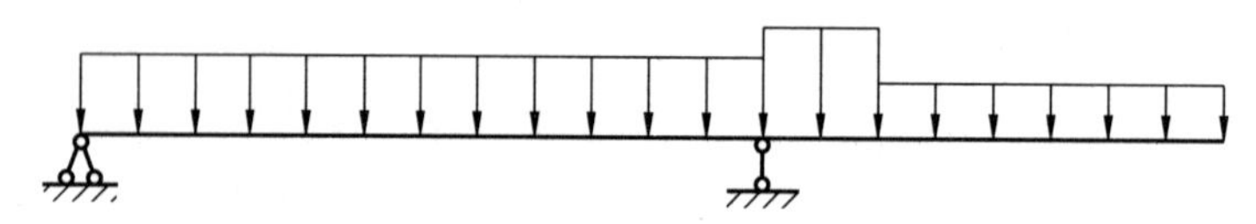

图 11-34 吊装验算示意

牛腿下截面：

$$\sigma_s=\frac{M}{0.87h_0A_s}=\frac{1.5\times 52.24\text{kN}\cdot\text{m}\times 10^6}{0.87\times 755\text{mm}\times 3079\text{mm}^2}=38.75\text{N/mm}^2$$

$$\rho_{te}=\frac{A_s}{A_{te}}=\frac{3079\text{mm}^2}{0.5\times 100\text{mm}\times 800\text{mm}+(400\text{mm}-100\text{mm})\times 150\text{mm}}=0.035$$

$$d=28\text{mm},\quad \sigma_{ss}=160\text{N/mm}^2>\sigma_s$$

牛腿上截面：

$$\sigma_s=\frac{M}{0.87h_0A_s}=79.80\text{N/mm}^2$$

$$\rho_{te}=\frac{A_s}{A_{te}}=\frac{2454\text{mm}^2}{0.5\times 400\text{mm}\times 400\text{mm}}=0.03068,\quad d=25\text{mm},\quad \sigma_{ss}=190\text{N/mm}^2>\sigma_s$$

可以。

(5) 排架柱裂缝宽度验算

① Ⅰ—Ⅰ截面裂缝宽度验算

内力荷载效应的准永久组合：

$$M_k=-15.50\text{kN}\cdot\text{m},\quad N_k=322.05\text{kN}$$

$$e_0=\frac{M_k}{N_k}=48\text{mm}<0.55h_0=0.55\times 355\text{mm}=184.25\text{mm}$$

故不需要需进行裂缝宽度验算。

② Ⅲ—Ⅲ截面裂缝宽度验算

内力荷载效应的准永久组合

$$M_k = 33.90\text{kN} \cdot \text{m}, \quad N_k = 686.90\text{kN}$$

$$e_0 = \frac{M_k}{N_k} = 49\text{mm} < 0.55h_0 = 0.55 \times 755\text{mm} = 415.25\text{mm}$$

故不需进行裂缝宽度验算。

思考题

1. 单层厂房的典型震害是什么？为什么会发生这些典型震害？

2. 单层厂房的抗震概念设计主要包括什么内容？

3. 排架柱在什么范围内的箍筋应加密？

4. 在计算水平地震作用时，是否考虑吊重、风荷载？

5. 屋架在什么情况下应考虑竖向地震作用？

6. 什么情况下，高大单层厂房结构钢筋混凝土阶形柱上柱应进行罕遇地震作用下的弹塑性变形验算？

第四篇

多层及高层建筑结构设计

第12章

多层及高层建筑结构概述

本篇介绍的多层及高层建筑主要指民用建筑。工业建筑大部分是单层工业厂房和仓储房屋，按本教材“单层工业厂房”部分进行设计；少部分是多层工业厂房或仓储房屋，可参照本教材“多层建筑结构”的内容进行设计。此外，体育馆、影剧院、展览馆等民用建筑的主体结构一般为单层，大多采用网架网壳、索等大跨空间结构形式，可在“空间结构”课程中选学。其中网架网壳按《空间网格结构技术规程》(JGJ 7—2010)、索结构按《索结构技术规程》(JGJ 257—2012)进行设计。需要注意的是，这里所说的空间结构属于一大类结构形式，与平面结构计算假定对应的空间结构计算假定的概念完全不同，不应混淆。

12.1 多层及高层建筑的定义和特点

按照《民用建筑设计统一标准》(GB 50352—2019)、《混凝土高规》等规定，按地上建筑高度或层数划分，高层建筑指 10 层及 10 层以上或房屋高度大于 27m 的住宅建筑和房屋高度大于 24m 的其他高层民用建筑。低于高层建筑的层数或高度的建筑称为低层或多层建筑，高度超过 100m 的建筑为超高层建筑。

将建筑划分为高层建筑和低层或多层建筑的主要考虑因素是防火。一旦发生火灾，高层建筑内的人员疏散和灭火救援困难，火灾造成的后果严重，因此需要采取更加严格的防火措施。

就结构受力而言，如图 12-1 所示，轴力 N 与高度基本成正比，而弯矩(M)、位移(Δ)与高度分别呈二次、四次幂函数曲线关系。因此，随高度增加，水平荷载，即风荷载和地震作用成为控制结构设计的主要因素。高层建筑要使用更多的结构材料抵抗外荷载，特别是水平荷载，抗水平力，即抗侧力是高层建筑结构设计的主要问题。但从结构设计的角度来看，多层和高层建筑结构并没有实质的差别，设计原理和设计方法也相同。

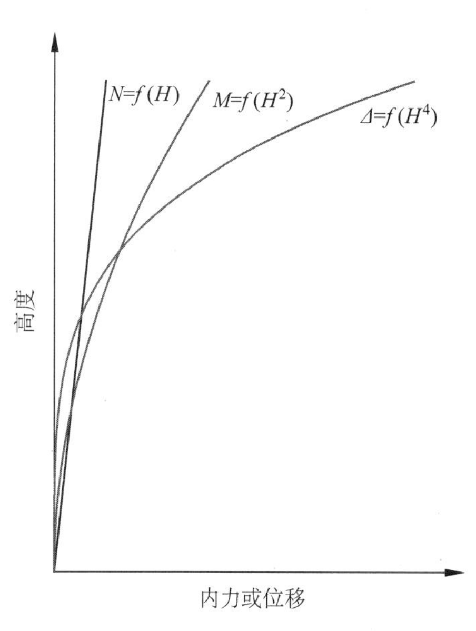

图 12-1 结构内力、位移与高度的关系

12.2 多层及高层建筑发展概况

12.2.1 国外的多层及高层建筑发展概况

近百年来，国外现代多层及高层建筑的发展主要可分为形成期、发展期和繁荣期 3 个阶段。

1. 现代多层及高层建筑的形成期

形成期始于 19 世纪后半叶的美国，其中心位于芝加哥。

1871年,芝加哥发生了一起持续整整3天的严重火灾,1.75万栋建筑付之一炬,灾后约10万人无家可归,该灾害成为美国19世纪最大的灾难之一。在火灾发生前,芝加哥的人口已激增至近百万,因此,灾后重建的时间紧,任务重。如按以前以低层建筑为主的建筑形式,则需要耗费很长时间才能满足房屋的需求。此时,金属锻造工艺和结构技术取得了长足的进步,特别是电力驱动的安全电梯出现,可以使建筑突破低层建筑的限制,进入了高层建筑的新阶段。

技术进步和灾后重建的结合,催生出了第一栋真正意义上的现代高层建筑,即1885年美国芝加哥建成的11层的家庭保险公司大厦(图12-2(a))。该建筑为工程师詹尼(William Le Baron Jenney,1832—1907年)设计,是钢材和铸铁的框架结构,开创了现代高层建筑的先河,使芝加哥成为了世界高层建筑的摇篮。此后,经过沙利文(Louis Sullivan)等的发展,形成了建筑史上有深远影响的"芝加哥学派",在芝加哥等城市建设了大量高层建筑。芝加哥学派强调建筑形式服从功能,典型标志为高层金属框架结构和整开间大玻璃的"芝加哥窗"。

2. 现代多层及高层建筑的发展期

20世纪的前60年是现代多层及高层建筑发展的第二个阶段——发展期,其中心仍然是美国。

除了芝加哥之外,美国高层建筑最具代表性的另一个城市是纽约。1931年,纽约建成了102层、381m高的帝国大厦(图12-2(b))。帝国大厦于1930年1月22日开工,在1931年4月11日竣工,施工工期为444天,主体结构施工速度惊人,达每星期建4层半。帝国大厦采用钢框架结构,梁柱节点用铆钉连接,外包炉渣混凝土,使结构实际刚度为纯钢框架结构的4.8倍。该大厦长期是摩天大楼的标志,保持世界最高建筑记录长达40年,是高层建筑发展史上的一个里程碑。

3. 现代多层及高层建筑的繁荣期

1960年至1990年前后,多层及高层建筑进入了繁荣期,该时期主要具有4个特点:

(1) 杰出工程师法兹勒·R.汗(Fazlur Rahman Khan)发明了筒体结构,使建筑的高度更高且经济可行,是超高层结构设计的里程碑。法兹勒·R.汗设计的De Witt-Chestnut公寓建造于1964年,是采用筒体结构体系建造的第一幢超高层建筑。该公寓地上43层,高120m。由钢筋混凝土密柱和深梁构成外围框筒以抵御水平荷载,而内部没有设芯筒和剪力墙,内部空间开阔。1974年建成的108层、442.1m高的西尔斯大厦(Sears tower,图12-2(c),现改为威利斯大厦,Willis tower)也是法兹勒·R.汗设计的,其1998年前一直是世界最高建筑,至今仍然是世界最高的钢结构建筑。西尔斯大厦的结构特点是:①底部采用了9个方筒形成的束筒结构,大大增强了结构的抗侧刚度;②结构平面逐渐上收,从下部的9个方筒,到顶部只剩下相邻的2个方筒,减小了结构承受的水平风荷载;③在大厦沿高度方向发生收筒的楼层处,设置了环带桁架,将周边的柱连接在一起,减小了剪力滞后的影响,加强了结构的整体性。

(2) 采用了强度等级为C50及以上的高强混凝土。高层建筑的竖向荷载大,如果采用普通混凝土,则底部柱、墙的截面尺寸过大,影响使用功能。因此,高层,尤其是超高层结构需要采用高强混凝土。1967年,芝加哥建成了世界上最早的高强混凝土建筑——湖心大厦。该大厦共70层,高197m,底部若干层的混凝土强度等级相当于C65。自1967年建成至1993年,该大厦一直是全球最高的住宅大楼。1988年,西雅图联合广场2号大楼的核心筒由4根直径为3m的钢管混凝土柱组成,管内填充了强度为130MPa的混凝土。

(3) 以型钢混凝土和钢管混凝土为代表的钢-混凝土组合构件用于实际工程。型钢混凝土和钢管混凝土结合了钢材和混凝土的优点,刚度大,承载力高,抗震性能好。目前,钢-混凝土组合构件已经在高层结构中广泛应用。

(4) 消能减震装置开始应用。1973年建成的110层、417m高的世贸中心双塔,是世界上第一幢采用钢框筒结构的高层建筑,为当时世界最高建筑。该大楼安装了1万个黏弹性阻尼器,用于减小风振的影响。目前,各种消能减震装置已在实际工程中用于抗风、抗震。

(a) 家庭保险公司大厦

(b) 帝国大厦

(c) 西尔斯大厦

(d) 马来西亚石油双塔

(e) 哈利法塔

图 12-2　国外著名高层建筑示例

21 世纪前后，随着亚太地区经济的发展，高层建筑的发展中心逐步转向亚洲。马来西亚的吉隆坡于 1998 年建成了 88 层、451.9m 高的石油双塔(图 12-2(d))，它曾经是世界最高的摩天大楼，目前仍是世界最高的双塔楼。石油双塔主体采用框架-核心筒结构，两塔之间在第 41 和 42 层设置了连廊，连廊距地面 170m，长 58.4m，宽度不到 10m。连廊为空腹桁架结构，其两端与塔楼滑动连接，是典型的柔性连接方式。在火灾发生时，连廊可以作为一个塔楼的出口，利于疏散。同时连廊联系着两栋塔楼，便于不同塔楼人员之间的交往、联系。

2010 年 1 月 4 日，阿联酋的迪拜建成了哈利法塔，该大厦 163 层、828m 高，是目前已建成的世界最高建筑。哈利法塔 −30～601m 为钢筋混凝土剪力墙体系，601～828m 为钢结构，其中 601～760m 采用带斜撑的钢框架。在结构的平面布置方面，哈利法塔采用了对称的三叉形平面，侧向刚度较大。在竖向，按建筑设计逐步退台，剪力墙在退台楼层处分段切断，使墙、柱荷载平滑的变化，并沿竖向设置了 5 个结构加强层。

12.2.2 国内的多层及高层建筑发展概况

我国的高层建筑始于 20 世纪二三十年代。第一幢超过 10 层的高层建筑是 1929 年建成的上海和平饭店，该楼 13 层，高 77m。随后，在上海、广州等城市建设了少量高层建筑，其中最具代表性的为上海国际饭店(图 12-3(a))。上海国际饭店为钢框架结构，24 层，高 83.8m，雄踞中国第一高楼位置近 50 年，是当时远东最高的建筑。同期建造的还有上海大厦、广州爱群大厦等知名高层建筑。但随着日本侵华，抗日战争的爆发，我国快速的经济建设被迫中断，高层建筑的发展随之戛然而止。

中华人民共和国成立以后，面对一穷二白的困难局面，我国迅速转入了大规模工业建设的时期，由于经济实力的限制，这一时期很少建设高层建筑。直至 20 世纪 60 年代末 70 年代初，在北京、广州等城市建设少量高层民用建筑，代表性的有 27 层的广州宾馆、17 层的北京饭店新楼等。20 世纪 70 年代我国最高的建筑为 1976 年建成的广州白云宾馆(图 12-3(b))，该大楼 33 层，高 114.1m，是国内首栋超过百米的高层建筑。

(a) 上海国际饭店

(b) 广州白云宾馆

(c) 北京京广中心

(d) 上海中心大厦

图 12-3　中国著名高层建筑

1978 年开始的改革开放极大地推动了经济建设的快速发展，高层建筑也迎来了高速建设期。在北京、上海、广州、深圳等城市，高层建筑的数量迅速增加，仅 1980—1983 年，所建成的高层建筑数量就相当于新中国成立以来30多年所建高层建筑数量的总和。1985年，50层、158.7m高的深圳国贸中心大厦建成，该大厦为钢筋混凝土筒中筒结构，是我国当时最高的建筑，并创造了3天施工一层的“深圳速度”。1987年，63层的广州国际大厦建成，该大厦为钢筋混凝土筒中筒结构，高度首次突破200m。

随后，建筑高度进一步提升，结构形式也更为多样，出现了钢结构和钢-混凝土混合结构的高层建筑。1988年，北京京广中心(图12-3(c))建成，为钢框架-预制带缝钢筋混凝土核心筒结构，57层，高208m。1990年，采用钢管混凝土柱的泉州邮电大厦建成，该大厦15层，高63.5m。

20世纪90年代肇始的浦东开发，使上海陆家嘴地区成为高层建筑建设的热土。1994年建成东方明珠广播电视塔，高达468m，采用巨型空间框架结构体系。随后又建成金茂大厦、交银金融大厦、环球金融中心等超高层建筑。结构体系中包含巨型空间支撑框架结构、带加强层的结构、柔性连接双塔楼连体结构、悬挂结构及部分预制装配结构。在短短的10年左右时间，建筑高度跨越了400m、500m两个台阶。

进入21世纪以来，随着改革开放的进一步深入和经济实力的增强，我国高层建筑的发展进入了新阶段。很多城市开始大量建造超高层建筑，数量比较集中的城市有武汉、合肥、重庆、成都、西安、沈阳等。建筑高度进一步增加，建成了一批600m级的超高层建筑。在结构形式方面，钢-混凝土混合结构因刚度大，适用范围广，成为应用最广泛的结构形式。

上海中心大厦(图12-3(d))是我国目前建成的最高建筑，119层，总高632m。该大厦塔楼采用“巨型框架-核心筒-伸臂桁架”抗侧力结构体系。巨型框架由8根巨型柱、4根角柱以及8道位于设备层的两层高箱形空间环带桁架组成，巨型柱和角柱均采用型钢混凝土柱。核心筒为钢筋混凝土结构。塔楼沿竖向共布置6道伸臂桁架，伸臂桁架在加强层处贯穿核心筒的腹墙，并与两侧的巨型柱相连。

香港汇丰银行大厦(图12-4(a))于1985年建成，46层，高180m，采用巨型钢结构悬挂体系。香港中国银行大厦(图12-4(b))由美籍华裔建筑师贝聿铭设计，于1989年建成，70层，高315m，采用巨型支撑框架结构。

中国台湾地区最具代表性的高层建筑是台北101大楼(图12-5)，又名台北101、台北金融大楼，于2003年建成，101层，高509.2m。

(a) 香港汇丰银行大厦

(b) 香港中国银行大厦

图12-4 中国香港著名高层建筑

图12-5 台北101大楼

目前，我国超高层建筑的设计、施工已经达到世界先进水平。据世界高层建筑和都市人居学会(Council on Tall Buildings and Urban Habitat，CTBUH)统计，截至2021年，全世界最高建筑前100名中，中国占据52幢。近几年我国连续有一些项目，如深圳平安金融大厦、上海中心大厦等被CTBUH评为世界最佳高层建筑。

思考题

1. 法兹勒·R.汗(Fazlur Rahman Khan)对高层建筑结构有什么突出贡献?
2. 思考国外典型的多层及高层建筑结构及其特点。
3. 思考我国典型的多层及高层建筑结构及其特点。

第13章

多层及高层建筑结构体系和布置

13.1 框架结构

由梁、柱刚接组成的结构单元称为框架，全部竖向荷载和侧向荷载由框架承担的结构称为框架结构。

框架结构可以采用 3～5m 的小柱距，也可以采用 6～8m 的大柱距。大柱距对室内空间影响小，也便于后期改造，因此目前多采用大柱距。框架结构常用于办公楼、教学楼、商场、住宅等民用建筑和多层工业建筑，可以利用隔墙分隔空间，形成大小不同房间，适用面很广。北京长城饭店是我国 8 度抗震设防区最高的现浇钢筋混凝土框架结构，地上 18 层，局部 22 层，总高度为 82.85m，如图 13-1 所示。

(a) 实景照片

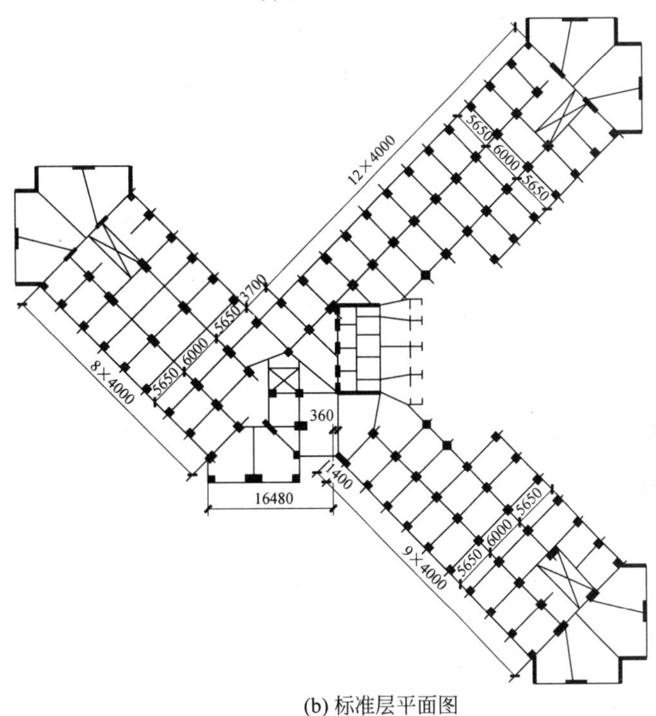

(b) 标准层平面图

图 13-1 北京长城饭店

框架在平面内的刚度较大，但平面外刚度较小，主要在自身平面内抵抗侧向力，因此，必须在两个主轴方向设置框架来抵抗各自方向的侧向力，即应设置为双向框架，不应采用单向框架。抗震框架梁柱必须刚接，使梁端能传递弯矩，同时使框架具有良好的整体性和较大的刚度。单跨框架的冗余度少，易发生连续倒塌，抗震性能差，震害重，因此，不宜采用单跨框架结构。框架梁柱是一维构件，结构抗侧刚度较小，房屋较高时需要加大梁柱的截面尺寸以获得较大的抗侧刚度，这不但减小了有效使用空间，而且增加了材料用量，所以框架结构不适用于较高的房屋建筑，常用于多层建筑。

在竖向荷载作用下，根据楼板的布置，框架结构可以采用横向承重、纵向承重和纵横向混合承重，大多数为纵横向混合承重。沿高度方向，柱网尺寸和梁截面尺寸一般不变，但上层柱截面尺寸可以减小。

抗震设计时，框架结构如采用砌体填充墙，应符合下列要求：

（1）竖向避免上、下层刚度变化过大；

（2）避免形成短柱；

（3）平面上应减少由于墙体布置不均匀而造成结构扭转；

（4）因为框架和砌体墙是两种受力性能不同的结构，框架抗侧刚度小、变形能力大，砌体墙抗侧刚度大、变形能力小，混合使用时，不利于结构抗震。因此，不应采用部分由框架承重、部分由砌体墙承重的混合承重形式。框架结构中的楼、电梯间和突出屋顶的电梯机房、楼梯间、水箱间等，应采用框架承重，不应采用砌体墙承重。

框架结构在水平力作用下的侧移由两部分组成：①由梁和柱弯曲变形产生的侧移，变形曲线呈剪切型，自上而下层间位移逐渐减小，顶部侧移量为 Δ_1；②由柱轴向变形产生的侧移，变形曲线呈弯曲型，自上而下层间位移逐渐增大，顶部侧移量为 Δ_2，顶部总侧移量为 Δ。第一部分侧向变形占主要部分，因此框架结构在侧向力作用下的侧移曲线呈剪切型，如图 13-2 所示。

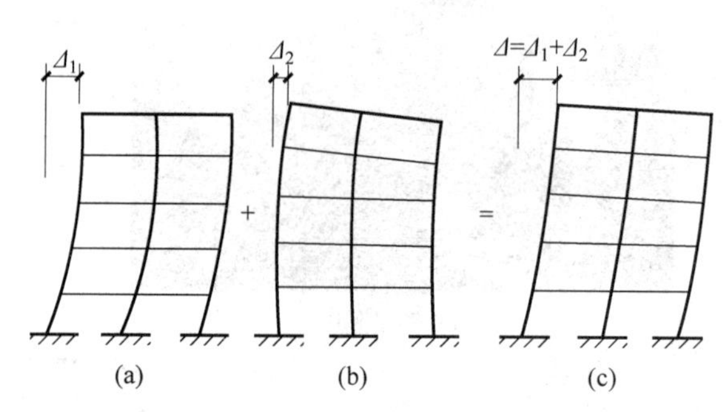

图 13-2　框架结构侧向力作用下的侧移曲线

矩形框架柱在室内凸出，占用室内空间，影响使用功能，为解决这个问题，可以采用异形柱框架结构。异形柱的柱截面呈 L 形、T 形、十字形，截面高与肢厚之比不大于 4，肢厚与填充墙厚度相同。异形柱框架结构避免了普通框架柱在室内凸出、占用建筑空间的问题，但异形柱框架结构的抗震性能不如矩形柱框架结构，故异形柱框架结构适用的最大高度比矩形柱框架结构低得多，但抗震要求比矩形柱框架结构高，设计时应遵守《混凝土异形柱结构技术规程》(JGJ 149—2017)的规定。

13.2　剪力墙结构

剪力墙也称为抗震墙、结构墙，以钢筋混凝土剪力墙作为承受竖向荷载和抵抗侧向力的结构称为剪力墙结构，常用于住宅、旅馆等高层建筑，如图 13-3 所示。剪力墙结构的开间一般为 3～8m，目前常采用 6～8m 大开间剪力墙结构。剪力墙多采用现浇钢筋混凝土，结构整体性好，承载力高，侧向刚度大，但剪力墙结构的平面布置不灵活，不便于后期改造，自重偏大。

震害调查表明，钢筋混凝土剪力墙结构的震害较轻，抗震性能良好。若在剪力墙中配置型钢或钢板，则形成型钢混凝土剪力墙、钢板混凝土剪力墙，还可以大大改善剪力墙的抗震性能。侧向力作用下，剪力墙结构的侧向位移呈弯曲型，层间位移从下到上逐渐增大，如图 13-4 所示。

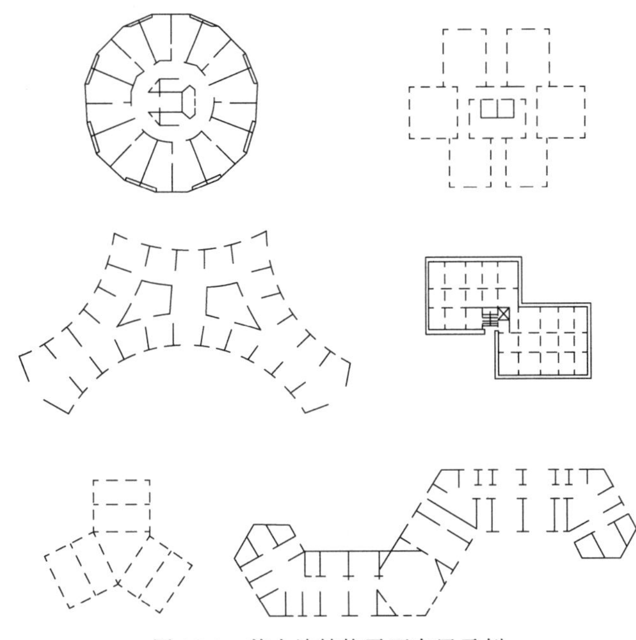
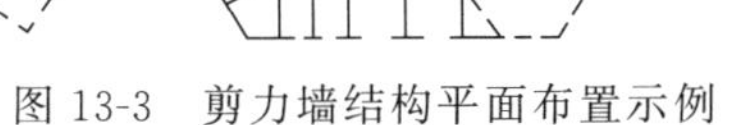

图 13-3　剪力墙结构平面布置示例

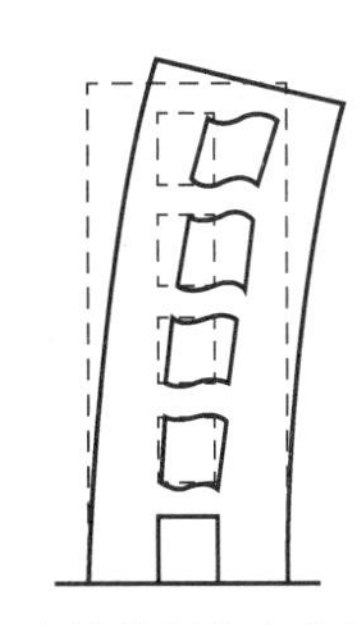

图 13-4　剪力墙结构侧向力作用下的侧移曲线

剪力墙是二维平面构件，自身平面内有较大的承载力和刚度，但平面外的承载力和刚度较小。因此，剪力墙要双向布置，分别抵抗各自平面内的侧向力。

剪力墙的布置宜符合下列规定：

(1) 要尽可能使两个主轴方向的刚度接近(所有结构体系都应遵守该规定)。

(2) 墙肢两端尽可能与另一方向的墙体连接，形成工字形、T 形、L 形等有翼缘的墙，以增大剪力墙平面外的刚度和稳定性。

(3) 楼、电梯间宜布置剪力墙，并使两个方向的墙体互相连接形成井筒，以增大结构的抗扭能力。

(4) 沿高度方向，剪力墙宜上下连续布置，避免刚度突变。剪力墙需要开设洞口时，洞口宜上下对齐，成列布置，形成由洞口间连梁连接的上下贯通的墙肢，即联肢剪力墙，如图 13-5(a)所示。避免出现图 13-5(b)所示洞口不规则布置的错洞墙。

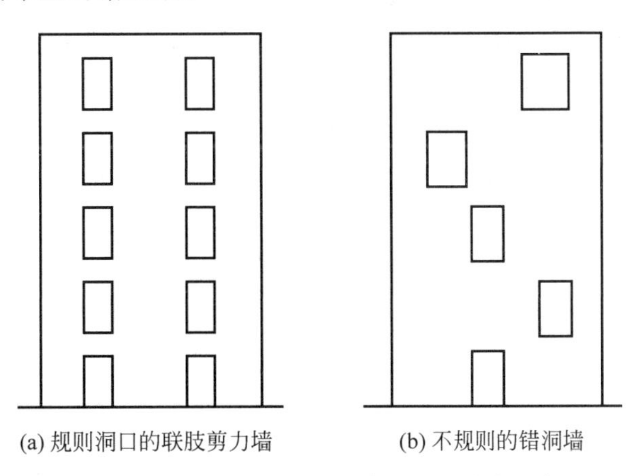

图 13-5　剪力墙结构洞口布置及联肢墙示意

(5) 墙段长度超过 8m 的墙称为长墙，长墙的刚度过大，承受的地震作用大，抗震性能差，故不宜出现长墙。如出现长墙时，可在长墙上开设结构洞，将长墙分成若干个较短墙肢组成的联肢剪力墙。结构洞指由于结构需要，不在门窗等建筑和设备专业需要的位置处开设的洞口，结构洞在施工后期采用轻质墙体填充。

(6) 各墙段的高度与墙段长度之比小于 3 时称为矮墙，地震作用较大时，矮墙易发生延性较差的剪切破坏，故不宜设置矮墙。

截面厚度不大于 300mm、各肢截面高度与厚度之比的最大值大于 4 但不大于 8 的剪力墙称为短肢剪力墙。短肢剪力墙的刚度较小,有利于平面布置,也减轻了结构自重,常用于 10～15 层的住宅建筑。但短肢剪力墙结构的抗震性能不如墙肢截面的高度和厚度之比大于 8 的一般剪力墙,因此,高层建筑结构中不允许采用全部为短肢墙的剪力墙结构,应设置一定数量的一般剪力墙或井筒,形成短肢墙与井筒或一般墙共同抵抗水平力的剪力墙结构。短肢墙数量较多的剪力墙结构最大适用高度比一般剪力墙小,抗震设计要求比一般剪力墙高。

当墙肢的截面高度与厚度之比不大于 4 时,可按框架柱进行截面设计。

13.3 框剪结构

框剪结构是指框架和剪力墙共同承担竖向力和水平力的结构。框剪结构中,框架和剪力墙的布置较灵活,其形式有:框架与剪力墙分开布置;在框架结构的若干跨内嵌入剪力墙,形成带边框剪力墙;在单片抗侧力结构内连续分别布置框架和剪力墙;上述两种或三种形式的混合。

上海宾馆框剪结构平面布置如图 13-6 所示。

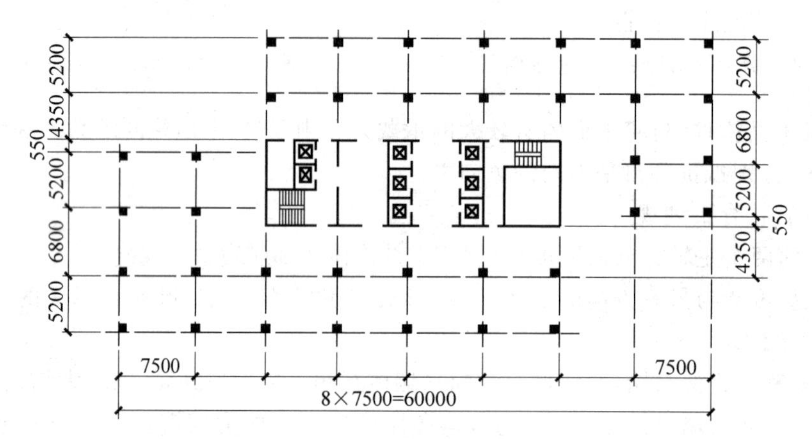

图 13-6 上海宾馆框剪结构平面布置

框剪结构由框架和剪力墙协同组成,是双重抗侧力结构体系。地震作用较小时,剪力墙刚度大,承担大部分层剪力,而框架的刚度小,承担的层剪力也小。地震作用较大时,剪力墙的连梁屈服,剪力墙的刚度降低,剪力墙承担的部分层剪力转移到框架部分。若框架有足够的承载力和延性,那么双向抗侧力结构体系的优势便可以充分发挥,从而避免罕遇地震作用下出现严重破坏或倒塌。因此,地震作用下框剪结构的框架部分承担的层剪力有最低要求,见 14.1 节。但框剪结构的框架是第二道防线,部分抗震要求可比框架结构的框架适当降低。

水平力作用下,框架和剪力墙的变形曲线分别为剪切型和弯曲型。楼板将框剪结构的框架和剪力墙联系在一起,其位移要协调,因此,在结构底部,框架侧移减小,在结构上部,剪力墙侧移减小,如图 13-7 所示。

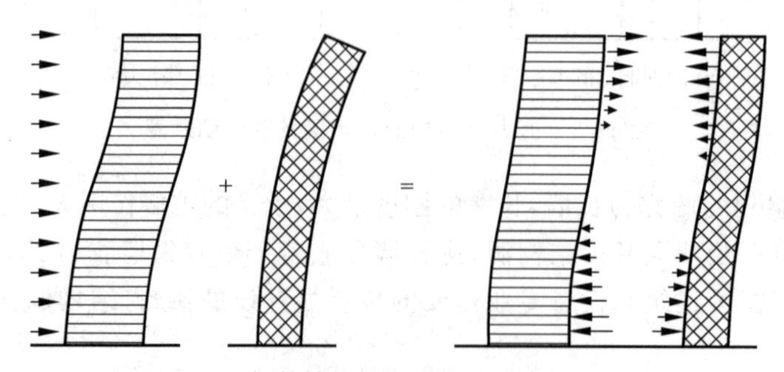

图 13-7 框剪结构侧向力作用下的侧移曲线

由于剪力墙的刚度大，框剪结构的侧移曲线偏向弯曲型，故框剪结构的侧移曲线呈图13-8所示的剪弯型。框剪结构层间位移角沿结构高度分布较均匀，从而改善了框剪结构的抗震性能，减少了地震作用下非结构构件的损坏。

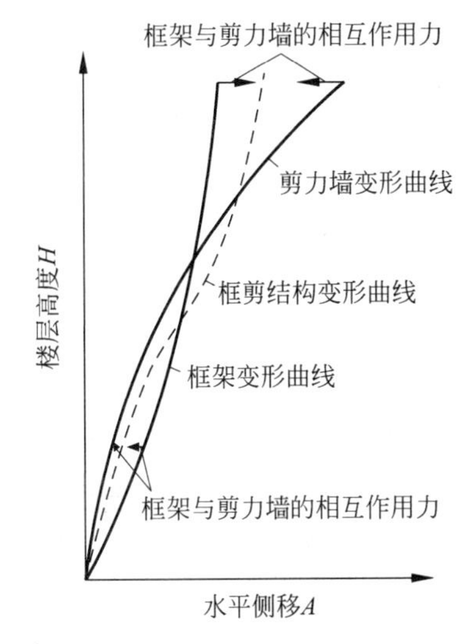

图13-8　侧向力作用下框架结构、剪力墙结构、框剪结构变形示意图

框剪结构既有框架结构平面布置灵活、延性好的特点，也有剪力墙结构抗侧刚度大、承载力高的特点，从而在高层建筑中广泛应用，其适用高度与剪力墙结构大致相同。

框剪结构设计时先要确定剪力墙布置的数量和位置，通常剪力墙的数量以使结构层间位移角不超过限值为宜。框剪结构应根据在规定的水平力作用下结构底层框架部分承受的地震倾覆力矩与结构总地震倾覆力矩的比值，确定相应的设计方法，并应符合下列规定：

(1) 框架部分承受的地震倾覆力矩不大于结构总地震倾覆力矩的10%时，说明布置的剪力墙很多，框架很少，为少量框架的剪力墙结构，则可按剪力墙结构进行设计，其中的框架部分应按框剪结构的框架进行设计。

(2) 当框架部分承受的地震倾覆力矩大于结构总地震倾覆力矩的10%但不大于50%时，为典型的框剪结构，按框剪结构进行设计。

(3) 当框架部分承受的地震倾覆力矩大于结构总地震倾覆力矩的50%但不大于80%时，说明布置的剪力墙较少，为少量剪力墙的框架结构，此时尽管仍可按框剪结构进行设计，但其最大适用高度小于框剪结构，仅比框架结构适当增加，框架部分的抗震等级和轴压比限值也按框架结构的规定采用。

(4) 当框架部分承受的地震倾覆力矩大于结构总地震倾覆力矩的80%时，说明布置的剪力墙很少，框架很多，为剪力墙很少的框架结构。该结构的最大适用高度、框架部分的抗震等级和轴压比限值均按框架结构的规定采用。结构的层间位移角宜满足框剪结构的规定。如结构的层间位移角不满足框剪结构的规定时，可进行结构抗震性能分析和论证。

框剪结构的剪力墙布置要符合以下要求：

(1) 抗震设计时，两个主轴方向都要布置一定数量的剪力墙，使结构主轴方向抗侧刚度接近。

(2) 剪力墙宜对称布置，使结构平面刚度均匀，减少水平力作用下结构的扭转。

(3) 剪力墙宜沿结构高度方向贯通布置，使刚度沿高度方向连续、均匀，避免刚度突变，剪力墙上洞口宜上下对齐。

(4) 建筑周边、楼梯间、电梯间、竖向荷载较大部位宜布置剪力墙，平面形状凹凸较大时，宜在凸出部位附近布置剪力墙。

(5) 两个方向剪力墙宜布置成L形、T形、井筒形等形状，使一个方向的墙体成为另一个方向墙体的翼墙，以增大结构的抗侧、抗扭刚度。

(6) 剪力墙各片墙体刚度宜接近，单片墙体底部承担的水平剪力不应超过结构底部总剪力的30%。

(7) 剪力墙间距不宜超过表13-1所规定数值。如超过表13-1中数值，设计计算时要考虑楼板平面内变形的影响。当剪力墙之间楼板开洞时，洞口对楼板平面内刚度有削弱，墙体间距还要减小。

表13-1　剪力墙间距(取较小值)　m

楼、屋盖类型	抗震设防烈度		
	6、7度	8度	9度
现浇	4.0B,50	3.0B,40	2.0B,30
装配整体	3.0B,40	2.5B,30	—

注：①B为楼面宽度，单位为m；②现浇层厚度大于60mm的叠合楼板作为现浇板计算；③长矩形平面或平面有一部分较长的建筑中，纵向剪力墙不宜布置在房屋两端，以免约束过大而产生较大的温度应力使结构开裂。

13.4 筒体结构

13.4.1 框筒结构

框筒形式上与框架类似，由布置在建筑物周边的柱距小、梁截面高的“密柱深梁”组成，但受力特点不同于框架。框架是平面结构，主要由与水平作用方向平行的框架抵抗剪力和倾覆力矩，与水平作用方向垂直的框架所起的作用很小。而框筒是空间结构，周边布置的框架都参与抵抗水平力，层剪力主要由平行于水平作用方向的腹板框架抵抗，倾覆力矩由腹板框架和垂直于水平作用方向的翼缘框架共同抵抗。

框筒布置在结构周边，从而形成了抗侧、抗扭刚度和承载力都很大的外筒，使材料强度得到充分发挥。以图 13-9 为例，设某结构平面由 4 根 1m×1m 小柱组成，则其截面惯性矩为 4 根柱截面惯性矩之和，$I_1=4/12$；若将 4 根小柱合并为 1 根大柱，则其惯性矩为 $I_2=4I_1$；若将 4 根 1m×1m 的柱“拍扁”，做成 4 片 0.2m×5m 的独立墙，则其惯性矩为 $I_3=12.5I_1$；再将上述 4 片墙在墙角处连成整体，形成矩形筒体，则 $I_4=50I_1$。因此，同样材料用量，小柱、大柱、墙、筒的刚度依次大幅增加。

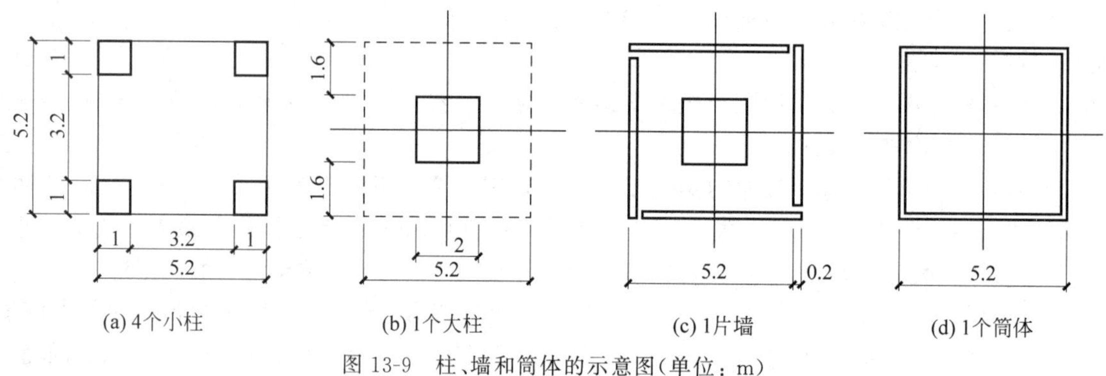

图 13-9 柱、墙和筒体的示意图(单位：m)

框筒可以是混凝土结构、钢结构、组合结构，适用高度比框架结构高得多。世界上第一栋混凝土框筒结构高层建筑是法兹勒·R. 汗设计的德威特·切斯纳特(DeWitt-Chestnut)公寓，如图 13-10 所示，建设于 1964 年，43 层，120m 高。

(a) 实景照片

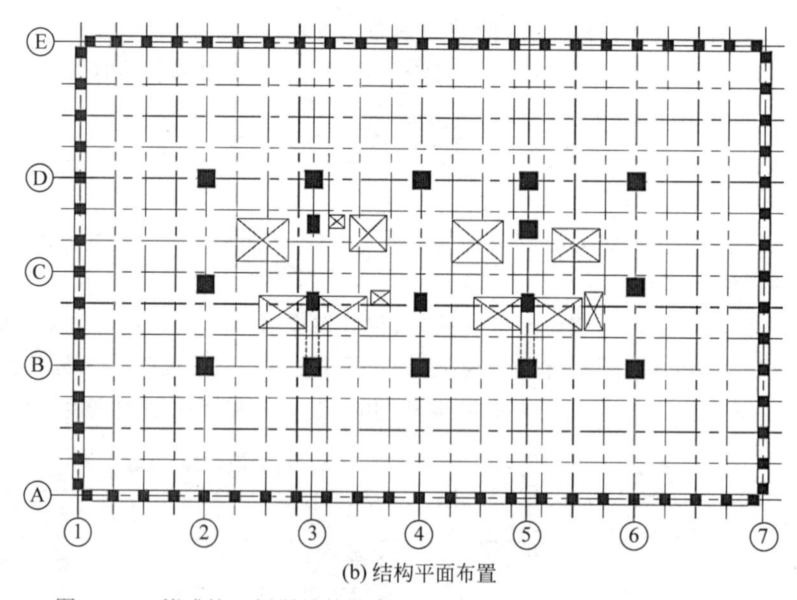

(b) 结构平面布置

图 13-10 德威特·切斯纳特公寓

水平作用下，倾覆力矩使框筒一侧翼缘框架柱受拉、另一侧翼缘框架柱受压，腹板框架柱有拉有压。如图 13-11 所示，翼缘框架柱的轴力分布不均匀，角柱轴力大，中柱轴力小，腹板框架各柱的轴力也不均匀,这种现象称为剪力滞后效应。剪力滞后越严重,框筒结构的空间性能越差。所以框筒结构布置的关键在于减小剪力滞后效应。

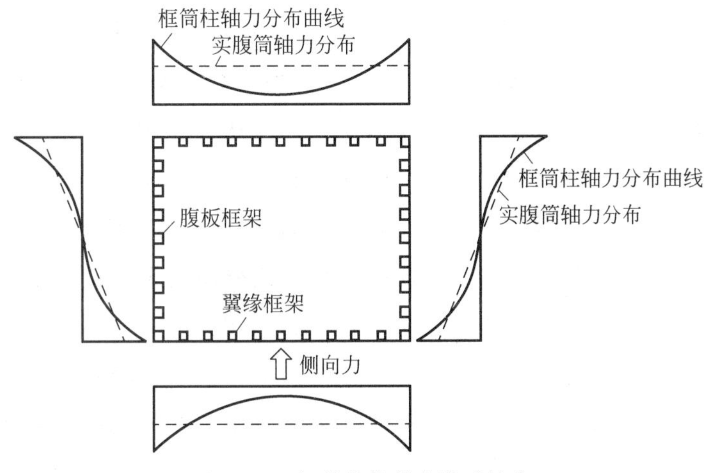

图 13-11 框筒结构剪力滞后效应

13.4.2 桁架筒结构

在钢框架中设置斜杆,即为支撑框架。由钢框架和支撑框架共同承担竖向和水平作用的结构称为钢框架-支撑结构。支撑斜杆改变了框架在水平作用下的受力性能。在水平作用下,支撑框架如同竖向桁架,所有杆件以承受轴力为主。支撑框架的侧移由杆件的拉伸或压缩引起,侧移曲线类似于剪力墙结构。

用稀柱、浅梁和支撑斜杆组成桁架,布置在结构周边,即形成桁架筒结构。桁架筒结构柱距大,支撑斜杆跨越建筑一个面的边长,竖向跨越数个楼层,形成了周边巨型桁架。周边巨型桁架两个相邻立面的支撑斜杆在角柱上相交,保证了传力路径的连续,形成了整体悬臂结构,几乎完全消除了剪力滞后效应。

第一栋桁架筒结构是法兹勒·R.汗设计的芝加哥约翰·汉考克(John Hancack)中心,该中心1965年施工,1969年竣工,100层,332m高,如图13-12所示。

图13-13所示的奥特里中心(Onterie center)内部为混凝土核心筒,周边为混凝土桁架筒,是世界上第一栋采用混凝土桁架筒的结构。该中心58层,建筑高度173.7m,1986年竣工。

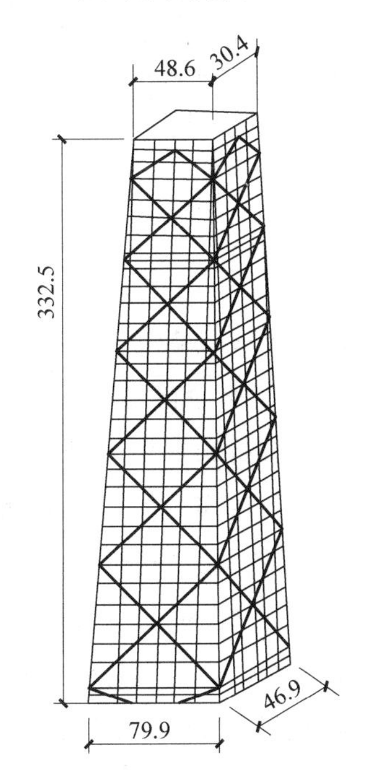

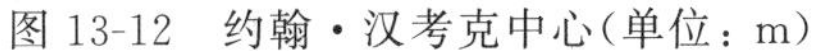

图 13-12 约翰·汉考克中心(单位：m)

图 13-13 奥特里中心

13.4.3 筒中筒结构

以框筒为外筒，将电梯间、楼梯间、管道井等设施集中在建筑平面的中心做成内筒，就形成了筒中筒结构。采用钢筋混凝土结构时，一般外筒采用框筒，内筒为剪力墙围成的实腹井筒。

和框剪结构一样，筒中筒结构也是双重抗侧力体系。水平作用下，内外筒协同工作，侧移曲线类似于框剪结构，呈剪弯型。外框筒平面尺寸大，有利于抵抗水平作用产生的倾覆力矩和扭矩；内筒采用钢筋混凝土墙或支撑框架可以抵抗较大的水平剪力。筒中筒结构适用高度比框筒结构更高。

筒中筒结构的平面可以为圆形、正方形、椭圆形或矩形，内外筒之间一般不设置柱。内筒边长一般为外筒边长的1/2，为结构总高度的1/15～1/12，内筒要贯通建筑全高。

法兹勒·R. 汗设计的一号壳牌广场大厦(one shell plaza)是第一幢混凝土筒中筒结构，如图13-14所示，该大厦50层，高217.6m，1970年竣工。竣工时，是世界上最高的混凝土高层建筑，也是世界上第一座全部采用轻质混凝土(约18.8kN/m^3)的高层建筑。

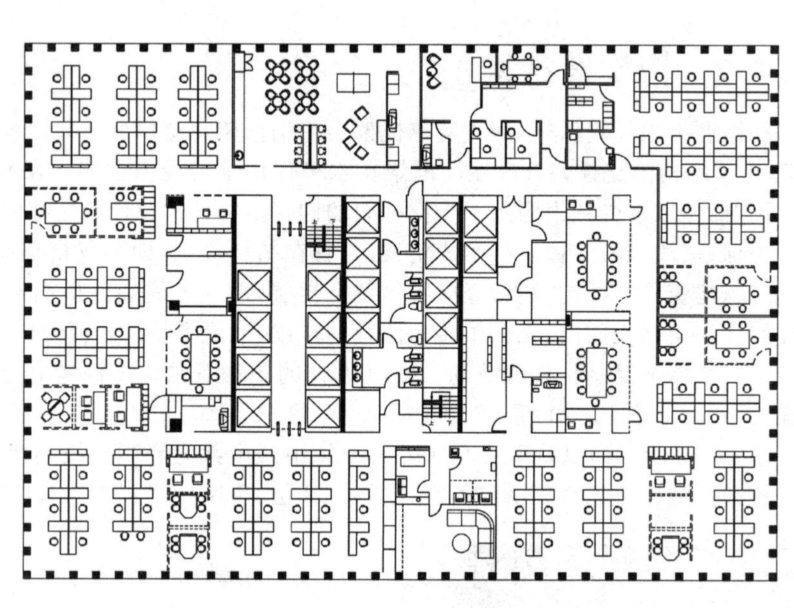

图13-14 一号壳牌广场大厦

13.4.4 束筒结构

两个或两个以上框筒排列在一起，即形成束筒结构。束筒结构中的每一个框筒，可以是方形、矩形或三角形，多个框筒组成不同的平面形状，其中任一个筒可以在任何高度中止。

世界上第一个采用束筒结构的建筑是法兹勒·R. 汗设计的芝加哥的西尔斯大厦，如图13-15(a)所示，110层，442.1m，于1970年施工，1974年竣工，是世界上最高的钢结构建筑，用钢量仅为161kg/m^2。建成后占据世界上最高的高层建筑头衔长达20年。该大厦50层以下为9个框筒组成的束筒，51～66层是7个框筒，67～90层是5个框筒，91层以上是2个框筒，在第35、66和90层，沿着周边框架设置一道一层楼高的环带桁架，对整体结构起到套箍的作用，提高了结构的抗侧刚度和竖向抗变形能力。从图13-15(b)可以看出，束筒结构可以有效缓解剪力滞后效应，柱的轴力分布比较均匀。

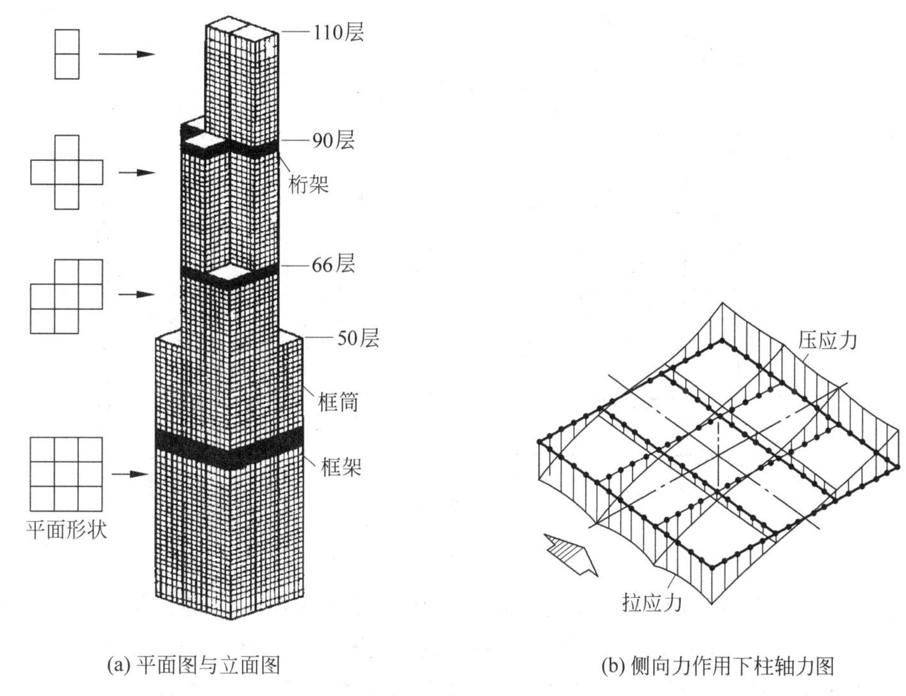

(a) 平面图与立面图　(b) 侧向力作用下柱轴力图

图 13-15　西尔斯大厦

13.5　复杂高层建筑结构

复杂高层建筑结构均属不规则结构，主要包括带转换层的结构、带加强层的结构、错层结构、连体结构以及竖向体形收进和悬挑结构。复杂高层建筑结构在地震作用下受力复杂，容易形成抗震薄弱部位。因此，采用复杂高层建筑结构时要尽量减少其不规则性，更加精细地进行结构设计。9 度抗震设计时不应采用带转换层的结构、带加强层的结构、错层结构和连体结构。

13.5.1　带转换层结构

多功能的高层建筑，往往需要沿竖向划分为不同用途的区段，如底部楼层需要大空间，用于入口门厅、商场、餐饮场所等，而上部楼层需要小空间，用于酒店客房、住宅、办公等。这些建筑竖向抗侧力构件的墙、柱往往不能上下连续，需要设置转换层，通过转换构件实现上、下竖向构件的过渡。

带转换层结构主要分为两大类：一类是上部为剪力墙、下部为框架，之间设置转换层，即托墙转换，也称为框支剪力墙，如图 13-16 所示；另一类是上部为小柱距框架、下部为大柱距框架，中间设置转换层，即托柱转换，如图 13-17 所示。

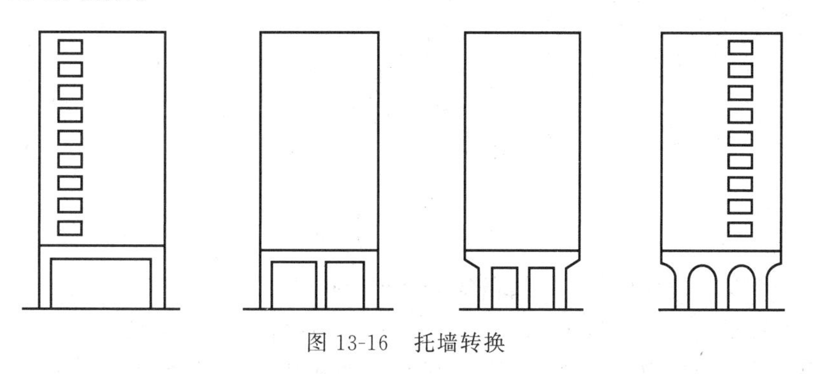

图 13-16　托墙转换

转换构件可采用梁、桁架等，称为转换梁或转换桁架。6 度抗震设防时也可采用厚板作为转换构件，7、8 度抗震设防时地下室的转换构件可采用厚板，但厚板转换层的质量重、刚度大，在竖向易形成刚度和

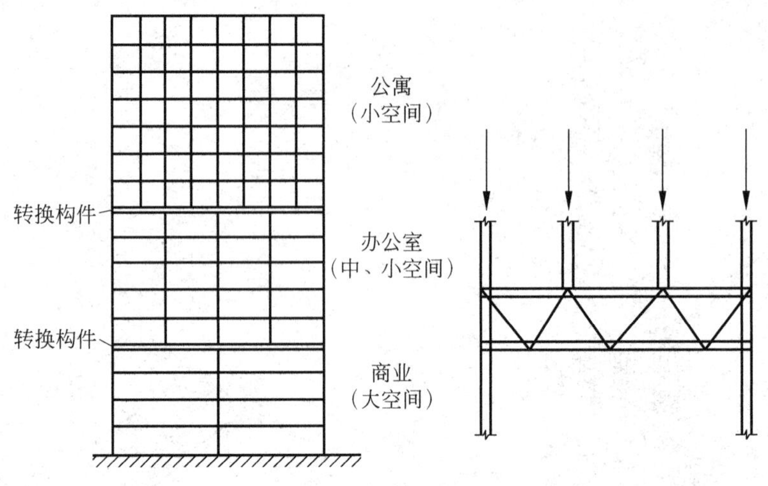

图 13-17　托柱转换

承载力突变,抗震性能差,不宜采用厚板转换。

转换层下部结构的刚度一般较小,当转换层上部结构的侧向刚度与下部结构相差较大时,则转换层上、下结构的侧移和构件内力将发生突变,地震作用容易导致转换层以下的侧移过大,形成薄弱部位或软弱部位,使部分构件过早破坏,甚至造成结构倒塌。对于框支剪力墙,由于地震作用下框支层变形较大,框支柱易破坏,进而引起结构整体倒塌,因此地震区不允许采用底层或底部若干层全部为框架的框支剪力墙结构,必须采用部分剪力墙落地、部分剪力墙由框架支承的部分框支剪力墙结构,如图 13-18 所示。部分框支剪力墙结构由于有一定数量剪力墙落地,可通过转换层将不落地剪力墙的竖向力和水平力传递到落地剪力墙,以减小框支层刚度和承载力突变对结构抗震性能的不利影响。

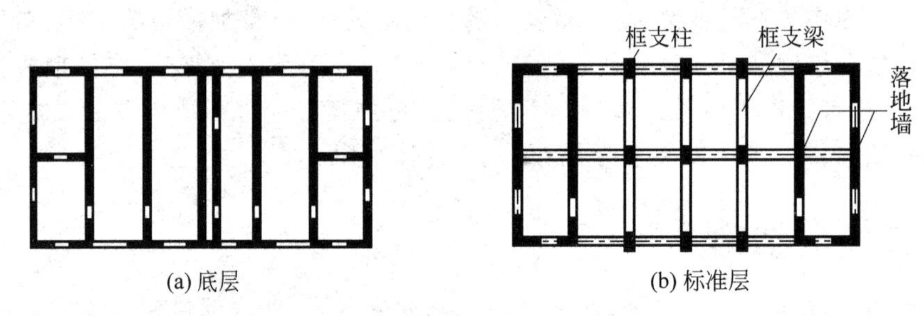

图 13-18　部分框支剪力墙结构示意

带转换层结构的主要设计要求如下。

(1) 转换层上、下部结构侧向刚度比宜接近于 1。具体要求是:

当部分框支剪力墙结构的转换层位于第 1 层或第 2 层时,转换层与其相邻上层的结构等效剪切刚度比 γ_{e1} 宜接近 1,不应小于 0.5。γ_{e1} 按照下列公式计算:

$$\gamma_{e1}=\frac{G_1A_1}{G_2A_2}\times\frac{h_1}{h_2} \tag{13-1}$$

$$A_i=A_{w,i}+\sum_{j=1}^{m}C_{i,j}A_{ci,j} \tag{13-2}$$

$$C_{i,j}=2.5\left(\frac{h_{ci,j}}{h_i}\right)^2 \tag{13-3}$$

式中:G_1、G_2——转换层和转换层以上一层的混凝土剪变模量;

A_1、A_2——转换层和转换层以上一层的折算抗剪截面面积,按式(13-2)计算;

$A_{w,i}$——第 i 层全部剪力墙在计算方向的有效截面面积(不包括翼缘面积);

$A_{ci,j}$——第 i 层第 j 根柱的截面面积;

h_i——第 i 层的层高;

m——第 i 层柱的总根数；

$h_{ci,j}$——第 i 层第 j 根柱沿计算方向的截面高度；

$C_{i,j}$——第 i 层第 j 根柱截面面积折算系数，计算值大于1时取1。

当部分框支剪力墙结构的转换层设置在第2层以上时，按下式计算的转换层与其相邻上层的侧向刚度比不应小于0.6：

$$\gamma_1 = \frac{V_i \Delta_{i+1}}{V_{i+1} \Delta_i} \tag{13-4}$$

式中：γ_1——楼层侧向刚度比；

V_i、V_{i+1}——第 i 层和第 $i+1$ 层的地震剪力标准值；

Δ_i、Δ_{i+1}——第 i 层和第 $i+1$ 层在地震剪力标准值作用下的层间位移。

当部分框支剪力墙结构的转换层设置在第2层以上时，需要按照图13-19所示计算模型计算转换层及下部结构与转换层上部结构的等效侧向刚度比 γ_{e2}，γ_{e2} 宜接近于1，不应小于0.8。

$$\gamma_{e2} = \frac{\Delta_2 H_1}{\Delta_1 H_2} \tag{13-5}$$

式中：H_1——转换层及下部结构（模型1）的高度；

Δ_1——转换层及下部结构（模型1）的顶部在单位水平力作用下的侧向位移；

H_2——转换层上部若干层结构（模型2）的高度，其值应等于或接近计算模型1的高度 H_1，且不大于 H_1；

Δ_2——转换层上部若干层结构（模型2）的顶部在单位水平力作用下的侧向位移。

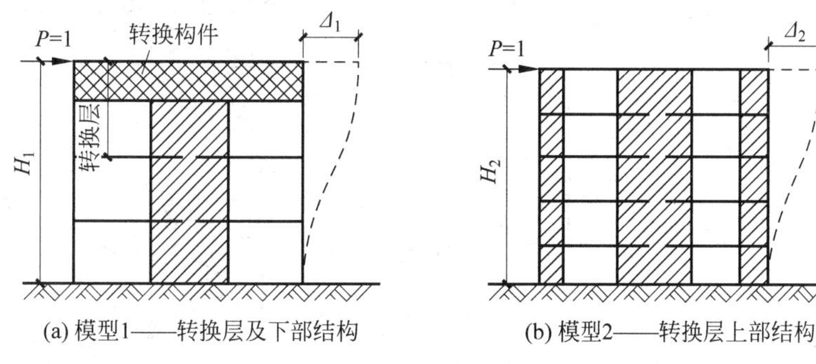

(a) 模型1——转换层及下部结构　(b) 模型2——转换层上部结构

图13-19　转换层上下等效侧向刚度计算模型

(2) 转换梁、转换柱均为关键构件，特一、一、二级转换结构构件的水平地震作用计算内力应分别乘以增大系数1.9、1.6、1.3，部分框支剪力墙结构框支柱承受的水平地震剪力标准值有最低要求，见14.1节。其抗震构造措施，如转换梁柱纵向钢筋最小配筋率和箍筋配置、剪力墙底部加强部位墙体的水平和竖向分布钢筋的最小配筋率等，都比普通框架梁、柱高。

(3) 部分框支剪力墙结构中，框支转换层楼板是上部墙体将水平力传递给下部框支柱和落地剪力墙的关键构件，其厚度不宜小于180mm，应双层双向配筋。与转换层相邻楼层的楼板也应适当加强。

(4) 部分框支剪力墙结构在地面以上设置转换层的位置过高时，在地震作用下，落地剪力墙易产生裂缝，转换层上部的剪力墙所受内力很大，易破坏，转换层下部的框支柱也易屈服，对结构抗震不利。因此，部分框支剪力墙结构在地面以上设置转换层的位置，抗震设防烈度8度时不宜超过3层，7度时不宜超过5层，6度时可适当提高。同时，部分框支剪力墙结构的最大适用高度比普通剪力墙结构低。

(5) 框支剪力墙的转换梁和一定高度内的相邻上部剪力墙是同一结构构件，应力和内力分布如图13-20所示。相邻上部剪力墙存在内拱效应，应力分布复杂。转换梁除承受弯矩、剪力外，一般还承受拉力，为偏心受拉构件。因此，在结构计算时，除进行结构整体计算外，还应对转换梁和一定高度内的相邻上部剪力墙进行精细平面有限元分析，按应力分析结果校核配筋。

由于上部剪力墙内存在拱效应，因此，框支梁上一层墙体内不宜设置边门洞，也不宜在框支中柱上方设置门洞，以免切断拱肋。

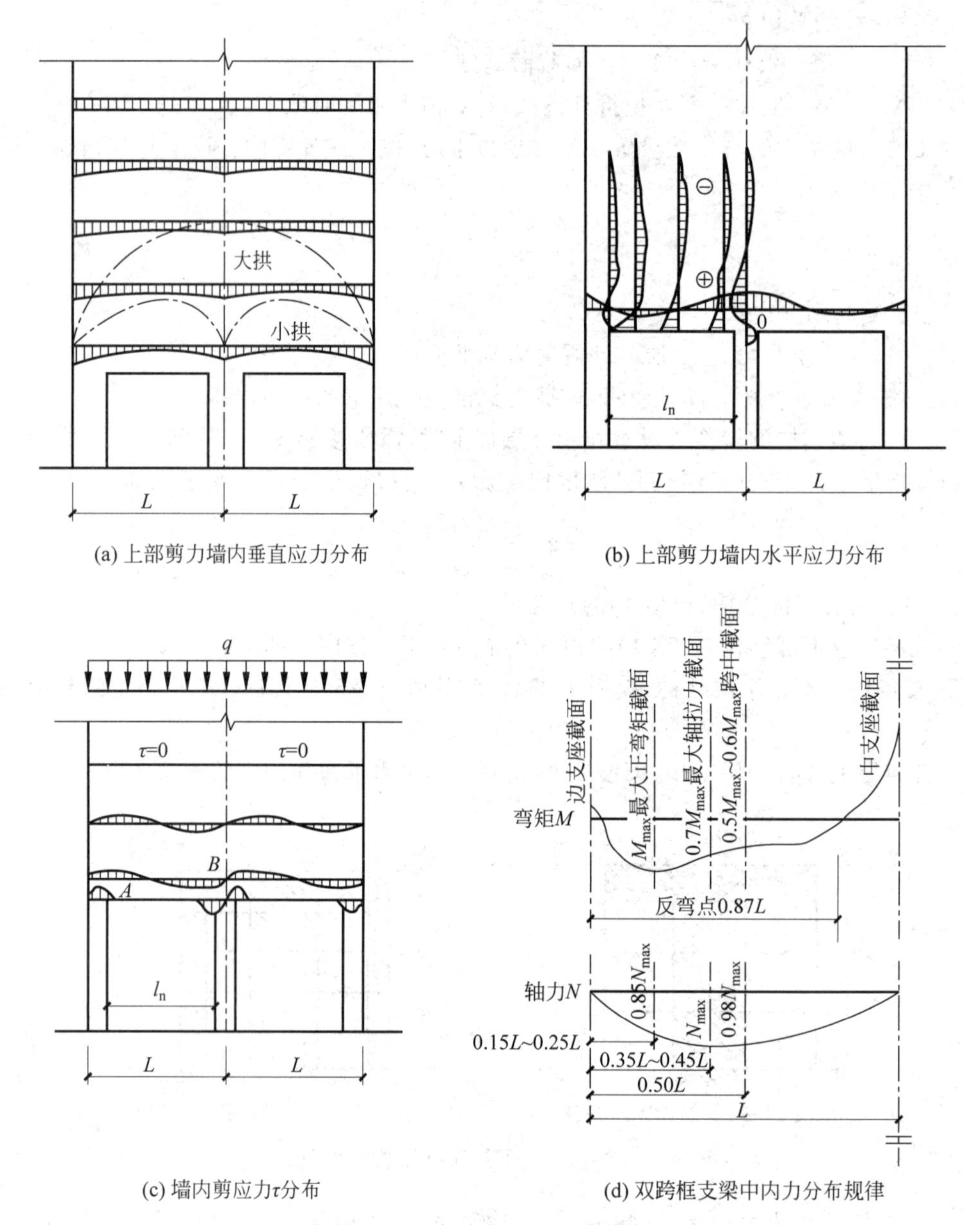

(a) 上部剪力墙内垂直应力分布

(b) 上部剪力墙内水平应力分布

(c) 墙内剪应力τ分布

(d) 双跨框支梁中内力分布规律

图 13-20 框支剪力墙内力分布

13.5.2 带加强层结构

1964 年建成 190m 高的加拿大蒙特利尔交易所是第一座采用伸臂结构的混凝土结构，如图 13-21 所示。

法兹勒·R.汗首次将伸臂桁架及环带桁架的概念应用到钢结构的高层建筑中。1972 年竣工的钢结构的墨尔本必和必拓公司大楼，如图 13-22 所示，共 41 层，高 152.5m，用钢量仅约 107.4kg/m^2。该大楼在 1/2 高度及建筑顶部同层设置了两道伸臂桁架与环带桁架。分析表明，顶部的伸臂对限制核心筒的转动作用很大，而中间位置的伸臂对减少整个结构的侧移作用明显。环带桁架设置的主要目的是减少外框的剪力滞后效应。

加强层(story with outriggers/belt members)指设置连接内筒与外围结构的水平伸臂结构(梁或桁架)的楼层，必要时还可沿该楼层外围结构设置环带桁架或梁，该桁架或梁的高度一般为整层楼高。加强层一般利用建筑避难层、设备层空间设置。

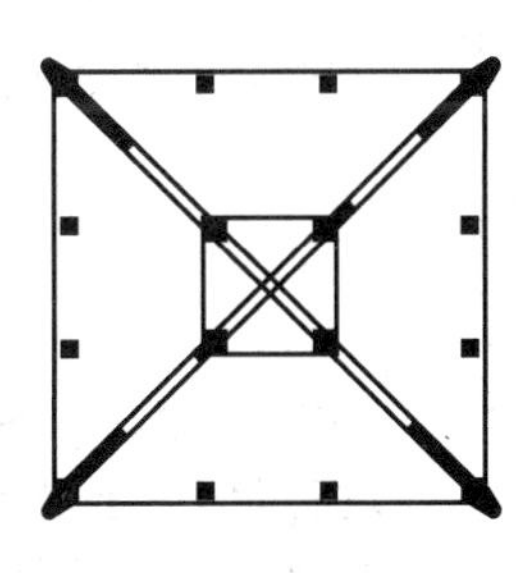

图 13-21　加拿大蒙特利尔交易所

图 13-22　墨尔本必和必拓公司大楼

加强层对框架-核心筒底部倾覆力矩影响如图 13-23 所示。高层建筑框架-核心筒中，有时需要布置若干个加强层，以提高结构整体抗侧刚度。设置加强层对抗风十分有效，在现代的超高层设计中，普遍设置了伸臂桁架与环带桁架。

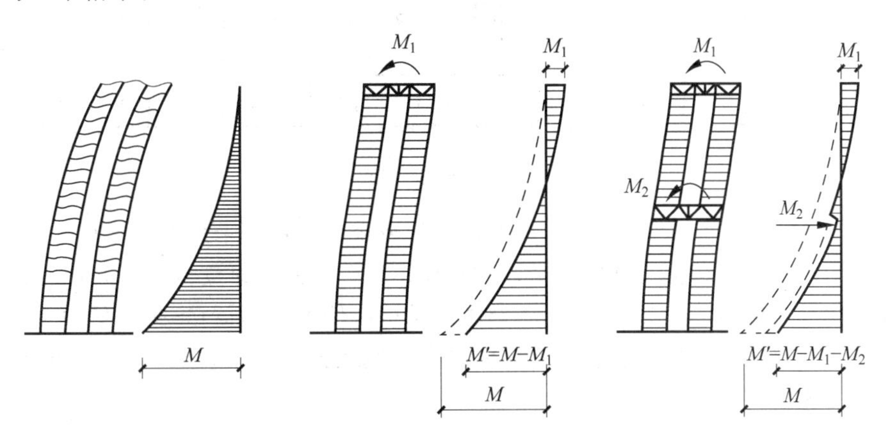

图 13-23　加强层对框架-核心筒底部倾覆力矩影响示意图

在加强层及其附近楼层，结构刚度和内力均发生突变，这对抗震不利。当不设加强层时，框架-核心筒底部产生的弯矩为 M；当顶部设加强层时，加强层在顶部产生弯矩 M_1；框架-核心筒底部产生的弯矩减小为 $M'=M-M_1$；当顶部和中部都设加强层时，加强层在顶部产生弯矩 M_1，中部产生弯矩 M_2，框架-核心筒底部产生的弯矩进一步减小为 $M'=M-M_1-M_2$。因此，抗震设计时，加强层及其相邻层的框架柱、核心筒剪力墙的抗震措施应提高。在进行结构计算时，应特别注意，采用刚性楼板假定时，不可能得到伸臂桁架和环带桁架上下弦杆的轴力，应采用符合实际情况的弹性楼板假定。

13.5.3　错层结构

错层结构指相邻楼盖结构高差超过梁高范围的结构，如图 13-24 所示。

地震作用下，错层两侧的刚度相差较大时，会产生图 13-25 所示的应力集中和变形集中，震害严重。因此，错层两侧宜采用结构布置和侧向刚度相近的结构体系。错层处框架柱、剪力墙的抗震措施均应提高。

错层结构中，错开的楼层不应归并为一个刚性楼板，计算分析模型应能反映错层影响。

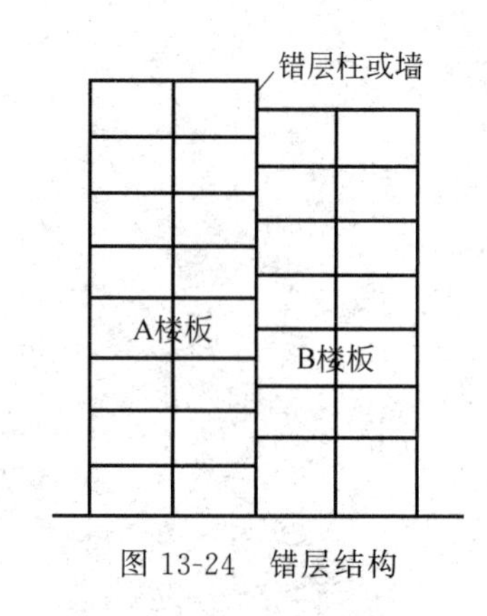

图 13-24 错层结构

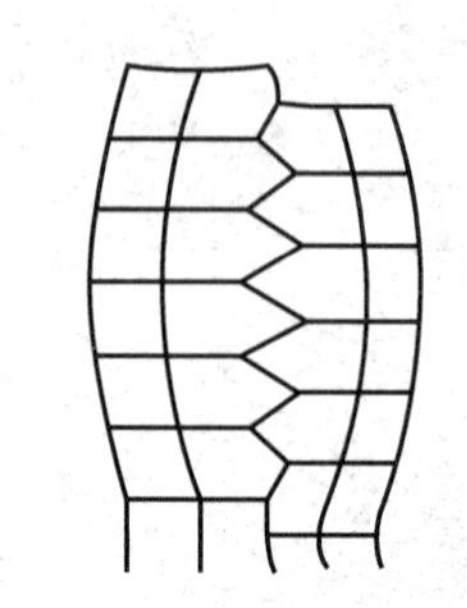

图 13-25 错层处相对变形示意

13.5.4 连体结构

连体结构(towers linked with connective structures)是指除裙楼以外,两个或两个以上塔楼之间带有连接体的结构,如图 13-26 所示。除了造型需要外,在建筑功能上,连接体将两幢或几幢塔楼架空相互连接,不但大大方便了塔楼之间人员和物品的联系,而且也有利于防火疏散,非常适合高层建筑。

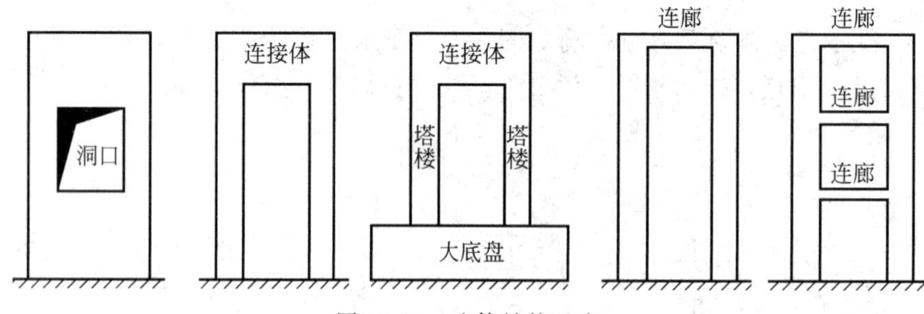

图 13-26 连体结构示意

连接体结构与主体结构的连接方式可采用刚性连接或柔性连接。采用刚性连接时,连接体一般包含多个楼层,连接体结构的主要结构构件应至少伸入主体结构一跨并可靠连接,也称强连接,一般呈凯旋门式。采用柔性连接时,连接体一般为连廊,连廊与主体结构一侧可采用铰接,另一侧可采用滑动连接;或两端均采用滑动连接,支座滑移量应能满足两个方向在罕遇地震作用下的位移要求,并应采取防坠落、防撞击措施,也称为弱连接。

柔性连接时,连接体对塔楼主体结构影响小,地震作用下各塔楼结构基本独立工作,连接体受力也较小。但出现过较多连廊掉落的震害,故连体结构宜采用刚性连接。

刚性连接时,连接体与塔楼共同工作,相互影响,连接体和塔楼受力复杂,故连体结构各独立部分宜有相同或相近的体形、平面布置和刚度,宜采用双轴对称的平面形式,抗震设防烈度 7、8 度时,层数和刚度相差悬殊的建筑不宜采用连体结构。但合理设计的刚性连接的连体结构可以增加结构的整体性和抗侧刚度,减小水平作用下的变形。

连接体的跨度较大,抗震设防烈度 7 度(0.15g)和 8 度时,连体结构的连接体应考虑竖向地震的影响。刚性连接的连接体楼板应进行受剪截面和承载力验算。

连体结构竖向刚度和质量突变,除连接体外,塔楼之间没有楼板连接,结构扭转效应较大。抗震设计时,连接体及与连接体相连的结构构件应进行详细分析,并提高抗震措施。

13.5.5 竖向体形收进和悬挑结构

竖向体形收进和悬挑结构包括多塔楼结构以及体形收进、悬挑结构。多塔楼结构(multi-tower structure with a common podium)也称为大底盘多塔楼结构,指未通过结构缝分开的裙楼上部具有两个或两个以上塔楼的结构,如图 13-27 所示。

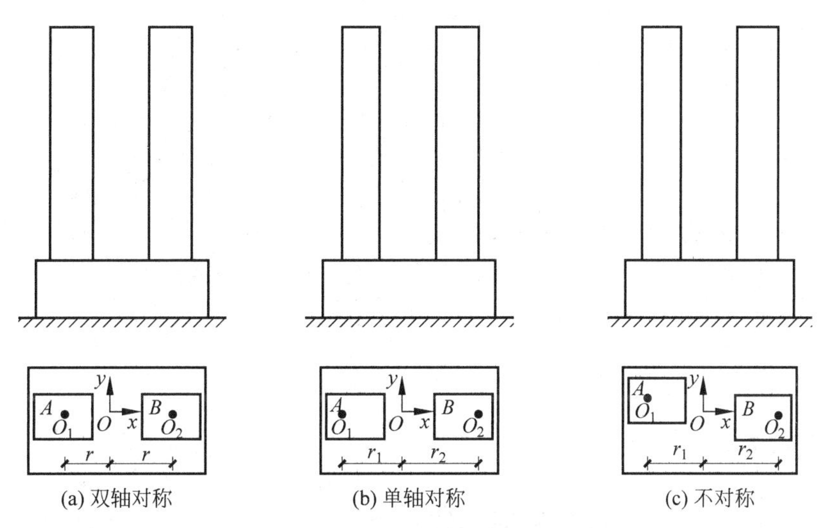

图 13-27　多塔楼结构示意

多塔楼结构已被高层建筑普遍采用，如图 13-28 所示的重庆来福士广场，总建筑面积约 112.3 万 m^2，由 8 栋高层建筑、6 层商业裙房和 3 层地下室组成，是一个集连体结构和多塔楼结构于一体的复杂高层建筑。

图 13-28　重庆来福士广场

大底盘多塔楼结构的底盘连为一体，底盘对上部塔楼起嵌固作用，底盘上下结构的刚度、质量发生剧烈变化，地震作用下往往在变化的部位产生结构的薄弱部位。多塔楼结构振型复杂，且高振型对结构内力的影响大，当各塔楼质量和刚度分布不均匀时，结构扭转振动反应大，高振型对内力的影响更为突出。因此多塔楼结构各塔楼的层数、平面和刚度宜接近，塔楼对底盘宜对称布置，减小塔楼和底盘的刚度偏心。

底盘顶板处的楼板承担着很大的面内应力，为保证上部结构的地震作用可靠地传递到下部结构，该楼板应加厚并加强配筋，板面负弯矩钢筋宜贯通。其上、下层结构的楼板也应加强构造措施。

体形收进和悬挑结构如图 13-29 所示。对体形收进结构，当结构体形收进较多或收进位置较高时，因上部结构刚度突然降低，其收进部位形成薄弱部位。因此，在收进的相邻部位应采取更高的抗震措施。当结构偏心收进时，受结构整体扭转效应的影响，下部结构的周边竖向构件内力增加较多，也应予以加强。

悬挑部分的结构一般竖向刚度较差、结构的冗余度不高，因此需要采取措施降低结构自重、增加结构冗余度，并进行竖向地震作用的验算，提高悬挑关键构件的承载力和抗震措施，防止相关部位在竖向地震作用下发生倒塌。

体形收进、悬挑结构在体形突变的部位，楼板也承担着很大的面内应力。该处及其上、下层结构的楼板也应加强构造措施。

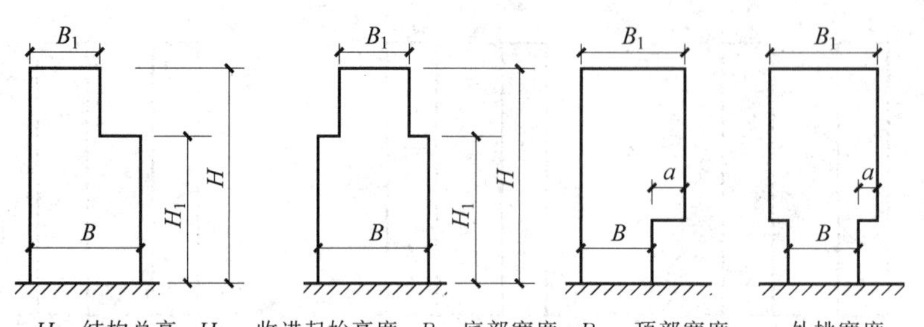

H—结构总高；H_1—收进起始高度；B—底部宽度；B_1—顶部宽度；a—外挑宽度

图 13-29 建筑立面外挑或内收

13.6 适用高度

13.6.1 常见结构体系的最大适用高度

不同结构体系的抗侧刚度不同，承载力不同，抗震性能也不同，因此，不同结构体系各有其适用高度范围。在适用高度范围内，结构效能可以得到充分发挥，材料强度得到充分利用。《混凝土高规》根据钢筋混凝土建筑抗侧力结构体系的最大适用高度将建筑分为A级和B级。A级高度建筑是目前数量最多、应用最广泛、工程经验最为丰富的建筑，A级高度钢筋混凝土高层建筑结构体系的最大适用高度如表13-2所示。

表 13-2 A级高度钢筋混凝土高层建筑结构的最大适用高度 m

结构体系		抗震设防烈度				
		6度	7度	8度		9度
				0.20g	0.30g	
框架		60	50	40	35	24
框架-剪力墙		130	120	100	80	50
剪力墙	全部落地剪力墙	140	120	100	80	60
	部分框支剪力墙	120	100	80	50	不应采用
筒体	框架-核心筒	150	130	100	90	70
	筒中筒	180	150	120	100	80

当高度超过A级最大适用高度，但不超过表13-3的规定时，为B级高度高层建筑。B级高度高层建筑结构的抗震设防烈度不超过8度，其抗震措施等要求高于A级高度。B级高度高层建筑及超过B级高度高层建筑最大适用高度的超限高层建筑工程，应在初步设计阶段报请所在省、自治区、直辖市或全国超限高层建筑工程抗震设防审查专家委员会进行超限审查，然后按审查意见进行后续的施工图设计。

表 13-3 B级高度钢筋混凝土高层建筑结构的最大适用高度 m

结构体系		抗震设防烈度			
		6度	7度	8度	
				0.20g	0.30g
框架-剪力墙		160	140	120	100
剪力墙	全部落地剪力墙	170	150	130	110
	部分框支剪力墙	140	120	100	80
筒体	框架-核心筒	210	180	140	120
	筒中筒	280	230	170	150

混合结构的最大适用高度如表 13-4 所示。

表 13-4　混合结构高层建筑的最大适用高度　m

结构体系		抗震设防烈度				
		6 度	7 度	8 度		9 度
				0.20g	0.30g	
框架-核心筒	钢框架-钢筋混凝土核心筒	200	160	120	100	70
	型钢(钢管)混凝土框架-钢筋混凝土核心筒	220	190	150	130	70
筒中筒	钢外筒-钢筋混凝土核心筒	260	210	160	140	80
	型钢(钢管)混凝土外筒-钢筋混凝土核心筒	280	230	170	150	90

需要注意的是：

(1) 房屋高度指从室外地面到主要屋面板结构板顶的高度，不包括局部突出屋面的部分，如水箱、电梯房、构架等。

(2) 表中高度为乙类和丙类建筑的最大适用高度；甲类建筑的最大适用高度，抗震设防烈度为 6、7、8 度时的 A 级和 6、7 度时的 B 级按本地区抗震设防烈度提高 1 度后符合表中的高度，9 度时的 A 级和 8 度时的 B 级应专门研究。

(3) 平面和竖向均不规则的结构或Ⅳ类场地上的结构，最大适用高度应适当降低。

(4) 部分框支剪力墙结构的框支层层数，7 度时不超过 5 层，8 度时不超过 3 层。

(5) 短肢墙较多的剪力墙结构，适用高度比表 13-2 规定的剪力墙结构的最大适用高度适当降低，抗震设防烈度为 7、8 度时分别不大于 100m 和 60m；B 级高度的高层建筑和 9 度时 A 级高度的高层建筑不允许采用。

(6) 表中的框架结构不适合异形柱框架结构，异形柱框架结构最大适用高度按《混凝土异形柱结构技术规程》(JGJ 149—2017)执行，如表 13-5 所示。

表 13-5　混凝土异形柱结构房屋适用的最大高度　m

结构体系	抗震设防烈度				
	6 度	7 度		8 度	
	0.05g	0.10g	0.15g	0.20g	0.30g
框架	24	21	18	12	不应采用
框架-剪力墙	55	48	40	28	21

注：房屋高度超过表内规定的数值时，结构设计应有可靠依据，并采取有效的加强措施。

13.6.2　超高建筑

表 13-6 中为超限高层建筑工程，应进行超限审查。

表 13-6　房屋高度超过下列规定的高层建筑工程　m

结构类型		抗震设防烈度					
		6 度	7 度		8 度		9 度
			0.10g	0.15g	0.20g	0.30g	
混凝土结构	框架	60	50	50	40	35	24
	框架-剪力墙	130	120	120	100	80	50
	剪力墙	140	120	120	100	80	60
	部分框支剪力墙	120	100	100	80	50	不应采用
	框架-核心筒	150	130	130	100	90	70
	筒中筒	180	150	150	120	100	80

续表

结构类型		抗震设防烈度					
		6度	7度		8度		9度
			0.10g	0.15g	0.20g	0.30g	
混凝土结构	板柱-剪力墙	80	70	70	55	40	不应采用
	较多短肢墙	140	100	100	80	60	不应采用
	错层的剪力墙	140	80	80	60	60	不应采用
	错层的框架-剪力墙	130	80	80	60	60	不应采用
混合结构	钢框架-钢筋混凝土筒	200	160	160	120	100	70
	型钢(钢管)混凝土框架-钢筋混凝土筒	220	190	190	150	130	70
	钢外筒-钢筋混凝土内筒	260	210	210	160	140	80
	型钢(钢管)混凝土外筒-钢筋混凝土内筒	280	230	230	170	150	90

注：平面和竖向均不规则(部分框支结构指框支层以上的楼层不规则)，其高度应比表内数值降低至少10%。

13.7 高宽比限值

计算房屋高宽比时，房屋高度是指从室外地面到主要屋面板板顶的高度，宽度指房屋竖向结构构件平面轮廓边缘的最小宽度尺寸。计算复杂形体房屋建筑的高宽比时，宽度可按3.5倍回转半径考虑。

若结构高宽比过大，则结构抗侧刚度变小，地震作用下的侧移增加，引起的倾覆作用增大。因此，为整体把控结构的刚度、整体稳定、承载能力和经济合理性，对各种结构体系的高宽比规定了限值，分别列于表13-7和表13-8。

表13-7 钢筋混凝土高层建筑结构适用的最大高宽比

结构体系	抗震设防烈度		
	6、7度	8度	9度
框架	4	3	—
框架-剪力墙、剪力墙	6	5	4
框架-核心筒	7	6	4
筒中筒	8	7	5

表13-8 混合结构高层建筑适用的最大高宽比

结构体系	抗震设防烈度		
	6、7度	8度	9度
框架-核心筒	7	6	4
筒中筒	8	7	5

在满足承载力、稳定、抗倾覆、变形和舒适度等基本要求后，仅从结构安全角度而言，高宽比限值主要影响结构设计的经济性，满足限值要求的高层建筑一般是比较经济合理的。但也有高宽比超过上述限值的，如上海金茂大厦的高宽比为7.6，深圳地王大厦的高宽比为8.8。

13.8 基础形式

基础是将上部结构所承受的各种作用传递到地基上的结构组成部分。基础形式主要包括扩展基础和桩基础。

扩展基础(spread foundation)是指为扩散上部结构传来的荷载，使作用在基底的压应力满足地基承载力的设计要求，且基础内部的应力满足材料强度的设计要求，通过向侧边扩展一定底面积的基础。扩展基础是应用非常普遍的一大类基础形式，包括柱下独立基础、柱下条形基础、墙下条形基础和筏形基础(raft foundation)。

如基础持力层较浅，对于层数不多的框架结构，可采用柱下独立基础。当抗震要求较高时，或土质不均匀时，或埋置深度较大时，宜在独立基础之间设置拉梁。如上部荷载较大，或地基土承载力较低时，可采用整体性较好、承载力较高的柱下条形基础。如上部荷载更大，或地基土承载力更低，柱下条形基础也不能满足要求时，可采用整体性更好、承载力更高的筏形基础。剪力墙下一般采用筏形基础和墙下条形基础。筏形基础可分为梁板式筏形基础和平板式筏形基础，由于平板式筏形基础施工方便，综合效益好，目前大部分建筑采用平板式筏形基础。

此外，在2000年之前曾被广泛采用的单层或多层钢筋混凝土箱形基础(box foundation)，是由底板、顶板、侧墙及一定数量内隔墙构成的，其整体刚度较好，但由于地下室隔墙影响使用功能，综合效益一般，目前已经极少采用。

如基础持力层较深，则一般采用桩基础(pile foundation)。桩基础是由设置于岩土中的桩和连接于桩顶端的承台组成的基础，按施工方式可分为预制桩和灌注桩。由于灌注桩适用性广、成桩噪声小，因此目前大部分建筑采用灌注桩。

震害调查表明，有地下室的高层建筑的破坏比较轻，而且有地下室对提高地基的承载力有利，对结构抗倾覆有利。因此，高层建筑宜设地下室。考虑结构自防水要求，地下室外墙、底板等迎水面的结构厚度不应小于250mm。

为保证结构整体稳定，基础应有一定的埋置深度。基础埋置深度从室外地坪算至基础底面，扩展基础的深度不宜小于房屋高度的1/15；桩基础不计桩长，其深度不宜小于房屋高度的1/18。

高层建筑基础布置时，主体结构基础底面形心宜与永久重力荷载重心重合；当采用桩基础时，桩基的竖向刚度中心宜与主体结构永久重力荷载重心重合。在重力荷载与风荷载标准值或重力荷载代表值与多遇水平地震标准值共同作用下，高宽比大于4的高层建筑，基础底面不宜出现零应力区；高宽比不大于4的高层建筑，基础底面与地基之间零应力区面积不应超过基础底面面积的15%。

13.9　结构规则性

建筑应根据抗震概念设计的要求采用规则结构。不规则的结构分为三类：一般不规则、特别不规则和严重不规则。一般不规则的结构按要求采取加强措施；特别不规则的结构属于超限建筑，应在初步设计阶段按规定进行超限审查，然后按审查意见在施工图阶段采取加强措施；不应采用严重不规则的建筑结构。

实际工程中的不规则结构，按《超限高层建筑工程抗震设防专项审查技术要点》(建质[2015]67号)判定。符合该规定的为特别不规则结构，如果达不到特别不规则结构的程度，则属于一般不规则结构，可以按要求正常设计。如果达到特别不规则结构的程度，且超限审查也未通过，则属于严重不规则结构。

13.9.1　规则结构

1. 结构平面布置

结构平面形状宜简单、规则，质量、刚度和承载力分布宜均匀。

对抗风有利的平面形状是简单规则的凸平面，如图13-30所示，如圆形、正多边形、椭圆形、矩形等平面。对抗风不利的平面是有较多凹凸的复杂形状平面，如V形、Y形、H形、弧形等平面。

从有利于建筑抗震的角度出发，房屋平面形状宜简单、规则、对称、减少偏心，以方形、矩形、圆形为好，正六边形、正八边形、椭圆形、扇形次之，L形、T形、十字形、U形、Y形较差，拐角形平面建筑的震害较重。

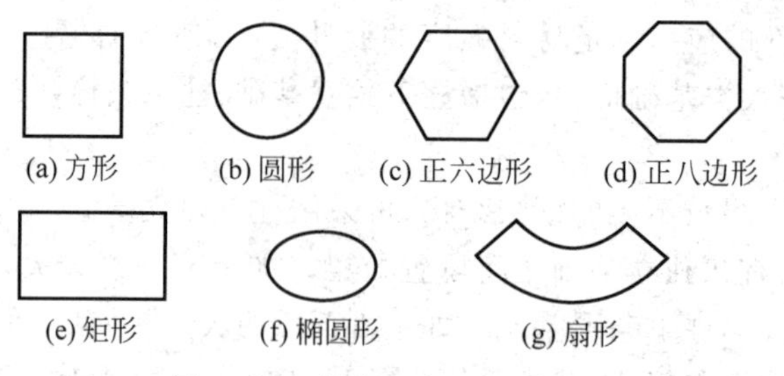

图 13-30　简单的建筑平面形状

平面过于狭长的建筑物在地震时由于两端地震波输入有相位差而容易产生不规则振动，产生较大的震害，因此，平面长度不宜过长。抗震设防烈度为 6、7 度长(L)宽(B)比不宜超过 4，为 8、9 度时长宽比不宜超过 3。L 形、T 形、十字形、U 形、Y 形等形状的平面有较长的外伸，如图 13-31 所示，外伸段容易产生局部振动而引发凹角处应力集中和破坏。其平面突出部分的长度(l)不宜过大、宽度(b)不宜过小，外伸部分的长宽比不宜大于 1。

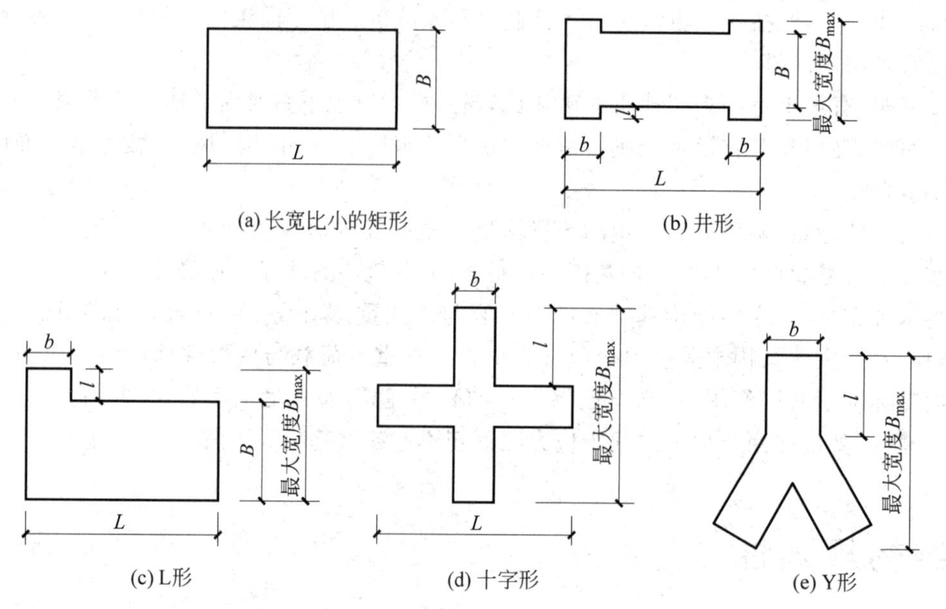

图 13-31　有突出部分的建筑平面形状

角部重叠和细腰形的平面如图 13-32 所示，在中央部位的狭窄部分，在地震中容易产生震害，不宜采用。

震害表明，平面不规则、质量与刚度偏心较大和抗扭刚度太弱的结构，在地震中遭受到严重的破坏。因此，结构平面布置应减少扭转的影响，避免产生过大的偏心而导致结构产生较大的扭转效应，并保证结构的抗扭刚度不要太弱。.

2. 竖向体形

建筑竖向体形的变化要均匀，宜优先采用图 13-33 所示的矩形、梯形、三角形等使结构刚度自下而上逐渐均匀减小、体形均匀、不突变的几何形状，尽量避免过大的外挑和内收。

结构刚度沿竖向突变、外形外挑或内收等，都会使某些楼层的变形过分集中，出现严重震害甚至倒塌。

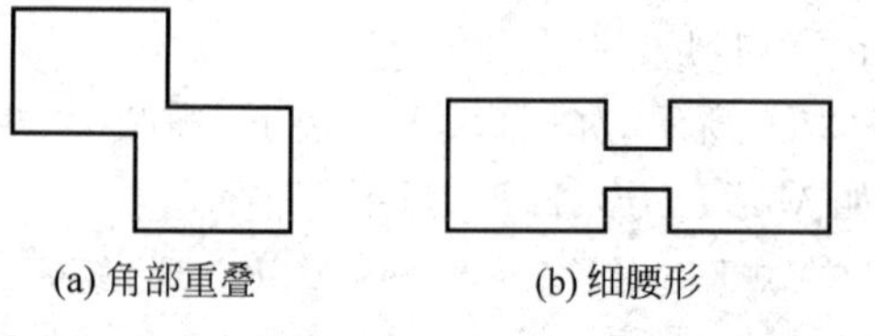

图 13-32　角部重叠和细腰形的建筑平面

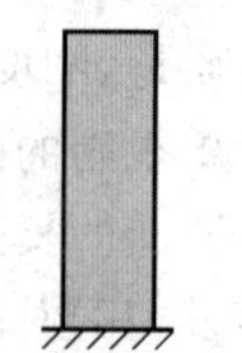
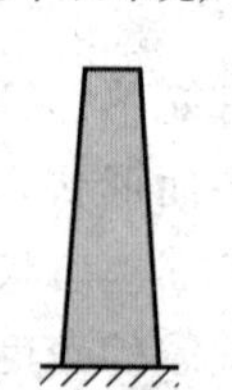
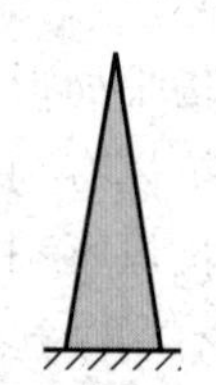

图 13-33　良好的建筑立面形状

13.9.2　不规则结构

1. 平面不规则类型

平面不规则类型包括三种，分别为扭转不规则、凹凸不规则和楼板局部不连续。

1）扭转不规则

扭转不规则可以用扭转效应大和抗扭刚度弱来衡量。

扭转效应大的一个判定条件是超过“位移比”限值，超过限值即为扭转不规则。位移比限值指在考虑偶然偏心影响的规定水平地震力作用下，楼层竖向构件最大的水平位移和层间位移，A级高度高层建筑不宜大于该楼层平均值的1.2倍，不应大于该楼层平均值的1.5倍；B级高度高层建筑、超过A级高度的混合结构及复杂高层建筑不宜大于该楼层平均值的1.2倍，不应大于该楼层平均值的1.4倍，如图13-34所示。图中，δ_1、δ_2分别表示水平地震作用下楼层两端发生的侧移。

扭转效应大的另一个判定条件是“偏心率”限值，根据《高层民用建筑钢结构技术规程》(JGJ 99—2015)，偏心率指水平作用合力线到结构刚心的距离与相应方向弹性半径的比值。如果偏心率大于0.15或相邻层质心相差大于相应边长15%，为超过偏心率限值，也为扭转不规则。

抗扭刚度弱是指超过“周期比”限值，周期比指结构扭转为主的第一自振周期与平动为主的第一自振周期之比，A级高度高层建筑不应大于0.9，B级高度高层建筑、超过A级高度的混合结构及复杂高层建筑不应大于0.85。在设计中，结构扭转为主的第一自振周期和平动为主的第一自振周期一般通过振型方向因子判定。

2）凹凸不规则

如图13-35所示，结构平面凹进一侧的尺寸B，大于相应投影方向总尺寸B_{max}的30%时，则为楼板凹凸不规则。楼板凹凸不规则时，应采用符合楼板平面内实际刚度变化的计算模型。

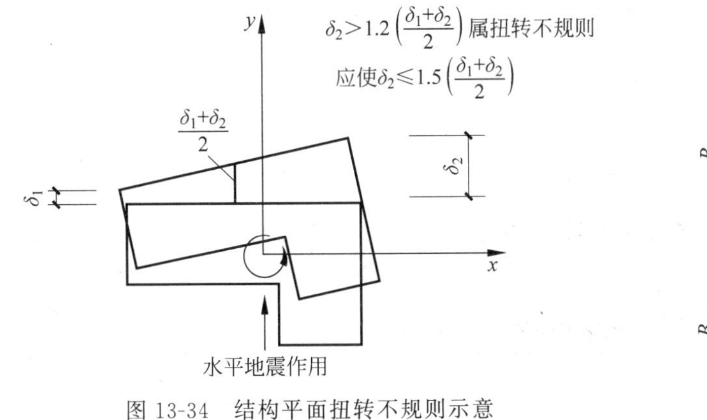

图13-34　结构平面扭转不规则示意

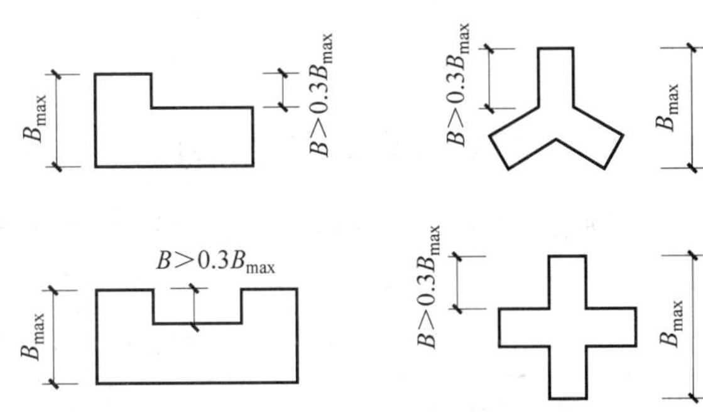

图13-35　结构平面凹凸不规则示意

3）楼板局部不连续

楼板局部不连续指楼板尺寸和平面刚度急剧变化。楼板有效宽度b小于典型宽度B的50%或开洞面积A_0大于该层楼面面积A的30%(图13-36)，或较大的楼层错层(图13-37)，则为楼板局部不连续。楼板局部不连续时，楼板可能产生显著的面内变形，这时不能采用刚性楼板假定进行结构计算，应采用考虑楼板变形影响的计算方法，并应采取相应的加强措施。

2. 竖向不规则类型

竖向不规则类型也包括三种，分别为侧向刚度不规则、竖向抗侧力构件不连续和楼层承载力突变。

1）侧向刚度不规则

如图13-38所示(K_i表示第i层侧向刚度)，侧向刚度不规则指该层的侧向刚度小于相邻层上一层的70%，或小于其上相邻3个楼层侧向刚度平均值的80%，或除顶层及出屋面小建筑外，局部收进的水平向尺寸大于相邻下一层的25%。

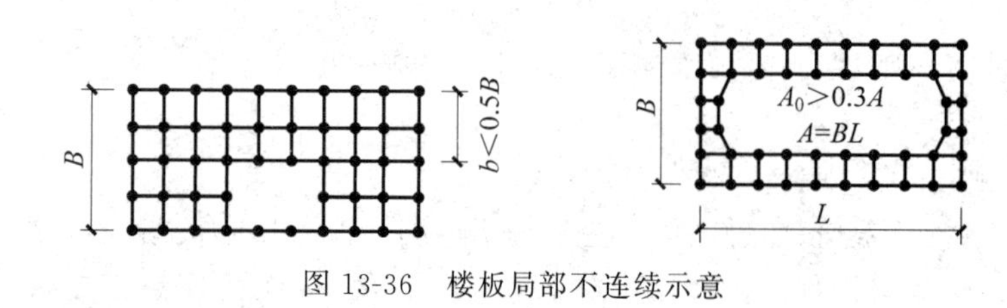

图 13-36　楼板局部不连续示意

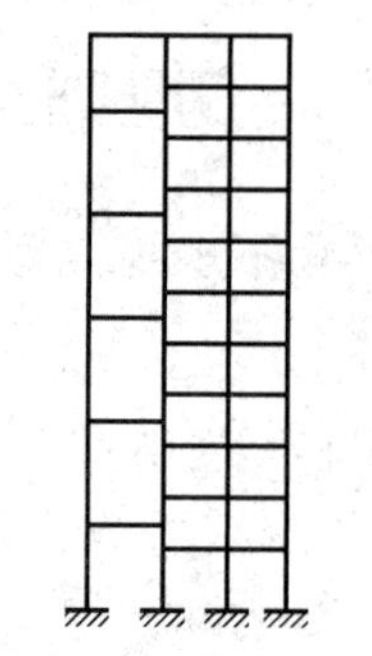

图 13-37　楼层错层示意

2）竖向抗侧力构件不连续

竖向抗侧力构件不连续指竖向抗侧力构件（柱、剪力墙、支撑）在某层中断，内力由水平转换构件（梁、桁架）向下传递，典型的为带转换层的结构，即托墙转换和托柱转换，如图 13-16 和图 13-17 所示。

3）楼层承载力突变

如图 13-39 所示，楼层承载力突变是指结构的层间受剪承载力小于相邻上一层的 80%。

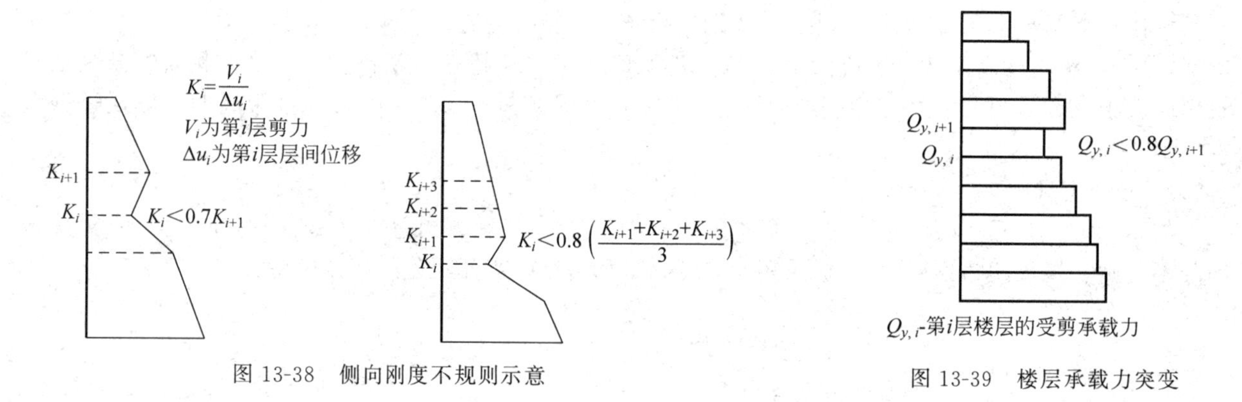

图 13-38　侧向刚度不规则示意

图 13-39　楼层承载力突变

13.9.3　特别不规则结构

特别不规则结构按《超限高层建筑工程抗震设防专项审查技术要点》（建质[2015]67 号）判定，如表 13-9～表 13-11 所示。

表 13-9　同时具有下列 3 项及 3 项以上不规则的高层建筑工程

序号	不规则类型	简 要 含 义	备　注
1a	扭转不规则	考虑偶然偏心的扭转位移比大于 1.2	参见 GB 50011—2010 3.4.3
1b	偏心布置	偏心率大于 0.15 或相邻层质心相差大于相应边长 15%	参见 JGJ 99—2015 3.2.2
2a	凹凸不规则	平面凹凸尺寸大于相应边长 30%等	参见 GB 50011—2010 3.4.3
2b	组合平面	细腰形或角部重叠形	参见 JGJ 3—2010 3.4.3
3	楼板不连续	有效宽度小于 50%，开洞面积大于 30%，错层大于梁高	参见 GB 50011—2010 3.4.3
4a	刚度突变	相邻层刚度变化大于 70%（按高规考虑层高修正时，数值相应调整）或连续三层变化大于 80%	参见 GB 50011—2010 3.4.3、JGJ 3—2010 3.5.2
4b	尺寸突变	竖向构件收进位置高于结构高度 20%且收进大于 25%，或外挑大于 10%和 4m，多塔	参见 JGJ 3—2010 3.5.5
5	构件间断	上下墙、柱、支撑不连续，含加强层、连体类	参见 GB 50011—2010 3.4.3
6	承载力突变	相邻层受剪承载力变化大于 80%	参见 GB 50011—2010 3.4.3
7	局部不规则	如局部的穿层柱、斜柱、夹层、个别构件错层或转换，或个别楼层扭转位移比略大于 1.2 等	已计入 1～6 项者除外

注：深凹进平面在凹口设置连梁，当连梁刚度较小不足以协调两侧的变形时，仍视为凹凸不规则，不按楼板不连续的开洞对待；序号 a、b 不重复计算不规则项；局部的不规则，视其位置、数量等对整个结构影响的大小判断是否计入不规则的一项。

表 13-10 具有下列 2 项或同时具有下表和表 13-9 中某项不规则的高层建筑工程

序号	不规则类型	简要含义	备注
1	扭转偏大	裙房以上的较多楼层考虑偶然偏心的扭转位移比大于 1.4	表 13-9 之 1 项不重复计算
2	抗扭刚度弱	扭转周期比大于 0.9,超过 A 级高度的结构扭转周期比大于 0.85	
3	层刚度偏小	本层侧向刚度小于相邻上层的 50%	表 13-9 之 4a 项不重复计算
4	塔楼偏置	单塔或多塔与大底盘的质心偏心距大于底盘相应边长 20%	表 13-9 之 4b 项不重复计算

表 13-11 具有下列某项不规则的高层建筑工程

序号	不规则类型	简要含义
1	高位转换	框支墙体的转换构件位置：抗震设防烈度 7 度超过 5 层,8 度超过 3 层
2	厚板转换	7～9 度抗震设防烈度的厚板转换结构
3	复杂连接	各部分层数、刚度、布置不同的错层,连体两端塔楼高度、体形或沿大底盘某个主轴方向的振动周期显著不同的结构
4	多重复杂	结构同时具有转换层、加强层、错层、连体和多塔等复杂类型中的 3 种

注：仅前后错层或左右错层属于表 13-9 中的一项不规则,多数楼层同时前后、左右错层属于本表的复杂连接。

13.9.4 从震害实例分析结构规则性对抗震性能的影响

美洲银行大厦位于尼加拉瓜首都马那瓜市,由美籍华裔杰出工程师林同炎于 1963 年设计,该大厦地上 18 层,地下 2 层,高 61m,是马那瓜市最高的建筑。该大厦按当时的美国统一建筑规范(uniform building code)规定的三区的水平地震力设计,水平加速度为 0.06g。1972 年 12 月 23 日,马那瓜发生 6.5 级强烈地震,10000 多幢房屋夷为平地。美洲银行大厦位于震中区,估计地震地面运动水平加速度峰值达 0.35g,接近设计的水平加速度峰值的 6 倍。

地震后检查发现,美洲银行大厦核心筒的连梁剪切破坏,混凝土保护层剥落,墙体没有裂缝,仅掉下几块大理石饰面,局部修复后很快继续使用。而相距很近的 15 层的中央银行大厦虽未倒塌,但结构破坏严重,震后被拆除,如图 13-40 所示。

(a) 地震时

(b) 地震后

图 13-40 1972 年马那瓜地震的震前和震后对比

美洲银行大厦的平面图和剖面图如图 13-41 所示。从图 13-41 可以看出,美洲银行大厦采用的结构平面简单、规则、对称,竖向抗侧力刚度均匀、连续,没有突变,符合结构规则性的要求。该大厦的结构核心筒是由连梁连接的 4 个 L 形小筒形成的一个正方形筒体,在风荷载或较小地震作用下,该筒刚度大,结构变形小。当遭遇大震时,连梁发生较重损伤,核心筒变成 4 个 L 形小筒,结构整体刚度大幅度降低,侧向位移加大,但由于自振周期增大,地震反应减小,结构能继续保持较好的受力性能。因此,该大厦在地震后重新更换了连梁,很快正常使用。

震后,对该大厦进行了弹塑性时程分析,其结果如表 13-12 所示。

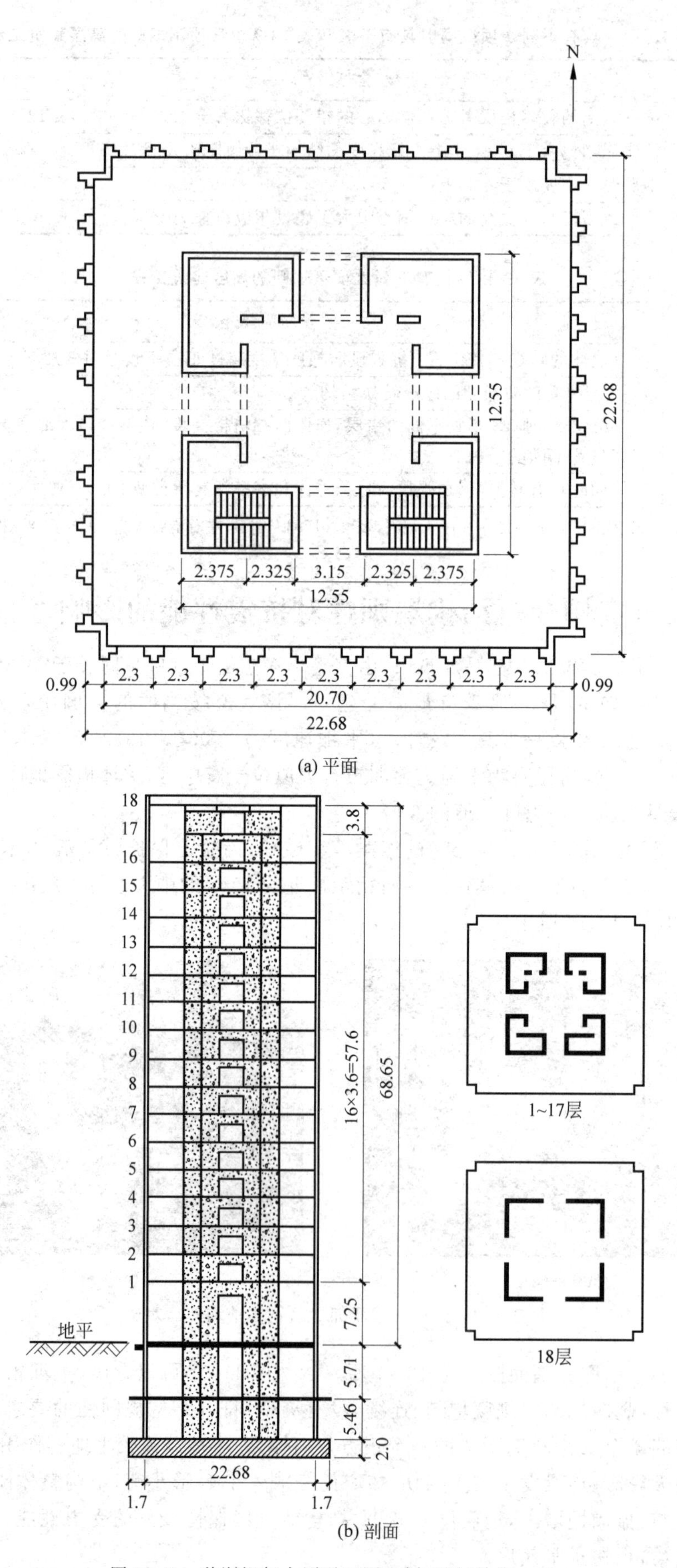

图 13-41 美洲银行大厦平面图和剖面图(单位：m)

表 13-12　美洲银行大厦弹塑性分析结果

项　　目	大筒体结构	4个小筒结构
周期/s	1.3	3.3
基底剪力/kN	27000	13000
倾覆力矩/(kN·m)	930000	370000
顶点侧移/cm	12	24

从表 13-12 可以看出，震前，该大厦为大筒体结构，周期小，刚度大，顶点侧移小，结构承受的基底剪力和倾覆力矩大。震后，结构变为 4 个小筒，周期增大，顶点侧移增大，但结构承受的基底剪力和倾覆力矩大大减小，从而保证了主体结构安全。

中央银行大厦的平面布置如图 13-42 所示。中央银行大厦地下 1 层，地上 15 层。为单跨框架结构，3 层以上柱距是 1.4m，3 层以下柱距扩大为 9.8m，采用梁转换，结构竖向抗侧力构件不连续。大厦电梯井及楼梯间都布置在平面一端，且该侧的山墙全部用砌体填充封闭，这造成结构一端刚度大、另一端刚度小，结构平面扭转不规则。该大厦地震时产生较大的偏心扭转效应，最终导致框架柱严重开裂，钢筋被压曲，电梯井、楼梯间也遭到严重破坏，震后被拆除。

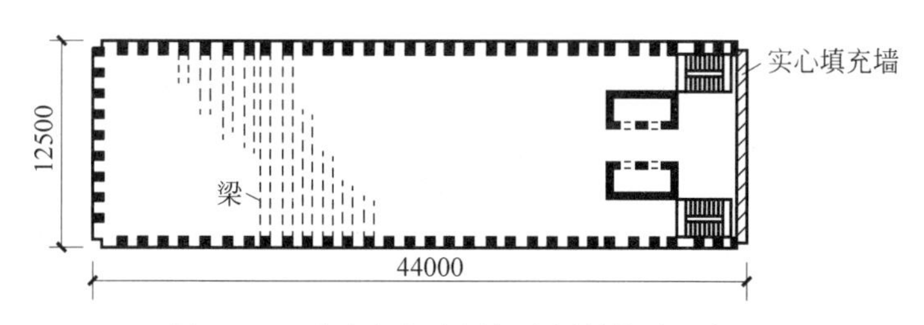

图 13-42　中央银行大厦标准层结构平面布置

林同炎是世界杰出的土木工程师，早在 1962 年，他就已经采用多道防线、刚柔结合的抗震概念设计思想进行工程抗震设计。目前，抗震概念设计思想已经深入人心，在结构抗震设计中发挥了重要作用。

13.10　变形缝设置

结构布置中，为减小结构不规则、混凝土收缩和温度应力、不均匀沉降对结构的影响，可以用防震缝、伸缩缝和沉降缝对房屋进行分隔。

13.10.1　防震缝

地震作用下，体形复杂、平立面不规则的建筑，在结构的薄弱部位容易造成较重震害。可用防震缝将结构划分为若干个独立的抗震单元，使各结构单元成为规则结构。在竖向，如需设置沉降缝时，防震缝可以结合沉降缝从上部结构贯通基础到地基。如不需设置沉降缝，则可以从基础或地下室以上贯通。

防震缝应有一定宽度，否则地震时相邻部分会相互碰撞而破坏。钢筋混凝土框架结构房屋防震缝宽度，当结构高度不超过 15m 时为 100mm；超过 15m 时，抗震设防烈度 6、7、8、9 度分别增加 5m、4m、3m、2m，加宽 20mm；框架剪力墙结构和剪力墙结构的防震缝宽度，分别采用框架结构防震缝宽度的 70%和 50%，同时不小于 100mm。防震缝两侧结构类型和结构高度不同时，按照需要较宽防震缝的结构类型和较低房屋高度确定防震缝宽度。

震害表明，上述防震缝宽度的最小值，在强烈地震下相邻结构仍可能局部碰撞而损坏。如唐山地震中，除 18 层框剪结构、缝宽 600mm 的北京饭店东楼外，其余均有碰撞，天津友谊宾馆为 8 层框架结构，缝宽 150mm，该楼顶部也发生碰撞破坏。但防震缝宽度过大会给立面处理造成困难，故目前规定了一个仍然偏小的最小缝宽要求。设置防震缝耗材、耗工、耗时，影响使用和美观，也降低了结构整体的抗侧刚度。因此，建筑设计中应尽可能调整建筑平面形状和尺寸，采用规则体形。对于不规则结构，则采取有针对性地加强结构整体性、增大薄弱部位的承载力和变形能力等措施，尽可能不设防震缝。

13.10.2 伸缩缝

混凝土浇筑后凝结硬化的过程中，体积将发生收缩。如收缩受到约束，将产生收缩应力。此外，早期水化热、气温变化、室内外温差等会使混凝土结构产生热胀冷缩，如胀缩受到约束，将产生温度应力。收缩应力和温度应力较大时，房屋将产生裂缝。

收缩应力和温度应力均与结构长度、结构整体性有关。结构长度越长，应力越大；结构整体性越好，约束越大，应力也越大。因此，现浇钢筋混凝土框架结构、剪力墙结构伸缩缝最大间距分别为55m和45m；装配式钢筋混凝土框架结构、剪力墙结构伸缩缝最大间距分别为75m和65m。框剪结构伸缩缝最大间距介于框架结构和剪力墙结构之间。装配整体式结构的伸缩缝间距，取装配式结构与现浇式结构之间的数值。现浇钢筋混凝土挑檐、雨篷等外露结构的局部伸缩缝间距不宜大于12m。

房屋混凝土结构的基础部分，混凝土收缩在施工阶段已基本完成，温度变化的幅度较小。因此，伸缩缝可从基础以上设置，其宽度不应小于防震缝宽度。

伸缩缝同样存在防震缝带来的不利问题，因此，超长结构宜采取有效措施，加大伸缩缝间距或不设伸缩缝。主要措施如下：

(1) 设置收缩后浇带。混凝土早期收缩现象明显，后期收缩趋缓，因此，可设置图13-43所示的收缩后浇带来大幅度消除混凝土收缩的影响。施工时，可在受力较小的部位每隔30～40m留出800～1000mm宽的后浇带，先不浇筑混凝土，待2个月左右混凝土收缩基本完成后，再浇筑缝内混凝土，将结构连接成整体。需要注意的是，尽管收缩后浇带基本解决了混凝土收缩的不利影响，但并不能解决后浇带浇筑完成后气温变化、室内外温差等带来的温度应力的问题。

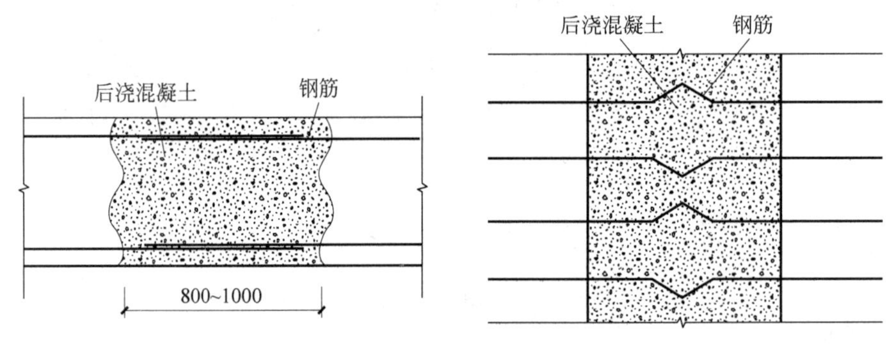

图13-43 后浇带构造

(2) 在顶层、底层、山墙和纵墙端部开间等温度变化较大处，加大配筋率，减小钢筋间距，以控制温度应力产生的裂缝宽度，避免裂缝集中出现。

(3) 屋面和外墙设置保温隔热层，以减小温度应力。

(4) 采用低收缩混凝土材料，采取跳仓浇筑法等施工，并加强施工养护。

13.10.3 沉降缝

建筑物处在软弱地基上时，下列部位宜设置沉降缝：建筑平面的转折部位；高度差异或荷载差异处；长高比过大的钢筋混凝土框架结构的适当部位；地基土的压缩性有显著差异处；建筑结构或基础类型不同处；分期建造房屋的交界处。

沉降缝应将不同结构单元从基底到屋面板全部断开，使两者自由沉降，避免沉降引起裂缝。2～3层房屋沉降缝宽度可取50～80mm；4～5层房屋沉降缝宽度可取80～120mm；5层以上房屋沉降缝宽度不小于120mm。同时，沉降缝宽度不应小于防震缝宽度的最小要求。

设置沉降缝后，除带来防震缝的问题以外，还存在以下问题：

(1) 地下室侧向约束问题。有地下室的高层建筑，地下室周边应由土体约束，以保证结构的稳定性。

但沉降缝贯通地下室后，沉降缝两侧没有侧向约束，对结构整体稳定性极为不利，必须采用可靠措施进行处理。

（2）地下室防水问题。地下室必须要考虑防水要求，周边除采取附加卷材防水外，还需采取结构自防水措施。由于沉降缝两侧为不同结构单元，相邻处外墙、底板等必须设置贯通、封闭的止水带，但止水带影响箍筋的封闭，对结构不利。此外，如果沉降差异过大，也有可能撕裂附加的防水卷材。

（3）沉降缝两侧基础干扰问题。由于沉降缝两侧基础必须断开，因此两侧基础容易干扰，且沉降缝处地基应力复杂。

因此，目前一般采取措施以减少沉降差，不设沉降缝。具体措施为：

（1）设置沉降后浇带。房屋大部分沉降能在施工期内完成时，施工时可在高度差异或荷载差异处设置沉降后浇带，先施工较高或荷载较大房屋，后施工较低或荷载较小房屋。施工期间监测沉降，当监测到大部分沉降完成、沉降基本稳定、两侧沉降差异很小时，再浇筑沉降后浇带混凝土，将结构连接成整体。该方法目前已普遍采用，但要掌握好沉降后浇带处混凝土的浇筑时机，并考虑两侧剩余的沉降差异，对基础和上部结构进行验算。

（2）对于建筑体形复杂、荷载差异较大的框架结构，可加强基础的整体刚度，增加抵抗不均匀沉降的能力。

（3）调整各部分的荷载分布、基础宽度或埋置深度。

（4）采用不同的基础形式。如较高或荷载较大房屋采用桩基础，较低或荷载较小房屋采用扩展式基础。

（5）采用人工地基。对软弱地基进行处理，以增加地基的刚度，减少地基不均匀沉降。

思考题

1. 对比思考框架结构、剪力墙结构和框剪结构、框架-核心筒结构和筒中筒结构的特点。

2. 框架结构、剪力墙结构和框剪结构的变形曲线呈什么形状？层间位移从下至上如何变化？

3. 什么是单向框架、单跨框架？什么是异形柱框架？

4. 为什么钢筋混凝土框架、剪力墙不能与砌体墙混合布置？

5. 为什么结构布置要尽可能使两个主轴方向的刚度接近？

6. 什么是短肢剪力墙？为什么高层建筑结构中不允许采用全部为短肢墙的剪力墙结构？

7. 当墙肢的截面高度与厚度之比不大于多少时，按框架柱进行截面设计？

8. 框剪结构，如何根据在规定的水平力作用下结构底层框架部分承受的地震倾覆力矩与结构总地震倾覆力矩的比值确定相应的设计方法？

9. 什么是剪力滞后效应？如何减小剪力滞后效应？

10. 部分框支剪力墙结构的主要设计要求是什么？

11. 什么是带加强层结构？加强层对抗震有什么不利影响？

12. 什么是错层结构？对抗震有什么不利影响？

13. 连体结构有什么优点？对抗震有什么利弊？连接体与主体结构的连接方式如何分类？

14. 竖向体形收进和悬挑结构对抗震有什么不利影响？

15. 结构体系的最大适用高度与什么有关？为什么最大适用高度要分为A级和B级？设计各有什么要求？

16. 为什么要限制结构高宽比？

17. 三种平面不规则类型如何判别？对结构抗震各有什么影响？如何处理？

18. 三种竖向不规则类型如何判别？对结构抗震各有什么影响？如何处理？

19. 什么是特别不规则建筑？一般不规则、特别不规则和严重不规则建筑应如何进行设计？

20. 高层建筑为什么不提倡设“缝”？

21. 后浇带有什么作用？

第14章

多层及高层建筑结构设计通用要求

14.1 楼层地震剪力调整

为确保结构安全，对结构总水平地震剪力及各楼层水平地震剪力提出了最小值的要求，详见 2.4.3 节。除此之外，对于具有多道抗震防线的结构，尚对楼层的地震剪力进行调整。

框剪结构、框架-核心筒和筒中筒结构为双重抗侧力结构体系，在水平地震作用下，框架部分计算所得的剪力一般都较小。按多道防线的概念设计要求，墙体是第一道防线，在设防地震、罕遇地震下先于框架损坏。其后，由于塑性内力重分布，框架部分按侧向刚度分配的剪力会比多遇地震下加大，为保证作为第二道防线的框架具有一定的抗侧力能力，需要对框架承担的剪力予以适当的调整。此外，在结构计算中假定楼板在其自身平面内不发生变形，但在实际工程中楼板必然要产生变形，从而导致框架部分的水平位移大于剪力墙的水平位移，框架实际承受的水平力将大于采用刚性楼板假定的计算结果。由于上述原因，框架承受的水平力要按照以下的规则进行调整。

1. 框剪结构

如图 14-1 所示，总高度为 H 的框剪结构对应于地震作用标准值的各层框架地震层剪力如满足式(14-1)时，则不必调整。不满足式(14-1)要求的楼层，其框架总剪力应按 $0.2V_0$ 和 $1.5V_{f,max}$ 二者的较小值采用。

$$V_f \geqslant 0.2V_0 \tag{14-1}$$

式中：V_0——对框架柱数量从下至上基本不变的结构，取对应于地震作用标准值的结构底层总剪力；对框架柱数量从下至上分段有规律变化的结构，取每段底层结构对应于地震作用标准值的总剪力。

V_f——对应于地震作用标准值且未经调整的各层(或某一段内各层)框架承担的地震总剪力。

$V_{f,max}$——对框架柱数量从下至上基本不变的结构，取对应于地震作用标准值且未经调整的各层框架承担的地震总剪力中的最大值；对框架柱数量从下至上分段有规律变化的结构，取每段中对应于地震作用标准值且未经调整的各层框架承担的地震总剪力中的最大值。

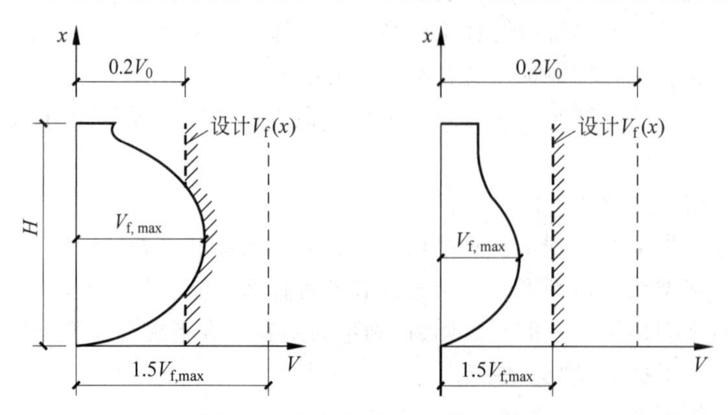

图 14-1　框架各层剪力调整示意

2. 框架-核心筒结构和筒中筒结构

筒体结构的框架部分按侧向刚度分配的楼层地震剪力标准值应符合下列规定：

(1) 当框架部分分配的地震剪力标准值小于结构底部总地震剪力标准值的20%，但其最大值不小于结构底部总地震剪力标准值的10%时，调整方法与框剪结构类似，即按结构底部总地震剪力标准值的20%和框架部分楼层地震剪力标准值中最大值的1.5倍二者的较小值进行调整。

(2) 当框架部分分配的地震剪力标准值的最大值小于结构底部总地震剪力标准值的10%时，意味着筒体结构的外周框架刚度过弱，按框架部分承担的剪力最大值的1.5倍调整可能过小。因此，各层框架部分承担的地震剪力标准值应增大到结构底部总地震剪力标准值的15%。同时要求各层核心筒墙体的地震剪力标准值乘以增大系数1.1，但可不大于结构底部总地震剪力标准值。对核心筒的抗震构造措施也予以加强，墙体的抗震构造措施应按抗震等级提高一级后采用，已为特一级的可不再提高。

框剪结构、框架-核心筒和筒中筒结构调整框架柱的地震剪力后，框架柱端弯矩及与之相连的框架梁端弯矩、剪力应进行相应调整，框架柱的轴力标准值可不调整。

3. 部分框支剪力墙结构

对于部分框支剪力墙结构，在转换层以下，一般落地剪力墙的刚度远远大于框支柱的刚度，落地剪力墙几乎承受全部地震剪力，框支柱的剪力非常小。同时考虑到在实际工程中转换层楼面会有较大的面内变形，从而使框支柱的剪力显著增加。且落地剪力墙出现裂缝后刚度下降，也导致框支柱剪力增加。因此，部分框支剪力墙结构框支柱承受的水平地震剪力标准值应按下列规定调整：

(1) 每层框支柱的数目不多于10根时，当底部框支层为1～2层时，每根柱所受的剪力应至少取结构基底剪力的2%；当底部框支层为3层及3层以上时，每根柱所受的剪力应至少取结构基底剪力的3%。

(2) 每层框支柱的数目多于10根时，当底部框支层为1～2层时，每层框支柱承受剪力之和应至少取结构基底剪力的20%；当框支层为3层及3层以上时，每层框支柱承受剪力之和应至少取结构基底剪力的30%。

框支柱剪力调整后，应相应调整框支柱的弯矩及柱端框架梁的剪力和弯矩，但框支梁的剪力、弯矩和框支柱的轴力可不调整。

14.2 变形验算

根据各国规范的规定、震害调查、科研成果及工程实例的分析，采用层间位移角衡量结构变形能力，从而判别是否满足建筑功能的要求。

14.2.1 弹性层间位移

结构应具有足够的抗侧刚度，使主体结构基本处于弹性受力状态，保证使用功能，防止非结构构件的破坏，避免在风荷载和多遇地震作用下产生过大的弹性位移。钢筋混凝土结构等应按公式(14-2)验算：

$$\Delta u_e \leqslant [\theta_e]h \tag{14-2}$$

式中：Δu_e——风荷载或多遇地震标准值作用下的楼层层间最大的弹性水平位移，以楼层竖向构件最大的水平位移差计算，不扣除结构整体弯曲变形，计入扭转变形；各作用分项系数均应采用1.0；抗震计算时，不考虑偶然偏心的影响。

h——计算楼层层高。

$[\theta_e]$——弹性层间位移角限值。高度不大于150m的钢筋混凝土结构房屋，其值按表14-1采用；高度不小于250m的钢筋混凝土结构房屋，其值取1/500；高度在150～250m的钢筋混凝土结构房屋，其值按表14-1的值和1/500线性插值取用；混合结构房屋的弹性层间位移角限值与钢筋混凝土结构相同。

表 14-1 弹性层间位移角限值

材 料	结构类型	$[\theta_e]$
钢筋混凝土	框架	1/550
	框架-剪力墙、框架-核心筒	1/800
	剪力墙、筒中筒	1/1000
	除框架外的转换层	1/1000

表 14-1 中,“除框架外的转换层”包括了框剪结构和筒体结构的托柱或托墙转换以及部分框支剪力墙结构的框支层。

单层钢筋混凝土柱厂房的弹性层间位移角根据吊车使用要求加以限制,严于抗震要求,因此不对地震作用下的弹性位移加以限制。

14.2.2 弹塑性层间位移

1. 验算范围

结构如果存在薄弱层,在强烈地震作用下,结构薄弱部位将产生较大的弹塑性变形,会引起结构严重破坏甚至倒塌。因此,为确保“大震不倒”,在罕遇地震下,下列结构应进行薄弱层的弹塑性变形验算:

(1) 抗震设防烈度 8 度Ⅲ、Ⅳ类场地和 9 度时,高大的单层钢筋混凝土柱厂房的横向排架;

(2) 抗震设防烈度 7~9 度时楼层屈服强度系数小于 0.5 的框架结构和框排架结构,楼层屈服强度系数为按构件实际配筋和材料强度标准值计算的楼层受剪承载力与按罕遇地震作用计算的楼层弹性地震剪力的比值;

(3) 高度大于 150m 的结构;

(4) 采用隔震和消能减震设计的结构;

(5) 甲类建筑和抗震设防烈度 9 度时乙类建筑中的钢筋混凝土结构。

在罕遇地震下,下列结构宜进行薄弱层的弹塑性变形验算:

(1) 表 14-2 所列高度范围内的竖向不规则的高层建筑结构;

表 14-2 宜进行弹塑性变形验算的结构高度范围

抗震设防烈度、场地类别	房屋高度范围/m	抗震设防烈度、场地类别	房屋高度范围/m
8 度Ⅰ、Ⅱ类场地和 7 度	>100	9 度	>60
8 度Ⅲ、Ⅳ类场地	>80		

(2) 抗震设防烈度 7 度Ⅲ、Ⅳ类场地和 8 度时乙类建筑中的钢筋混凝土结构;

(3) 板柱-剪力墙结构;

(4) 不规则的地下建筑结构及地下空间综合体。

2. 验算方法

结构薄弱层(部位)的层间弹塑性位移应满足下式要求:

$$\Delta u_p \leqslant [\theta_p] h \tag{14-3}$$

式中:Δu_p——罕遇地震作用下的弹塑性层间位移。

$[\theta_p]$——弹塑性层间位移角限值,单层钢筋混凝土柱排架取 1/30,钢筋混凝土框架取 1/50,钢筋混凝土框架-剪力墙、框架-核心筒取 1/100;钢筋混凝土剪力墙、筒中筒、框支层取 1/120。混合结构的限值与钢筋混凝土结构相同。对框架结构,当轴压比小于 0.40 时,可提高 10%;当柱全高配置的箍筋比规定的最小体积配箍率大 30%时,可提高 20%,但累计不超过 25%。甲类建筑的限值应专门研究确定。

对于不超过 12 层且层刚度无突变的钢筋混凝土框架和框排架结构、单层钢筋混凝土柱厂房结构,在罕遇地震作用下薄弱层(部位)弹塑性变形计算可采用简化计算法。此时,楼层屈服强度系数沿高度分布均匀的结构，结构薄弱层（部位）的位置可取底层；楼层屈服强度系数沿高度分布不均匀的结构，可取该系数最小的楼层（部位）和相对较小的楼层，一般不超过 2～3 处；单层厂房，可取上柱。

采用简化计算法时，结构薄弱层（部位）的层间弹塑性位移应满足下式要求：

$$\Delta u_{\mathrm{p}} \leqslant \eta_{\mathrm{p}} \Delta u_{\mathrm{e}} \tag{14-4}$$

式中：η_{p}——弹塑性层间位移增大系数。当薄弱层（部位）的屈服强度系数不小于相邻层（部位）该系数平均值的 0.8 倍时，可按表 14-3 采用；当不大于该平均值的 0.5 倍时，可按表 14-3 内相应数值的 1.5 倍采用；其他情况可采用线性插值法取值。

表 14-3　弹塑性层间位移增大系数

结构类型	总层数 n 或部位	楼层屈服强度系数		
		0.5	**0.4**	**0.3**
多层均匀框架结构	2～7	1.30	1.40	1.60
	5～7	1.50	1.65	1.80
	8～12	1.80	2.00	2.20
单层厂房	上柱	1.30	1.60	2.00

其他建筑结构，可采用静力弹塑性分析方法或弹塑性时程分析法等计算罕遇地震作用下的弹塑性层间位移。

14.3　耗能与延性

钢筋混凝土抗震结构除了满足承载力及侧移限制要求外，还要具有良好的耗能性能，满足延性要求，这是实现“中震可修、大震不倒”的基本保证。钢结构的材料本身就具有良好的延性，而钢筋混凝土结构要通过延性设计，才能实现延性结构。

14.3.1　耗能

结构抗震试验是结构抗震研究的主要方法之一，抗震试验方法分为拟静力试验（pseudo-static test）、拟动力试验（pseudo-dynamic test）和模拟地震振动台试验（earthquake simulation shaking table test）。拟静力试验也称为低周反复荷载试验，是通过荷载控制或变形控制对试体进行低周往复加载，使试体从弹性阶段直至破坏的全过程试验，是目前研究构件或结构抗震性能时应用最广泛的方法。拟静力试验可得到反复荷载作用下构件或结构的力-变形曲线，也叫恢复力曲线，它反映了构件或结构在反复受力过程中的变形特征、刚度退化及能量消耗。由于材料的弹塑性性质，当荷载大于一定程度后，在卸荷时产生残余变形，即荷载为零而变形不回到零，即出现了“滞后”现象，这样经过一个荷载循环，荷载位移曲线就形成了一个环，将此环线叫做滞回环，多个滞回环就组成了滞回曲线。

结构或构件滞回曲线的典型形状一般有四种：梭形、弓形、反 S 形和 Z 形，如图 14-2 所示。

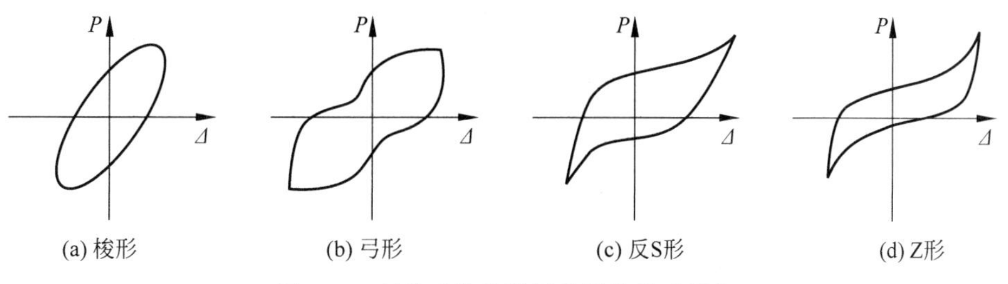

图 14-2　结构或构件滞回曲线的典型形状

梭形滞回曲线的形状饱满，反映出整个结构或构件具有很好的耗能能力。受弯、偏压以及不发生剪切破坏的弯剪构件的滞回曲线一般呈梭形。

弓形滞回曲线具有"捏缩"效应,显示受到一定的滑移影响。剪跨比较大、剪力较小并配有一定箍筋的弯剪构件和压弯剪构件的滞回曲线一般呈弓形。

反S形滞回曲线反映了更多的滑移影响。一般框架、梁柱节点和剪力墙等的滞回曲线呈反S形。

Z形滞回曲线反映出受到了大量的滑移影响。小剪跨而斜裂缝又可以充分发展的构件以及锚固钢筋有较大滑移的构件的滞回曲线一般呈Z形。

地震时,地震将能量输入结构,结构持续吸收能量和耗散能量。耗能是构件或结构耗散地震能量的能力,当结构进入弹塑性状态时,其抗震性能主要取决于构件耗能的能力。滞回曲线中加荷阶段荷载-位移曲线下所包围的面积可以反映结构吸收能量的大小;而卸荷时的曲线与加荷曲线所包围的面积即为耗散的能量。这些能量是通过材料的内摩阻或开裂、塑性铰转动等局部损伤将能量转化为热能散失到空间中去。

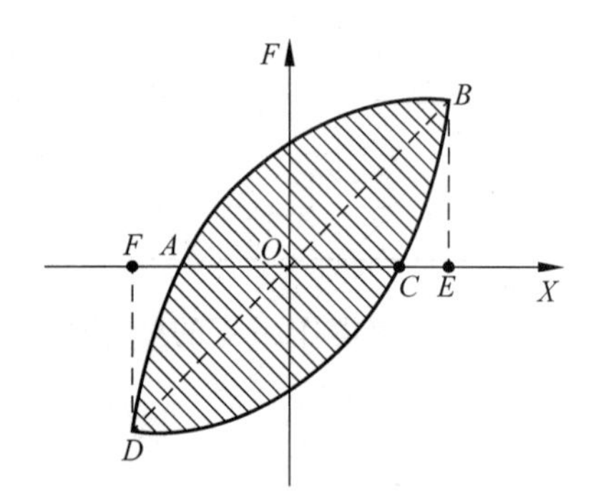

图14-3 等效黏滞阻尼系数计算示意

评价结构及构件耗能的方法较多,可采用滞回耗能、累积滞回耗能或等效黏滞阻尼系数等度量。滞回耗能是指结构或构件在往复荷载作用下,在某一位移时的荷载-位移滞回曲线所包围的面积;累积滞回耗能是指某一位移及小于该位移的荷载-位移滞回曲线所包围的面积之和;等效黏滞阻尼系数ζ_{eq}可按图14-3荷载-位移滞回曲线$ABCDA$所围面积与三角形OBE和ODF所围面积计算:

$$\zeta_{eq}=\frac{1}{2\pi}\frac{A_{ABCDA}}{A_{OBE}+A_{ODF}} \tag{14-5}$$

因此,滞回曲线中滞回环的面积是被用来评定构件或结构耗能的一项重要指标。它反映了构件或结构在反复受力过程中的变形特征、刚度退化及能量消耗,是确定恢复力模型和进行非线性地震反应分析的依据。

结构构件的耗能能力与采用的材料及构件的破坏形态有关。一般情况下,破坏形态相同时,钢构件和钢-混凝土组合构件的耗能能力比钢筋混凝土构件的大;受弯破坏构件的耗能能力比偏压破坏构件的大;偏压破坏构件的耗能能力比剪切破坏构件的大。

14.3.2 延性

延性是指构件或结构屈服后,具有承载能力不降低或基本不降低且有足够塑性变形能力的性能。

对于图14-4所示的弹性结构和弹塑性结构,如果吸收和消耗的地震能量相等,则弹性结构必须比弹塑性结构具有更高的承载力;反之,弹塑性结构,即延性结构可大大降低对结构承载力的要求。因此,对于地震发生概率极少的抗震结构,延性结构是一种经济的设计对策。

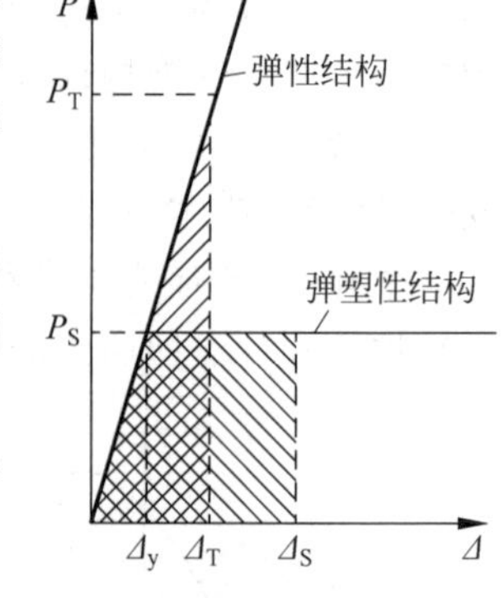

图14-4 结构耗能对比

但要注意的是,延性结构是用变形能力而不是承载力抵抗较大的地震作用,如果地震作用较大,延性结构的变形和损伤也较大,这是延性结构的不利之处。

量化延性结构的指标,可以从四个层次定义:一是材料延性,二是构件截面曲率延性,三是构件位移延性,四是结构位移延性。

1. 材料延性

截面、构件、结构的延性与材料延性即材料的塑性变形能力有关。

抗震混凝土结构用的纵向受力钢筋一般采用普通热轧钢筋,其延性采用在最大拉力下的总伸长率度量,要求最大拉力下的总伸长率不小于9%。而对钢结构钢材的要求是:应力-应变曲线应有明显的屈服点、屈服平台和应变硬化段,其延性采用伸长率度量,伸长率不小于20%。

混凝土的变形能力采用轴心受压棱柱体的极限压应变度量。图14-5(a)为不同强度非约束混凝土的轴心受压应力-应变曲线，曲线具有如下特点：①线性段即弹性工作段的范围随混凝土强度的提高而增大，普通强度混凝土线性段的上限为峰值应力的(40～50)%，高强混凝土可达(75～90)%；②峰值压应变随混凝土强度的提高有增大趋势，普通强度混凝土为 0.0015～0.002，高强混凝土为 0.0025 左右；③到达峰值应力后，普通强度混凝土的应力-应变曲线下降相对平缓，高强混凝土的应力-应变曲线下降较快，表现出脆性，且强度越高，下降越快。

箍筋约束混凝土承受轴压力时，由于受压混凝土侧向向外膨胀，箍筋受的拉力增大，其反作用力给箍筋包围的核心混凝土施加横向压应力，使核心混凝土受到约束。箍筋约束对混凝土极限压应变的影响可以近似用配箍特征值 λ_v 表达，λ_v 与混凝土强度 f_c、箍筋强度 f_{yv} 和体积配箍率 ρ_v 有关，采用式(14-6)计算：

$$\lambda_v = \rho_v \frac{f_{yv}}{f_c} \tag{14-6}$$

从图 14-5(b)可以看出：箍筋约束混凝土的峰值应力和峰值应变明显高于非约束混凝土，到达峰值点后，曲线下降较平缓，极限压应变比非约束混凝土增大。

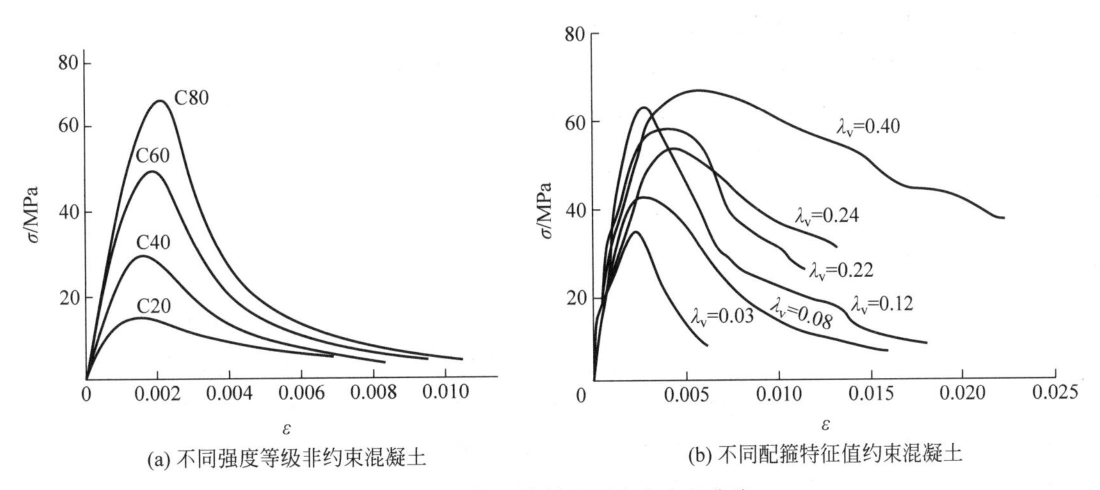

(a) 不同强度等级非约束混凝土　(b) 不同配箍特征值约束混凝土

图 14-5　混凝土单轴受压应力应变曲线

箍筋形式对混凝土约束作用也有很大的影响。如图 14-6 所示，在箍筋的直段上，混凝土膨胀使箍筋外鼓，导致约束作用下降。增加拉筋或箍筋成为复合箍，同时在每一个箍筋相交点配置纵筋，纵筋和箍筋构成网格骨架，约束效果优于普通矩形箍。而螺旋箍均匀受拉，对混凝土提供均匀的侧压力，约束效果最好。

如图 14-6(d)所示，箍筋间距密，约束效果好。箍筋间距不超过纵筋直径的 6～8 倍时，可以避免纵筋在混凝土保护层剥落以前发生压曲。

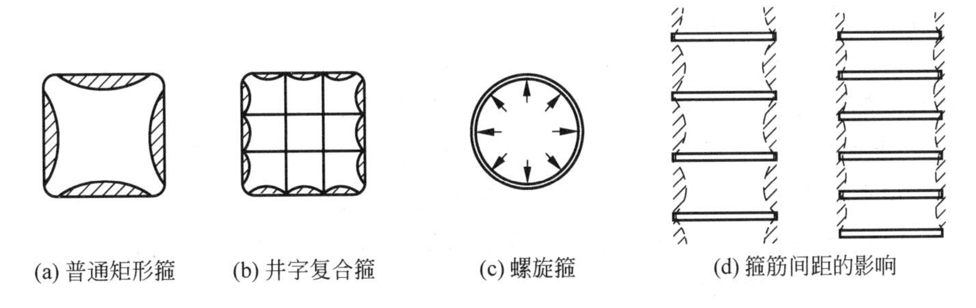
(a) 普通矩形箍　(b) 井字复合箍　(c) 螺旋箍　(d) 箍筋间距的影响

注：图中阴影表示未约束部分

图 14-6　箍筋形式和间距对混凝土约束作用的影响

2. 截面曲率延性

以弯曲变形为主的构件进入屈服后，塑性铰的转动能力与截面的曲率延性直接相关。截面曲率延性采用曲率延性系数度量，为截面极限曲率和屈服曲率的比值。

影响钢筋混凝土构件截面曲率延性的主要因素有：

(1) 箍筋。配置箍筋，在一定范围内增大配箍特征值，极限曲率增大，曲率延性系数也增大。

(2) 轴压比。轴压比指柱(墙)的轴压力设计值与柱(墙)的全截面面积和混凝土轴心抗压强度设计值乘积之比值。框架梁的轴力可以忽略，轴压比为零，其极限曲率大于承受轴力的框架柱。对于框架柱或剪力墙，增大轴压比，则相对受压区高度增大，极限曲率降低，截面曲率延性系数减小。通过对柱及剪力墙的边缘构件配置箍筋，增大轴压比高的柱及墙的箍筋配箍特征值，则可以使不同轴压比的柱及剪力墙分别具有大体相同的曲率延性。

(3) 混凝土强度。和普通混凝土相比，高强混凝土脆性大，塑性变形能力小。

(4) 纵向钢筋。配置受压纵筋可以增大截面的曲率延性。

(5) 截面的几何形状。同样条件下，方形、矩形截面柱的曲率延性大于 T 形、L 形等异形截面柱的。

3. 构件位移延性

对于钢筋混凝土构件，位移延性采用位移延性系数度量，为构件极限位移和屈服位移的比值。屈服变形一般指钢筋屈服时的变形，极限变形一般为承载力降低 20%时的变形。

构件的塑性变形集中在其端部的塑性铰区，曲率延性系数应比构件的位移延性系数大，才能满足抗震要求。由构件所需的位移延性系数，可以得到所需的截面曲率延性系数，进而确定混凝土所需达到的极限压应变，通过配置箍筋等抗震构造措施，使混凝土具有达到所需的极限压应变的能力，避免大震作用下构件失效。

4. 结构位移延性

对于一个钢筋混凝土结构，当某个杆件出现塑性铰时，结构开始出现塑性变形，但结构刚度只略有降低；当出现塑性铰的杆件增多以后，塑性变形加大，结构刚度继续降低；当塑性铰达到一定数量以后，结构也会出现“屈服”现象，即结构进入塑性变形迅速增大而承载力略微增大的阶段，是“屈服”后的弹塑性阶段；当整个结构不能维持其承载能力，即承载能力下降到最大承载力的 80%左右时，达到极限位移 Δ_u。结构位移延性采用位移延性系数度量，为结构极限位移和屈服位移的比值。该位移可以是层间位移，也可为顶点位移。

在一个结构中，由于同一种构件不可能同时屈服，一个构件屈服后，该构件的承载力增加慢、变形增加快，并引起结构构件内力重分布。目前用来计算结构位移延性系数的方法是对整体结构进行静力弹塑性分析，也称推覆分析。由推覆分析可以得到结构的基底剪力-顶点位移曲线和层剪力-层间位移曲线，从曲线上得到屈服位移和极限位移，由此得到结构的顶点位移延性系数和层间位移延性系数的近似值。

对截面延性的要求高于对构件延性的要求，对构件延性的要求高于对结构延性的要求。原则上，提高抗震结构构件或结构的承载能力，可以适当降低其延性要求。

结构能达到的弹塑性层间位移角与结构、构件所具有的延性有关。在 14.2.2 节，规定了罕遇地震作用下各结构体系的弹塑性层间位移角限值。例如，假设钢筋混凝土框架结构的屈服层间位移角限值为 1/200 左右，规定罕遇地震作用下其弹塑性层间位移角限值为 1/50，也就是说，钢筋混凝土框架结构的层间位移延性系数必须不小于 4，才有足够大的塑性变形能力，在层间位移角达到 1/50 时不倒塌。

在设计时，通过抗震概念设计、合理选择结构体系、布置构件、对构件及其连接采取各种抗震措施等来实现延性。施工质量对结构延性也有很大影响。

14.4 舒适度

14.4.1 超高层结构的舒适度

超高层建筑在风荷载作用下将产生振动，过大的风振加速度将使在楼内居住的人们感觉不舒适，甚至难以忍受。高层结构舒适度与结构顶点加速度关系如表 14-4 所示。

表 14-4 高层结构舒适度与结构顶点加速度关系

不舒适程度	建筑物加速度	不舒适程度	建筑物加速度
无感觉	$<0.005g$	十分扰人	$(0.05\sim0.15)g$
有感	$(0.005\sim0.015)g$	不能忍受	$>0.15g$
扰人	$(0.015\sim0.05)g$	—	—

因此，在风荷载作用下，高度不小于150m的高层建筑，应满足舒适度的要求。此时，按照重现期为10年的风荷载标准值计算或由风洞试验确定结构顺风向与横风向顶点风振加速度。

结构顶点风振加速度限值：住宅、公寓为0.15m/s^2，办公、旅馆为0.25m/s^2。

计算时，对混凝土结构，阻尼比取0.02。对混合结构，可根据房屋高度和结构类型，阻尼比取0.01～0.02。

14.4.2 楼盖结构的舒适度

对于大跨楼盖结构而言，楼盖结构舒适度控制是结构设计中一个重要内容。钢筋混凝土楼盖结构、钢-混凝土组合楼盖结构（不包括轻钢楼盖结构），竖向振动频率不宜小于3Hz，以避免跳跃时周围人群的不舒适。

除了限制楼盖结构的竖向振动频率外，还需要控制竖向振动加速度峰值 $a_{\max}$。竖向振动加速度峰值不仅与楼盖结构的竖向频率有关，还与建筑使用功能及人员起立、行走、跳跃的振动激励有关，具体要求是：

（1）当楼盖的竖向振动频率不大于2Hz时，住宅、办公 $a_{\max}\leqslant 0.07\text{m/s}^2$，商场及室内连廊 $a_{\max}\leqslant 0.22\text{m/s}^2$；

（2）当楼盖的竖向振动频率不小于4Hz时，住宅、办公 $a_{\max}\leqslant 0.05\text{m/s}^2$，商场及室内连廊 $a_{\max}\leqslant 0.15\text{m/s}^2$；

（3）当楼盖的竖向振动频率为2～4Hz时，峰值加速度限值可按线性插值选取。

详细计算方法见《混凝土高规》附录A。

14.5 重力二阶效应及结构整体稳定

14.5.1 重力二阶效应

重力二阶效应一般包括两部分：一部分是由于构件自身挠曲引起的附加重力效应，即 P-δ 效应，二阶内力与构件挠曲形态有关，一般中段大、端部为零；另一部分是结构在风荷载或水平地震作用下产生侧移后，重力荷载由于该侧移而产生附加弯矩，附加弯矩又增大侧移，即重力 P-Δ 效应。对一般建筑结构而言，由于构件的长细比不大，其 P-δ 效应的影响相对很小，但由于结构侧移和重力荷载引起的 P-Δ 效应相对较为明显，可使结构的位移和内力增加，当位移较大时甚至导致结构失稳。

当高层建筑结构满足下列规定时，弹性计算分析时可不考虑重力二阶效应的不利影响。

（1）剪力墙结构、框剪结构、板柱剪力墙结构、筒体结构：

$$EJ_{\mathrm{d}} \geqslant 2.7H^2\sum_{i=1}^{n}G_i \tag{14-7}$$

（2）框架结构：

$$D_i \geqslant 20\sum_{j=i}^{n}G_j/h_i,\quad i=1,2,\cdots,n \tag{14-8}$$

式中：EJ_{d}——结构一个主轴方向的弹性等效侧向刚度，可按倒三角分布荷载作用下结构顶点位移相等的原则，将结构的侧向刚度折算为竖向悬臂受弯构件的等效侧向刚度；

H——房屋高度；

G_i、G_j——第 i、j 楼层重力荷载设计值，取 1.2 倍的永久荷载标准值与 1.4 倍的楼面可变荷载标准值的组合值；

h_i——第 i 层楼层层高；

D_i——第 i 层楼层的弹性等效侧向刚度，可取该层剪力与层间位移的比值；

n——结构计算总层数。

当满足上述要求时，结构按弹性分析的二阶效应对结构内力、位移的增量控制在 5%左右；考虑实际刚度折减 50%时，结构内力增量控制在 10%以内，此时，重力二阶效应的影响相对较小，可忽略不计。

钢筋混凝土结构一般满足上述要求，可不考虑重力二阶效应的影响，而钢结构多不满足上述要求，要考虑重力二阶效应的影响。

14.5.2 结构整体稳定

在任何情况下，都应当保证建筑结构的整体稳定。仅在竖向重力荷载作用下，混凝土结构产生整体失稳的可能性很小。高层建筑结构的稳定设计主要是控制在风荷载或水平地震作用下，重力荷载产生的二阶效应不致过大，以免引起结构的失稳、倒塌。

高层建筑结构的整体稳定性应符合下列规定：

(1) 剪力墙结构、框剪结构、筒体结构应符合下式要求：

$$EJ_{\mathrm{d}} \geqslant 1.4H^2\sum_{i=1}^{n}G_i \tag{14-9}$$

(2) 框架结构应符合下式要求：

$$D_i \geqslant 10\sum_{j=i}^{n}G_j/h_i,\quad i=1,2,\cdots,n \tag{14-10}$$

上两式中：不等号左侧为刚度，右侧主要为重力荷载，因此，上两式也为结构刚重比的要求。刚重比是影响重力 P-Δ 效应的主要参数。如果结构的刚重比满足上述规定，则在考虑结构弹性刚度折减 50%的情况下，重力 P-Δ 效应仍可控制在 20%之内，结构的稳定具有适宜的安全储备。若结构的刚重比进一步减小，则重力 P-Δ 效应将会呈非线性关系急剧增长，直至引起结构的整体失稳。在水平力作用下，高层建筑结构如不满足上述规定，应调整并增大结构的侧向刚度。

14.6 框架梁弯矩塑性调幅

一般情况下，框架梁端的负弯矩大，梁端上部需要配置的纵筋多。在施工时，梁端上部较多的纵筋影响混凝土的浇筑和振捣，不便于施工和保证施工质量。为了减少钢筋混凝土框架梁支座处上部的纵筋，在竖向荷载作用下可以进行框架梁弯矩塑性调幅。框架梁弯矩塑性调幅降低支座负弯矩，以减小支座处的配筋，跨中则应相应增大弯矩。

框架梁梁端负弯矩乘以调幅系数进行调幅，由于钢筋混凝土的塑性变形能力有限，现浇框架支座负弯矩调幅系数为 0.8～0.9；装配整体式框架，由于钢筋焊接或接缝不严等原因，节点容易产生变形，梁端实际弯矩比弹性计算值会有所降低，因此支座负弯矩调幅系数可为 0.7～0.8。为了保证梁端形成塑性铰后有一定的转动能力，弯矩调整后的梁端截面相对受压区高度不应超过 0.35，且不宜小于 0.10。

框架梁在竖向荷载作用下的弯矩调幅如图 14-7 所示。

支座负弯矩降低后，跨中弯矩应加大，应按平衡条件计算调幅后的跨中弯矩。截面设计时，为保证框架梁跨中截面底钢筋不至于过少，框架梁跨中截面正弯矩设计值不应小于竖向荷载作用下按简支梁计算的跨中弯矩设计值的 50%，应满足下列要求：

$$\frac{1}{2}(M'_1+M'_2)+M'_0 \geqslant M \tag{14-11}$$

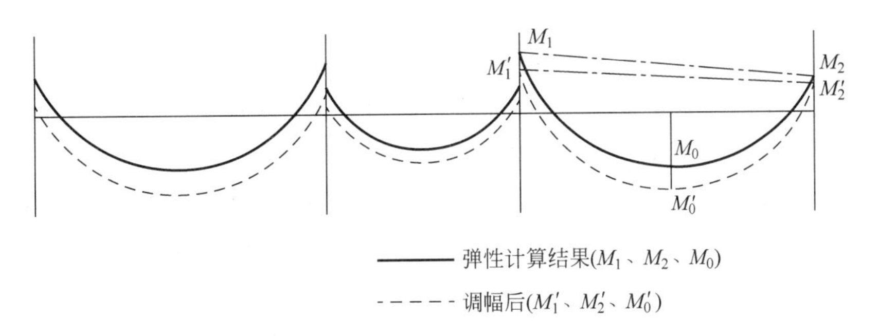

图 14-7 框架梁在竖向荷载作用下的弯矩调幅

$$M'_0 \geqslant \frac{1}{2}M \tag{14-12}$$

式中：M'_1、M'_2、M'_0——调幅后梁梁端负弯矩及跨中正弯矩；

M——按简支梁计算的跨中弯矩。

需要注意的是，应先对竖向荷载作用下框架梁的弯矩进行调幅，再与水平作用产生的框架梁弯矩进行组合。

14.7 其他主要设计参数调整

1. 周期折减系数

结构采用理论方法计算自振周期时，由于没有考虑填充墙等非承重构件的刚度，因而计算的自振周期较实际的偏长，按该周期计算的地震作用偏小。因此，计算地震影响系数所采用的结构自振周期应乘以周期折减系数予以折减，详见 2.4.4 节。

2. 梁刚度增大系数

结构计算时梁一般按矩形截面考虑，但现浇楼面和装配式整体式楼面的楼板是梁的有效翼缘，使梁实际变成 T 形截面，提高了楼面梁的刚度，因此结构计算时应予考虑。

梁受压区有效翼缘计算宽度可按《混凝土结构设计规范》(GB 50010—2010)的表 5.2.4 确定，但该法比较复杂，设计时大多采用楼面梁刚度增大系数近似考虑。梁刚度增大系数根据翼缘情况取 1.3～2.0。一侧有楼板时，梁刚度增大系数一般取 1.5；两侧有楼板时，一般取 2.0。

梁刚度增大的前提是楼板作为梁的有效翼缘提高了楼面梁的刚度。因此，如果梁没有楼盖约束或约束作用很小，比如没有楼板的基础梁、独立梁，或采用装配式楼板、木楼板等，对梁刚度没有增大或增大很小，则不再增大梁的刚度。

3. 梁扭矩折减系数

结构计算时一般不考虑楼盖对梁扭转的约束作用，但在实际工程中，楼面梁大多受楼板及次梁的约束作用，无约束的独立梁极少。不考虑楼盖对梁扭转的约束作用，将使梁的扭转变形和扭矩计算值过大，与实际情况不符，因此可对梁的计算扭矩乘以扭矩折减系数予以适当折减。扭矩折减系数根据梁周围楼盖的约束情况确定，一般不小于 0.4。

梁扭矩折减的前提是梁受到楼盖的约束作用，如果梁没有楼盖约束或约束作用很小，比如没有楼板及次梁约束的基础梁，或采用装配式楼板、木楼板等，则计算扭矩不应折减。

4. 连梁刚度折减系数

结构构件均采用弹性刚度参与整体分析，但抗震设计的剪力墙中连梁的刚度相对墙体较小，而承受的弯矩和剪力很大，配筋设计困难，同时也不便于施工和保证施工质量。因此，可考虑在不影响承受竖向荷载能力的前提下，允许其适当开裂后降低刚度而把内力转移到墙体上。

连梁刚度可乘以连梁刚度折减系数。通常抗震设防烈度6、7度时取0.7，8、9度时取0.5。折减系数不宜小于0.5，以保证连梁承受竖向荷载的能力。

对框剪结构中一端与柱连接、一端与墙连接的梁以及剪力墙结构中跨高比大于5、重力作用效应比风荷载作用或水平地震作用效应更为明显时，则应慎重考虑梁刚度的折减问题，必要时可不进行梁刚度折减，以控制正常使用阶段梁裂缝的发生和发展。

仅在计算地震作用效应时可对连梁刚度进行折减，进行重力荷载、风荷载作用效应计算时，不考虑连梁刚度折减。有地震作用效应组合工况，按考虑连梁刚度折减后计算的地震作用效应参与组合。

5. 活荷载不利布置

楼面、屋面活荷载不利布置会引起结构内力的增大，因此，结构计算应考虑活荷载的不利布置。当整体计算中未考虑楼面活荷载不利布置时，应适当增大楼面梁的计算弯矩，该增大系数通常取1.1～1.3，活荷载大时选用较大数值。

思考题

1. 框剪结构、框架-核心筒和筒中筒结构中，为什么要对各层框架承担的地震层剪力提出最小要求？
2. 为什么要规定弹性层间位移角限值和弹塑性层间位移角限值？
3. 什么是滞回曲线？滞回曲线形状和耗能有什么关系？
4. 什么是延性？延性受什么因素影响？为什么钢筋混凝土结构要按延性设计？
5. 箍筋有什么作用？箍筋约束混凝土的约束效果与什么因素有关？
6. 什么是重力二阶效应？什么情况下要考虑重力二阶效应？
7. 高层建筑结构的整体稳定性应符合什么要求？什么是结构刚重比？
8. 为什么要进行框架梁弯矩塑性调幅？如何调幅？
9. 什么情况下梁扭矩可乘以折减系数？
10. 连梁刚度为什么要折减？

第15章

框架结构设计

15.1 框架结构的近似计算方法

框架结构的布置要求见13.1节，本节介绍框架结构的近似计算方法。

结构近似计算方法一般用于手算，曾被广泛应用于工程设计。尽管现在的房屋设计采用了更精确、更省时的计算机计算，但仍需要掌握近似计算方法。原因是手算方法不但概念清楚，便于理解、掌握结构的基本概念和基本方法，而且也常用于分析和判断电算结果的正确性。本节介绍在工程中最常用的方法，并分析得到结构的内力和侧移分布规律，以便明确框架结构计算的基本概念。

15.1.1 计算基本假定

除3.1节介绍的两个计算基本假定——平面结构假定和刚性楼盖假定外，框架结构近似计算补充以下三个假定：

(1) 忽略梁、柱轴向变形及剪切变形；

(2) 杆件为等截面，以杆件轴线作为框架计算轴线；

(3) 不考虑结构在竖向荷载作用下的侧移。

在上述假定下，近似方法将结构分成独立的平面结构单元，内力分析需要解决以下两个问题：

(1) 水平作用在各片抗侧力结构之间的分配。作用大小与抗侧力单元的刚度有关，需要先计算抗侧力单元的刚度，然后按刚度比例分配水平作用。刚度越大，分配的作用也越多。

(2) 计算每片平面结构的内力和位移。如果结构有扭转，将结构在水平作用下的计算分为两步，先计算结构平移时的侧移和内力，然后计算扭转位移下的内力，最后将两部分内力叠加。

15.1.2 竖向荷载作用下的近似计算——分层力矩分配法

在框架结构中，各层荷载产生的轴力除了向下传递以外，对其他层构件内力的分配影响不大，因此可采用分层法，即将一个n层框架分成n个单层框架进行计算。计算单层框架时采用力矩分配法，其计算要点是：

(1) 框架分层。各层梁跨度及柱高与原结构相同，柱远端假定为固定端。框架梁的跨度可取框架柱轴线之间的距离。当上下层柱截面尺寸变化时，以最小截面的形心线来确定。框架的层高取相应的结构层高，即取本层楼面至上层楼面的高度，底层的层高从基础顶面算起。

(2) 计算各层梁上竖向荷载值和梁的固端弯矩。

(3) 计算梁、柱线刚度。梁均按矩形截面计算。但有现浇楼面的梁，楼板作为梁的翼缘，增大了梁的刚度。设计时将按矩形截面计算的梁刚度乘以梁刚度增大系数来近似考虑。一侧有楼板时，梁刚度增大系数一般取1.5，两侧有楼板时，一般取2.0。对于柱，由于分层后中间各层柱的柱远端假定为固定端与实际不完全相符，为提高计算精度，故除底层柱外，其他各层柱线刚度均乘以0.9。梁的线刚度不进行折减。

(4) 计算和确定梁、柱弯矩分配系数和传递系数。

按修正后的刚度计算各节点周围杆件的分配系数，然后向远端传递，梁和底层柱的传递系数取1/2，其他各层柱的传递系数取 1/3。

(5) 按力矩分配法计算单层梁、柱弯矩。

(6) 将分层计算得到的属于同一层柱的柱端弯矩叠加得到柱的弯矩。一般情况下,一次分层所得杆端弯矩在各节点不平衡。可将节点的不平衡弯矩再进行分配,直至满足计算精度为止。

(7) 按平衡条件计算其他内力。柱的轴力可由其上柱传来的竖向荷载和本层轴力(与梁的剪力平衡求得)叠加得到。

【例 15-1】 图示钢筋混凝土两层框架结构,梁柱的弹性模量均相同,各层框架梁上作用的竖向均布荷载如图 15-1 所示,柱截面尺寸为 400mm×400mm,梁截面尺寸为 300mm×600mm,考虑现浇楼板对梁刚度的影响(梁两侧均有楼板),不考虑柱的轴向变形,采用分层力矩分配法计算框架结构的内力,并绘出弯矩图、轴力图、剪力图。

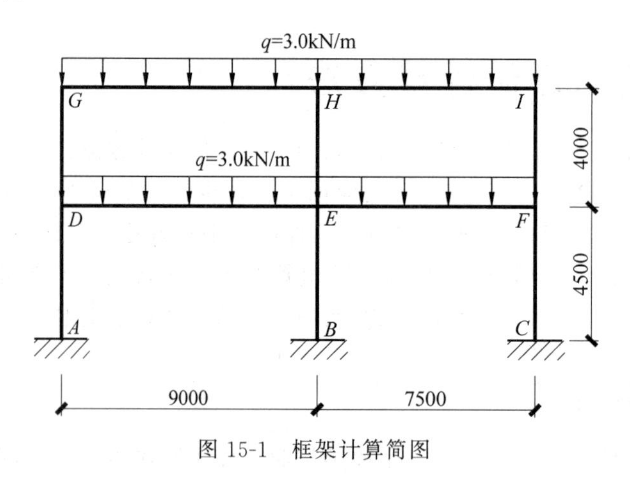

图 15-1 框架计算简图

【解】 如图 15-1 所示在框架标注 A 到 I 共 9 个节点。

(1) 计算梁柱刚度

梁:$I_b=\dfrac{bh^3}{12}=2.133\times10^{-3}\,\mathrm{m}^4$;

柱:$I_c=\dfrac{bh^3}{12}=5.40\times10^{-3}\,\mathrm{m}^4$;

上层柱线刚度:$i_{cu}=\dfrac{E_cI_c}{0.9l_u}=4.80\times10^{-4}E_c$(上柱要考虑 0.9 的系数);

下层柱线刚度:$i_{cl}=\dfrac{E_cI_c}{l_b}=4.74\times10^{-4}E_c$;

左侧梁线刚度:$i_{bl}=\dfrac{2E_cI_b}{l_l}=1.20\times10^{-3}E_c$(梁刚度考虑了 2 的增大系数);

右侧梁线刚度:$i_{br}=\dfrac{2E_cI_b}{l_r}=1.44\times10^{-3}E_c$(梁刚度考虑了 2 的增大系数);

上式中,l_u、l_b、l_l、l_r 分别表示上层柱、下层柱、左侧梁、右侧梁的长度。

计算各个梁的端弯矩大小得:

梁 GH、DE:$M_G=M_H=M_D=M_E=\dfrac{3\times9.0^2}{12}=20.25\,\mathrm{kN\cdot m}$;

梁 HI、EF:$M_A=M_I=M_E=M_F=\dfrac{3\times7.5^2}{12}=14.6\,\mathrm{kN\cdot m}$。

(2) 计算刚度分配系数,得:

对于 G 点:

$$\mu_{GD}=\frac{4.80\times10^{-4}E_c}{4.80\times10^{-4}E_c+1.20\times10^{-3}E_c}=0.286$$

$$\mu_{GH}=\frac{1.20\times10^{-3}E_{c}}{4.80\times10^{-4}E_{c}+1.20\times10^{-3}E_{c}}=0.714$$

同理,根据线刚度值,算出其余节点刚度分配系数。

分配结果如图 15-2 和图 15-3 所示,上压杆分配系数写在长方框内;上层各柱远端传递弯矩等于柱分配弯矩的 1/3,下柱底截面传递弯矩为柱分配弯矩的 1/2,最底行数据是最终分配弯矩。上层柱的分配弯矩要叠加。

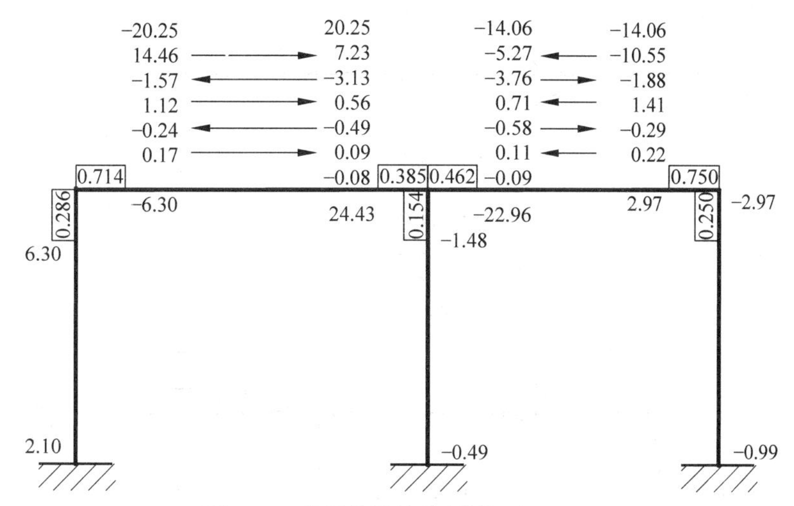

图 15-2　首层分配结果(单位:kN・m)

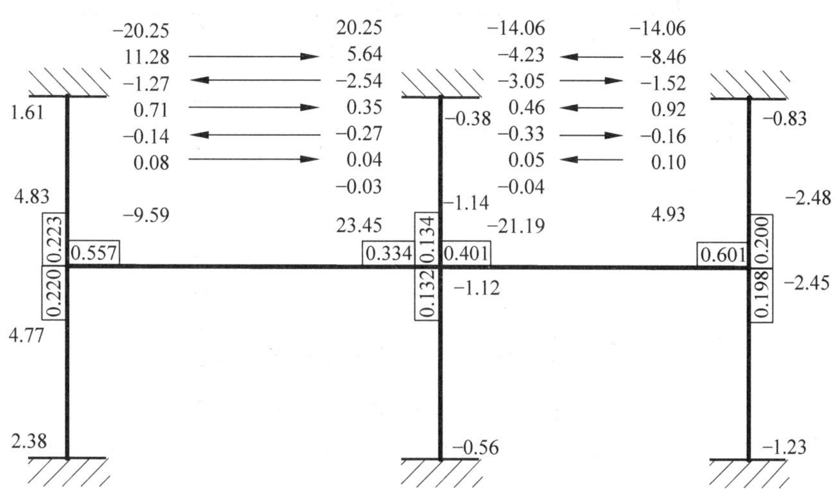

图 15-3　二层分配结果(单位:kN・m)

绘制的框架结构弯矩图、剪力图和轴力图如图 15-4～图 15-6 所示,图中括号内数值是精确解的数值。

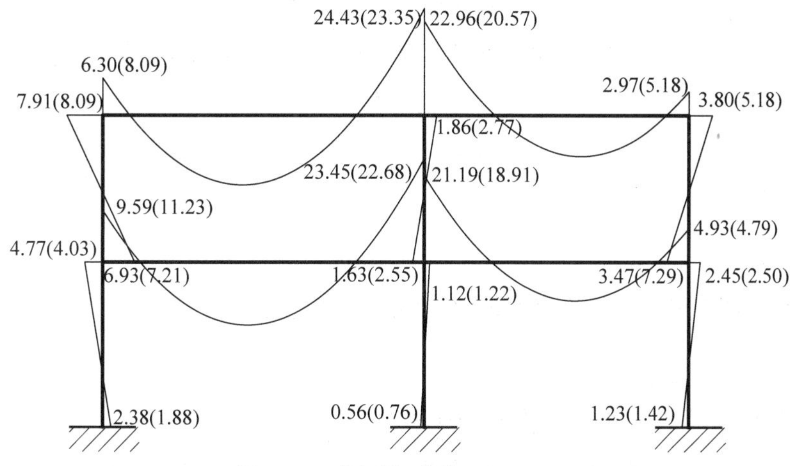

图 15-4　弯矩图(单位:kN・m)

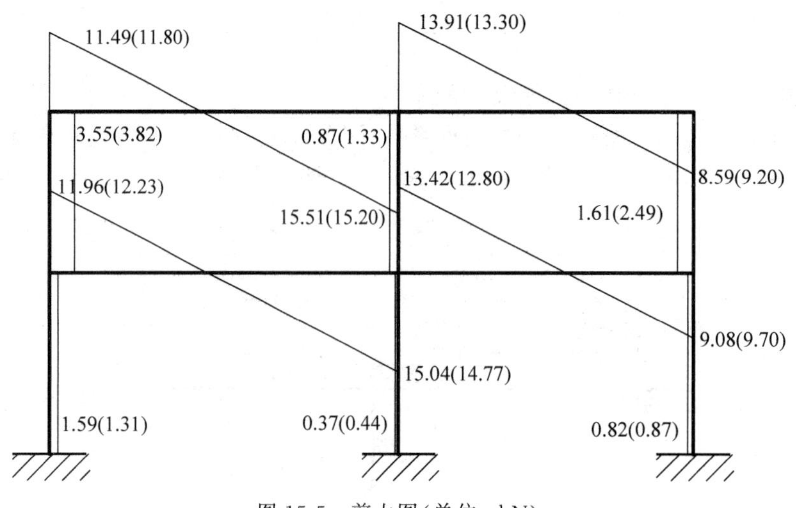

图 15-5　剪力图(单位：kN)

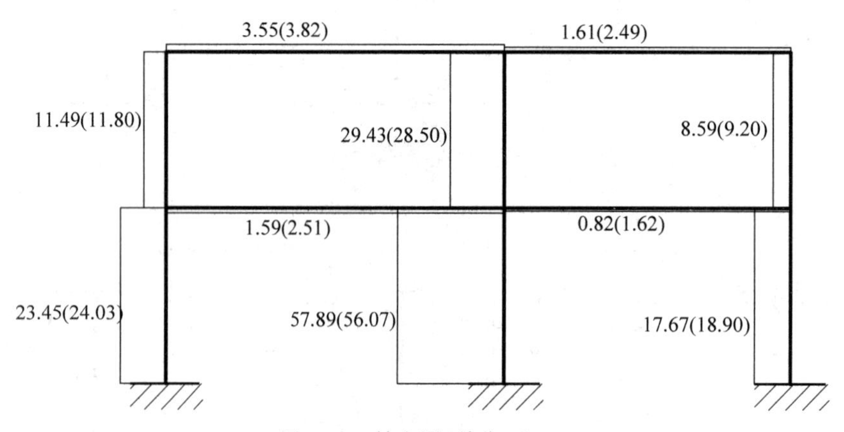

图 15-6　轴力图(单位：kN)

15.1.3　水平作用下的近似计算——D 值法和反弯点法

对比较规则的、层数不多的框架结构，柱轴向变形对内力及位移影响不大，可采用 D 值法计算水平荷载作用下的框架内力及位移。D 值是指柱节点有转角时使柱端产生单位水平位移所需施加的水平推力，即柱的抗侧刚度。

1. 柱抗侧刚度 D 值和剪力分配

一般情况下，框架节点都有转角。但如果梁刚度较大，则转角很小，可以忽略，近似认为柱端固定，如图 15-7(a)所示。根据结构力学的杆端侧移与内力的关系，可得柱剪力 v 与层间位移 δ 的关系如下：

$$v=\frac{12i_{\mathrm{c}}}{h^{2}}\delta \tag{15-1}$$

令

$$d=\frac{v}{\delta}=\frac{12i_{\mathrm{c}}}{h^{2}} \tag{15-2}$$

式中：d——柱端固定时使柱端产生单位位移所需施加的水平推力；

h——层高；

i_{c}——柱线刚度，$i_{\mathrm{c}}=\frac{EI_{\mathrm{c}}}{h}$，$EI_{\mathrm{c}}$ 为柱抗弯刚度。

如果梁的刚度较小，则梁柱节点会有转角，如图 15-7(b)所示。此时也可根据结构力学原理推导出转

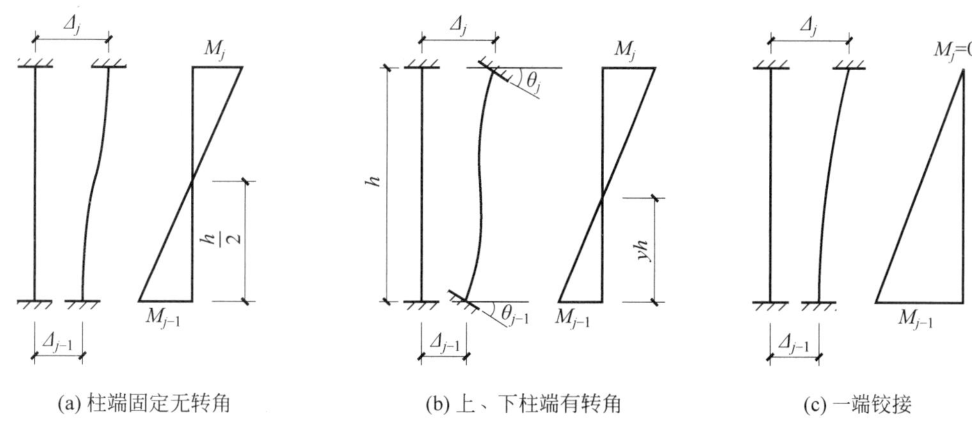

(a) 柱端固定无转角　　(b) 上、下柱端有转角　　(c) 一端铰接

图 15-7　框架柱端转角与内力、反弯点关系

角位移方程，应用到框架时，假定每个柱各层节点转角相等，则：

$$V=\alpha\frac{12i_c}{h^2}\delta \tag{15-3}$$

式中：α——刚度修正系数，它是一个小于 1 的系数。写成抗侧刚度的表达式，则：

$$D=\frac{V}{\delta}=\alpha\frac{12i_c}{h^2} \tag{15-4}$$

式(15-4)即为 D 值，式中 α 与梁柱刚度相对大小有关，梁刚度越小，α 值越小，即柱的抗侧刚度越小。表 15-1 分别给出了 α 值的计算公式，表中 K 是梁线刚度与柱线刚度之比，梁线刚度为与柱相连的上、下、左、右 4 根梁的线刚度之和。底层柱的底端为固定端，其 α 值计算公式与上层柱公式有所不同，但概念是相同的。

表 15-1　刚度修正系数 α 计算公式

楼　层	简　图		K	α
	边柱	中柱		
上层柱	i_2，i_c，i_4	i_1，i_2，i_c，i_3，i_4	$K=\frac{i_1+i_2+i_3+i_4}{2i_c}$	$\alpha=\frac{K}{2+K}$
下层柱	i_2，i_c	i_1，i_2，i_c	$K=\frac{i_1+i_2}{i_c}$	$\alpha=\frac{0.5+K}{2+K}$

计算出 D 值后，根据刚性楼板假定，在不考虑扭转的情况下，各片框架在同一楼层处侧移相等，因此，各柱剪力按刚度的比例进行分配，其计算公式为：

$$V_{ij}=\frac{D_{ij}}{\sum_{j=1}^{s}D_{ij}}V_{pi} \tag{15-5}$$

式中：V_{pi}——该片平面框架 i 层总剪力；

V_{ij}——第 i 层第 j 根柱分配到的剪力；

D_{ij}——第 i 层第 j 根柱的抗侧刚度；

$\sum_{j=1}^{s}D_{ij}$——第 i 层 s 根柱的抗侧刚度之和。

在框架结构中分配剪力时，也可直接将水平总剪力分配到柱，分配的结果与将总剪力先分配到每片框架，再在每片框架中将剪力分配到各柱是相同的。

该计算方法根据 D 值所占的比例来分配框架柱的剪力，故称为 D 值法。D 值法概念清楚，计算简便，精度也有一定保证，是框架结构在风荷载、水平地震作用下近似计算最广泛的方法。

2. 柱的反弯点位置

在水平作用下，平面框架的内力分布如图 15-8 所示，图中 h_1'、h_2 分别为第 1、2 层的层高，V_{21}、V_{22}、V_{23} 分别为第 2 层第 1、2、3 根柱的水平剪力。

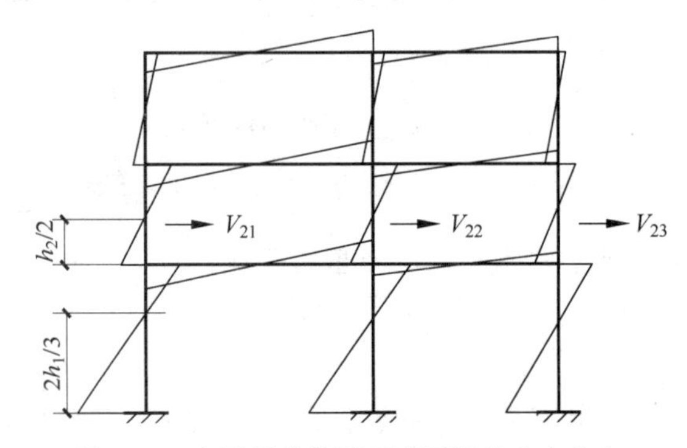

图 15-8 水平荷载作用下平面框架内力分布

从图 15-8 可见，得到柱剪力后，只要确定反弯点位置，就可以确定柱的内力。由图 15-7 可得，柱反弯点位置与柱端转角有关，即与柱端约束程度有关。当两端固定(图 15-7(a))，或两端转角相等时，反弯点在柱中点；当柱一端约束较小，即转角较大时，反弯点向该端靠近(图 15-7(b))，极端情况为一端铰接，弯矩为 0，即反弯点在铰接端(图 15-7(c))。规律是反弯点向约束较弱的一端靠近。

采用 D 值法时，影响柱两端约束刚度的主要因素是：①结构总层数及层所在位置；②梁柱线刚度比；③荷载形式；④上层梁与下层梁刚度比；⑤上、下层的层高比。

(1) 梁柱线刚度比及层数、该层所在位置对反弯点高度的影响

假定框架梁的线刚度、框架柱的线刚度和层高沿框架高度保持不变，则各层柱的反弯点高度为 y_0h；y_0 称为标准反弯点高度比，其值与结构总层数 m、该柱所在层的位置 n、梁柱线刚度比 K 及侧向荷载的形式等因素有关，如表 15-2～表 15-4 所示，其中 K 值按表 15-1 计算。

表 15-2 均布水平荷载下各层柱标准反弯点高度比 y_0

m	n	K													
		0.1	0.2	0.3	0.4	0.5	0.6	0.7	0.8	0.9	1.0	2.0	3.0	4.0	5.0
1	1	0.80	0.75	0.70	0.65	0.65	0.60	0.60	0.60	0.60	0.55	0.55	0.55	0.55	0.55
2	2	0.45	0.40	0.35	0.35	0.35	0.35	0.40	0.40	0.40	0.40	0.45	0.45	0.45	0.45
	1	0.95	0.80	0.75	0.70	0.65	0.65	0.65	0.60	0.60	0.60	0.55	0.55	0.55	0.50
3	3	0.15	0.20	0.20	0.25	0.30	0.30	0.30	0.35	0.35	0.35	0.40	0.45	0.45	0.45
	2	0.55	0.50	0.45	0.45	0.45	0.45	0.45	0.45	0.45	0.45	0.45	0.50	0.50	0.50
	1	1.00	0.85	0.80	0.75	0.70	0.70	0.65	0.65	0.65	0.60	0.55	0.55	0.55	0.55
4	4	−0.05	0.05	0.15	0.20	0.25	0.30	0.30	0.35	0.35	0.35	0.40	0.45	0.45	0.45
	3	0.25	0.30	0.30	0.35	0.35	0.40	0.40	0.40	0.40	0.45	0.45	0.50	0.50	0.50
	2	0.65	0.55	0.50	0.50	0.45	0.45	0.45	0.45	0.45	0.45	0.50	0.50	0.50	0.50
	1	1.10	0.90	0.80	0.75	0.70	0.70	0.65	0.65	0.65	0.60	0.55	0.55	0.55	0.55
5	5	−0.20	0.00	0.15	0.20	0.25	0.30	0.30	0.30	0.35	0.35	0.40	0.45	0.45	0.45
	4	0.10	0.20	0.25	0.30	0.35	0.35	0.40	0.40	0.40	0.40	0.45	0.45	0.50	0.50
	3	0.40	0.40	0.40	0.40	0.40	0.45	0.45	0.45	0.45	0.45	0.50	0.50	0.50	0.50
	2	0.65	0.55	0.50	0.50	0.50	0.50	0.50	0.50	0.50	0.50	0.50	0.50	0.50	0.50
	1	1.20	0.95	0.80	0.75	0.75	0.70	0.70	0.65	0.65	0.65	0.55	0.55	0.55	0.55

续表

m	n	K													
		0.1	0.2	0.3	0.4	0.5	0.6	0.7	0.8	0.9	1.0	2.0	3.0	4.0	5.0
6	6	−0.30	0.00	0.10	0.20	0.25	0.25	0.30	0.30	0.35	0.35	0.40	0.45	0.45	0.45
	5	0.00	0.20	0.25	0.30	0.35	0.35	0.40	0.40	0.40	0.40	0.45	0.45	0.50	0.50
	4	0.20	0.30	0.35	0.35	0.40	0.40	0.40	0.45	0.45	0.45	0.45	0.50	0.50	0.50
	3	0.40	0.40	0.40	0.45	0.45	0.45	0.45	0.45	0.45	0.45	0.50	0.50	0.50	0.50
	2	0.70	0.60	0.55	0.50	0.50	0.50	0.50	0.50	0.50	0.50	0.50	0.50	0.50	0.50
	1	1.20	0.95	0.85	0.80	0.75	0.70	0.70	0.65	0.65	0.65	0.55	0.55	0.55	0.55
7	7	−0.35	−0.05	0.10	0.20	0.20	0.25	0.30	0.30	0.35	0.35	0.40	0.45	0.45	0.45
	6	−0.10	0.15	0.25	0.30	0.35	0.35	0.35	0.40	0.40	0.40	0.45	0.45	0.50	0.50
	5	0.10	0.25	0.30	0.35	0.40	0.40	0.40	0.45	0.45	0.45	0.50	0.50	0.50	0.50
	4	0.30	0.35	0.40	0.40	0.40	0.45	0.45	0.45	0.45	0.45	0.50	0.50	0.50	0.50
	3	0.50	0.45	0.45	0.45	0.45	0.45	0.45	0.45	0.45	0.45	0.50	0.50	0.50	0.50
	2	0.75	0.60	0.55	0.50	0.50	0.50	0.50	0.50	0.50	0.50	0.50	0.50	0.50	0.50
	1	1.20	0.95	0.85	0.80	0.75	0.70	0.70	0.65	0.65	0.65	0.55	0.55	0.55	0.55
8	8	−0.35	−0.15	0.10	0.10	0.25	0.25	0.30	0.30	0.35	0.35	0.40	0.45	0.45	0.45
	7	−0.10	0.15	0.25	0.30	0.35	0.35	0.40	0.40	0.40	0.40	0.45	0.50	0.50	0.50
	6	0.05	0.25	0.30	0.35	0.40	0.40	0.40	0.45	0.45	0.45	0.45	0.50	0.50	0.50
	5	0.20	0.30	0.35	0.40	0.40	0.45	0.45	0.45	0.45	0.45	0.50	0.50	0.50	0.50
	4	0.35	0.40	0.40	0.45	0.45	0.45	0.45	0.45	0.45	0.45	0.50	0.50	0.50	0.50
	3	0.50	0.45	0.45	0.45	0.45	0.45	0.45	0.45	0.50	0.50	0.50	0.50	0.50	0.50
	2	0.75	0.60	0.55	0.55	0.50	0.50	0.50	0.50	0.50	0.50	0.50	0.50	0.50	0.50
	1	1.20	1.00	0.85	0.80	0.75	0.70	0.70	0.65	0.65	0.65	0.55	0.55	0.55	0.55
9	9	−0.40	−0.05	0.10	0.20	0.25	0.25	0.30	0.30	0.35	0.35	0.45	0.45	0.45	0.45
	8	−0.15	0.15	0.25	0.30	0.35	0.35	0.35	0.40	0.40	0.40	0.45	0.45	0.50	0.50
	7	0.05	0.25	0.30	0.35	0.40	0.40	0.40	0.45	0.45	0.45	0.45	0.50	0.50	0.50
	6	0.15	0.30	0.35	0.40	0.40	0.45	0.45	0.45	0.45	0.45	0.50	0.50	0.50	0.50
	5	0.25	0.35	0.40	0.40	0.45	0.45	0.45	0.45	0.45	0.45	0.50	0.50	0.50	0.50
	4	0.40	0.40	0.40	0.45	0.45	0.45	0.45	0.45	0.45	0.45	0.50	0.50	0.50	0.50
	3	0.55	0.45	0.45	0.45	0.45	0.45	0.45	0.45	0.50	0.50	0.50	0.50	0.50	0.50
	2	0.80	0.65	0.55	0.55	0.50	0.50	0.50	0.50	0.50	0.50	0.50	0.50	0.50	0.50
	1	1.20	1.00	0.85	0.80	0.75	0.70	0.70	0.65	0.65	0.65	0.55	0.55	0.55	0.55
10	10	−0.40	−0.05	0.10	0.20	0.25	0.30	0.30	0.30	0.30	0.35	0.40	0.45	0.45	0.45
	9	−0.15	0.15	0.25	0.30	0.35	0.35	0.40	0.40	0.40	0.40	0.45	0.45	0.50	0.50
	8	−0.00	0.25	0.30	0.35	0.40	0.40	0.40	0.45	0.45	0.45	0.45	0.50	0.50	0.50
	7	−0.10	0.30	0.35	0.40	0.40	0.40	0.45	0.45	0.45	0.45	0.50	0.50	0.50	0.50
	6	0.20	0.35	0.40	0.40	0.45	0.45	0.45	0.45	0.45	0.45	0.50	0.50	0.50	0.50
	5	0.30	0.40	0.40	0.45	0.45	0.45	0.45	0.45	0.45	0.50	0.50	0.50	0.50	0.50
	4	0.40	0.40	0.45	0.45	0.45	0.45	0.45	0.45	0.45	0.50	0.50	0.50	0.50	0.50
	3	0.55	0.50	0.45	0.45	0.45	0.50	0.50	0.50	0.50	0.50	0.50	0.50	0.50	0.50
	2	0.80	0.65	0.55	0.55	0.55	0.50	0.50	0.50	0.50	0.50	0.50	0.50	0.50	0.50
	1	1.30	1.00	0.85	0.80	0.75	0.70	0.70	0.65	0.65	0.65	0.60	0.55	0.55	0.55
11	11	−0.40	0.05	0.10	0.20	0.25	0.30	0.30	0.30	0.35	0.35	0.40	0.45	0.45	0.45
	10	−0.15	0.15	0.25	0.30	0.35	0.35	0.40	0.40	0.40	0.40	0.45	0.45	0.50	0.50
	9	0.00	0.25	0.30	0.35	0.40	0.40	0.40	0.45	0.45	0.45	0.45	0.50	0.50	0.50
	8	0.10	0.30	0.35	0.40	0.40	0.45	0.45	0.45	0.45	0.45	0.50	0.50	0.50	0.50
	7	0.20	0.35	0.40	0.45	0.45	0.45	0.45	0.45	0.45	0.45	0.50	0.50	0.50	0.50
	6	0.25	0.35	0.40	0.45	0.45	0.45	0.45	0.45	0.45	0.45	0.50	0.50	0.50	0.50
	5	0.35	0.40	0.40	0.45	0.45	0.45	0.45	0.45	0.45	0.50	0.50	0.50	0.50	0.50

续表

m	n	K													
		0.1	0.2	0.3	0.4	0.5	0.6	0.7	0.8	0.9	1.0	2.0	3.0	4.0	5.0
11	4	0.40	0.45	0.45	0.45	0.45	0.45	0.45	0.50	0.50	0.50	0.50	0.50	0.50	0.50
	3	0.55	0.50	0.50	0.50	0.50	0.50	0.50	0.50	0.50	0.50	0.50	0.50	0.50	0.50
	2	0.80	0.65	0.60	0.55	0.55	0.50	0.50	0.50	0.50	0.50	0.50	0.50	0.50	0.50
	1	1.30	1.00	0.85	0.80	0.75	0.70	0.70	0.65	0.65	0.65	0.60	0.55	0.55	0.55
12以上	自上1	−0.40	−0.05	0.10	0.20	0.25	0.30	0.30	0.30	0.35	0.35	0.40	0.45	0.45	0.45
	2	−0.15	0.15	0.25	0.30	0.35	0.35	0.40	0.40	0.40	0.40	0.45	0.45	0.50	0.50
	3	0.00	0.25	0.30	0.35	0.40	0.40	0.40	0.45	0.45	0.45	0.50	0.50	0.50	0.50
	4	0.10	0.30	0.35	0.40	0.40	0.45	0.45	0.45	0.45	0.45	0.50	0.50	0.50	0.50
	5	0.20	0.35	0.40	0.40	0.45	0.45	0.45	0.45	0.45	0.45	0.50	0.50	0.50	0.50
	6	0.25	0.35	0.40	0.45	0.45	0.45	0.45	0.45	0.45	0.45	0.50	0.50	0.50	0.50
	7	0.30	0.40	0.40	0.45	0.45	0.45	0.45	0.45	0.50	0.50	0.50	0.50	0.50	0.50
	8	0.35	0.40	0.45	0.45	0.45	0.45	0.45	0.50	0.50	0.50	0.50	0.50	0.50	0.50
	中间	0.40	0.40	0.45	0.45	0.45	0.45	0.50	0.50	0.50	0.50	0.50	0.50	0.50	0.50
	4	0.45	0.45	0.45	0.45	0.50	0.50	0.50	0.50	0.50	0.50	0.50	0.50	0.50	0.50
	3	0.60	0.50	0.50	0.50	0.50	0.50	0.50	0.50	0.50	0.50	0.50	0.50	0.50	0.50
	2	0.80	0.65	0.60	0.55	0.55	0.50	0.50	0.50	0.50	0.50	0.50	0.50	0.50	0.50
	自下1	1.30	1.00	0.85	0.80	0.75	0.70	0.70	0.65	0.65	0.55	0.55	0.55	0.55	0.55

表 15-3 倒三角形分布水平荷载下各层柱标准反弯点高度比 y_0

m	n	K													
		0.1	0.2	0.3	0.4	0.5	0.6	0.7	0.8	0.9	1.0	2.0	3.0	4.0	5.0
1	1	0.80	0.75	0.70	0.65	0.65	0.60	0.60	0.60	0.60	0.55	0.55	0.55	0.55	0.55
2	2	0.50	0.45	0.40	0.40	0.40	0.40	0.40	0.40	0.40	0.45	0.45	0.45	0.45	0.50
	1	1.00	0.85	0.75	0.70	0.70	0.65	0.65	0.65	0.60	0.60	0.55	0.55	0.55	0.55
3	3	0.25	0.25	0.25	0.30	0.30	0.35	0.35	0.35	0.40	0.40	0.45	0.45	0.45	0.50
	2	0.60	0.50	0.50	0.50	0.50	0.45	0.45	0.45	0.45	0.45	0.50	0.50	0.50	0.50
	1	1.15	0.90	0.80	0.75	0.75	0.70	0.70	0.65	0.65	0.65	0.60	0.55	0.55	0.55
4	4	0.10	0.15	0.20	0.25	0.30	0.30	0.35	0.35	0.35	0.40	0.45	0.45	0.45	0.45
	3	0.35	0.35	0.35	0.40	0.40	0.40	0.40	0.45	0.45	0.45	0.45	0.50	0.50	0.50
	2	0.70	0.60	0.55	0.50	0.50	0.50	0.50	0.50	0.50	0.50	0.50	0.50	0.50	0.50
	1	1.20	0.95	0.85	0.80	0.75	0.70	0.70	0.70	0.65	0.65	0.55	0.55	0.55	0.50
5	5	−0.05	0.10	0.20	0.25	0.30	0.30	0.35	0.35	0.35	0.35	0.40	0.45	0.45	0.45
	4	0.20	0.25	0.35	0.35	0.40	0.40	0.40	0.40	0.40	0.45	0.45	0.50	0.50	0.50
	3	0.45	0.40	0.45	0.45	0.45	0.45	0.45	0.45	0.45	0.45	0.50	0.50	0.50	0.50
	2	0.75	0.60	0.55	0.55	0.50	0.50	0.50	0.60	0.50	0.50	0.50	0.50	0.50	0.50
	1	1.30	1.00	0.85	0.80	0.75	0.70	0.70	0.65	0.65	0.65	0.65	0.55	0.55	0.55
6	6	−0.15	0.05	0.15	0.20	0.25	0.30	0.30	0.35	0.35	0.35	0.40	0.45	0.45	0.45
	5	0.10	0.25	0.30	0.35	0.35	0.40	0.40	0.40	0.45	0.45	0.45	0.50	0.50	0.50
	4	0.30	0.35	0.40	0.40	0.45	0.45	0.45	0.45	0.45	0.45	0.50	0.50	0.50	0.50
	3	0.50	0.45	0.45	0.45	0.45	0.45	0.45	0.45	0.45	0.50	0.50	0.50	0.50	0.50
	2	0.80	0.65	0.55	0.55	0.55	0.55	0.50	0.50	0.50	0.50	0.50	0.50	0.50	0.50
	1	1.30	1.00	0.85	0.80	0.75	0.70	0.70	0.65	0.65	0.65	0.60	0.55	0.55	0.55
7	7	−0.20	0.05	0.15	0.20	0.25	0.30	0.30	0.35	0.35	0.35	0.45	0.45	0.45	0.45
	6	0.05	0.20	0.30	0.35	0.35	0.40	0.40	0.40	0.40	0.45	0.45	0.50	0.50	0.50
	5	0.20	0.30	0.35	0.40	0.40	0.45	0.45	0.45	0.45	0.45	0.50	0.50	0.50	0.50
	4	0.35	0.40	0.40	0.45	0.45	0.45	0.45	0.45	0.45	0.45	0.50	0.50	0.50	0.50
	3	0.55	0.50	0.50	0.50	0.50	0.50	0.50	0.50	0.50	0.50	0.50	0.50	0.50	0.50
	2	0.80	0.65	0.60	0.55	0.55	0.55	0.50	0.50	0.50	0.50	0.50	0.50	0.50	0.50
	1	1.30	1.00	0.90	0.80	0.75	0.70	0.70	0.70	0.65	0.65	0.60	0.55	0.55	0.55

续表

m	n	K													
		0.1	0.2	0.3	0.4	0.5	0.6	0.7	0.8	0.9	1.0	2.0	3.0	4.0	5.0
8	8	−0.20	0.05	0.15	0.20	0.25	0.30	0.30	0.35	0.35	0.35	0.45	0.45	0.45	0.45
	7	0.00	0.20	0.30	0.35	0.35	0.40	0.40	0.40	0.40	0.45	0.45	0.50	0.50	0.50
	6	0.15	0.30	0.35	0.40	0.40	0.45	0.45	0.45	0.45	0.45	0.50	0.50	0.50	0.50
	5	0.30	0.45	0.40	0.45	0.45	0.45	0.45	0.45	0.45	0.45	0.50	0.50	0.50	0.50
	4	0.40	0.45	0.45	0.45	0.45	0.45	0.45	0.50	0.50	0.50	0.50	0.50	0.50	0.50
	3	0.60	0.50	0.50	0.50	0.50	0.50	0.50	0.50	0.50	0.50	0.50	0.50	0.50	0.50
	2	0.85	0.65	0.60	0.55	0.55	0.55	0.50	0.50	0.50	0.50	0.50	0.50	0.50	0.50
	1	1.30	1.00	0.90	0.80	0.75	0.70	0.70	0.70	0.65	0.65	0.60	0.55	0.55	0.55
9	9	−0.25	0.00	0.15	0.20	0.25	0.30	0.30	0.35	0.35	0.40	0.45	0.45	0.45	0.45
	8	0.00	0.20	0.30	0.35	0.35	0.40	0.40	0.40	0.40	0.45	0.45	0.50	0.50	0.50
	7	0.15	0.30	0.35	0.40	0.40	0.45	0.45	0.45	0.45	0.45	0.50	0.50	0.50	0.50
	6	0.25	0.35	0.40	0.40	0.45	0.45	0.45	0.45	0.45	0.50	0.50	0.50	0.50	0.50
	5	0.35	0.40	0.45	0.45	0.45	0.45	0.45	0.45	0.50	0.50	0.50	0.50	0.50	0.50
	4	0.45	0.45	0.45	0.45	0.45	0.50	0.50	0.50	0.50	0.50	0.50	0.50	0.50	0.50
	3	0.65	0.50	0.50	0.50	0.50	0.50	0.50	0.50	0.50	0.50	0.50	0.50	0.50	0.50
	2	0.80	0.65	0.65	0.55	0.55	0.55	0.55	0.50	0.50	0.50	0.50	0.50	0.50	0.50
	1	1.35	1.00	1.00	0.80	0.75	0.75	0.70	0.70	0.65	0.65	0.60	0.55	0.55	0.55
10	10	−0.25	0.00	0.15	0.20	0.25	0.30	0.30	0.35	0.35	0.40	0.45	0.45	0.45	0.45
	9	−0.05	0.20	0.30	0.35	0.35	0.40	0.40	0.40	0.40	0.45	0.45	0.50	0.50	0.50
	8	0.10	0.30	0.35	0.40	0.40	0.40	0.45	0.45	0.45	0.45	0.50	0.50	0.50	0.50
	7	0.20	0.35	0.40	0.40	0.45	0.45	0.45	0.45	0.45	0.50	0.50	0.50	0.50	0.50
	6	0.30	0.40	0.40	0.45	0.45	0.45	0.45	0.45	0.45	0.50	0.50	0.50	0.50	0.50
	5	0.40	0.45	0.45	0.45	0.45	0.45	0.45	0.50	0.50	0.50	0.50	0.50	0.50	0.50
	4	0.50	0.45	0.45	0.45	0.50	0.50	0.50	0.50	0.50	0.50	0.50	0.50	0.50	0.50
	3	0.60	0.55	0.50	0.50	0.50	0.50	0.50	0.50	0.50	0.50	0.50	0.50	0.50	0.50
	2	0.85	0.65	0.60	0.55	0.55	0.55	0.55	0.50	0.50	0.50	0.50	0.50	0.50	0.50
	1	1.35	1.00	0.90	0.80	0.75	0.75	0.70	0.70	0.65	0.65	0.60	0.55	0.55	0.55
11	11	−0.25	0.00	0.15	0.20	0.25	0.30	0.30	0.30	0.35	0.35	0.45	0.45	0.45	0.45
	10	−0.05	0.20	0.25	0.30	0.35	0.40	0.40	0.40	0.40	0.45	0.45	0.50	0.50	0.50
	9	0.10	0.30	0.35	0.40	0.40	0.40	0.45	0.45	0.45	0.45	0.50	0.50	0.50	0.50
	8	0.20	0.35	0.40	0.40	0.45	0.45	0.45	0.45	0.45	0.45	050	0.50	0.50	0.50
	7	0.25	0.40	0.40	0.45	0.45	0.45	0.45	0.45	0.45	0.50	0.50	0.50	0.50	0.50
	6	0.35	0.40	0.45	0.45	0.45	0.45	0.45	0.50	0.50	0.50	0.50	0.50	0.50	0.50
	5	0.40	0.44	0.45	0.45	0.45	0.50	0.50	0.50	0.50	0.50	0.50	0.50	0.50	0.50
	4	0.50	0.50	0.50	0.50	0.50	0.50	0.50	0.50	0.50	0.50	0.50	0.50	0.50	0.50
	3	0.65	0.55	0.50	0.50	0.50	0.50	0.50	0.50	0.50	0.50	0.50	0.50	0.50	0.50
	2	0.85	0.65	0.60	0.55	0.55	0.55	0.55	0.50	0.50	0.50	0.50	0.50	0.50	0.50
	1	1.35	1.00	0.90	0.80	0.75	0.75	0.70	0.70	0.65	0.65	0.60	0.55	0.55	0.55
12以上	自上1	−0.30	0.00	0.15	0.20	0.25	0.30	0.30	0.30	0.35	0.35	0.40	0.45	0.45	0.45
	2	−0.10	0.20	0.25	0.30	0.35	0.40	0.40	0.40	0.40	0.40	0.45	0.45	0.45	0.50
	3	0.05	0.25	0.35	0.40	0.40	0.40	0.45	0.45	0.45	0.45	0.45	0.50	0.50	0.50
	4	0.15	0.30	0.40	0.40	0.45	0.45	0.45	0.45	0.45	0.45	0.45	0.50	0.50	0.50
	5	0.25	0.30	0.40	0.45	0.45	0.45	0.45	0.45	0.45	0.45	0.50	0.50	0.50	0.50
	6	0.30	0.40	0.40	0.45	0.45	0.45	0.45	0.50	0.50	0.50	0.50	0.50	0.50	0.50
	7	0.35	0.40	0.40	0.45	0.45	0.45	0.50	0.50	0.50	0.50	0.50	0.50	0.50	0.50
	8	0.35	0.45	0.45	0.45	0.50	0.50	0.50	0.50	0.50	0.50	0.50	0.50	0.50	0.50
	中间	0.45	0.45	0.45	0.50	0.50	0.50	0.50	0.50	0.50	0.50	0.50	0.50	0.50	0.50
	4	0.55	0.50	0.50	0.50	0.50	0.50	0.50	0.50	0.50	0.50	0.50	0.50	0.50	0.50
	3	0.65	0.55	0.50	0.50	0.50	0.50	0.50	0.50	0.50	0.50	0.50	0.50	0.50	0.50
	2	0.70	0.70	0.60	0.55	0.55	0.55	0.55	0.50	0.50	0.50	0.50	0.50	0.50	0.50
	自下1	1.35	1.05	0.90	0.80	0.75	0.70	0.70	0.70	0.65	0.65	0.60	0.55	0.55	0.55

表 15-4　顶点集中水平荷载作用下各层柱标准反弯点高度比 y_0

m	n	K													
		0.1	0.2	0.3	0.4	0.5	0.6	0.7	0.8	0.9	1.0	2.0	3.0	4.0	5.0
1	1	0.80	0.75	0.70	0.65	0.65	0.60	0.60	0.60	0.60	0.55	0.55	0.55	0.55	0.55
2	2	0.55	0.50	0.45	0.45	0.45	0.45	0.45	0.45	0.45	0.45	0.45	0.50	0.50	0.50
	1	1.15	0.95	0.85	0.80	0.75	0.70	0.70	0.65	0.65	0.65	0.60	0.55	0.55	0.55
3	3	0.40	0.40	0.40	0.40	0.40	0.40	0.40	0.45	0.45	0.45	0.45	0.50	0.50	0.50
	2	0.75	0.60	0.55	0.55	0.55	0.50	0.50	0.50	0.50	0.50	0.50	0.50	0.50	0.50
	1	1.30	1.00	0.90	0.80	0.75	0.70	0.70	0.70	0.65	0.65	0.60	0.55	0.55	0.55
4	4	0.35	0.35	0.35	0.40	0.40	0.40	0.40	0.45	0.45	0.45	0.45	0.50	0.50	0.50
	3	0.60	0.50	0.50	0.50	0.50	0.50	0.50	0.50	0.50	0.50	0.50	0.50	0.50	0.50
	2	0.85	0.65	0.60	0.55	0.55	0.55	0.55	0.55	0.50	0.50	0.50	0.50	0.50	0.50
	1	1.35	1.05	0.90	0.80	0.75	0.75	0.70	0.70	0.65	0.65	0.60	0.55	0.55	0.55
5	5	0.30	0.35	0.35	0.40	0.40	0.40	0.40	0.45	0.45	0.45	0.45	0.50	0.50	0.50
	4	0.50	0.45	0.45	0.50	0.50	0.50	0.50	0.50	0.50	0.50	0.50	0.50	0.50	0.50
	3	0.65	0.55	0.50	0.50	0.50	0.50	0.50	0.50	0.50	0.50	0.50	0.50	0.50	0.50
	2	0.90	0.70	0.60	0.55	0.55	0.55	0.55	0.55	0.50	0.50	0.50	0.50	0.50	0.50
	1	1.40	1.05	0.90	0.80	0.75	0.75	0.70	0.70	0.65	0.65	0.60	0.55	0.55	0.55
6	6	0.30	0.35	0.35	0.40	0.40	0.40	0.40	0.45	0.45	0.45	0.45	0.50	0.50	0.50
	5	0.45	0.45	0.45	0.45	0.50	0.50	0.50	0.50	0.50	0.50	0.50	0.50	0.50	0.50
	4	0.55	0.50	0.50	0.50	0.50	0.50	0.50	0.50	0.50	0.50	0.50	0.50	0.50	0.50
	3	0.65	0.55	0.55	0.50	0.50	0.50	0.50	0.50	0.50	0.50	0.50	0.50	0.50	0.50
	2	0.90	0.70	0.60	0.60	0.55	0.55	0.55	0.55	0.50	0.50	0.50	0.50	0.50	0.50
	1	1.40	1.05	0.90	0.80	0.75	0.75	0.70	0.70	0.65	0.65	0.60	0.55	0.55	0.55
7	7	0.30	0.35	0.35	0.40	0.40	0.40	0.40	0.45	0.45	0.45	0.45	0.50	0.50	0.50
	6	0.40	0.45	0.45	0.45	0.50	0.50	0.50	0.50	0.50	0.50	0.50	0.50	0.50	0.50
	5	0.50	0.50	0.50	0.50	0.50	0.50	0.50	0.50	0.50	0.50	0.50	0.50	0.50	0.50
	4	0.55	0.50	0.50	0.50	0.50	0.50	0.50	0.50	0.50	0.50	0.50	0.50	0.50	0.50
	3	0.70	0.55	0.55	0.50	0.50	0.50	0.50	0.50	0.50	0.50	0.50	0.50	0.50	0.50
	2	0.90	0.70	0.60	0.60	0.55	0.55	0.55	0.55	0.50	0.50	0.50	0.50	0.50	0.50
	1	1.40	1.05	0.90	0.80	0.75	0.75	0.70	0.70	0.65	0.65	0.60	0.55	0.55	0.55
8	8	0.30	0.35	0.35	0.40	0.40	0.40	0.40	0.45	0.45	0.45	0.45	0.50	0.50	0.50
	7	0.40	0.40	0.45	0.45	0.50	0.50	0.50	0.50	0.50	0.50	0.50	0.50	0.50	0.50
	6	0.45	0.50	0.50	0.50	0.50	0.50	0.50	0.50	0.50	0.50	0.50	0.50	0.50	0.50
	5	0.50	0.50	0.50	0.50	0.50	0.50	0.50	0.50	0.50	0.50	0.50	0.50	0.50	0.50
	4	0.60	0.50	0.50	0.50	0.50	0.50	0.50	0.50	0.50	0.50	0.50	0.50	0.50	0.50
	3	0.70	0.55	0.55	0.50	0.50	0.50	0.50	0.50	0.50	0.50	0.50	0.50	0.50	0.50
	2	0.90	0.70	0.60	0.60	0.55	0.55	0.55	0.55	0.50	0.50	0.50	0.50	0.50	0.50
	1	1.40	1.05	0.90	0.80	0.75	0.75	0.70	0.70	0.65	0.65	0.60	0.55	0.55	0.55
9	9	0.25	0.35	0.35	0.40	0.40	0.40	0.40	0.45	0.45	0.45	0.45	0.50	0.50	0.50
	8	0.40	0.45	0.45	0.45	0.50	0.50	0.50	0.50	0.50	0.50	0.50	0.50	0.50	0.50
	7	0.45	0.50	0.50	0.50	0.50	0.50	0.50	0.50	0.50	0.50	0.50	0.50	0.50	0.50
	6	0.50	0.50	0.50	0.50	0.50	0.50	0.50	0.50	0.50	0.50	0.50	0.50	0.50	0.50
	5	0.55	0.50	0.50	0.50	0.50	0.50	0.50	0.50	0.50	0.50	0.50	0.50	0.50	0.50
	4	0.60	0.50	0.50	0.50	0.50	0.50	0.50	0.50	0.50	0.50	0.50	0.50	0.50	0.50
	3	0.70	0.55	0.50	0.50	0.50	0.50	0.50	0.50	0.50	0.50	0.50	0.50	0.50	0.50
	2	0.90	0.70	0.60	0.60	0.50	0.50	0.50	0.50	0.50	0.50	0.50	0.50	0.50	0.50
	1	1.40	1.05	0.90	0.80	0.75	0.75	0.70	0.70	0.65	0.60	0.60	0.55	0.55	0.55

续表

m	n	K													
		0.1	0.2	0.3	0.4	0.5	0.6	0.7	0.8	0.9	1.0	2.0	3.0	4.0	5.0
10	10	0.25	0.35	0.35	0.40	0.40	0.40	0.40	0.45	0.45	0.45	0.45	0.50	0.50	0.50
	9	0.40	0.45	0.45	0.45	0.50	0.50	0.50	0.50	0.50	0.50	0.50	0.50	0.50	0.50
	8	0.45	0.50	0.50	0.50	0,50	0.50	0.50	0.50	0.50	0.50	0.50	0.50	0.50	0.50
	7	0.50	0.55	0.50	0.50	0.50	0.50	0.50	0.50	0.50	0.50	0.50	0.50	0.50	0.50
	6	0.50	0.50	0.50	0.50	0.50	0.50	0.50	0.50	0.50	0.50	0.50	0.50	0.50	0.50
	5	0.55	0.50	0.50	0.50	0.50	0.50	0.50	0.50	0.50	0.50	0.50	0.50	0.50	0.50
	4	0.60	0.50	0.50	0.50	0.50	0.50	0.50	0.50	0.50	0.50	0.50	0.50	0.50	0.50
	3	0.70	0.55	0.55	0.50	0.50	0.50	0.50	0.50	0.50	0.50	0.50	0.50	0.50	0.50
	2	0.90	0.70	0.60	0.60	0.55	0.55	0.55	0.55	0.50	0.50	0.50	0.50	0.50	0.50
	1	1.40	1.05	0.90	0.80	0.75	0.75	0.70	0.70	0.65	0.65	0.60	0.55	0.55	0.50
11	11	0.25	0.35	0.35	0.40	0.40	0.40	0.40	0.45	0.45	0.45	0.45	0.50	0.50	0.50
	10	0.40	0.45	0.45	0.45	0.50	0.50	0.50	0.50	0.50	0.50	0.50	0.50	0.50	0.50
	9	0.45	0.50	0.50	0.50	0.50	0.50	0.50	0.50	0.50	0.50	0.50	0.50	0.50	0.50
	8	0.50	0.50	0.50	0.50	0.50	0.50	0.50	0.50	0.50	0.50	0.50	0.50	0.50	0.50
	7	0.50	0.50	0.50	0.50	0.50	0.50	0.50	0.50	0.50	0.50	0.50	0.50	0.50	0.50
	6	0.50	0.50	0.50	0.50	0.50	0.50	0.50	0.50	0.50	0.50	0.50	0.50	0.50	0.50
	5	0.55	0.50	0.50	0.50	0.50	0.50	0.50	0.50	0.50	0.50	0.50	0.50	0.50	0.50
	4	0.60	0.50	0.50	0.50	0.50	0.50	0.50	0.50	0.50	0.50	0.50	0.50	0.50	0.50
	3	0.70	0.55	0.55	0.50	0.50	0.50	0.50	0.50	0.50	0.50	0.50	0.50	0.50	0.50
	2	0.90	0.70	0.60	0.60	0.55	0.55	0.55	0.55	0.50	0.50	0.50	0.50	0.50	0.50
	1	1.40	1.05	0.90	0.80	0.75	0.75	0.70	0.70	0.65	0.65	0.60	0.55	0.55	0.60
12	12	0.25	0.35	0.35	0.40	0.40	0.40	0.40	0.45	0.45	0.45	0.45	0.50	0.50	0.50
	11	0.40	0.45	0.45	0.45	0.50	0.50	0.50	0.50	0.50	0.50	0.50	0.50	0.50	0.50
	10	0.45	0.50	0.50	0.50	0.50	0.50	0.50	0.50	0.50	0.50	0.50	0.50	0.50	0.50
	9	0.50	0.50	0.50	0.50	0.50	0.50	0.50	0.50	0.50	0.50	0.50	0.50	0.50	0.50
	8	0.50	0.50	0.50	0.50	0.50	0.50	0.50	0.50	0.50	0.50	0.50	0.50	0.50	0.50
	7	0.50	0.50	0.50	0.50	0.50	0.50	0.50	0.50	0.50	0.50	0.50	0.50	0.50	0.50
	6	0.50	0.50	0.50	0.50	0.50	0.50	0.50	0.50	0.50	0.50	0.50	0.50	0.50	0.50
	5	0.55	0.50	0.50	0.50	0.50	0.50	0.50	0.50	0.50	0.50	0.50	0.50	0.50	0.50
	4	0.60	0.50	0.50	0.50	0.50	0.50	0.50	0.50	0.50	0.50	0.50	0.50	0.50	0.50
	3	0.70	0.55	0.50	0.50	0.50	0.50	0.50	0.50	0.50	0.50	0.50	0.50	0.50	0.50
	2	0.90	0.70	0.60	0.60	0.55	0.55	0.50	0.50	0.50	0.50	0—50	0.50	0.50	0.50
	1	1.40	1.05	0.90	0.80	0.75	0.75	0.70	0.65	0.65	0.65	0.60	0.55	0.55	0.55

(2) 上下梁线刚度比对反弯点高度的影响

若某层柱的上下梁线刚度不同，该层柱的反弯点位置将向梁刚度较小的一侧偏移，则应对标准反弯点进行修正。以反弯点高度的上移增量为 y_1h 修正值，如图 15-9(a)、(b)，y_1 可根据上下梁的线刚度比 α_1 和 K 由表 15-5 查得。当 $(i_1+i_2)<(i_3+i_4)$ 时，反弯点上移，由 $\alpha_1=\dfrac{i_1+i_2}{i_3+i_4}$ 查表 15-5 即得 y_1 值。当 $(i_1+i_2)>(i_3+i_4)$ 时，反弯点下移，由 $\alpha_1=\dfrac{i_3+i_4}{i_1+i_2}$ 查得 y_1 值应冠以负号。对于底层柱，不考虑修正值 y_1，取 $y_1=0$。

表 15-5　上、下层梁相对线刚度变化的修正值 y_1

α_1	K													
	0.1	0.2	0.3	0.4	0.5	0.6	0.7	0.8	0.9	1.0	2.0	3.0	4.0	5.0
0.4	0.55	0.40	0.30	0.25	0.20	0.20	0.20	0.15	0.15	0.15	0.05	0.05	0.05	0.05
0.5	0.45	0.30	0.20	0.20	0.20	0.15	0.15	0.10	0.10	0.10	0.05	0.05	0.05	0.05
0.6	0.30	0.20	0.15	0.15	0.10	0.10	0.10	0.10	0.05	0.05	0.05	0.05	0.00	0.00
0.7	0.20	0.15	0.10	0.10	0.10	0.05	0.05	0.05	0.05	0.05	0.05	0.00	0.00	0.00
0.8	0.15	0.10	0.05	0.05	0.05	0.05	0.05	0.05	0.05	0.00	0.00	0.00	0.00	0.00
0.9	0.05	0.05	0.05	0.05	0.00	0.00	0.00	0.00	0.00	0.00	0.00	0.00	0.00	0.00

注：对底层柱不考虑 α_1 值，不作此项修正。

(3) 层高变化对反弯点的影响

若某柱所在层的层高与相邻上层或下层的层高不同，则该柱的反弯点位置也需要修正。当上层层高发生变化时，反弯点高度的上移增量为 y_2h，如图 15-9(c)所示；当下层层高发生变化时，反弯点高度的上移增量为 y_3h，如图 15-9(d)所示。y_2 和 y_3 可由表 15-6 查得。对于顶层柱，不考虑修正值 y_2，即取 $y_2=0$；对于底层柱，不考虑修正值 y_3，即取 $y_3=0$。

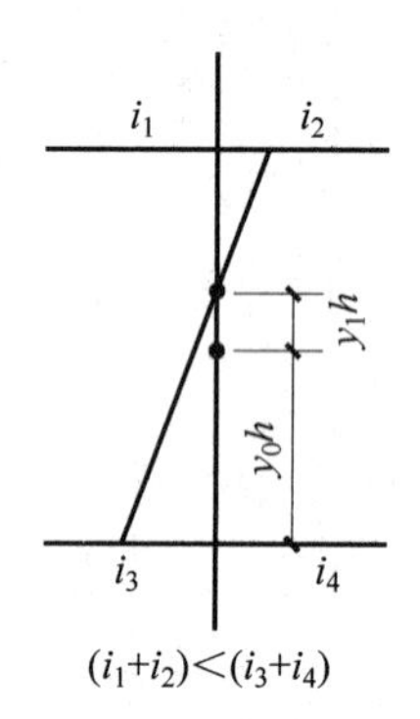

$(i_1+i_2)<(i_3+i_4)$

(a) 框架梁的线刚度、框架柱的线刚度和层高沿框架高度保持不变

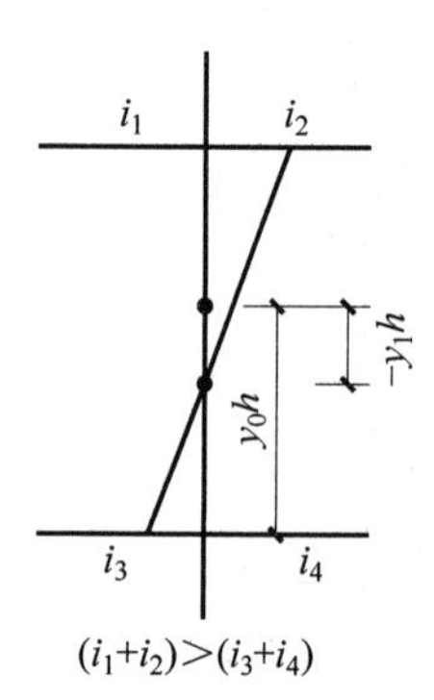

$(i_1+i_2)>(i_3+i_4)$

(b) 上下梁线刚度不同

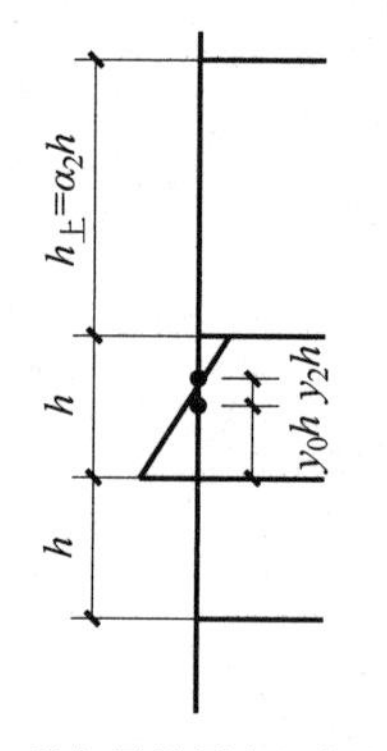

(c) 所在层的层高与相邻上层或下层的层高不同，且上层层高发生变化时

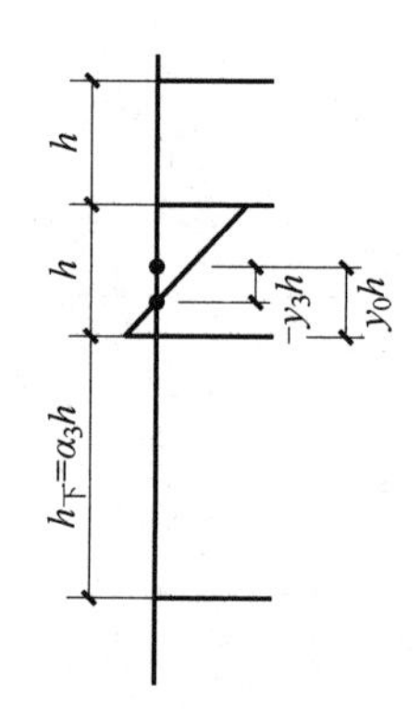

(d) 所在层的层高与相邻上层或下层的层高不同，且下层层高发生变化时

图 15-9　反弯点高度比修正

表 15-6　上、下层层高不同的修正值 y_2 和 y_3

α_2	α_3	K													
		0.1	0.2	0.3	0.4	0.5	0.6	0.7	0.8	0.9	1.0	2.0	3.0	4.0	5.0
2.0		0.25	0.15	0.15	0.10	0.10	0.10	0.10	0.10	0.05	0.05	0.05	0.05	0.0	0.0
1.8		0.20	0.15	0.10	0.10	0.10	0.05	0.05	0.05	0.05	0.05	0.05	0.0	0.0	0.0
1.6	0.4	0.15	0.10	0.10	0.05	0.05	0.05	0.05	0.05	0.05	0.05	0.0	0.0	0.0	0.0
1.4	0.6	0.10	0.05	0.05	0.05	0.05	0.05	0.05	0.05	0.05	0.0	0.0	0.0	0.0	0.0
1.2	0.8	0.05	0.05	0.05	0.0	0.0	0.0	0.0	0.0	0.0	0.0	0.0	0.0	0.0	0.0
1.0	1.0	0.0	0.0	0.0	0.0	0.0	0.0	0.0	0.0	0.0	0.0	0.0	0.0	0.0	0.0
0.8	1.2	−0.05	−0.05	−0.05	0.0	0.0	0.0	0.0	0.0	0.0	0.0	0.0	0.0	0.0	0.0
0.6	1.4	−0.10	−0.05	−0.05	−0.05	−0.05	−0.05	−0.05	−0.05	−0.05	0.0	0.0	0.0	0.0	0.0
0.4	1.6	−0.15	−0.10	−0.10	−0.05	−0.05	−0.05	−0.05	−0.05	−0.05	−0.05	0.0	0.0	0.0	0.0
	1.8	−0.20	−0.15	−0.10	−0.10	−0.10	−0.05	−0.05	−0.05	−0.05	−0.05	−0.05	0.0	0.0	0.0
	2.0	−0.25	−0.15	−0.15	−0.10	−0.10	−0.10	−0.10	−0.10	−0.05	−0.05	−0.05	−0.05	0.0	0.0

注：① y_2 为上层层高变化的修正值，按照 α_2 求得，α_2 为上层层高与本层层高之比，上层较高时为正值，但对于最上层 y_2 可不考虑；

② y_3 为下层层高变化的修正值，按照 α_3 求得，α_3 为下层层高与本层层高之比，对于最下层 y_3 可不考虑。

综上所述，经过各项修正后，柱底至反弯点的高度 yh 可由下式求出：

$$yh=(y_0+y_1+y_2+y_3)h \tag{15-6}$$

3. 计算步骤与内力

当只考虑结构平移时，采用 D 值法计算内力的步骤如下：

(1) 计算作用在第 i 层结构上的总层剪力 V_i ($i=1,2,3,\cdots,n$)，并假定它作用在结构刚心处。

(2) 计算各梁、柱的线刚度 i_b、i_c。现浇和装配整体式楼板时，梁刚度应乘以增大系数。

(3) 计算各柱抗侧刚度 D。

(4) 按 D 值比例分配各柱的剪力。

(5) 确定柱反弯点高度系数 y。

(6) 根据各柱的剪力及反弯点位置 yh 计算第 i 层第 j 个柱端弯矩。

(7) 由柱端弯矩，并根据节点平衡计算梁端弯矩。

对于边跨梁端弯矩：

$$M_{bi}=M_{ij}^{t}+M_{i+1,j}^{b} \tag{15-7}$$

式中：M_{bi}——边跨的梁端弯矩；

M_{ij}^{t}、$M_{i+1,j}^{b}$——柱的上端弯矩和上层柱的下端弯矩。

对于中跨，由于梁的端弯矩与梁的线刚度成正比，故：

$$M_{bj}^{l}=(M_{ij}^{t}+M_{i+1,j}^{b})\frac{i_b^{l}}{i_b^{l}+i_b^{r}} \tag{15-8}$$

$$M_{bj}^{r}=(M_{ij}^{t}+M_{i+1,j}^{b})\frac{i_b^{r}}{i_b^{l}+i_b^{r}} \tag{15-9}$$

式中：M_{bj}^{l}、M_{bj}^{r}——左侧和右侧的梁端弯矩；

i_b^{l}、i_b^{r}——左侧和右侧梁的线刚度。

(8) 根据力平衡原理，由梁端弯矩和作用在该梁上的竖向荷载求出梁跨中弯矩和剪力。

框架结构内力分布规律如图15-8所示，一般情况下每根柱子都有反弯点。但当柱刚度比梁刚度大很多时，柱可能没有反弯点(计算得到的反弯点高度比大于1.0)。

三种典型水平荷载作用下各层柱标准反弯点高度比分别如表15-2、表15-3以及表15-4所示，上、下层梁相对线刚度变化的修正值如表15-5所示，上、下层层高变化的修正值如表15-6所示。

4. 反弯点法

当框架梁与柱的刚度比值 $i_b/i_c\geqslant5$，且层数很少时，可采用反弯点法进行计算。反弯点法是 D 值法的特例，和 D 值法的区别是：①假定柱两端为固接，刚度修正系数 α 值等于1；②不考虑柱反弯点的修正，认为底层柱的反弯点在柱底2/3层高处，其他各层柱的反弯点在柱中点。除上述两点之外，其他与 D 值相同。

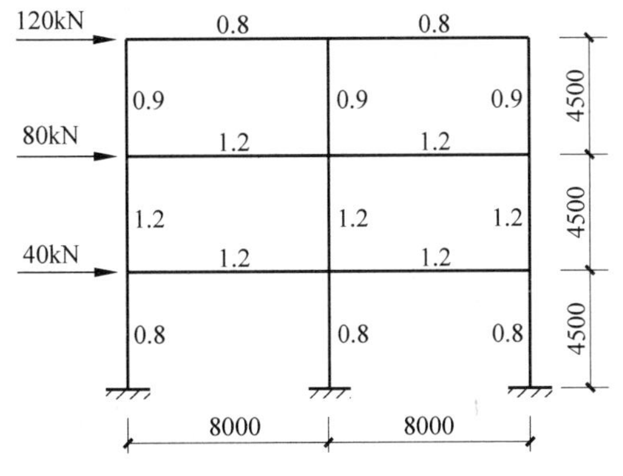

图15-10　三层框架计算简图

【例15-2】 图示为钢筋混凝土三层框架结构的一榀，各层作用水平荷载如图15-10所示，梁柱的相对线刚度在图中用数字表示。试用 D 值法计算框架结构的弯矩。

【解】 (1) 各柱的 D 值及分配的剪力如表15-7所示。

表15-7　各柱的 D 值及分配的剪力

层数	层剪力/kN	参数	边柱 D 值	中柱 D 值	ΣD	每根边柱剪力/kN	每根中柱剪力/kN
3	120	K	1.111	2.222		34.49	51.01
		D	0.190	0.281	0.661		
2	200	K	1.000	2.000		57.11	85.78
		D	0.237	0.356	0.830		
1	240	K	1.500	3.000		74.42	91.16
		D	0.271	0.332	0.874		

(2) 各柱反弯点高度比如表 15-8 所示。

表 15-8 参数计算

层 数	参 数	边 柱	中 柱
3	m	3.000	3.000
	j	3.000	3.000
	K	1.111	2.222
	y_0	0.406	0.450
	a_1	0.667	0.667
	y_1	0.050	0.050
	y_2	0.000	0.000
	y_3	0.000	0.000
	y	0.456	0.500
2	m	3.000	3.000
	j	2.000	2.000
	K	1.000	2.000
	y_0	0.450	0.500
	a_1	1.000	1.000
	a_3	1.000	1.000
	y_1	0.000	0.000
	y_3	0.000	0.000
	y	0.450	0.500
1	m	3.000	3.000
	j	1.000	1.000
	K	1.500	3.000
	y_0	0.625	0.550
	a_2	1.000	1.000
	y_1	0.000	0.000
	y_2	0.000	0.000
	y_3	0.000	0.000
	y	0.625	0.550

(3) 框架的弯矩图和剪力图

弯矩图如图 15-11 所示。

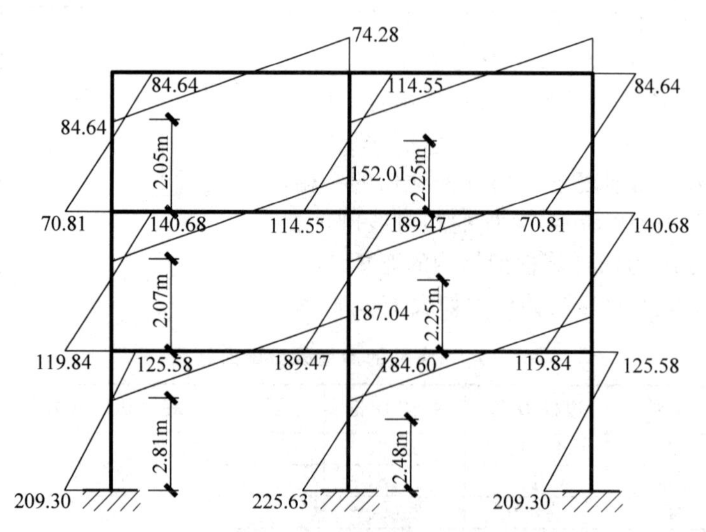

图 15-11 弯矩图(单位：kN·m)

剪力图如图15-12所示。

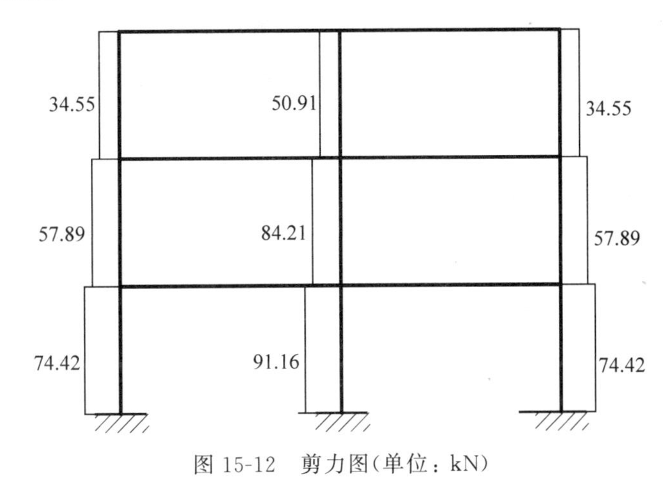

图15-12 剪力图(单位：kN)

15.1.4 水平作用下侧移的近似计算

一根悬臂柱在水平荷载作用下，其总变形由弯曲和剪切变形两部分组成，两者沿高度的变形曲线形状不同，如图15-13所示。由剪切变形组成的曲线下部突出，层间位移由下到上越来越小；由弯曲变形组成的曲线上部向外甩出，层间位移由下到上越来越大。

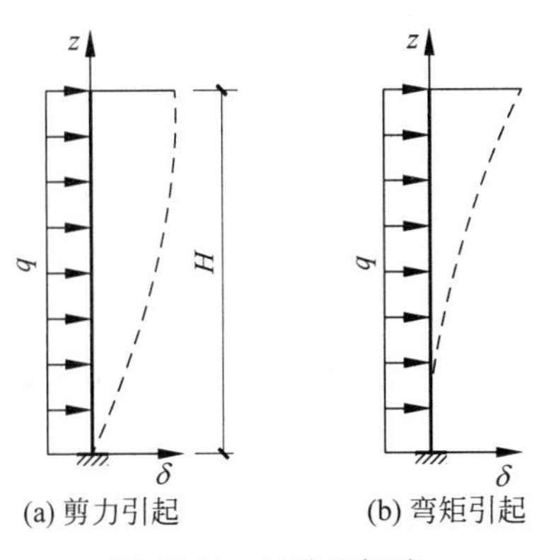

图15-13 悬臂柱侧移

图15-14是一框架结构在水平荷载作用下的侧移变形曲线，它也由两部分变形组成，如图15-14(b)和(c)所示，与悬臂柱剪切变形相似的称为“剪切型变形”，与悬臂柱弯曲变形相似的称为“弯曲型变形”。为了理解上述两部分变形，可以把框架看成空腹柱，通过反弯点将框架切开，其内力如图15-14(d)所示，V为剪力，它由V_A、V_B组成，V_A、V_B产生了柱内弯矩与剪力，引起梁柱弯曲变形，造成的层间变形相当于悬臂柱的剪切变形，沿高度分布曲线是下部突出的，因而成为“剪切型侧移”；M是由柱内轴力N_A、N_B组成的力矩，即抗倾覆力矩，N_A、N_B引起柱轴向变形，产生的侧移相当于悬臂柱的弯曲变形，侧移曲线上部向外甩出，称为“弯曲型侧移”。

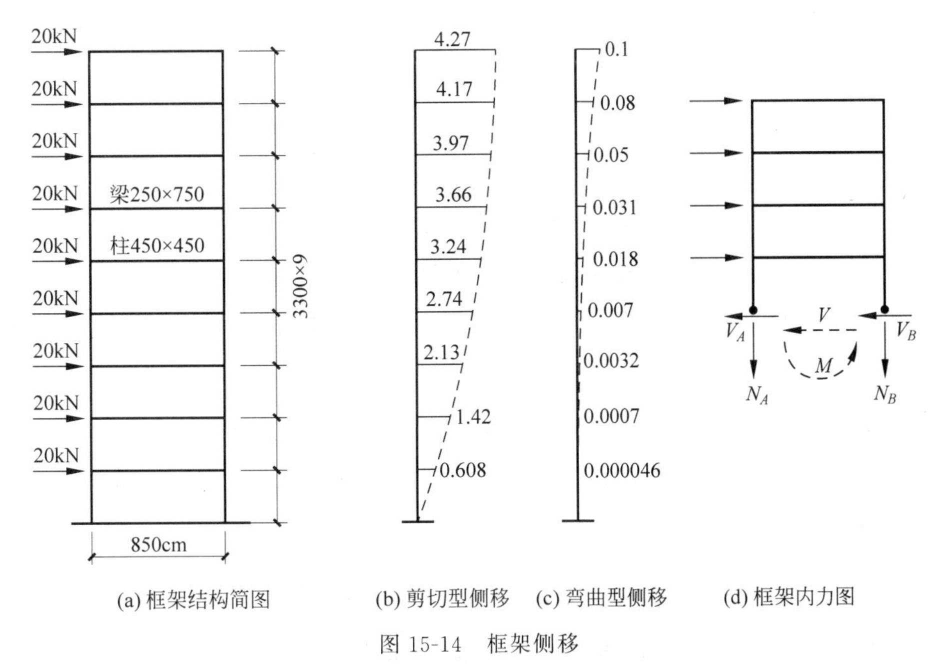

图15-14 框架侧移

框架总侧移由杆件弯曲变形产生的剪切型侧移和柱轴向变形产生的弯曲型侧移两部分叠加而成。由于梁柱的轴向刚度远大于弯曲刚度，框架结构的弯曲型侧移较小，以剪切型侧移为主。多层框架可以忽略弯曲型侧移，但当结构高度增大时，弯曲型侧移占总侧移的比重也增大，因此，在较高的建筑结构中不能忽略弯曲型侧移。

1. 梁、柱弯曲变形产生的剪切型侧移

剪切型侧移可由 D 值计算，为框架侧移的主要部分。设第 i 层结构的层间侧移为 δ_i^{M}（上标 M 表示由杆件弯曲变形产生），当柱总数为 s 时，由式(15-4)D 值定义可得第 i 层层间侧移为：

$$\delta_i^{\mathrm{M}}=\frac{V_{\mathrm{p}i}}{\sum_{j=1}^{s}D_{ij}} \tag{15-10}$$

各层楼板标高处侧移绝对值是该层以下各层的层间侧移之和：

第 i 层侧移为：

$$\Delta_i^{\mathrm{M}}=\sum_{k=1}^{i}\delta_k^{\mathrm{M}} \tag{15-11}$$

顶点侧移为(共 n 层)：

$$\Delta_n^{\mathrm{M}}=\sum_{i=1}^{n}\delta_i^{\mathrm{M}} \tag{15-12}$$

由于框架结构层剪力由下向上逐渐减小，而各层由于柱截面及层高接近，D 值接近，由式(15-10)可见，层间变形由底层向上逐渐减小，形成“剪切型”。

2. 柱轴向变形产生的侧移

假定在水平作用下仅在边柱中有轴力及轴向变形，并假定柱截面由底到顶线性变化，则各楼层处由柱轴向变形产生的侧移(上标 N 表示由柱轴向变形产生)，由下式近似计算：

$$\Delta_i^{\mathrm{N}}=\frac{V_0H^3}{EA_1B^2}F_{\mathrm{n}} \tag{15-13}$$

第 i 层层间侧移为：

$$\delta_i^{\mathrm{N}}=\Delta_i^{\mathrm{N}}-\Delta_{i-1}^{\mathrm{N}} \tag{15-14}$$

式中：V_0——底层总剪力；

H、B——建筑物总高度及结构宽度(即框架边柱之间距离)；

E、A_1——混凝土弹性模量及框架底层柱截面面积；

F_{n}——根据不同荷载形式计算的位移系数，可由图 15-15 的曲线查出，图中系数 n 为框架边柱顶层与底层截面面积之比，$n=A_{顶}/A_{底}$。

【例 15-3】 计算图 15-16 所示 12 层框架在水平集中力作用下的最大层间位移。该框架各层梁截面相同，内、外柱截面不同，7 层以上柱截面减小，因而柱截面有四种，详见图 15-16 中所注。梁柱混凝土强度等级为 C40，弹性模量 $E=3.25\times10^4\,\mathrm{MPa}$。

【解】 (1) 先用公式(15-12)计算梁柱弯曲变形产生的位移。各层 i_{c}、K、α、D、$\sum D$ 以及层间位移 δ_j、层位移 Δ_j 计算如表 15-9 所示，计算结果如图 15-17 所示。

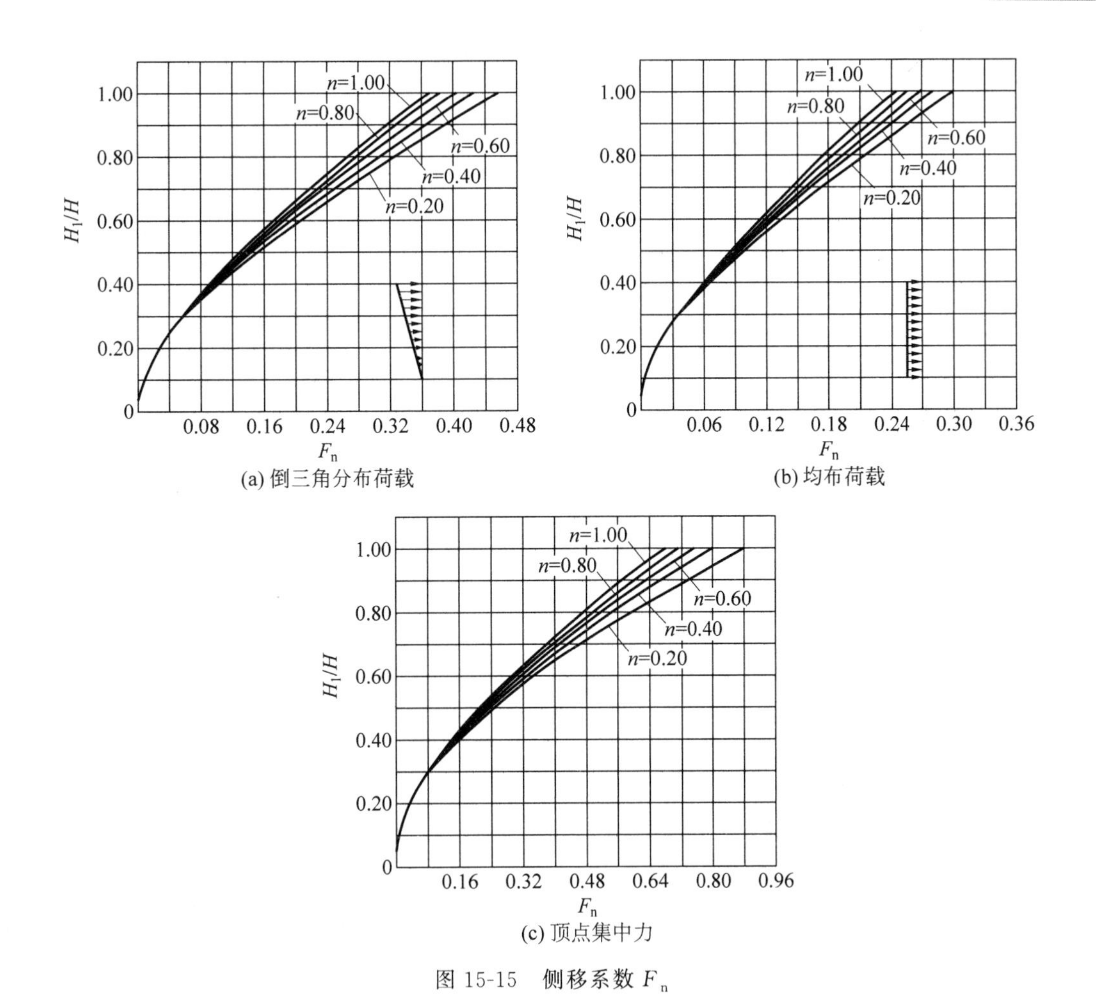

图 15-15　侧移系数 F_n

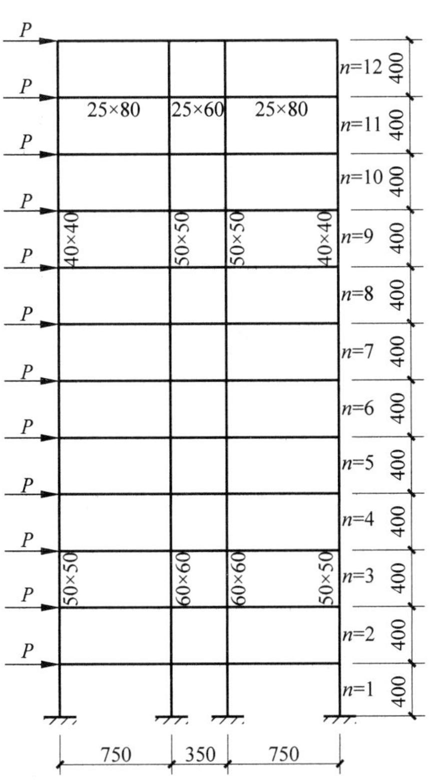

图 15-16　框架计算简图(单位：cm)

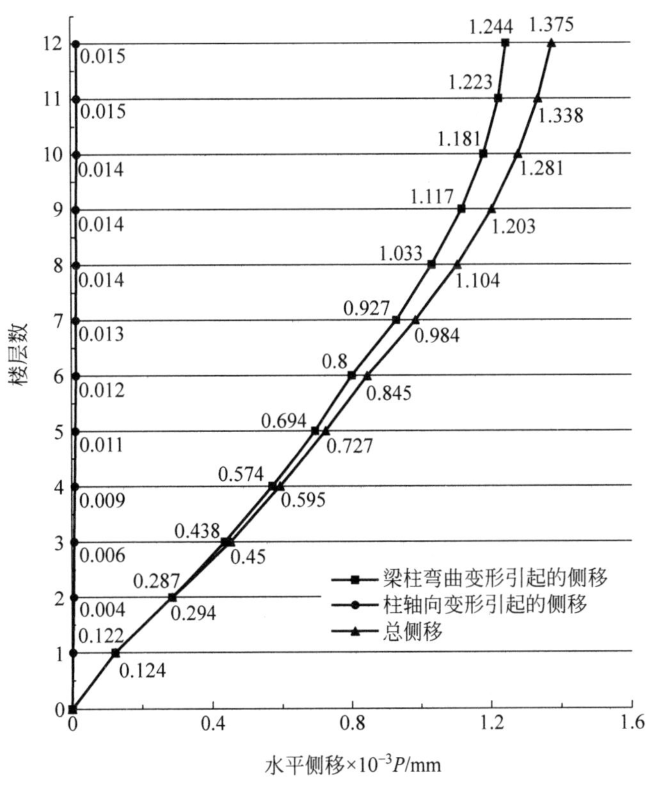

图 15-17　框架侧移结果

表 15-9 各层参数计算

<table>
<tr><th rowspan="2">层数</th><th colspan="2">$i_c/(10^{10}\mathrm{N}\cdot\mathrm{mm})$</th><th colspan="2">$K$</th><th colspan="2">$\alpha$</th><th colspan="2">$D/(\mathrm{N/mm})$</th><th rowspan="2">$\sum_{i=1}^{n} D_{ij}$ /(N/mm)</th><th rowspan="2">V_j/P</th><th rowspan="2">$(\delta_j^{\mathrm{M}}\times 10^{-3}P)$/mm</th><th rowspan="2">$(\Delta_j^{\mathrm{M}}\times 10^{-3}P)$/mm</th></tr>
<tr><th>边柱</th><th>中柱</th><th>边柱</th><th>中柱</th><th>边柱</th><th>中柱</th><th>边柱</th><th>中柱</th></tr>
<tr><td>12</td><td rowspan="6">1.73</td><td rowspan="6">4.23</td><td rowspan="6">2.67</td><td rowspan="6">2.08</td><td rowspan="6">0.572</td><td rowspan="6">0.510</td><td rowspan="6">7429</td><td rowspan="6">16179</td><td rowspan="6">47215</td><td>1</td><td>0.021</td><td>1.244</td></tr>
<tr><td>11</td><td>2</td><td>0.042</td><td>1.223</td></tr>
<tr><td>10</td><td>3</td><td>0.064</td><td>1.181</td></tr>
<tr><td>9</td><td>4</td><td>0.085</td><td>1.117</td></tr>
<tr><td>8</td><td>5</td><td>0.106</td><td>1.033</td></tr>
<tr><td>7</td><td>6</td><td>0.127</td><td>0.927</td></tr>
<tr><td>6</td><td rowspan="5">4.23</td><td rowspan="5">8.78</td><td rowspan="5">1.09</td><td rowspan="5">1.00</td><td rowspan="5">0.353</td><td rowspan="5">0.334</td><td rowspan="5">11241</td><td rowspan="5">21980</td><td rowspan="5">66382</td><td>7</td><td>0.105</td><td>0.800</td></tr>
<tr><td>5</td><td>8</td><td>0.121</td><td>0.694</td></tr>
<tr><td>4</td><td>9</td><td>0.136</td><td>0.574</td></tr>
<tr><td>3</td><td>10</td><td>0.151</td><td>0.438</td></tr>
<tr><td>2</td><td>11</td><td>0.166</td><td>0.287</td></tr>
<tr><td>1</td><td>4.23</td><td>8.78</td><td>1.09</td><td>1.00</td><td>0.515</td><td>0.500</td><td>16343</td><td>32938</td><td>98562</td><td>12</td><td>0.122</td><td>0.122</td></tr>
</table>

(2) 由柱轴向变形产生的位移

该框架柱截面 $A_{顶}=1600\mathrm{cm}^2$，$A_{底}=2500\mathrm{cm}^2$，$n=A_{顶}/A_{底}=0.64$，

$$V_0=12P,\quad H=4800\mathrm{cm},\quad E=3.25\times 10^4\mathrm{MPa},\quad B=1850\mathrm{cm}$$

由图 15-15、式(15-13)、式(15-14)可得侧移系数 F_n、层位移 Δ_j^{N}、层间位移 δ_j^{N}，如表 15-10 所示。

表 15-10 层间位移计算

层数	H_j/H	F_n	$(\Delta_j^{\mathrm{N}}\times 10^{-3}P)$/mm	$(\delta_j^{\mathrm{N}}\times 10^{-3}P)$/mm	$(\Delta_j\times 10^{-3}P)$/mm
12	1	0.273	0.130	0.015	1.375
11	0.916	0.241	0.115	0.015	1.338
10	0.833	0.210	0.100	0.014	1.281
9	0.750	0.180	0.086	0.014	1.203
8	0.667	0.150	0.072	0.014	1.104
7	0.583	0.121	0.058	0.013	0.984
6	0.500	0.094	0.045	0.012	0.845
5	0.417	0.068	0.032	0.011	0.727
4	0.333	0.044	0.021	0.009	0.595
3	0.250	0.025	0.012	0.006	0.450
2	0.167	0.013	0.006	0.004	0.294
1	0.083	0.005	0.002	0.002	0.124

(3) 总位移

$$\Delta_{12}=\Delta_{12}^{\mathrm{M}}+\Delta_{12}^{\mathrm{N}}=(1.244+0.130)\times 10^{-3}P=1.374\times 10^{-3}P;$$

$$\delta_{\max}=\delta_2^{\mathrm{M}}+\delta_2^{\mathrm{N}}=(0.166+0.004)\times 10^{-3}P=0.170\times 10^{-3}P;$$

由以上结果可见，Δ_{12}^{N} 在总位移中仅占 9.5%，δ_2^{N} 在 $\delta_{\max}$ 中所占比例更小，可以忽略。通常柱轴向变形产生的“弯曲型”侧移占的比例很小，因而整个侧移曲线呈剪切型。如图 15-17 所示。

15.2 框架结构计算的分析与比较

手算方法已不适应工程的建设速度和精度要求。实际工程设计时，主要采用商用结构计算软件。商用程序可分为通用计算软件和建筑结构专用计算软件两大类，通用计算程序，如 ANSYS、ABAQUS 等，不但能计算建筑结构，而且能计算其他各种结构，但当采用它们计算建筑结构时，输入输出工作量大，应

用烦琐。建筑结构专用计算程序专门针对建筑结构特点研发，应用方便。我国商用计算程序主要有PKPM系列和盈建科系列程序等，主要包括输入、力学分析、截面设计和输出4个部分。均采用人机交互方式进行输入，建模方便，包括力学分析和符合我国规范规定的荷载计算、作用效应组合以及截面计算、构造规定等，甚至和画施工图程序连用，出图方便，大大减轻了结构工程师繁重的手工劳动和脑力劳动。

但程序是按照设计的要求由人编制的，不同程序对结构设计要求、方法的了解和对规范、规程的掌握上并不一致，因此，采用的计算程序必须经过相当数量实际工程计算的考验。

程序不是万能的，对于某些情况计算结果是正确的，对于某些特殊结构，可能计算结果就会有问题。同时由于输入数据多，也可能出错。由于结构计算必须要做一些简化，或按概念设计要求对某些计算结果作修正和补充，因此，无论采用什么程序，计算结果是否正确应由使用者负责。因此，结构工程师要针对具体结构选用合适的设计程序，在使用程序时要正确输入数据，对结果进行检查、分析和判断，只有确信计算结果正确无误后，才能用于工程设计，决不能盲目的、不加分析地使用输出数据。

1. 空间计算与平面结构假定分析的比较

图15-18所示的10层框架结构是空间结构，也可以在两个主轴方向分别简化为3榀几何尺寸完全相同的平面框架。因此该框架既可以采用空间框架计算，也可以采用不考虑扭转的平面协同计算，不同计算方法的区别见3.1节，构件截面尺寸和承受的水平力如图15-18所示，水平作用均匀分配给三榀框架。

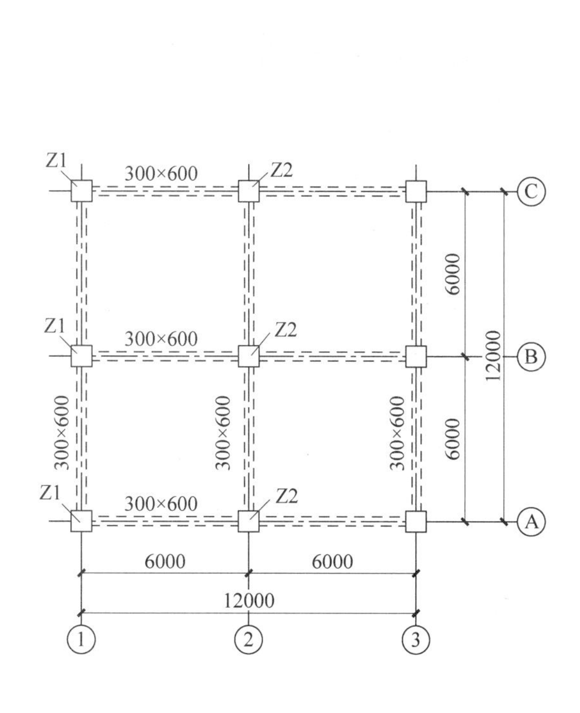

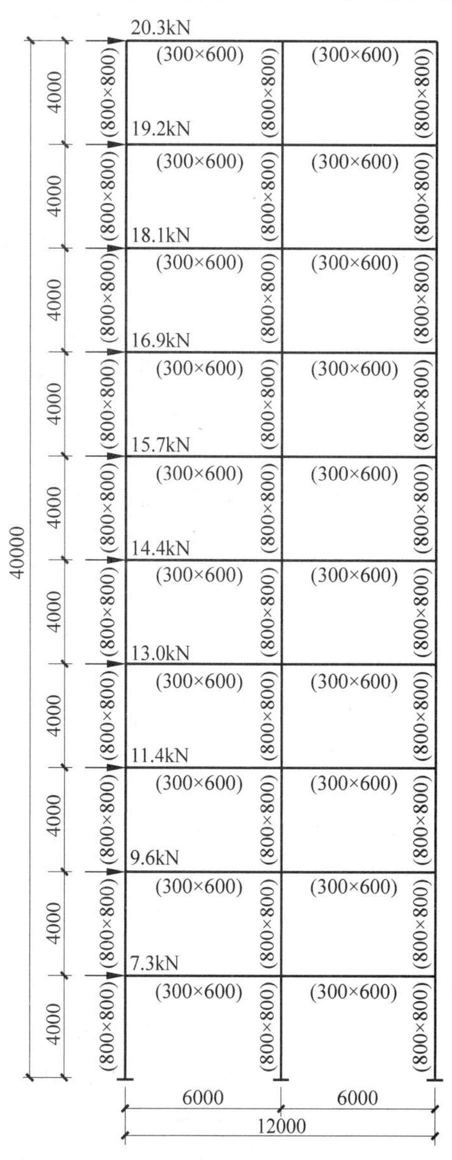

图15-18　10层框架结构平面及立面

因为本例框架结构和荷载在两个方向都对称，没有扭转，3榀框架水平位移相同，对应的柱轴向变形也相同，横向框架梁几乎没有内力或内力很小，在平面协同计算中忽略横向梁的刚度，其对计算结果没有影响。因此，在总荷载相同的情况下，两种方法计算的位移与内力分布基本相同，如图15-19所示，图中单位侧移为mm，弯矩kN·m，轴力、剪力kN。在其他情况下，两种计算方法所得结果不会相同，但是只要是类似矩形的规则结构，且分成的各榀平面框架没有共用框架柱，计算虽然会有误差，但误差不会很大。

层	(a) 侧移	(b) Z1弯矩	(c) Z1剪力	(d) Z1轴力	(e) Z2弯矩	(f) Z2剪力
顶	21.46	24.1			46.1	
10	20.52	10.0 45.0	3.5	7.8	61.9	13.3
9	19.22	4.9 55.0	10.0	19.4	7.2 82.0	19.5
8	17.49	62.9	14.5	36.0	16.2 96.8	28.7
7	15.34	3.0 68.1	19.0	57.7	32.6 110.1	36.6
6	12.81	13.2 71.0	22.9	84.6	49.5 118.2	44.4
5	9.96	23.6 68.7	26.8	115.8	57.5 120.6	51.0
4	6.91	36.4 57.0	30.5	150.5	85.8 110.8	56.6
3	3.87	53.3 25.4	34.1	187.0	105.8 74.1	60.7
2		79.6 128.2	38.4	721.7	132.1	61.9
1	1.26	50.8 231.4	45.1	247.2	173.4 21.8 244.6	55.7

4000×10=40000

图15-19 10层框架结构侧移及Z1、Z2内力

若对两者进行动力分析，则x方向平面协同计算得不到y方向周期和扭转周期；空间结构计算可同时得到两个方向的平移振型与扭转振型。由于结构两个方向均对称，所以对于x方向而言，两种计算所得周期是相同的，见周期比较(1)和(2)。需要注意的是，空间计算6个振型只相当于平面计算中出现的2个振型。

在平面结构假定情况下，如果将框架拆成三榀分别计算，并将外荷载平均分配给三榀，其内力与上两种方法计算结果也完全相同(图15-19)，但是所得周期则完全不同。因为周期和总刚度及质量有关，三榀和一榀的总刚度、质量都相差甚多，它们的计算周期必然不相同，见周期比较(2)、(3)、(4)。虽然Ⓐ轴线与Ⓑ轴线框架刚度相同，但Ⓑ轴框架的质量大，因此Ⓐ轴线与Ⓑ轴线的计算周期也不相同，Ⓑ轴框架周期更长。因此，由于动力性能不同，抗震设计时不能用单榀框架代替整个框架结构进行计算。

周期计算结果比较如下，请注意T_1、T_2等和振型方向(x、y、扭转)关系，以及相互对应关系：

(1) 按空间结构计算：

$T_1=1.60$s(x向)，$T_2=1.60$s(y向)，$T_3=1.27$s(扭转)，

$T_4=0.49$s(x向)，$T_5=0.49$s(y向)，$T_6=0.26$s(扭转)；

(2) 按平面协同计算(x向)：$T_1=1.60$s，$T_2=0.49$s，$T_3=0.16$s；

(3) 按轴线Ⓐ单榀计算(x向)：$T_1=1.47$s，$T_2=0.4$s，$T_3=0.24$s；

(4) 按轴线Ⓑ单榀计算(x向)：$T_1=1.84$s，$T_2=0.57$s，$T_3=0.30$s。

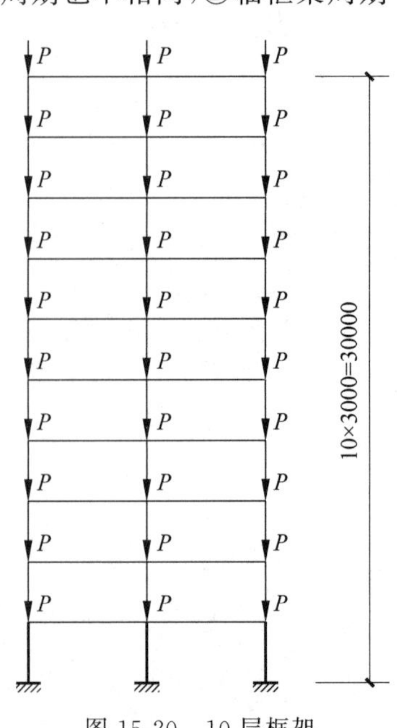

图15-20 10层框架

2. 柱轴向变形的影响

采用手算近似分析方法的主要问题之一，就是忽略柱轴向变形，它不仅使水平位移偏小，还引起内力分布改变。现以图15-20所示框架为例进行对比说明，该框架截面尺寸为：边柱0.14m×0.14m(1～5层)、0.1m×0.1m(6～10层)，中柱0.21m×0.21m(1～5层)、0.15m×0.15m(6～10

层)，框架梁 0.2m×0.5m。为了简单明了，框架只施加节点竖向力，所有 P 值相等。

图 15-21(a)是不计柱轴向变形的内力图(两根边柱对称，另一个边柱未画出)，除了柱轴力，该框架梁、柱都没有弯矩；图 15-21(b)是计入柱轴向变形的内力图，与图 15-21(a)比较可见，除了柱轴力发生变化外，图 15-21(b)梁、柱都有弯矩(也有剪力，未画出)。这是因为边柱轴向应力大，压缩变形大，而中柱截面轴向应力小，压缩变形小。轴力会通过梁转移到轴向变形较小的柱上，因此中柱轴力加大，梁和边柱产生了弯矩和剪力。如果框架层数和高度再加大，其差别会更大。

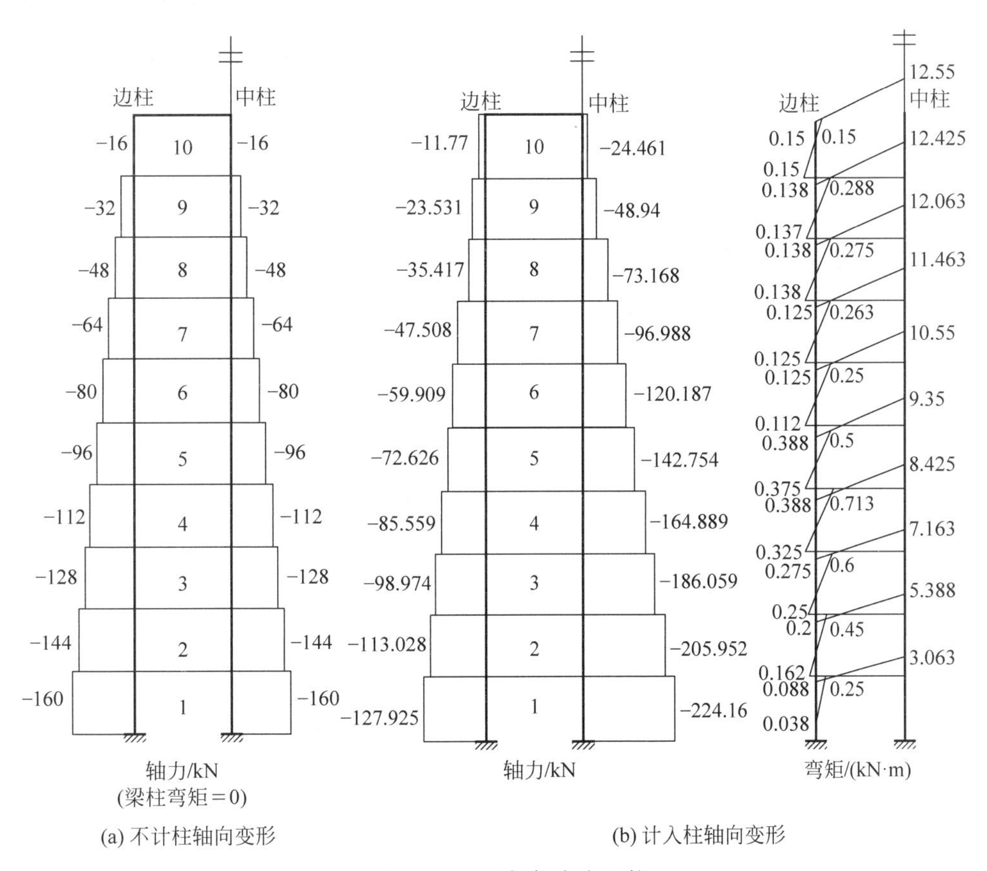

(a) 不计柱轴向变形　　(b) 计入柱轴向变形

图 15-21　10 层框架内力比较

因此在较高的建筑计算时，忽略竖向构件柱、墙的轴向变形，会造成计算误差。一般在多层结构或进行高层结构初步设计时可以采用忽略竖向构件(柱、墙)轴向变形的简化计算方法。

各种结构计算的商用程序在计算内力时，都可以考虑柱的轴向变形对内力的影响。

3. 竖向荷载加载次序——施工模拟

在结构中，竖向荷载大部分是由结构自重等恒荷载引起的。这些竖向荷载都是在施工过程中逐步加上去的。图 15-22 为表示考虑实际加载过程的计算简图，第 1 层施工后，柱有压缩和轴力(如果相邻柱压缩量不同，梁也可能有内力)。第 2 层施工浇筑混凝土时会把第 1 层的压缩量找平，因此第 2 层施工完成后，虽有两层框架，但不能再计算第 1 层荷载对第 2 层的影响，而第 2 层的荷载还会使第 1 层柱再压缩，因此仅由第 2 层荷载计算下两层柱的压缩和横梁变形，依此类推，可得到图 15-22(b)的各个计算图。在施工完成后，使用阶段还会再加上部分活荷载，这部分荷载应按整体框架进行分析，即图 15-22(a)。这样的施工过程模拟计算反映了由下至上逐步形成重力荷载，逐步形成结构刚度的全过程，最后叠加得到的才是最终内力和变形。

上述考虑施工过程的计算符合实际，但计算过程中每加一层都要形成新刚度矩阵，分别计算，最后叠加，无疑计算时间将加长。因此，大部分程序对施工过程计算都作了简化。但有些简化会带来一些误差，在应用时需要了解其简化原理，判断是否适用。目前，常用的施工模拟方法有以下两种。

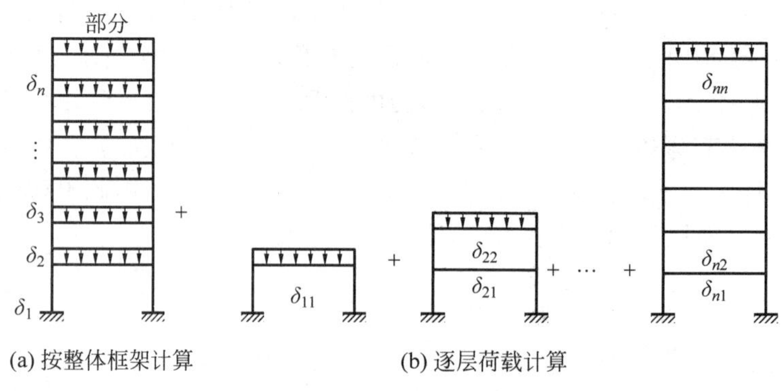

图 15-22　考虑施工过程的计算

方法一：实际是精确的施工模拟计算，但是考虑到程序编排及运行的方便，对计算过程作了重新安排，如图 15-23 所示。它一次形成总刚度矩阵，用以计算水平荷载和后期竖向荷载下内力和变形；然后由上至下用逐层置“0”法修正总刚度矩阵，逐层求解施工阶段加荷内力和变形，逐层叠加，最终得到考虑施工过程的内力和变形。该方法使总刚度矩阵变换方便简洁，不需多占计算空间，计算时间增加有限，而结果相对精确。

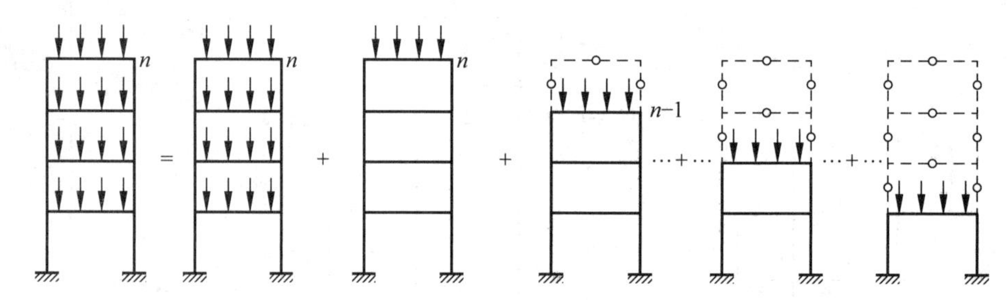

图 15-23　施工模拟简化计算方法一

方法二：如图 15-24 所示，其结构刚度矩阵一次形成，而分成 n 种荷载分别计算，图 15-24(b)计算结果只取第 1 层的变形和内力，图 15-24(c)计算结果只取第 1、2 层的变形和内力，依次类推，最后将分别取出的计算结果叠加得到最后结果。这种方法是假定第 i 层以下的荷载对第 i 层以上不起作用，第 n 层的内力和变形只由第 n 个图形计算得到。但是由于刚度矩阵取近似全部结构，计算存在一定误差。这种方法的底层计算内力与一次加荷计算结果相同，往上则逐渐与精确模拟施工过程接近，顶层内力与精确模拟施工过程相同。

目前各种商用设计软件都可以考虑施工模拟。

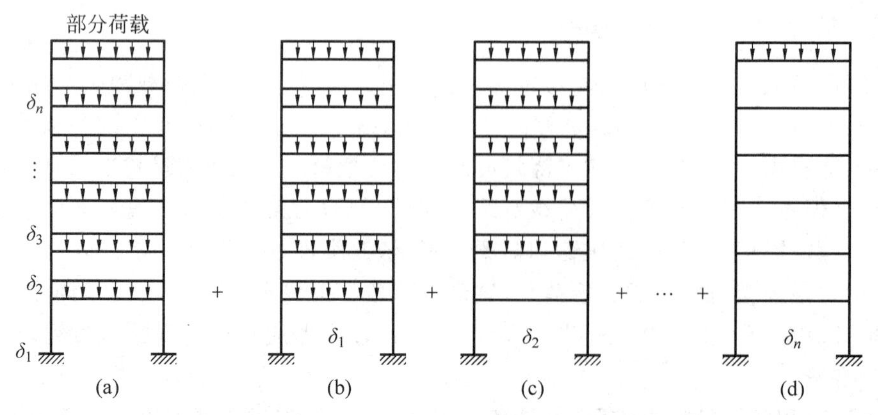

图 15-24　施工模拟简化计算方法二

15.3　框架结构震害和框架结构抗震设计原则

15.3.1　框架结构的震害及原因

框架结构平面布置灵活，能够适应不同使用功能的需求，同时具有较好的延性，是我国多层建筑常用的结构形式。历次震害调查证明，框架结构房屋的震害比砌体房屋要轻得多，但比剪力墙结构和框剪结构重的多。

1. 整体破坏形式

历次大震中，框架结构发生整体破坏甚至倒塌的情况时有发生，某大地震中框架结构倒塌的照片如图 15-25 所示。

图 15-25　框架结构整体倒塌 1

框架按破坏机制可分为强柱弱梁型的梁铰机制和强梁弱柱型的柱铰机制，梁铰机制也叫总体机制，柱铰机制也叫楼层机制，如图 15-26 所示。

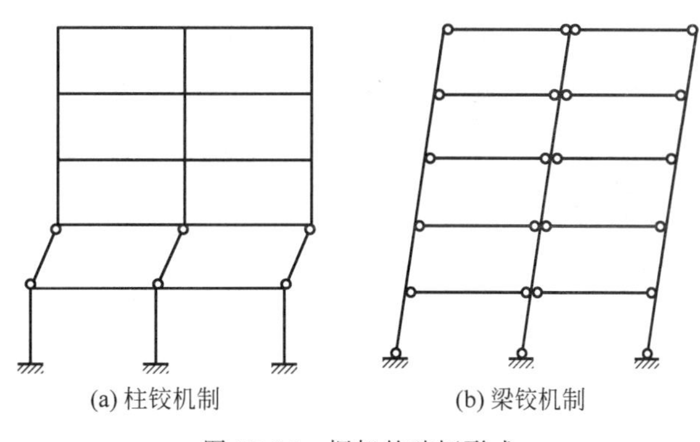

(a) 柱铰机制　　(b) 梁铰机制

图 15-26　框架的破坏形式

梁铰机制优于柱铰机制，其原因是：

(1) 结构发生总体屈服时，梁铰分散在各层，侧向变形沿竖向分布比较均匀；结构发生楼层屈服时，柱铰集中在某一层，不仅侧向变形沿竖向分布不均匀，而且结构的变形往往集中在某一薄弱层，出现严重的塑性变形集中，容易形成倒塌机构。如图 15-27 所示，某 5 层框架结构在汶川地震中整体倒塌后上部下坐，5 层变 3 层。

(2) 结构发生总体屈服时，梁铰的数量远多于柱铰的数量。在同样大小的塑性变形能力和耗能要求下，对梁铰的塑性转动能力要求低，而对柱铰要求高。

(3) 梁是受弯构件，容易实现大的延性和耗能能力，柱是压弯构件，尤其是轴压比大的柱不容易实现大的延性和耗能能力。

图 15-27　框架结构整体倒塌 2

此外，还有混合破坏机制，即部分出现梁铰破坏，部分出现柱铰破坏。

框架结构整体破坏主要是由强梁弱柱型的柱铰机制引起的，因此，设计时应避免此类破坏发生。

2. 局部破坏形式

1）柱的破坏形式

国内外历次震害的调查结果反映，框架结构容易出现“强梁弱柱”的柱铰破坏机制，如图 15-28 所示。框架柱的震害一般比梁重，柱顶震害比柱底严重，角柱和边柱更容易发生破坏。破坏类型主要有弯曲破坏、剪切破坏和黏结开裂破坏：①弯曲破坏：在水平荷载作用下产生较大弯矩，破坏通常发生在柱顶或柱底截面，轻者出现水平裂缝、斜裂缝或交叉裂缝，重者混凝土压碎崩落，柱内箍筋拉断，纵筋压屈向外鼓出呈灯笼状，如图 15-28(a)～(e)所示；②剪切破坏：剪跨比小的“短柱”，包括填充墙形成的短柱易发生剪切型的脆性破坏，如图 15-29 所示；③黏结开裂破坏：由于钢筋锚固不足被拔出而破坏。另外柱出现弯曲裂缝或剪切裂缝后，在反复荷载作用下，沿主筋出现黏结裂缝，使混凝土沿主筋酥裂脱落导致柱破坏，如图 15-28(f)所示。

(a) 底层框架柱破坏

(b) 柱顶破坏

(c) 柱上、下端弯曲破坏

(d) 角柱柱顶破坏

(e) 柱底纵筋压曲成灯笼状

(f) 柱身混凝土保护层剥落

图 15-28　框架柱破坏

研究发现，剪跨比 $\lambda \geqslant 2$ 的柱属于长柱，只要构造合理，通常发生延性较好的弯曲破坏；剪跨比 $1.5 \leqslant \lambda < 2$ 的柱为短柱，将发生以剪切为主的破坏，当提高混凝土强度等级或配有足够的箍筋时，也可能发生

具有一定延性的剪压破坏；而剪跨比 $\lambda<1.5$ 的柱为极短柱，其破坏形态主要是脆性的剪切斜拉破坏，几乎没有延性。

由于门窗洞口的设置、走廊处设置矮墙等使用功能的要求，局部填充墙不合理布置，容易对框架柱的变形形成一定限制，实际上缩短了框架柱的高度而形成“短柱”。“短柱”部位刚度增大，分担的地震剪力也增大，但变形能力弱，延性差，易发生脆性破坏。这种破坏模式在历次地震中均大量出现，如图 15-29 所示。

图 15-29　短柱剪切破坏

2）梁的破坏形式

震害调查发现，框架梁的震害相对于框架柱而言轻得多，其震害特点是易发生梁端剪切破坏(图 15-30(a))。当梁端弯矩、剪力较大，且配箍不足时，在弯剪共同作用下，梁端产生斜裂缝(图 15-30(b))。在反复地震作用下，框架梁受到较大弯矩作用，导致沿梁长度方向产生竖向裂缝(图 15-30(c))。

(a) 梁端剪切破坏

(b) 梁端斜裂缝

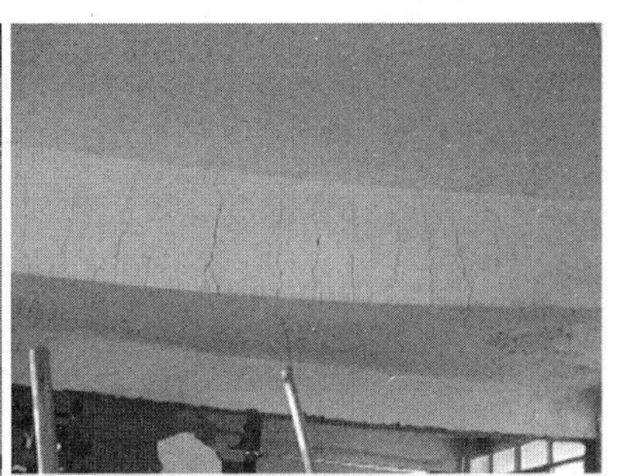

(c) 框架梁竖向裂缝

图 15-30　框架梁破坏

当框架梁的净跨与截面高度之比，即跨高比小于 4 时为短梁，短梁易发生剪切破坏。值得注意的是，门窗洞口处填充墙的不合理布置也易形成短梁而发生剪切破坏，如图 15-31 所示。

图 15-31　短梁剪切破坏

3）节点的破坏形式

由于节点构造复杂、施工难度大，规范要求的配筋及其他抗震构造措施有时难以落实(特别是箍筋配置不足的情况)，因此框架节点的震害也较为常见。图 15-32(a)、(b)显示节点区域未见箍筋，出现混凝土开裂、剥落，纵筋压屈成灯笼状；图 15-32(c)、(d)显示节点区在剪力和压力作用下，沿对角线出现斜裂缝，在反复地震作用下产生交叉状的斜裂缝；图 15-32(e)显示框架结构的底层角柱节点区也容易发生破坏；图 15-32(f)显示某框架结构的梁柱节点处梁的尺寸大于柱尺寸，且节点两侧梁标高不同，导致柱与梁交接处节点发生破坏。

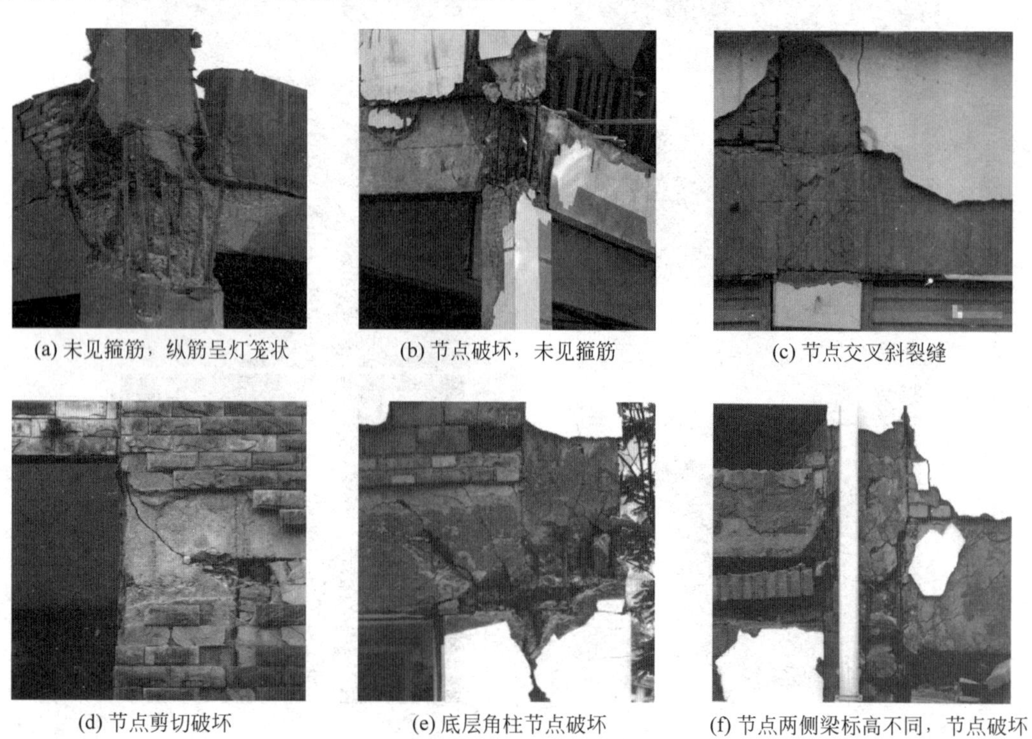

(a) 未见箍筋，纵筋呈灯笼状　(b) 节点破坏，未见箍筋　(c) 节点交叉斜裂缝

(d) 节点剪切破坏　(e) 底层角柱节点破坏　(f) 节点两侧梁标高不同，节点破坏

图 15-32　框架结构梁柱节点破坏机制

4）楼梯间的破坏形式

楼梯是地震突发时人员疏散的唯一通道。地震时如果楼梯先于主体结构破坏，则大大影响人员的应急逃生。汶川地震的震害调查发现了大量楼梯破坏的震害，其中框架结构的楼梯破坏最为严重。楼梯震害主要有以下几方面：

(1) 楼梯间填充墙开裂、倒塌。地震时楼梯间较为薄弱，而由于梯板的斜撑作用，其水平方向的刚度相对较大，以至于分配到的地震作用也相应较大，因此楼梯间填充墙破坏较为严重。从图 15-33(a)可以看出，楼梯间填充墙倒塌砸断梯板，堵塞楼梯间，严重影响了楼梯逃生通道的作用，因此，楼梯间填充墙应加强圈梁、构造柱的设置，加强与周围构件的拉结。楼梯间的填充墙，尚应采用钢丝网砂浆面层加强。

(2) 梯段板断裂破坏。梯段板破坏主要表现为梯板断裂。断裂部位可归纳为几种情况：在距两端支座约 1/3 处断裂，该部位一般也是梯板负筋的截断点，承载力发生突变；梯段板施工缝薄弱部位和梯板与框架梁相交的不利受力位置也易产生拉裂破坏，甚至拉断，失去逃生通道功能；或者采用了延性较差的冷加工钢筋(图 15-33(b)～(f))。因此，框架结构的楼梯宜在梯段板的一端采用滑动支座，以降低梯段板的斜撑作用，避免梯段板被拉断。梯段板两端如与平台梁整浇，则纵向受力钢筋应双层拉通配置，并进行可靠锚固，并不宜采用延性较差的冷加工钢筋。

（3）平台梁和平台板的破坏。汶川地震中，有些楼梯在平台处发生剪切扭转破坏。主要表现为平台梁混凝土脱落、钢筋屈服等，如图15-33(g)～(h)所示。究其原因，在楼梯设计中，平台梁和平台板一般均按受弯构件计算，在正常使用状态下，梯板推力很小，梁板均能正常的工作。而在地震作用下，梯板承受着较大的轴力。对平台梁而言，梯板的推力使平台梁平面外受弯、受剪，由于上下梯段的剪力，产生剪切、扭转破坏。

（4）楼梯间框架柱及梯柱的破坏。框架结构板式楼梯的梯段板大都在半层处，通过平台梁和平台板与框架柱及梯柱相连，平台梁与框架柱浇筑在一起，使得框架柱受平台梁约束而形成短柱，易发生短柱剪切破坏。汶川地震中，框架结构中的一些楼梯间的框架柱和梯柱发生了严重的剪切破坏(图15-33(i)～(j))。

(a) 楼梯间墙体倒塌

(b) 楼梯断裂破坏

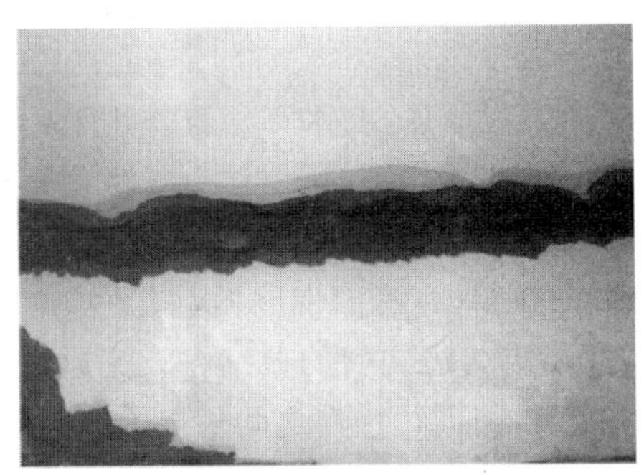

(c) 楼板拉断，冷轧扭钢筋拉裂

(d) 楼梯两处断裂，主筋弯曲

(e) 楼梯折断后吊挂

(f) 楼梯严重破坏

(g) 平台梁破坏

(h) 梯梁、平台板、楼梯破坏

图15-33　楼梯震害

(i) 楼梯引起框架柱的短柱破坏1

(j) 梯梯引起框架柱的短柱破坏2

图 15-33 （续）

汶川地震后，《抗震规范》明确要求，框架结构楼梯间的布置不应导致结构平面特别不规则；楼梯构件与主体结构整浇时，应计入楼梯构件对地震作用及其效应的影响，应进行楼梯构件的抗震承载力验算；宜采取构造措施，减少楼梯构件对主体结构刚度的影响。

5）非结构构件的破坏形式

由于非结构构件一般不属于主体结构的一部分，因此在抗震设计时往往容易被忽略。但从震害调查来看，若非结构构件处理不好，往往在地震时倒塌伤人，造成恐惧心理，甚至破坏主体结构。对于现代建筑而言，装修造价占总投资的比例很大，非结构构件震后修复的工作量大，费用高，造成了严重的财产损失。

（1）第一类非结构构件是填充墙。填充墙使得框架刚度大为增加，在水平地震作用下，会吸收更多的地震能量。但是填充墙的受剪承载力低，变形能力小，在地震反复作用时，墙体会发生剪切破坏，出现图 15-34(a)、(b)所示的 X 形裂缝。端墙、窗间墙和门窗洞口边角部位破坏更加严重，如图 15-34(c)、(d)所示。当墙体发生平面外受弯时，如果与主体结构缺乏有效的拉结，容易出现倒塌，如图 15-34(e)、(f)所示。为防止砌体填充墙破坏，应加强圈梁、构造柱的设置，加强与周边构件的拉结。人流通道的填充墙，尚应采用钢丝网砂浆面层加强。有条件时可采用大型轻质墙板，与周边构件之间采用柔性连接。

(a) 填充墙X形裂缝1

(b) 填充墙X形裂缝2

(c) 填充墙洞口处破坏1

(d) 填充墙洞口处破坏2

图 15-34 框架结构填充墙震害

(e) 填充墙倒塌1

(f) 填充墙倒塌2

图 15-34　(续)

(2) 第二类非结构构件是出屋面附属构件，如女儿墙、楼梯间、电梯间等小建筑、烟囱等。突出屋面附属结构的地震反应明显比主体结构大，该现象称为“鞭梢效应”。其原因是突出屋面附属结构与下部主体结构之间存在明显的刚度突变，由于鞭梢效应地震反应被放大，是地震时最容易破坏的部位，如图 15-35 所示。因此，屋面附属构件应验算抗震承载力，并加强与主体结构之间的连接。

(a) 出屋面小塔楼倒塌落到地面

(b) 出屋面小楼倒塌

图 15-35　出屋面附属构件震害

(3) 第三类非结构构件是装饰物，如建筑贴面、幕墙、吊顶等。震害调查发现，大部分玻璃幕墙表现良好，地震时没有大量脱落伤人，但也发现存在玻璃幕墙破坏的震害。吊顶塌落的震害也较为常见，如图 15-36 所示。装饰物破坏会给人们带来恐惧心理，并且震后修复费用高。因此，幕墙、装饰贴面等与主体结构应有可靠连接，避免地震时脱落伤人。

(a) 幕墙破坏

(b) 吊顶破坏

图 15-36　装饰物震害

15.3.2　框架结构抗震设计原则

为具有良好的延性和耗能能力，框架结构应采用以下抗震设计原则。

1. 强柱弱梁

强梁弱柱型的柱铰机制将可能引发框架结构的整体垮塌，而且和梁的破坏相比，柱的破坏对结构的不利影响更大，因此，框架结构设计应实现“强柱弱梁”。

为实现强柱弱梁，汇交在同一节点的上、下柱端截面在轴压力作用下的受弯承载力之和应大于两侧梁端截面受弯承载力之和，从而实现塑性铰先出在梁端，推迟或避免柱端形成塑性铰。

震害调查发现，凡是实现“强柱弱梁”设计的框架结构，即使梁端出现塑性铰，发生较为严重的破坏，也未发生结构性倒塌，实现了“大震不倒”，如图 15-37 所示。

图 15-37　框架结构强柱弱梁破坏机制

2. 强剪弱弯

和剪切破坏相比，弯曲破坏延性好，耗能大，因此，框架梁柱和剪力墙的连梁应实现强剪弱弯。

强剪弱弯要求梁、柱的受剪承载力应分别大于其受弯承载力对应的剪力，以推迟或避免其剪切破坏，实现延性的弯曲破坏。

3. 强节弱杆

框架结构梁柱节点核心区同时处在弯矩、剪力和轴力的复合作用下，受力复杂，节点破坏将导致相关联的梁柱失去作用，因此，应实现强节弱杆。

强节弱杆要求梁柱节点核心区的受剪承载力应大于汇交在同一节点的两侧梁达到受弯承载力时对应的核心区的剪力。以实现在梁、柱塑性铰充分发展前，核心区不破坏。

同时，伸入核心区的梁、柱纵向钢筋，在核心区内应有足够的锚固长度，避免因黏结、锚固破坏而增大层间位移。

4. 强压弱拉

适筋截面的延性好，耗能大。强压弱拉要求梁、柱截面受拉区钢筋的屈服先于受压区混凝土的压碎，即梁柱应设计为适筋截面，不能发生超筋破坏，同样也不能发生少筋破坏。

上述要求也统称为“四强四弱”。但应注意，上述强弱是相对关系，并不是绝对关系，弱的一方也必须满足抗震要求。

5. 局部加强

震害表明，柱根部以及角柱、框支柱等受力不利部位震害重。因此，应提高和加强柱根部以及角柱、框支柱等受力不利部位的承载力和抗震构造措施，推迟或避免其过早破坏。

6. 限制柱轴压比

轴压比是指柱、墙的轴压力设计值与柱、墙的全截面面积和混凝土轴心抗压强度设计值乘积之比值。轴压比过大会导致柱、墙的延性和耗能变差，因此，应限制竖向构件，即柱、墙的轴压比。

7. 加强箍筋对混凝土的约束

从 14.3.2 节可知，箍筋约束混凝土不但可以提高受剪承载力，而且能够有效提高延性、耗能，提高结构抗震能力，因此，框架梁柱、剪力墙墙肢端部边缘构件和连梁，均应加强箍筋的配置。可以认为，箍筋是混凝土结构抗震最重要的法宝之一。

8. 材料

钢筋混凝土结构的混凝土强度等级不应低于C25，抗震等级不低于二级的钢筋混凝土结构构件，混凝土强度等级不应低于C30。高强混凝土的延性不及普通混凝土，因此，框架柱的混凝土强度等级，9度时不宜高于C60，8度时不宜高于C70。

按一、二、三级抗震等级设计的框架和斜撑构件，其纵向受力普通钢筋有三个特定要求：抗拉强度实测值与屈服强度实测值的比值不应小于1.25；屈服强度实测值与屈服强度标准值的比值不应大于1.30；最大力下的总延伸率实测值不应小于9%。这三个要求也是抗震钢筋与普通钢筋的最主要区别。

15.4　框架梁设计

梁是钢筋混凝土框架的主要延性耗能构件。影响框架梁的延性和耗能的主要因素有：破坏形态，截面混凝土相对受压区高度，塑性铰区混凝土约束程度等。

15.4.1　框架梁的破坏形态与延性

如图15-38所示，梁的破坏形态可以归纳为两种：弯曲破坏和剪切破坏。剪切破坏属于延性小、耗能差的脆性破坏，需要通过强剪弱弯设计来避免。

梁的弯曲破坏可以归纳为3种形态：少筋破坏、超筋破坏和适筋破坏。少筋梁的受拉区混凝土开裂后，裂缝处的纵筋会立刻屈服并进入强化阶段，使构件发生断裂破坏；超筋梁在受拉纵筋屈服前，受压区混凝土被压碎而发生破坏。这两种破坏形态都是脆性破坏，延性小，耗能差。适筋梁的纵筋达到屈服强度时，受压区混凝土也达到了极限压应变，混凝土被压碎而发生破坏。适筋梁在破坏之前，钢筋会经历较大的塑性变形，破坏时有明显的预兆，属于延性破坏。

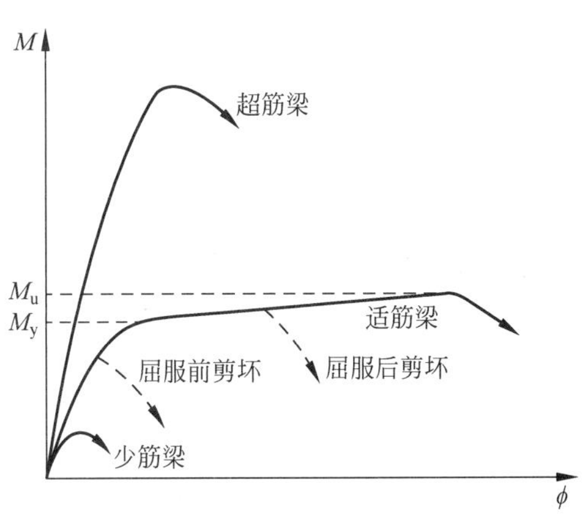

图15-38　不同配筋梁的延性

15.4.2　梁截面抗弯设计

1. 梁截面抗弯配筋与延性

钢筋混凝土梁应按适筋梁设计，在适筋梁情况下，延性大小还有差别。混凝土相对受压区高度大，截面曲率延性小；反之，相对受压区高度小，则延性大。图15-39所示的矩形截面混凝土适筋梁，由于纵向配筋不同，受压区边缘混凝土达到极限压应变ε_{cu}时的受压区高度不同，截面的极限曲率分别用$\phi_{u1}=\varepsilon_{cu}/x_1$和$\phi_{u2}=\varepsilon_{cu}/x_2$计算，显然，$\phi_{u2}>\phi_{u1}$，即相对受压区高度小，截面的极限曲率大。

由受弯平衡条件，双筋矩形截面适筋梁的相对受压区高度$\xi(x/h_{b0})$可以用下式计算：

$$\xi=\frac{\rho_s f_y}{\alpha_1 f_c}-\frac{\rho'_s f'_y}{\alpha_1 f_c} \tag{15-15}$$

式中：h_{b0}——截面有效高度；

α_1——与混凝土等级有关的等效矩形应力图的应力系数，当混凝土强度等级不超过C50时取1.0，当混凝土强度等级为C80时取0.94，当混凝土强度等级在C50和C80之间时，按线性插值法取；

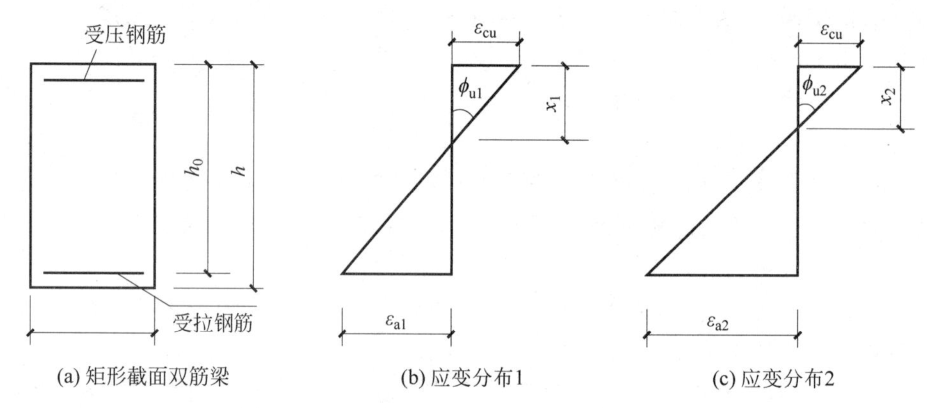

图 15-39 适筋梁截面极限应变时的应变分布

ρ_s、ρ'_s——受拉钢筋和受压钢筋的配筋率；

f_y、f'_y——受拉钢筋和受压钢筋的抗拉强度设计值，一般情况下，$f_y=f'_y$；

f_c——混凝土轴心抗压强度设计值。

由式(15-15)可见，受拉钢筋的配筋率增大，相对受压区高度增大；受压钢筋的配筋率增大，相对受压区高度减小。因此，钢筋混凝土框架梁应限制梁端塑性铰区上部受拉钢筋的配筋率，同时，必须在梁端下部配置一定量的受压钢筋，以减小框架梁端塑性铰区截面的相对受压区高度。

2. **梁截面抗弯验算**

框架梁的受弯承载力用下式验算：

持久、短暂设计状况：

$$M_b \leqslant (A_s - A'_s) f_y (h_{b0} - 0.5x) + A'_s f_y (h_{b0} - a') \tag{15-16}$$

地震设计状况：

$$M_b \leqslant \frac{1}{\gamma_{RE}} [(A_s - A'_s) f_y (h_{b0} - 0.5x) + A'_s f_y (h_{b0} - a')] \tag{15-17}$$

式中：M_b——组合的梁端截面弯矩设计值；

A_s、A'_s——受拉钢筋面积和受压钢筋面积；

a'——受压钢筋中心至截面受压边缘的距离；

γ_{RE}——承载力抗震调整系数，取 0.75。

15.4.3 梁截面抗剪验算

1. **框架梁箍筋与延性**

根据震害和试验研究，框架梁端破坏主要集中在 1～2 倍梁高的梁端塑性铰区内，如图 15-40 所示。塑性铰区不仅有竖向裂缝，而且有斜裂缝。在地震往复作用下，竖向裂缝贯通，斜裂缝交叉，混凝土骨料的咬合作用渐渐丧失。为了使塑性铰区具有良好的塑性转动能力，同时为了防止混凝土压溃前受压钢筋过早压屈，需要在梁的两端设置箍筋加密区。箍筋加密区配置的箍筋应不少于按强剪弱弯确定的剪力所需要的箍筋量，还不应少于抗震构造措施要求配置的箍筋量。

2. **剪力设计值**

一、二、三级框架梁端箍筋加密区以外的区段及四级框架梁，梁的剪力设计值取最不利组合得到的剪力。

一、二、三级抗震框架的梁端箍筋加密区的箍筋量要满足强剪弱弯的要求。因此，抗震等级为一、二、三级框架的梁端箍筋加密区剪力设计值 V_b 如图 15-41 所示，按下式计算：

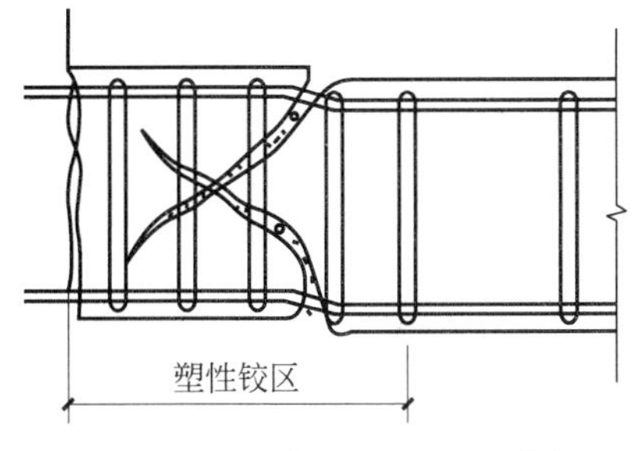

图 15-40 框架梁塑性铰区裂缝

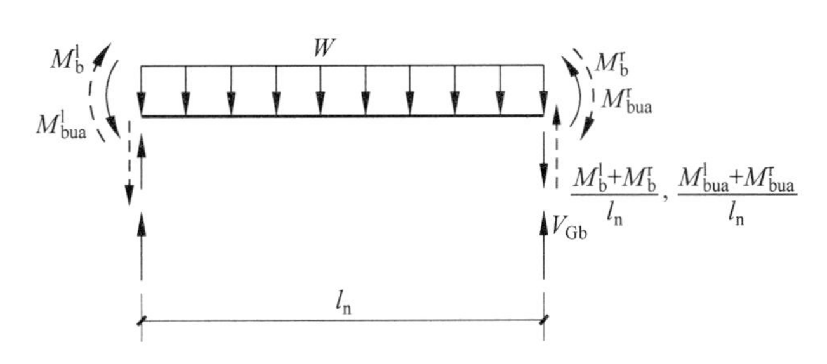

图 15-41 框架梁受力平衡

$$V_b = \eta_{vb}(M_b^l + M_b^r)/l_n + V_{Gb} \tag{15-18}$$

一级框架结构及抗震设防烈度9度时一级框架梁可不按上式调整，但应符合下式要求：

$$V_b = 1.1(M_{bua}^l + M_{bua}^r)/l_n + V_{Gb} \tag{15-19}$$

式中：V_b——梁端截面组合的剪力设计值；

l_n——梁的净跨；

V_{Gb}——梁在重力荷载代表值(抗震设防烈度9度时高层建筑还应包括竖向地震作用标准值)作用下，按简支梁分析的梁端截面剪力设计值；

M_b^l、M_b^r——梁左右端截面逆时针或顺时针方向组合的弯矩设计值，一级框架两端均为负弯矩时，绝对值较小的弯矩应取零；

M_{bua}^l、M_{bua}^r——梁左右端截面逆时针或顺时针方向实配的正截面抗震受弯承载力所对应的弯矩值，根据实配钢筋面积(计入受压钢筋和相关楼板钢筋)和材料强度标准值确定；

η_{vb}——梁端剪力增大系数，一级取1.3，二级取1.2，三级取1.1。

需要说明的是，要真正实现“强剪弱弯”，梁的受剪承载力应大于实际受弯承载力所对应的剪力，实际受弯承载力宜按实际配筋面积和材料强度平均值计算。但在设计中，实际受弯承载力计算复杂。因此，一级框架结构及抗震设防烈度9度时一级框架梁给出了接近实际受弯承载力所对应的剪力的“强剪弱弯”设计方法，即按式(15-18)验算。但大部分情况下，“强剪弱弯”的验算采用简化方法，将承载力关系转化为内力设计值关系，按式(15-19)验算。

需要注意一级框架结构和一级框架的区别，一级框架结构指抗震等级为一级的不含剪力墙、支撑的纯框架结构，一级框架不但包括纯框架结构中的框架，也包括框剪结构、框架-核心筒结构等的框架。

3. 受剪承载力验算

抗震设防的框架梁，只采用箍筋抗剪，不采用弯起钢筋抗剪。因为弯起钢筋只能抵抗单方向的剪力，且不能约束混凝土。

梁的受剪承载力按下列公式验算：

持久、短暂设计状况：

$$V_b \leqslant \alpha_{cv} f_t b h_0 + f_{yv}\frac{A_{sv}}{s}h_0 \tag{15-20}$$

地震设计状况：

$$V_b \leqslant \frac{1}{\gamma_{RE}}\left(\alpha_{cv} f_t b h_0 + f_{yv}\frac{A_{sv}}{s}h_0\right) \tag{15-21}$$

式中：α_{cv}——斜截面受剪承载力系数，对于一般受弯构件取0.7；对集中荷载作用下(包括作用有多种荷载，其中集中荷载对支座截面或节点边缘所产生的剪力值占总剪力的75%以上的情况)的独立梁(独立梁指不与楼板整体浇筑的梁)，取α_{cv}为$\frac{1.75}{\lambda+1}$，λ为计算截面的剪跨比，可取λ等于a/h_0，当λ小于1.5时，取1.5，当λ大于3时，取3，a取集中荷载作用点至支座截面或节点边缘的距离；

γ_{RE}——承载力抗震调整系数，取0.85。

15.4.4 构造措施

1. 最小截面尺寸

框架梁的截面尺寸应满足3个方面的要求：承载力要求、构造要求、剪压比限值。承载力要求通过承载力验算实现，后两者通过构造措施实现。

框架主梁的截面高度可按$(1/18\sim1/10)l_b$确定，l_b为主梁计算跨度，满足此要求时，在一般荷载作用下，可不验算挠度。框架梁的宽度不应小于200mm，高宽比不宜大于4。

净跨与截面高度之比小于4的梁为短梁，短梁易发生剪切破坏，因此，框架梁的净跨与截面高度之比不宜小于4。

若梁截面尺寸小，致使截面平均剪应力与混凝土轴心抗压强度之比值很大，这种情况下，增加箍筋不能有效地防止斜裂缝过早出现，也不能有效地提高截面的受剪承载力。因此，应限制梁的名义剪应力，作为确定梁最小截面尺寸的条件之一。

持久、短暂设计状况：

当$h_w/b\leqslant4$时

$$V\leqslant0.25\beta_c f_c bh_0 \tag{15-22}$$

当$h_w/b\geqslant6$时

$$V\leqslant0.2\beta_c f_c bh_0 \tag{15-23}$$

当$4<h_w/b<6$时，按线性插值法确定。

式中：V——构件斜截面上的最大剪力设计值；

β_c——混凝土强度影响系数：当混凝土强度等级不超过C50时，β_c取1.0；当混凝土强度等级为C80时，β_c取0.8；其间按线性插值法确定；

b——矩形截面的宽度，T形截面或I形截面的腹板宽度；

h_0——截面的有效高度；

h_w——截面的腹板高度：矩形截面，取有效高度；T形截面，取有效高度减去翼缘高度；I形截面，取腹板净高。

地震设计状况：

跨高比大于2.5时

$$V\leqslant\frac{1}{\gamma_{RE}}(0.20\beta_c f_c bh_0) \tag{15-24}$$

跨高比小于或等于2.5时

$$V\leqslant\frac{0.15\beta_c f_c bh_0}{\gamma_{RE}} \tag{15-25}$$

上述要求也称为剪压比限值条件，当不满足剪压比限值时，一般需要加大梁的截面尺寸。但梁截面尺寸加大后，刚度增大，分配的地震剪力也增大，有可能仍不满足限值要求。和增大梁宽相比，梁高增大，刚度增大的更多，因此，不满足剪压比限值时宜优先加大框架梁的宽度。

2. 相对受压区高度和纵向钢筋最小配筋率

为使梁端塑性铰区截面有比较大的曲率延性和良好的转动能力，梁端混凝土相对受压区高度应满足下列要求：

一级框架梁

$$\xi\leqslant0.25 \tag{15-26}$$

二、三级框架梁

$$\xi\leqslant0.35 \tag{15-27}$$

对于一、二、三级框架梁塑性铰区以外的部位和四级框架梁，要求不出现超筋破坏，即$\xi\leqslant\xi_b$。

框架梁纵向受拉钢筋的最小配筋百分率，不应小于表15-11规定的数值，并且梁端塑性铰区顶面受拉钢筋的配筋率不宜大于2.5%，不应大于2.75%。当梁端受拉钢筋的配筋率大于2.5%时，受压钢筋的配筋率不应小于受拉钢筋的一半。

表15-11　梁纵向受拉钢筋的最小配筋率

抗震等级	位置	
	支座(取较大值)	跨中(取较大值)
一	0.40%和$80f_t/f_y$	0.30%和$65f_t/f_y$
二	0.30%和$65f_t/f_y$	0.25%和$55f_t/f_y$
三、四	0.25%和$55f_t/f_y$	0.20%和$45f_t/f_y$

为减小框架梁端塑性铰区范围内截面的相对受压区高度，塑性铰区截面底面必须配置钢筋。底面钢筋的面积除按计算确定外，与顶面钢筋面积的比值，在抗震等级为一级时不应小于0.5，在二、三级时不应小于0.3。

梁的纵筋配置应符合以下要求：沿梁全长顶面和底面应至少各配置2根纵向配筋，一、二级抗震设计时钢筋直径不应小于14mm，且分别不应小于梁两端顶面和底面纵向钢筋中较大截面面积的1/4，三、四级抗震设计时钢筋直径不应小于12mm；为防止黏结破坏，一、二、三级抗震等级框架梁内贯通中柱的每根纵向钢筋直径，对矩形截面柱，不宜大于柱在该方向截面尺寸的1/20，对圆形截面柱，不宜大于纵向钢筋所在位置柱截面弦长的1/20。

3. 梁端箍筋加密区要求

梁端箍筋加密区长度范围内箍筋的配置，除了要满足受剪承载力的要求外，还要满足最大间距和最小直径的要求。梁端箍筋加密区的长度、箍筋的最大间距和最小直径如表15-12所示。当梁端纵向受拉钢筋配筋率大于2%时，表15-12中箍筋最小直径的数值应增大2mm。框架梁非加密区箍筋最大间距不宜大于加密区箍筋间距的2倍。

表15-12　梁端箍筋加密区的长度、箍筋的最大间距和最小直径

抗震等级	加密区长度(取较大值)/mm	箍筋最大间距(取最小值)/mm	箍筋最小直径/mm
一	$2.0h_b$,500mm	$h_b/4$,$6d$,100mm	10mm
二	$1.5h_b$,500mm	$h_b/4$,$8d$,100mm	8mm
三	$1.5h_b$,500mm	$h_b/4$,$8d$,150mm	8mm
四	$1.5h_b$,500mm	$h_b/4$,$8d$,150mm	6mm

注：d为纵向钢筋直径，h_b为梁截面高度。

4. 箍筋构造

箍筋加密区的箍筋肢距，抗震等级为一级时不宜大于200mm和20倍箍筋直径的较大值，二、三级时不宜大于250mm和20倍箍筋直径的较大值，四级时不宜大于300mm。

梁、柱、剪力墙边缘构件等的箍筋宜采用焊接封闭箍筋、连续螺旋箍筋或连续复合螺旋箍筋。采用非焊接封闭箍筋时，箍筋末端应有135°弯钩，弯钩直段的长度不小于箍筋直径的10倍和75mm的较大者，如图15-42所示。

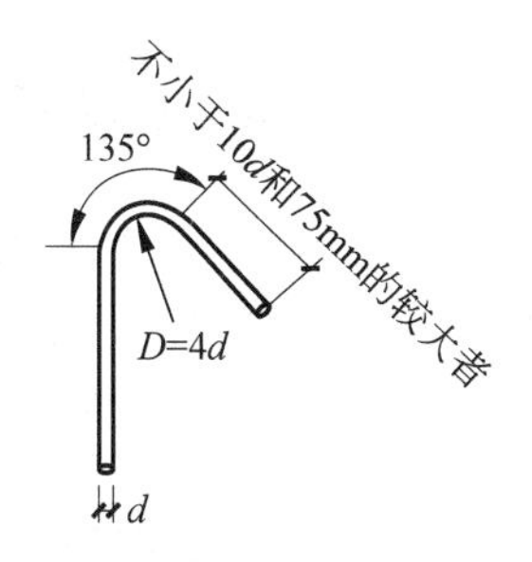

图15-42　箍筋弯钩要求

在纵向钢筋搭接长度范围内的箍筋间距，钢筋受拉时不应大于搭接钢筋较小直径的5倍，且不应大于100mm；钢筋受压时不应大于搭接钢筋较小直径的10倍，且不应大于200mm。

沿框架梁全长箍筋的面积配筋率应符合下列要求：

一级抗震等级时

$$\rho_{sv} \geqslant 0.3 f_t / f_y \tag{15-28}$$

二级抗震等级时

$$\rho_{sv} \geqslant 0.28 f_t / f_y \tag{15-29}$$

三、四级抗震等级时

$$\rho_{sv} \geqslant 0.26 f_t / f_y \tag{15-30}$$

【例 15-4】 某框架梁截面尺寸 $b \times h = 250\text{mm} \times 550\text{mm}$，$h_0 = 515\text{mm}$，抗震等级为二级。梁左右两端截面考虑地震作用组合的最不利弯矩设计值。

(1) 逆时针方向：$M_b^r = 175\text{kN} \cdot \text{m}$，$M_b^l = 420\text{kN} \cdot \text{m}$；

(2) 顺时针方向：$M_b^r = -360\text{kN} \cdot \text{m}$，$M_b^l = -210\text{kN} \cdot \text{m}$。

梁净跨 $l_n = 7.0\text{m}$，重力荷载代表值产生的剪力设计值 $V_{Gb} = 135.2\text{kN}$，采用 C30 混凝土，纵向受力钢筋采用 HRB400 级，箍筋采用Φ 8@200 双肢箍。计算梁端截面组合的剪力设计值；并验算梁斜截面承载力。

【解】 (1) 根据 $V_b = \eta_{vb}(M_b^l + M_b^r)/l_n + V_{Gb}$，

顺时针方向：$M_b^r + M_b^l = 360\text{kN} \cdot \text{m} + 210\text{kN} \cdot \text{m} = 570\text{kN} \cdot \text{m}$；

逆时针方向：$M_b^r + M_b^l = 175\text{kN} \cdot \text{m} + 420\text{kN} \cdot \text{m} = 595\text{kN} \cdot \text{m}$；

以逆时针方向的 $M_b^r + M_b^l$ 绝对值较大，$\eta_{vb} = 1.2$，$V_{Gb} = 135.2\text{kN}$。

故有 $V_b = 1.2(M_b^l + M_b^r)/l_n + V_{Gb} = 1.2 \times 595\text{kN} \cdot \text{m}/7\text{m} + 135.2\text{kN} = 237.2\text{kN}$。

(2) 梁截面尺寸验算

根据 $V \leqslant \dfrac{1}{\gamma_{RE}}(0.20 f_c b h_0)$，

故有 $\dfrac{1}{\gamma_{RE}}(0.20 f_c b h_0) = \dfrac{1}{0.85} \times 0.2 \times 14.3\text{N/mm}^2 \times 250\text{mm} \times 515\text{mm} = 433\text{kN} > 237.2\text{kN}$，满足。

(3) 梁斜截面承载力验算

根据 $V_b \leqslant \dfrac{1}{\gamma_{RE}}\left[\alpha_{cv} f_t b h_0 + f_{yv} \dfrac{A_{sv}}{s} h_0\right]$，

故有：

$$\frac{1}{\gamma_{RE}}\left(\alpha_{cv} f_t b h_0 + f_{yv} \frac{A_{sv}}{s} h_0\right)$$

$$= \frac{1}{0.85}\left(0.7 \times 1.43\text{N/mm}^2 \times 250\text{mm} \times 515\text{mm} + 360\text{N/mm}^2 \times \frac{2 \times 50.3\text{mm}^2}{200\text{mm}} \times 515\text{mm}\right)$$

$$= 261\text{kN} \geqslant 237.2\text{kN}$$

满足。

(4) 最小配筋率检查

$$\rho_{sv} = \frac{A_{sv}}{b_s} = 0.002 > 0.28 \frac{f_t}{f_{yv}} = 0.0011$$

满足。

15.5 框架柱设计

地震作用下柱的破坏形态主要是：偏心受压破坏，包括大偏心受压破坏和小偏心受压破坏；剪切破坏，包括剪压破坏和斜拉破坏。大偏心受压破坏柱的延性大、耗能能力强，小偏心受压破坏柱次之，剪切破坏柱的延性小、耗能能力差，应避免。

15.5.1 影响柱延性和耗能的主要因素

框架柱延性和耗能的主要影响因素可归纳为剪跨比、轴压比和箍筋配置。

1. 剪跨比

剪跨比反映了柱端截面承受的弯矩和剪力的相对大小。柱的剪跨比 λ 为：

$$\lambda = \frac{M^{c}}{V^{c} h_{c0}} \tag{15-31}$$

式中：M^{c}——柱端截面未经内力调整的组合的弯矩计算值，取上下端的较大值；

V^{c}——柱端截面与组合弯矩计算值对应的组合剪力计算值；

h_{c0}——计算方向柱截面的有效高度。

根据剪跨比，可以把柱划分为长柱、短柱和极短柱。剪跨比＞2 的柱称为长柱，一般容易实现偏压破坏；1.5＜剪跨比≤2 的柱称为短柱，一般发生剪切破坏，但若配置足够的箍筋，也可能实现延性较好的剪压破坏；剪跨比≤1.5 的柱称为极短柱，一般会发生斜拉破坏。因此，设计中对短柱应加强箍筋配置，尽量避免采用极短柱。

按反弯点法，除底层柱外，其他柱的反弯点在柱的中点，则 λ 可以转化为柱净高 H_{cn} 与柱截面长边 h 的比值 H_{cn}/h。因此，在设计中，一般以 H_{cn}/h 来判断长柱、短柱和极短柱，$H_{cn}/h>4$ 为长柱，$3<H_{cn}/h\leqslant 4$ 为短柱，$H_{cn}/h\leqslant 3$ 为极短柱。

2. 轴压比

柱的轴压比 n 定义为柱组合的柱轴压力设计值与柱的全截面面积和混凝土轴心抗压强度设计值的比值，即：

$$n = \frac{N}{b_{c} h_{c} f_{c}} \tag{15-32}$$

式中：N——组合的柱轴压力设计值；

b_{c}、h_{c}——柱截面的宽度和高度；

f_{c}——混凝土轴心抗压强度设计值。

柱的破坏形态与相对受压区高度密切相关。框架柱一般采用对称配筋，对称配筋柱截面的相对受压区高度与其轴压比有关。增大轴压比，也就是增大相对受压区高度。相对受压区高度超过界限值时，延性和耗能较好的大偏压破坏就转化成延性和耗能较差的小偏压破坏。对于短柱，增大相对受压区高度，可能由剪压破坏变为更加脆性的斜拉破坏。

研究表明，截面曲率延性系数随相对受压区高度的增大而减小。因此，柱的延性随轴压比增大而减小。同时，轴压比较大的试件的耗能能力不如轴压比小的试件。

因此，为了使框架柱具有良好的延性和耗能能力，应限制柱的轴压比。

3. 箍筋

框架柱的箍筋有 3 个作用：抵抗剪力、约束混凝土、防止纵筋压屈。箍筋对混凝土的约束程度是影响柱的延性和耗能能力的主要因素之一。约束程度与配箍特征值 λ_{v} 和箍筋形式有关，配箍特征值 λ_{v} 的计算见式(14-6)。

不同配箍特征值的混凝土应力-应变关系曲线如图 14-5(b)所示，轴向压应力接近峰值时，箍筋约束的核心混凝土迅速膨胀，横向变形增大。但箍筋限制了核心混凝土的横向变形，使核心混凝土处于三位受压的状态，混凝土的轴心抗压强度和对应的轴向应变得以提高。同时，轴心受压的应力-应变曲线的下降段趋于平缓。如图 15-43 所示，配箍特征值越大，混凝土的轴心抗压强度和对应的轴向应变越大，应力-应变曲线的下降段越平缓，即混凝土的极限压应变和延性越大。

箍筋的形式对核心混凝土的约束作用也有影响。图 15-43 所示为目前常用的箍筋形式，工程中应用最多的是井字形复合箍。图 15-43 中复合螺旋箍是指螺旋箍与矩形箍同时使用，连续复合螺旋箍是指用一根钢筋加工而成的连续螺旋式箍。

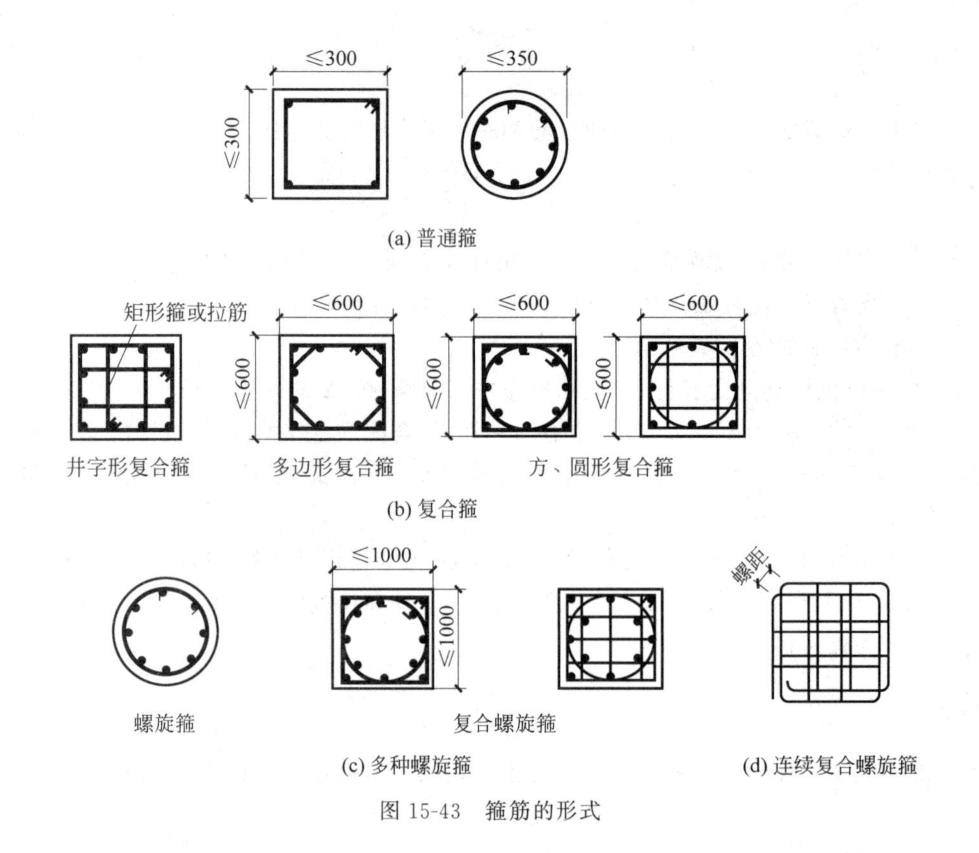

图 15-43　箍筋的形式

柱承受轴向压力时，螺旋箍均匀受拉，对核心混凝土提供均匀的侧压力。普通矩形箍在四个转角区域对混凝土提供有效的约束，在直段上，混凝土膨胀将使箍筋外鼓而降低约束效果。复合箍使箍筋的肢距减小，在每一个箍筋相交点处都有纵筋对箍筋提供支点，纵筋和箍筋共同构成网格式骨架，提高了箍筋的约束效果。图 14-6(a)～(c)所示为普通箍、井字复合箍和螺旋箍约束作用的比较。复合或连续复合螺旋箍的约束效果更好。

箍筋的间距对约束的效果也有影响，见图 14-6(d)。箍筋间距大于柱的截面尺寸时，对核心混凝土的约束很小。箍筋间距越小，对核心混凝土的约束越均匀，约束效果越好。

15.5.2　柱正截面承载力验算

1. 轴力、弯矩设计值

持久、短暂设计状况，取最不利内力组合值作为轴力、弯矩设计值；地震设计状况，轴力取最不利内力组合值作为设计值，但弯矩设计值应根据强柱弱梁及局部加强等要求调整增大。

(1) 按强柱弱梁要求调整柱端弯矩设计值

如图 15-44 所示，根据强柱弱梁的要求，在框架梁柱节点处，上、下柱端截面在轴力作用下的实际受弯承载力之和应大于节点左、右梁端截面实际受弯承载力之和。

为简化设计，可将实际受弯承载力的关系转为内力设计值的关系，采用增大柱端弯矩设计值的方法。柱端组合的弯矩设计值按下式计算确定：

$$\sum M_c = \eta_c \sum M_b \tag{15-33}$$

式中：$\sum M_c$—— 节点上、下柱端截面顺时针或逆时针方向组合的弯矩设计值之和。

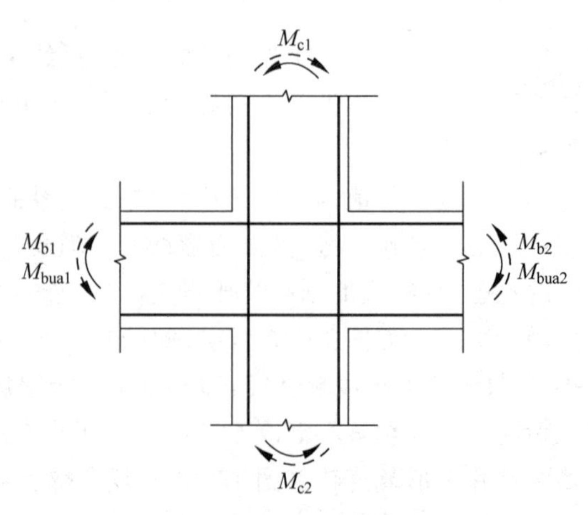

图 15-44　节点梁、柱端弯矩示意图

$\sum M_{b}$—— 节点左、右梁端截面逆时针或顺时针方向组合的弯矩设计值之和；当抗震等级为特一级、一级框架节点左右梁端均为负弯矩时，绝对值较小的弯矩取零。

η_{c}——柱端弯矩增大系数；对框架结构，抗震等级一、二、三、四级分别取 1.7、1.5、1.3、1.2；其他结构类型中的框架(包括框支框架)，抗震等级为特一级取 1.7，一级取 1.4、二级取 1.2，三、四级取 1.1。

一级框架结构及 9 度的一级框架宜采用梁端实配的正截面抗震受弯承载力确定柱端组合的弯矩设计值：

$$\sum M_{c}=1.2\sum M_{bua} \tag{15-34}$$

式中：$\sum M_{bua}$—— 节点左、右梁端截面逆时针或顺时针方向实配的正截面抗震受弯承载力所对应的弯矩值之和，可根据实际配筋面积(计入受压钢筋和梁有效翼缘宽度范围内的楼板钢筋)和材料强度标准值并考虑承载力抗震调整系数计算。

当反弯点不在层高范围内时，说明该层框架梁的刚度相对较小。为避免在竖向荷载和地震共同作用下出现变形集中、柱压曲失稳的情况，柱端截面组合的弯矩设计值也要乘以上述柱端弯矩增大系数。

框架顶层柱和轴压比小于 0.15 的柱的柱端弯矩不考虑增大系数，直接取最不利内力组合弯矩计算值作为设计值。

值得注意的是，由于地震作用的复杂性、现浇楼板的影响和钢筋超强等因素的影响，强柱弱梁难以通过精确的计算实现。采用式(15-33)所示的增大柱端弯矩设计值的方法时，由于柱端弯矩的大小与节点处梁柱的相对刚度有关，因此，该方法实质上是将强柱弱梁要求的承载力关系转化成为刚度关系，不完全符合强柱弱梁的初衷。但该方法计算简便，故仍然使用。对于一级抗震等级框架结构及抗震设防烈度 9 度的一级抗震等级框架，要求按照梁的实配钢筋反算柱端弯矩，更加符合“强柱弱梁”的本义。但该方法计算复杂，工作量大，并未普遍采用。

汶川地震的震害调查发现，较多框架结构没有实现强柱弱梁的初衷，甚至表现为“强梁弱柱”，其原因是：①框架柱是竖向承重构件，除了承受弯矩、剪力外，还承受轴力，受力比框架梁不利；②框架柱截面一般为矩形、圆形，而大多数框架梁有现浇楼板，截面呈 T 形，楼板和楼板内的纵筋增加了框架梁的承载力和刚度。在震后对《抗震规范》进行了修订，加大了柱端弯矩增大系数，本书采用的是更新后的规定。

(2) 框架结构底层柱嵌固端弯矩增大

强震作用下，框架结构底层柱的嵌固端难免出现塑性铰。为了推迟框架结构底层柱嵌固端截面屈服，一、二、三、四级抗震等级框架结构的底层柱的嵌固端截面组合的弯矩计算值，应分别乘以增大系数 1.7、1.5、1.3 和 1.2。

框架结构底层柱嵌固端，无地下室时指基础顶面，有地下室时为地下室以上的首层柱的下端。同一层框架柱纵筋按柱上、下端不利情况配置。

框架结构以外其他结构类型如框剪结构、框架-核心筒结构中的框架，由于第一道抗震防线为剪力墙或筒，框架是第二道防线，其框架的底层柱嵌固端弯矩不再增大。

(3) 角柱

角柱指凸角的柱，凹角不是角柱。地震作用下，角柱双向受弯，轴力较大，扭转效应也大，因此，按上述方法调整后，角柱的弯矩设计值尚应乘以不小于 1.10 的增大系数。

此外，部分框支剪力墙结构的框支柱也应进行调整，详见 13.5.1 节。

2. 柱正截面受弯承载力验算

柱端截面的轴力、弯矩设计值确定后，可按单向或双向偏心受压构件验算承载力，但角柱应按双向偏心受压构件验算。

15.5.3　受剪承载力验算

1. 剪力设计值

框架柱应满足强剪弱弯要求，柱两端采用剪力增大系数确定剪力设计值，即：

$$V=\eta_{vc}(M_c^b+M_c^t)/H_n \tag{15-35}$$

式中：V——柱端截面组合的剪力设计值；

H_n——柱的净高；

M_c^t、M_c^b——柱的上、下端顺时针或逆时针方向截面组合的弯矩设计值(应取调整增大后的设计值，包括角柱的增大系数)，且取顺时针方向之和及逆时针方向之和两者的较大值；

η_{vc}——柱剪力增大系数；一、二、三、四级抗震等级框架结构分别取1.5、1.3、1.2、1.1，其他结构类型中的框架，抗震等级为特一级取1.7，一级取1.4、二级取1.2，三、四级取1.1。

一级框架结构和抗震设防烈度9度的一级抗震等级框架采用实配方法确定剪力设计值：

$$V=1.2(M_{cua}^b+M_{cua}^t)/H_n \tag{15-36}$$

式中：M_{cua}^t、M_{cua}^b——偏心受压柱的上、下端顺时针或逆时针方向实配的抗震受弯承载力所对应的弯矩设计值，根据实配钢筋面积、材料强度标准值和轴力确定。

持久、短暂设计状况取最不利内力组合剪力计算值作为剪力设计值。

2. 截面受剪承载力验算

轴压力不超过一定值时，轴力有利于提高框架柱的受剪承载力。框架柱的受剪承载力按下列公式验算：

持久、短暂设计状况

$$V\leqslant\frac{1.75}{\lambda+1}f_tbh_0+f_{yv}\frac{A_{sv}}{s}h_0+0.07N \tag{15-37}$$

地震设计状况

$$V\leqslant\frac{1}{\gamma_{RE}}\left(\frac{1.05}{\lambda+1}f_tbh_0+f_{yv}\frac{A_{sv}}{s}h_0+0.056N\right) \tag{15-38}$$

式中：λ——框架柱的剪跨比，当$\lambda<1$时，取$\lambda=1$；当$\lambda>3$时，取$\lambda=3$。

N——与剪力设计值相应的轴压力设计值，当$N>0.3f_cA_c$时，取$0.3f_cA_c$。

当轴力为拉力时，受剪承载力降低，可将式(15-37)和式(15-38)最后一项改为$-0.2N$；当式(15-37)右边的计算值或式(15-38)右边括号内的计算值小于$f_{yv}\frac{A_{sv}}{s}h_0$时，取等于$f_{yv}\frac{A_{sv}}{s}h_0$，且$f_{yv}\frac{A_{sv}}{s}h_0$不应小于$0.36f_tbh_0$。

15.5.4 框架柱的构造措施

1. 最小截面尺寸

框架柱的截面尺寸宜符合下列各项要求：

(1) 最小截面尺寸：矩形截面柱的边长不应小于300mm，圆形截面柱直径不小于350mm；特一、一、二、三级抗震等级时，矩形截面柱的边长不宜小于400mm，圆形截面柱直径不宜小于450mm。

(2) 宜为长柱，故剪跨比宜大于2。截面长边与短边的比值不宜大于4。

(3) 为防止由于柱截面过小、配箍过多而产生斜压破坏，柱截面的剪力设计值(乘以调整增大系数后)应符合下列条件，以限制名义剪应力，即剪压比：

① 持久、短暂设计状况

$$V\leqslant 0.25\beta_cf_cbh_0 \tag{15-39}$$

② 地震设计状况

剪跨比>2的柱

$$V\leqslant\frac{1}{\gamma_{RE}}(0.2\beta_cf_cbh_0) \tag{15-40}$$

剪跨比≤2的柱

$$V \leqslant \frac{1}{\gamma_{RE}}(0.15\beta_c f_c b h_0) \tag{15-41}$$

2. 纵向钢筋

框架柱一般采用对称配筋，纵向钢筋的配筋量，除满足承载力要求外，还要满足表15-13列出的柱全截面最小配筋率的要求。

表15-13　柱纵向受力钢筋最小配筋率　　%

柱类型	抗震等级				
	特一级	一级	二级	三级	四级
中柱、边柱	1.4	0.9(1.0)	0.7(0.8)	0.6(0.7)	0.5(0.6)
角柱	1.6	1.1	0.9	0.8	0.7

注：表中括号内数值用于框架结构的柱。

除符合表15-13的要求外，还应满足以下要求：柱截面每一侧纵筋的配筋率不应小于0.2%；建造于Ⅳ类场地且较高的高层建筑，表中数值应增加0.1；框架柱采用335MPa级、400MPa级纵向受力钢筋时，应按表中数值增加0.1和0.05；混凝土强度等级高于C60时应增加0.1。

此外，框架柱的纵向配筋尚应符合下列各项要求：

(1) 截面尺寸大于400mm的柱，纵筋间距不宜大于200mm；抗震等级为四级时，柱纵向钢筋间距不宜大于300mm；柱纵向钢筋净距均不应小于50mm。

(2) 全部纵向配筋率不应大于5%；剪跨比不大于2的一级框架柱，每侧纵筋配筋率不宜大于1.2%。

(3) 边柱、角柱在地震作用组合产生小偏心受拉时，柱内纵筋总截面面积应比计算值增加25%。

(4) 柱纵向钢筋的绑扎接头应避开柱端的箍筋加密区。

(5) 柱纵筋不应与箍筋、拉筋及预埋件等焊接。

3. 轴压比限值

柱轴压比限值如表15-14所示。

表15-14　柱轴压比限值

结构类型	抗震等级			
	特一级、一级	二级	三级	四级
框架结构	0.65	0.75	0.85	0.90
框剪结构、框架-核心筒及筒中筒结构	0.75	0.85	0.90	0.95

轴压比限值还应符合以下要求：

(1) 表内限值适用于剪跨比大于2、混凝土强度等级不高于C60的柱；剪跨比不大于2的短柱，轴压比限值应降低0.05；剪跨比小于1.5的极短柱，轴压比限值应专门研究并采取特殊构造措施。

(2) 箍筋的约束效果对框架柱延性和耗能有很大影响。沿柱全高采用井字复合箍且箍筋肢距不大于200mm、间距不大于100mm、直径不小于12mm，或沿柱全高采用复合螺旋箍、螺旋间距不大于100mm、箍筋肢距不大于200mm、直径不小于12mm，或沿柱全高采用连续复合矩形螺旋箍、螺旋净距不大于80mm、箍筋肢距不大于200mm、直径不小于10mm，轴压比限值均可增加0.10。

(3) 在柱的截面中部附加图15-45所示的芯柱，且另加的纵向钢筋的总面积不少于柱截面面积的0.8%时，芯柱使框架柱具有双重抗震防线，可以提高柱的延性，防止柱在水平地震作用下由于混凝土开裂脱落造成外围纵筋弯凸，失去纵向承压作用而倒塌。此时，轴压比限值可增加0.05；此项措施与

(2)的措施共同采用时,轴压比限值可增加 0.15,但箍筋的体积配箍率仍可按轴压比增加 0.10 的要求确定。

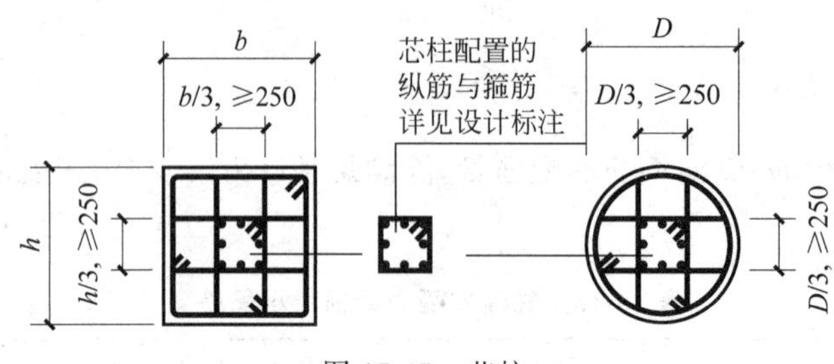

图 15-45 芯柱

(4) 柱轴压比不应大于 1.05。

4. 箍筋加密区范围

在地震作用下框架柱可能形成塑性铰的区段,应设置箍筋加密区,使混凝土成为延性好的约束混凝土。剪跨比大于 2 的长柱,箍筋加密区的范围如图 15-46 所示:

(1) 柱的两端取矩形截面高度(或圆形直径)h_c、柱净高 H_c 的 1/6 和 500mm 三者的最大者;

(2) 底层柱的柱根以上取不小于柱净高的 1/3;

(3) 当采用混凝土等刚性地面时,应取刚性地面上、下各 500mm。

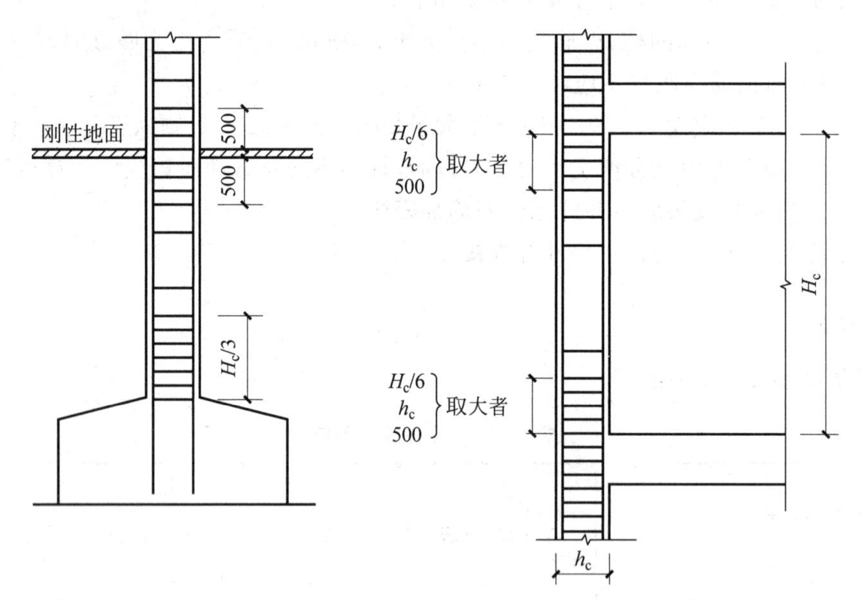

图 15-46 长柱的箍筋加密区范围

以下柱需要全高加密箍筋:

(1) 短柱,包括因设置填充墙等形成的短柱;

(2) 框支柱,一、二级抗震等级框架的角柱;

(3) 需要提高变形能力的柱。

5. 箍筋加密区配箍要求

箍筋加密区不仅是箍筋加密的要求,实际是箍筋加强区。箍筋除应符合受剪承载力要求外,还应符合最小配箍特征值、最大间距和最小直径的要求。

箍筋配箍特征值的定义见式(14-6),柱端箍筋加密区最小配箍特征值的要求如表 15-15 所示。特一级抗震等级框架柱的最小配箍特征值,应比表 15-15 中一级抗震等级框架柱的数值增大 0.02。

表 15-15 柱端箍筋加密区最小配箍特征值 λ_v

抗震等级	箍筋形式	柱轴压比								
		≤0.30	0.40	0.50	0.60	0.70	0.80	0.90	1.00	1.05
一级	普通箍、复合箍	0.10	0.11	0.13	0.15	0.17	0.20	0.23	—	—
	螺旋箍、复合或连续复合矩形螺旋箍	0.08	0.09	0.11	0.13	0.15	0.18	0.21	—	—
二级	普通箍、复合箍	0.08	0.09	0.11	0.13	0.15	0.17	0.19	0.22	0.24
	螺旋箍、复合或连续复合矩形螺旋箍	0.06	0.07	0.09	0.11	0.13	0.15	0.17	0.20	0.22
三、四级	普通箍、复合箍	0.06	0.07	0.09	0.11	0.13	0.15	0.17	0.20	0.22
	螺旋箍、复合或连续复合矩形螺旋箍	0.05	0.06	0.07	0.09	0.11	0.13	0.15	0.18	0.20

箍筋的体积配箍率为单位体积核心混凝土中箍筋的体积，表达式为：

$$\rho_v = \frac{n_1 A_{s1} l_1 + n_2 A_{s2} l_2}{A_{cor} s} \tag{15-42}$$

式中：l_1、l_2——外围箍筋包围的混凝土核心的两条边长，可取箍筋的中心线计算；

n_1、n_2、A_{s1}、A_{s2}——l_1、l_2 方向的箍筋肢数和单肢箍筋面积；

A_{cor}——外围箍筋包围的核心混凝土面积；

s——箍筋间距。

同时，为了避免配置的箍筋量过少，体积配箍率还要符合下述要求：

(1) 一、二、三、四级抗震等级框架柱的箍筋加密区体积配箍率分别不小于 0.8%、0.6%、0.4%和 0.4%；

(2) 剪跨比不大于 2 的短柱宜采用复合螺旋箍或井字复合箍，体积配箍率不小于 1.2%，抗震设防烈度 9 度时不应小于 1.5%。

框支柱除要求沿柱全高加密箍筋外，还应采用复合螺旋箍或井字复合箍，且最小配箍特征值应比表 15-15 内数值增加 0.02，体积配箍率不应小于 1.5%。

柱箍筋加密区箍筋的最大间距和最小直径，应符合表 15-16 要求。

表 15-16 柱箍筋加密区箍筋最大间距和最小直径

抗震等级	箍筋最大间距(取较小值/mm)	箍筋最小直径/mm
一级	$6d$,100	10
二级	$8d$,100	8
三级	$8d$,150(柱根 100)	8
四级	$8d$,150(柱根 100)	6(柱根 8)

注：d 为纵向钢筋直径。

柱箍筋加密区的箍筋肢距，抗震等级一级不宜大于 200mm，二、三级不宜大于 250mm 和 $20d$ 的较大值，四级不宜大于 300mm。至少每隔一根纵向钢筋宜在两个方向由箍筋或拉筋约束；采用拉筋复合箍时，拉筋要紧靠纵筋并勾住箍筋。

柱非加密区的箍筋，除应符合受剪承载力要求外，其体积配箍率不宜小于加密区的一半，箍筋间距不大于加密区箍筋间距的 2 倍，且一、二级抗震等级框架柱不应大于 10 倍纵向钢筋直径，三、四级抗震等级框架柱不应大于 15 倍纵向钢筋直径。

柱箍筋的形状与梁相同，如图 15-43 所示。

【例 15-5】 有一栋 10 层现浇混凝土框架结构，结构总高度 32m，抗震设防烈度为 8 度，框架抗震等级为一级。假定底层角柱净高 4.4m，柱截面的组合弯矩设计值为：柱上端弯矩 $M_c^t = 490\text{kN} \cdot \text{m}$(逆时针方向)，下端 $M_c^b = 380\text{kN} \cdot \text{m}$(逆时针方向)，对称配筋。此外，该柱上、下端实配钢筋的正截面受弯承载力所对应的弯矩值 $M_{cua}^t = M_{cua}^b = 725\text{kN} \cdot \text{m}$。求此柱端部截面的剪力设计值。

【解】 根据一级抗震等级 $V = 1.2(M_{cua}^b + M_{cua}^t)/H_n$，

故有 $V = 1.2 \times \dfrac{2 \times 725\text{kN} \cdot \text{m}}{4.4\text{m}} = 395.45\text{kN}$，

角柱再乘以增大系数 1.1，$V = 1.1 \times 395.45\text{kN} = 435\text{kN}$。

【例 15-6】 某 12 层现浇钢筋混凝土框架结构体系，抗震设防烈度 7 度，Ⅱ类场地，其层高为 2.9m，室内外高差 900mm，二层框架边柱剪跨比为 1.8。设计时，该柱纵筋采用 HRB400 级，求该柱纵筋最小配筋率。

【解】 房屋高度 $H=12\times2.9\text{m}+0.9\text{m}=35.7\text{m}>24\text{m}$，抗震设防烈度 7 度，Ⅱ类场地，框架抗震等级为二级。

根据表 15-13，二级，边柱，HRB400 级钢筋，最小配筋率为 $0.8+0.05=0.85$。

【例 15-7】 某钢筋混凝土框架结构，框架抗震等级二级，纵筋采用 HRB400 级，箍筋采用 HRB400 级，混凝土强度等级柱为 C30，$a_s=a_s'=40\text{mm}$。首层中柱截面尺寸为 600mm×600mm，柱顶截面弯矩设计 $M=788.0\text{kN}\cdot\text{m}$，剪力设计值 $V=381\text{kN}$，轴向力设计值 $N=2080\text{kN}$，柱底截面弯矩设计 $M=1012.5\text{kN}\cdot\text{m}$，首层中柱净高 4.65m，计算柱斜截面箍筋 A_{sv}/s。

【解】 (1) 求剪力设计值

根据式(15-35)，

抗震等级二级 $V=\eta_{vc}(M_c^b+M_c^t)/H_n=1.3\times\dfrac{788\text{kN}\cdot\text{m}+1012.5\text{kN}\cdot\text{m}}{4.65\text{m}}=503\text{kN}$。

(2) 验算截面尺寸

$\lambda=\dfrac{H_n}{2a}=\dfrac{4.65\times10^3\text{mm}}{2\times600\text{mm}}=3.875>2$，根据式(15-40)

$$\frac{1}{\gamma_{RE}}(0.2\beta_c f_c bh_0)=\frac{1}{0.85}\times(0.2\times1.0\times14.3\text{N/mm}^2\times600\text{mm}\times560\text{mm})=1130.5\text{kN}>503\text{kN}$$

满足。

(3) 斜截面承载力计算

根据式(15-38)

$\lambda=3.875>3$，取 $\lambda=3$，$0.3f_cA=0.3\times14.3\text{N/mm}^2\times600\text{mm}^2=1544.4\text{kN}<2080\text{kN}$，取 $N=1544.4\text{kN}$，

由 $V\leqslant\dfrac{1}{\gamma_{RE}}\left(\dfrac{1.05}{\lambda+1}f_tbh_0+f_{yv}\dfrac{A_{sv}}{s}h_0+0.056N\right)$，可得

$$\frac{A_{sv}}{s}=\frac{\gamma_{RE}V-\dfrac{1.05}{\lambda+1}f_tbh_0-0.056N}{f_{yv}h_0}$$

$$=\frac{0.85\times503\times10^3\text{N}-\dfrac{1.05}{3+1}\times1.43\text{N/mm}^2\times600\text{mm}\times560\text{mm}-0.056\times1544400\text{N}}{360\text{N/mm}^2\times560\text{mm}}$$

$$=1.066\text{mm}^2/\text{mm}$$

15.6 梁柱节点核心区抗震设计

在竖向荷载和地震作用下，梁柱核心区主要承受压力和剪力。若核心区的受剪承载力不足，在剪压作用下出现图 15-47 所示的斜裂缝，在反复荷载作用下将形成交叉裂缝，混凝土挤压破碎，纵向钢筋压屈。保证核心区不过早发生剪切破坏的主要措施是配置足够的箍筋。

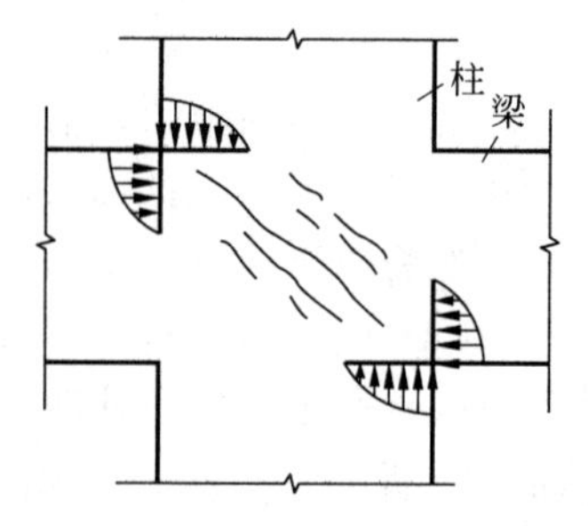

图 15-47 梁柱核心区斜裂缝

框架梁、柱采用不同强度等级的混凝土时，核心区的混凝土等级宜与柱相同，也可以低一个等级。核心区钢筋密集，混凝土浇筑、振捣困难，要采取措施保证混凝土的质量。

15.6.1 剪力设计值

根据“强节弱杆”的抗震设计概念，在梁端钢筋屈服时，核心区不应剪切屈服。因此，设计时取梁端截面达到受弯承载力时的核心区剪力作为其剪力设计值。

图 15-48 为中柱节点受力简图，取上半部分为隔离体，由平衡条件可得核心区剪力：

$$V_j=(f_{yk}A_s^b+f_{yk}A_s^t)-V_c=\frac{M_b^l+M_b^r}{h_{b0}-a'_s}-\frac{M_c^b+M_c^t}{H_c-h_b}=\frac{M_b^l+M_b^r}{h_{b0}-a'_s}\left(1-\frac{h_{b0}-a'_s}{H_c-h_b}\right)$$

$$=\frac{\sum M_b}{h_{b0}-a'_s}\left(1-\frac{h_{b0}-a'_s}{H_c-h_b}\right) \tag{15-43}$$

式中：f_{yk}——钢筋抗拉强度标准值，其余符号如图 15-48 所示。

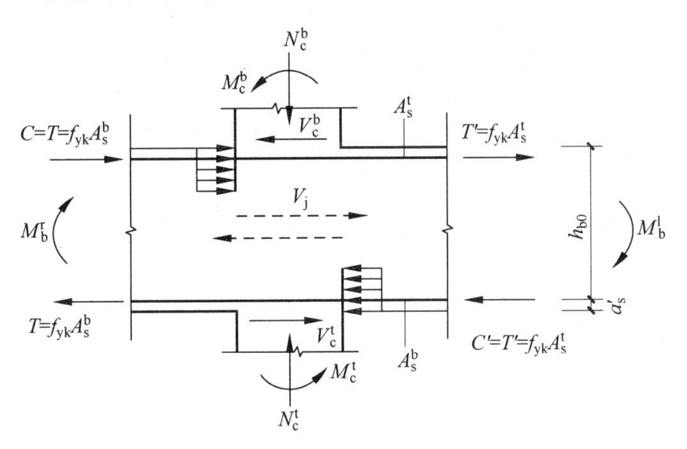

图 15-48　梁柱节点受力简图

设计中，一、二、三级抗震等级框架应进行节点核心区抗震受剪承载力验算；四级抗震等级的框架节点可不进行计算，但应符合抗震构造措施的要求。

一级抗震等级框架结构和抗震设防烈度 9 度的一级抗震等级框架的节点，采用梁端实配的抗震受弯承载力计算核心区的剪力设计值：

$$V_j=\frac{1.15\sum M_{bua}}{h_{b0}-a'_s}\left(1-\frac{h_{b0}-a'_s}{H_c-h_b}\right) \tag{15-44}$$

为简化计算，其他框架的节点仍然采用弯矩设计值代替受弯承载力：

$$V_j=\frac{\eta_{jb}\sum M_b}{h_{b0}-a'_s}\left(1-\frac{h_{b0}-a'_s}{H_c-h_b}\right) \tag{15-45}$$

式中：η_{jb}——强节点系数，对于框架结构，抗震等级为一级取 1.50，二级取 1.35，三级取 1.20；对于其他结构中的框架，抗震等级为特一、一级取 1.50，二级取 1.20，三级取 1.10。

h_{b0}、h_b——梁的截面有效高度、截面高度，当节点两侧梁高不相同时，取其平均值。

H_c——柱的计算高度，取节点上柱和下柱反弯点之间的距离。

$\sum M_b$——节点左右梁端逆时针或顺时针方向组合弯矩设计值之和，一级抗震等级为框架节点左右梁端均为负弯矩时，绝对值较小的弯矩应取零。

$\sum M_{bua}$——节点左右梁端逆时针或顺时针实配的正截面抗震受弯承载力所对应的弯矩值之和，可根据实配钢筋面积（计入受压筋）和材料强度标准值确定。

15.6.2　受剪承载力验算

抗震设防烈度 9 度的一级框架节点的抗震受剪承载力应符合：

$$V_j\leqslant\frac{1}{\gamma_{RE}}\left(0.9\eta_j f_t b_j h_j+f_{yv}A_{svj}\frac{h_{b0}-a'_s}{s}\right) \tag{15-46}$$

其他框架节点应符合：

$$V_j\leqslant\frac{1}{\gamma_{RE}}\left(1.1\eta_j f_t b_j h_j+0.05\eta_j N\frac{b_j}{b_c}f_{yv}A_{svj}\frac{h_{b0}-a'_s}{s}\right) \tag{15-47}$$

式中：N——对应于组合剪力设计值的节点上柱组合轴压力较小值；当 N 为压力时，取轴向压力设计值的较小值，当 $N>0.5f_cb_ch_c$ 时，取 $0.5f_cb_ch_c$；当 N 为拉力时，取为 0。

h_j——框架节点核心区截面高度，可采用验算方向的柱截面高度。

A_{svj}——核心区有效验算宽度范围内同一截面验算方向箍筋的总截面面积。

η_j——正交梁对节点的约束影响系数。当楼板为现浇、梁柱中线重合、四侧各梁截面宽度不小于该侧柱截面宽度的 1/2，且正交方向梁高度不小于较高框架梁高度的 3/4 时，可采用 1.5；抗震设防烈度 9 度一级抗震等级的宜采用 1.25；其他情况均采用 1.00。

b_j——节点核心区的截面有效验算宽度。当 $b_b\geqslant b_c/2$ 时，可取 b_c；当 $b_b<b_c/2$ 时，可取 $(b_b+0.5h_c)$ 和 b_c 中的较小值；当梁与柱的中线不重合且偏心距 $e_0\leqslant b_c/4$ 时，可取 $(b_b+0.5h_c)$、$(0.5b_b+0.5b_c+0.25h_c-e_0)$ 和 b_c 三者中的最小值。此处，b_b 为验算方向梁截面宽度，b_c 为该侧柱截面宽度。

为了避免核心区过早出现斜裂缝、混凝土碎裂的情况，核心区同样要限制剪压比，核心区组合的剪力设计值应符合下式要求：

$$V_j\leqslant\frac{1}{\gamma_{RE}}0.30\eta_j\beta_cf_cb_jh_j \tag{15-48}$$

15.6.3 构造措施

框架核心区箍筋的最大间距和最小直径应符合柱箍筋加密区的要求(表 15-16)。特一和一、二、三级抗震等级框架的核心区配箍特征值分别不宜小于 0.12、0.10 和 0.8，体积配箍率分别不宜小于 0.6%、0.5%和 0.4%。柱剪跨比不大于 2 的节点核心区配箍特征值不宜小于核心区上、下柱端的体积配箍率较大值。

15.7 钢筋的连接和锚固

15.7.1 钢筋的连接

钢筋连接的基本要求是保证钢筋之间力的传递。连接方法有 3 种：绑扎搭接、焊接和机械连接。绑扎搭接的接头处需要钢筋搭接，不但多用钢筋，而且钢筋必须通过与周围混凝土的黏结来间接传力，传力的性能不好。焊接连接依靠人工操作，受环境因素影响，质量不稳定，几次大地震中都发现了焊接连接破坏的实例。机械连接(mechanical splicing)是通过钢筋与连接件或其他介入材料的机械咬合作用或钢筋端面的承压作用，将一根钢筋中的力传递至另一根钢筋的连接方法，具有接头强度高、连接速度快、受环境影响小、质量稳定可靠等优点。

常用的钢筋机械接头类型如下：

(1) 套筒挤压接头：通过挤压力使连接件钢套筒塑性变形与带肋钢筋紧密咬合形成的接头。

(2) 锥螺纹接头：通过钢筋端头特制的锥形螺纹和连接件锥螺纹咬合形成的接头。

(3) 墩粗直螺纹接头：通过钢筋端头墩粗后制作的直螺纹和连接件螺纹咬合形成的接头。

(4) 滚轧直螺纹接头：通过钢筋端头直接滚轧或剥肋后滚轧制作的直螺纹和连接件螺纹咬合形成的接头。

(5) 套筒灌浆接头：在金属套筒中插入单根带肋钢筋并注入灌浆料拌合物，通过拌合物硬化而实现传力的钢筋对接接头。

(6) 熔融金属充填接头：由高热剂反应产生熔融金属充填在钢筋与连接件套筒间形成的接头。

目前，机械连接已经普遍应用。在一些重要部位宜采用机械连接，例如抗震等级为一、二级的框架柱，三级框架的底层柱，受拉钢筋直径大于 25mm、受压钢筋直径大于 28mm 时。

受力钢筋宜在构件受力较小的部位连接。梁端、柱端是潜在塑性铰容易出现的部位，预计到塑性铰区内的受拉和受压钢筋都将屈服，并可能进入强化阶段。为了避免该部位的各类钢筋接头干扰或削弱钢筋在该部位所应具有的较大的屈服后伸长率，钢筋连接接头宜尽量避开梁端、柱端箍筋加密区。当工程中无法避开时，应采用经试验确定的与母材等强度并具有足够伸长率的高质量机械连接接头或焊接接头，且接头面积百分率不宜超过 50%。

同一连接区段内受力钢筋搭接连接的百分率(该区段内搭接连接的纵向受力钢筋与全部纵向受力钢筋截面面积的比值)，对梁、板、墙不宜大于 25%，对柱不宜大于 50%。

持久、短暂设计状况下，受拉钢筋的最小锚固长度应取 l_a。受拉钢筋绑扎搭接的搭接长度，应根据位于同一连接区段内搭接钢筋截面面积的百分率按下式计算，且不应小于 300mm。

$$l_l = \zeta l_a \tag{15-49}$$

式中：ζ——受拉钢筋搭接长度修正系数，同一连接区段内搭接钢筋面积百分率不大于 25%、50% 和 100%时，分别取 1.2、1.4 和 1.6。

地震设计状况，搭接长度按下式计算：

$$l_{lE} = \zeta l_{aE} \tag{15-50}$$

式中：l_{aE}——纵向受拉钢筋的最小锚固长度，按下列规定采用：

一、二级抗震等级：$l_{aE}=1.15l_a$；

三级抗震等级：$l_{aE}=1.05l_a$；

四级抗震等级：$l_{aE}=1.00l_a$。

15.7.2　核心区钢筋锚固

梁柱节点在地震反复作用下，梁的纵筋屈服逐渐深入节点核心区，产生反复滑移现象，节点刚度退化，使框架变形增大，降低了梁的后期受弯承载力。

框架节点核心区纵筋的锚固如图 15-49 所示。

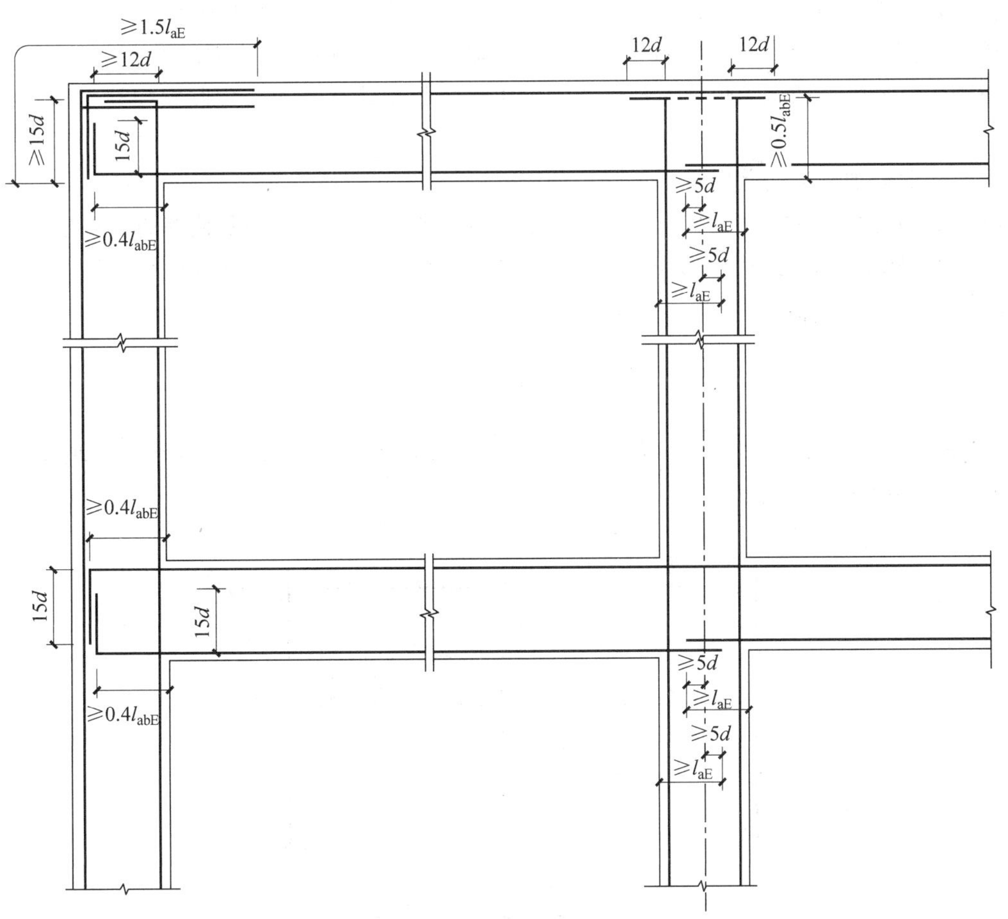

l_{abE}—基本抗震锚固长度

图 15-49　框架梁、柱纵向钢筋在核心区的锚固要求

思考题

1. 分层力矩分配法的计算假定是什么？计算步骤是什么？
2. 什么是 D 值法？D 值法和反弯点法有什么区别？
3. 框架结构空间计算与平面结构计算的结果有什么异同？
4. 在什么情况下宜考虑柱轴向变形的影响？
5. 什么是施工模拟？如何考虑施工模拟？
6. 框架结构的典型震害是什么？如何避免？
7. 为什么梁铰机制比柱铰机制对抗震有利？
8. 什么是强柱弱梁？如何实现强柱弱梁？
9. 什么是强剪弱弯？如何实现强剪弱弯？
10. 什么是强节弱杆？如何实现强节弱杆？
11. 什么是强压弱拉？如何实现强压弱拉？
12. 框架柱哪些部位要局部加强？只要是位于角部的柱就是角柱吗？
13. 什么是轴压比？为什么要限制柱、墙的轴压比？
14. 为什么框架梁上部必须要配置纵筋？为什么框架梁要限制相对受压区高度？
15. 什么是剪压比？哪些构件要限制剪压比？为什么？
16. 框架主梁的截面高跨比一般为多少？
17. 框架梁端、柱端为什么要设置箍筋加密区？箍筋加密区有什么要求？
18. 什么是短梁？为什么不宜采用短梁？什么是短柱？为什么不宜采用短柱？
19. 梁、柱、剪力墙边缘构件等采用非焊接封闭箍筋时，箍筋末端有什么要求？
20. 剪跨比对框架柱的抗震性能有什么影响？工程中常用什么方法来判断框架柱是否长柱、短柱和极短柱？
21. 框架柱箍筋加密区的范围是如何确定的？
22. 箍筋配箍特征值的定义是什么？与体积配箍率有什么区别？面积配箍率的含义是什么？
23. 框架梁、柱采用不同强度等级的混凝土时，核心区的混凝土强度等级与柱相同，为什么？

习题

1. 用分层力矩分配法计算如图 15-50 所示框架的弯矩图，柱截面尺寸为 400mm×400mm，梁截面尺寸为 300mm×500mm。

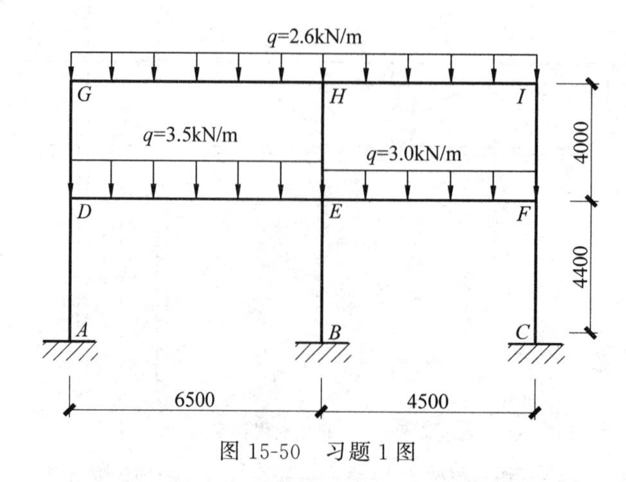

图 15-50 习题 1 图

2. 用 D 值法计算如图 15-51 所示框架的内力和水平位移。图中在各杆件旁标出了线刚度，其中 $i=2800\text{kN}\cdot\text{m}$。

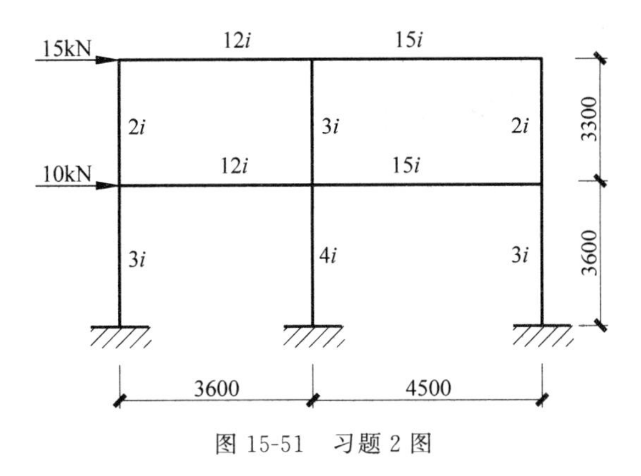

图 15-51　习题 2 图

3. 2 层框架结构，抗震设防烈度为 8 度，Ⅱ类场地。其中一榀框架的轴线尺寸如图 15-52 所示。框架梁截面尺寸均采用 300mm×600mm，柱截面尺寸均采用 600mm×600mm。1、2 层梁柱控制截面的最不利组合的内力计算值如表 15-17 所示（其中 1 层中柱轴向力最大值为 3500kN）。梁端 $V_{\text{Gb}}=125\text{kN}$。梁柱混凝土强度等级均为 C30，纵筋和箍筋均采用 HRB400 级钢筋。设计第 1 层 AB 跨梁、第 1 层中柱及其核心区配筋。

表 15-17　1、2 层梁柱控制截面的最不利组合的内力计算值

层号	边柱				中柱				梁			
	$M_{上}$	$M_{下}$	N	V	$M_{上}$	$M_{下}$	N	V	M_A	$M_{中}$	M_B	V
	kN·m		kN		kN·m		kN		kN·m			kN
2	303	399	2500	119	260	375	2100	125	—	—	—	—
1	363	533	2800	128	295	430	2400	130	−460 +183	+274	−616 +217	215

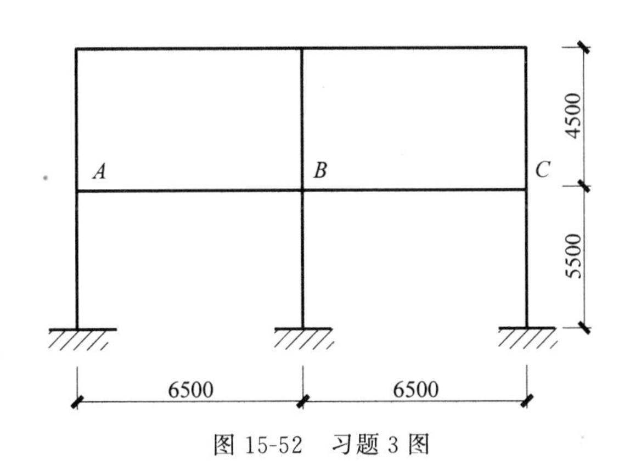

图 15-52　习题 3 图

第16章

剪力墙结构设计

16.1 剪力墙分类

16.1.1 按墙肢截面长度与宽度之比分类

框架柱为一维受力构件，剪力墙为二维受力构件。根据截面长度与宽度之比的增大，框架柱朝着剪力墙的方向发展。

如图16-1所示，一般认为：当$h_w/b_w \leqslant 4$时，为矩形柱；当$4 < h_w/b_w < 8$时，为短肢剪力墙；当$h_w/b_w \geqslant 8$时，为普通剪力墙。

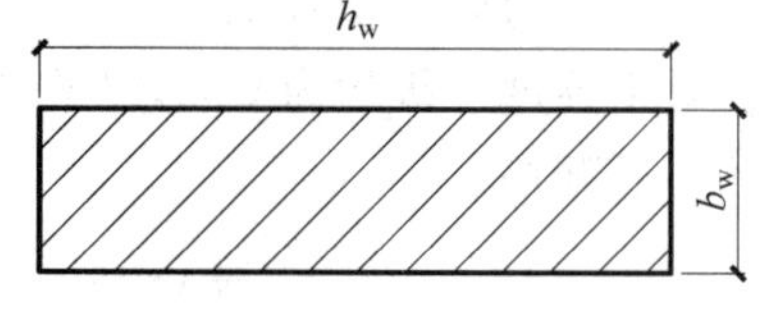

图16-1 墙肢截面长度与宽度之比分类

16.1.2 按墙面开洞情况分类

图16-2所示为剪力墙的类型，包括：整体墙(图16-2(a))、联肢剪力墙(图16-2(b))和壁式框架(图16-2(c))。

1. 整体墙

整体墙如图16-3所示，包括不开洞或开洞面积不大于15%且孔洞净距及孔洞至墙边距离大于孔洞长边的剪力墙。整体墙如同一个整体的悬臂墙，在墙肢的整个高度上，弯矩图既不突变，也无反弯点。

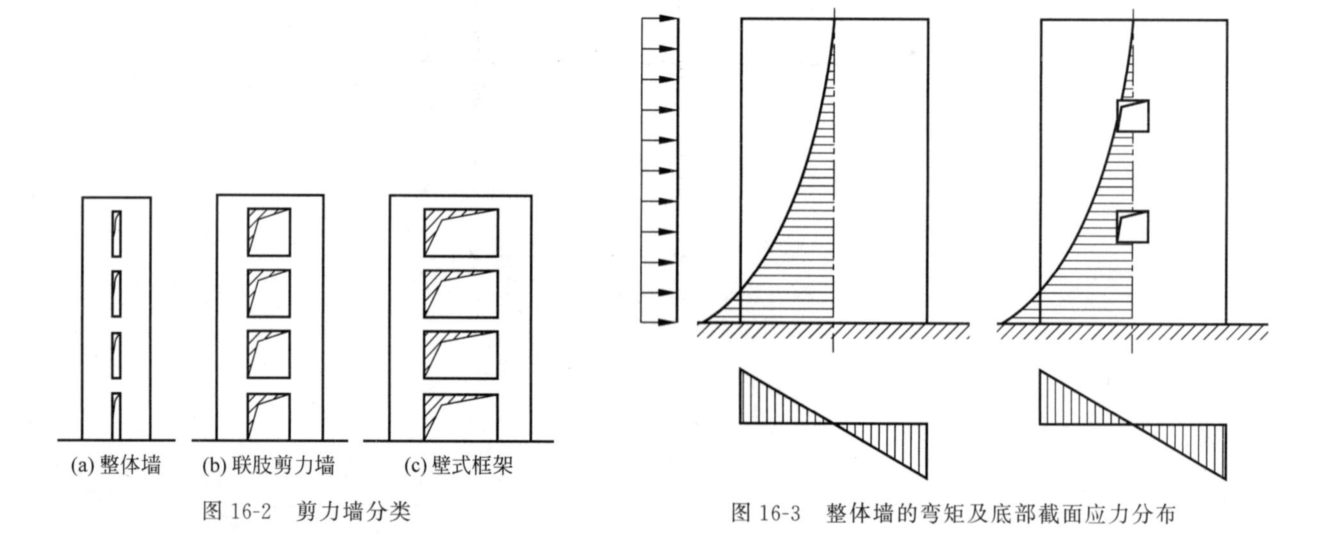

图16-2 剪力墙分类

图16-3 整体墙的弯矩及底部截面应力分布

2. 联肢剪力墙

联肢剪力墙如图16-4所示，为开洞较大、洞口成列布置的墙，可分为双肢或多肢剪力墙。联肢剪力墙的弯矩图在连梁处发生突变，但在整个墙肢高度上没有或仅仅在个别楼层中才出现反弯点。

3. 壁式框架

壁式框架如图16-5所示，洞口尺寸大、连梁线刚度大于或接近墙肢线刚度。壁式框架柱的弯矩图在楼层处有突变，而且在大多数楼层中都出现反弯点。整个剪力墙的变形以剪切型为主，与框架的受力相似。壁式框架应用较少，竖向荷载作用下可按分层法计算，与普通框架结构相同。水平荷载作用下需要考虑刚域的影响。

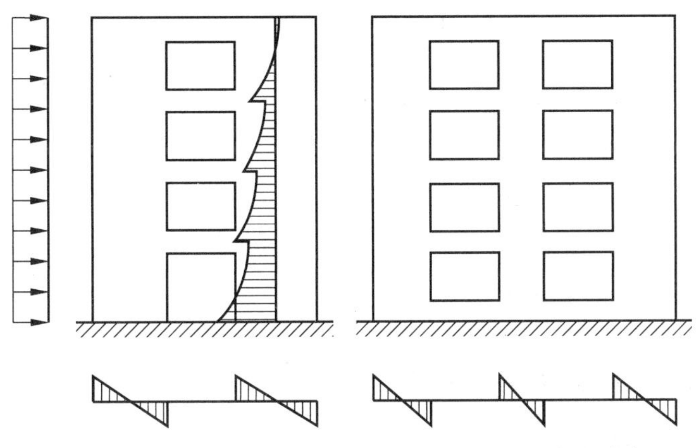

图16-4 双肢及多肢剪力墙的弯矩及底部截面应力分布

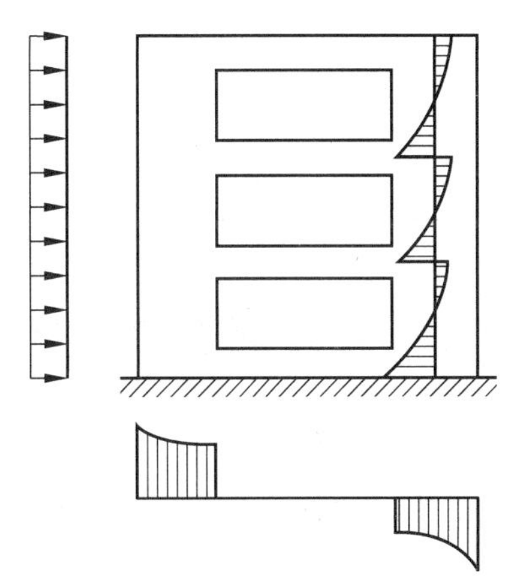

图16-5 壁式框架的弯矩及底部截面应力分布

16.2 剪力墙结构的近似计算方法

16.2.1 剪力墙计算假定

1. 竖向荷载作用下的计算

竖向荷载作用下，剪力墙结构的内力可以分片计算。每片剪力墙作为一竖向悬臂构件，按材料力学的方法计算内力。在竖向荷载作用下，剪力墙计算截面上只有弯矩和轴力。通常竖向荷载多为均匀、对称的，在各墙肢内产生的主要是轴力，故计算时忽略较小的弯矩的影响，按每片剪力墙的承载面积计算其荷载，直接计算墙截面上的轴力。

2. 水平荷载作用下的计算

在水平荷载作用下，按照平面结构假定和刚性楼盖假定，剪力墙结构可以按纵横两个方向分别计算，每个方向由若干片平面剪力墙组成，共同抵抗水平荷载。

计算剪力墙的内力与位移时，可以考虑纵、横墙的共同工作，互为翼缘，如图16-6所示。

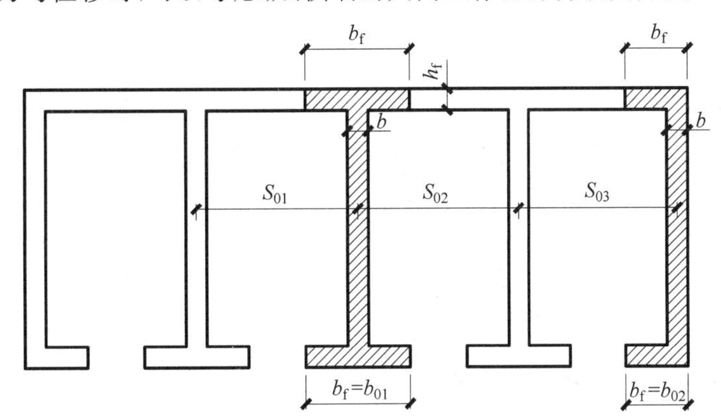

b_f、h_f—有效翼缘的宽度、高度；b_{01}、b_{02}—门窗洞口处剪力墙宽度；S_{01}、S_{02}、S_{03}—剪力墙间距；b—剪力墙厚度

图16-6 剪力墙的有效翼缘宽度示意

有效翼缘的宽度按表 16-1 采用，根据截面形式的不同，按表中对应项取最小值。

表 16-1　剪力墙有效翼缘宽度 b_f 取值

考 虑 方 式	截 面 形 式	
	T 形或工形	L 形或工形
按剪力墙间距	$b+\frac{S_{01}}{2}+\frac{S_{02}}{2}$	$b+\frac{S_{03}}{2}$
按翼缘厚度	$b+12h_f$	$b+6h_f$
按剪力墙总高度 H	$0.1H$	$0.05H$
按门窗洞口	b_{01}	b_{02}

16.2.2　整体墙近似计算方法

1. 应力计算

整体墙可按整截面悬臂构件按平截面假定计算截面应力，如图 16-7 所示：

$$\sigma=\frac{My}{I} \tag{16-1}$$

$$\tau=\frac{VS}{Ib} \tag{16-2}$$

式中：σ——截面的正应力；
τ——截面的剪应力；
M——截面的弯矩；
V——截面的剪力；
I——截面惯性矩；
S——截面的静矩；
b——截面宽度；
y——截面重心到所求正应力点的距离。

2. 顶点位移计算

顶点位移计算时，图 16-8 所示的带洞口整体墙要考虑洞口对截面面积及刚度削弱的影响。截面惯性矩取有洞口截面与无洞口截面惯性矩的加权平均值，整体墙刚度取 E_cI_q，截面折算惯性矩 I_q 以及折算面积 A_q 计算公式为：

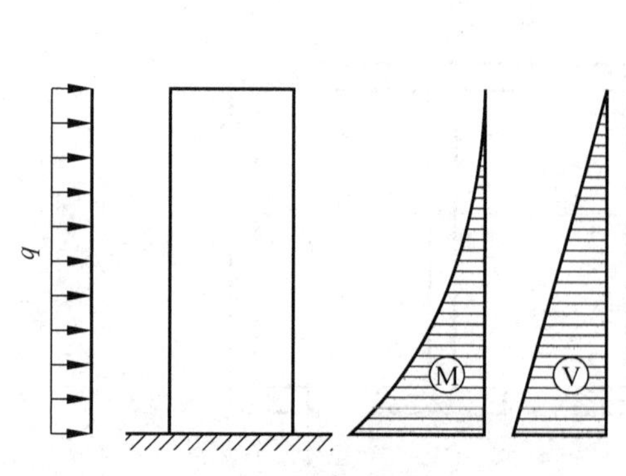

图 16-7　整体墙在水平荷载作用下的内力

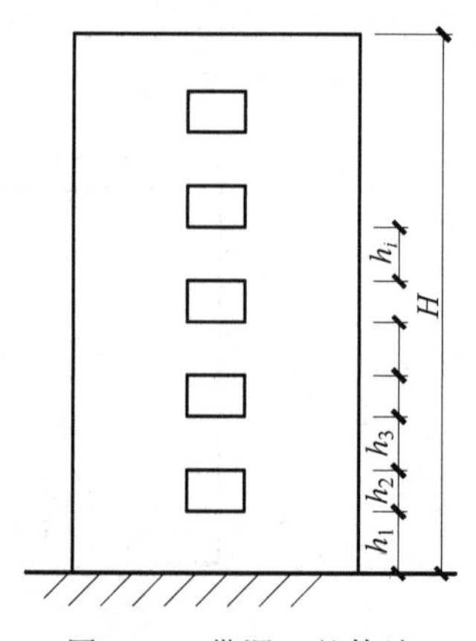

图 16-8　带洞口整体墙

$$I_q = \frac{\sum_{i=1}^{m} I_i h_i}{\sum_{i=1}^{m} h_i} \tag{16-3}$$

$$A_q = (1 - 1.25\sqrt{A_d / A_0})A \tag{16-4}$$

式中：I_i——剪力墙有洞口或无洞口部分截面的惯性矩；

h_i——各截面相应的墙高；

A——无洞口的剪力墙截面毛面积；

A_0、A_d——剪力墙立面总墙面面积和剪力墙洞口立面总面积；

m——剪力墙立面分段总数。

当剪力墙的高宽比不大于4时，在进行受力分析时需要考虑剪切变形的影响。在水平荷载作用下，顶点水平位移计算公式如下：

$$\Delta = \begin{cases} \dfrac{11}{60}\dfrac{V_0 H^3}{EI_q}\left(1 + \dfrac{3.64\mu EI_q}{H^2 GA_q}\right) & \text{倒三角形分布荷载} \\ \dfrac{1}{8}\dfrac{V_0 H^3}{EI_q}\left(1 + \dfrac{4\mu EI_q}{H^2 GA_q}\right) & \text{均布荷载} \\ \dfrac{1}{3}\dfrac{V_0 H^3}{EI_q}\left(1 + \dfrac{3\mu EI_q}{H^2 GA_q}\right) & \text{顶部集中荷载} \end{cases} \tag{16-5}$$

式中：V_0——底部截面总剪力。

μ——剪力不均匀系数，矩形截面取为1.2；工字形截面时，μ=全截面面积/腹板截面面积。

G——混凝土的剪切模量，$G=0.4E$。

为方便计算，引入等效刚度EI_{eq}的概念，把剪切变形与弯曲变形综合成用弯曲变形的形式表达，将上式写成：

$$\Delta = \begin{cases} \dfrac{11}{60}\dfrac{V_0 H^3}{EI_{eq}} & \text{倒三角形分布荷载} \\ \dfrac{1}{8}\dfrac{V_0 H^3}{EI_{eq}} & \text{均布荷载} \\ \dfrac{1}{3}\dfrac{V_0 H^3}{EI_{eq}} & \text{顶部集中荷载} \end{cases} \tag{16-6}$$

3种荷载下的EI_{eq}分别为：

$$EI_{eq} = \begin{cases} \dfrac{EI_q}{\left(1 + \dfrac{3.64\mu EI_q}{H^2 GA_q}\right)} & \text{倒三角形分布荷载} \\ \dfrac{EI_q}{\left(1 + \dfrac{4\mu EI_q}{H^2 GA_q}\right)} & \text{均布荷载} \\ \dfrac{EI_q}{\left(1 + \dfrac{3\mu EI_q}{H^2 GA_q}\right)} & \text{顶部集中荷载} \end{cases} \tag{16-7}$$

进一步简化，将3种荷载下的EI_{eq}统一近似取为：

$$EI_{eq} = \frac{EI_q}{1 + \dfrac{9\mu I_q}{H^2 A_q}} \tag{16-8}$$

16.2.3 连续化方法计算联肢剪力墙

1. 基本方法与假定

对联肢剪力墙而言，连续化方法是比较精确地计算联肢剪力墙的手算方法。连续化方法适用于开洞规则、由下到上墙厚及层高都不变的联肢剪力墙。当实际工程中各楼层变化不多时，可取各楼层的平均值作为计算参数。层数越多，该方法计算结果越好。对低层和多层剪力墙，该方法计算误差较大。对很不规则的剪力墙，该方法不适用。连续化方法也叫连续连杆法，基本思路是把连梁离散成沿整个高度上连续分布的连杆，层高 h，惯性矩 I_1、I_2、I_b，面积 A_1、A_2、A_b 等参数见图 16-9。该方法假定如下：

(1) 忽略连梁轴向变形，即假定两墙肢水平位移完全相同。

(2) 两墙肢各截面的转角和曲率都相等，连梁两端转角相等，反弯点在梁的中点。

(3) 墙肢截面、连梁截面、层高等几何尺寸沿全高相同。

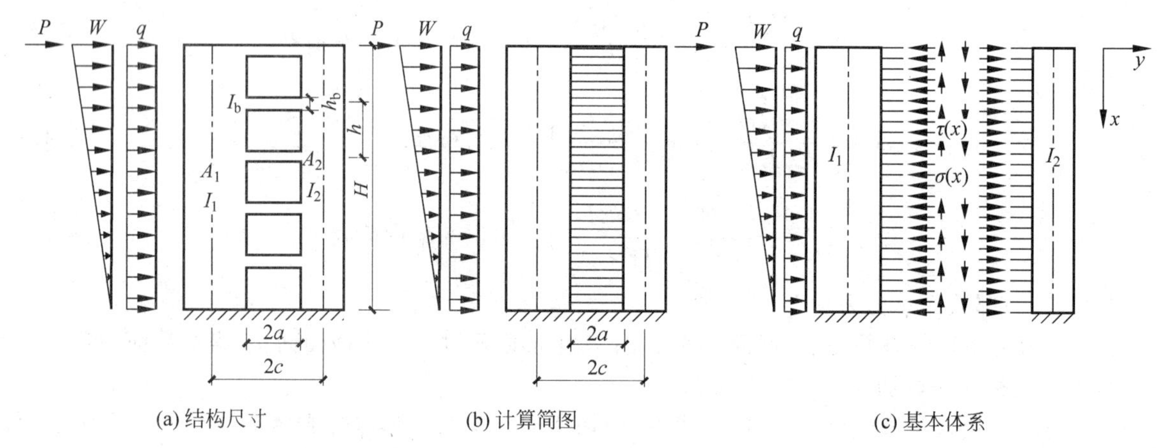

图 16-9 连续化方法计算简图及基本体系

连续化方法求解双肢墙的基本步骤：①将连梁离散为连续连杆，沿连杆中点，即反弯点切开，以连杆中点剪力为未知数，得到 2 个静定悬臂墙的基本体系；②通过切口的变形协调条件，即相对位移为 0 为条件建立的基本微分方程；③求解微分方程，积分后得到连梁中点剪力；④通过平衡条件求出连梁的梁端弯矩、墙肢轴力及弯矩。

2. 连续化方法的基本方程

取墙顶为坐标原点，水平方向为 y 轴，竖向为 x 轴，则切口处沿 x 方向的相对变形连续条件可用下式表达：

$$\delta_1(x)+\delta_2(x)+\delta_3(x)=0 \tag{16-9}$$

式中：δ_1、δ_2、δ_3——由墙肢弯曲变形产生的相对位移，由墙肢轴向变形产生的相对位移和由连梁弯曲和剪切变形产生的相对位移。

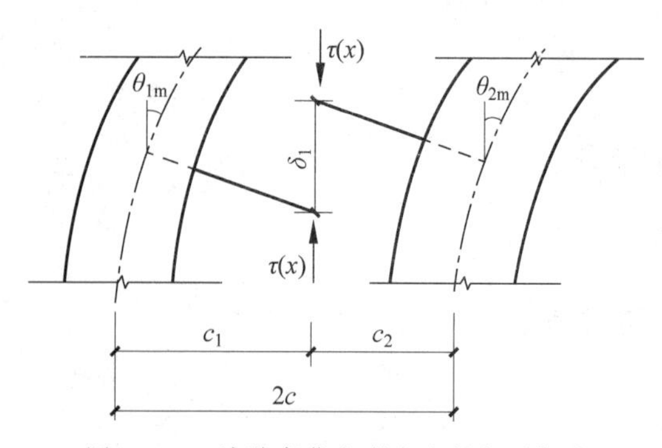

图 16-10 墙肢弯曲变形产生的相对位移（转角以顺时针为正）

两墙肢产生相同的剪切变形时，切口处不产生相对位移。由墙肢弯曲变形产生的相对位移如图 16-10 所示，当墙段由弯曲变形产生转角 θ_m 时：

$$\delta_1(x)=-2c\theta_m(x)=2c\,\frac{\mathrm{d}y_m}{\mathrm{d}x} \tag{16-10}$$

由墙肢轴向变形产生的相对位移如图 16-11 所示。在水平作用下，一个墙肢受拉，另一个墙肢受压。

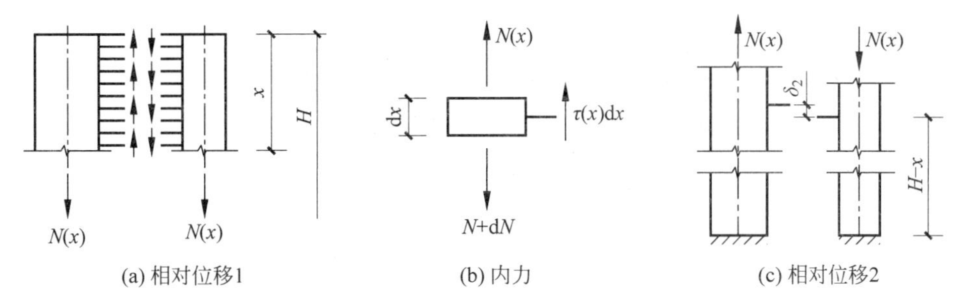

图 16-11　墙肢轴向变形产生的相对位移

从图 16-11(b)知：$\dfrac{\mathrm{d}N}{\mathrm{d}x}=\tau(x)$，则图 16-11(a)中：$N(x)=\int_0^x \tau(x)\mathrm{d}x$。

如图 16-11(c)所示，墙肢底截面的相对位移为 0，则由 x 到 H 积分可得坐标为 x 处切口处的相对位移：

$$\delta_2(x)=\int_x^H \frac{N(x)\mathrm{d}x}{EA_1}+\int_x^H \frac{N(x)\mathrm{d}x}{EA_2}=\frac{1}{E}\left(\frac{1}{A_1}+\frac{1}{A_2}\right)\int_x^H N(x)\mathrm{d}x$$

$$=\frac{1}{E}\left(\frac{1}{A_1}+\frac{1}{A_2}\right)\int_x^H\int_0^x \tau(x)\mathrm{d}x\mathrm{d}x \tag{16-11}$$

如图 16-12 所示，将切开的连梁看做端部作用集中力 $\tau(x)h$ 的悬臂梁，则：

$$\delta_{3\mathrm{M}}(x)=2\int_0^a \frac{[-\tau(x)hy]\times(-y)}{EI_\mathrm{b}}\mathrm{d}x=2\frac{\tau(x)ha^3}{3EI_\mathrm{b}} \tag{16-12}$$

$$\delta_{3\mathrm{V}}(x)=2\mu\int_0^a \frac{[-\tau(x)h]\times(-1)}{A_\mathrm{b}G}\mathrm{d}x=2\frac{\mu\tau(x)ha}{A_\mathrm{b}G} \tag{16-13}$$

$$\delta_3(x)=\delta_{3\mathrm{M}}(x)+\delta_{3\mathrm{V}}(x)=2\frac{\tau(x)ha^3}{3EI_\mathrm{b}}\left(1+\frac{3\mu EI_\mathrm{b}}{A_\mathrm{b}Ga^2}\right)=2\frac{\tau(x)ha^3}{3E\tilde{I}_\mathrm{b}} \tag{16-14}$$

式中：$\tilde{I}_\mathrm{b}=\dfrac{I_\mathrm{b}}{1+\dfrac{3\mu EI_\mathrm{b}}{A_\mathrm{b}Ga^2}}$——连梁的折算惯性矩，考虑了弯曲和剪切变形，但以弯曲的形式表达。

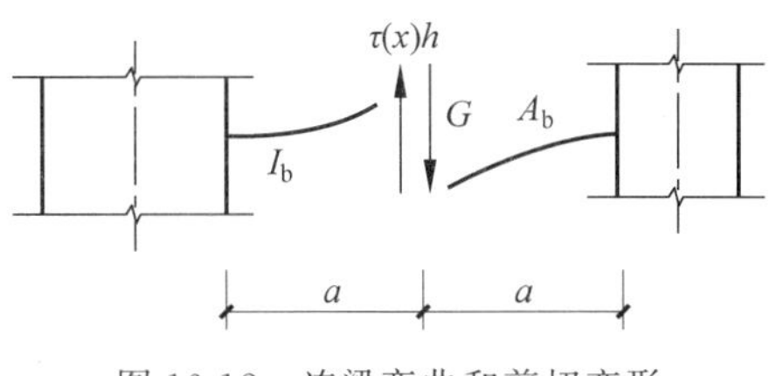

图 16-12　连梁弯曲和剪切变形产生的相对位移

取 $G\approx0.42E$，$\mu=1.2$，则：$\tilde{I}_\mathrm{b}=\dfrac{I_\mathrm{b}}{1+0.7\dfrac{h_\mathrm{b}^2}{a^2}}$。

因此，总位移协调方程为：

$$-2c\theta_\mathrm{m}(x)+\frac{1}{E}\left(\frac{1}{A_1}+\frac{1}{A_2}\right)\int_x^H\int_0^x \tau(x)\mathrm{d}x\mathrm{d}x+2\frac{\tau(x)ha^3}{3E\tilde{I}_\mathrm{b}}=0 \tag{16-15}$$

微分两次，得双肢墙连续化方法的基本微分方程如下：

$$-2c\theta''_\mathrm{m}-\frac{1}{E}\left(\frac{1}{A_1}+\frac{1}{A_2}\right)\tau(x)+\frac{2ha^3}{3E\tilde{I}_\mathrm{b}}\tau''(x)=0 \tag{16-16}$$

基本微分方程有两个未知量，θ 和 τ，因此，还需要建立 θ 和 τ 之间的关系。

如图 16-13 所示，在 x 处截断双肢剪力墙，取上半部为隔离体，由平衡条件可得：

$$M_1+M_2=M_\mathrm{p}-2cN(x)=M_\mathrm{p}-2c\int_0^x \tau(\lambda)\mathrm{d}\lambda \tag{16-17}$$

式中：M_p、M_1、M_2、$N(x)$——外荷载产生的倾覆力矩、墙肢 1 截面上的弯矩、墙肢 2 截面上的弯矩、墙肢的轴力，如图 16-13 所示。

从图 16-13 表示的弯矩平衡条件可以看出，抗倾覆力矩由两部分组成，一部分是墙肢 1、2 截面上的弯矩 M_1、M_2，称为局部力矩；另一部分是墙肢轴力与力臂的乘积即 $2cN(x)$，称为总体力矩。对框架结

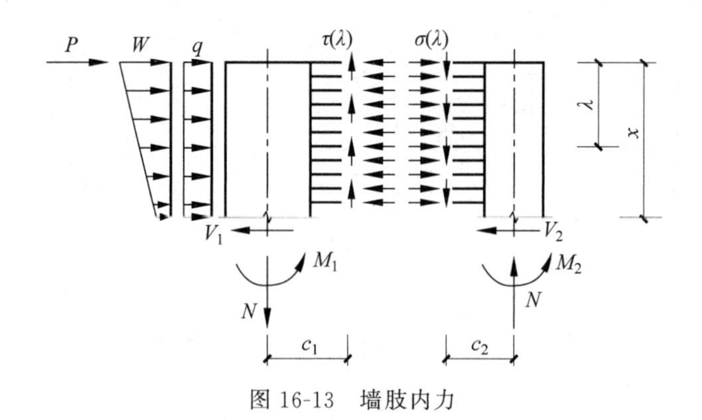

图 16-13 墙肢内力

构而言,局部力矩很小,可以忽略,抗倾覆主要靠总体力矩。

根据弯矩和曲率关系,并注意到$\frac{d^2y_{1m}}{dx^2}=\frac{d^2y_{2m}}{dx^2}=\frac{d^2y_m}{dx^2}$,得

$$M_1+M_2=EI_1\frac{d^2y_{1m}}{dx^2}+EI_2\frac{d^2y_{2m}}{dx^2}=E(I_1+I_2)\frac{d^2y_m}{dx^2} \tag{16-18}$$

故

$$E(I_1+I_2)\frac{d^2y_m}{dx^2}=M_p-2c\int_0^x\tau(\lambda)d\lambda$$

由于$\theta'_m=-\frac{d^2y_m}{dx^2}$,故已经建立$\theta$和$\tau$之间的关系,将其代入基本微分方程,该方程即可得解。

3. 连续化方法基本方程的解

为便于解基本微分方程,对其进行化简。

设$m(\lambda)=2c\tau(\lambda)$,

由于

$$\theta'_m=-\frac{d^2y_m}{dx^2}=-\frac{1}{E(I_1+I_2)}\left[M_p-2c\int_0^x\tau(\lambda)d\lambda\right]$$

故

$$\theta''_m=-\frac{1}{E(I_1+I_2)}[V_p(x)-2c\tau(x)]=-\frac{1}{E(I_1+I_2)}[V_p(x)-m(x)] \tag{16-19}$$

$V_p(x)$与外荷载形式有关,对于常用的 3 种荷载,有:

$$V_p(x)=\begin{cases}V_0\left[1-\left(1-\frac{x}{H}\right)^2\right] & \text{倒三角形荷载}\\ V_0\frac{x}{H} & \text{均布荷载}\\ V_0 & \text{顶部集中荷载}\end{cases} \tag{16-20}$$

将式(16-20)代入式(16-19),可得:

$$\theta''_m=\begin{cases}\frac{1}{E(I_1+I_2)}\left\{V_0\left[\left(1-\frac{x}{H}\right)^2-1\right]+m(x)\right\}\\ \frac{1}{E(I_1+I_2)}\left[-V_0\left(\frac{x}{H}\right)+m(x)\right]\\ \frac{1}{E(I_1+I_2)}[-V_0+m(x)]\end{cases} \tag{16-21}$$

连梁计算跨度:

$$a_1=a+\frac{h_b}{2} \tag{16-22}$$

令T为轴向变形影响系数,该系数为墙肢与洞口相对关系的一个参数,T值大表示墙肢相对较窄;

$$T=\frac{I-\sum_{i=1}^{s+1}I_i}{I}=\frac{\sum_{i=1}^{s+1}A_i y_i^2}{I} \tag{16-23}$$

$$I=\sum I_i+\sum_{i=1}^{s+1}A_i y_i^2$$

则整体系数 α 为：

$$\alpha=H\sqrt{\frac{6}{Th(I_1+I_2)}I_1\frac{c^2}{a_l^3}}$$

整体系数 α 的物理意义是计入墙肢轴向变形影响的连梁与墙肢的刚度比，只与联肢剪力墙的几何尺寸有关，对剪力墙的内力和位移的分布规律有很大影响。

将 x 改用相对坐标表示，即 $\xi=x/H$，并设：

$$m(\xi)=V_0T\varphi(\xi) \tag{16-24}$$

式中：V_0——剪力墙底部剪力，与水平荷载有关。

对方程再次简化可得：

$$\varphi''(\xi)-\alpha^2\varphi(\xi)=\begin{cases}-\alpha^2[1-(1-\xi)^2] & \text{倒三角形荷载}\\ -\alpha^2\xi & \text{均布荷载}\\ -\alpha^2 & \text{顶部集中荷载}\end{cases} \tag{16-25}$$

该方程为二阶常系数非齐次微分方程，其解由通解和特解组成：

$$\varphi(\xi)=C_1\text{ch}\alpha\xi+C_2\text{sh}\alpha\xi+\begin{cases}1-(1-\xi)^2-2/\alpha^2\\ \xi\\ 1\end{cases} \tag{16-26}$$

式中：C_1、C_2——待定参数，由两个边界条件，即墙顶弯矩为0和墙底弯曲转角为0确定。

最终可求得3种典型水平荷载下 $\varphi(\xi)$ 的解：

$$\varphi(\xi)=\begin{cases}1-(1-\xi)^2-\dfrac{2}{\alpha^2}+\left(\dfrac{2\text{sh}\alpha}{\alpha}-1+\dfrac{2}{\alpha^2}\right)\dfrac{\text{ch}\alpha\xi}{\text{ch}\alpha}-\dfrac{2}{\alpha}\text{sh}\alpha\xi & \text{倒三角形荷载}\\ \xi+\left(\dfrac{\text{sh}\alpha}{\alpha}-1\right)\dfrac{\text{ch}\alpha\xi}{\text{ch}\alpha}-\dfrac{\text{sh}\alpha\xi}{\alpha} & \text{均布荷载}\\ 1-\dfrac{\text{ch}\alpha\xi}{\text{ch}\alpha} & \text{顶部集中荷载}\end{cases} \tag{16-27}$$

3种典型荷载下 $\varphi(\xi)$ 都是相对坐标 ξ 及整体系数 α 的函数，可直接按公式计算。

多肢墙也可以用连续化方法计算，基本方法与双肢墙相同。

考虑到连续化方法将墙肢及连梁简化为杆件体系，在计算简图中连梁应采用带刚域杆件，见3.1节。

4. 联肢剪力墙的内力和截面应力分布

解出方程后，即可得到连梁和墙肢的内力。

第 j 层连梁剪力：$V_{\text{b}j}=\tau(\xi)h=m_j(\xi)\dfrac{h}{2c}$；

第 j 层连梁端部弯矩：$M_{\text{b}j}=V_{\text{b}j}a$。

某截面处墙肢轴力为该截面以上所有连梁剪力之和，两个墙肢轴力必然大小相等、方向相反。故第 j 层墙肢轴力：$N_j=\sum_{s=j}^{n}V_{\text{b}s}$。

两墙肢的弯矩按刚度分配，第 j 层墙肢弯矩：

$$M_1=\frac{I_1}{I_1+I_2}\left(M_{\text{p}j}-\sum_{s=j}^{n}m_s\right),\quad M_2=\frac{I_2}{I_1+I_2}\left(M_{\text{p}j}-\sum_{s=j}^{n}m_s\right)$$

第 j 层墙肢剪力也按墙肢刚度分配：

$$V_1=\frac{\widetilde{I}_1}{\widetilde{I}_1+\widetilde{I}_2}V_{pj},\quad V_2=\frac{\widetilde{I}_2}{\widetilde{I}_1+\widetilde{I}_2}V_{pj},\quad \widetilde{I}_i=\frac{I_i}{1+\dfrac{12\mu EI_i}{GA_ih^2}},\quad i=1,2$$

式中惯性矩采用考虑剪切变形影响后的墙肢折算惯性矩。

联肢剪力墙的截面应力分布如图 16-14 所示，每个墙肢上的应力可分解为两部分：沿截面直线分布的应力，称为整体弯曲应力，组成每个墙肢的部分弯矩及轴力。局部弯曲应力组成每个墙肢上的另一部分弯矩。

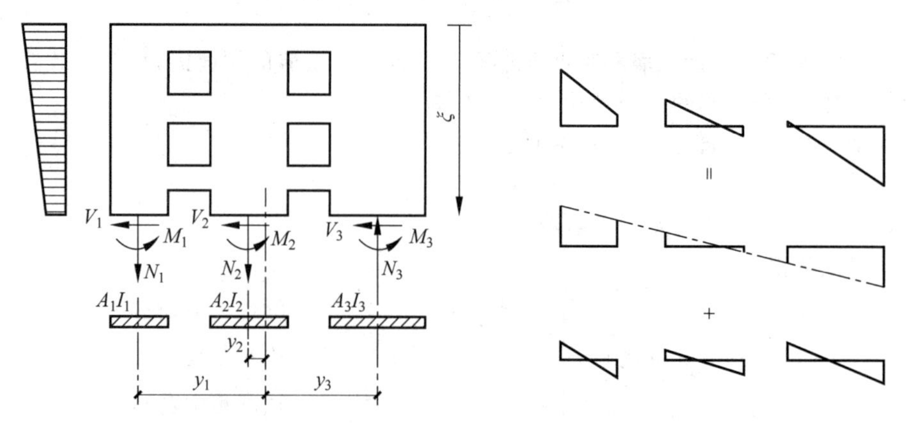

图 16-14　联肢剪力墙截面应力的分解

由连续化方法分析得到的墙肢内力也可以表达成下列公式：

$$M_i(\xi)=kM_p(\xi)\frac{I_i}{I}+(1-k)M_p(\xi)\frac{I_i}{\sum_{i=1}^{n}I_i}\tag{16-28}$$

$$N_i(\xi)=kM_p(\xi)\frac{A_iy_i}{I}\tag{16-29}$$

式中：n——墙肢总数。

整体弯曲应力对应式(16-28)第一项和式(16-29)。局部弯曲应力对应于式(16-25)的第二项。

当荷载为倒三角形分布时，整体弯矩系数 k 值为：

$$k=\frac{3}{\xi^2(3-\xi)}\left[\frac{2}{\alpha^2}(1-\xi)+\xi^2\left(1-\frac{\xi}{3}\right)-\frac{2}{\alpha^2}\text{ch}\alpha\xi+\left(\frac{2\text{sh}\alpha}{\alpha}+\frac{2}{\alpha^2}-1\right)\frac{\text{sh}\alpha\xi}{\alpha\,\text{ch}\alpha}\right]\tag{16-30}$$

k 与荷载形式有关，物理意义为两部分弯矩的百分比。k 值较大，则整体弯曲及轴力较大，局部弯矩较小，此时截面上总应力分布更接近直线，可能一个墙肢完全受拉，另一个墙肢完全受压；k 值较小时则反之，截面上应力锯齿形分布更明显，每个墙肢都有拉、压应力。

5. 联肢剪力墙的位移和等效刚度

联肢剪力墙的侧向位移应由墙肢的弯曲变形及剪切变形产生的侧移 y_m、y_v 叠加。

根据 $E(I_1+I_2)\dfrac{\mathrm{d}^2y_m}{\mathrm{d}x^2}=M_p-2c\displaystyle\int_0^x\tau(\lambda)\,\mathrm{d}\lambda$，可以计算出 y_m。

而 $\dfrac{\mathrm{d}y_v}{\mathrm{d}x}=\dfrac{\mu V_p}{G(A_1+A_2)}$，因此可得出：

$$y=\frac{1}{E(I_1+I_2)}\int_H^x\int_H^x M_p\,\mathrm{d}x\,\mathrm{d}x-\frac{1}{E(I_1+I_2)}\int_H^x\int_H^x\int_0^x m(x)\,\mathrm{d}x\,\mathrm{d}x\,\mathrm{d}x-\frac{\mu}{G(A_1+A_2)}\int_H^x V_p\,\mathrm{d}x\tag{16-31}$$

积分并引入边界条件后可得顶点水平位移为：

$$
\Delta=\begin{cases}\dfrac{11}{60}\dfrac{V_0H^3}{EI_{\mathrm{eq}}} & \text{倒三角形荷载}\\ \dfrac{1}{8}\dfrac{V_0H^3}{EI_{\mathrm{eq}}} & \text{均布荷载}\\ \dfrac{1}{3}\dfrac{V_0H^3}{EI_{\mathrm{eq}}} & \text{集中荷载}\end{cases} \tag{16-32}
$$

式中：EI_{eq}——联肢剪力墙的等效刚度，三种荷载下分别为：

$$
EI_{\mathrm{eq}}=\begin{cases}\dfrac{E\sum\limits_{i=1}^{n}I_i}{1+3.64\gamma^2-T+\psi_{\mathrm{a}}T} & \text{倒三角形荷载}\\ \dfrac{E\sum\limits_{i=1}^{n}I_i}{1+4\gamma^2-T+\psi_{\mathrm{a}}T} & \text{均布荷载}\\ \dfrac{E\sum\limits_{i=1}^{n}I_i}{1+3\gamma^2-T+\psi_{\mathrm{a}}T} & \text{集中荷载}\end{cases} \tag{16-33}
$$

式中：γ^2——墙肢剪切变形影响系数；

　　n——墙肢总数。

$$
\gamma^2=\frac{E\sum\limits_{i=1}^{n}I_i}{H^2G\sum\limits_{i=1}^{n}A_i/\mu_i} \tag{16-34}
$$

当$\dfrac{H}{B}\geqslant 4.0$的剪力墙中，剪切变形影响约在10%以内，一般可以忽略，此时可取$\gamma=0$。系数ψ_α是α的函数，3种荷载下其值分别为：

$$
\psi_\alpha=\begin{cases}\dfrac{60}{11}\dfrac{1}{\alpha^2}\left(\dfrac{2}{3}+\dfrac{2\mathrm{sh}\alpha}{\alpha^3\mathrm{ch}\alpha}-\dfrac{2}{\alpha^2\mathrm{ch}\alpha}-\dfrac{\mathrm{sh}\alpha}{\alpha\mathrm{ch}\alpha}\right) & \text{倒三角形荷载}\\ \dfrac{8}{\alpha^2}\left(\dfrac{1}{2}+\dfrac{1}{\alpha^2}-\dfrac{1}{\alpha^2\mathrm{ch}\alpha}-\dfrac{\mathrm{sh}\alpha}{\alpha\mathrm{ch}\alpha}\right) & \text{均布荷载}\\ \dfrac{3}{\alpha^2}\left(1-\dfrac{\mathrm{sh}\alpha}{\alpha\mathrm{ch}\alpha}\right) & \text{集中荷载}\end{cases} \tag{16-35}
$$

上述公式比较复杂，过去计算存在一定困难，故编绘了相关图表。目前采用上述公式进行计算已无困难，故本教材不给出相关图表。如采用图表进行计算，可查阅相关资料。

多肢墙的计算方法与双肢墙类似，计算方法可查阅相关书籍。

16.2.4　联肢剪力墙位移和内力分布规律

图16-15给出了按连续化方法计算得到的联肢剪力墙的水平位移、连梁剪力、墙肢轴力、墙肢弯矩沿高度分布曲线，其特点是：

（1）联肢剪力墙的侧移曲线呈弯曲型，α越大，墙的抗侧刚度越大，侧移减小；

（2）连梁最大剪力不在底层，α越大，连梁剪力越大，剪力最大值下移；

（3）墙肢轴力即为该截面以上连梁剪力之和，向下逐渐加大；当α越大，连梁剪力越大，墙肢轴力也加大；

（4）当α越大，墙肢轴力加大，轴力引起的整体弯矩也越大，因$M_1+M_2+N\times 2c=M_{\mathrm{p}}$，所以，墙肢的局部弯矩越小。

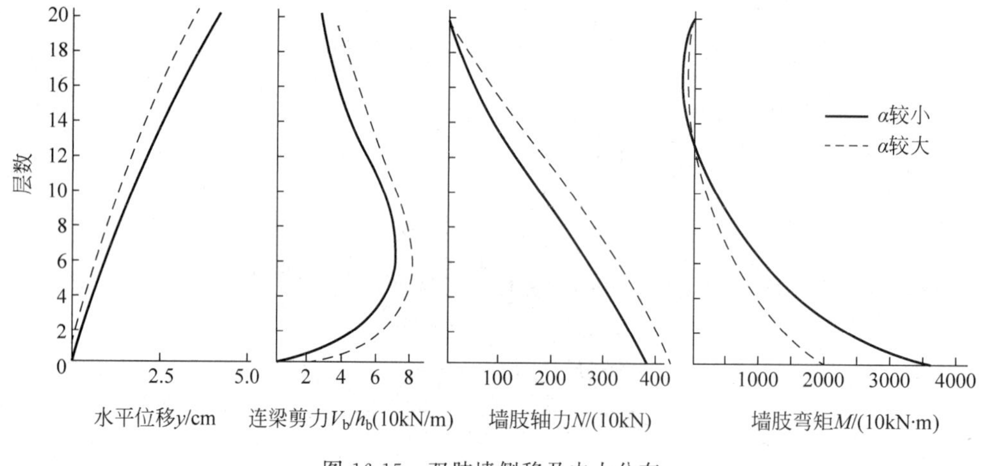

图 16-15 双肢墙侧移及内力分布

连续化方法计算的内力沿高度是连续变化的，但实际上连梁是不连续的，连梁剪力和对墙肢的约束弯矩也不是连续的，在连梁与墙肢交接处，墙肢弯矩、轴力会有突变，形成锯齿形分布。连梁约束弯矩越大，弯矩突变也越大，墙肢可能出现反弯点。反之，弯矩突变较小，在剪力墙很多层墙肢中都没有反弯点。

剪力墙弯矩及截面应力分布图如图 16-16 所示。

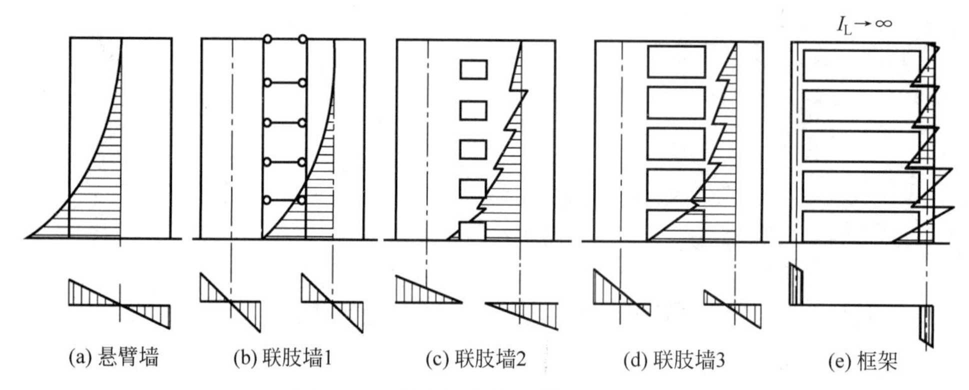

图 16-16 剪力墙弯矩及截面应力分布

从图 16-16 可以看出，剪力墙的内力及侧移有如下特点：

(1) 悬臂墙弯矩沿高度都是一个方向，没有反向弯矩，截面应力分布为直线，墙为弯曲型变形，如图 16-16(a)所示。

(2) 当整体系数 α 很小时，连梁很小，其约束弯矩很小而可忽略，可假定其为铰接杆，则墙肢是两个单肢悬臂墙，每个墙肢弯矩图和应力分布图和悬臂墙相同，如图 16-16(b)所示。

(3) 当 $\alpha\geqslant10$ 时，连梁刚度较大，则截面应力分布接近直线，由于连梁约束弯矩而在楼层处形成锯齿形弯矩图，如果锯齿不太大，大部分层墙肢弯矩没有反弯点，截面应力接近直线分布，侧移曲线主要是弯曲型，如图 16-16(c)所示。

(4) 当 $1<\alpha<10$ 时，为典型的联肢剪力墙，连梁约束弯矩造成的锯齿较大，截面应力不再是直线分布，墙的侧移仍然是弯曲型，如图 16-16(d)所示。

(5) 当 $\alpha\gg10$ 时，剪力墙开洞较大，墙肢相对较弱，极端情况是框架。此时，墙肢会出现反弯点，截面的拉、压应力较大，两墙肢的应力图相连几乎是一条直线，变形以剪切型为主，如图 16-16(e)所示。

16.2.5 算例

【例 16-1】 计算 12 层剪力墙的墙肢内力及顶点位移。该剪力墙层高 2.9m，总高 34.8m，每层开两个门洞，洞口高均为 2.1m，连梁高度为 0.8m。截面如图 16-17 所示，用 C30 级混凝土，已知地震作用如表 16-2 所示。

表 16-2 各楼层地震作用值 kN

楼层号	0	1	2	3	4	5	6	7	8	9	10	11	12
地震作用	0	3.5	7.0	10.6	14.0	17.6	21.1	24.7	28.3	31.6	35.1	38.7	60.5

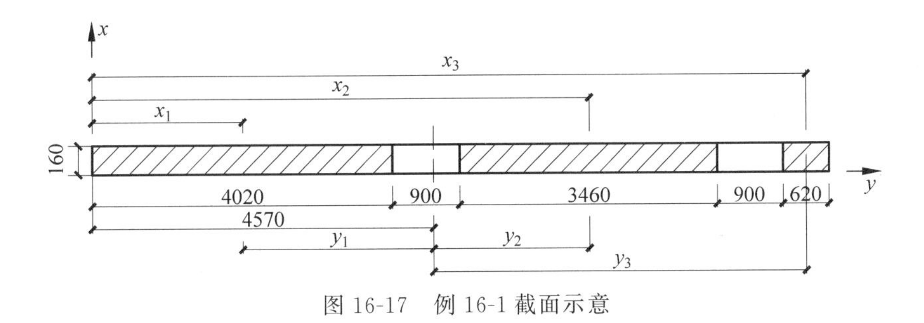

图 16-17 例 16-1 截面示意

【解】 用连续化方法计算。墙肢几何参数计算如表 16-3 所示。

表 16-3 墙肢几何参数计算结果

墙肢	A_i/m^2	x_i/m	A_ix_i	至总形心距离 y_i/m	I_i/m^4	$A_iy_i^2/\mathrm{m}^4$	$\frac{I_i}{\sum_{i=1}^{3}I_i}$	$\frac{I_i}{I}$	$2c_i/\mathrm{m}$
1	0.643	2.01	1.2924	2.56	0.8662	4.21	0.609	0.0823	4.64
2	0.554	6.65	3.6841	2.08	0.5523	2.40	0.389	0.0525	2.94
3	0.099	9.59	0.9494	5.02	0.0032	2.49	0.002	0.0003	
求和	1.296		5.9259		1.4217	9.10			

总形心位置：$x_0=\dfrac{5.9259\mathrm{m}^3}{1.296\mathrm{m}}=4.57\mathrm{m}$；

组合惯性矩：$I=1.4217\mathrm{m}^4+9.1\mathrm{m}^4=10.5217\mathrm{m}^4$；

轴向变形影响系数：$T=\dfrac{\sum_{i=1}^{3}A_iy_i^2}{I}=\dfrac{9.1\mathrm{m}^4}{10.5217\mathrm{m}^4}=0.865$；

连梁惯性矩(160mm×800mm,两个连梁相同)：$I_1=\dfrac{bh_1^3}{12}=6.83\times10^{-3}\mathrm{m}^4$；

连梁计算跨度(两个连梁相同)：$2a_i=l+\dfrac{h_1}{4}\times2=0.9\mathrm{m}+\dfrac{0.8}{2}\mathrm{m}=1.3\mathrm{m}$；

连梁折算惯性矩：$\widetilde{I}_{1i}=\dfrac{I_{1i}}{1+0.7\dfrac{h_1^2}{a_i^2}}=\dfrac{6.83\times10^{-3}\mathrm{m}^4}{1+0.7\times\dfrac{(0.80\mathrm{m})^2}{(0.65\mathrm{m})^2}}=3.3149\times10^{-3}\mathrm{m}^4$；

整体系数：$\alpha=H\sqrt{\dfrac{6}{Th\sum_{i=1}^{3}I_i}\sum_{i=1}^{2}\dfrac{\widetilde{I}_{1i}c_i^2}{a_i^3}}=34.8\mathrm{m}\times\sqrt{\dfrac{6\times3.31\times10^{-3}\mathrm{m}^4\times[(2.32\mathrm{m})^2+(1.47\mathrm{m})^2]}{0.865\times2.9\mathrm{m}\times1.42\mathrm{m}^4\times(0.65\mathrm{m})^3}}$

$=13.618$。

用式(16-30)计算 k 值后，代入式(16-28)和式(16-29)计算墙肢弯矩 M 和轴力 N。

现以底层截面为例计算如下，其余各层底截面的计算结果如表 16-4 所示。

表 16-4 计算结果

楼层号	地震作用 F_j/kN	层剪力 V_j/kN	倾覆力矩 $M_{pj}/(\mathrm{kN\cdot m})$	层坐标 ξ	系数 k	$M_{ij}/(\mathrm{kN\cdot m})$			N_{ij}/kN		
						墙肢1	墙肢2	墙肢3	墙肢1	墙肢2	墙肢3
12	60.5	0.0	0.0	0.0	0.0	0.0	0.0	0.0	0.0	0.0	0.0
11	38.7	60.5	175.5	0.083	1.951	−73.49	−46.86	−0.27	53.56	37.38	16.18

续表

楼层号	地震作用 F_j/kN	层剪力 V_j/kN	倾覆力矩 M_{pj}/(kN·m)	层坐标 ξ	系数 k	M_{ij}/(kN·m)			N_{ij}/kN		
						墙肢1	墙肢2	墙肢3	墙肢1	墙肢2	墙肢3
10	35.1	99.2	463.1	0.167	1.300	−35.16	−22.42	−0.13	94.22	65.76	28.46
9	31.6	134.3	852.6	0.250	1.135	9.51	6.06	0.03	151.41	105.68	45.73
8	28.3	165.9	1333.7	0.333	1.072	59.40	37.87	0.22	223.63	156.09	67.54
7	24.7	194.2	1896.9	0.417	1.042	114.36	72.91	0.42	309.19	215.80	93.39
6	21.1	218.9	2531.7	0.500	1.025	174.27	111.12	0.64	406.24	283.54	122.70
5	17.6	240.0	3227.7	0.583	1.015	239.14	152.48	0.88	512.88	357.97	154.91
4	14.0	257.6	3974.7	0.667	1.008	309.83	197.55	1.14	627.03	437.65	189.39
3	10.6	271.6	4762.4	0.750	1.001	390.00	248.67	1.43	745.71	520.48	225.23
2	7.0	282.2	5580.8	0.833	0.989	492.48	314.01	1.81	863.33	602.57	260.76
1	3.5	289.2	6419.4	0.917	0.962	658.17	419.65	2.41	965.85	674.13	291.72
0	0.0	292.7	7268.3	1.000	0.891	1015.19	647.29	3.72	1013.40	707.32	306.08

底层底截面 $\xi=1.0$，外荷载产生的倾覆力矩 $M_p=7268.3\text{kN}\cdot\text{m}$，由公式(16-30)算得

$$k=\frac{3}{\xi^2(3-\xi)}\left[\frac{2}{\alpha^2}(1-\xi)+\xi^2\left(1-\frac{\xi}{3}\right)-\frac{2}{\alpha^2}\text{ch}\alpha\xi+\left(\frac{2\text{sh}\alpha}{\alpha}+\frac{2}{\alpha^2}-1\right)\frac{\text{sh}\alpha\xi}{\alpha\text{ch}\alpha}\right]=0.891$$

由式(16-28)和式(16-29)计算各墙肢弯矩和轴力：

墙肢1

$$M_1=kM_p\frac{I_1}{I}+(1-k)M_p\frac{I_1}{\sum_{i=1}^{3}I_i}=1015.19\text{kN}\cdot\text{m}$$

$$N_1=kM_p\frac{A_1y_1}{I}=1013.40\text{kN}$$

墙肢2

$$M_2=kM_p\frac{I_2}{I}+(1-k)M_p\frac{I_2}{\sum_{i=1}^{3}I_i}=647.29\text{kN}\cdot\text{m}$$

$$N_2=kM_p\frac{A_2y_2}{I}=707.32\text{kN}\cdot\text{m}$$

墙肢3

$$M_3=kM_p\frac{I_3}{I}+(1-k)M_p\frac{I_3}{\sum_{i=1}^{3}I_i}=3.72\text{kN}\cdot\text{m}$$

$$N_3=kM_p\frac{A_3y_3}{I}=306.08\text{kN}$$

用式(16-34)计算剪力墙的等效刚度，取C30混凝土弹性模量：

$$E=3.00\times10^7\text{kN/m}^2,\quad G=0.40E$$

$$\gamma^2=\frac{E\sum_{i=1}^{3}I_i}{H^2G\sum_{i=1}^{3}A_i/\mu_i}=\frac{1.42\text{m}^4}{(34.8\text{m})^2\times0.40\times\frac{1.296}{1.2}\text{m}^2}=0.0027$$

由式(16-35)计算 ψ_a，$\psi_a=0.0175$。

用式(16-33)计算剪力墙等效刚度：

$$EI_{eq}=\frac{E\sum_{i=1}^{3}I_i}{1+3.64\gamma^2-T+\psi_aT}=2.67\times10^8\text{kN}\cdot\text{m}^2$$

用式(16-32)计算剪力墙顶点位移：

$$\Delta=\frac{11V_0H^3}{60EI_{eq}}=\frac{11\times 292.7\text{kN}\times(34.8\text{m})^3}{60\times 2.63\times 10^8\text{kN}\cdot\text{m}^2}=0.0086\text{m}$$

16.3 剪力墙结构的震害和抗震设计原则

16.3.1 剪力墙结构的震害及原因分析

设计合理的剪力墙结构整体性好，侧向刚度大，承载能力高。尽管剪力墙结构的延性系数不如框架结构，但历次震害表明，剪力墙结构的震害远轻于框架结构，表现出良好的抗震性能。但近年来的地震，如2010年智利地震(M8.8)、2011年新西兰地震(M6.3)以及2008年汶川地震(M8.0)等，调查也发现了一些剪力墙结构的震害。

1. 整体倒塌

剪力墙结构整体倒塌的震害极少。1985年，智利发生7.8级地震，此次地震中，有500多栋(大多为9～14层，20多栋为15～23层)剪力墙结构经受了地震考验，震害较轻，表现出良好的抗震性能。随后数年间，智利逐渐增加结构高度，但剪力墙厚度并未增加。2010年2月27日，智利发生8.8级大地震，15层的Torre Alto Rio公寓是当地三层以上的建筑中唯一出现倒塌破坏的建筑(图16-18)。

图16-18　2010年智利地震倒塌的Torre Alto Rio公寓

究其原因，随着结构高度的加大，重力荷载增大，如剪力墙厚度不变，将致使墙肢的轴压比过大。高层结构底部的剪力墙承受了较大的轴力、弯矩和剪力，在强震作用下，高轴压比下的剪力墙容易发生受压剪切、压溃破坏或失稳破坏，这是造成2010年智利地震数幢高层、数千片剪力墙结构破坏，甚至发生整体倒塌的主要原因之一。此外，对于超高层建筑来说，结构的自振周期长，顶端位移大，由于二阶效应引起的倾覆力矩也更大，对此不利影响也应引起足够的重视。

2. 局部破坏

1) 连梁破坏

连梁的跨高比较小，起着联系墙肢的作用，承受的剪力较大。在大多数情况下，联肢剪力墙的震害主要表现为连梁剪切破坏。当连梁的剪力过大或抗剪箍筋不足时，很容易出现图16-19所示的斜裂缝或交叉斜裂缝。连梁剪切破坏不但使墙肢间失去联系，剪力墙承载能力降低，而且破坏的连梁往往难以修复，或修复代价很高。但对剪力墙结构而言，连梁为第一道抗震防线，较大地震作用下，连梁的损伤可以增加耗能，有利于保护墙肢。

2) 墙肢破坏

(1) 剪切破坏

震害调查与试验研究表明，剪力墙的破坏与其剪跨比λ有关。$\lambda\geqslant 2.5$为高墙，一般为弯曲破坏；

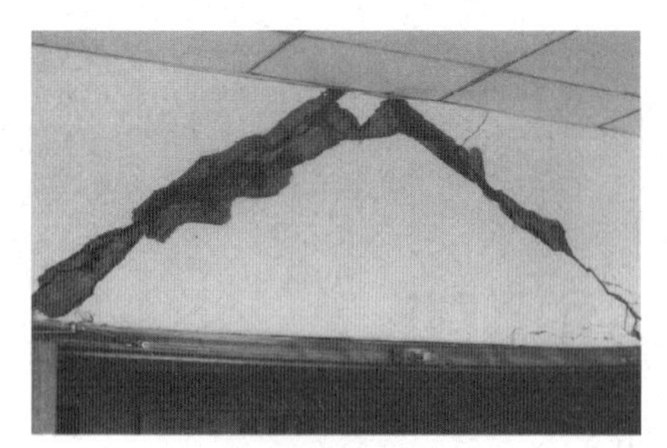
(a) 连梁剪切裂缝

(b) 连梁X形裂缝1

(c) 连梁及墙肢剪切裂缝

(d) 连梁X形裂缝2

图 16-19　连梁剪切破坏

$1.5<\lambda<2.5$ 为中高墙，一般为弯剪破坏；$\lambda\leqslant 1.5$ 为矮墙，一般为剪切破坏。剪切破坏包括剪压破坏、剪拉破坏和斜压破坏，如图 16-20 所示。

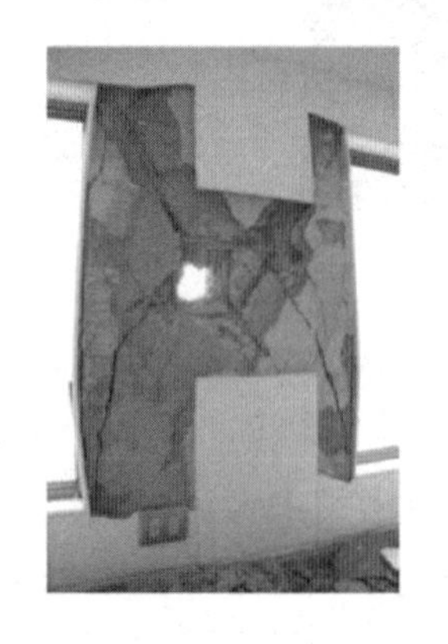

图 16-20　墙肢剪切破坏

当墙肢过长时，分担的地震剪力过大，也将导致墙肢剪切破坏，如图 16-21 所示。当长墙肢位于结构平面的外围时，扭转对墙肢产生的剪力更大，墙肢更容易破坏。

墙肢也可能发生剪切滑移破坏。剪力墙沿剪切斜裂缝上发生一定的滑移，斜裂缝上竖向钢筋受剪屈曲，如图 16-22 所示。

(2) 墙底、墙顶混凝土压溃，竖向钢筋压曲、拉断

图 16-23(a)中剪力墙的破坏现象为墙底混凝土压溃，竖向钢筋的外露、外鼓和屈曲。图 16-23(b)为汶川地震中剪力墙的震害，底部竖向钢筋被压曲、混凝土保护层压坏。但由于墙端设置边缘构件，边缘构件内的箍筋具有约束作用，箍筋内的混凝土未被压溃，竖向钢筋也基本未压曲。图 16-23(c)中剪力墙的边缘纵筋被压曲、往复拉压作用下断裂。图 16-23(d)中竖向钢筋出现外露、外鼓，其原因是剪力墙边缘构件箍筋间距过大，混凝土压溃。

图 16-21　长墙肢剪切破坏

图 16-22　剪力墙剪切滑移破坏

(a) 无边缘构件，墙底混凝土压溃，竖向钢筋压曲

(b) 有边缘构件，墙底混凝土未压溃，竖向钢筋压曲

(c) 配筋少、钢筋细，竖向钢筋压曲、拉断

(d) 纵向钢筋多，横向钢筋90°弯钩，竖向钢筋压曲、拉断

图 16-23　墙底震害

图 16-24(a)为智利地震剪力墙顶部混凝土压溃、竖向钢筋压曲的震害。图 16-24(b)为智利地震剪力墙顶部混凝土压溃、竖向钢筋拉断的震害。调查发现，在施工时，将结构设计图纸中的箍筋 135°弯钩，施工时做成 90°弯钩，造成箍筋的约束作用大幅度减小和纵向钢筋的外鼓拉断破坏。此外，尽管一般情况下地下室的震害较轻，但智利地震也发现了地下室剪力墙顶部混凝土压溃、竖向钢筋压曲的震害，如图 16-24(c)所示。

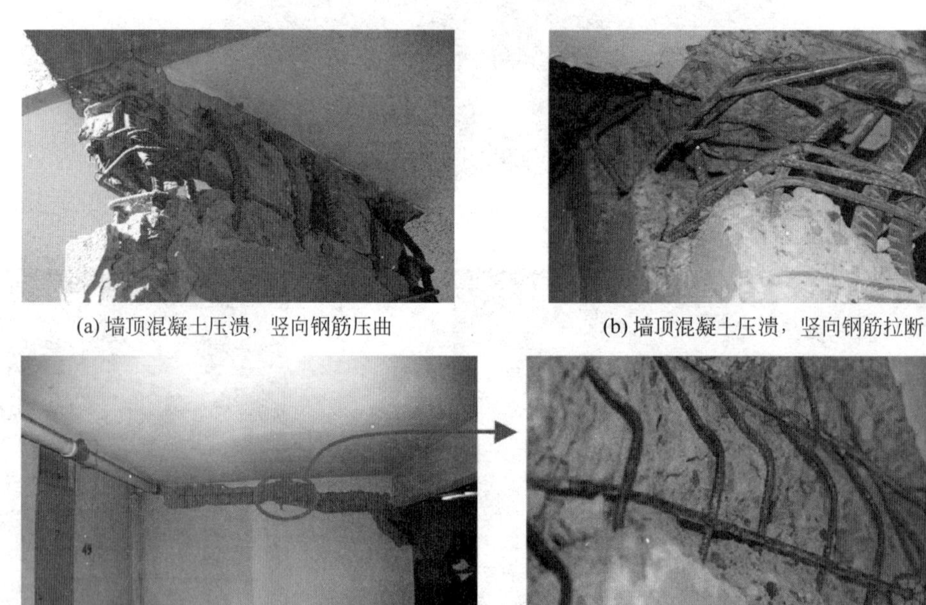

(a) 墙顶混凝土压溃，竖向钢筋压曲　　(b) 墙顶混凝土压溃，竖向钢筋拉断

(c) 地下室墙顶混凝土压溃，竖向钢筋压曲

图 16-24　墙顶震害图

墙底、墙顶混凝土压溃以及竖向钢筋压曲、拉断的原因：一是墙的轴压比过大，二是采用易受压屈曲的一字形墙肢且墙端未设置边缘构件，或边缘构件配箍量少且采用 90°弯钩。

(3) 墙肢压曲、失稳破坏

在智利和新西兰地震中都出现了整体墙片发生平面外失稳破坏的现象，如图 16-25 所示。相对其他破坏形式而言，此类震害以前相对较少。由于房屋高度越来越高，承受的荷载越来越大，但墙体厚度增加不多，而且采用了无翼缘的一字形墙肢，从而使墙肢出现了墙肢压曲、失稳破坏。

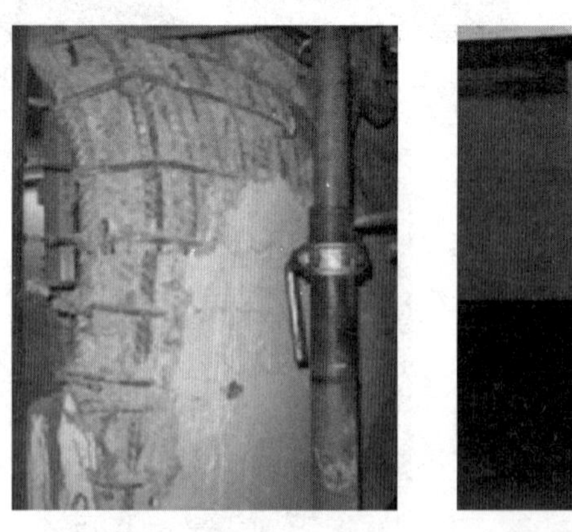

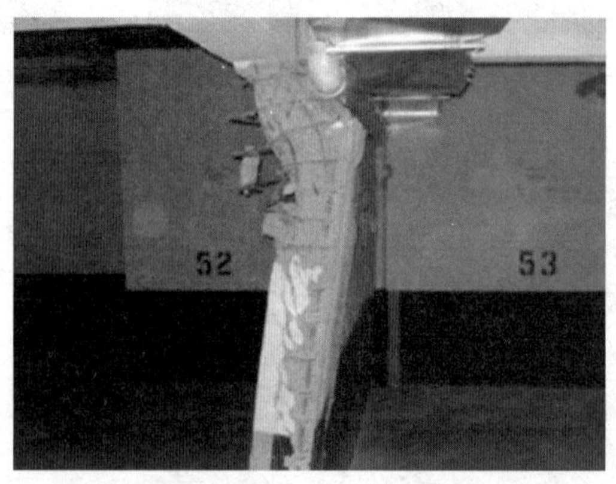

图 16-25　墙肢平面外失稳破坏

(4) 墙肢施工缝处的剪切滑移破坏

墙肢施工缝处是新旧混凝土的连接部位，抗剪强度低，在地震作用下，该处可能发生剪切滑移破坏，如图 16-26 所示。

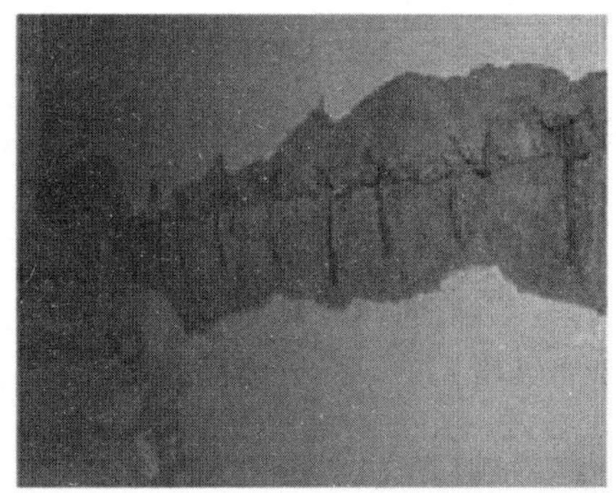

图 16-26　墙肢施工缝处剪切滑移破坏

3）楼板破坏

剪力墙结构的楼板破坏很少见到，但在 2010 年智利地震中，Torre Bosquemar 旅馆由于过道处未设连梁，仅靠楼板连接剪力墙，致使过道处楼板破坏，如图 16-27 所示。

图 16-27　Torre Bosquemar 旅馆过道无连梁楼板破坏

综上所述，尽管剪力墙结构抗震性能好、震害轻，但近年来也出现了剪力墙破坏的震害。由于我国采用剪力墙结构的房屋绝大部分位于大中城市的市区，高度高，房屋内生活或工作的人数多，且尚未经受高烈度地震的考验，因此，我们应更加精心地进行剪力墙结构房屋的抗震设计。

16.3.2　抗震设计原则

和其他结构形式一样，剪力墙结构应尽可能符合规则性要求，按 13.9 节相关要求进行结构布置。除此之外，剪力墙结构的抗震设计应遵循以下原则。

1. 强墙肢弱连梁

连梁应先于墙肢屈服，使塑性变形和耗能分散于连梁中，避免因墙肢过早屈服使塑性变形集中在某层，使这层的变形过大而形成倒塌机制。在进行小震作用下的弹性内力计算时，通过折减连梁的刚度，以减小连梁的弯矩设计值，实现连梁先于墙肢屈服，见 14.7 节。

该要求即“强墙弱梁”，和框架结构的“强柱弱梁”类似，可统称为“强竖弱平”。“强竖弱平”是结构抗震设计的主要原则之一。

2. 强剪弱弯

与框架的梁、柱相同，剪力墙的连梁和墙肢应避免剪切破坏。在设计中，对于连梁，通过增大与弯矩设计值(或实配的抗震受弯承载力)对应的梁端剪力，实现强剪弱弯；对于墙肢，通过增大底部加强部位组合的剪力计算值等方法，实现强剪弱弯。

3. 限制墙肢轴压比

与钢筋混凝土柱相同，轴压比是影响墙肢抗震性能的主要因素之一，应限制墙肢的轴压比。

4. 墙肢设置约束边缘构件

轴压比大于一定值的墙肢两端应设置约束边缘构件，其他部位设置构造边缘构件，这是提高剪力墙抗震性能的重要措施。

5. 设置底部加强部位

地震作用下，剪力墙墙肢的塑性铰一般会在结构底部一定高度范围内形成，这个高度范围称为剪力墙底部加强部位。部分框支剪力墙结构的剪力墙，底部加强部位的高度取框支层加框支层以上两层的高度及落地剪力墙总高度的1/10二者的较大值；其他结构的剪力墙，房屋高度大于24m时，底部加强部位的高度取底部两层和墙体总高度的1/10二者的较大值，房屋高度不大于24m时，取底部一层。剪力墙底部加强部位应从地下室顶板算起。当结构计算嵌固端位于地下一层的底板或以下时，底部加强部位向下延伸到计算嵌固端。

剪力墙底部加强部位是其重点部位，除了提高底部加强部位的受剪承载力、实现强剪弱弯外，还需要加强其抗震措施，以提高整体结构的抗震能力。

6. 连梁特殊措施

普通配筋的、跨高比小的连梁很难成为延性构件，对抗震等级高的、跨高比小的连梁可采取特殊措施，使其成为延性构件。

16.4 墙肢设计

在轴力和水平力的作用下，墙肢的破坏形态如图16-28所示，可以归纳为弯曲破坏、弯剪破坏、剪切破坏和滑移破坏。实际工程中，可能出现滑移破坏的位置是施工缝截面。因此，抗震等级一级的剪力墙要进行施工缝截面抗滑移验算，无地下室且墙肢底截面为偏心受拉时，墙肢与基础交接面应另设防滑斜筋。

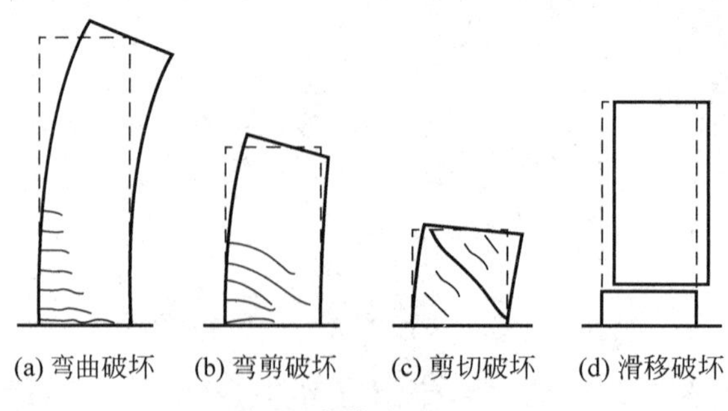

图16-28 实体墙的破坏形态

16.4.1 内力设计值

剪力墙应分别按照持久、短暂设计状况和地震设计状况，根据2.5节进行荷载效应组合，取控制截面的最不利组合内力或对其调整后的内力进行配筋设计。墙肢的控制截面一般取墙底截面以及改变墙厚、改变混凝土强度等级、改变配筋量的截面。

1. 特一级、一级抗震等级剪力墙的内力调整

为避免底部加强部位以上的墙肢出现塑性铰，抗震等级为特一级、一级的剪力墙的内力应进行调整。

特一级抗震等级时，底部加强部位的弯矩设计值应乘以1.1的增大系数，其他部位的弯矩设计值应乘以1.3的增大系数；同时底部加强部位的剪力设计值，考虑强剪弱弯要求，应按考虑地震作用组合的剪力计算值的1.9倍采用，其他部位的剪力设计值，应按考虑地震作用组合的剪力计算值的1.4倍采用。一级抗震等级时，底部加强部位的剪力设计值考虑强剪弱弯要求，应按考虑地震作用组合的剪力计算值的1.6倍采用；其他部位，墙肢的组合弯矩设计值和组合剪力设计值应乘以增大系数，弯矩增大系数取1.2，剪力增大系数取1.3。

其他抗震等级剪力墙的弯矩设计值不做调整。

2. 偏心受拉时墙肢的内力调整

双肢剪力墙的一个墙肢为大偏心受拉时，墙肢极易出现裂缝，使其刚度退化，剪力将在墙肢中重分配，另一墙肢的剪力设计值、弯矩设计应值乘以增大系数1.25。由于地震作用是反复荷载，因此，两个墙肢都要增大设计剪力。

如果双肢剪力墙中一个墙肢出现小偏心受拉，该墙肢可能会出现水平通缝而严重削弱其抗剪能力，抗侧刚度也严重退化，由荷载产生的剪力将全部转移到另一个墙肢而导致另一墙肢抗剪承载力不足。因此，不宜采用小偏心受拉的墙肢。设计时可通过调整墙肢截面长度或连梁高度来避免出现小偏心受拉的墙肢。当剪力墙的墙肢长度超过8m时为长墙，长墙的边墙肢拉、压力很大，则可以在墙肢中部开设结构洞或加宽、加高已有洞口，将长墙分成长度较小的墙。加宽、加高已有洞口可降低连梁刚度，一方面可以减小对墙肢的约束弯矩和墙肢轴力；另一方面可以使该连梁两端在地震时容易形成塑性铰，以实现强墙弱梁。

3. 底部加强部位的强剪弱弯调整

为了加强特一、一、二、三级抗震等级剪力墙墙肢底部加强部位的抗剪能力，避免过早出现剪切破坏，实现强剪弱弯，墙肢截面的剪力组合计算值按下式调整：

$$V=\eta_{vw}V_w \tag{16-36}$$

9度一级抗震等级剪力墙底部加强部位按剪力墙的实际受弯承载力调整剪力设计值，即：

$$V=1.1\frac{M_{uwa}}{M_w}V_w \tag{16-37}$$

式(16-36)和式(16-37)中：V——底部加强部位墙肢截面剪力设计值；

V_w——底部加强部位墙肢截面最不利组合的剪力计算值；

M_{uwa}——墙肢底部截面实配的抗震受弯承载力所对应的弯矩值，根据实配纵向钢筋面积、材料强度标准值和轴力等计算，有翼墙时应计入墙两侧各一倍翼墙厚度范围内的纵向钢筋；

M_w——墙肢底部截面最不利组合的弯矩计算值；

η_{vw}——墙肢剪力放大系数，特一级抗震等级为1.9(底部加强部位以上部位为1.4)，一级抗震等级为1.6，二级抗震等级为1.4，三级抗震等级为1.2。

一、二、三级抗震等级的其他部位及四级抗震等级时不调整。

16.4.2 墙肢正截面承载力计算

1. 墙肢偏心受压承载力计算

墙肢在轴力和弯矩作用下的承载力计算与柱相似，区别在于剪力墙的墙肢除在端部配置竖向抗弯钢筋外，还在端部以内配置竖向和横向分布钢筋，竖向分布钢筋参与抵抗弯矩，横向分布钢筋抵抗剪力，计算承载力时应包括分布钢筋的作用。分布钢筋一般比较细，容易压曲，为简化计算，验算偏压承载力时不考虑受压竖向分布钢筋的作用。

1) 大偏心受压承载力计算

在极限状态下，墙肢截面相对受压区高度不大于其相对界限受压区高度时，为大偏心受压破坏。建立墙肢截面大偏心受压承载力计算公式时采用以下假定：①截面变形符合平截面假定；②不考虑受拉混凝土的作用；③受压区混凝土的应力图用等效矩形应力图替换，应力达到$\alpha_1 f_c$；④墙肢端部的纵向受拉、受压钢筋屈服；⑤从受压区边缘算起$1.5x$（x为等效矩形应力图受压区高度）范围以外的受拉竖向分布钢筋全部屈服并参与受力计算，$1.5x$范围以内的竖向分布钢筋未受拉屈服或为受压状态，不参与受力计算。

由上述假定，极限状态下矩形墙肢截面的应力如图16-29所示。

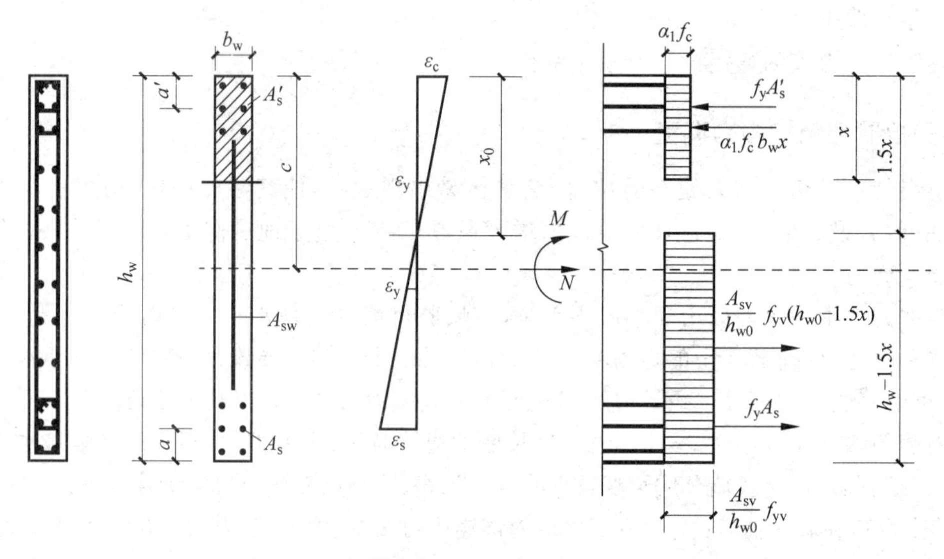

图16-29 极限状态下矩形墙肢截面的应力图形

根据$\sum N=0$和$\sum M=0$两个平衡条件，建立方程。

对称配筋时：

$$N=\alpha_1 f_c b_w x-f_{yw}\frac{A_{sw}}{h_{w0}}(h_{w0}-1.5x) \tag{16-38}$$

等效矩形应力图受压区高度x：

$$x=\frac{N+f_{yw}A_{sw}}{\alpha_1 f_c b_w+1.5f_{yw}A_{sw}/h_{w0}} \tag{16-39}$$

对受压区中心取矩，可得：

$$M=f_{yw}\frac{A_{sw}}{h_{w0}}(h_{w0}-1.5x)\left(\frac{h_{w0}}{2}+\frac{x}{4}\right)+N\left(\frac{h_{w0}}{2}-\frac{x}{2}\right)+f_yA_s(h_{w0}-a') \tag{16-40}$$

忽略式中x^2项，化简后得到：

$$M=\frac{f_{yw}A_{sw}}{2}h_{w0}\left(1-\frac{x}{h_{w0}}\right)\left(1+\frac{N}{f_{yw}A_{sw}}\right)+f_yA_s(h_{w0}-a') \tag{16-41}$$

上式第一项是竖向分布钢筋抵抗的弯矩，第二项是端部钢筋抵抗的弯矩，分别为：

$$M_{sw}=\frac{f_{yw}A_{sw}}{2}h_{w0}\left(1-\frac{x}{h_{w0}}\right)\left(1+\frac{N}{f_{yw}A_{sw}}\right) \tag{16-42}$$

$$M_0=f_yA_s(h_{w0}-a') \tag{16-43}$$

截面承载力验算要求：

$$M\leqslant M_0+M_{sw} \tag{16-44}$$

式中：M——墙肢的弯矩设计值。

以上有两个平衡方程，对称配筋时，有三个未知量，受压区高度x、竖向分布筋的截面面积A_{sw}和端部钢筋面积A_s。设计时，先按构造要求给定竖向分布筋的截面面积A_{sw}，然后可以计算出端部钢筋面积A_s。不对称配筋时，应先指定竖向分布筋A_{sw}和一端的端部钢筋面积，再计算另一端的端部钢筋面积。

当墙肢截面为T形或I形时，可参照T形或I形截面柱的偏心受压承载力的计算方法计算配筋。首先判断中和轴的位置，然后计算钢筋面积，计算中按上述原则考虑竖向分布钢筋的作用。

2）小偏心受压承载力计算

在极限状态下，墙肢截面混凝土相对受压区高度大于其相对界限受压区高度时为小偏心受压。剪力墙墙肢截面小偏心受压破坏与小偏心受压柱相同，截面大部分或全部受压，最终在压力较大一边的混凝土达到极限压应变时丧失承载力。靠近压力较大边的端部钢筋及竖向分布钢筋屈服，但计算中不考虑竖向受压分布筋的作用，只考虑端部钢筋的作用。受拉区的竖向分布钢筋未屈服，计算中也不考虑其作用。因此，墙肢截面极限状态的应力分布与小偏心受压柱完全相同(图16-30)，承载力计算方法也相同。

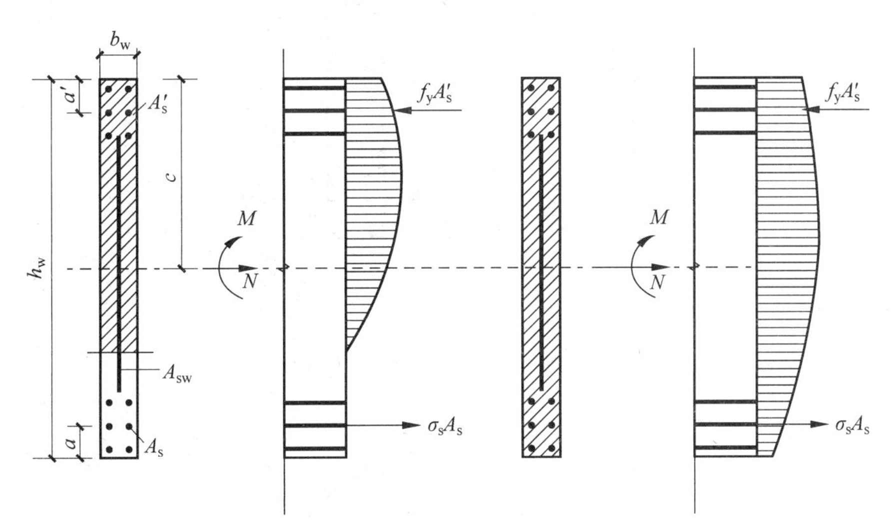

图16-30　墙肢小偏心受压截面应力分布

根据平衡方程，得到：

$$N=\alpha_1 f_c b_w x+f_y A'_s-\sigma_s A_s \tag{16-45}$$

$$Ne=\alpha_1 f_c b_w x\left(h_{w0}-\frac{x}{2}\right)+f_y A'_s(h_{w0}-a') \tag{16-46}$$

$$e=e_0+e_a+\frac{h_w}{2}-a \tag{16-47}$$

式中：e_0——轴向压力对截面重心的偏心矩，$e_0=M/N$。

e_a——附加偏心矩。其值应取20mm和偏心方向截面最大尺寸的1/30两者中的较大值。

对称配筋时，截面相对受压区高度ξ值可用下述近似公式计算：

$$\xi=\frac{N-\alpha_1\xi_b f_c b_w h_{w0}}{\dfrac{Ne-0.43\alpha_1 f_c b_w h_{w0}^2}{(\beta_1-\xi_b)(h_{w0}-a')}+\alpha_1 f_c b_w h_{w0}}+\xi_b \tag{16-48}$$

式中：β_1——混凝土等效矩形受压区高度与中和轴高度的比值。当混凝土强度等级不大于C50时，取0.8；当混凝土强度等级为C80时，取0.74；其他情况按线性内插取用。

可得：

$$A_s=A'_s=\frac{Ne-\xi(1-0.5\xi)\alpha_1 f_c b_w h_{w0}^2}{f_y(h_{w0}-a')} \tag{16-49}$$

竖向分布钢筋按构造要求设置。小偏心受压时，还要按轴心受压构件验算墙肢平面外稳定。

2. 墙肢偏心受拉承载力计算

墙肢在弯矩M和轴向拉力N作用下，当$M/N>h_w/2-a$时，为大偏心受拉，墙肢截面大部分受拉、小部分受压。假定距受压区边缘$1.5x$范围以外的受拉分布钢筋屈服并参与工作，截面应力分布图形如图16-31所示。由平衡条件可知，大偏心受拉承载力的计算公式与大偏心受压相同，只需将轴向力N变号。

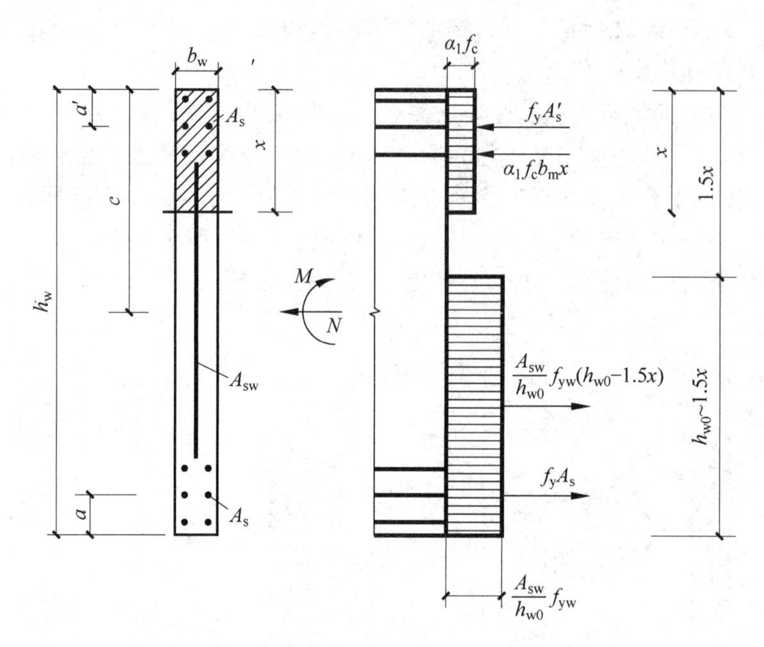

图 16-31 墙肢大偏心受拉压截面应力分布

矩形截面对称配筋时，受压区高度 x 可由下式确定：

$$x=\frac{f_{yw}A_{sw}-N}{\alpha_1 f_c b_w+1.5f_{yw}A_{sw}/h_{w0}} \tag{16-50}$$

与大偏心受压承载力公式类似，可得到竖向分布钢筋抵抗的弯矩为：

$$M_{sw}=\frac{f_{yw}A_{sw}}{2}h_{w0}\left(1-\frac{x}{h_{w0}}\right)\left(1-\frac{N}{f_{yw}A_{sw}}\right) \tag{16-51}$$

端部钢筋抵抗的弯矩为：

$$M_0=f_y A_s(h_{w0}-a') \tag{16-52}$$

与大偏心受压相同，应先给定竖向分布钢筋面积 A_{sw}，为保证截面有受压区，即要求 $x>0$，由式(16-50)可得竖向分布钢筋面积应符合下式：

$$A_{sw}\geqslant\frac{N}{f_{yw}} \tag{16-53}$$

同时，分布钢筋应满足最小配筋率要求，在两者中选择较大的 A_{sw}，然后按下式计算端部钢筋面积：

$$A_s\geqslant\frac{M-M_{sw}}{f_{yw}(h_{w0}-a')} \tag{16-54}$$

当拉力较大、偏心矩当 $M/N<h_w/2-a$ 时，全截面受拉，属于小偏心受拉。小偏心受拉时墙肢全截面受拉，混凝土开裂贯通整个截面高度，因此可通过调整剪力墙长度或连梁尺寸，避免出现小偏心受拉的墙肢。

地震设计状况，承载力计算公式应除以承载力抗震调整系数 γ_{RE}，偏心受压、受拉时 γ_{RE} 都取 0.85。需要注意的是，在计算受压区高度 x 和计算分布钢筋抵抗矩 M_{sw} 的公式中：N 要乘以 γ_{RE}。

16.4.3 墙肢斜截面受剪承载力计算

1. 墙肢斜截面剪切破坏形态

墙肢的斜截面剪切破坏大致可以归纳为以下三种破坏形态：

(1) 斜拉破坏。当墙肢的剪跨比较大、无横向钢筋或横向钢筋很少时，可能发生斜拉破坏。斜裂缝出现后即形成一条主要的斜裂缝，并延伸至受压区边缘，使墙肢劈裂为两部分而破坏。竖向钢筋锚固不好时也会发生类似的破坏。斜拉破坏为脆性破坏，设计时应避免出现。

(2) 斜压破坏。斜裂缝将墙肢分割为许多斜的受压柱体，混凝土被压碎而破坏。斜压破坏发生在截面尺寸小、剪压比过大的墙肢。斜压破坏为脆性破坏，为防止斜压破坏，应限制截面的剪压比，防止墙肢的截面尺寸过小。

(3) 剪压破坏。墙肢在竖向力和水平力共同作用下，首先出现水平裂缝或细的倾斜裂缝。随着水平力增加，出现一条主要斜裂缝，并延伸扩展，混凝土受压区减小，最后斜裂缝尽端的受压区混凝土在剪应力和压应力共同作用下破坏，横向钢筋屈服。

2. 偏心受压斜截面受剪承载力

剪压破坏是最常见的墙肢剪切破坏形态，墙肢斜截面受剪承载力计算公式即建立在剪压破坏的基础上。墙肢斜截面受剪承载力由两部分组成：横向钢筋的受剪承载力和混凝土的受剪承载力。作用在墙肢上的轴向压力加大了截面的受压区，提高了受剪承载力；作用在墙肢上的轴向拉力对抗剪不利，降低了受剪承载力。计算墙肢斜截面受剪承载力时，应计入轴力的影响。

持久、短暂设计状况：

$$V \leqslant \frac{1}{\lambda - 0.5}\left(0.5 f_t b_w h_{w0} + 0.13 N \frac{A_w}{A}\right) + f_{yh} \frac{A_{sh}}{s} h_{w0} \tag{16-55}$$

地震设计状况：

$$V \leqslant \frac{1}{\gamma_{RE}}\left[\frac{1}{\lambda - 0.5}\left(0.4 f_t b_w h_{w0} + 0.1 N \frac{A_w}{A}\right) + 0.8 f_{yh} \frac{A_{sh}}{s} h_{w0}\right] \tag{16-56}$$

式中：b_w、h_{w0}——墙肢截面腹板厚度和有效高度；

A、A_w——墙肢全截面面积和墙肢的腹板面积，矩形截面 $A=A_w$；

N——墙肢的轴向压力设计值，地震设计时，应考虑地震作用效应组合，当 $N>0.2f_c b_w h_w$ 时，取 $0.2f_c b_w h_w$；

f_{yh}——横向分布钢筋抗拉强度设计值；

s、A_{sh}——横向分布钢筋间距及配置在同一截面内的横向钢筋面积之和；

λ——计算截面的剪跨比，当 $\lambda<1.5$ 时取 1.5；当 $\lambda>2.2$ 时取 2.2；当计算截面与墙肢底截面之间的距离小于 $0.5h_{w0}$ 时，λ 取距墙肢底截面 $0.5h_{w0}$ 处的值。

3. 偏心受拉斜截面受剪承载力

持久、短暂设计状况：

$$V \leqslant \frac{1}{\lambda - 0.5}\left(0.5 f_t b_w h_{w0} - 0.13 N \frac{A_w}{A}\right) + f_{yh} \frac{A_{sh}}{s} h_{w0} \tag{16-57}$$

地震设计状况：

$$V \leqslant \frac{1}{\gamma_{RE}} \frac{1}{\lambda - 0.5}\left(0.5 f_t b_w h_{w0} - 0.10 N \frac{A_w}{A}\right) + f_{yh} \frac{A_{sh}}{s} h_{w0} \tag{16-58}$$

公式右边括号内计算的值小于 0 时取 0。

16.4.4 墙肢构造要求

1. 混凝土强度等级

普通剪力墙的混凝土强度等级不应低于 C30，不宜高于 C60。

2. 最小截面尺寸

墙肢的截面尺寸除应满足承载力的要求外，还要满足最小墙厚的要求和剪压比限值的要求。为保证剪力墙在轴力和侧向力作用下平面外稳定，防止平面外失稳破坏，以及有利于混凝土的浇筑质量，剪力墙的最小厚度不应小于表 16-5 中数值的较大值。

表 16-5 剪力墙墙肢最小厚度

部位	抗震等级			
	一、二级		三、四级	
	有端柱或翼墙	无端柱或翼墙	有端柱或翼墙	无端柱或翼墙
底部加强部位	200mm,$h/16$	200mm,$h/12$	160mm,$h/20$	160mm,$h/16$
其他部位	160mm,$h/20$	160mm,$h/16$	140mm,$h/25$	140mm,$h/20$

表 16-5 中,h 取层高或剪力墙无支长度二者的较小值,无支长度指沿剪力墙长度方向没有平面外横向支承时的长度。

高层建筑剪力墙的截面厚度不应小于 160mm。

同时,剪力墙墙肢应满足下式的稳定要求:

(1) 仅考虑墙顶作用竖向荷载时

$$q \leqslant \frac{Eb_{w}^{3}}{10l_{0}^{2}} \tag{16-59}$$

(2) 一字形墙肢考虑墙顶作用竖向荷载和墙身自重时

顶部无约束:

$$q \leqslant 7.8\frac{EI}{H^{3}} \tag{16-60}$$

顶部有约束:

$$q \leqslant 54\frac{EI}{H^{3}} \tag{16-61}$$

3. 分布钢筋

墙肢应配置竖向和横向分布钢筋,分布钢筋的作用是抗剪、抗弯、减少收缩裂缝等。竖向分布钢筋过少,墙肢端的纵向受力钢筋屈服时,裂缝宽度大;横向分布钢筋过少时,斜裂缝一旦出现,就会发展成一条主斜裂缝,使墙肢沿斜裂缝劈裂成两半;竖向分布钢筋也起到限制斜裂缝开展的作用。墙肢的竖向和横向分布钢筋的最小配筋要求相同,如表 16-6 所示,表中,b_{w} 为墙肢的厚度。

表 16-6 墙肢的竖向和横向分布钢筋的最小配筋要求

抗震等级或部位	最小配筋率/%	最大间距/mm	最小直径/mm	最大直径/mm
一、二、三级	0.25	300	8	$b_{w}/10$
四级	0.20			
部分框支剪力墙结构底部加强部位	0.30	200		

墙横向分布钢筋的配筋率 $\rho_{sv}=A_{sv}/(b_{w}s_{v})$,$s_{v}$ 是横向分布钢筋的间距;竖向分布钢筋的配筋率 $\rho_{sh}=A_{sh}/(b_{w}s_{h})$,$s_{h}$ 是横向分布钢筋的间距。在温度热胀冷缩影响较大的部位,如房屋顶层的剪力墙,矩形平面房屋的楼梯间和电梯间剪力墙,端开间的纵向剪力墙以及端山墙等,分布钢筋应适当加强,墙肢的竖向和横向分布钢筋的最小配筋率均不应小于 0.25%,钢筋间距不应大于 200mm。重要部位的墙,横向和竖向分布钢筋的配筋率宜适当提高。

4. 配筋排数

为避免墙表面的温度收缩裂缝,为使混凝土均匀受力,墙肢分布钢筋不允许采用单排配筋,应采用双排或多排配筋。墙的厚度不大于 400mm 时,可以采用双排配筋;不小于 400mm、不大于 700mm 时,可以采用 3 排配筋;大于 700mm 时,可以采用 4 排配筋,如图 16-32 所示。各排分布钢筋之间可按梅花形设置拉筋,拉筋间距不大于 600mm,直径不小于 6mm,在底部加强部位,拉筋间距应适当加密。

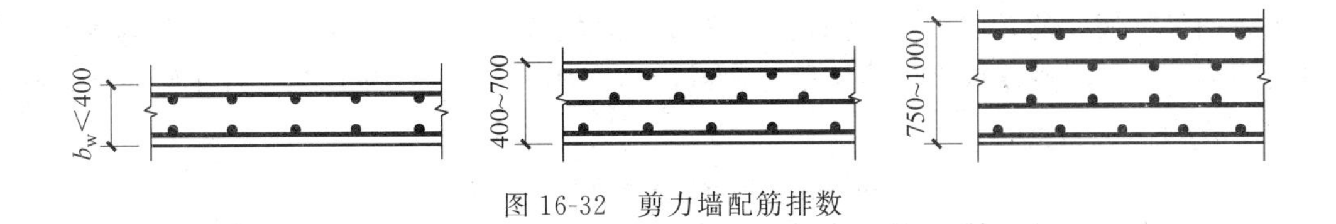

图 16-32　剪力墙配筋排数

5. 轴压比限值

轴压比是影响墙肢抗震性能的主要因素之一，轴压比大于一定值后，延性很小或没有延性。一般情况下，剪力墙底部是最有可能屈服、形成塑性铰的部位。各种结构类型一、二级抗震等级剪力墙的底部加强部位，在重力荷载代表值作用下的墙肢的轴压比限值见表 16-7。

表 16-7　墙肢轴压比限值

抗震等级或抗震设防烈度	一级(9 度)	一级(6、7、8 度)	二、三级
轴压比限值	0.4	0.5	0.6

计算墙肢的轴压比时，轴向压力设计值 N 取重力荷载代表值作用下产生的轴压力设计值。

6. 边缘构件

剪力墙截面两端设置边缘构件是提高墙肢端部混凝土极限压应变、改善剪力墙延性的重要措施。边缘构件分为约束边缘构件和构造边缘构件两类。约束边缘构件是指用箍筋约束的暗柱、端柱和翼墙，其箍筋较多，对混凝土的约束较强，有比较大的变形能力；构造边缘构件的箍筋较少，对混凝土约束程度较差。

1）约束边缘构件

约束边缘构件包括暗柱(矩形截面端部)、端柱和翼墙三种形式(图 16-33)。端柱截面边长不应小于 2 倍墙厚，翼墙长度不应小于其 3 倍厚度，不足时视为无端柱或无翼墙，按矩形截面端部处理；部分框支剪力墙结构，一、二级抗震等级落地墙的底部加强部位及以上一层，剪力墙(指整片墙，不是指墙肢)的两端必须有端柱或翼墙。

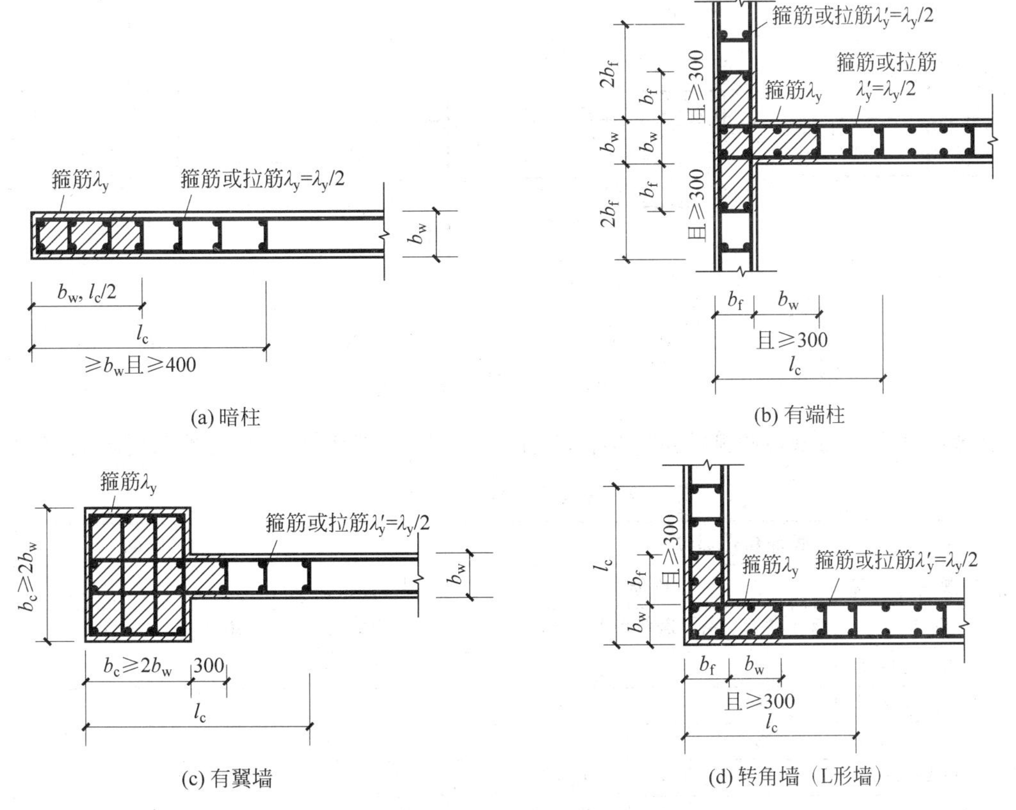

图 16-33　剪力墙的约束边缘构件

约束边缘构件沿墙肢的长度 l_c 不应小于表 16-8 中的数值、$1.5b_w$ 和 450mm 三者的最大值；有翼墙或端柱时尚不应小于翼墙厚度或端柱沿墙肢方向截面高度加 300mm。约束边缘构件箍筋配箍特征值应符合表 16-8 的要求。

表 16-8 约束边缘构件构造要求

项 目	特一级		一级(9 度)		一级(6、7、8 度)		二、三级	
	$n_w \leqslant 0.2$	$n_w > 0.2$	$n_w \leqslant 0.2$	$n_w > 0.2$	$n_w \leqslant 0.3$	$n_w > 0.3$	$n_w \leqslant 0.4$	$n_w > 0.4$
配箍特征值 λ_v	0.15	0.24	0.12	0.20	0.12	0.20	0.12	0.20
l_c(暗柱)	$0.20h_w$	$0.25h_w$	$0.20h_w$	$0.25h_w$	$0.15h_w$	$0.20h_w$	$0.15h_w$	$0.20h_w$
l_c(翼墙或端柱)	$0.15h_w$	$0.20h_w$	$0.15h_w$	$0.20h_w$	$0.10h_w$	$0.15h_w$	$0.10h_w$	$0.15h_w$
竖向钢筋	$0.014A_c$,8ϕ18		$0.012A_c$,8ϕ16				$0.010A_c$,6ϕ16(三级,6ϕ14)	
箍筋及拉筋沿竖向间距	100mm		100mm				150mm	

注：n_w 为墙肢在重力荷载代表值作用下的轴压比,h_w 为墙肢长度。

约束边缘构件的配筋分为两部分：图 16-33 中的阴影部分,配置箍筋；无阴影部分,配箍特征值为阴影部分的一半,允许配置拉筋。

下列剪力墙的两端应设置约束边缘构件：底截面的轴压比超过 0.1(抗震设防烈度 9 度一级抗震等级)、0.2(抗震设防烈度 7、8 度一级抗震等级)或 0.3(二级抗震等级)的剪力墙；部分框支剪力墙结构的一、二级抗震等级剪力墙。约束边缘构件设置高度为：底部加强部位及以上一层。

一、二级抗震等级筒体结构的核心筒或内筒转角部位的约束边缘构件要加强：底部加强部位,约束边缘构件沿墙肢的长度不小于墙肢截面高度的 1/4,约束边缘构件长度范围内全部采用箍筋；角部墙体沿结构的全高设置约束边缘构件,沿墙肢的长度不小于墙肢截面高度的 1/4。

2) 构造边缘构件

除要求设置约束边缘构件的情况外,剪力墙的墙肢两端均应设构造边缘构件。构造边缘构件如图 16-34 所示,分为暗柱、端柱、翼墙和转角墙。

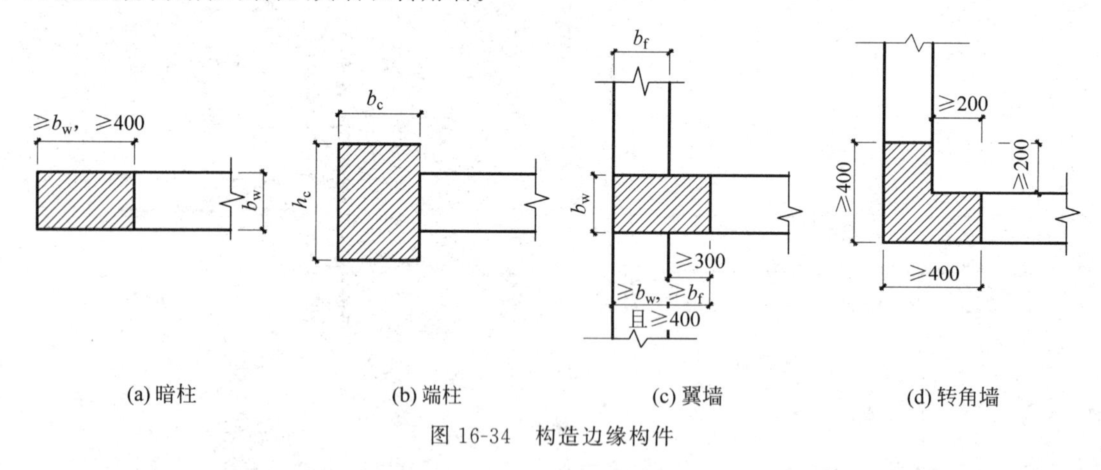

图 16-34 构造边缘构件

构造边缘构件端柱的纵筋和箍筋按框架柱的构造要求配置,暗柱和翼墙的配筋要求见表 16-9。

表 16-9 构造边缘构件最小配筋要求

抗震等级	底部加强部位			其他部位		
	纵向钢筋最小量(取较大值)	箍筋		纵向钢筋最小量(取较大值)	拉筋	
		最小直径/mm	沿竖向最大间距/mm		最小直径/mm	沿竖向最大间距/mm
特一级	$0.012A_c$、6ϕ18	8	100	$0.012A_c$、6ϕ18	8	150
一级	$0.010A_c$、6ϕ16	8	100	$0.008A_c$、6ϕ14	8	150
二级	$0.008A_c$、6ϕ14	8	150	$0.006A_c$、6ϕ12	8	200
三级	$0.006A_c$、6ϕ12	6	150	$0.005A_c$、4ϕ12	6	200
四级	$0.005A_c$、4ϕ12	6	200	$0.004A_c$、4ϕ12	6	250

7. 钢筋连接

剪力墙内钢筋的锚固长度不小于 l_{aE}。

墙肢竖向及横向分布钢筋通常采用搭接连接，一、二级抗震等级剪力墙的加强部位，接头位置应错开，如图16-35所示，每次连接的钢筋数量不超过总数的50%，错开净距不小于500mm；其他情况的墙可以在同一部位连接。搭接长度不小于 $1.2l_{aE}$。

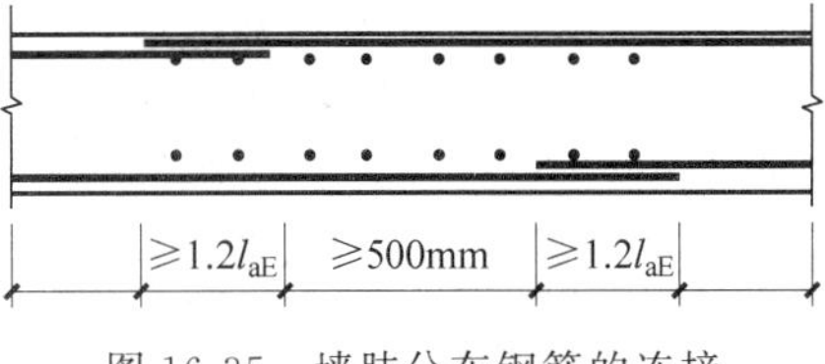

图16-35　墙肢分布钢筋的连接

8. 楼面梁与剪力墙平面外连接时的构造要求

楼面梁与剪力墙平面外连接时，若楼面梁所支承的荷载面积较大，则剪力墙应在支承梁的位置设置扶壁柱或暗柱，并按计算确定其截面尺寸和配筋，且楼面梁不宜支承在墙体洞口的连梁上。

16.5　连梁设计

连梁的特点是跨高比小，往往小于2.0，甚至不大于1.0，在侧向力作用下，连梁比较容易出现剪切斜裂缝，如图16-36所示。

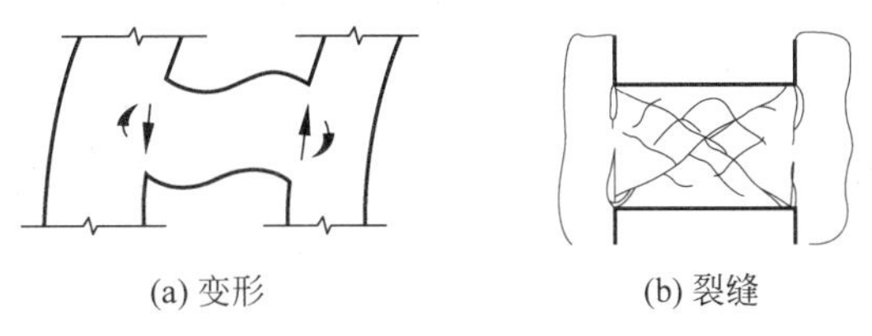

(a) 变形　　(b) 裂缝

图16-36　小跨高比连梁的变形和裂缝

按照延性剪力墙强墙弱梁的要求，连梁应先于墙肢屈服，即连梁首先形成塑性铰耗散地震能量。连梁应当强剪弱弯，避免剪切破坏。但由于连梁跨高比小，很难避免斜裂缝及剪切破坏，必须采取限制连梁名义剪应力等措施推迟连梁的剪切破坏。

16.5.1　连梁内力设计值

1. 弯矩设计值

为了使连梁弯曲屈服，应降低连梁的弯矩设计值。在小震作用下的内力和位移计算时，通过折减连梁的刚度，使连梁的弯矩、剪力值减小，但位移计算时刚度不折减。折减系数详见14.7节。

2. 剪力设计值

四级剪力墙的连梁，取最不利组合的剪力计算值作为其剪力设计值。特一、一、二、三级抗震等级剪力墙的连梁，其梁端截面组合的剪力设计值应按式(16-62)确定：

$$V=\eta_{vb}\frac{M_b^l+M_b^r}{l_n}+V_{Gb} \tag{16-62}$$

抗震设防烈度9度特一、一级抗震等级剪力墙的连梁可不按式(16-62)调整，但应符合式(16-63)的要求：

$$V=1.1\frac{M_{bua}^l+M_{bua}^r}{l_n}+V_{Gb} \tag{16-63}$$

式中：M_b^l、M_b^r——连梁左右端截面顺时针或逆时针方向的弯矩设计值；

M_{bua}^l、M_{bua}^r——连梁左右端截面顺时针或逆时针方向实配的抗震受弯承载力所对应的弯矩值，应按实配钢筋面积(计入受压钢筋)和材料强度标准值并考虑承载力抗震调整系数计算；

l_n——连梁的净跨；

V_{Gb}——在重力荷载代表值作用下按简支梁计算的梁端截面剪力设计值；

η_{vb}——连梁剪力增大系数，特一级、一级抗震等级取1.3，二级抗震等级取1.2，三级抗震等级取1.1，四级抗震等级取1.0。

16.5.2 承载力验算

1. 受弯承载力验算

连梁可按普通梁的方法计算受弯承载力。连梁通常采用对称配筋，持久、短暂设计状况和地震设计状况时，验算公式可以分别简化为：

$$M_b \leqslant f_y A_s (h_0 - \alpha'_s) \tag{16-64}$$

$$M_b \leqslant \frac{1}{\gamma_{RE}} f_y A_s (h_0 - \alpha'_s) \tag{16-65}$$

式中：M_b——剪力墙连梁梁端弯矩设计值；

f_y——纵向钢筋抗拉强度设计值；

A_s——单侧受拉纵向钢筋截面面积；

$h_0 - \alpha'_s$——上、下受力钢筋重心之间的距离。

2. 受剪承载力验算

配置普通箍筋时，其截面限制条件及斜截面受剪承载力应符合下列规定：

(1) 持久、短暂设计状况

$$V_{wb} \leqslant 0.7 f_t b h_0 + \frac{A_{sv}}{s} f_{yv} h_0 \tag{16-66}$$

(2) 地震设计状况

① 跨高比大于2.5时，连梁的斜截面受剪承载力应符合下列要求：

$$V_{wb} \leqslant \frac{1}{\gamma_{RE}} \left(0.42 f_t b h_0 + \frac{A_{sv}}{s} f_{yv} h_0\right) \tag{16-67}$$

② 跨高比不大于2.5时，连梁的斜截面受剪承载力应符合下列要求：

$$V_{wb} \leqslant \frac{1}{\gamma_{RE}} \left(0.38 f_t b h_0 + 0.9 \frac{A_{sv}}{s} f_{yv} h_0\right) \tag{16-68}$$

式中：V_{wb}——连梁剪力设计值；

b、h_0——连梁截面宽度和有效高度；

f_t——混凝土轴心抗拉强度设计值；

f_{yv}——箍筋抗拉强度设计值；

A_{sv}——配置在同一截面内的箍筋截面面积；

s——箍筋的间距。

16.5.3 连梁构造要求

1. 最小截面尺寸

为避免过早出现斜裂缝和混凝土过早剪坏，要限制截面名义剪应力，连梁截面的剪力设计值应满足下式要求：

(1) 持久、短暂设计状况

$$V \leqslant 0.25 \beta_c f_c b_b h_{b0} \tag{16-69}$$

(2) 地震设计状况

跨高比>2.5的连梁

$$V \leqslant \frac{1}{\gamma_{RE}}(0.20\beta_c f_c b_b h_{b0}) \tag{16-70}$$

跨高比≤2.5的连梁

$$V \leqslant \frac{1}{\gamma_{RE}}(0.15\beta_c f_c b_b h_{b0}) \tag{16-71}$$

式中：V——调整后的连梁截面剪力设计值；

b_b——连梁截面宽度；

h_{b0}——连梁截面有效高度；

β_c——混凝土强度影响系数。

以上要求也是剪压比限值或名义剪应力限值要求。

2. 配筋

连梁配筋如图16-37所示，应满足下列要求：

(1) 连梁顶面、底面纵向受力钢筋伸入墙内的锚固长度，不应小于l_{aE}，且不应小于600mm；

(2) 沿连梁全长箍筋的最大间距和最小直径应与框架梁端箍筋加密区的要求相同；

(3) 顶层连梁纵向钢筋伸入墙体的范围内，应配置间距不大于150mm的箍筋，其直径与该连梁的箍筋直径相同；

(4) 墙体横向分布钢筋可拉通作为连梁的腰筋(图16-38)，连梁高度大于700mm时，其两侧设置的腰筋直径不小于8mm，间距不大于200mm；跨高比不大于2.5的连梁，两侧腰筋的面积配筋率不小于0.3%。

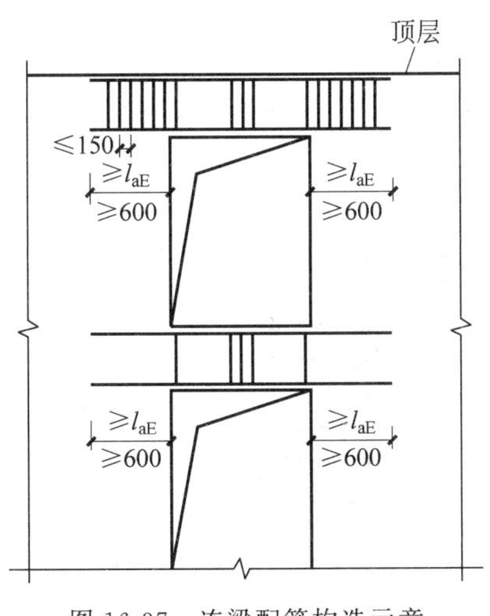

图16-37　连梁配筋构造示意

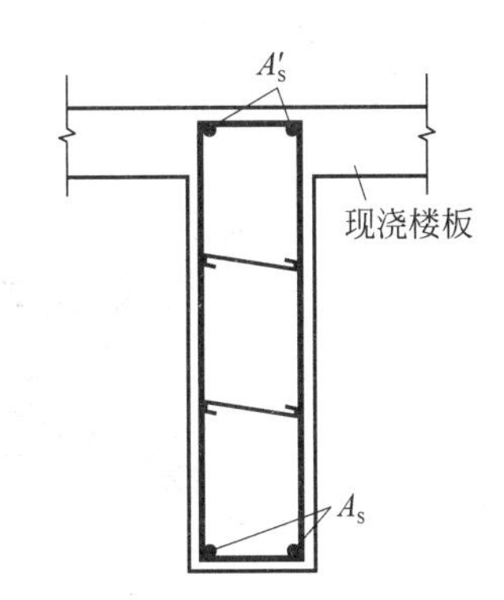

图16-38　连梁截面配筋示意

3. 跨高比较小的高连梁

跨高比较小的高连梁，宜设水平缝形成双连梁、多连梁。设缝后，单个连梁的跨高比增大，连梁总体刚度大大降低，承受的地震作用减小，延性和耗能增加，增强了联肢剪力墙的抗震能力。

此外，跨高比较小的高连梁也可采用对角暗撑连梁、交叉斜筋配筋连梁、集中对角斜筋配筋连梁等。

图16-39所示为对角暗撑连梁。研究表明，连梁内配置对角暗撑可以有效地改善小跨高比连梁的抗剪性能，增加延性。跨高比不大于2的核心筒连梁或框筒梁，宜采用对角暗撑连梁；跨高比不大于1的核心筒连梁或框筒梁，应采用对角暗撑连梁。配置对角暗撑连梁厚度不能小于300mm。

连梁对角暗撑的钢筋面积由剪力形成的拉、压力计算确定。暗撑内至少有4根纵向钢筋，钢筋直径不应小于14mm；纵筋伸入墙肢的长度不小于$1.15l_a$。暗撑应配置箍筋，箍筋两端设置箍筋加密区，其长度不小于600mm及梁截面厚度的2倍，箍筋间距不大于100mm；非加密区箍筋间距不大于200mm及梁截面宽度的一半。

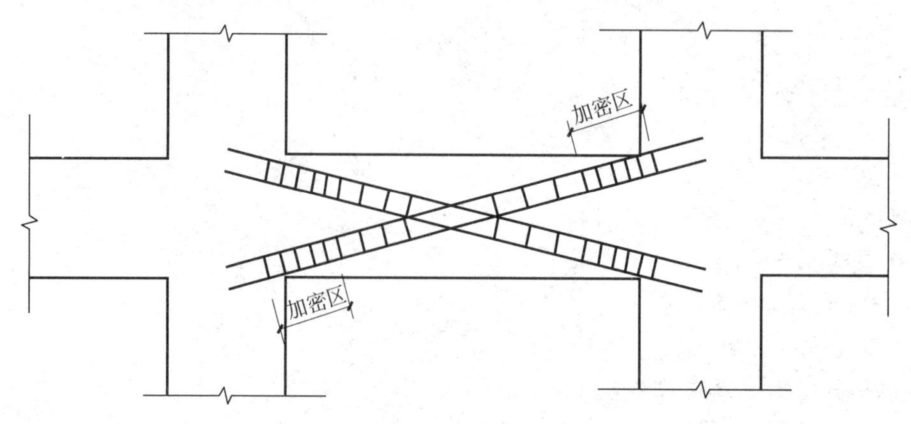

图 16-39 对角暗撑连梁

交叉斜筋配筋连梁、集中对角斜筋配筋连梁分别如图 16-40 和图 16-41 所示，延性均较普通配筋连梁好。

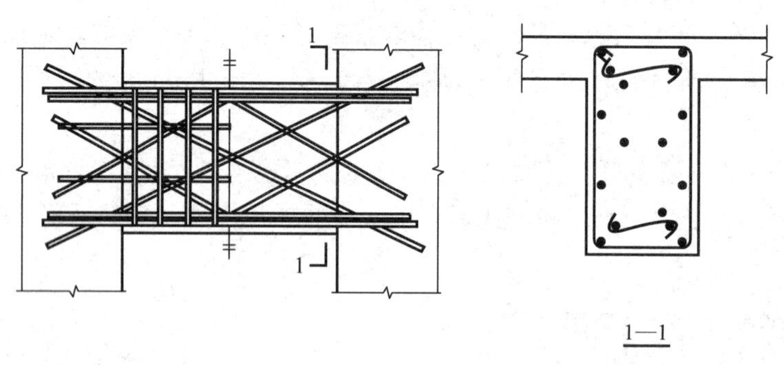

图 16-40 交叉斜筋配筋连梁

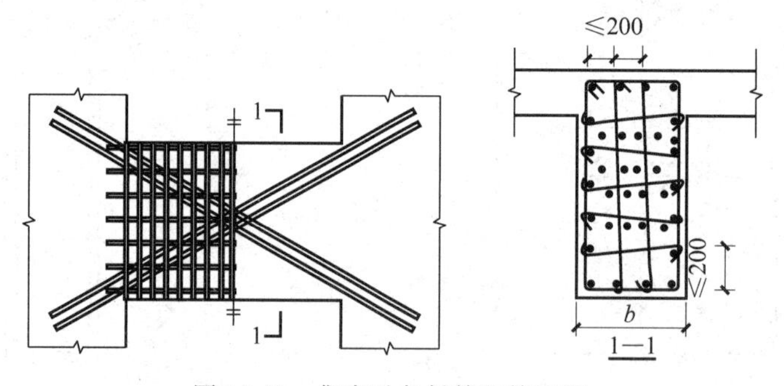

图 16-41 集中对角斜筋配筋连梁

思考题

1. 在水平荷载作用下，整体墙、联肢剪力墙和壁式框架的弯矩图和截面应力分布有什么区别？
2. 什么是剪力墙的等效刚度？
3. 联肢剪力墙连续化方法的基本假定是什么？
4. 联肢剪力墙的抗倾覆力矩由局部力矩和总体力矩组成，什么是局部力矩和总体力矩？
5. 联肢剪力墙整体系数的含义是什么？对内力和位移的分布规律有什么影响？
6. 剪力墙结构的典型震害是什么？为什么？
7. 剪力墙结构的抗震设计的原则是什么？
8. 墙肢端部为什么要设置边缘构件？什么是约束边缘构件和构造边缘构件？各有什么构造要求？如何设置？

9. 什么剪力墙要设置底部加强部位？其高度是如何规定的？该部位如何加强？

10. 出现偏心受拉墙肢时如何处理？

11. 墙肢正截面承载力计算时有什么假定？计算时如何考虑竖向和横向分布钢筋的作用？

12. 确定剪力墙的墙厚时要考虑什么因素？

13. 墙肢分布钢筋的作用是什么？

14. 为什么设计时连梁容易出现超筋、超限情况？当计算出的剪压比限值不满足要求时，可采取哪些措施？

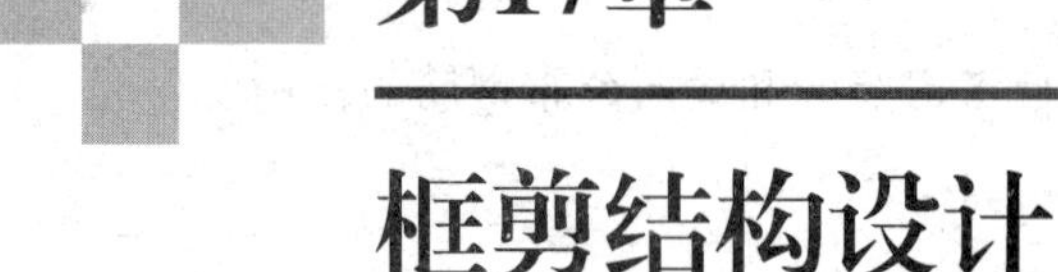

第17章 框剪结构设计

17.1 框剪结构的近似计算方法

框剪结构是由两种变形性质不同的抗侧力构件通过楼板协调变形而共同抵抗竖向荷载及水平作用的结构。

在竖向荷载作用下,按受荷面积计算出每榀框架和每片剪力墙的竖向荷载,分别计算内力。

在水平荷载作用下,因为框架与剪力墙的变形性质不同,不能直接把水平剪力按抗侧刚度的比例分配到每片结构上,必须采用协同工作方法计算得到侧移和内力。

17.1.1 计算简图

框剪结构计算的近似方法,简称协同工作计算方法。这种方法概念清楚,计算结果的规律性较好。该方法是将所有的墙肢集合成总剪力墙,将墙肢间的连梁以及墙肢与框架之间的连梁集合成总连梁,将所有的框架集合成总框架。总框架采用 D 值法计算刚度和内力,总剪力墙按照悬臂墙的方法计算刚度和内力。

根据总剪力墙和总框架之间的连接情况,结构体系可划分为铰接体系和刚接体系。

1. 铰接体系

如果墙肢之间没有连梁或连梁很小,墙肢和框架柱之间也没有连系梁,剪力墙和框架柱之间仅靠楼板协同工作。楼板的作用相当于仅传递水平力、不传递平面外弯矩和剪力的铰接刚性连杆。这时,总框架与总剪力墙之间为铰接体系。在图 17-1(a)、(b)中,y 方向水平力作用下,边轴线的两片剪力墙为总剪力墙,和中轴线的 6 榀框架形成的总框架之间仅楼板联系,故为铰接体系。根据刚性楼盖计算假定,所有剪力墙和框架在每层楼板标高处的侧移相等。

2. 刚接体系

如果墙肢之间有连梁,或墙肢和框架柱之间有连系梁,连梁或连系梁对墙肢和框架柱有约束作用。连梁与连系梁可传递轴向力、竖向平面内的剪力和弯矩。这时,总框架与总剪力墙之间为刚接体系,图 17-1(a)、(b)所示的 x 方向和图 17-1(c)所示的 x、y 方向水平力作用下,均为刚接体系。绝大多数的框剪结构为刚接体系。

17.1.2 铰接体系在水平作用下的计算

在水平作用下,框剪结构应考虑框架和剪力墙之间的协同工作。计算方法的思路与剪力墙结构的连续化方法类似,仍然是将连梁沿高度方向离散为连续连杆,如图 17-2 所示。

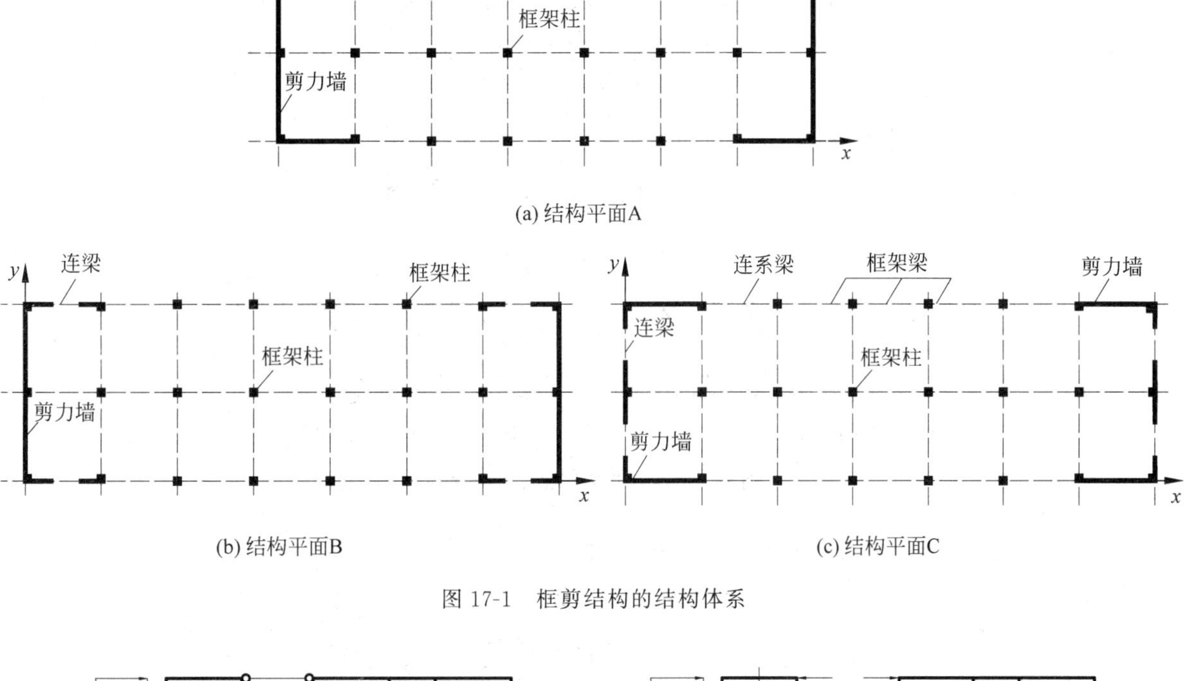

图 17-1　框剪结构的结构体系

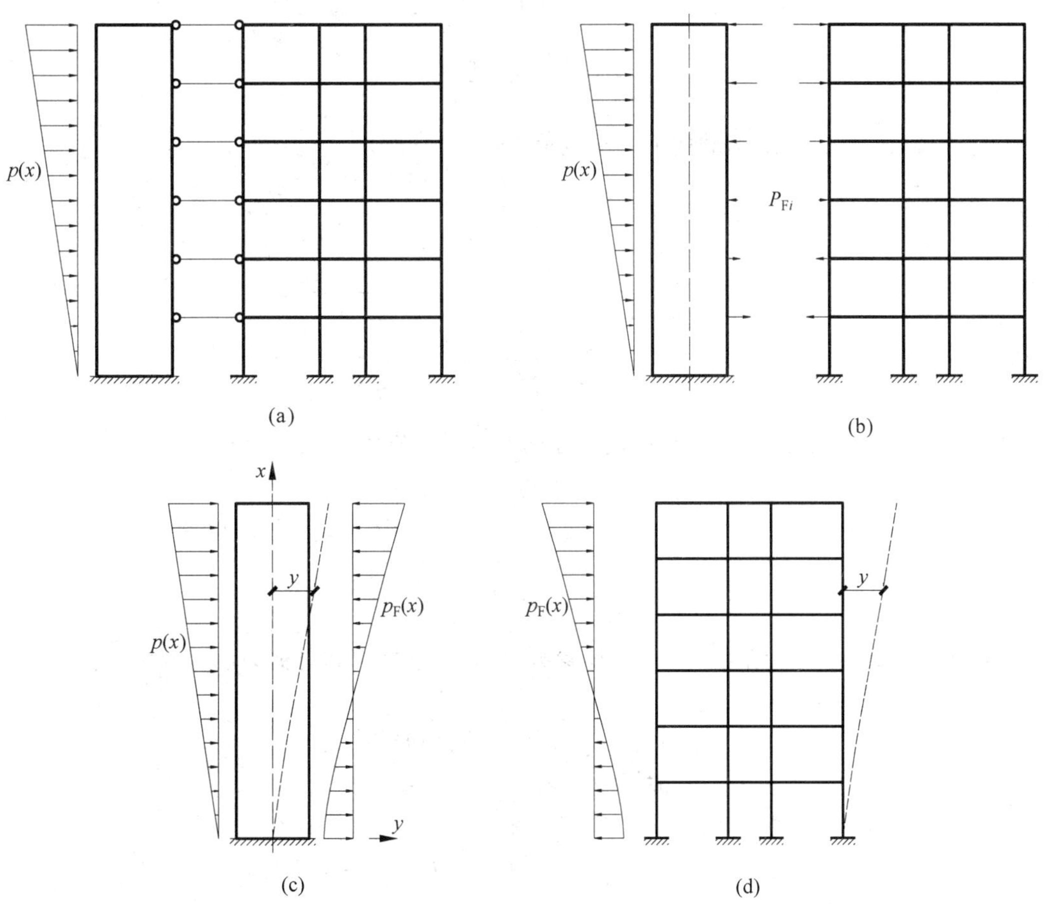

图 17-2　框剪结构计算简图(以倒三角形荷载为例)

1. 基本方法

如图 17-2 所示，将连杆切断，各楼层标高处的连杆集中力 P_{Fi} 简化为连续分布力 $p_F(x)$，则总剪力墙承受的荷载 $p_w(x)$，由水平荷载 $p(x)$ 和总框架对它的弹性反力 $p_F(x)$ 两部分组成。其中：

$$p_w(x)=p(x)-p_F(x) \tag{17-1}$$

对于总剪力墙，抗弯刚度：$E_wI_w=\sum EI_{eq}$；

对于总框架，如图 17-3 所示，设 C_F 为抗推刚度，则：$C_F=h\sum D$。

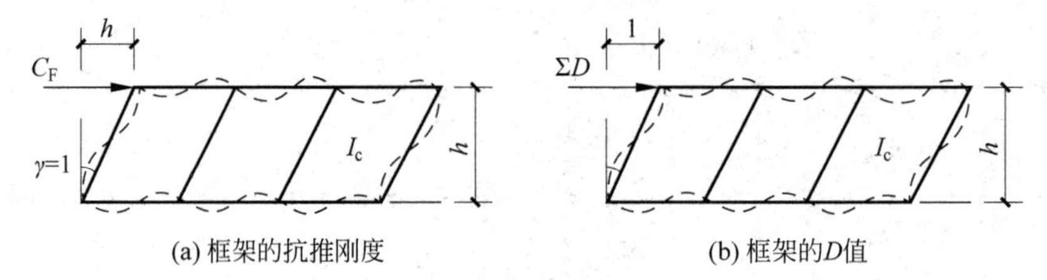

(a) 框架的抗推刚度　　(b) 框架的D值

图 17-3　总框架抗推刚度示意

在同一标高处，框架与剪力墙两者的变形相等：$y_w=y_F$。

对于总框架：

$$V_F(x)=C_F\theta=C_F\frac{dy}{dx} \tag{17-2}$$

$$p_F(x)=-C_F\frac{d^2y}{dx^2} \tag{17-3}$$

对于总剪力墙，内力、变形和荷载的关系可表示为：

$$M_w=E_wI_w\frac{d^2y}{dx^2} \tag{17-4}$$

$$V_w=-\frac{dM_w}{dx}=-E_wI_w\frac{d^3y}{dx^3} \tag{17-5}$$

$$p_w=E_wI_w\frac{d^4y}{dx^4} \tag{17-6}$$

根据式(17-1)、式(17-3)、式(17-6)得协同工作的基本微分方程：

$$E_wI_w\frac{d^4y}{dx^4}=P(x)+C_F\frac{d^2y}{dx^2} \tag{17-7}$$

定义

$$\xi=\frac{x}{H},\quad \lambda=H\sqrt{\frac{C_F}{E_wI_w}}$$

λ 称为刚度特征值，是框剪结构的一个重要参数，反映了总框架和总剪力墙的刚度比。

则基本微分方程简化为：

$$\frac{d^4y}{d\xi^4}-\lambda^2\frac{d^2y}{d\xi^2}=\frac{P(\xi)H^4}{E_wI_w} \tag{17-8}$$

式(17-7)是一个四阶常系数线性微分方程，其一般解为：

$$y=C_1+C_2\xi+A\,\mathrm{sh}\lambda\xi+B\,\mathrm{ch}\lambda\xi+y_1 \tag{17-9}$$

式中：y_1——式(17-8)的特解，取决于荷载情况；

C_1、C_2、A、B——4 个待定常数。

根据以下边界条件确定上述四个待定常数：

(1) 当 $x=H$(即 $\xi=1$)时，在倒三角形分布及均布水平荷载下，框剪结构顶部总剪力为零，$V=V_w+V_F=0$，有

$$-\frac{E_w I_w}{H^3}\frac{d^3 y}{d\xi^3}+\frac{C_F}{H}\frac{dy}{d\xi}=0 \tag{17-10}$$

在顶部集中水平力作用下，$V_w+V_F=P$，即

$$-\frac{E_w I_w}{H^3}\frac{d^3 y}{d\xi^3}+\frac{C_F}{H}\frac{dy}{d\xi}=P \tag{17-11}$$

(2) 当 $x=0$(即 $\xi=0$)时，剪力墙底部转角为零，有

$$\frac{dy}{d\xi}=0 \tag{17-12}$$

(3) 当 $x=H$(即 $\xi=1$)时，剪力墙顶部弯矩为零，有

$$\frac{d^2 y}{d\xi^2}=0 \tag{17-13}$$

(4) 当 $x=0$(即 $\xi=0$)时，剪力墙底部位移为零，有

$$y=0 \tag{17-14}$$

2. 内力与位移计算

(1)均布荷载(图 17-4)

此时特解 $y_1=-\frac{qH^2\xi^2}{2C_F}$，代入式(17-8)可得：

$$y=C_1+C_2\xi+A\,\mathrm{sh}\lambda\xi+B\,\mathrm{ch}\lambda\xi-\frac{qH^2\xi^2}{2C_F} \tag{17-15}$$

根据边界条件求解上述微分方程(17-9)，可得：

$$y(\xi)=\frac{qH^2}{C_F\lambda^2}\left[\left(\frac{\lambda\,\mathrm{sh}\lambda+1}{\mathrm{ch}\lambda}\right)(\mathrm{ch}\lambda\xi-1)-\lambda\,\mathrm{sh}\lambda\xi+\lambda^2\left(\xi-\frac{\xi^2}{2}\right)\right] \tag{17-16}$$

$$M_w(\xi)=\frac{qH^2}{\lambda^2}\left[\left(\frac{\lambda\,\mathrm{sh}\lambda+1}{\mathrm{ch}\lambda}\right)\mathrm{ch}\lambda\xi-\lambda\,\mathrm{sh}\lambda\xi-1\right] \tag{17-17}$$

$$V_w(\xi)=\frac{qH}{\lambda}\left[\lambda\,\mathrm{ch}\lambda\xi-\left(\frac{\lambda\,\mathrm{sh}\lambda+1}{\mathrm{ch}\lambda}\right)\mathrm{sh}\lambda\xi\right] \tag{17-18}$$

(2) 倒三角形荷载(图 17-5)

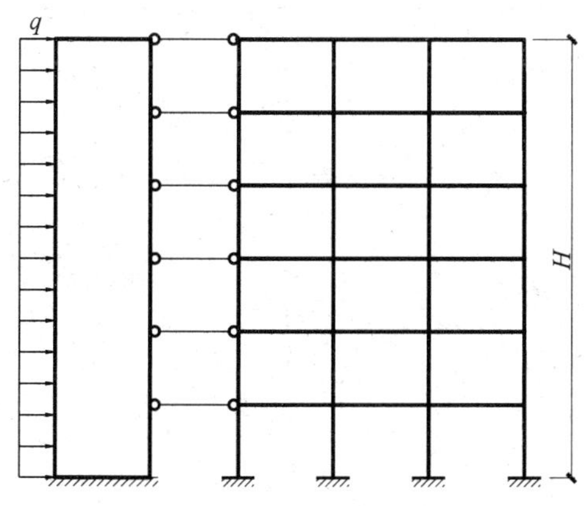

图 17-4 均布荷载作用下的计算简图

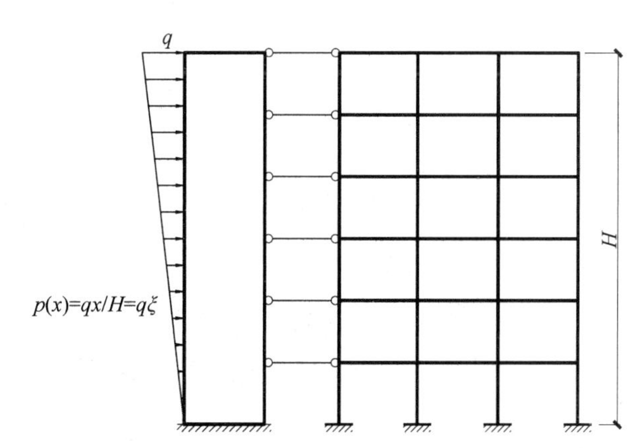

图 17-5 倒三角形荷载作用下的计算简图

此时特解 $y_1=-\frac{qH^2\xi^3}{6C_F}$，代入式(17-8)可得：

$$y=C_1+C_2\xi+A\,\mathrm{sh}\lambda\xi+B\,\mathrm{ch}\lambda\xi-\frac{qH^2\xi^3}{6C_F} \tag{17-19}$$

根据边界条件求解上述微分方程(17-13)，可得：

$$y(\xi)=\frac{qH^4}{E_wI_w}\frac{1}{\lambda^2}\left[\left(\frac{\text{sh}\lambda}{2\lambda}-\frac{\text{sh}\lambda}{\lambda^3}+\frac{1}{\lambda^2}\right)\left(\frac{\text{ch}\lambda\xi-1}{\text{ch}\lambda}\right)+\left(\xi-\frac{\text{sh}\lambda\xi}{\lambda}\right)\left(\frac{1}{2}-\frac{1}{\lambda^2}\right)-\frac{\xi^3}{6}\right] \tag{17-20}$$

$$M_w(\xi)=\frac{qH^2}{\lambda^3}\left[\left(\frac{\lambda^2\text{sh}\lambda}{2}-\text{sh}\lambda+\lambda\right)\frac{\text{ch}\lambda\xi}{\text{ch}\lambda}-\left(\frac{\lambda^2}{2}-1\right)\text{sh}\lambda\xi-\lambda\xi\right] \tag{17-21}$$

$$V_w(\xi)=-\frac{qH}{\lambda^2}\left[\left(\frac{\lambda^2\text{sh}\lambda}{2}-\text{sh}\lambda+\lambda\right)\frac{\text{sh}\lambda\xi}{\text{ch}\lambda}-\left(\frac{\lambda^2}{2}-1\right)\text{ch}\lambda\xi-1\right] \tag{17-22}$$

(3) 顶部作用集中力荷载(图 17-6)

此时特解 $y_1=0$,代入式(17-8)可得:

$$y=C_1+C_2\xi+A\text{sh}\lambda\xi+B\text{ch}\lambda\xi \tag{17-23}$$

根据边界条件求解上述微分方程(17-17),可得:

$$y(\xi)=\frac{PH^3}{E_wI_w}\left[\frac{\text{sh}\lambda}{\lambda^3\text{ch}\lambda}(\text{ch}\lambda\xi-1)-\frac{\text{sh}\lambda\xi}{\lambda^3}+\frac{\xi}{\lambda^2}\right] \tag{17-24}$$

$$M_w(\xi)=\frac{PH}{\lambda}(\text{th}\lambda\,\text{ch}\lambda\xi-\text{sh}\lambda\xi) \tag{17-25}$$

$$V_w(\xi)=P(\text{ch}\lambda\xi-\text{th}\lambda\,\text{sh}\lambda\xi) \tag{17-26}$$

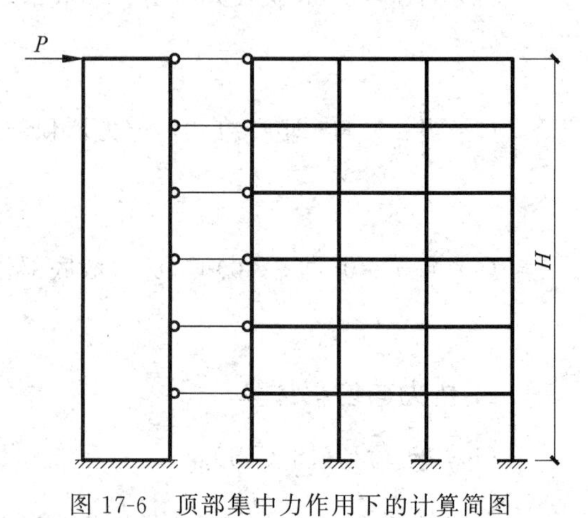

图 17-6 顶部集中力作用下的计算简图

综上,内力与位移计算计算步骤如下:

(1) 计算 λ;

(2) 确定计算截面位置 ξ,一般取楼层位置;

(3) 根据荷载形式计算截面处的 y 和 M_w、V_w;

(4) 计算总框架的剪力: $V_F=V-V_w$;

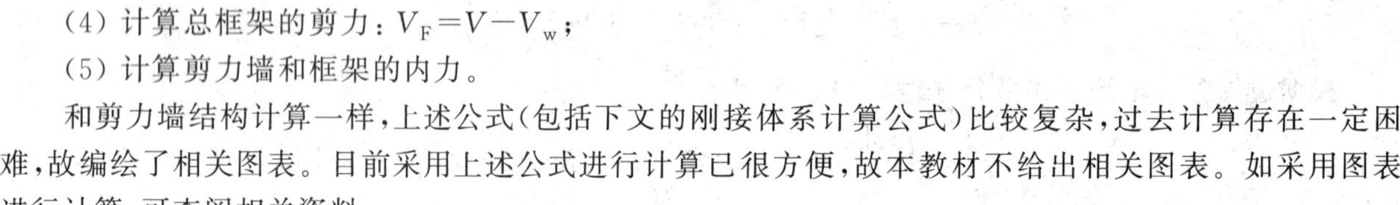

(5) 计算剪力墙和框架的内力。

和剪力墙结构计算一样,上述公式(包括下文的刚接体系计算公式)比较复杂,过去计算存在一定困难,故编绘了相关图表。目前采用上述公式进行计算已很方便,故本教材不给出相关图表。如采用图表进行计算,可查阅相关资料。

17.1.3 刚接体系在水平作用下的计算

1. 刚接体系与铰接体系的异同

相同:总剪力墙与总框架通过刚性连杆传递相互作用力。

不同:在刚接体系中(图 17-7(a)),连杆对总剪力墙的弯曲有约束作用。将连杆在反弯点处切开后,除有轴力外,还有剪力,如图 17-7(b)所示将剪力对总剪力墙墙肢截面形心轴取矩,就得到对墙肢的约束弯矩,如图 17-7(c)所示。

和铰接体系类似,连杆轴向力和约束弯矩都是集中力,计算时将其在层高内连续化。连续化之后,连杆的轴向力为 $p_F(x)$,约束弯矩为 $m(x)$,如图 17-7(d)、(e)所示。

2. 基本方程及解

(1) 约束弯矩的等代荷载

约束弯矩 $m(x)$ 使剪力墙 x 截面产生的弯矩:

$$M_m(x)=-\int_x^H m(x)\,\mathrm{d}x$$

相应的剪力及荷载称为“等代剪力”和“等代荷载”,其物理意义为刚接连梁的约束弯矩作用所分担的剪力和荷载。表达式如下:

$$V_m(x)=-\frac{\mathrm{d}M_m(x)}{\mathrm{d}x}=-m(x)=-\left(\sum_{k=1}^{n}\frac{(m_{ij})_k}{h}\right)\frac{\mathrm{d}y}{\mathrm{d}x} \tag{17-27}$$

$$p_m(x)=-\frac{\mathrm{d}V_m(x)}{\mathrm{d}x}=\frac{\mathrm{d}m(x)}{\mathrm{d}x}=\left(\sum_{k=1}^{n}\frac{(m_{ij})_k}{h}\right)\frac{\mathrm{d}^2y}{\mathrm{d}x^2} \tag{17-28}$$

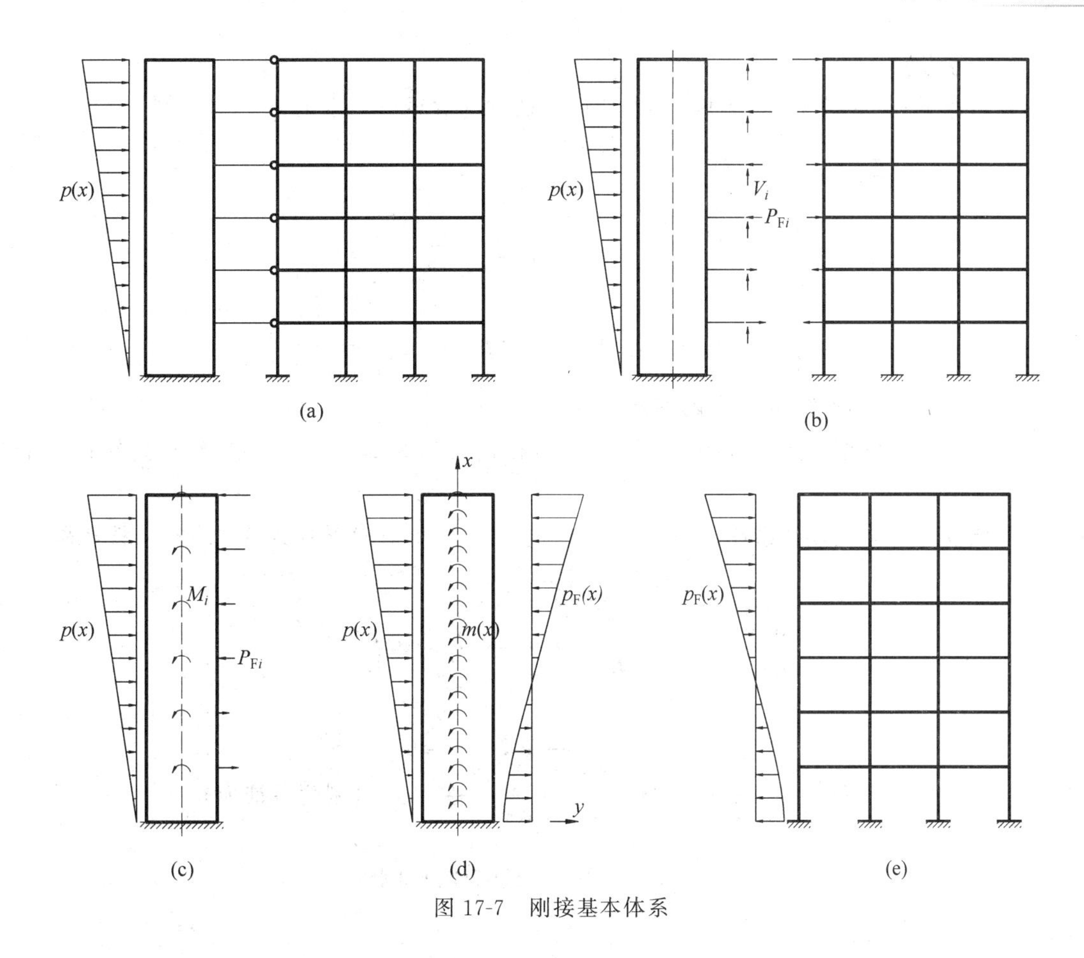

图 17-7 刚接基本体系

式中：m_{ij}——梁端约束弯矩系数，考虑刚域影响，图 17-8(a)中双肢或多肢剪力墙的连梁，按以下公式计算：

$$m_{12}=\frac{6EI(1+a-b)}{l(1-a-b)^3(1+\beta)}$$

$$m_{21}=\frac{6EI(1+b-a)}{l(1-a-b)^3(1+\beta)} \tag{17-29}$$

$$\beta=\frac{12\mu EI}{GAl'^2}$$

式中：a、b——连梁两端刚性段长度系数；

l'——连梁减去刚性段后的长度。

令式(17-29)中 $b=0$，就得到图 17-8(b)中单肢剪力墙与框架之间连系梁，即仅一边有刚性边段的梁端约束弯矩系数：

$$m_{12}=\frac{6EI(1+a)}{l(1-a)^3(1+\beta)}$$

$$m_{21}=\frac{6EI(1-a)}{l(1-a)^3(1+\beta)} \tag{17-30}$$

如果不考虑剪切变形，可令 $\beta=0$。

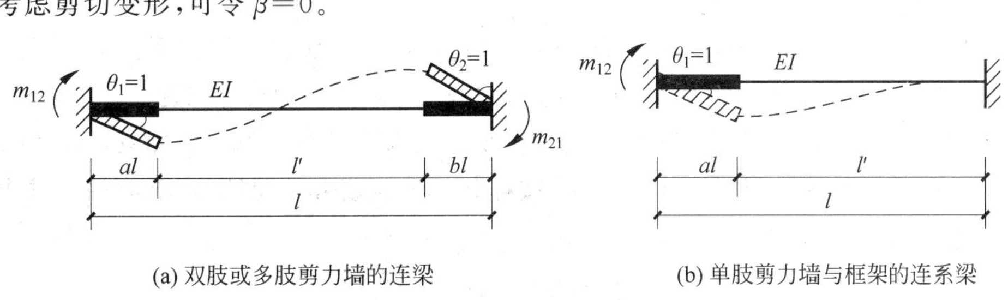

(a) 双肢或多肢剪力墙的连梁　　(b) 单肢剪力墙与框架的连系梁

图 17-8 带刚域梁的弯矩系数

(2) 基本微分方程

由于约束弯矩 $m(x)$ 的存在,剪力墙内力、变形和荷载的关系可表示为:

$$E_w I_w \frac{d^2 y}{dx^2} = M_w \tag{17-31}$$

$$E_w I_w \frac{d^3 y}{dx^3} = \frac{dM_w}{dx} = -V_w + m = -V'_w \tag{17-32}$$

$$E_w I_w \frac{d^4 y}{dx^4} = p_w + p_m = p(x) - p_F + \left(\sum_{k=1}^{n} \frac{(m_{ij})_k}{h}\right) \frac{d^2 y}{dx^2} \tag{17-33}$$

式中:V'_w——剪力墙名义剪力,通过求解基本微分方程可得。

与铰接体系无约束弯矩的剪力墙相比,式(17-32)和式(17-33)均多了一项由约束弯矩产生的“等代剪力”和“等代荷载”。

由于总框架受力仍与铰接体系相同,p_F 的计算仍按式(17-3)计算并代入式(17-33),整理得:

$$\frac{d^4 y}{dx^4} - \frac{C_F + \left(\sum_{k=1}^{n} \frac{(m_{ij})_k}{h}\right)}{E_w I_w} \frac{d^2 y}{dx^2} = \frac{p(x)}{E_w I_w} \tag{17-34}$$

定义:

$$\lambda = H \sqrt{\frac{C_F + C_b}{E_w I_w}} = H \sqrt{\frac{C_F + \sum (m_{ij}/h)}{E_w I_w}} \quad (\text{刚度特征值})$$

$$\xi = \frac{x}{H}, \quad C_b = \sum (m_{ij}/h) \quad (\text{连杆总约束刚度}) \tag{17-35}$$

可得刚接体系的基本微分方程:

$$\frac{d^4 y}{d\xi^4} - \lambda^2 \frac{d^2 y}{d\xi^2} = \frac{p(\xi) H^4}{E_w I_w} \tag{17-36}$$

从式(17-38)可以看出,该方程与铰接体系的基本微分方程,即式(17-8)形式完全一样,故解也完全相同,即:

$$y = C_1 + C_2 \xi + A \operatorname{sh}\lambda\xi + B \operatorname{ch}\lambda\xi + y_1 \tag{17-37}$$

式中:C_1、C_2、A、B、y_1 与铰接体系完全相同。

框架-剪力墙结构的剪力墙剪力和框架剪力为:

$$V_w = -\frac{E_w I_w}{H^3} \frac{d^3 y}{d\xi^3} + m = V'_w + m \tag{17-38}$$

$$V_F = V - V_w = V'_F - m \tag{17-39}$$

$$V = V'_w + V'_F \tag{17-40}$$

式中:V'_F——框架的名义剪力。

与铰接体系相比,刚接体系有以下区别:

① 结构的刚度特征值 λ 的计算公式不同;

② 剪力墙、框架的剪力计算不同。

最后,将刚结体系的剪力墙和框架剪力及连梁约束弯矩的计算步骤归纳如下:

① 按照式(17-35)计算刚度特征值 λ,确定计算截面位置 ξ,一般取楼层位置;

② 根据荷载形式,按铰接体系式(17-15)~式(17-26)计算截面处的 y 和 V'_w(即铰接体系的 V_w)、M_w;

③ 按式(17-40)计算框架名义剪力 V'_F,将 V'_F 按框架抗剪刚度和连梁刚度比例分配,求出框架的总剪力 V_F 和梁端的总约束弯矩 m;

$$V_F = \frac{C_F}{C_F + C_b} V'_F \tag{17-41}$$

$$m = \frac{C_b}{C_F + C_b} V'_F \tag{17-42}$$

④ 由式(17-38)计算剪力墙的剪力 V_w。

17.1.4 剪力墙、框架和连梁的内力计算

1. 剪力墙内力

剪力墙一般取楼板标高处的设计内力。求出各楼板标高 ξ(第 j 层)处的总弯矩 M_{wj}、剪力 V_{wj} 后，按各片墙的等效刚度进行分配，第 j 层第 i 片墙的内力为：

$$M_{wji} = \frac{E_i I_{eqi}}{\sum_{i=1}^{m} E_i I_{eqi}} M_{wj} \tag{17-43}$$

$$V_{wji} = \frac{E_i I_{eqi}}{\sum_{i=1}^{m} E_i I_{eqi}} V_{wj} \tag{17-44}$$

2. 框架梁柱内力

框架首先按各楼板位置计算得到楼板标高处的 V_F，然后取各楼层上、下两层楼板标高处的 V_F 的平均值作为该层柱中点的总剪力，再按各柱 D 值的比例把总剪力分配给各柱，最后即可用 D 值法计算各杆件的内力。因此，第 i 个柱(共有 m 个柱)第 j 层的剪力为：

$$V_{cji} = \frac{D_i}{\sum_{i=1}^{m} D_i} \frac{V_{F,j-1} + V_{F,j}}{2} \tag{17-45}$$

3. 刚接体系连梁的设计弯矩和剪力

按式(17-42)求得的约束弯矩是沿高度连续分布的，利用每根梁的约束弯矩系数 m_{iab}，按比例将总线约束弯矩分配给每根梁，即得到每根梁的线约束弯矩 $\frac{m_{iab}}{\sum_{i=1}^{n} m_{iab}} m$。要注意，凡是与墙肢相连的梁端都应分配到弯矩。共有 n 个刚节点，则第 i 个节点弯矩为：

$$M_{jiab} = \frac{m_{iab}}{\sum_{i=1}^{n} m_{iab}} m_j \frac{h_j + h_{j+1}}{2} \tag{17-46}$$

式中：j——第 j 层，h_j 和 h_{j+1} 分别表示第 j 层和 $j+1$ 层的层高；

m_{ab}——m_{12} 或 m_{21}，求出的 M_{jiab} 也是剪力墙轴线处的连杆弯矩，还要算出墙边处的弯矩才是连梁截面的设计弯矩。

连梁的设计弯矩(图 17-9)为：

$$M_{b12} = \frac{x - cl}{x} M_{12} \tag{17-47}$$

$$M_{b21} = \frac{l - x - dl}{x} M_{12} \tag{17-48}$$

$$x = \frac{m_{12}}{m_{12} + m_{21}} l \tag{17-49}$$

连梁的设计剪力为：

$$V_b = \frac{M_{b12} + M_{b21}}{l'} \tag{17-50}$$

或

$$V_b = \frac{M_{12} + M_{21}}{l} \tag{17-51}$$

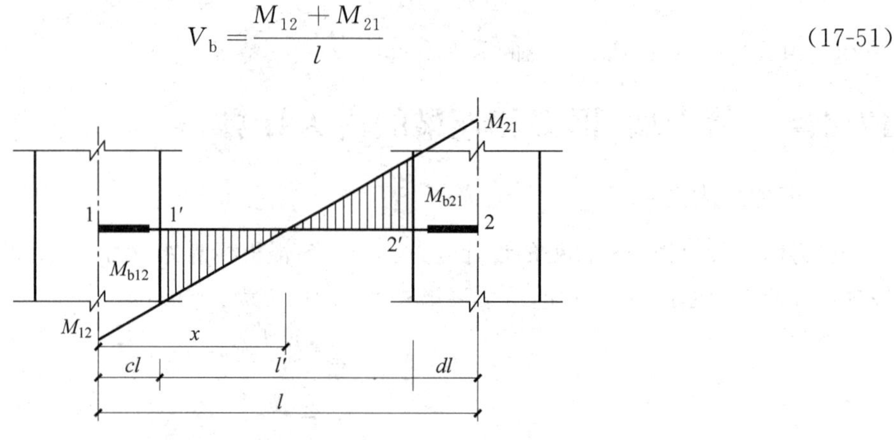

c、d—墙肢中心线到端部的长度系数

图 17-9 连梁设计弯矩

17.1.5 框剪结构内力和位移分布规律

在水平作用下，框剪结构的内力和位移分布情况受刚度特征值 λ 的影响很大。当框架抗推刚度很小时，λ 值较小，$\lambda=0$ 即纯剪力墙结构；当剪力墙抗弯刚度很小时，λ 值增大，$\lambda=\infty$ 时相当于纯框架结构。

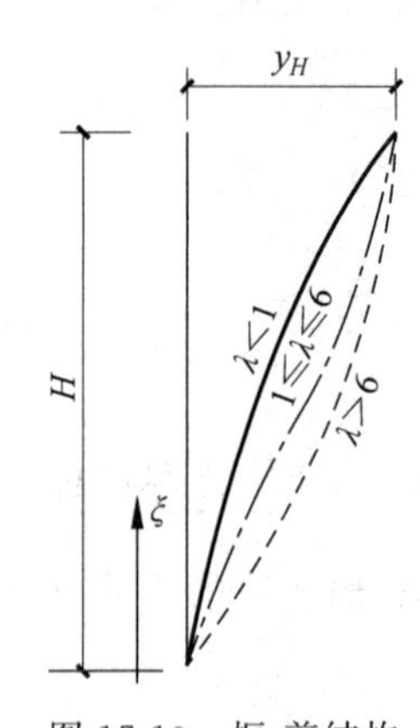

图 17-10 框-剪结构侧移曲线

框剪结构在均布荷载作用下的侧移曲线如图 17-10 所示。由图可知：$\lambda<1$ 时，剪力墙作用大，侧移曲线呈弯曲型；$\lambda>6$ 时，框架作用大，侧移曲线呈剪切型；$1\leqslant\lambda\leqslant6$ 时，侧移曲线介于两者之间，下部略带弯曲型，上部略带剪切型，成为剪弯型变形，上、下层间变形较为均匀。

在水平作用下总框架与总剪力墙之间的剪力分配如图 17-11 所示。从图 17-11 可知：两者之间的剪力分配关系随 λ 而变，λ 很小时，剪力墙承担大部分剪力，λ 很大时，框架承担大部分剪力。同时，框架与剪力墙间剪力分配在各层不相同：剪力墙下部承受大部分剪力，而框架下部承受的剪力很小；上部剪力墙出现负剪力，框架担负了较大的正剪力。值得注意的是，框架底截面计算剪力为 0，这是由于计算方法造成，实际并非如此。

从图 17-11 可知，顶部处框架与剪力墙的剪力都不是零，这是由协调变形、相互作用造成的。协同工作使得框架各层剪力趋于均匀，梁、柱尺寸从上到下可以比较均匀，有利于框架的设计。框架的剪力最大值在结构中部某层，$0.3\leqslant\zeta\leqslant0.6$，随 λ 值的增大，最大剪力层向下移动。

框架与剪力墙之间的荷载分配关系如图 17-12 所示，从图 17-12 可知：剪力墙下部的荷载 p_w 大于外荷载，上部逐渐减小，顶部有反向集中力。框架荷载下部为负，上部为正，顶部有正向集中力。

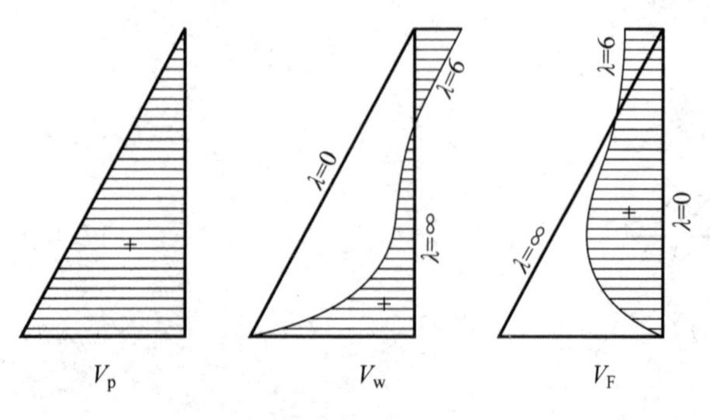

图 17-11 框剪结构水平荷载作用下剪力分配

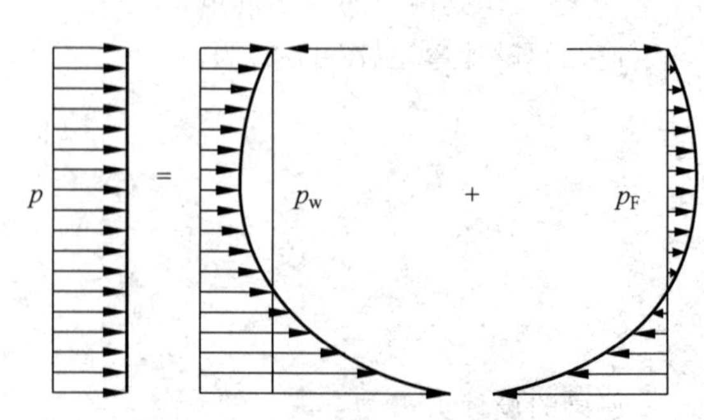

图 17-12 框架与剪力墙荷载分配

17.2　框剪结构的截面设计及构造要求

1. 剪力墙厚度

框剪结构与剪力墙结构中的剪力墙并无不同，但框剪结构中剪力墙是第一道抗震防线，剪力墙一般较厚。带边框的一、二级抗震等级剪力墙底部加强部位的墙厚不应小于200mm；其他情况下均不应小于160mm。

2. 剪力墙分布钢筋的配筋要求

剪力墙的竖向、横向分布钢筋的配筋率不应小于0.25%，并应至少双排布置。各排分布筋之间应设置拉筋，拉筋的直径不应小于6mm，间距不应大于600mm。

3. 剪力墙内暗梁的设置要求

剪力墙有端柱、边框柱时，宜在楼盖处设置暗梁。暗梁截面高度可取墙厚的1～2倍，并不宜小于400mm，暗梁的配筋应满足同层框架梁相应抗震等级的最小配筋要求。对于比较重要的建筑，其底部加强区及以上1～2层暗梁配筋尚宜同时满足承受本层竖向荷载要求。暗梁的端部不需要按框架梁要求箍筋加密。端柱截面宜与同层框架柱相同，并应满足框架柱的构造要求。剪力墙横向分布筋应全部锚入端柱内，并满足抗震锚固要求，紧靠剪力墙洞口的端柱边框柱和剪力墙底部加强区的端柱宜按柱箍筋加密区的要求沿柱全高加密箍筋。

4. 符合框架结构、剪力墙结构相关要求

思考题

1. 框剪结构协同工作计算方法的思路是什么？铰接体系和刚接体系的计算假定是什么？
2. 什么是框剪结构的刚度特征值？对框剪结构内力和位移的分布规律有什么影响？
3. 在抗震上，框剪结构的框架和框架结构的框架有什么区别？一级抗震等级框架结构和一级抗震等级框架有没有区别？

第18章

筒体结构设计要点

18.1 框筒结构

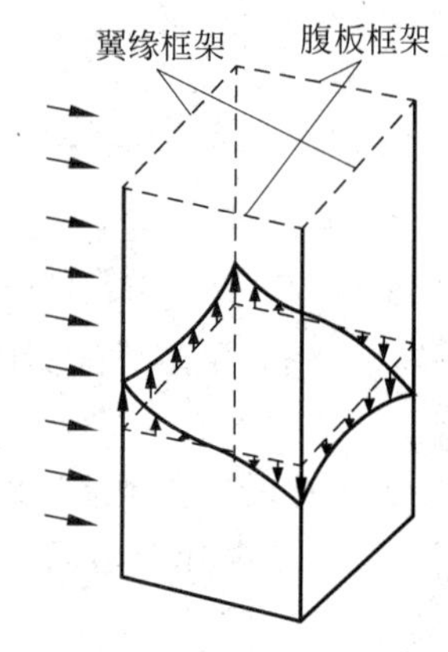

图 18-1 框筒结构的剪力滞后现象

密柱深梁的框架布置在建筑物周围即形成框筒。在水平力作用下，框筒可分为与受力方向平行的翼缘框架和与受力方向垂直的腹板框架。翼缘框架柱承受拉、压力，可以抵抗水平荷载产生的倾覆力矩，腹板框架可以抵抗剪力和倾覆力矩。框筒也可看成在实腹筒上开了很多小孔洞的结构，但其受力比实腹筒复杂，存在剪力滞后现象，如图 18-1 所示。剪力滞后现象使翼缘框架各柱受力不均匀，中部柱的轴向应力减少，角柱轴向应力增大，腹板框架各柱轴力也不是直线分布。剪力滞后减弱了框筒的空间作用，降低了框筒的抗侧刚度，因此，如何减少剪力滞后影响成为框筒设计结构的主要问题。

18.1.1 框筒的剪力滞后

腹板框架与一般框架相似，一端受拉，另一端受压，角柱受力最大。翼缘框架受力是通过与腹板框架相交的角柱传递过来的。角柱受压力缩短，使与它相邻的梁承受剪力(受弯)，传递到相邻柱，使相邻柱承受压力；第二个柱受压又使第二跨梁受剪(受弯)，相邻柱又承受压力，如此传递，使翼缘框架承受其平面内的弯矩、剪力与轴力(与水平力作用方向相垂直)，如图 18-2 所示。由于梁的变形，翼缘框架各柱压缩变形向中心逐渐递减，轴力也逐渐减小，这就是剪力滞后现象。同理，受拉的翼缘框架也产生轴向拉力的剪力滞后现象。腹板框架由于梁的变形，其柱轴力也呈曲线分布，角柱轴力大，中部柱轴力较小(与直线分布相比)。

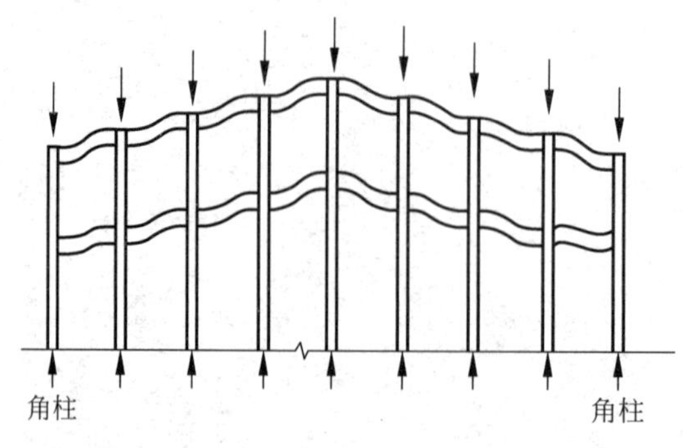

图 18-2 翼缘框架变形示意

由于翼缘框架各柱和梁内力是由角柱传来，其内力和变形都在翼缘框架平面内，腹板框架的内力和变形也在它的平面内，这是框筒在水平荷载作用下内力分布形成“筒”的空间特性。如果楼板是很薄的板,或者楼面梁和框筒柱都是铰接,那么从楼板传到柱的力只有轴力,柱不承受框筒平面外的弯矩和剪力。如果楼板梁与框筒柱刚接,那么竖向荷载产生的梁端弯矩就会使柱产生框筒平面外的弯矩和剪力。通常,在框筒中有可能、也有必要减少框筒柱平面外的弯矩和剪力。因此,在框筒结构中,楼板常采用平板或密肋板,一方面可减小楼层高度,另一方面可使框筒受力和传力更加明确。框筒中除角柱是双向受力外,其他柱主要是单向受弯,受力性能较好。

设计时要考虑尽量减小翼缘框架的剪力滞后,因为剪力滞后越小,就越能增大翼缘框架中间柱的轴力,就会提高框筒抵抗倾覆力矩的能力,提高结构抗侧刚度,也就能最大程度地提高结构所用材料的效率。

影响剪力滞后的因素很多,主要有:柱距与梁高度、角柱面积、框筒结构高度、框筒平面形状。以下以图18-3所示框筒为例,对上述因素进行分析。

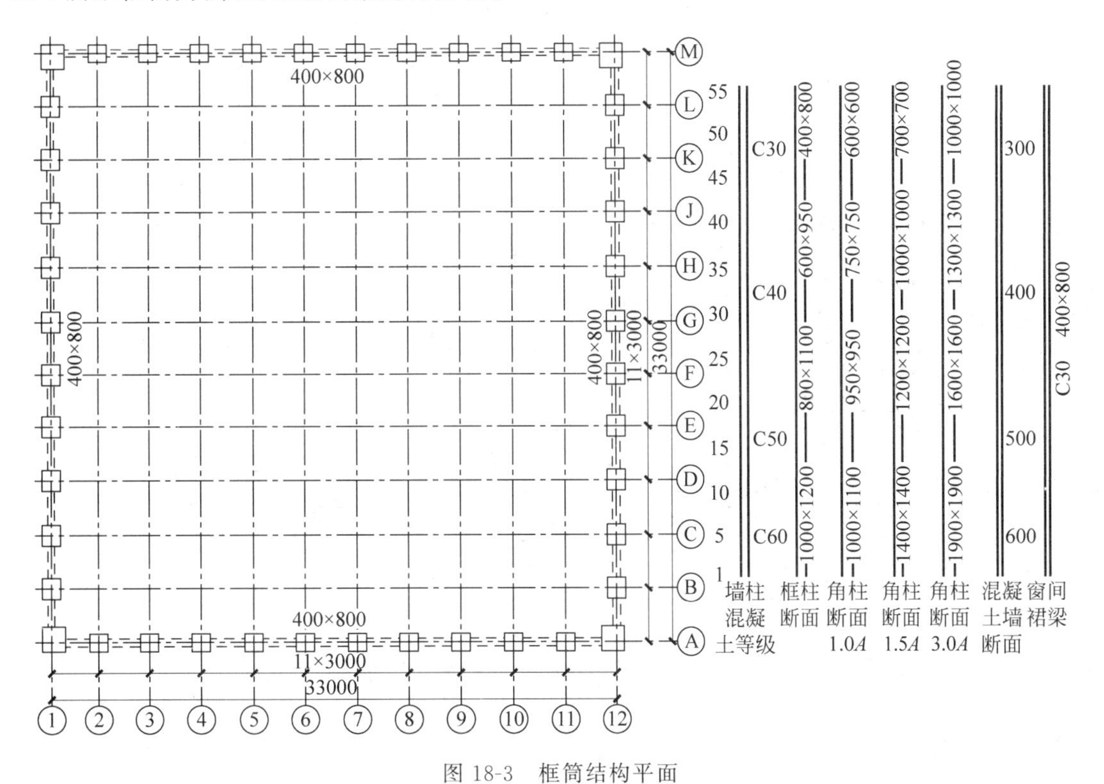

图18-3　框筒结构平面

1. 柱距与梁高度

图18-4是梁高度对剪力滞后的影响,从图18-4中可以明显看出,梁高度越高,中间柱承受的轴力越大,剪力滞后越小。当梁高从300mm提高到600mm时,中间柱承受的轴力的提高幅度较大。在梁高度大于600mm后,中间柱承受的轴力随梁高度的增高仍有提高,但提高的幅度不大。

实际上,影响剪力滞后大小的主要因素是梁的刚度,梁刚度越大,剪力滞后越小。因此,减小梁跨度(减小柱距)或加大梁截面高度,形成密柱深梁,就可以增大梁的刚度,从而减小剪力滞后。

2. 角柱面积

图18-5表示角柱面积对剪力滞后的影响,角柱面积分为1.0A、1.5A、3.0A三种情况。从图18-5可知,角柱面积越大,它承受的轴力也越大,翼缘框架中角柱与中柱轴力差越大,翼缘框架的总抗倾覆力矩会增大。但角柱截面过大时,会导致过大的柱轴力,如果重力荷载不足以抵消拉力,柱将承受拉力,拉力易使柱开裂,并降低受剪承载力,因此,角柱截面可取为中柱面积的1.5倍左右。

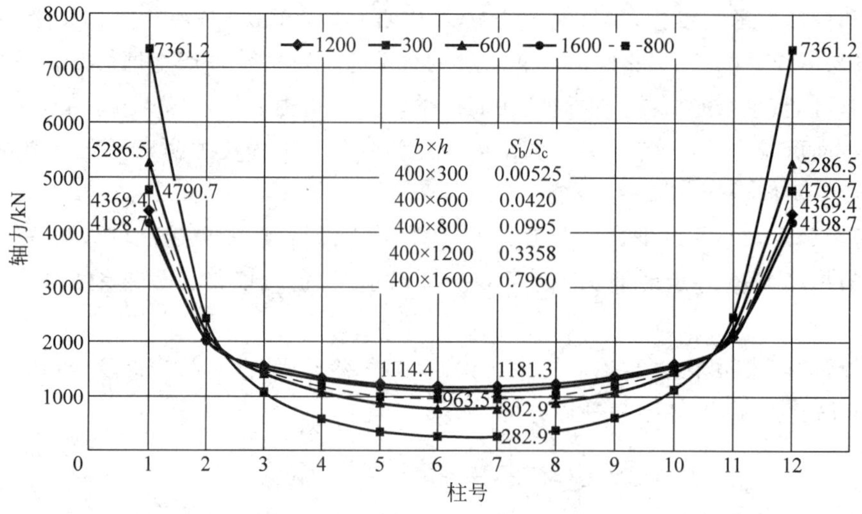

图 18-4 梁高度对剪力滞后的影响

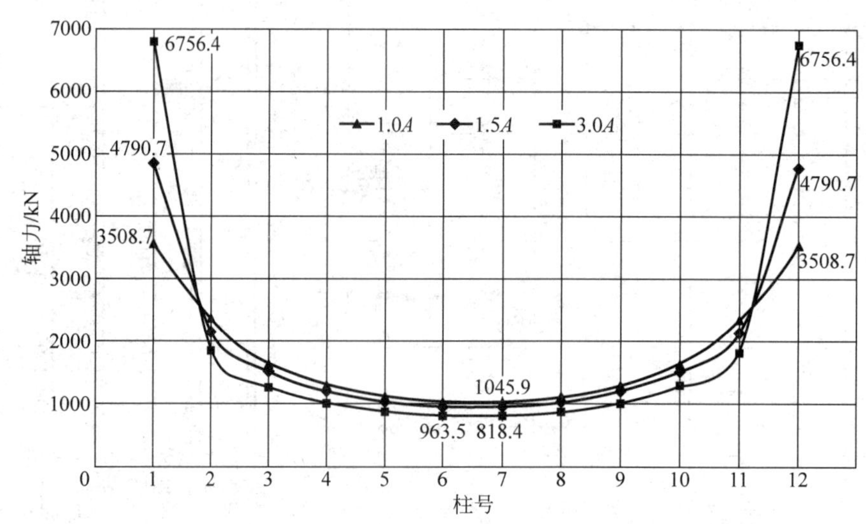

图 18-5 角柱面积(1.0A、1.5A、3.0A)对剪力滞后的影响

3. 框筒结构高度

图 18-6 表示高度对剪力滞后的影响。从图 18-6 可知,底层的剪力滞后现象更加严重,随高度增大,剪力滞后越小。因此,高度不大的框筒,剪力滞后影响相对较大。框筒结构更适合于层数较多的高层和超高层结构。

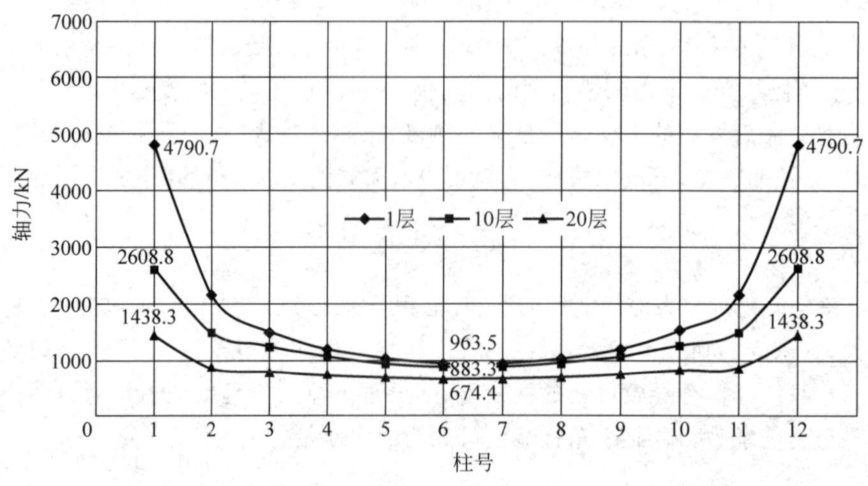

图 18-6 高度对剪力滞后的影响

4. **框筒平面形状**

图 18-7 表示长矩形平面框筒结构的剪力滞后。从图 18-7 可知，长矩形平面的剪力滞后严重，中间柱承受的轴力很小。

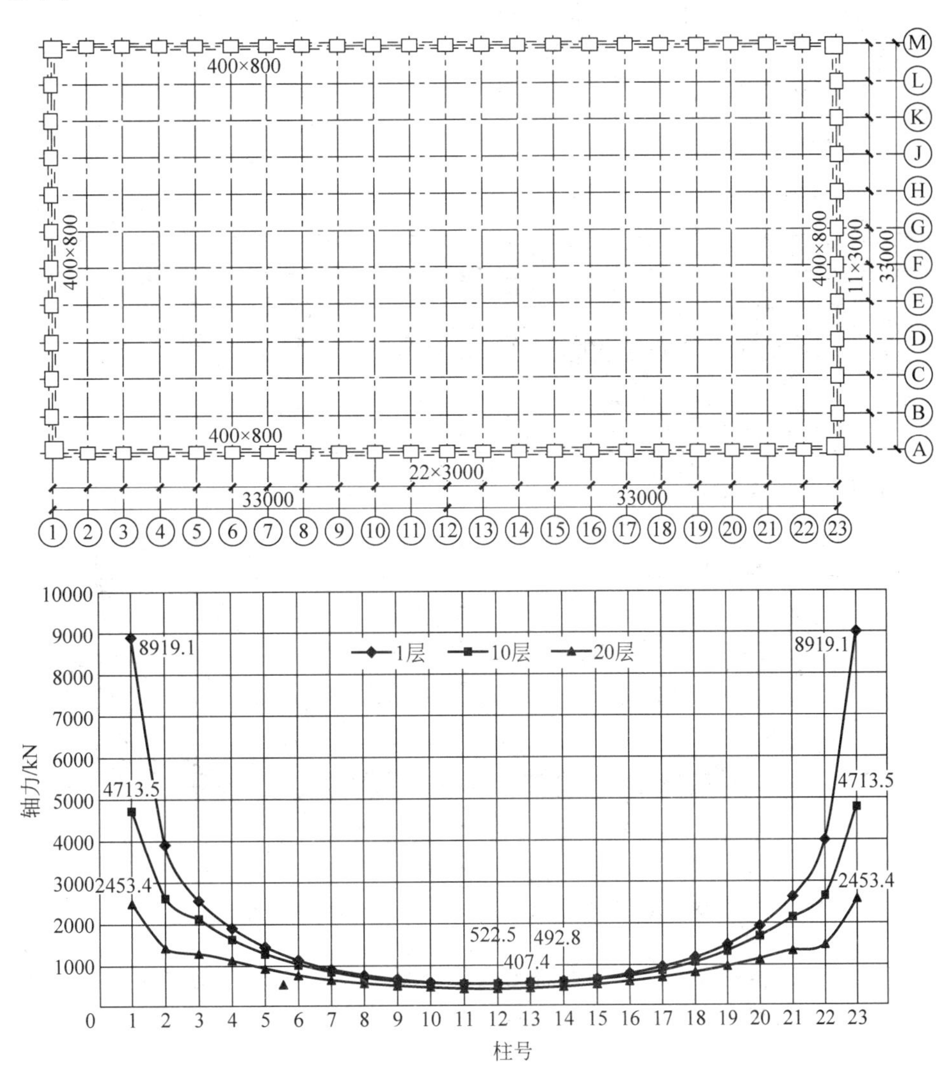

图 18-7　长矩形平面框筒结构的剪力滞后

但在长边的中部加一道横向密柱深梁，如图 18-8 所示，将大大提高中柱的轴力，减小剪力滞后效应。该方法实际是将一个筒体变成两个并联筒体，即形成了束筒结构。

18.1.2　框筒结构布置要点

一般情况下，柱距为 1～3m，不宜超过 4.5m。梁净跨与截面高度之比不宜大于 3～4。

框筒平面宜接近方形、圆形或正多边形，如为矩形平面，则长短边的比值不宜超过 2。结构总高度与宽度之比宜大于 3。

框筒结构中的楼盖构件（包括楼板和梁）的高度不宜太大，要尽量减小楼盖构件与柱之间的弯矩传递。采用钢结构楼盖时可将梁与柱的连接处理成铰接；没有内筒的框筒或束筒结构可设置内柱，以减小楼盖梁的跨度。

框筒结构的柱截面宜做成矩形、正方形或 T 形。由于框筒空间作用产生的梁、柱弯矩主要是在腹板框架和翼缘框架的平面内，因此矩形柱截面的长边应沿外框架的平面方向布置。

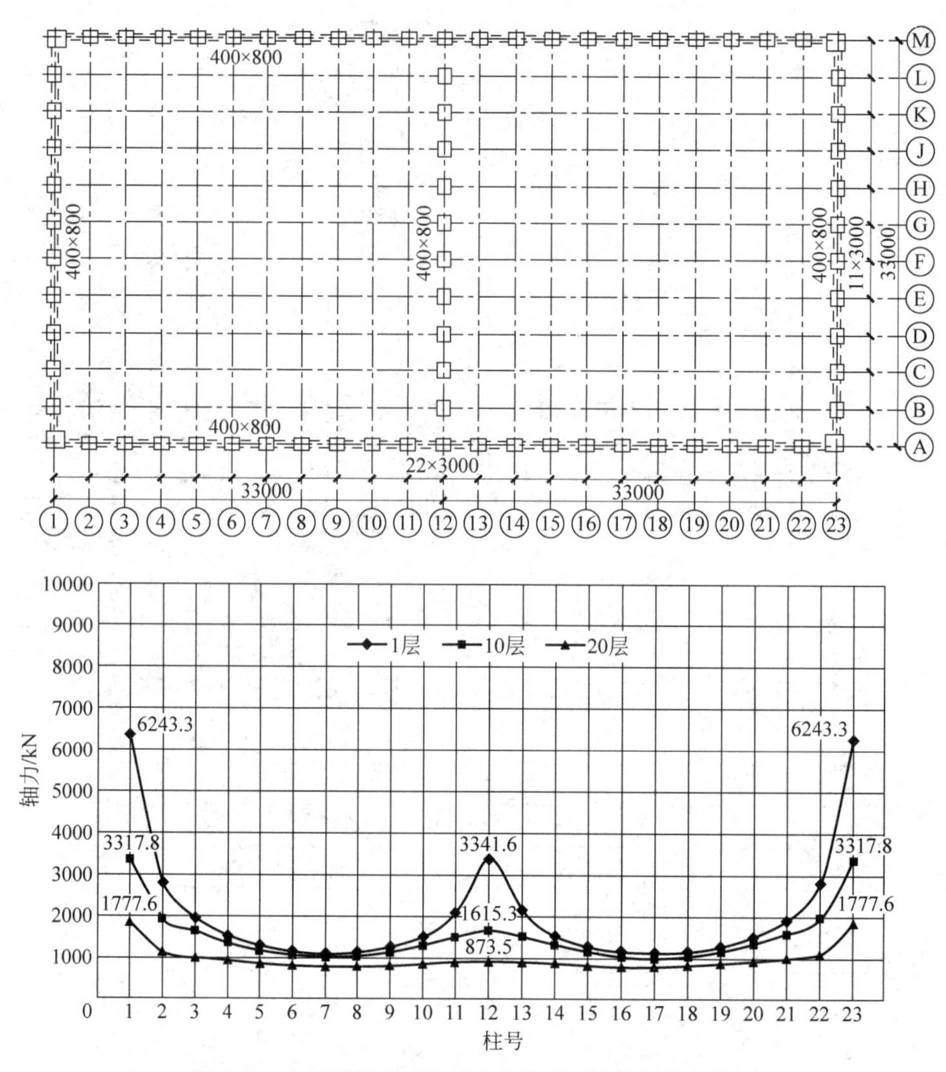

图 18-8 长矩形平面改为两个方形平面结构的剪力滞后

由于框筒结构柱距较小，在底层往往因设置出入通道而要求加大柱距，此时应设置转换结构，即托柱转换，但内筒宜一直贯通到基础底板。

18.2 框架-核心筒结构

框架-核心筒结构的外围是由梁柱构成的框架，而中间是剪力墙组成的实腹筒，因为筒体在平面中部，所以称为核心筒。

18.2.1 框架-核心筒结构受力特点

框架-核心筒结构利用建筑内的电梯井、楼梯间、管道间、通风井、公共卫生间等构建中央核心筒，同时在外围布置框架。框架-核心筒结构能够更好适应建筑功能要求，是目前超高层建筑中采用的主流结构形式。结构的受力和变形特点类似于框剪结构，同样具有两道抗震防线，第一道是核心筒，第二道是框架。因此，和框剪结构一样，地震作用下，框架有最小剪力的要求，见 14.1 节。

以下以图 18-9 所示筒中筒结构和框架-核心筒结构为例，说明框架-核心筒结构的受力特点。

经计算，筒中筒结构和框架-核心筒结构周期、位移见表 18-1。从表 18-1 中可知，与筒中筒结构相比，框架-核心筒结构的自振周期长，顶点位移及层间位移都大得多。因此，框架-核心筒结构的抗侧刚度大大小于筒中筒结构，受力性能更接近于框剪结构。

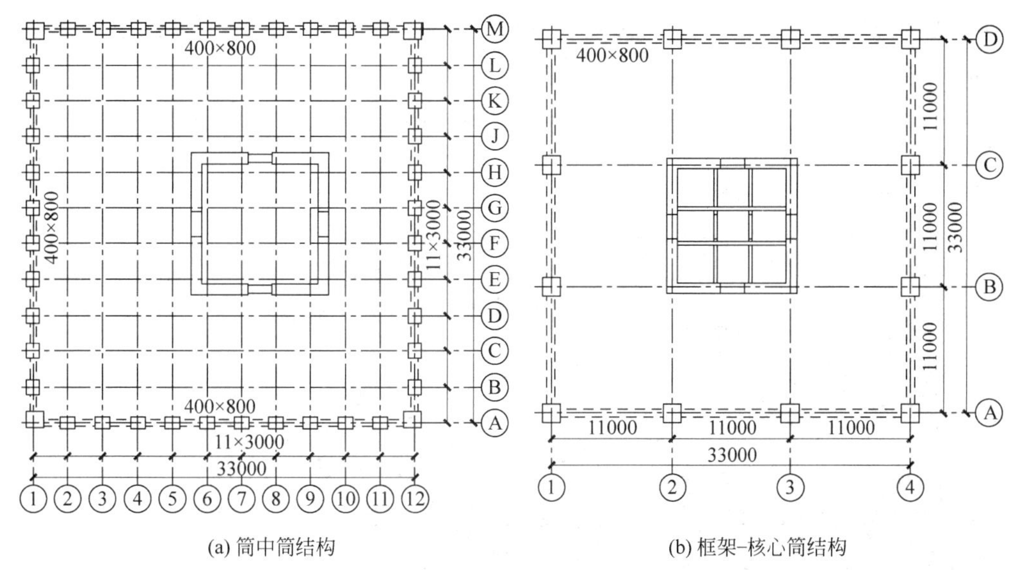

(a) 筒中筒结构　　(b) 框架-核心筒结构

图 18-9　筒中筒结构和框架-核心筒结构平面

表 18-1　筒中筒结构和框架-核心筒结构的周期与位移比较

结构体系	周期/s	顶点位移		最大层间位移
		Δ/mm	Δ/H	δ/h
筒中筒	3.87	70.78	1/2642	1/2106
框架-核心筒	6.65	219.49	1/852	1/647

注：Δ 为顶点侧移，δ 为层间位移，H 为结构总高，h 为对应楼层高。

图 18-10 是筒中筒结构和框架-核心筒结构翼缘框架的轴力比较，从图 18-10 可知，框架-核心筒结构翼缘框架柱数量少，轴力也较小，只有角柱的轴力较大，翼缘框架承受的总轴力要比框筒小得多。从腹板框架抗侧刚度和抗弯、抗剪能力看，也比框筒的腹板框架小得多。

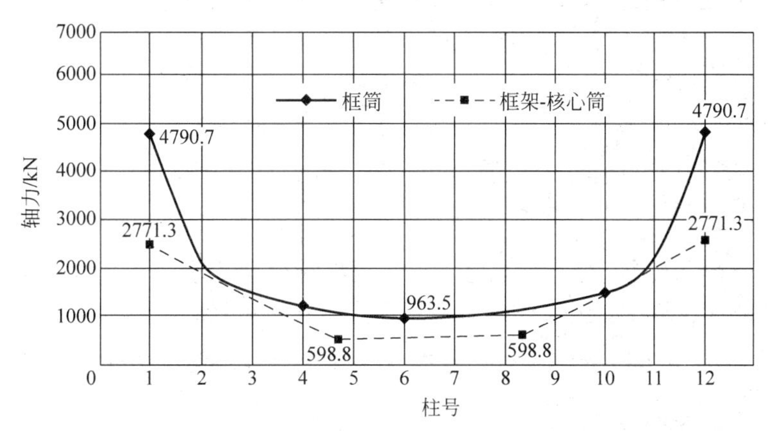

图 18-10　筒中筒结构和框架-核心筒结构翼缘框架的轴力比较

筒中筒结构和框架-核心筒结构基底剪力、倾覆力矩如表 18-2 所示。从表 18-2 中可知，框架-核心筒中实腹筒承受的剪力占 80.6%、倾覆力矩占 73.6%，比筒中筒的实腹筒承受的剪力和倾覆力矩都大。筒中筒结构的外框筒承受的倾覆力矩占 66%，而框架-核心筒结构中，外框架承受的倾覆力矩仅占 26.4%。因此，框架-核心筒结构中实腹筒成为主要抗侧力部分，框架所起的作用较小，而筒中筒结构中抵抗剪力以实腹筒为主，抵抗倾覆力矩则以外框筒为主。

表 18-2　筒中筒结构和框架-核心筒结构的基底剪力与倾覆力矩比较

结构体系	基底剪力/%		倾覆力矩/%	
	实腹筒	周边框架	实腹筒	周边框架
筒中筒	72.6	27.4	34.0	66.0
框架-核心筒	80.6	19.4	73.6	26.4

为提高框架-核心筒结构中间柱的轴力，从而提高结构的抗倾覆力矩，一个方法是在楼板中设置连接外柱与内筒的大梁，如图 18-11 所示。

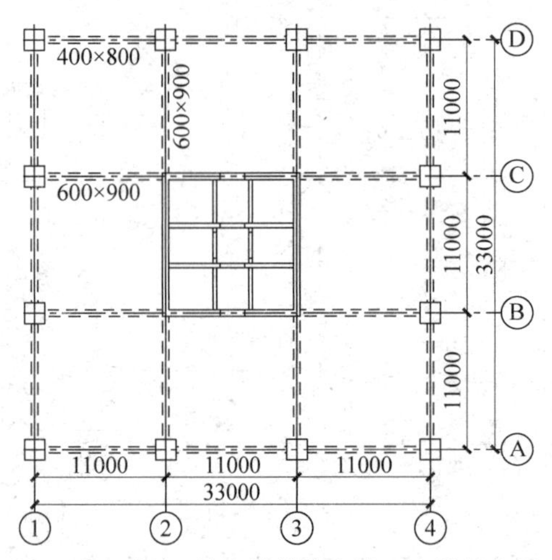

图 18-11 框架-核心筒结构在楼面内设置大梁

设置大梁后，翼缘框架的轴力与未设大梁时的比较如图 18-12 所示。从图 18-12 可知，未设大梁的平板体系的框架-核心筒中，翼缘框架中间柱的轴力很小；而设置大梁的梁板体系的框架-核心筒中，翼缘框架中间柱的轴力反而比角柱大。说明设置大梁可有效提高框架柱承担的轴力，从而增大抗倾覆力矩，加强结构的空间作用。

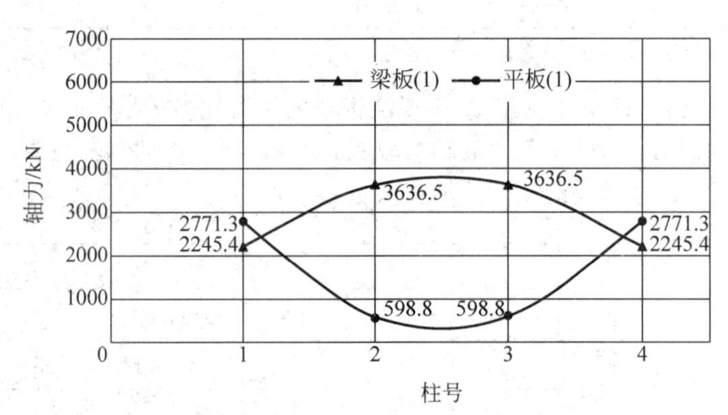

图 18-12 设置大梁前后翼缘框架的轴力比较

表 18-3 给出了设置大梁前后框架-核心筒结构的周期与位移比较。从表 18-3 可知，设置大梁后，结构周期减少，层间位移和顶点位移也均大幅减少，说明设置大梁可使结构刚度有效增大。

表 18-3 设置大梁前后框架-核心筒结构的周期与位移比较

结构体系	周期/s	顶点位移		最大层间位移
		Δ/mm	Δ/H	δ/h
框架-核心筒(平板)	6.65	219.49	1/852	1/647
框架-核心筒(梁板)	5.14	132.17	1/1415	1/1114

表 18-4 给出了设置大梁前后框架-核心筒结构的基底剪力与倾覆力矩比较。从表 18-4 可知，设置大梁后，周边框架承担的倾覆力矩由未设之前的 26.4%大幅提高到 45.6%，说明设置大梁可使周边框架能够起到接近一半的抗倾覆作用。

表 18-4 设置大梁前后框架-核心筒结构的基底剪力与倾覆力矩比较

结构体系	基底剪力/%		倾覆力矩/%	
	实腹筒	周边框架	实腹筒	周边框架
框架-核心筒(平板)	80.6	19.4	73.6	26.4
框架-核心筒(梁板)	85.8	14.2	54.4	45.6

虽然设置大梁能显著增加结构刚度，明显加大周边框架承担的倾覆力矩，但每层设置大梁将增加结构总高度，对于层数较多的建筑来说，每层设置大梁很不经济。因此，可以将每层均要设置的大梁集中在个别层，在该层设置刚度很大的伸臂，同样能够起到每层设置大梁的效果。

18.2.2　框架-核心筒-伸臂桁架结构受力特点

1. 伸臂桁架

伸臂桁架是设置在核心筒与周边框架柱之间用来提高建筑倾覆力矩的刚性水平结构，作用机理如图 18-13 所示图中 H 为核心筒高度。当结构承受水平荷载时，核心筒通过伸臂桁架将弯矩转化为轴力传递到周边柱中，使框架柱在结构体系中起到类似拉压杆的作用，从而使得外框架与核心筒共同受力，以达到提高抗侧力能力的目的。

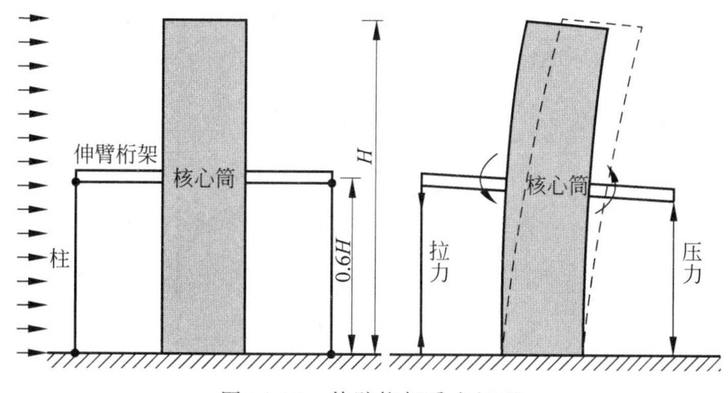

图 18-13　伸臂桁架受力机理

为加大刚度，伸臂一般为一层甚至两层高。尽管伸臂可以为大梁或桁架，但大梁自重过大，且影响使用，故伸臂一般为桁架，即伸臂桁架。由于伸臂大大增加了结构刚度，因此，设置伸臂的楼层称为加强层。

图 18-14 是设置伸臂前后翼缘框架的轴力比较。从图 18-14 可知，在增加柱轴力的作用方面，伸臂可以代替每层楼板中的大梁。但在实际工程中，如果采用平板，同时在个别层（避难层、设备层等）设置伸臂的方法，可以减小建筑高度或增加净空，比每层设置大梁更加经济。

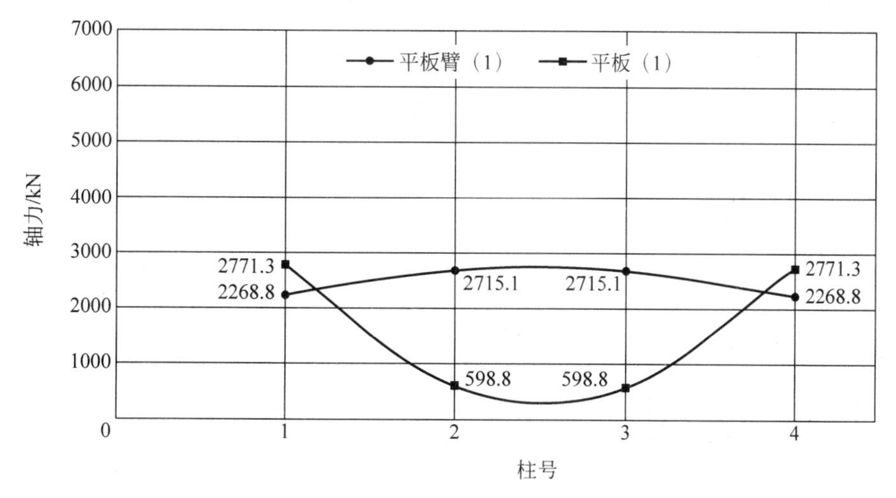

图 18-14　平板设置伸臂前后翼缘框架的轴力比较

如果在每层设置大梁后在设置伸臂，仍然能够提高翼缘框架的轴力，但提高的幅度很小，如图 18-15 所示。因此，设置伸臂的结构，一般不再每层设置大梁。

设置伸臂可以增大框架中间柱轴力、增加刚度、减小侧移、减小内筒弯矩，因此，是超高层建筑常见的做法。但是伸臂使结构内力沿高度发生突变，如图 18-16 所示，内力突变对结构抗震不利，设计时应给予足够重视。

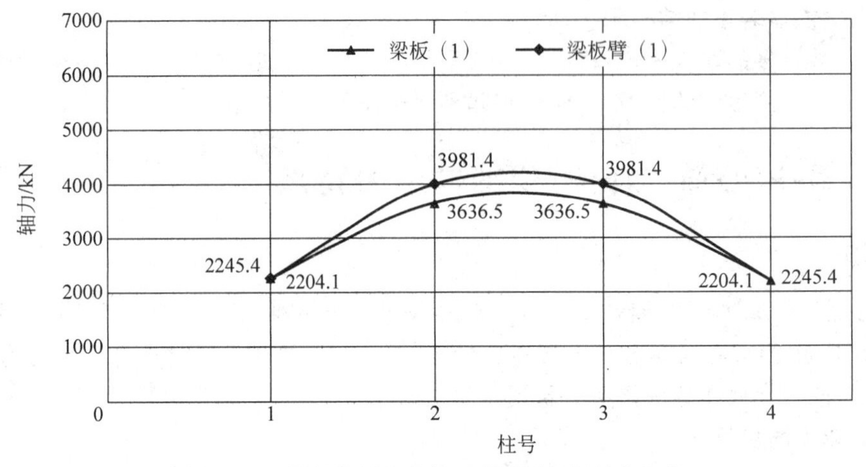

图 18-15 梁板设置伸臂前后翼缘框架的轴力比较

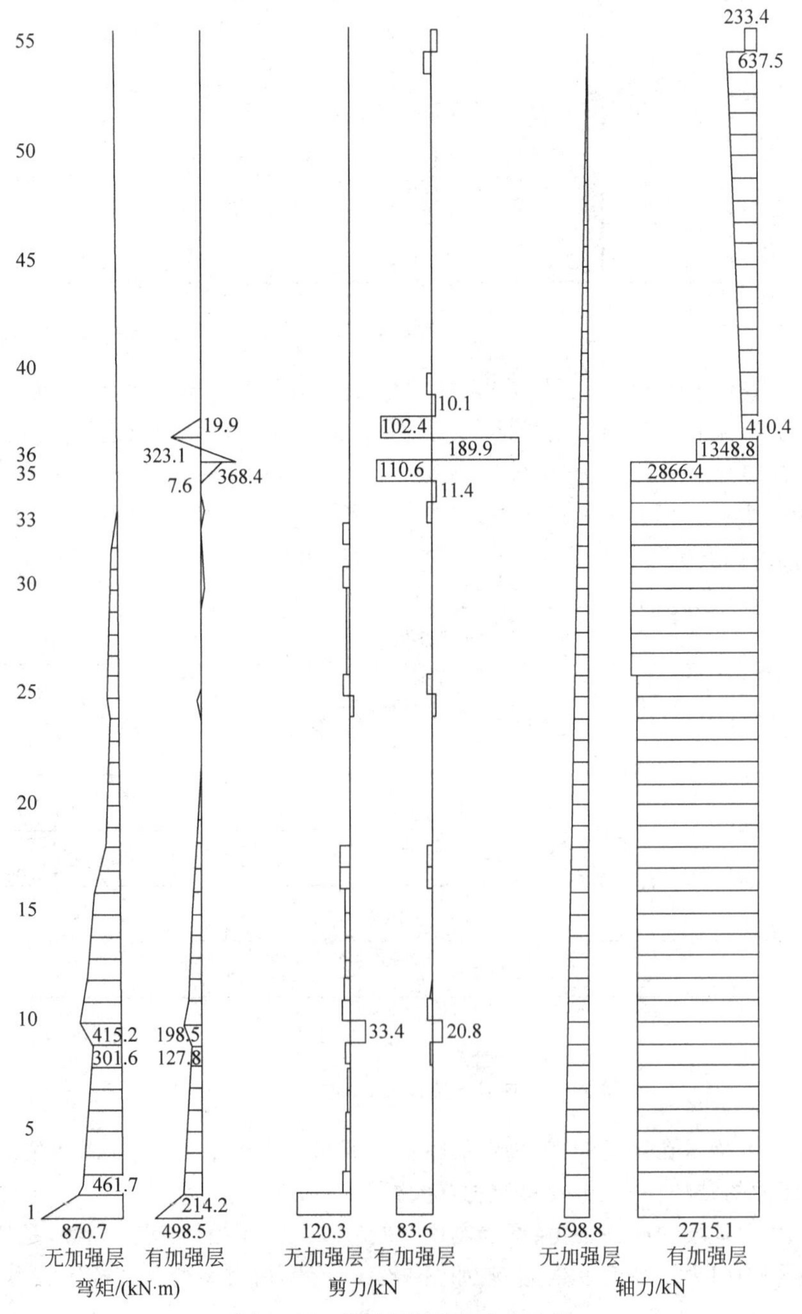

图 18-16 设置伸臂前后内力比较

2．伸臂桁架设置位置与数量

在设置伸臂桁架时，为了提高伸臂桁架的效能，减少因为设置伸臂桁架带来的不利后果（如导致相邻层出现软弱层等），应符合以下原则：

（1）当布置一道伸臂桁架时，可设置在0.6倍房屋高度附近。当布置两道时，可分别设置在顶层和0.5倍房屋高度附近。当布置多个加强层时，宜沿竖向从顶层向下均匀布置。

（2）伸臂桁架宜贯通核心筒，其平面布置宜位于核心筒的转角、T字节点处。

（3）水平伸臂构件与周边框架的连接宜采用铰接或半刚接。

除伸臂桁架外，也可以在设置伸臂桁架的楼层同时在结构周边设置环带桁架。环带桁架类似于竹子的节，可以加强结构周边竖向构件的联系，协调周圈竖向构件的变形，减小变形差，使构件受力均匀，并可以将伸臂作用在少数柱上产生的轴力分散到其他柱，使相邻柱所受轴力均匀。在框筒结构中，环带桁架还可减少剪力滞后。目前很多超高层建筑均采用了伸臂桁架和环带桁架，尤其是在300m以上的超高层建筑中应用更为广泛。

思考题

1．框筒为什么要密柱深梁？

2．剪力滞后是如何形成的？

3．框筒结构中的楼盖构件的高度为什么不宜太大？为什么矩形柱截面的长边应沿外框架的平面方向布置？

4．普通的框架-核心筒结构和筒中筒结构相比，刚度和受力性能有什么异同？为什么超高层建筑大多采用框架-核心筒结构？

5．什么是伸臂桁架？为什么要设置伸臂桁架？设置伸臂桁架有什么利弊？

第五篇

课程设计和毕业设计

第19章

课程设计目的及要求

19.1 课程设计的目的

《高等学校土木工程本科指导性专业规范》明确提出，课程设计是土木工程专业本科教育的一个重要的实践性教学环节。课程设计能够培养学生对知识和技能的综合运用能力、设计能力和解决工程问题的能力，是全面检验和巩固专业主干课程学习效果的一个有效方式。混凝土课程设计包括钢筋混凝土肋梁楼盖课程设计、单层工业厂房课程设计。

混凝土结构课程设计的目的是：

(1) 使学生了解和熟悉混凝土结构设计工作的特点和主要过程。通过课程设计要让学生全面了解设计所需要的各种条件，包括气候环境、气象、地震等条件，以及这些条件对结构设计的影响，熟悉结构选型、构件截面尺寸的确定和材料的选用，选择合适的结构计算方法，熟练、正确地进行结构计算，全面理解、落实结构构造措施，熟练绘制图纸。

(2) 培养学生分析钢筋混凝土结构的能力。课程设计需要进行楼盖设计和单层钢筋混凝土厂房设计，其内力分析方法是应掌握的最基本的分析方法，也是工作后经常遇到的结构形式，要通过这些结构的分析训练使学生全面理解上述结构的内力分析方法、分布规律和内力组合方法。

(3) 锻炼学生对结构构造的处理能力。通过对板、梁、柱的设计构造问题的处理，可以较全面地学习钢筋混凝土基本构件的构造要求。

(4) 培养学生运用结构设计软件进行设计计算和运用绘图软件进行绘图的能力。

(5) 培养学生在建筑工程设计过程中的配合意识。包括工种之间、设计小组人员之间的协作意识。

(6) 培养正确、熟练运用结构设计标准、规范、规程、手册、各种标准图集及参考书的能力。

(7) 锻炼学生手工绘制结构施工图的能力。

(8) 初步建立结构设计、施工、经济性全面协调统一的思想，具有多方案比选、优化设计的认识。

(9) 初步建立和训练结构工程师的责任意识。

19.2 课程设计的主要内容

19.2.1 混凝土楼盖设计

1. 完成一份设计计算书

内容包括：

(1) 根据给定的单向板(双向板)肋梁楼盖的设计任务书，进行柱、墙、主梁、次梁及楼板布置，分析楼盖荷载的传递途径和确定板、次梁及主梁的计算简图；拟定板、次梁和主梁的截面尺寸；确定钢筋强度等级、混凝土强度等级等。

(2) 分别进行板、次梁和主梁的荷载计算、内力计算(板、次梁按弹性或塑性方法,主梁按弹性方法);考虑活荷载最不利组合,确定主梁的弯矩和剪力包络图。

(3) 构件截面配筋计算;板、次梁及主梁的裂缝宽度及挠度验算;主次梁交接处附加箍筋、附加吊筋的计算;通过抵抗弯矩图绘制,计算钢筋截断、弯起的位置,掌握基本构造要求。

2. 绘制楼盖结构施工图

(1) 设计说明,包括设计依据的规范和标准、基础资料、荷载及自然条件、混凝土强度等级、钢筋牌号、混凝土工作环境、混凝土保护层厚度、具体的施工要求等;

(2) 梁板结构平面布置图、板的模板图及配筋图、次梁模板图及配筋图、主梁模板图、配筋图及抵抗弯矩图。

3. 完成形式及时间

时间 1 周,提交按规定格式书写的一份结构计算书,要求思路及步骤清楚,计算正确,图文并茂,书写工整。绘制结构施工图数张,图幅为 A3。

4. 设计题目

某多层厂房,采用现浇钢筋混凝土板肋梁楼盖,结构布置如图 19-1 所示。

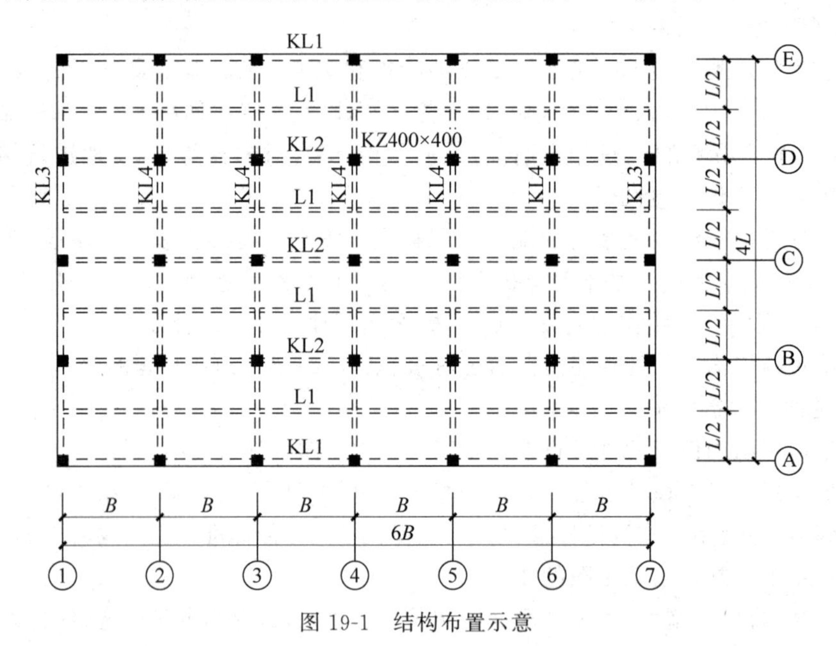

图 19-1 结构布置示意

楼面面层用 20mm 厚水泥砂浆抹面,板底及梁用 15mm 厚混合砂浆抹面;混凝土强度等级 C30,钢筋均采用 HRB400 钢筋,材料容重见附录 2。

设计题号如表 19-1 所示,一人一题。

表 19-1 板肋梁楼盖设计参数

组别	次梁跨度/mm	主梁跨度/mm	楼面活荷载标准值/(kN/m^2)
	B	L	
1	4200	5700	4.0(8.0)<12.0
2	4500	6000	4.0(8.0)<12.0
3	4800	6300	4.0(8.0)<12.0
4	5100	6600	4.0(8.0)<12.0
5	5400	5700	4.0(8.0)<12.0
6	5700	5700	4.0(8.0)<12.0

续表

组　　别	次梁跨度/mm	主梁跨度/mm	楼面活荷载标准值/(kN/m^2)
	B	**L**	
7	6000	6000	4.0(8.0)<12.0
8	6300	6300	4.0(8.0)<12.0
9	6600	6600	4.0(8.0)<12.0
10	6000	6900	4.0(8.0)<12.0
11	6300	7200	4.0(8.0)<12.0
12	6600	7500	4.0(8.0)<12.0

若学生人数较多，可以变化次梁、主梁跨度和楼面活荷载标准值大小等条件，确保一人一题。

要求完成以下工作：

1）计算书

（1）确定单向板或双向板；

（2）本梁板结构系统布置的优缺点评述；

（3）板厚及梁系截面尺寸的确定；

（4）板、梁计算简图；

（5）荷载计算；

（6）内力分析及内力组合；

（7）配筋计算；

（8）构造要求。

2）图纸

（1）楼盖结构平面布置图（板的配筋绘于此图上）

板、梁、柱均要编号且注明定位尺寸；

板的配筋采用分离式，钢筋要编号，同一编号的钢筋至少有一根钢筋要注明直径、间距及截断或弯起位置。

（2）次梁模板及配筋图

要求绘出次梁立面和足够数量的断面模板及配筋图；几何尺寸，钢筋编号、型号、直径、间距和截断位置、搭接长度、锚固长度等标注全面。

可以利用对称性只画一半。

（3）主梁模板

要求同次梁，绘制抵抗弯矩图和配筋图，应能反映梁顶钢筋截断的作图过程。

（4）设计说明

包括设计依据的规范、标准；混凝土强度等级、钢筋级别、混凝土保护层厚度、钢筋搭接长度、锚固长度等需要说明的问题。

3）建议时间安排

5天。构件选型和计算3.5天，绘图1.5天。

19.2.2　单层工业厂房设计

1. 完成一份结构计算书

内容包括：

（1）按《单层工业厂房设计选用》（上、下册，08G118）等标准图集和设计任务书要求，通过设计计算选择预应力混凝土屋面板或压型钢板夹心板、屋架或屋面梁、天窗架及屋盖支撑、吊车梁及轨道联结，基础梁等型号。

(2) 按照工艺和模数要求确定平面、剖面关键尺寸；参考标准图集选择排架柱截面形式和材料，确定柱顶标高、牛腿面标高及柱实际长度；确定轴线与排架柱、抗风柱的位置关系。

(3) 确定计算的典型排架的尺寸，确定计算简图，计算确定排架上作用的荷载，包括：恒荷载、屋面均布活荷载、雪荷载、风荷载、吊车荷载和地震作用。

(4) 进行排架内力分析。计算控制截面的内力，绘出各类荷载下的排架内力图。

(5) 对计算的排架柱列表进行内力组合。

(6) 对排架柱进行截面设计计算，验算吊装裂缝控制，确定柱配筋构造及预埋件设计。

(7) 根据设计提供的条件，确定基础平面布置，根据地基承载力的条件和冲切条件确定柱下杯口基础的截面尺寸；计算基础内力和配筋。

2. 绘制单层工业厂房结构施工图

(1) 结构设计说明，包括设计依据的规范、标准及标准图，荷载条件，材料选用(酌情增加地基基础设计说明)、施工要求等基本内容；

(2) 基础、基础梁结构布置图、基础详图；

(3) 吊车梁、柱及柱间支撑结构布置图；

(4) 屋面结构布置图，屋面结构支撑布置图；

(5) 柱模板及配筋图。

3. 完成形式及时间

时间 2 周，提交按规定格式书写的结构计算书一份，要求思路及步骤清楚，计算正确，图文并茂，书写工整。绘制结构施工图数张，要求铅笔绘制，图幅为 A3。

如时间为 1 周，则可不进行基础设计和抗震设计。

4. 设计题目

1) 单跨厂房

某地需建一单层混凝土结构工业厂房，抗震设防烈度 8 度，有关条件如下：

屋面做法(不上人屋面)：

SBS 改性沥青防水层(聚酯胎基 4mm 厚)(0.3kN/m^2)；

40mm 厚水泥砂浆找平层；

50mm 厚聚苯板保温层；

冷底子油两道隔气层(0.05kN/m^2)；

20mm 厚水泥砂浆找平层；

预应力混凝土大型屋面板；

吊车工作级别为 A5，吊车有关参数可参考教材表 9-1；基本风压 0.3kN/m^2，地面粗糙度为 B 类，基本雪压 0.25kN/m^2；

外墙为厚 370mm 的烧结黏土空心砌块砌体墙(容重 8kN/m^3)，窗户为塑钢窗，门为平开钢大门；

设计题号如表 19-2 所示，一人一题。

表 19-2 单跨厂房设计题

跨度/m		18				21				24				27				30			
吊车起重量/t		10	15	20	30	10	15	20	30	10	15	20	30	10	15	20	30	10	15	20	30
牛腿面标高/m	7.8	1	2	3	4	5	6	7	8	9	10	11	12	13	14	15	16	17	18	19	20
	8.4	21	22	23	24	25	26	27	28	29	30	31	32	33	34	35	36	37	38	39	40
	9.0	41	42	43	44	45	46	47	48	49	50	51	52	53	54	55	56	57	58	59	60
	9.6	61	62	63	64	65	66	67	68	69	70	71	72	73	74	75	76	77	78	79	80

要求完成以下工作：

(1) 确定平面和剖面关键尺寸。侧方安全间隙 B_2 不应小于 100mm。吊车外轮廓最高点至屋架或屋面梁支承面的距离不小于 200mm。柱顶标高应符合 3M 制的要求。

(2) 按标准图进行屋面板(G410—1～2,2004 年合订本)、天窗架(05G512)、屋架(04G415—1)、屋架支撑(04G415—1)、钢筋混凝土吊车梁(G323—1～2,2015 年合订本)、吊车轨道联结(17G325)、柱间支撑(05G336)等构件的选型。

(3) 进行排架及排架柱计算(考虑风荷载,不考虑地震作用)。

(4) 绘出排架柱配筋图(图幅为 3 号,1 张),考虑 8 度抗震设防的构造要求。

(5) 建议时间安排：5 天。构件选型和计算 3.5 天,绘图 1.5 天。如果进行抗震设计和基础设计,则时间增加为 10 天。

该题也可以使用钢屋架(05G511,跨度 18m、21m、24m、27m、30m、33m、36m),增加题号 112 个；使用钢筋混凝土折线型屋架(04G314,跨度 15m、18m),增加题号 32 个；使用预应力混凝土屋面梁(G414—1～5,2005 年合订本,跨度 15m、18m 双坡),增加题号 32 个；使用钢筋混凝土屋面梁(G353—1～6,2004 年合订本,跨度 15m 双坡),增加题号 16 个。

该题也可采用预应力混凝土吊车梁(04G426)、钢吊车梁(G520—1～2,2020 年合订本),则题目可以更多。

此外,还可以根据实际学生人数,变更基本风压和地面粗糙度类别,变更吊车参数,变更屋面做法(即变更屋面恒荷载),采用轻屋盖体系等,可以保证一人一题。

2) 双跨厂房

某地需建一单层混凝土结构工业厂房,抗震设防烈度 8 度,有关条件如下：

屋面做法(不上人屋面)；

SBS 改性沥青防水层(聚酯胎基 4mm 厚)(0.3kN/m^2)；

40mm 厚水泥砂浆找平层；

50mm 厚聚苯板保温层；

冷底子油两道隔气层(0.05kN/m^2)；

20mm 厚水泥砂浆找平层；

预应力混凝土大型屋面板；

吊车工作级别为 A5,吊车有关参数可参考教材表 9-1。基本风压 0.3kN/m^2,地面粗糙度为 B 类,基本雪压 0.25kN/m^2。

外墙为厚 370mm 的烧结黏土空心砌块砌体墙(容重 8kN/m^3),窗户为塑钢窗,门为平开钢大门。

设计题号如表 19-3 所示,一人一题。

表 19-3　双跨厂房设计题

跨度/m		18+18				18+21				18+24				18+27				18+30			
吊车起重量/t		10	15	20	30	10	15	20	30	10	15	20	30	10	15	20	30	10	15	20	30
牛腿面标高/m	**7.8**	1	2	3	4	5	6	7	8	9	10	11	12	13	14	15	16	17	18	19	20
	8.4	21	22	23	24	25	26	27	28	29	30	31	32	33	34	35	36	37	38	39	40
	9.0	41	42	43	44	45	46	47	48	49	50	51	52	53	54	55	56	57	58	59	60
	9.6	61	62	63	64	65	66	67	68	69	70	71	72	73	74	75	76	77	78	79	80

要求完成以下工作：

(1) 确定平面和剖面关键尺寸。侧方安全间隙 B_2 要求：当吊车起重量≤50t 时,$B_2 \geq 80$mm,当吊车起重量>50t 时,$B_2 \geq 100$mm。吊车外轮廓最高点至屋架或屋面梁支承面的距离不小于 300mm。柱顶标高应符合 3M 制的要求。

(2) 按标准图进行屋面板(G410—1～2,2004 年合订本)、天窗架(05G512)、屋架(04G415—1)、屋架支撑(04G415—1)、吊车梁(G323—1～2,2015 年合订本)、吊车轨道联结(17G325)、柱间支撑(05G336)等构件的选型。

(3) 进行排架及排架柱计算(考虑风荷载,不考虑地震作用)。

(4) 绘出排架柱(边柱、中柱)配筋图(图幅为3号,每个柱一张,共两张),考虑8度抗震设防的构造要求。

(5) 建议时间安排：10天。构件选型和计算7天,绘图3天。

该题也可以采用钢屋架(05G511,跨度18m、21m、24m、27m、30m、33m、36m)；使用钢筋混凝土折线型屋架(04G314,跨度15m、18m)；采用预应力混凝土屋面梁(G414—1～5,2005年合订本,跨度15m、18m双坡)；采用钢筋混凝土屋面梁(G353—1～6,2004年合订本,跨度15m双坡)。还可采用预应力混凝土吊车梁(04G426)、钢吊车梁(G520—1～2,2020年合订本)。也可变更基本风压和地面粗糙度类别,变更吊车参数,变更屋面做法(即变更屋面恒荷载),采用轻屋盖体系等。

19.3 课程设计的成绩考核与评定

课程设计成绩一般按照分析计算占40%,施工图占40%,综合素质考核占20%评定,五级记分制,参照表19-4成绩评定方法及标准表给出成绩。

表19-4 成绩评定方法及标准

项目	权重	优秀 (100>X≥90)	良好 (90>X≥80)	中等 (80>X≥70)	及格 (70>X≥60)	不及格 (X<60)
		参考标准	参考标准	参考标准	参考标准	参考标准
施工图设计图纸	0.4	设计合理,图纸内容与计算书完全吻合,图幅、图框选择合理,图面布置优美,内容表达完整、正确,线型选择正确,标注尺寸齐全到位,完全符合国家制图标准	设计合理,图纸内容与计算书比较吻合,图幅、图框选择合理,图面布置比较优美,内容表达比较完整、正确,线型选择正确,标注比较到位,比较符合国家制图标准	设计基本合理,图纸内容与计算书基本吻合,图幅、图框选择基本合理,内容表达基本完整、正确,线型选择基本正确,标注基本到位,基本符合国家制图标准	设计基本合理,图纸内容与计算书大部分吻合,图幅、图框选择基本合理,内容表达大部分完整、正确,线型选择大部分正确,标注基本到位,基本符合国家制图标准	设计不合理,图纸内容与计算书不吻合；内容表达不完整、正确；线型选择不正确且标注不到位,违反国家制图标准。犯一条以上即为不及格图纸
计算书	0.4	理论分析与计算正确,数据来源可靠,计算内容完整没有遗漏,结构严谨,逻辑性强,语言准确,文字流畅,手写且书写工整,插图完整,标注清晰明白	理论分析与计算比较正确,数据来源比较可靠,计算内容完整没有遗漏,结构比较严谨,逻辑性强,语言准确,文字流畅,手写且书写较工整,插图较完整,标注较清晰明白	理论分析与计算基本正确,数据来源基本可靠,计算内容基本没有遗漏,结构比较严谨,文字基本流畅,手写且书写基本工整,插图基本完整,标注基本清晰明白	理论分析与计算没有原则错误但小问题较多,计算内容有较多小遗漏,结构还算严谨,文字基本流畅,手写且书写基本工整,插图不太完整,标注不太清晰明白	理论分析与计算有原则错误；计算内容有遗漏；结构不严谨且书写不工整、插图基本不完整,手绘插图标注没有或者不清晰明白。犯一条以上即为不及格计算书
综合素质	0.2	学习态度认真,科学作风严谨,严格保证设计进度,能利用工具进行分析解决问题,协作精神好	学习态度较认真,科学作风良好,严格保证设计进度,基本能利用工具进行分析解决问题,协作精神好	学习态度尚好,能遵守组织纪律,科学作风欠严谨,基本能保证设计进度,按期完成各项任务	学习态度尚可,在教师的督促下基本能按期完成各项任务	学习马虎,纪律涣散,工作作风不严谨,不能保证设计时间和进度

19.4 混凝土结构课程设计注意事项

课程设计是学生获得工程结构设计能力的基本训练,设计中应注意以下几个方面的问题：

(1) 明确设计要求和任务,严格课程设计考勤制度,保证设计进度。

(2) 培养学生从事设计工作的自觉性和独立性。自觉性主要表现在要主动、积极,遵守各项纪律。独立性要求同学独立思考,独立解决问题,不依赖教师。

(3) 应切实注意设计内容要齐全、正确,设计深度能够指导施工。

(4) 学会使用各种规范及标准、手册及标准图集,重视结构构造,注意设计采纳的规范、标准及标准图集的有效性,对按照已废止的设计规范编制的标准图,选用时应按现行标准的要求进行验算并进行适当地修改。

(5) 要加强过程控制,要在手算的基础上,利用结构计算软件进行复核计算,对设计进行验证,提高工作效率,学会比较分析,及时发现错误并返工处理。

(6) 同学之间能够对设计内容和方法经常讨论,以加深对问题的理解,设计完成后同学之间应相互校对,发现和消除设计中的差、错、漏、碰、缺,要勇于承认错误,不怕麻烦,要有一丝不苟、精益求精的科学精神。

(7) 图纸绘制要遵守《建筑结构制图标准》(GB/T 50105—2010)要求,表达深度要满足《建筑工程设计文件编制深度规定》(住房和城乡建设部2016年11月)的要求。鼓励学生在完成手工绘图任务后,利用计算软件进行设计校核,利用辅助绘图软件进行绘图。

第20章

毕业设计(论文)目的及要求

20.1 毕业设计(论文)的目的

毕业设计(论文)是土木工程本科教育中一个重要的组成部分,是对学生基础知识和专业知识的综合应用,是本科教育中各教学环节的深化与检验,是培养学生专业能力和创新能力不可缺少的实践教学活动。

毕业设计(论文)要求学生首先选择一个适当的题目,其次查阅相关文献,最后综合运用所学基础知识和专业知识,进行结构设计、施工设计或科学研究,为今后从事土木工程专业领域的相关工作奠定良好的基础。

学生通过毕业设计(论文)应达到以下5个方面的学习目标:

(1) 具备综合运用所学基础知识和专业知识,初步进行土木工程领域的结构设计、施工设计以及科学研究的能力;

(2) 具备合理使用土木工程领域相关法律法规、规范、标准和文献资料的能力;

(3) 具备正确使用相关工程软件的能力;

(4) 具备撰写和汇报设计报告(论文)的能力;

(5) 具备严谨的科学态度和认真的工作作风,有事业心、责任感,并且具备组织、协调相关人员共同工作的能力。

20.2 毕业设计(论文)题目

本教材主要用于土木工程专业建筑工程方向的学生学习使用。根据《全国高等学校土木工程专业评估(认证)文件》(2017版),毕业设计(论文)题目需结合工程,体现综合性、先进性,难度和工作量应适中,且一人一题。毕业设计(论文)的内容应与学生的专业方向一致,选题应以突出工程综合训练的设计类课题为主。毕业论文应结合工程项目并以解决工程问题为导向,不宜安排学术型的科研题目作为学生的毕业论文。

一般来说,毕业设计(论文)题目可分为工程设计型、施工设计型和学术论文型3种。

20.2.1 工程设计型题目

工程设计型题目主要是单体建筑的结构设计。这类题目紧密结合工程实际,属于传统的土木工程专业的毕业设计题目。工程设计型题目又分为实际工程设计型和虚拟工程设计型。实际工程设计型题目是指通过教师与结构工程师共同指导,由学生完成某建筑的结构设计工作。这类题目属于真题真做,有利于锻炼学生进行实际结构设计工作的能力,但选题的难度和广度很难与毕业设计要求较好地匹配,因此这种类型的题目所占比例相对较小。虚拟工程设计型题目一般以实际工程为依托,但不完全是某实际工程,设计条件具体详细,设计题目并不作为实际应用。这种类型的题目选择范围较大,易于实现毕业设计目标的要求。因此,毕业设计以虚拟工程设计型题目居多。

工程设计型毕业设计的对象主要是多层、高层民用建筑,涉及教学楼、办公楼、旅馆、公寓、商场、住宅等多种建筑类型,结构形式以钢筋混凝土框架结构、框剪结构和剪力墙结构为主。常见题目如:“某地某小区住宅楼结构设计”“某地某单位办公楼结构设计”“某地某学校宿舍楼结构设计”等。

1. 典型框架结构设计题目与设计步骤

某地某单位拟建一栋钢筋混凝土框架结构办公楼,其平面布置如图 20-1 和图 20-2 所示,剖面如图 20-3 和图 20-4 所示。该结构的层数为 6 层,底层层高为 3.9m,其余各层层高均为 3.3m。一层室内地面标高为±0.000,室内外高差 600mm,基顶距室外地面下 1m。办公楼内墙和外墙采用加气混凝土砌块砌筑,外墙需考虑外保温。建筑构造根据建筑学知识参照国家建筑标准设计图集《工程做法》(J909、G120:工程做法(2008 年建筑结构合订本))等自行设计。采用不上人屋面,钢筋混凝土女儿墙高度为 1.2m。设计参数见表 20-1,可根据表内相关参数进行组合;也可改变建筑开间、进深等尺寸、剖面层高和层数,实现一人一题。

表 20-1　结构设计相关参数

抗震设防烈度	6 度	7 度		8 度		9 度
	0.05g	0.10g	0.15g	0.20g	0.30g	0.40g
地震分组	第一、二、三组					
场地类别	I_0、I_1、Ⅱ、Ⅲ、Ⅳ类					
50 年重现期基本风压/(kN/m^2)	0.20、0.25、0.30、0.35、0.40、0.45、0.50、0.55 等					
地面粗糙度	A、B、C、D					
50 年重现期基本雪压/(kN/m^2)	0.20、0.25、0.30、0.35、0.40、0.45、0.50、0.55 等					

典型的框架结构主要设计步骤分为 8 个部分,分别为:

1)工程概况

2)确定梁、柱截面尺寸及计算简图

① 梁、柱截面尺寸的确定;

② 基础选型与埋置深度;

③ 框架计算简图。

3)框架结构侧向刚度计算及侧向刚度比验算

① 框架梁、柱线刚度计算;

② 框架侧向刚度计算;

③ 框架侧向刚度比验算。

4)重力荷载及水平荷载计算

① 重力荷载计算;

② 重力荷载代表值;

③ 自振周期计算;

④ 水平地震作用计算及剪重比验算;

⑤ 风荷载计算。

5)竖向荷载作用下框架结构内力计算

① 计算单元及计算简图;

② 永久荷载计算;

③ 永久荷载作用下框架结构内力计算;

④ 活荷载计算;

⑤ 活荷载作用下框架结构内力计算。

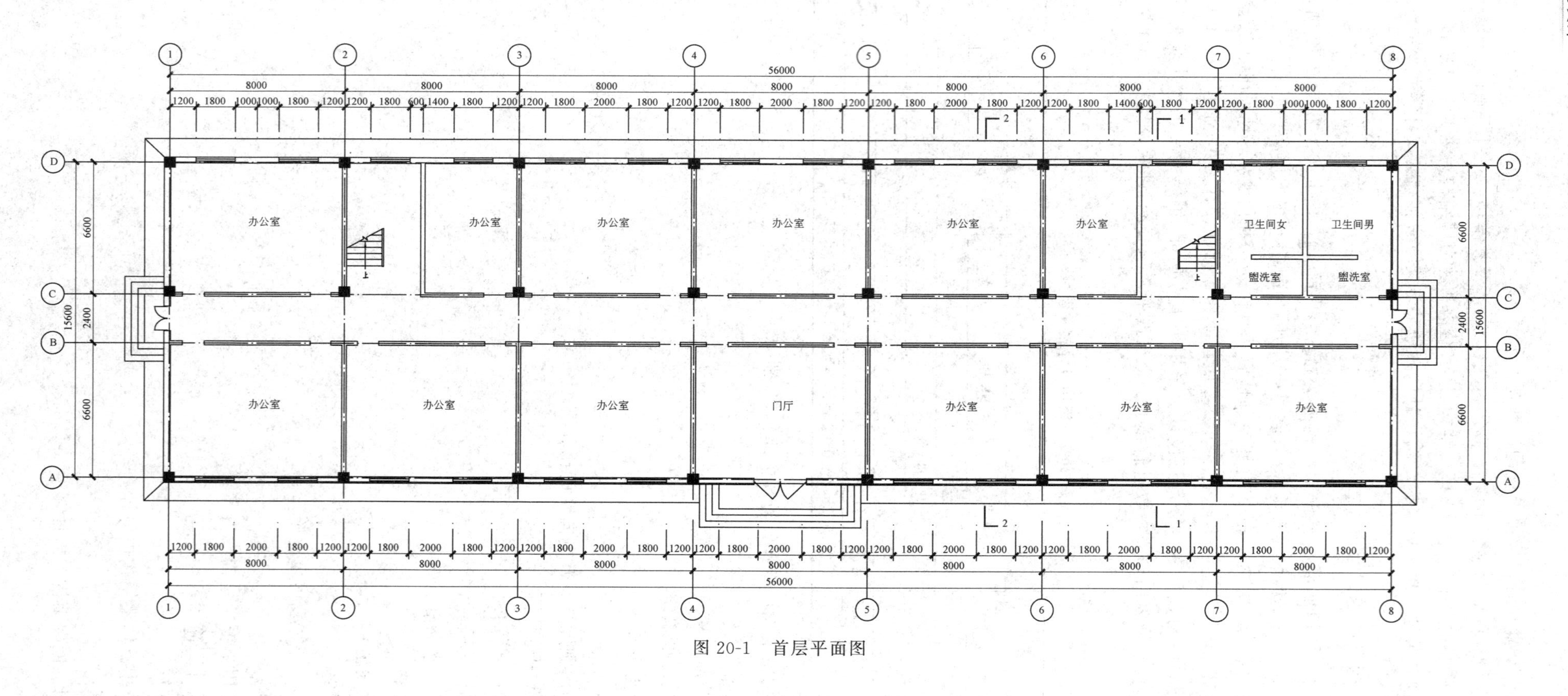

1
2
3
4
5
6
7
8
A
B
C
D
56000
8000
15600
6600
2400
办公室
门厅
卫生间女
卫生间男
盥洗室
上

图 20-1 首层平面图

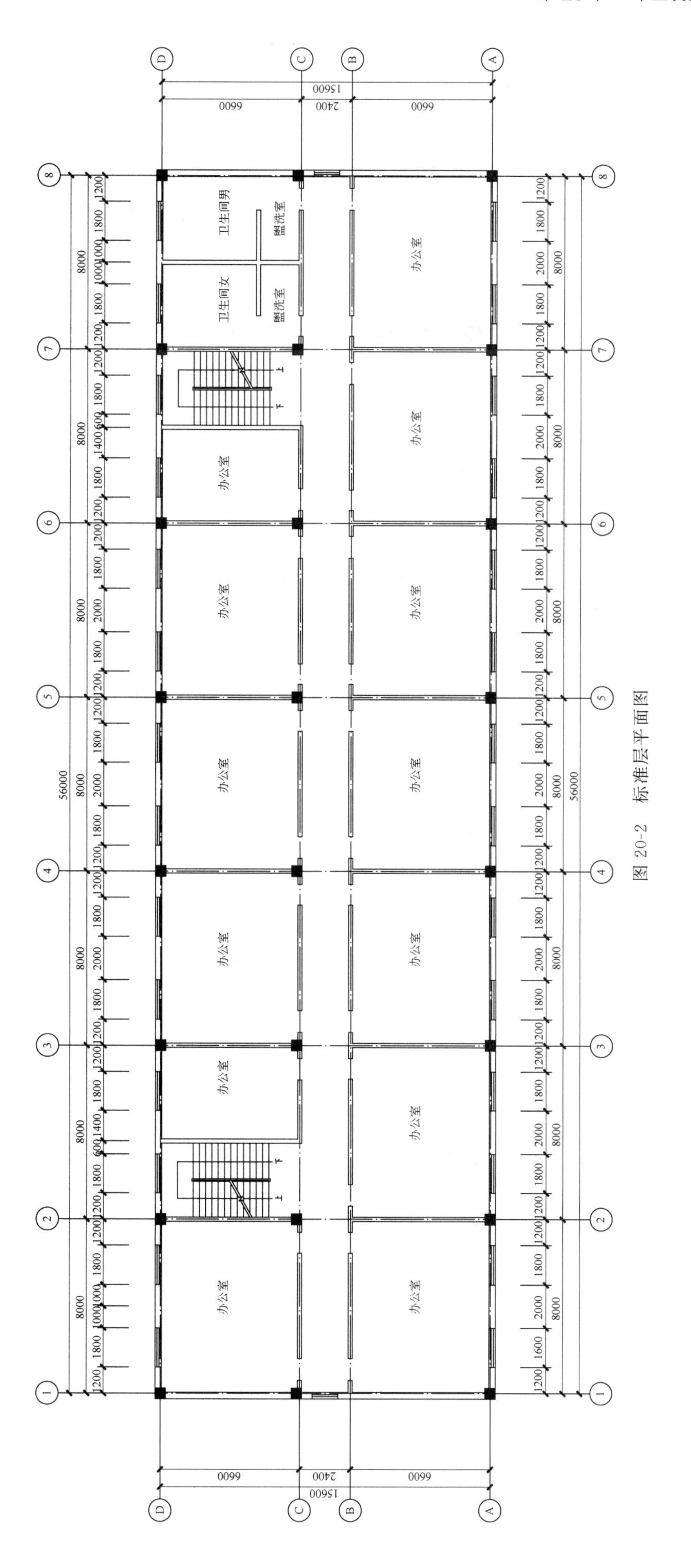

图 20-2　标准层平面图

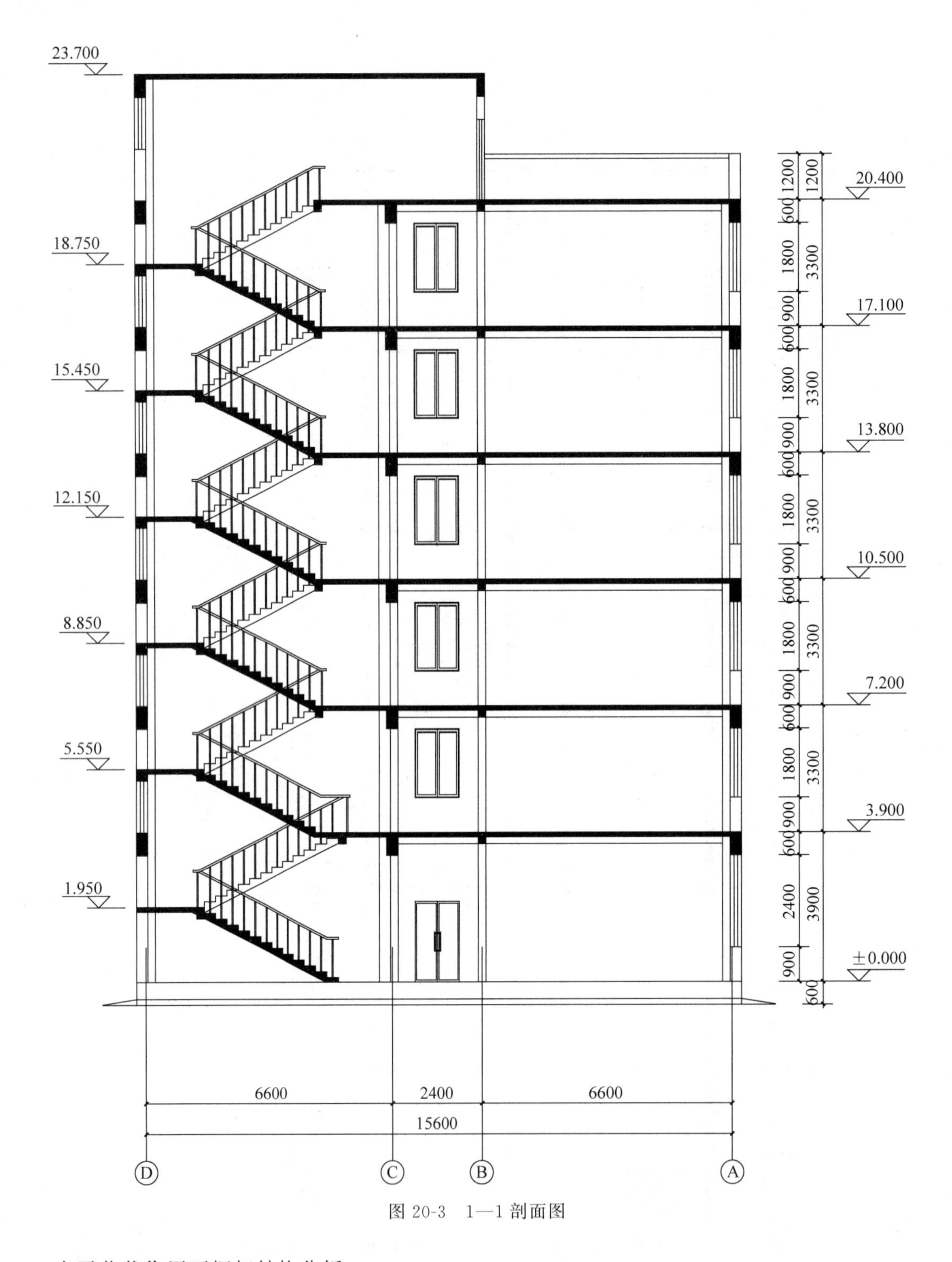

图 20-3 1—1 剖面图

6）水平荷载作用下框架结构分析

① 水平地震作用下框架结构侧移验算；

② 水平地震作用下框架结构内力计算；

③ 风荷载作用下框架结构侧移验算；

④ 风荷载作用下框架结构内力计算。

7）内力组合

① 框架梁的内力组合；

② 框架柱的内力组合；

③ 最不利内力组合选取。

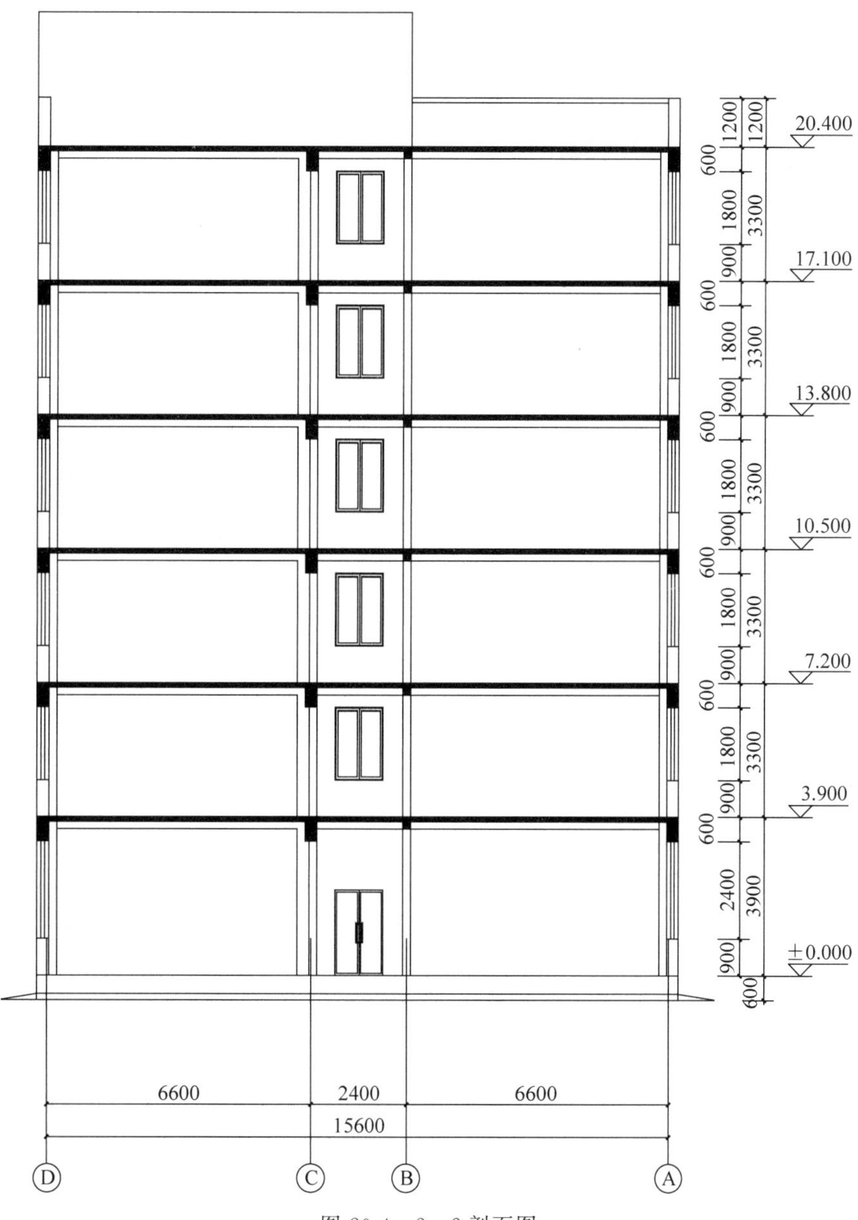

图 20-4 2—2 剖面图

8）框架梁、柱截面设计

① 框架梁截面设计；

② 框架柱截面设计；

③ 框架梁柱节点核心区截面抗震验算。

工程设计型毕业设计不仅需要学生对一榀具有代表性的典型框架进行手算分析，还需要学生应用结构分析设计软件建立结构模型，进行电算分析，并对手算和电算的结果进行对比。以目前最常用的结构设计分析软件 PKPM 为例，介绍钢筋混凝土结构设计的基本步骤。一般情况下，应用 PKPM 软件进行结构分析可分为 4 个部分，分别为：

1）建筑模型与荷载输入

① 轴线输入及网格生成；

② 构件布置并定义本层信息；

③ 楼梯楼板布置；

④ 荷载布置；

⑤ 楼层组装并定义本层信息。

2）SATWE 计算

① 平面荷载校核；

② 设计模型前处理；

③ 分析模型及计算；

④ 查看设计结果。

3）分析结果图形与文本显示

① 结构总信息；

② 位移比、层间位移比验算；

③ 周期比验算；

④ 层刚度比验算；

⑤ 层间受剪承载力之比验算；

⑥ 刚重比验算；

⑦ 剪重比验算；

⑧ 轴压比及挠度验算。

4）平法配筋施工图绘制

电算结束后，可以将电算结果与手算结果进行对比分析，主要从以下 4 个方面进行对比，分别是：

① 电算荷载与手算荷载的对比分析；

② 电算内力与手算内力的对比分析；

③ 电算内力组合与手算内力组合的对比分析；

④ 电算配筋与手算配筋的对比分析。

工程设计型毕业设计计算完成后，需绘制结构施工图。结构施工图包含结构设计说明、标准层板配筋平法图、标准层梁配筋平法图、标准层柱配筋平法图、一榀框架配筋详图、楼梯配筋详图等。图纸可手绘或采用 CAD 等软件计算机绘制，图幅一般为 2 号，字体应采用长仿宋体，图线、比例、符号、定位轴线、构件名称、图样画法、尺寸标注、剖面详图及符号、钢筋、预埋件等应符合规范《房屋建筑制图统一标准》(GB/T 50001—2017)和《建筑结构制图标准》(GB/T 50105—2010)以及图集《混凝土结构施工图平面整体表示方法制图规则和构造详图(现浇混凝土框架、剪力墙、梁、板)》(22G101—1)的相关要求，并做到图面清晰、简明，符合设计、施工、存档的要求，适应工程建设的需要。

2. 典型剪力墙结构设计题目与设计步骤

某地某小区拟建一栋钢筋混凝土剪力墙结构住宅楼，其平面布置如图 20-5 和图 20-6 所示，剖面如图 20-7 所示。该结构地上 14 层，地下 1 层，地下室顶板顶面为结构嵌固端，与 1 层室内楼面标高相同，为±0.000，室内外高差 450mm，各层层高均为 2.8m，主体结构高度为 39.65m。住宅楼内墙和外墙均采用加气混凝土砌块砌筑，外墙需考虑外保温。建筑构造根据建筑学知识参照国家建筑标准设计图集《工程做法》(2008 年建筑结构合订本 J909、G120)等自行设计。

设计参数如表 20-1 所示，可根据表内相关参数进行组合。也可改变建筑开间、进深、层高、层数等，实现一人一题。

典型的剪力墙结构主要设计步骤分为 13 个部分，分别为：

1）工程概况

2）主体结构布置

3）材料选用及剪力墙截面尺寸的确定

4）剪力墙的类型判别及刚度计算

(1) 剪力墙的类型判别；

(2) 剪力墙的刚度计算。

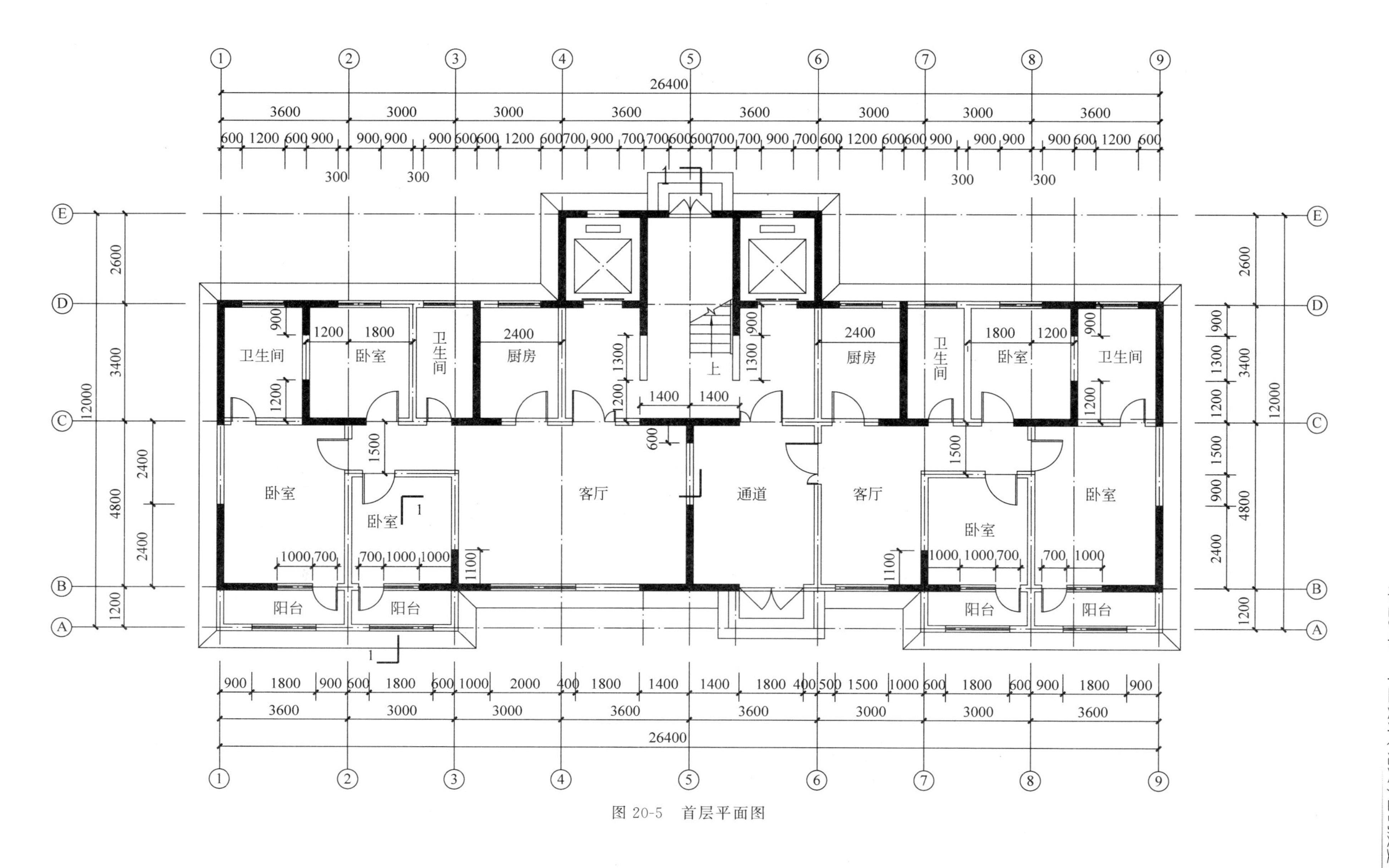
卫生间
卧室
卫生间
厨房
上
厨房
卫生间
卧室
卫生间
卧室
卧室
客厅
通道
客厅
卧室
卧室
阳台
阳台
阳台
阳台
26400
12000

图 20-5　首层平面图

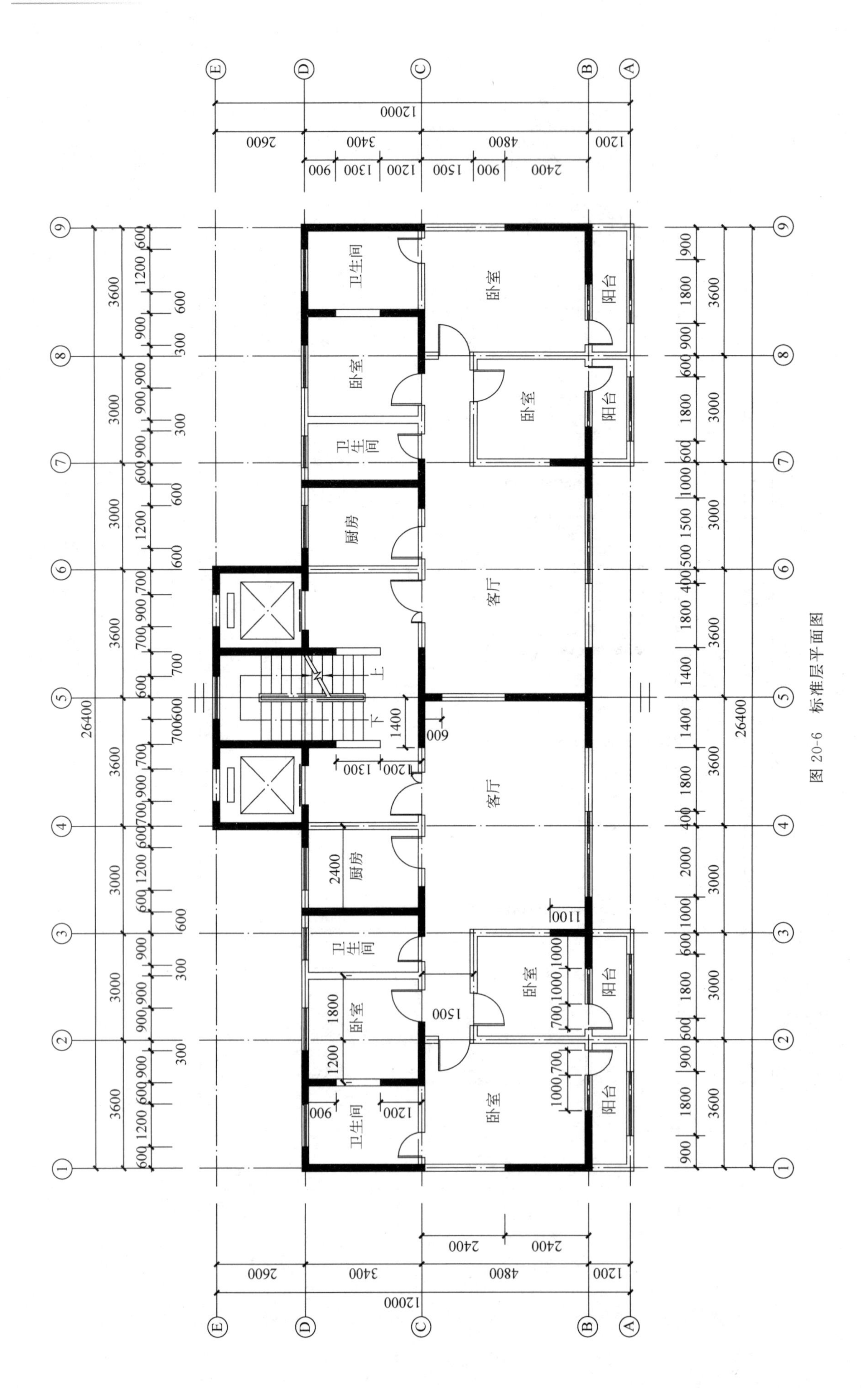

图 20-6 标准层平面图

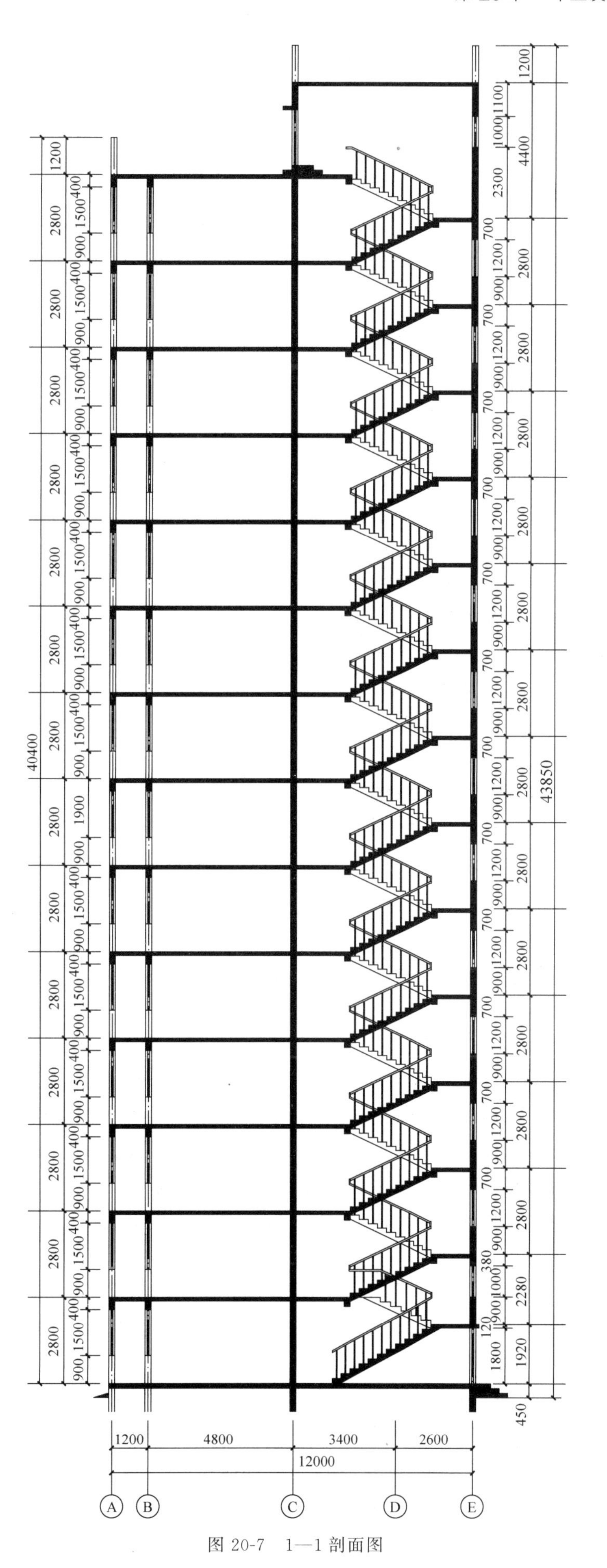

图 20-7　1—1 剖面图

5）竖向荷载计算

（1）永久荷载计算；

（2）活荷载计算。

6）风荷载计算

7）水平地震作用计算

（1）重力荷载代表值计算；

（2）结构基本自振周期；

（3）水平地震作用计算。

8）结构层间位移比、刚重比及楼层侧向刚度比验算

（1）层间位移比验算；

（2）刚重比验算；

（3）楼层侧向刚度比验算。

9）水平地震作用下结构内力计算

（1）水平地震作用下总剪力墙的内力计算；

（2）水平地震作用下总剪力墙的内力分配；

（3）水平地震作用下各墙肢和连梁的内力计算。

10）风荷载作用下结构内力计算

（1）风荷载作用下总剪力墙的内力计算；

（2）风荷载作用下总剪力墙的内力分配；

（3）风荷载作用下各墙肢和连梁的内力计算。

11）竖向荷载作用下结构内力计算

（1）永久荷载作用下剪力墙的内力计算；

（2）活荷载作用下剪力墙的内力计算。

12）内力组合

13）截面设计

（1）整截面墙截面设计；

（2）整体小开口墙截面设计；

（3）双肢墙截面设计；

（4）连梁设计。

典型剪力墙结构的工程设计型题目也需要学生应用结构分析设计软件建立结构模型，进行电算分析，并对手算和电算的结果进行对比。具体步骤与框架结构类似，读者可参考相关内容。

典型剪力墙结构的工程设计型题目在计算完成后，也需绘制结构施工图。结构施工图包含结构设计说明、标准层板配筋平法图、标准层梁配筋平法图、标准层墙柱配筋平法图、楼梯配筋详图等。图纸绘制要求与框架结构图纸绘制要求相同，读者可参考相关内容，此处不再赘述。

3. 典型框剪结构设计题目与设计步骤

某地某学校拟建一栋钢筋混凝土框剪结构宿舍楼，其平面布置如图 20-8 和图 20-9 所示，剖面如图 20-10 和图 20-11 所示。该结构地上层数为 10 层，各层层高均为 3.3m。地下 1 层，地下室顶板顶面为结构嵌固端，与一层室内楼面标高相同，为±0.000，室内外高差 450mm。宿舍楼内墙和外墙均采用加气混凝土砌块砌筑，外墙需考虑外保温。建筑构造根据建筑学知识参照国家建筑标准设计图集《工程做法》(J909、G120：工程做法（2008 年建筑结构合订本））等自行设计。

设计参数如表 20-1 所示，可根据表内相关参数进行组合。也可改变建筑开间、进深、层高、层数等，实现一人一题。

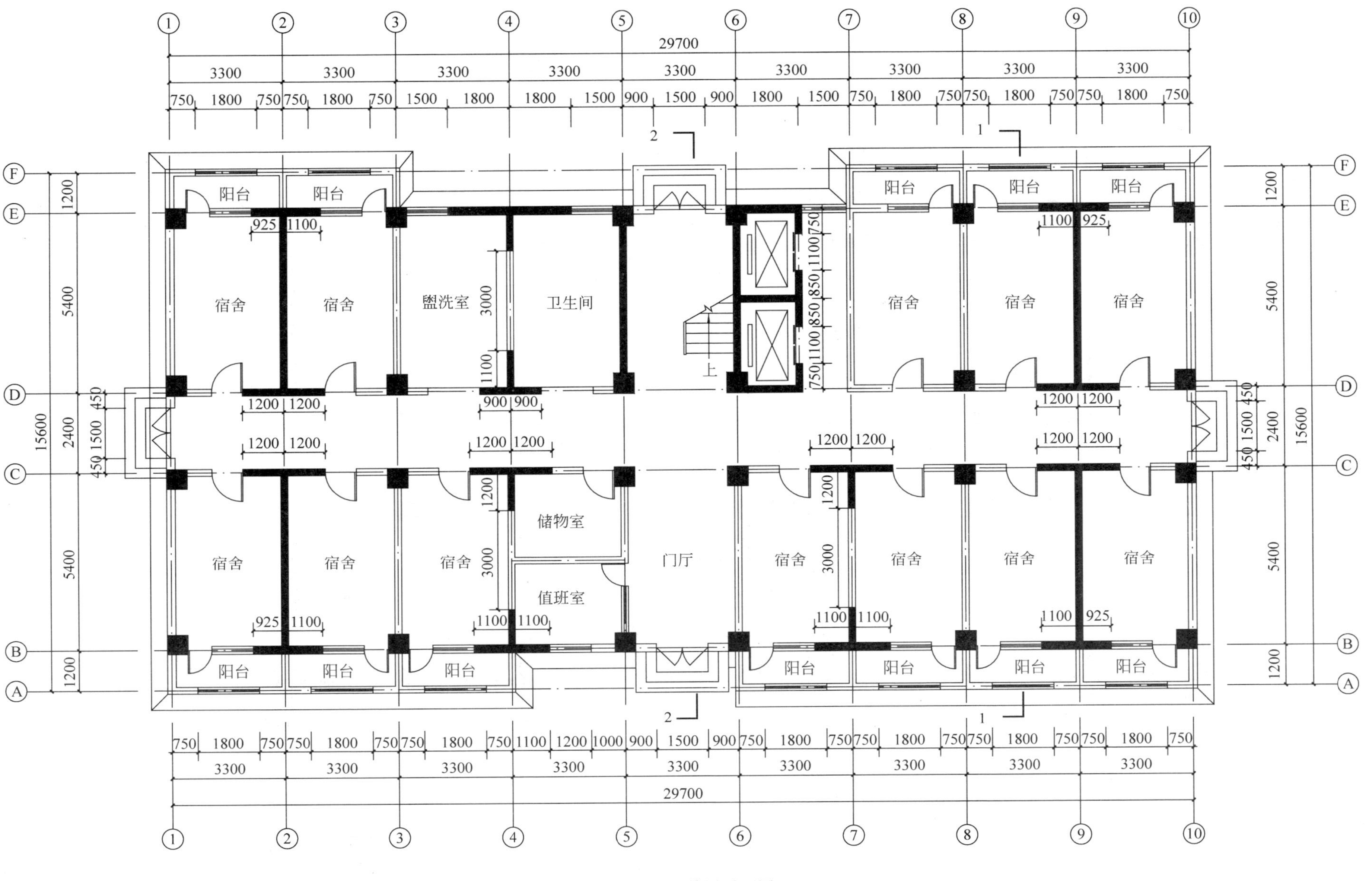

图 20-8　首层平面图

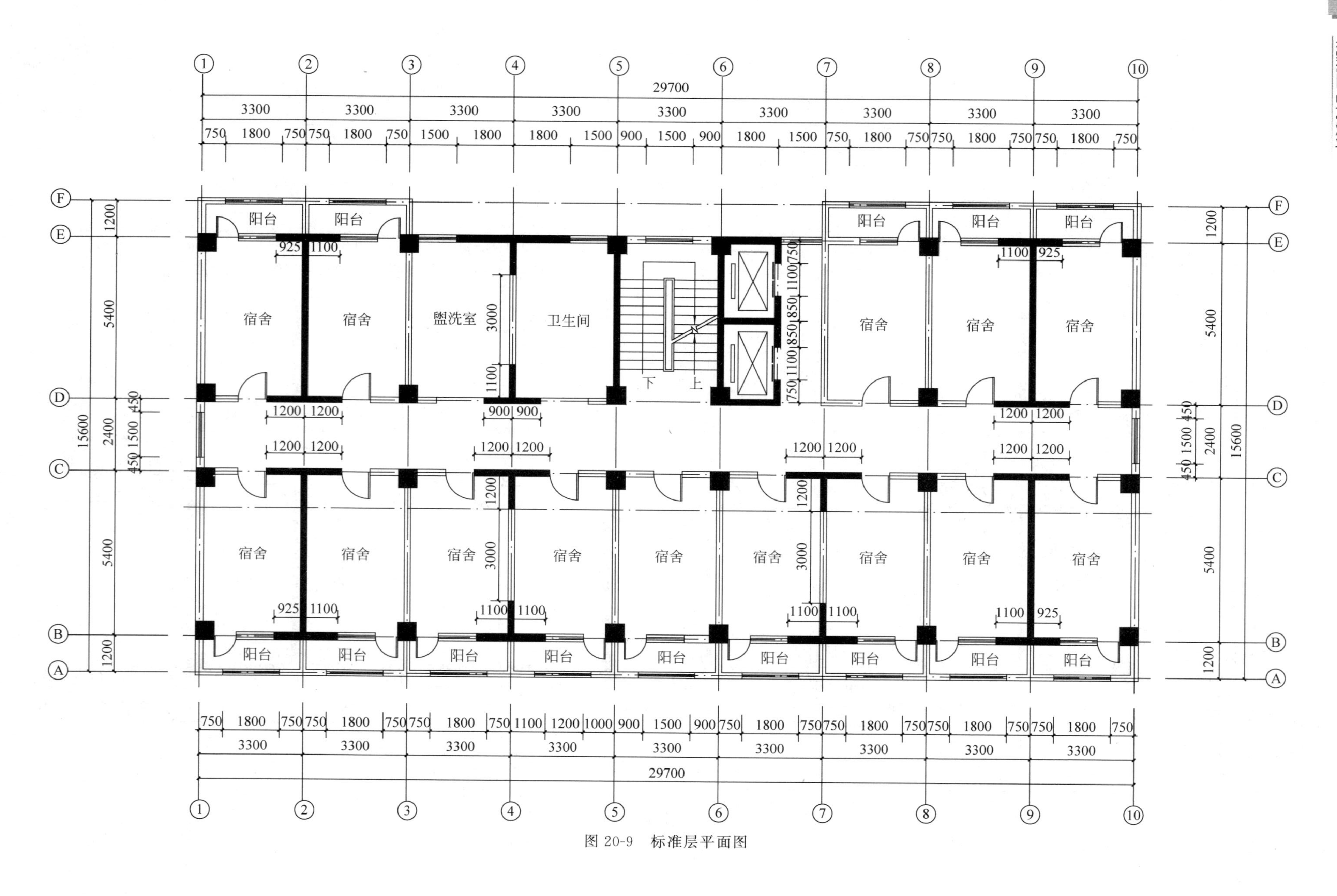
29700
3300
750 1800 750
1500
900
1200
1000
1100
15600
5400
2400
450 1500 450
1200
925
3000
850
阳台
宿舍
盥洗室
卫生间
下
上

图 20-9 标准层平面图

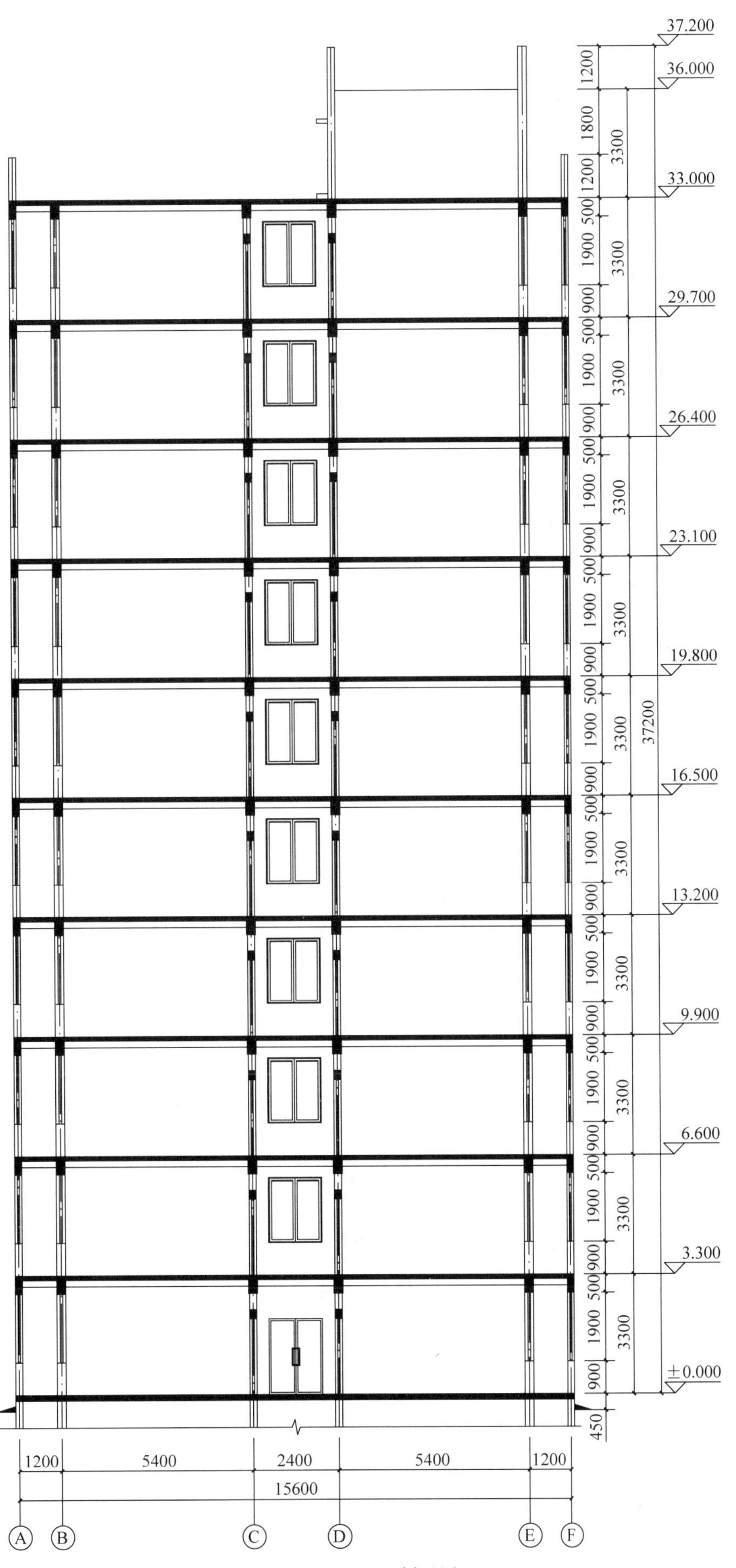

37.200
36.000
33.000
29.700
26.400
23.100
19.800
16.500
13.200
9.900
6.600
3.300
±0.000
1200
1800
3300
500
1900
900
37200
450
1200
5400
2400
5400
1200
15600
A
B
C
D
E
F

图 20-10　1—1 剖面图

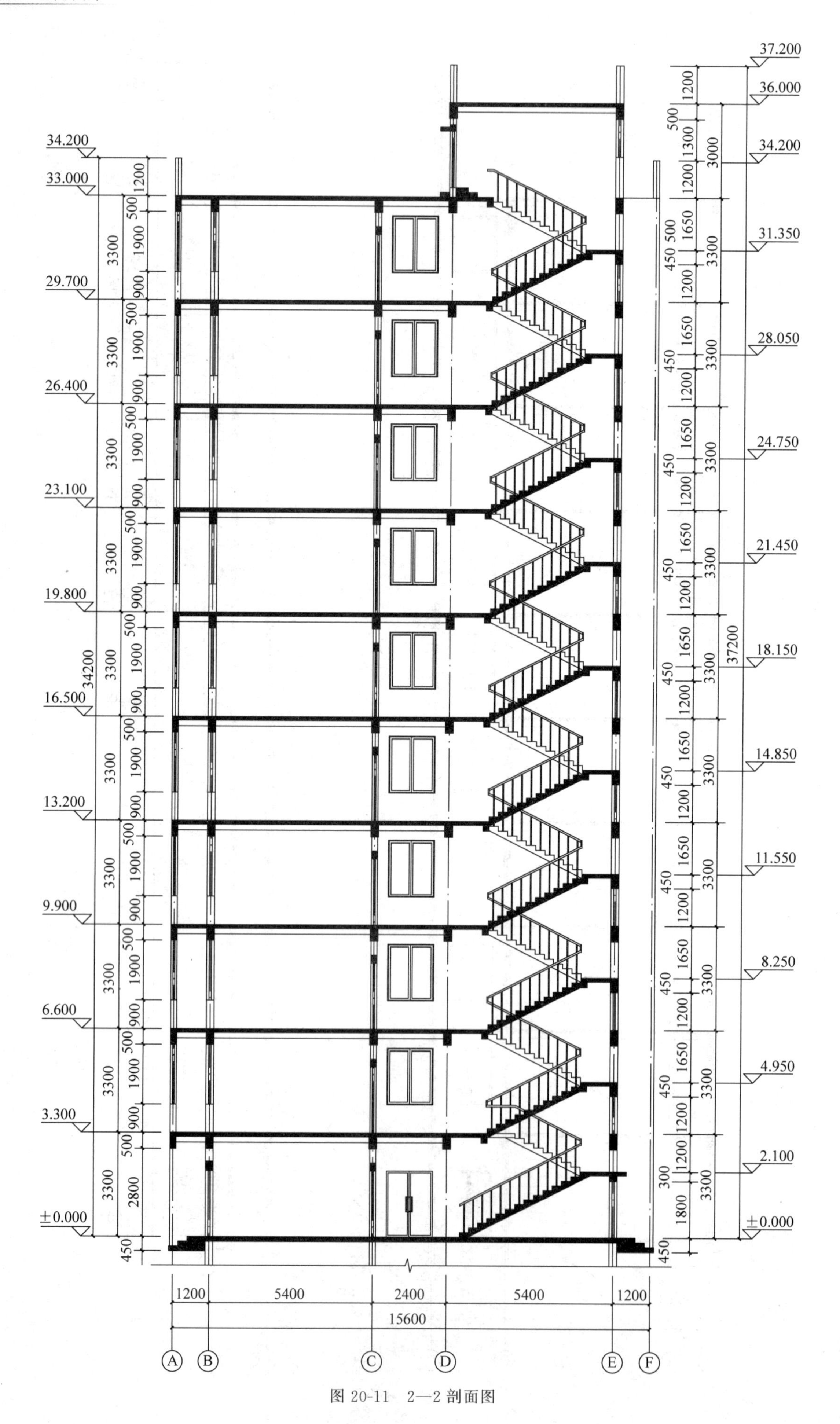

图 20-11　2—2 剖面图

典型的框剪结构主要设计步骤分为8个部分,分别为:

1) 工程概况

2) 结构布置及计算简图

(1) 材料选用;

(2) 主要构件截面尺寸确定 ;

(3) 结构布置;

(4) 计算简图确定。

3) 剪力墙、框架及连梁的刚度计算

(1) 框架剪切刚度计算;

(2) 剪力墙截面刚度计算;

(3) 连梁的约束刚度计算;

(4) 结构刚度特征值计算。

4) 荷载计算

(1) 重力荷载计算;

(2) 风荷载计算;

(3) 水平地震作用计算;

(4) 楼层地震剪力计算及剪重比验算。

5) 水平荷载作用下框剪结构内力与位移计算

(1) 层间位移比、刚重比和楼层侧向刚度比验算;

(2) 总框架、总剪力墙和总连梁内力计算;

(3) 风荷载作用下构件的内力计算;

(4) 水平地震作用下构件的内力计算。

6) 竖向荷载作用下框剪结构内力计算

(1) 计算单元及计算简图的确定;

(2) 永久荷载计算;

(3) 永久荷载作用下框剪结构内力计算;

(4) 活荷载计算;

(5) 活荷载作用下框剪结构内力计算。

7) 内力组合

8) 截面设计

(1) 框架梁截面设计;

(2) 框架柱截面设计;

(3) 框架梁柱节点核心区截面抗震验算;

(4) 剪力墙截面设计;

(5) 连梁截面设计。

典型框剪结构的工程设计型题目也需要学生应用结构分析设计软件建立结构模型,进行电算分析,并对手算和电算的结果进行对比。具体模型建立步骤与框架结构类似,读者可参考相关内容。

典型框剪结构的工程设计型题目在计算完成后,也需绘制结构施工图。结构施工图包含结构设计说明、标准层板配筋平法图、标准层梁配筋平法图、标准层墙柱配筋平法图、楼梯配筋详图等。图纸绘制要求与框架结构图纸绘制要求相同,读者可参考相关内容,此处不再赘述。

20.2.2　施工设计型题目

施工设计型题目是指以实际工程项目为依托,结合施工现场的实际情况进行的以施工方案设计、施工组织设计、工程概预算为主要内容的毕业设计题目。这类题目在完成过程中首先应通过施工图审阅和现场踏勘，依据国家有关标准规范，进行必要的施工临时设施布建。然后选择科学合理的施工工艺方法，组织流水施工，通过对项目有限资源的调配和对项目进度、质量、成本、安全、合同、信息、环境保护、文明施工等方面的控制和管理，以取得较好的经济及社会效益。施工设计型题目契合了应用型本科技能性和应用性的特点，是应用型本科土木工程专业毕业设计的一个重要方向。该类题目应注意保证一定的工作量，否则易与课程设计雷同，达不到毕业设计的目标。

施工设计型常见题目为"某某工程施工组织设计""某某项目施工组织设计及概预算"等。

20.2.3 学术论文型题目

学术论文型题目是指对土木工程领域中一个具体的科学问题进行调研与分析，探索其规律和机理，最终以学术论文的形式提交的题目。学术论文型题目应主要针对攻读研究生或到科研单位工作的学生，题目应具有一定的难度，学术论文应具有一定的创新性。

该类题目一般需结合指导老师的科研工作开展，主要有专题研究型、应用试验型和工程研究型题目。针对目前大多数院校土木工程专业本科学生的学习背景和学习程度，学术论文型题目的选题常常为综合性较强的工程研究型题目。常见题目为"某某工程某技术的开发与应用研究""某构件的力学性能分析与实验研究""某某工程的设计与优化"等。

20.3 毕业设计(论文)要求

20.3.1 毕业设计(论文)的内容

毕业设计(论文)的内容根据毕业设计(论文)题目类型的不同而有所区别。

工程设计型毕业设计的主要内容可分为以下5个部分：

(1) 结合毕业实习开展相关资料的调研，整理、收集设计资料；

(2) 依据建筑施工图、工程地质、气象和水文条件、设计参数等进行结构选型与结构布置；

(3) 采用手算为主、计算机分析为辅的方式进行结构设计计算；

(4) 依据结构设计结果进行结构施工图绘制；

(5) 按规定格式编写毕业设计文件。

施工设计型毕业设计的主要内容可分为以下6个部分：

(1) 结合毕业实习开展相关资料的调研，整理、收集设计资料；

(2) 依据工程设计图纸、工程所在地的自然与环境条件，工程地质与水文条件，布置施工场地，进行施工准备；

(3) 依据设计资料选择分项工程的施工方案、施工工艺与方法。确定主要施工设备，并进行计算与布置；

(4) 依据设计资料和上述设计成果设计计算有关施工结构物；

(5) 确定施工质量与安全措施、施工组织与管理措施；

(6) 按规定格式编写毕业设计文件。

学术论文型题目的主要内容分为以下4个部分：

(1) 整理收集研究资料；

(2) 明确论文的选题背景与意义、国内外研究现状及发展概况、研究内容及方法；

(3) 利用相关理论方法、计算工具和实验手段完成论文的主要研究内容；

(4) 总结论文的主要研究结论并进行展望。

上述3种类型的题目，均提倡直接阅读、学习和采用中外文文献与国内外规范的成果，并有机地与毕业设计(论文)融合在一起。

20.3.2 毕业设计(论文)的要求

毕业设计(论文)的要求根据不同的题目和设计内容而有所不同。

工程设计型题目要求学生通过毕业设计达到以下5个方面的要求:

(1) 掌握工程设计的基本程序和方法、设计资料的调研和收集;

(2) 掌握各类结构中结构选型与结构布置的方法;

(3) 掌握利用手算和计算机进行理论分析、设计计算和施工图绘制的方法;

(4) 掌握正确运用工具书和相关技术规范的方法;

(5) 熟悉技术文件的编写。

施工设计型题目要求学生通过毕业设计达到以下6个方面的要求:

(1) 掌握施工准备工作的内容与施工场地的布置方法;

(2) 掌握主要分项工程的施工方案、施工工艺与方法;

(3) 掌握主要施工设备的选择、计算与布置方法;

(4) 掌握有关施工结构物的设计与计算方法;

(5) 掌握施工质量与安全措施、施工组织与管理措施;

(6) 熟悉技术文件的编写。

学术论文型题目要求学生通过毕业设计达到以下4个方面的要求:

(1) 了解选题背景与意义,熟悉国内外研究现状及发展概况,确定研究内容及方法;

(2) 掌握利用相关理论方法、计算工具与实验手段,初步论述、探讨、揭示某一理论或技术问题;

(3) 归纳主要的研究结论;

(4) 熟悉论文的撰写以及外文资料的阅读。

20.3.3 毕业设计(论文)的基本过程

毕业设计(论文)的基本过程一般分为以下5个阶段:

(1) 选题阶段。在该阶段学生要进行毕业设计(论文)选题与文献资料查阅。教师要提供设计(论文)资料、下达毕业设计(论文)任务书。通过毕业设计(论文)准备阶段使学生明确毕业设计(论文)的题目与研究方向;熟悉毕业设计(论文)的基本资料;明确毕业设计(论文)的任务、内容、步骤及相关要求;掌握毕业设计(论文)过程中所需文献资料的获得途径和查阅方式。

(2) 开题阶段。在该阶段学生首先要撰写开题报告,开题报告主要包括选题的背景与意义、国内外研究现状、研究内容及拟解决的关键问题、研究方法与进度安排。然后组织开题答辩。通过开题环节,使学生明确选题的目的与意义;了解国内外应用或研究现状;确定设计、研究内容及拟解决的关键问题;拟定设计、研究方法与计划安排。

(3) 完成阶段。在该阶段学生根据不同毕业设计(论文)的类型进行毕业设计(论文),具体内容和步骤可参考上文毕业设计(论文)的内容部分。

(4) 查重与审阅阶段。在该阶段,首先学生要整理和完善毕业设计文件交于指导老师进行检查,检查后学生根据修改意见进行修改,完成毕业设计(论文)一稿;其次学生将毕业设计(论文)一稿进行查重,并提交指导教师审阅;最后学生根据指导教师的修改意见进一步修改完善,完成毕业设计(论文)二稿。

(5) 毕业答辩与成果展示阶段。在该阶段学生参加毕业答辩及成果展示,答辩后根据答辩意见再次修改毕业设计(论文),完成毕业设计(论文)终稿,提交毕业设计(论文)成果。

附　　录

附录 1　常用计量单位

附表 1-1　常用计量单位换算表

量的名称	非法定计量单位		法定计量单位		单位换算关系
	名称	符号	名称	符号	
力、重力	千克力	kgf	牛顿	N	1kgf=9.80665N
	吨力	tf	千牛顿	kN	1tf=9.80665kN
力矩、弯矩、扭矩	千克力米	kgf·m	牛顿米	N·m	1kgf·m=9.80665N·m
	吨力米	tf·m	千牛顿米	kN·m	1tf·m=9.80665kN·m
应力、材料强度	千克力每平方毫米	kgf/mm^2	牛顿每平方毫米（兆帕斯卡）	N/mm^2(MPa)	$1kgf/mm^2=9.80665N/mm^2$(MPa)
	千克力每平方厘米	kgf/cm^2	牛顿每平方毫米（兆帕斯卡）	N/mm^2(MPa)	$1kgf/cm^2=0.0980665N/mm^2$(MPa)
弹性模量	千克力每平方厘米	kgf/cm^2	牛顿每平方毫米（兆帕斯卡）	N/mm^2(MPa)	$1kgf/cm^2=0.0980665N/mm^2$(MPa)

注：非法定计量单位与法定计量单位量值的换算，规范取近似的整数换算值。例如，1kgf=10N，$1kgf/cm^2=0.1N/mm^2$(MPa)，本书同。

附表 1-2　常用计量单位的公制-英制换算表

量的名称	公制		英制		单位换算关系
	名称	符号	名称	符号	
长度	厘米	cm	英寸	in	1in=2.54cm
	米	m	英尺	ft	1ft=0.3048m
			码	yd	1yd=0.9144m
	千米	km	英里	mile	1mile=1.6093km
面积	平方米	m^2	平方英尺	ft^2	$1ft^2=0.0929m^2$
	公顷	ha	英亩	acre	1acre=0.40469ha
体积	毫升	mL	盎司	oz	1oz=28.41306mL
	升	L	品脱	pt	1pt=0.5683L
			夸脱	qt	1qt=1.137L
			加仑	gal	1gal=4.546L
质量	千克	kg	磅	lb	1lb=0.45359237kg
			英石	st	1st=6.35029318kg
			英担	cwt	1cwt=50.80234544kg
	吨	t	英吨（长吨）	ton	1ton=1.016t
温度	摄氏度	℃	华氏度	℉	1℃=33.8℉

附录 2　常用材料和构件的自重

附录 2
总表

项次	名　称		自　重	备　注
1	木材/(kN/m^3)	原木	4.0～9.0	随树种和含水率而不同
		普通木板条、椽檩木料	5.0	随含水率而不同
		刨花板	6.0	—
2	胶合板材/(kN/m^2)	胶合三夹板	0.019～0.028	随木材种类而不同
		胶合五夹板	0.030～0.040	随木材种类而不同
3	金属/(kN/m^3)	锻铁	77.5	—
		钢	78.5	—
		铝合金	28.0	—
4	土、砂、砂砾、岩石/(kN/m^3)	黏土	13.5～20.0	随含水率、内摩擦角、密实度而不同
		砂土	12.2～20.0	随含水率、内摩擦角、密实度、颗粒粗细而不同
		卵石	16.0～18.0	干
		砂夹卵石	15.0～19.2	随含水率、密实度而不同
		花岗岩、大理石	28.0	—
		石灰石	26.4	—
		碎石子	14.0～15.0	堆置
5	砖及砌块/(kN/m^3)	普通砖	18.0	240mm×115mm×53mm(684 块/m^3)
		普通砖	19.0	机器制
		混凝土空心小砌块	11.8	390mm×190mm×190mm
		瓷面砖	17.8	150mm×150mm×8mm(5556 块/m^3)
6	砂浆及混凝土/(kN/m^3)	石灰砂浆、混合砂浆	17.0	—
		水泥砂浆	20.0	—
		素混凝土	22.0～24.0	振捣或不振捣
		铁屑混凝土	28.0～65.0	—
		沥青混凝土	20.0	—
		泡沫混凝土	4.0～6.0	—
		加气混凝土	5.5～7.5	单块
		钢筋混凝土	24.0～25.0	—
7	杂项/(kN/m^3)	普通玻璃	25.6	—
		钢丝玻璃	26.0	—
		泡沫玻璃	3.0～5.0	—
		玻璃棉	0.5～1.0	作绝缘层填充料用
		岩棉	0.5～2.5	—
		矿渣棉	1.2～1.5	松散,导热系数 0.031～0.044W/(m·K)
		水泥珍珠岩制品、憎水珍珠岩制品	3.5～4.0	强度 1N/m^2；导热系数 0.058～0.081W/(m·K)
		水泥蛭石制品	4.0～6.0	导热系数 0.093～0.14W/(m·K)
		聚苯乙烯泡沫塑料	0.5	导热系数不大于 0.035W/(m·K)
		书籍	5.00	书架藏置
		建筑碎料(建筑垃圾)	15.00	—
8	砌体/(kN/m^3)	浆砌细方石	26.4	花岗石、方整石块
		浆砌细方石	25.6	石灰石
		浆砌普通砖	18.0	—
		浆砌机砖	19.0	—

续表

项次	名称		自重	备注
9	隔墙与墙面/(kN/m^2)	C形轻钢龙骨隔墙	0.27	两层12mm纸面石膏板，无保温层
			0.32	两层12mm纸面石膏板，中填岩棉保温板50mm
		贴瓷砖墙面	0.50	包括水泥砂浆打底，共厚25mm
		水泥粉刷墙面	0.36	20mm厚，水泥粗砂
10	门窗/(kN/m^2)	钢框玻璃窗	0.40～0.45	—
		木门	0.10～0.20	—
		钢铁门	0.40～0.50	—
11	屋顶/(kN/m^2)	拱形彩色钢板屋面	0.30	包括保温及灯具重0.15kN/m^2
		玻璃屋顶	0.30	9.5mm夹丝玻璃，框架自重在内
		油毡防水层(包括改性沥青防水卷材)	0.05	一层油毡刷油两遍
			0.25～0.30	四层做法，一毡二油上铺小石子
			0.30～0.35	六层做法，二毡三油上铺小石子
			0.35～0.40	八层做法，三毡四油上铺小石子
		屋顶天窗	0.35～0.40	9.5mm夹丝玻璃，框架自重在内
12	顶棚/(kN/m^2)	V形轻钢龙骨吊顶	0.12	一层9mm纸面石膏板，无保温层
			0.17	一层9mm纸面石膏板，有厚50mm的岩棉板保温层
		V形轻钢龙骨及铝合金龙骨吊顶	0.10～0.12	一层矿棉吸声板厚15mm，无保温层
13	地面/(kN/m^2)	地板格栅	0.20	仅格栅自重
		硬木地板	0.20	厚25mm，剪刀撑、钉子等自重在内，不包括格栅自重
		小瓷砖地面	0.55	包括水泥粗砂打底
14	建筑用压型钢板/(kN/m^2)	单波型V-300(S-30)	0.120	波高173mm，板厚0.8mm
		彩色钢板夹聚苯乙烯保温板	0.12～0.15	两层彩色钢板厚0.6mm，聚苯乙烯芯材板厚50～250mm
		彩色钢板岩棉夹心板	0.24	板厚100mm，两层彩色钢板，Z形龙骨岩棉芯材
		轻质大型墙板(太空板系列)	0.70～0.90	6000mm×1500mm×120mm，高强水泥发泡芯材
		钢丝网岩棉夹芯复合板(GY板)	1.10	岩棉芯材厚50mm，双面钢丝网水泥砂浆各厚25mm
		硅酸钙板	0.08	板厚6mm
			0.10	板厚8mm
			0.12	板厚10mm
		玻璃幕墙	1.00～1.50	一般可按单位面积玻璃自重增大20%～30%采用

附录3
总表

附录3 主要城镇抗震设防烈度、设计基本地震加速度值和设计地震分组

本附录主要提供我国部分县级及县级以上城区建筑工程抗震设计时所采用的抗震设防烈度(以下简称“烈度”)、设计基本地震加速度值(以下简称“加速度”)和所属的设计地震分组(以下简称“分组”)。

烈度、加速度和分组以《中国地震动参数区划图》(GB 18306—2015)为准。

附表3-1 北京市

抗震设防烈度	加速度	分组	县级及县级以上城镇
8度	0.20g	第二组	北京市全域

附表 3-2 天津市

抗震设防烈度	加速度	分组	县级及县级以上城镇
8度	0.20g	第二组	和平区、河东区、河西区、南开区、河北区、红桥区、东丽区、津南区、北辰区、武清区、宝坻区、滨海新区、宁河区

附表 3-3 河北省

地区	抗震设防烈度	加速度	分组	县级及县级以上城镇
石家庄市	7度	0.10g	第二组	长安区、桥西区、新华区、井陉矿区、裕华区、栾城区、藁城区、鹿泉区、井陉县、正定县、高邑县、深泽县、无极县、平山县、元氏县、晋州市
唐山市	8度	0.30g	第二组	路南区、丰南区
	8度	0.20g	第二组	路北区、古冶区、开平区、丰润区、滦县
秦皇岛市	7度	0.10g	第二组	抚宁区、北戴河区、昌黎县
	6度	0.05g	第三组	山海关区
邯郸市	7度	0.15g	第一组	邯山区、丛台区、复兴区、邯郸县、成安县、大名县、魏县、武安市
邢台市	7度	0.15g	第一组	桥东区、桥西区、邢台县、内丘县、柏乡县、隆尧县、任县、南和县、宁晋县、巨鹿县、新河县、沙河市
保定市	7度	0.10g	第二组	竞秀区、莲池区、徐水区、高阳县、容城县、安新县、易县、蠡县、博野县、雄县
张家口市	8度	0.20g	第二组	下花园区、怀来县、涿鹿县
承德市	6度	0.05g	第三组	双桥区、双滦区、承德县、平泉县、滦平县、隆化县、丰宁满族自治县、宽城满族自治县
沧州市	7度	0.10g	第三组	黄骅市
	7度	0.15g	第一组	肃宁县、献县、任丘市、河间市
廊坊市	8度	0.20g	第二组	安次区、广阳区、香河县、大厂回族自治县、三河市
	7度	0.10g	第二组	霸州市
衡水市	7度	0.15g	第一组	饶阳县、深州市
	7度	0.10g	第二组	桃城区、武强县、冀州市

附表 3-4 山西省

地区	抗震设防烈度	加速度	分组	县级及县级以上城镇
太原市	7度	0.15g	第二组	古交市
	8度	0.20g	第二组	小店区、迎泽区、杏花岭区、尖草坪区、万柏林区、晋源区、清徐县、阳曲县
阳泉市	7度	0.10g	第二组	城区、矿区、郊区、平定县
大同市	8度	0.20g	第二组	城区、矿区、南郊区、大同县
长治市	7度	0.10g	第二组	城区、郊区、长治县、黎城县、壶关县、潞城市
晋城市	6度	0.05g	第三组	城区、阳城县、泽州县、高平市
朔州市	7度	0.15g	第二组	朔城区、平鲁区、右玉县
晋中市	8度	0.20g	第二组	榆次区、太谷县、祁县、平遥县、灵石县、介休市
运城市	7度	0.15g	第二组	盐湖区、新绛县、夏县、平陆县、芮城县、河津市
忻州市	8度	0.20g	第二组	忻府区、定襄县、五台县、代县、原平市
临汾市	8度	0.20g	第二组	尧都区、襄汾县、古县、浮山县、汾西县、霍州市
吕梁市	8度	0.20g	第二组	文水县、交城县、孝义市、汾阳市

附表 3-5 内蒙古自治区

地区	抗震设防烈度	加速度	分组	县级及县级以上城镇
呼和浩特市	8度	0.20g	第二组	新城区、回民区、玉泉区、赛罕区、土默特左旗
通辽市	7度	0.10g	第一组	科尔沁区、开鲁县
包头市	8度	0.20g	第二组	东河区、石拐区、九原区、昆都仑区、青山区
乌海市	8度	0.20g	第二组	海勃湾区、海南区、乌达区
赤峰市	8度	0.20g	第一组	元宝山区、宁城县
鄂尔多斯市	7度	0.10g	第三组	东胜区、准格尔旗
呼伦贝尔市	7度	0.10g	第一组	扎赉诺尔区、新巴尔虎右旗、扎兰屯市
巴彦淖尔市	7度	0.15g	第二组	临河区、五原县
乌兰察布市	7度	0.15g	第二组	凉城县、察哈尔右翼前旗、丰镇市
兴安盟	6度	0.05g	第一组	全域
锡林郭勒盟	6度	0.05g	第一组	二连浩特市、锡林浩特市、阿巴嘎旗、苏尼特左旗、苏尼特右旗、东乌珠穆沁旗、西乌珠穆沁旗、镶黄旗、正镶白旗、多伦县
阿拉善盟	8度	0.20g	第二组	阿拉善左旗、阿拉善右旗

附表 3-6 辽宁省

地区	抗震设防烈度	加速度	分组	县级及县级以上城镇
沈阳市	7度	0.10g	第一组	和平区、沈河区、大东区、皇姑区、铁西区、苏家屯区、浑南区(原东陵区)、沈北新区、于洪区、辽中县
锦州市	6度	0.05g	第二组	古塔区、凌河区、太和区、凌海市
营口市	8度	0.20g	第二组	老边区、盖州市、大石桥市
大连市	7度	0.10g	第二组	中山区、西岗区、沙河口区、甘井子区、旅顺口区
鞍山市	7度	0.10g	第二组	铁东区、铁西区、立山区、千山区、岫岩满族自治县
抚顺市	7度	0.10g	第一组	新抚区、东洲区、望花区、顺城区、抚顺县
本溪市	7度	0.10g	第一组	平山区、溪湖区、明山区
丹东市	7度	0.15g	第一组	元宝区、振兴区、振安区
阜新市	6度	0.05g	第一组	全域
辽阳市	7度	0.10g	第二组	弓长岭区、宏伟区、辽阳县
盘锦市	7度	0.10g	第二组	全域
铁岭市	7度	0.10g	第一组	银州区、清河区、铁岭县、昌图县、开原市
朝阳市	7度	0.10g	第一组	双塔区、龙城区、朝阳县、建平县、北票市
葫芦岛市	6度	0.05g	第二组	连山区、龙港区、南票区

附表 3-7 吉林省

地区	抗震设防烈度	加速度	分组	县级及县级以上城镇
长春市	7度	0.10g	第一组	南关区、宽城区、朝阳区、二道区、绿园区、双阳区、九台区
吉林市	7度	0.10g	第一组	昌邑区、龙潭区、船营区、丰满区、永吉县
四平市	6度	0.05g	第一组	铁西区、铁东区、梨树县、公主岭市、双辽市
辽源市	6度	0.05g	第一组	全域
通化市	6度	0.05g	第一组	全域
白山市	6度	0.05g	第一组	全域
松原市	6度	0.05g	第一组	长岭县、扶余市
白城市	7度	0.10g	第一组	洮北区
延边朝鲜族自治州	6度	0.05g	第一组	延吉市、图们市、敦化市、珲春市、龙井市、和龙市、汪清县

附表 3-8 黑龙江省

地区	抗震设防烈度	加速度	分组	县级及县级以上城镇
哈尔滨市	7度	0.10g	第一组	道里区、南岗区、道外区、松北区、香坊区、呼兰区、尚志市、五常市
齐齐哈尔市	6度	0.05g	第一组	龙沙区、建华区、铁峰区、碾子山区、梅里斯达斡尔族区、龙江县、依安县、甘南县、富裕县、克山县、克东县、拜泉县、讷河市
鸡西市	6度	0.05g	第一组	全域
鹤岗市	7度	0.10g	第一组	向阳区、工农区、南山区、兴安区、东山区、兴山区、萝北县
双鸭山市	6度	0.05g	第一组	全域
大庆市	6度	0.05g	第一组	萨尔图区、龙凤区、让胡路区、红岗区、大同区、肇州县、林甸县、杜尔伯特蒙古族自治县
伊春市	6度	0.05g	第一组	全域
佳木斯市	7度	0.10g	第一组	向阳区、前进区、东风区、郊区、汤原县
七台河市	6度	0.05g	第一组	全域
牡丹江市	6度	0.05g	第一组	全域
黑河市	6度	0.05g	第一组	全域
绥化市	7度	0.10g	第一组	北林区、庆安县
大兴安岭地区	6度	0.05g	第一组	全域

附表 3-9 上海市

抗震设防烈度	加 速 度	分 组	县级及县级以上城镇
7度	0.10g	第二组	全域

附表 3-10 江苏省

地区	抗震设防烈度	加速度	分组	县级及县级以上城镇
南京市	7度	0.10g	第一组	玄武区、秦淮区、建邺区、鼓楼区、浦口区、栖霞区、雨花台区、江宁区、溧水区
无锡市	7度	0.10g	第一组	崇安区、南长区、北塘区、锡山区、滨湖区、惠山区、宜兴市
徐州市	7度	0.10g	第三组	鼓楼区、云龙区、贾汪区、泉山区、铜山区
常州市	7度	0.10g	第一组	全域
苏州市	7度	0.10g	第一组	虎丘区、吴中区、相城区、姑苏区、吴江区、常熟市、昆山市、太仓市
南通市	7度	0.10g	第二组	崇川区、港闸区、海安县、如东县、如皋市
连云港市	7度	0.10g	第三组	连云区、海州区、赣榆区、灌云县
淮安市	7度	0.10g	第三组	清河区、淮阴区、清浦区
盐城市	7度	0.10g	第三组	盐都区
扬州市	7度	0.15g	第二组	广陵区、江都区
镇江市	7度	0.15g	第一组	京口区、润州区
泰州市	7度	0.10g	第二组	海陵区、高港区、姜堰区、兴化市
宿迁市	8度	0.30g	第二组	宿城区、宿豫区

附表 3-11 浙江省

地区	抗震设防烈度	加速度	分组	县级及县级以上城镇
杭州市	7度	0.10g	第一组	上城区、下城区、江干区、拱墅区、西湖区、余杭区
宁波市	7度	0.10g	第一组	海曙区、江东区、江北区、北仑区、镇海区、鄞州区
温州市	6度	0.05g	第一组	鹿城区、龙湾区、瓯海区、永嘉县、文成县、泰顺县、乐清市
嘉兴市	7度	0.10g	第一组	南湖区、秀洲区、嘉善县、海宁市、平湖市、桐乡市
湖州市	6度	0.05g	第一组	全域
绍兴市	6度	0.05g	第一组	全域
金华市	6度	0.05g	第一组	全域
衢州市	6度	0.05g	第一组	全域
舟山市	7度	0.10g	第一组	全域
台州市	6度	0.05g	第一组	椒江区、黄岩区、路桥区、三门县、天台县、仙居县、温岭市、临海市
丽水市	6度	0.05g	第一组	莲都区、青田县、缙云县、遂昌县、松阳县、云和县、景宁畲族自治县、龙泉市

附表 3-12　安徽省

地区	抗震设防烈度	加速度	分组	县级及县级以上城镇
合肥市	7 度	0.10g	第一组	全域
芜湖市	6 度	0.05g	第一组	全域
蚌埠市	7 度	0.10g	第一组	龙子湖区、蚌山区、禹会区、淮上区、怀远县
淮南市	7 度	0.10g	第一组	全域
马鞍山市	6 度	0.05g	第一组	全域
淮北市	6 度	0.05g	第三组	全域
铜陵市	7 度	0.10g	第一组	全域
安庆市	7 度	0.10g	第一组	迎江区、大观区、宜秀区、枞阳县、桐城市
黄山市	6 度	0.05g	第一组	全域
滁州市	6 度	0.05g	第二组	琅琊区、南谯区、来安县、全椒县
六安市	7 度	0.10g	第一组	金安区、裕安区、寿县、舒城县
阜阳市	7 度	0.10g	第一组	颍州区、颍东区、颍泉区
宿州市	6 度	0.05g	第三组	埇桥区
亳州市	7 度	0.10g	第二组	谯城区、涡阳县
池州市	7 度	0.10g	第一组	贵池区
宣城市	6 度	0.05g	第一组	宣州区、广德县、泾县、绩溪县、旌德县、宁国市

附表 3-13　福建省

地区	抗震设防烈度	加速度	分组	县级及县级以上城镇
福州市	7 度	0.10g	第三组	鼓楼区、台江区、仓山区、马尾区、晋安区、平潭县、福清市、长乐市
厦门市	7 度	0.15g	第三组	思明区、湖里区、集美区、翔安区
莆田市	7 度	0.10g	第三组	全域
三明市	6 度	0.05g	第一组	全域
泉州市	7 度	0.15g	第三组	鲤城区、丰泽区、洛江区、石狮市、晋江市
漳州市	7 度	0.15g	第二组	芗城区、龙文区、诏安县、长泰县、东山县、南靖县、龙海市
南平市	6 度	0.05g	第一组	延平区、建阳区、顺昌县、浦城县、光泽县、松溪县、邵武市、武夷山市、建瓯市
龙岩市	6 度	0.05g	第二组	新罗区、永定区、漳平市
宁德市	6 度	0.05g	第二组	蕉城区、霞浦县、周宁县、柘荣县、福安市、福鼎市

附表 3-14　江西省

地区	抗震设防烈度	加速度	分组	县级及县级以上城镇
南昌市	6 度	0.05g	第一组	全域
景德镇市	6 度	0.05g	第一组	全域
萍乡市	6 度	0.05g	第一组	全域
九江市	6 度	0.05g	第一组	全域
新余市	6 度	0.05g	第一组	全域
鹰潭市	6 度	0.05g	第一组	全域
赣州市	6 度	0.05g	第一组	章贡区、南康区、赣县、信丰县、大余县、上犹县、崇义县、龙南县、定南县、全南县、宁都县、于都县、兴国县、石城县
吉安市	6 度	0.05g	第一组	全域
宜春市	6 度	0.05g	第一组	全域
抚州市	6 度	0.05g	第一组	全域
上饶市	6 度	0.05g	第一组	全域

附表 3-15 山东省

地区	抗震设防烈度	加速度	分组	县级及县级以上城镇
济南市	6 度	0.05g	第三组	历下区、市中区、槐荫区、天桥区、历城区、济阳县、商河县、章丘市
青岛市	7 度	0.10g	第二组	市南区、市北区、崂山区、李沧区、城阳区
淄博市	7 度	0.10g	第三组	张店区、周村区、桓台县、高青县、沂源县
枣庄市	7 度	0.10g	第三组	市中区、薛城区、峄城区
东营市	7 度	0.10g	第三组	东营区、河口区、垦利县、广饶县
烟台市	7 度	0.10g	第二组	芝罘区、福山区、莱山区
威海市	7 度	0.10g	第一组	环翠区、文登区、荣成市
潍坊市	8 度	0.20g	第二组	潍城区、坊子区、奎文区、安丘市
济宁市	7 度	0.10g	第二组	兖州区、汶上县、泗水县、曲阜市、邹城市
泰安市	7 度	0.10g	第二组	泰山区、岱岳区、宁阳县
日照市	7 度	0.10g	第三组	东港区、岚山区
莱芜市	7 度	0.10g	第二组	莱城区
临沂市	8 度	0.20g	第二组	兰山区、罗庄区、河东区、郯城县、沂水县、莒南县、临沭县
德州市	7 度	0.10g	第二组	德城区、陵城区、夏津县
聊城市	7 度	0.15g	第二组	东昌府区、在平县、高唐县
滨州市	7 度	0.10g	第三组	滨城区、博兴县、邹平县
菏泽市	7 度	0.15g	第二组	牡丹区、郓城县、定陶县

附表 3-16 河南省

地区	抗震设防烈度	加速度	分组	县级及县级以上城镇
郑州市	7 度	0.15g	第二组	中原区、二七区、管城回族区、金水区、惠济区
省直辖县级行政单位	7 度	0.10g	第二组	济源市
开封市	7 度	0.10g	第二组	龙亭区、顺河回族区、鼓楼区、禹王台区、祥符区、通许县、尉氏县
洛阳市	6 度	0.05g	第三组	洛宁县
	6 度	0.05g	第二组	嵩县、伊川县
	6 度	0.05g	第一组	栾川县、汝阳县
	7 度	0.10g	第二组	老城区、西工区、瀍河回族区、涧西区、吉利区、洛龙区、孟津县、新安县、宜阳县、偃师市
平顶山市	6 度	0.05g	第一组	新华区、卫东区、石龙区、湛河区、宝丰县、叶县、鲁山县、舞钢市
安阳市	8 度	0.20g	第二组	文峰区、殷都区、龙安区、北关区、安阳县、汤阴县
鹤壁市	8 度	0.20g	第二组	山城区、淇滨区、淇县
新乡市	8 度	0.20g	第二组	红旗区、卫滨区、凤泉区、牧野区、新乡县、获嘉县、原阳县、延津县、卫辉市、辉县市
焦作市	7 度	0.10g	第二组	解放区、中站区、马村区、山阳区、博爱县、温县、沁阳市、孟州市
濮阳市	7 度	0.15g	第二组	华龙区、清丰县、南乐县、台前县、濮阳县
许昌市	7 度	0.10g	第一组	魏都区、许昌县、鄢陵县、禹州市、长葛市
漯河市	6 度	0.05g	第一组	召陵区、源汇区、郾城区、临颍县
三门峡市	7 度	0.15g	第二组	湖滨区、陕州区、灵宝市
南阳市	7 度	0.10g	第一组	宛城区、卧龙区、西峡县、镇平县、内乡县、唐河县
商丘市	7 度	0.10g	第二组	梁园区、睢阳区、民权县、虞城县
信阳市	6 度	0.05g	第一组	浉河区、平桥区、光山县、新县、商城县、固始县、淮滨县
周口市	6 度	0.05g	第一组	川汇区、西华县、商水县、沈丘县、郸城县、淮阳县、鹿邑县、项城市
驻马店市	6 度	0.05g	第一组	驿城区、上蔡县、平舆县、正阳县、确山县、泌阳县、汝南县、遂平县、新蔡县

附表 3-17 湖北省

地区	抗震设防烈度	加速度	分组	县级及县级以上城镇
武汉市	6 度	0.05g	第一组	江岸区、江汉区、桥口区、汉阳区、武昌区、青山区、洪山区、东西湖区、汉南区、蔡甸区、江夏区、黄陂区
黄石市	6 度	0.05g	第一组	全域
十堰市	6 度	0.05g	第一组	茅箭区、张湾区、郧西县、丹江口市
宜昌市	6 度	0.05g	第一组	全域
襄阳市	6 度	0.05g	第一组	全域
鄂州市	6 度	0.05g	第一组	全域
荆门市	6 度	0.05g	第一组	全域
孝感市	6 度	0.05g	第一组	全域
荆州市	6 度	0.05g	第一组	全域
黄冈市	6 度	0.05g	第一组	黄州区、红安县、浠水县、蕲春县、黄梅县、武穴市
咸宁市	6 度	0.05g	第一组	全域
随州市	6 度	0.05g	第一组	全域
恩施土家族苗族自治州	6 度	0.05g	第一组	全域
省直辖县级行政单位	6 度	0.05g	第一组	仙桃市、潜江市、天门市、神龙架林区

附表 3-18 湖南省

地区	抗震设防烈度	加速度	分组	县级及县级以上城镇
长沙市	6 度	0.05g	第一组	全域
株洲市	6 度	0.05g	第一组	全域
湘潭市	6 度	0.05g	第一组	全域
衡阳市	6 度	0.05g	第一组	全域
邵阳市	6 度	0.05g	第一组	全域
岳阳市	7 度	0.10g	第一组	岳阳楼区、岳阳县
常德市	7 度	0.15g	第一组	武陵区、鼎城区
张家界市	6 度	0.05g	第一组	全域
益阳市	6 度	0.05g	第一组	全域
郴州市	6 度	0.05g	第一组	全域
永州市	6 度	0.05g	第一组	全域
怀化市	6 度	0.05g	第一组	全域
娄底市	6 度	0.05g	第一组	全域
湘西土家族苗族自治州	6 度	0.05g	第一组	全域

附表 3-19 广东省

地区	抗震设防烈度	加速度	分组	县级及县级以上城镇
广州市	7 度	0.10g	第一组	荔湾区、越秀区、海珠区、天河区、白云区、黄埔区、番禺区、南沙区
韶关市	6 度	0.05g	第一组	全域
深圳市	7 度	0.10g	第一组	全域
珠海市	7 度	0.10g	第二组	香洲区、金湾区
汕头市	8 度	0.20g	第二组	龙湖区、金平区、濠江区、潮阳区、澄海区、南澳县
佛山市	7 度	0.10g	第一组	全域
江门市	7 度	0.10g	第一组	蓬江区、江海区、新会区、鹤山市
湛江市	7 度	0.10g	第一组	赤坎区、霞山区、坡头区、麻章区、遂溪县、廉江市、雷州市、吴川市
茂名市	7 度	0.10g	第一组	茂南区、电白区、化州市
肇庆市	7 度	0.10g	第一组	端州区、鼎湖区、高要区

续表

地区	抗震设防烈度	加速度	分组	县级及县级以上城镇
惠州市	6度	0.05g	第一组	全域
梅州市	7度	0.10g	第一组	梅江区、梅县区、丰顺县
汕尾市	7度	0.10g	第一组	城区、海丰县、陆丰市
河源市	7度	0.10g	第一组	源城区、东源县
阳江市	7度	0.15g	第一组	江城区
清远市	6度	0.05g	第一组	全域
东莞市	6度	0.05g	第一组	全域
中山市	7度	0.10g	第一组	全域
云浮市	6度	0.05g	第一组	全域
潮州市	8度	0.20g	第二组	湘桥区、潮安区
揭阳市	7度	0.15g	第二组	榕城区、揭东区

附表 3-20 广西壮族自治区

地区	抗震设防烈度	加速度	分组	县级及县级以上城镇
南宁市	7度	0.10g	第一组	兴宁区、青秀区、江南区、西乡塘区、良庆区、邕宁区、横县
柳州市	6度	0.05g	第一组	全域
桂林市	6度	0.05g	第一组	全域
梧州市	6度	0.05g	第一组	全域
北海市	6度	0.05g	第一组	海城区、银海区、铁山港区
防城港市	6度	0.05g	第一组	全域
钦州市	7度	0.10g	第一组	钦南区、钦北区、浦北县
贵港市	6度	0.05g	第一组	全域
玉林市	7度	0.10g	第一组	玉州区、福绵区、陆川县、博白县、兴业县、北流市
百色市	7度	0.10g	第一组	右江区、田阳县、田林县
贺州市	6度	0.05g	第一组	全域
河池市	6度	0.05g	第一组	全域
来宾市	6度	0.05g	第一组	全域
崇左市	6度	0.05g	第一组	江州区、宁明县、龙州县、大新县、天等县、凭祥市
自治区直辖县级行政单位	6度	0.05g	第一组	靖西市

附表 3-21 海南省

地区	抗震设防烈度	加速度	分组	县级及县级以上城镇
海口市	8度	0.30g	第二组	全域
三亚市	6度	0.05g	第一组	全域
三沙市	7度	0.10g	第一组	全域
儋州市	7度	0.10g	第二组	儋州市
省直辖县级行政单位	8度	0.20g	第二组	文昌市、定安县
	7度	0.10g	第二组	琼海市、屯昌县
	6度	0.05g	第一组	五指山市、万宁市、东方市、昌江黎族自治县、乐东黎族自治县、陵水黎族自治县、保亭黎族苗族自治县

附表 3-22 重庆市

抗震设防烈度	加速度	分组	县级及县级以上城镇
6度	0.05g	第一组	万州区、涪陵区、渝中区、大渡口区、江北区、沙坪坝区、九龙坡区、南岸区、北碚区、綦江区、大足区、渝北区、巴南区、长寿区、江津区、合川区、永川区、南川区、铜梁区、璧山区、潼南区、梁平县、城口县、丰都县、垫江县、武隆县、忠县、开县、云阳县、奉节县、巫山县、巫溪县、石柱土家族自治县、秀山土家族苗族自治县、酉阳土家族苗族自治县、彭水苗族土家族自治县

附表 3-23　四川省

地区	抗震设防烈度	加速度	分组	县级及县级以上城镇
成都市	7 度	0.10g	第三组	锦江区、青羊区、金牛区、武侯区、成华区、龙泉驿区、青白江区、新都区、温江区、金堂县、双流县、郫县、大邑县、蒲江县、新津县、邛崃市、崇州市
自贡市	7 度	0.10g	第一组	自流井区、贡井区、大安区、沿滩区
攀枝花市	7 度	0.15g	第三组	全域
泸州市	6 度	0.05g	第一组	江阳区、纳溪区、龙马潭区、合江县、叙永县、古蔺县
德阳市	7 度	0.10g	第二组	旌阳区、中江县、罗江县
绵阳市	7 度	0.10g	第二组	涪城区、游仙区、安县
广元市	7 度	0.15g	第二组	朝天区、青川县
南充市	6 度	0.05g	第一组	顺庆区、高坪区、嘉陵区、南部县、营山县、蓬安县、仪陇县、西充县
遂宁市	6 度	0.05g	第一组	全域
内江市	6 度	0.05g	第一组	市中区、东兴区、资中县
乐山市	7 度	0.10g	第二组	市中区、峨眉山市
眉山市	7 度	0.10g	第三组	东坡区、彭山区、洪雅县、丹棱县、青神县
宜宾市	7 度	0.10g	第二组	翠屏区、宜宾县、屏山县
广安市	6 度	0.05g	第一组	全域
达州市	6 度	0.05g	第一组	全域
雅安市	7 度	0.10g	第二组	雨城区
巴中市	6 度	0.05g	第一组	巴州区、恩阳区、通江县、平昌县
资阳市	6 度	0.05g	第一组	雁江区、安岳县、乐至县
阿坝藏族羌族自治州	8 度	0.20g	第三组	九寨沟县
	8 度	0.20g	第一组	汶川县、茂县
凉山彝族自治州	9 度	0.40g	第三组	西昌市
甘孜藏族自治州	9 度	0.40g	第二组	康定市

附表 3-24　贵州省

地区	抗震设防烈度	加速度	分组	县级及县级以上城镇
贵阳市	6 度	0.05g	第一组	全域
六盘水市	7 度	0.10g	第二组	钟山区
遵义市	6 度	0.05g	第一组	全域
安顺市	6 度	0.05g	第一组	全域
铜仁市	6 度	0.05g	第一组	全域
黔西南布依族苗族自治州	6 度	0.05g	第三组	兴义市
毕节市	6 度	0.05g	第二组	七星关区、大方县、纳雍县
黔东南苗族侗族自治州	6 度	0.05g	第一组	全域
黔南布依族苗族自治州	6 度	0.05g	第一组	都匀市、荔波县、瓮安县、独山县、平塘县、罗甸县、长顺县、惠水县、三都水族自治县

附表 3-25　云南省

地区	抗震设防烈度	加速度	分组	县级及县级以上城镇
昆明市	8 度	0.20g	第三组	五华区、盘龙区、官渡区、西山区、呈贡区、晋宁县、石林彝族自治县、安宁市
曲靖市	7 度	0.15g	第三组	麒麟区、陆良县、沾益县
玉溪市	8 度	0.20g	第三组	红塔区、易门县

续表

地区	抗震设防烈度	加速度	分组	县级及县级以上城镇
保山市	8度	0.20g	第三组	隆阳区、施甸县
丽江市	8度	0.30g	第三组	古城区、玉龙纳西族自治县、永胜县
昭通市	7度	0.10g	第三组	昭阳区、盐津县
普洱市	9度	0.40g	第三组	澜沧拉祜族自治县
临沧市	8度	0.20g	第三组	临翔区、凤庆县、云县、永德县、镇康县
楚雄彝族自治州	8度	0.20g	第三组	楚雄市、南华县
红河哈尼族彝族自治州	7度	0.15g	第三组	个旧市、开远市、弥勒市、元阳县、红河县
文山壮族苗族自治州	7度	0.10g	第三组	文山市
西双版纳傣族自治州	8度	0.20g	第三组	景洪市
大理白族自治州	8度	0.20g	第三组	大理市、漾濞彝族自治县、祥云县、宾川县、弥渡县、南涧彝族自治县、巍山彝族回族自治县
德宏傣族景颇族自治州	8度	0.30g	第三组	瑞丽市、芒市
怒江傈僳族自治州	8度	0.20g	第三组	泸水县
迪庆藏族自治州	8度	0.20g	第二组	全域
省直辖县级行政单位	8度	0.20g	第三组	腾冲市

附表 3-26　西藏自治区

地区	抗震设防烈度	加速度	分组	县级及县级以上城镇
拉萨市	8度	0.20g	第三组	城关区、林周县、尼木县、堆龙德庆县
昌都市	8度	0.20g	第三组	卡若区、边坝县、洛隆县
山南地区	8度	0.30g	第三组	错那县
日喀则市	7度	0.15g	第三组	桑珠孜区(原日喀则市)、南木林县、江孜县、定日县、萨迦县、白朗县、吉隆县、萨嘎县、岗巴县
那曲地区	8度	0.20g	第三组	那曲县、安多县、尼玛县
阿里地区	8度	0.20g	第三组	普兰县
林芝市	8度	0.20g	第三组	巴宜区(原林芝县)

附表 3-27　陕西省

地区	抗震设防烈度	加速度	分组	县级及县级以上城镇
西安市	8度	0.20g	第二组	全域
铜川市	7度	0.10g	第三组	王益区、印台区、耀州区
宝鸡市	8度	0.20g	第二组	渭滨区、金台区、陈仓区、扶风县、眉县
咸阳市	8度	0.20g	第二组	秦都区、杨陵区、渭城区、泾阳县、武功县、兴平市
渭南市	8度	0.20g	第二组	临渭区、潼关县、大荔县、华阴市
延安市	6度	0.05g	第一组	宝塔区、子长县、安塞县、志丹县、甘泉县
汉中市	7度	0.10g	第二组	汉台区、南郑县、勉县、宁强县
榆林市	6度	0.05g	第一组	榆阳区、神木县、横山县、靖边县、绥德县、米脂县、佳县、清涧县、子洲县
安康市	7度	0.10g	第一组	汉滨区、平利县
商洛市	7度	0.10g	第三组	商州区、柞水县

附表 3-28 甘肃省

地区	抗震设防烈度	加速度	分组	县级及县级以上城镇
兰州市	8度	0.20g	第三组	城关区、七里河区、西固区、安宁区、永登县
嘉峪关市	8度	0.20g	第二组	全域
金昌市	7度	0.15g	第三组	全域
白银市	7度	0.15g	第三组	白银区
天水市	8度	0.30g	第二组	秦州区、麦积区
武威市	8度	0.20g	第三组	凉州区、天祝藏族自治县
张掖市	7度	0.15g	第三组	甘州区
平凉市	7度	0.15g	第三组	崆峒区、崇信县
酒泉市	7度	0.15g	第三组	肃州区、玉门市
庆阳市	7度	0.10g	第三组	西峰区、环县、镇原县
定西市	7度	0.15g	第三组	安定区、渭源县、临洮县、岷县
陇南市	8度	0.20g	第二组	武都区、成县、文县、宕昌县、康县、徽县
临夏回族自治州	7度	0.15g	第三组	临夏市、康乐县、广河县、和政县、东乡族自治县
甘南藏族自治州	8度	0.20g	第三组	舟曲县

附表 3-29 青海省

地区	抗震设防烈度	加速度	分组	县级及县级以上城镇
西宁市	7度	0.10g	第三组	全域
海东市	7度	0.10g	第三组	全域
海北藏族自治州	8度	0.20g	第二组	祁连县
黄南藏族自治州	7度	0.15g	第二组	同仁县
海南藏族自治州	7度	0.15g	第二组	贵德县
果洛藏族自治州	8度	0.30g	第三组	玛沁县
玉树藏族自治州	7度	0.15g	第三组	玉树市、治多县
海西蒙古族藏族自治州	7度	0.10g	第三组	格尔木市、都兰县、天峻县

附表 3-30 宁夏回族自治区

地区	抗震设防烈度	加速度	分组	县级及县级以上城镇
银川市	8度	0.20g	第二组	兴庆区、西夏区、金凤区、永宁县、贺兰县
石嘴山市	8度	0.20g	第二组	全域
吴忠市	8度	0.20g	第三组	利通区、红寺堡区、同心县、青铜峡市
固原市	8度	0.20g	第三组	原州区、西吉县、隆德县、泾源县
中卫市	8度	0.20g	第三组	沙坡头区、中宁县

附表 3-31 新疆维吾尔自治区

地区	抗震设防烈度	加速度	分组	县级及县级以上城镇
乌鲁木齐市	8度	0.20g	第二组	全域
克拉玛依市	7度	0.10g	第三组	克拉玛依区、白碱滩区
吐鲁番市	7度	0.15g	第二组	高昌区(原吐鲁番市)
哈密地区	7度	0.10g	第二组	哈密市
昌吉回族自治州	8度	0.20g	第三组	昌吉市、玛纳斯县
博尔塔拉蒙古自治州	8度	0.20g	第二组	阿拉山口市
巴音郭楞蒙古自治州	8度	0.20g	第二组	库尔勒市、焉耆回族自治县、和静镇、和硕县、博湖县
阿克苏地区	8度	0.20g	第二组	阿克苏市、温宿县、库车县、拜城县、乌什县、柯坪县

续表

地区	抗震设防烈度	加速度	分组	县级及县级以上城镇
克孜勒苏柯尔克孜自治州	8度	0.30g	第三组	阿图什市
喀什地区	8度	0.30g	第三组	喀什市、疏附县、英吉沙县
和田地区	7度	0.15g	第二组	和田市、和田县、墨玉县、洛浦县、策勒县
伊犁哈萨克自治州	8度	0.30g	第三组	昭苏县、特克斯县、尼勒克县
塔城地区	8度	0.20g	第三组	乌苏市、沙湾县
阿勒泰地区	7度	0.15g	第二组	阿勒泰市、哈巴河县
自治区直辖县级行政单位	8度	0.20g	第三组	石河子市、可克达拉市
	8度	0.20g	第二组	铁门关市
	7度	0.15g	第三组	图木舒克市、五家渠市、双河市
	7度	0.10g	第二组	北屯市、阿拉尔市

附表 3-32 港澳特区和台湾省

地区	抗震设防烈度	加速度	分组	县级及县级以上城镇
香港特别行政区	7度	0.15g	第二组	全域
澳门特别行政区	7度	0.10g	第二组	全域
台湾省	9度	0.40g	第三组	嘉义县、嘉义市、云林县、南投县、彰化县、台中市、苗栗县、花莲县
	9度	0.40g	第二组	台南县、台中县
	8度	0.20g	第三组	高雄市、高雄县、金门县
	8度	0.20g	第二组	澎湖县
	6度	0.05g	第三组	妈祖县
	8度	0.30g	第三组	除上述区域外全域

附录 4 全国主要气象台站 n 年一遇风压

附录 4 总表

附表 4-1 全国主要气象台站 n 年一遇风压

省市	城市	海拔高度/m	风压/(kN/m^2)		
			n=10	n=50	n=100
北京	北京市	54.0	0.30	0.45	0.50
天津	天津市	3.3	0.30	0.50	0.60
	塘沽区	3.2	0.40	0.55	0.65
上海	上海市	2.8	0.40	0.55	0.60
重庆	重庆市	259.1	0.25	0.40	0.45
	奉节县	607.3	0.25	0.35	0.45
	万州区	186.7	0.20	0.35	0.45
	涪陵区	273.5	0.20	0.30	0.35
河北	石家庄市	80.5	0.25	0.35	0.40
	邢台市	76.8	0.20	0.30	0.35
	张家口市	724.2	0.35	0.55	0.60
	承德市	377.2	0.30	0.40	0.45
	秦皇岛市	2.1	0.35	0.45	0.50
	唐山市	27.8	0.30	0.40	0.45
	保定市	17.2	0.30	0.40	0.45
	沧州市	9.6	0.30	0.40	0.45
	南宫市	27.4	0.25	0.35	0.40

续表

省市	城市	海拔高度/m	风压/(kN/m²)		
			$n=10$	$n=50$	$n=100$
山西	太原市	778.3	0.30	0.40	0.45
	大同市	1067.2	0.35	0.55	0.65
	阳泉市	741.9	0.30	0.40	0.45
	临汾市	449.5	0.25	0.40	0.45
	长治县	991.8	0.30	0.50	0.60
	运城市	376.0	0.30	0.45	0.50
内蒙古	呼和浩特市	1063.0	0.35	0.55	0.60
	满洲里市	661.7	0.50	0.65	0.70
	海拉尔区	610.2	0.45	0.65	0.75
	扎兰屯市	306.5	0.30	0.40	0.45
	乌兰浩特市	274.7	0.40	0.55	0.60
	阿拉善右旗	1510.1	0.45	0.55	0.60
	二连浩特市	964.7	0.55	0.65	0.70
	包头市	1067.2	0.35	0.55	0.60
	集宁区	1419.3	0.40	0.60	0.70
	临河区	1039.3	0.30	0.50	0.60
	东胜区	1460.4	0.30	0.50	0.60
	巴彦浩特镇	1561.4	0.40	0.60	0.70
	锡林浩特市	989.5	0.40	0.55	0.60
	通辽市	178.5	0.40	0.55	0.60
	赤峰市	571.1	0.30	0.55	0.65
辽宁	沈阳市	42.8	0.40	0.55	0.60
	阜新市	144.0	0.40	0.60	0.70
	朝阳市	169.2	0.40	0.55	0.60
	锦州市	65.9	0.40	0.60	0.70
	鞍山市	77.3	0.30	0.50	0.60
	本溪市	185.2	0.35	0.45	0.50
	绥中	15.3	0.25	0.40	0.45
	兴城市	8.8	0.35	0.45	0.50
	营口市	3.3	0.40	0.65	0.75
	丹东市	15.1	0.35	0.55	0.65
	瓦房店市	29.3	0.35	0.50	0.55
	大连市	91.5	0.40	0.65	0.75
吉林	长春市	236.8	0.45	0.65	0.75
	白城市	155.4	0.45	0.65	0.75
	双辽	114.9	0.35	0.50	0.55
	四平市	164.2	0.40	0.55	0.60
	吉林市	183.4	0.40	0.50	0.55
	敦化市	523.7	0.30	0.45	0.50
	靖宇	549.2	0.25	0.35	0.40
	延吉市	176.8	0.35	0.50	0.55
	通化市	402.9	0.30	0.50	0.60
	集安市	177.7	0.20	0.30	0.35
黑龙江	哈尔滨市	142.3	0.35	0.55	0.70
	漠河	296.0	0.25	0.35	0.40
	塔河	357.4	0.25	0.30	0.35
	黑河市	166.4	0.35	0.50	0.55

续表

省市	城市	海拔高度/m	风压/(kN/m²)		
			n=10	n=50	n=100
黑龙江	北安市	269.7	0.30	0.50	0.60
	齐齐哈尔市	145.9	0.35	0.45	0.50
	伊春市	240.9	0.25	0.35	0.40
	鹤岗市	227.9	0.30	0.40	0.45
	绥化市	179.6	0.35	0.55	0.65
	安达市	149.3	0.35	0.55	0.65
	佳木斯市	81.2	0.40	0.65	0.75
	鸡西市	233.6	0.40	0.55	0.65
	牡丹江市	241.4	0.35	0.50	0.55
	绥芬河市	496.7	0.40	0.60	0.70
山东	济南市	51.6	0.30	0.45	0.50
	德州市	21.2	0.30	0.45	0.50
	龙口市	4.8	0.45	0.60	0.65
	烟台市	46.7	0.40	0.55	0.60
	威海市	46.6	0.45	0.65	0.75
	泰安市	128.8	0.30	0.40	0.45
	沂源	304.5	0.30	0.35	0.40
	潍坊市	44.1	0.30	0.40	0.45
	莱阳市	30.5	0.30	0.40	0.45
	青岛市	76.0	0.45	0.60	0.70
	菏泽市	49.7	0.25	0.40	0.45
	兖州	51.7	0.25	0.40	0.45
	临沂	87.9	0.30	0.40	0.45
	日照市	16.1	0.30	0.40	0.45
江苏	南京市	8.9	0.25	0.40	0.45
	徐州市	410	0.25	0.35	0.40
	淮阴市	17.5	0.25	0.40	0.45
	镇江	26.5	0.30	0.40	0.45
	无锡	6.7	0.30	0.45	0.50
	泰州	6.6	0.25	0.40	0.45
	连云港	3.7	0.35	0.55	0.65
	盐城	3.6	0.25	0.45	0.55
	高邮	5.4	0.25	0.40	0.45
	东台市	4.3	0.30	0.40	0.45
	南通市	5.3	0.30	0.45	0.50
	常州市	4.9	0.25	0.40	0.45
浙江	杭州市	41.7	0.30	0.45	0.50
	慈溪市	7.1	0.30	0.45	0.50
	舟山市	35.7	0.50	0.85	1.00
	金华市	62.6	0.25	0.35	0.40
	宁波市	4.2	0.30	0.50	0.60
	衢州市	66.9	0.25	0.35	0.40
	丽水市	60.8	0.20	0.30	0.35
	温州市	6.0	0.35	0.60	0.70
安徽	合肥市	27.9	0.25	0.35	0.40
	砀山	43.2	0.25	0.35	0.40
	亳州市	37.7	0.25	0.45	0.55

续表

省市	城市	海拔高度/m	风压/(kN/m²)		
			$n=10$	$n=50$	$n=100$
安徽	宿县	25.9	0.25	0.40	0.50
	蚌埠市	18.7	0.25	0.35	0.40
	六安市	60.5	0.20	0.35	0.40
	巢湖	22.4	0.25	0.35	0.40
	安庆市	19.8	0.25	0.40	0.45
	黄山市	42.7	0.25	0.35	0.40
	阜阳市	30.6	—	—	—
江西	南昌市	46.7	0.30	0.45	0.55
	宜春市	131.3	0.20	0.30	0.35
	吉安	76.4	0.25	0.30	0.35
	赣州市	123.8	0.20	0.30	0.35
	九江	36.1	0.25	0.35	0.40
	景德镇市	61.5	0.25	0.35	0.40
福建	福州市	83.8	0.40	0.70	0.85
	泰宁	342.9	0.20	0.30	0.35
	南平市	125.6	0.20	0.35	0.45
	永安市	206.0	0.25	0.40	0.45
	龙岩市	342.3	0.20	0.35	0.45
	屏南	896.5	0.20	0.30	0.35
	厦门市	39.4	0.50	0.80	0.95
陕西	西安市	397.5	0.25	0.35	0.40
	榆林市	1057.5	0.25	0.40	0.45
	延安市	957.8	0.25	0.35	0.40
	铜川市	978.9	0.20	0.35	0.40
	宝鸡市	612.4	0.20	0.35	0.40
	汉中市	508.4	0.20	0.30	0.35
	安康市	290.8	0.30	0.45	0.50
甘肃	兰州	1517.2	0.20	0.30	0.35
	酒泉市	1477.2	0.40	0.55	0.60
	张掖市	1482.7	0.30	0.50	0.60
	武威市	1530.9	0.35	0.55	0.65
	临夏市	1917.0	0.20	0.30	0.35
	临洮	1886.6	0.20	0.30	0.35
	平凉市	1346.6	0.25	0.30	0.35
	武都	1079.1	0.25	0.35	0.40
	天水市	1141.7	0.20	0.35	0.40
	敦煌	1139.0	—	—	—
	玉门市	1526.0	—	—	—
宁夏	银川	1111.4	0.40	0.65	0.75
	中卫	1225.7	0.30	0.45	0.50
	海源	1854.2	0.25	0.35	0.40
	固原	1753.0	0.25	0.35	0.40
青海	西宁	2261.2	0.25	0.35	0.40
	祁连县	2787.4	0.30	0.35	0.40
	格尔木市	2807.6	0.30	0.40	0.45
	玉树	3681.2	0.20	0.30	0.35

续表

省市	城市	海拔高度/m	风压/(kN/m²)		
			$n=10$	$n=50$	$n=100$
新疆	乌鲁木齐市	917.9	0.40	0.60	0.70
	阿勒泰市	735.3	0.40	0.70	0.85
	克拉玛依市	427.3	0.65	0.90	1.00
	伊宁市	662.5	0.40	0.60	0.70
	昭苏	1851.0	0.25	0.40	0.45
	达坂城	1103.5	0.55	0.80	0.90
	巴音布鲁克	2458.0	0.25	0.35	0.40
	吐鲁番市	34.5	0.50	0.85	1.00
	阿克苏市	1103.8	0.30	0.45	0.50
	库尔勒	931.5	0.30	0.45	0.50
	喀什	1288.7	0.35	0.55	0.65
	和田	1374.6	0.25	0.40	0.45
	哈密	737.2	0.40	0.60	0.70
	塔城	534.9	—	—	—
	石河子	442.9	—	—	—
	阿拉尔	1012.2	—	—	—
河南	郑州市	110.4	0.30	0.45	0.50
	安阳市	75.5	0.25	0.45	0.55
	新乡市	72.7	0.30	0.40	0.45
	三门峡市	410.1	0.25	0.40	0.45
	洛阳市	137.1	0.25	0.40	0.45
	许昌市	66.8	0.30	0.40	0.45
	开封市	72.5	0.30	0.45	0.50
	南阳市	129.2	0.25	0.35	0.40
	驻马店市	82.7	0.25	0.40	0.45
	信阳市	114.5	0.25	0.35	0.40
	商丘市	50.1	0.20	0.35	0.45
湖北	武汉市	23.3	0.25	0.35	0.40
	麻城市	59.3	0.20	0.35	0.45
	恩施市	457.1	0.20	0.30	0.35
	宜昌市	133.1	0.20	0.30	0.35
	荆州	32.6	0.20	0.30	0.35
	天门市	34.1	0.20	0.30	0.35
	黄石市	19.6	0.25	0.35	0.40
湖南	长沙市	44.9	0.25	0.35	0.40
	岳阳市	53.0	0.25	0.40	0.45
	吉首市	206.6	0.20	0.30	0.35
	常德市	35.0	0.25	0.40	0.50
	邵阳市	248.6	0.20	0.30	0.35
	衡阳市	103.2	0.25	0.40	0.45
	郴州市	184.9	0.20	0.30	0.35
广东	广州市	6.6	0.30	0.50	0.60
	韶关	69.3	0.20	0.35	0.45
	梅县	87.8	0.20	0.30	0.35
	河源	40.6	0.20	0.30	0.35
	惠阳	22.4	0.35	0.55	0.60
	汕头市	1.1	0.50	0.80	0.95

续表

省市	城市	海拔高度/m	风压/(kN/m²)		
			$n=10$	$n=50$	$n=100$
广东	深圳市	18.2	0.45	0.75	0.90
	汕尾	4.6	0.50	0.85	1.00
	湛江市	25.3	0.50	0.80	0.95
广西	南宁市	73.1	0.25	0.35	0.40
	桂林市	164.4	0.20	0.30	0.35
	柳州市	96.8	0.20	0.30	0.35
	百色市	173.5	0.25	0.45	0.55
	梧州市	114.8	0.20	0.30	0.35
	玉林	81.8	0.20	0.30	0.35
	北海市	15.3	0.45	0.75	0.90
	涠洲岛	55.2	0.70	1.10	1.30
海南	海口市	141	0.45	0.75	0.90
	琼中	250.9	0.30	0.45	0.55
	琼海	24.0	0.50	0.85	1.05
	三亚市	5.5	0.50	0.85	1.05
	西沙岛	4.7	1.05	1.80	2.20
四川	成都市	506.1	0.20	0.30	0.35
	都江堰市	706.7	0.20	0.30	0.35
	绵阳市	470.8	0.20	0.30	0.35
	雅安市	627.6	0.20	0.30	0.35
	资阳	357.0	0.20	0.30	0.35
	康定	2615.7	0.30	0.35	0.40
	宜宾市	340.8	0.20	0.30	0.35
	西昌市	1590.9	0.20	0.30	0.35
	阆中	382.6	0.20	0.30	0.35
	巴中	358.9	0.20	0.30	0.35
	遂宁市	278.2	0.20	0.30	0.35
	南充市	309.3	0.20	0.30	0.35
	内江市	347.1	0.25	0.40	0.50
	泸州市	334.8	0.20	0.30	0.35
贵州	贵阳市	1074.3	0.20	0.30	0.35
	毕节	1510.6	0.20	0.30	0.35
	遵义市	843.9	0.20	0.30	0.35
	铜仁	279.7	0.20	0.30	0.35
	黔西	1251.8	—	—	—
	安顺市	1392.9	0.20	0.30	0.35
云南	昆明市	1891.4	0.20	0.30	0.35
	昭通市	1949.5	0.25	0.35	0.40
	丽江	2393.2	0.25	0.30	0.35
	腾冲	1654.6	0.20	0.30	0.35
	保山市	1653.5	0.20	0.30	0.35
	大理市	1990.5	0.45	0.65	0.75
	楚雄市	1772.0	0.20	0.35	0.40
	瑞丽	776.6	0.20	0.30	0.35
	玉溪	1636.7	0.20	0.30	0.35

续表

省市	城市	海拔高度/m	风压/(kN/m^2)		
			$n=10$	$n=50$	$n=100$
西藏	拉萨市	3658.0	0.20	0.30	0.35
	那曲	4507.0	0.30	0.45	0.50
	日喀则市	3836.0	0.20	0.30	0.35
	昌都	3306.0	0.20	0.30	0.35
	林芝	3000.0	0.25	0.35	0.45
台湾	台北	8.0	0.40	0.70	0.85
	新竹	8.0	0.50	0.80	0.95
	宜兰	9.0	1.10	1.85	2.30
	台中	78.0	0.50	0.80	0.90
	花莲	14.0	0.40	0.70	0.85
	嘉义	20.0	0.50	0.80	0.95
	台东	10.0	0.65	0.90	1.05
	阿里山	2406.0	0.25	0.35	0.40
	台南	14.0	0.60	0.85	1.00
香港	香港	50.0	0.80	0.90	0.95
	横澜岛	55.0	0.95	1.25	1.40
澳门	澳门	57.0	0.75	0.85	0.90

附录5 混凝土、钢筋强度及弹性模量

附表 5-1 混凝土轴心抗压强度标准值 N/mm^2

强度等级	C15	C20	C25	C30	C35	C40	C45	C50	C55	C60	C65	C70	C75	C80
f_{ck}	10.0	13.4	16.7	20.1	23.4	26.8	29.6	32.4	35.5	38.5	41.5	44.5	47.4	50.2

附表 5-2 混凝土轴心抗拉强度标准值 N/mm^2

强度等级	C15	C20	C25	C30	C35	C40	C45	C50	C55	C60	C65	C70	C75	C80
f_{tk}	1.27	1.54	1.78	2.01	2.20	2.39	2.51	2.64	2.74	2.85	2.93	2.99	3.05	3.11

附表 5-3 混凝土轴心抗压强度设计值 N/mm^2

强度等级	C15	C20	C25	C30	C35	C40	C45	C50	C55	C60	C65	C70	C75	C80
f_c	7.2	9.6	11.9	14.3	16.7	19.1	21.1	23.1	25.3	27.5	29.7	31.8	33.8	35.9

附表 5-4 混凝土轴心抗拉强度设计值 N/mm^2

强度等级	C15	C20	C25	C30	C35	C40	C45	C50	C55	C60	C65	C70	C75	C80
f_t	0.91	1.10	1.27	1.43	1.57	1.71	1.80	1.89	1.96	2.04	2.09	2.14	2.18	2.22

附表 5-5 混凝土弹性模量 $10^4 N/mm^2$

强度等级	C15	C20	C25	C30	C35	C40	C45	C50	C55	C60	C65	C70	C75	C80
E_c	2.20	2.55	2.80	3.00	3.15	3.25	3.35	3.45	3.55	3.60	3.65	3.70	3.75	3.80

附表 5-6　普通钢筋强度标准值和设计值　　N/mm²

牌　号	屈服强度标准值 f_{yk}	极限强度标准值 f_{stk}	抗拉强度设计值 f_y	抗压强度设计值 f'_y
HPB300	300	420	270	270
HRB335、HRBF335	335	455	300	300
HRB400、HRBF400、RRB400	400	540	360	360
HRB500、HRBF500	500	630	435	410

附表 5-7　普通钢筋弹性模量　　10^5 N/mm²

牌　号	弹性模量 E_s	牌　号	弹性模量 E_s
HPB300	2.10	消除应力钢丝、中强度预应力钢丝	2.05
HRB 钢筋、HRBF 钢筋、RRB 钢筋、预应力螺纹钢筋	2.00	钢绞线	1.95

附录 6　钢筋面积表

附表 6-1　板宽 1000mm 时钢筋面积表

钢筋间距/mm	当钢筋直径(mm)为下列数值时的钢筋截面面积/mm²													
	3	4	5	6	6/8	8	8/10	10	10/12	12	12/14	14	14/16	16
70	101	179	281	404	561	719	920	1121	1369	1616	1908	2199	2536	2872
75	94.3	167	262	377	524	671	859	1047	1277	1508	1780	2053	2367	2681
80	88.4	157	245	354	491	629	805	981	1198	1414	1669	1924	2218	2513
85	83.2	148	231	333	462	592	758	924	1127	1331	1571	1811	2088	2365
90	78.5	140	218	314	437	559	716	872	1064	1257	1484	1710	1972	2234
95	74.5	132	207	298	414	529	678	826	1008	1190	1405	1620	1868	2116
100	70.5	126	196	283	393	503	644	785	958	1131	1335	1539	1775	2011
110	64.2	114	178	257	357	457	585	714	871	1028	1214	1399	1614	1828
120	58.9	105	163	236	327	419	537	654	798	942	1112	1283	1480	1676
125	56.5	100	157	226	314	402	515	628	766	905	1068	1232	1420	1608
130	54.4	96.6	151	218	302	387	495	604	737	870	1027	1184	1366	1547
140	50.5	89.7	140	202	281	359	460	561	684	808	954	1100	1268	1436
150	47.1	83.8	131	189	262	335	429	523	639	754	890	1026	1183	1340
160	44.1	78.5	123	177	246	314	403	491	599	707	834	962	1110	1257
170	41.5	73.9	115	166	231	296	379	462	564	665	786	906	1044	1183
180	39.2	69.8	109	157	218	279	358	436	532	628	742	855	985	1117
190	37.2	66.1	103	149	207	265	339	413	504	595	702	810	934	1058
200	35.3	62.8	98.2	141	196	251	322	393	479	565	668	770	888	1005
220	32.1	57.1	89.3	129	178	228	292	357	436	514	607	700	807	914
240	29.4	52.4	81.9	118	164	209	268	327	399	471	556	641	740	838
250	28.3	50.2	78.5	113	157	201	258	314	383	452	534	616	710	804
260	27.2	48.3	75.5	109	151	193	248	302	368	435	514	592	682	773
280	25.2	44.9	70.1	101	140	180	230	281	342	404	477	550	634	718
300	23.6	41.9	65.5	94	131	168	215	262	320	377	445	513	592	670
320	22.1	39.2	61.4	88	123	157	201	245	299	353	417	481	554	628

注：表中钢筋直径中的 6/8、8/10 等系指两种直径的钢筋间隔放置。

附表 6-2　钢筋截面面积、质量及排成一行时最小梁宽度表

直径/mm	截面面积 A_s/mm² 及钢筋排成一行时的最小梁宽度 b/mm																单位质量/(kg/m)
	1 根	2 根	3 根		4 根		5 根		6 根		7 根		8 根		9 根		
	A_s	A_s	A_s	b	A_s	b	A_s	b	A_s	b	A_s	b	A_s	b	A_s		
2.5	4.9	9.8	14.7		19.6		24.5		29.4		34.4		39.2		44.1		0.039
3	7.1	14.1	21.2		28.3		35.3		42.4		49.5		56.5		63.6		0.055
4	12.6	25.1	37.7		50.2		62.8		75.4		87.9		100.5		113		0.099
5	19.6	39	59		79		98		118		138		157		177		0.154
6	28.3	57	85		113		142		170		198		226		255		0.222
8	50.3	101	151		201		252		302		352		402		453		0.395
10	78.5	157	236		314		393		471		550		628		707		0.617
12	113.1	226	339	150	452	200/180	565	250/220	678		791		904		1017		0.888
14	153.9	308	461	180/150	615	200/180	769	250/220	923		1077		1230		1387		1.208
16	201.1	402	603	180/150	804	220/200	1005	300/250	1206	350/300	1407		1608		1809		1.578
18	254.5	509	763	180	1017	220/200	1272	300/250	1526	350/300	1780	400/350	2036		2290		1.998
20	314.2	628	941	180	1256	220	1570	300/250	1884	350/300	2200	400/350	2513	450/400	2827		2.466
22	380.1	760	1140	200/180	1520	250/220	1900	300	2281	350	2661	450/400	3041	500/400	3421		2.984
25	490.9	982	1473	200/180	1964	300/250	2454	350/300	2945	400/350	3436	450/400	3927	550/450	4418		3.85
28	615.3	1232	1847	250/200	2463	300/250	3079	400/350	3695	450/400	4310	500/450	4926	600/500	5542		4.83
30	706.9	1413	2121	250/220	2827	350/300	3534	400/350	4241	500/450	4948	550/500	5655	650/550	6362		5.55
32	804.3	1609	2418	300/250	3217	350/300	4021	450/400	4826	500/450	5630	600/500	6434	700/550	7238		6.31
36	1017.9	2036	3054		4072	400/350	5089	500/400	6107	600/500	7215	650/550	8143	750/650	9161		7.99
40	1256.1	2513	3770		5027	450/400	6283	550/450	7540	650/550	8796	700/600	10053	850/700	11310		9.865

注：① b 值中分子系指梁上面钢筋排成一行时，分母系指梁下面钢筋排成一行时的最小梁宽度。

② 表中梁的混凝土保护层为 25mm。

③ 当梁的上部钢筋较密时，为保证振动棒插入并有效工作，梁截面宜适当加宽。

附录 7　等截面等跨连续梁的内力系数表

1. 在均布及三角形荷载作用下：

M=表中系数$\times ql^2$；

Q=表中系数$\times ql$；

f=表中系数$\times \dfrac{ql^4}{100EI}$。

2. 在集中荷载作用下：

M=表中系数$\times Pl$；

Q＝表中系数×P；

f＝表中系数×$\dfrac{Pl^3}{100EI}$。

3. 内力正负号规定：

M——使截面上部受压、下部受拉为正；

Q——对邻近截面所产生的力矩沿顺时针方向者为正。

附表 7-1　两跨梁

荷载图	跨内最大弯矩		支座弯矩	剪力			跨中中点挠度	
	M_1	M_2	M_B	Q_A	$Q_{B左}$ $Q_{B右}$	Q_C	f_1	f_2
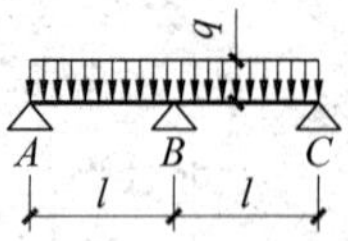	0.070	0.070	−0.125	0.375	−0.625 0.625	−0.375	0.521	0.521
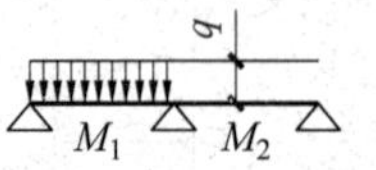	0.096	—	−0.063	0.437	−0.563 0.063	0.063	0.912	−0.391
	0.048	0.048	−0.078	0.172	−0.328 0.328	−0.172	0.345	0.345
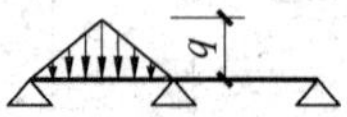	0.064	—	−0.039	0.211	−0.289 0.039	0.039	0.589	−0.244
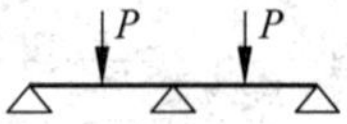	0.156	0.156	−0.188	0.312	−0.688 0.688	−0.312	0.911	0.911
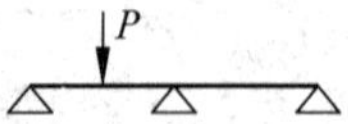	0.203	—	−0.094	0.406	−0.594 0.094	0.094	1.497	−0.586
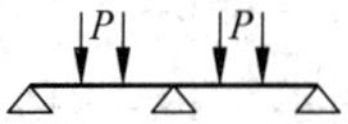	0.222	0.222	−0.333	0.667	−1.333 1.333	−0.667	1.466	1.466
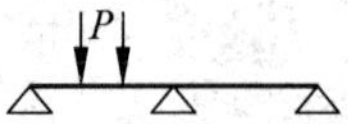	0.278	—	−0.167	0.833	−1.167 0.167	0.167	2.508	−1.042

附表 7-2　三跨梁

荷载图	跨内最大弯矩		支座弯矩		剪力				跨度中点挠度		
	M_1	M_2	M_B	M_C	Q_A	$Q_{B左}$ $Q_{B右}$	$Q_{C左}$ $Q_{C右}$	Q_D	f_1	f_2	f_3
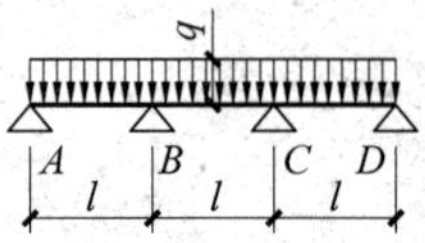	0.080	0.025	−0.100	−0.100	0.400	−0.600 0.500	−0.500 0.600	−0.400	0.677	0.052	0.677
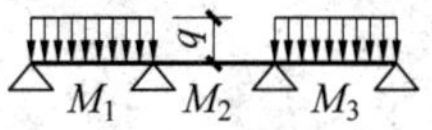	0.101	—	−0.050	−0.050	0.450	−0.550 0	0 0.550	−0.450	0.990	−0.625	0.990
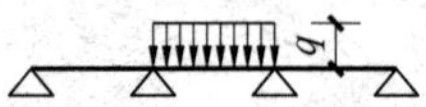	—	0.6075	−0.050	−0.050	−0.050	−0.050 0.500	−0.500 0.050	0.050	−0.313	0.677	−0.313

续表

荷　载　图	跨内最大弯矩		支座弯矩		剪力				跨度中点挠度		
	M_1	M_2	M_B	M_C	Q_A	$Q_{B左}$ $Q_{B右}$	$Q_{C左}$ $Q_{C右}$	Q_D	f_1	f_2	f_3
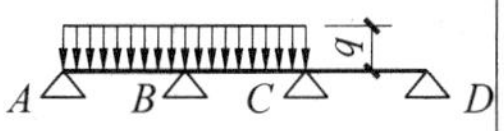 q A B C D	0.073	0.054	−0.117	−0.033	0.383	−0.617 0.583	0.417 −0.033	−0.033	0.573	0.365	−0.208
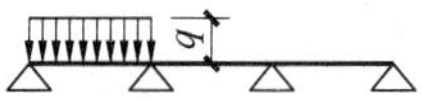 q	0.094	—	−0.067	0.017	0.433	−0.567 0.083	0.083 −0.017	−0.017	0.885	−0.313	0.104
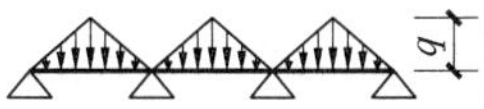 q	0.054	0.021	−0.063	−0.063	0.188	−0.313 0.250	−0.250 0.313	−0.188	0.443	0.052	0.443
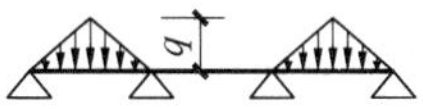 q	0.068	—	−0.031	−0.031	0.219	−0.281 0	0 0.281	−0.219	0.638	−0.391	0.638
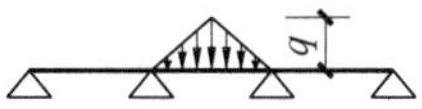 q	—	0.052	−0.031	−0.031	−0.031	−0.031 0.250	−0.250 0.031	0.031	−0.195	0.443	−0.195
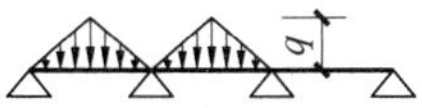 q	0.050	0.038	−0.073	−0.021	0.177	−0.323 0.302	−0.198 0.021	0.021	0.378	0.248	−0.130
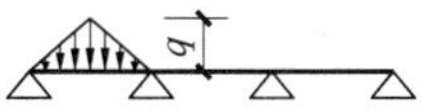 q	0.063	—	−0.042	0.010	0.208	−0.292 0.052	0.052 −0.010	−0.010	0.573	−0.195	0.065
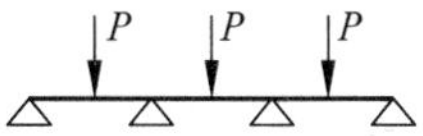 P P P	0.175	0.100	−0.150	−0.150	0.350	−0.650 0.500	−0.500 0.650	−0.350	1.146	0.208	1.146
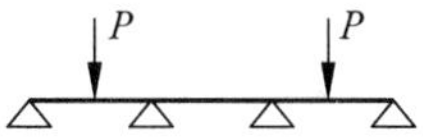 P P	0.213	—	−0.075	−0.075	0.425	−0.575 0	0 0.575	−0.425	1.615	−0.937	1.615
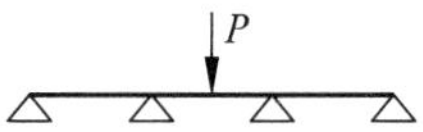 P	—	0.175	−0.075	−0.075	−0.075	−0.075 0.500	−0.500 0.075	0.075	−0.469	1.146	−0.469
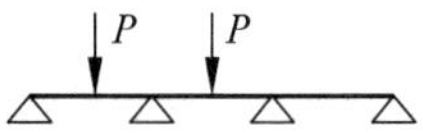 P P	0.162	0.137	−0.175	−0.050	0.325	−0.675 0.625	−0.375 0.050	0.050	0.990	0.667	−0.312
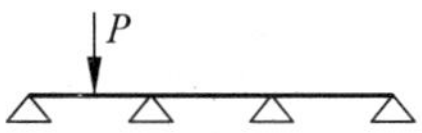 P	0.200	—	−0.100	0.025	0.400	−0.600 0.125	0.125 −0.025	−0.025	1.458	−0.469	0.156
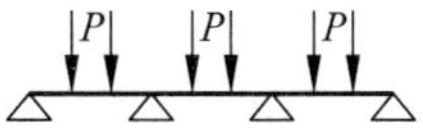 P P P	0.244	0.067	−0.267	−0.267	0.733	−1.267 1.000	−1.000 1.267	−0.733	1.883	0.216	1.883
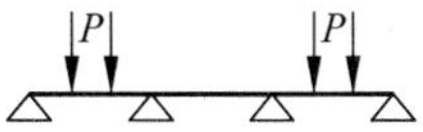 P P	0.289	—	−0.133	−0.133	0.866	−1.134 0	0 1.134	−0.866	2.716	−1.667	2.716
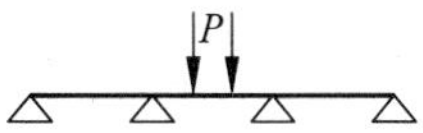 P	—	0.200	−0.133	−0.133	−0.133	−0.133 1.000	−1.000 0.133	0.133	−0.833	1.883	−0.833
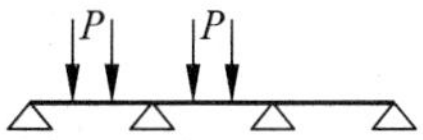 P P	0.229	0.170	−0.311	−0.089	0.689	−1.311 1.222	−0.778 0.089	0.089	1.605	1.049	−0.556
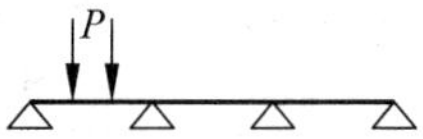 P	0.274	—	−0.178	0.044	0.822	−1.178 0.222	0.222 −0.044	−0.044	2.438	−0.833	0.278

附表 7-3 四跨梁

荷载图	跨内最大弯矩				支座弯矩			剪力					跨度中点挠度			
	M_1	M_2	M_3	M_4	M_B	M_C	M_D	Q_A	$Q_{B左}$ $Q_{B右}$	$Q_{C左}$ $Q_{C右}$	$Q_{D左}$ $Q_{D右}$	Q_E	f_1	f_2	f_3	f_4
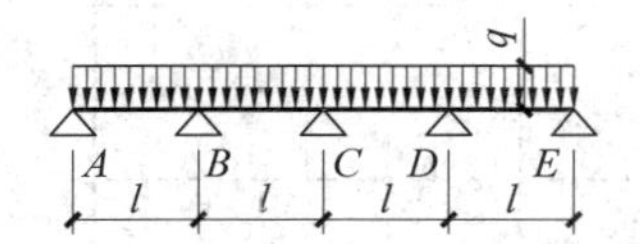	0.077	0.036	0.036	0.077	−0.107	−0.071	−0.107	0.393	−0.607 0.536	−0.464 0.464	−0.536 0.607	−0.393	0.632	0.186	0.186	0.632
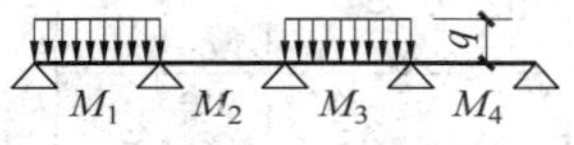	0.100	—	0.081	—	−0.054	−0.036	−0.054	0.446	−0.554 0.018	0.018 0.482	−0.518 0.054	0.054	0.967	−0.558	0.744	−0.335
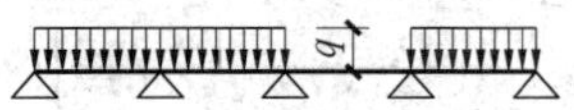	0.072	0.061	—	0.098	−0.121	−0.018	−0.058	0.380	−0.620 0.603	−0.397 −0.040	−0.040 0.558	−0.442	0.549	0.437	−0.474	0.939
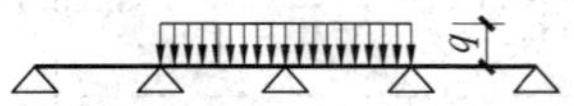	—	0.056	0.056	—	−0.036	−0.107	−0.036	−0.036	−0.036 0.429	−0.571 0.571	−0.429 0.036	0.036	−0.223	0.409	0.409	−0.223
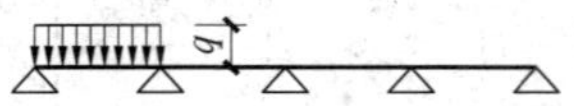	0.094	—	—	—	−0.067	0.018	−0.004	0.433	−0.567 0.085	0.085 −0.022	−0.022 0.004	0.004	0.884	−0.307	0.084	−0.028
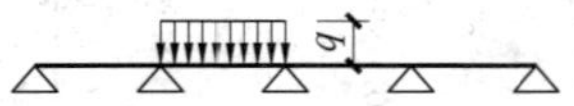	—	0.071	—	—	−0.049	−0.054	0.013	−0.049	−0.049 0.496	−0.504 0.067	0.067 −0.013	−0.013	−0.307	0.660	−0.251	0.084
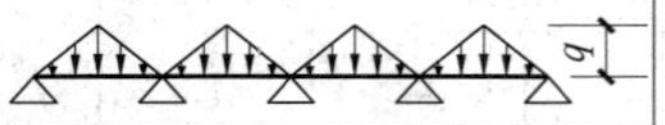	0.052	0.028	0.028	0.052	−0.067	−0.045	−0.067	0.183	−0.317 0.272	−0.228 0.228	−0.272 0.317	−0.183	0.415	0.136	0.136	0.415
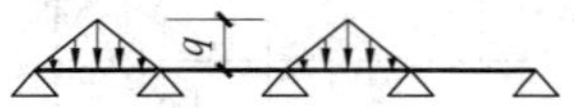	0.067	—	0.055	—	−0.034	−0.022	−0.034	0.217	−0.284 0.011	0.011 0.239	−0.261 0.034	0.034	0.624	−0.349	0.485	−0.209
	0.049	0.042	—	0.066	−0.075	−0.011	−0.036	0.175	−0.325 0.314	−0.186 −0.025	−0.025 0.286	−0.214	0.363	0.293	−0.296	0.607
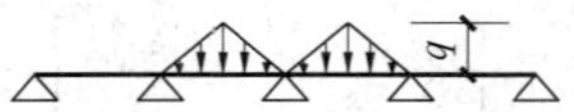	—	0.040	0.040	—	−0.022	−0.067	−0.022	−0.022	−0.022 0.205	−0.295 0.295	−0.205 0.022	0.022	−0.140	0.275	0.275	−0.140
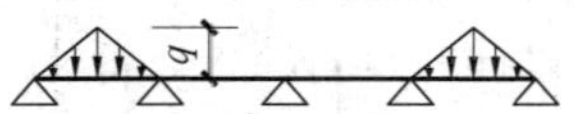	0.063	—	—	—	−0.042	0.011	−0.003	0.208	−0.292 0.053	0.053 −0.014	−0.014 0.003	0.003	0.572	−0.192	0.052	−0.017
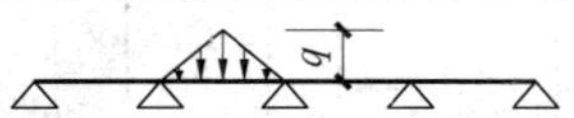	—	0.051	—	—	−0.031	−0.034	0.008	−0.031	−0.031 0.247	−0.253 0.042	0.042 −0.003	−0.003	−0.192	0.432	−0.157	0.052
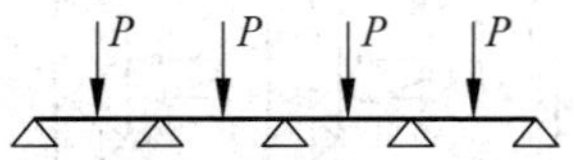	0.169	0.116	0.116	0.169	−0.161	−0.107	−0.161	0.339	−0.661 0.554	−0.446 0.446	−0.554 0.661	−0.339	1.079	0.409	0.409	1.079

续表

荷载图	跨内最大弯矩				支座弯矩			剪力					跨度中点挠度			
	M_1	M_2	M_3	M_4	M_B	M_C	M_D	Q_A	$Q_{B左}$ $Q_{B右}$	$Q_{C左}$ $Q_{C右}$	$Q_{D左}$ $Q_{D右}$	Q_E	f_1	f_2	f_3	f_4
	0.210	—	0.183	—	−0.080	−0.054	−0.080	0.420	−0.580 0.027	0.027 0.473	−0.527 0.080	0.080	1.581	−0.837	1.246	−0.502
	0.159	0.146	—	0.206	−0.181	−0.027	−0.087	0.319	−0.681 0.654	−0.346 −0.060	−0.060 0.587	−0.413	0.953	0.786	−0.711	1.539
	—	0.142	0.142	—	−0.054	−0.161	−0.054	−0.054	−0.054 0.393	−0.607 0.607	−0.393 0.054	0.054	−0.335	0.744	0.744	−0.335
	0.200	—	—	—	−0.100	0.027	−0.007	0.400	−0.600 0.127	0.127 −0.033	−0.033 0.007	0.007	1.456	−0.460	0.126	−0.042
	—	0.173	—	—	−0.074	−0.080	0.020	−0.074	−0.074 0.493	−0.507 0.100	0.100 −0.020	−0.020	−0.460	1.121	−0.377	0.126
	0.238	0.111	0.111	0.238	−0.286	−0.191	−0.286	0.714	−1.286 1.095	−0.905 0.905	−1.095 1.286	−0.714	1.764	0.573	0.573	1.764
	0.286	—	0.222	—	−0.143	−0.095	−0.143	0.857	−1.143 0.048	0.048 0.952	−1.048 0.143	0.143	2.657	−1.488	2.061	−0.892
	0.226	0.194	—	0.282	−0.321	−0.048	−0.155	0.679	−1.321 1.274	−0.726 −0.107	−0.107 1.155	−0.845	1.541	1.243	−1.265	2.582
	—	0.175	0.175	—	−0.095	−0.286	−0.095	−0.095	−0.095 0.810	−1.190 1.190	−0.810 0.095	0.095	−0.595	1.186	1.186	−0.595
	0.274	—	—	—	−0.178	0.048	−0.012	0.822	−1.178 0.226	0.226 −0.060	−0.060 0.012	0.012	2.433	−0.819	0.223	−0.074
	—	0.198	—	—	−0.131	−0.143	0.036	−0.131	−0.131 0.988	−1.012 0.178	0.178 −0.036	−0.036	−0.819	1.838	−0.670	0.223

附表 7-4 五跨梁

荷载图	跨内最大弯矩			支座弯矩				剪力						跨度中点挠度				
	M_1	M_2	M_3	M_B	M_C	M_D	M_E	Q_A	$Q_{B左}$ $Q_{B右}$	$Q_{C左}$ $Q_{C右}$	$Q_{D左}$ $Q_{D右}$	$Q_{E左}$ $Q_{E右}$	Q_F	f_1	f_2	f_3	f_4	f_5
	0.078	0.033	0.046	−0.105	−0.079	−0.079	−0.105	0.394	−0.606 0.526	−0.474 0.500	−0.500 0.474	−0.526 0.606	−0.394	0.644	0.151	0.315	0.151	0.644
	0.100	—	0.085	−0.053	−0.040	−0.040	−0.053	0.447	−0.553 0.013	0.013 0.500	−0.500 −0.013	−0.013 0.533	−0.447	0.973	−0.576	0.809	−0.576	0.973
	—	0.079	—	−0.053	−0.040	−0.040	−0.053	−0.053	−0.053 0.513	−0.487 0	0 0.487	−0.513 0.053	0.053	−0.329	0.727	−0.493	0.727	−0.329
	0.073	(2) 0.059 0.078	—	−0.119	−0.022	−0.044	−0.051	0.380	−0.620 0.598	−0.402 −0.023	−0.023 0.493	−0.507 0.052	0.052	0.555	0.420	−0.411	0.704	−0.321
	(1) — 0.098	0.055	0.064	−0.035	−0.111	−0.020	−0.057	−0.035	−0.035 0.424	−0.576 0.591	−0.409 −0.037	−0.037 0.557	−0.443	−0.217	0.390	0.480	−0.486	0.943
	0.094	—	—	−0.067	0.018	−0.005	0.001	0.433	−0.567 0.085	0.086 −0.023	0.023 0.006	0.006 −0.001	−0.001	0.883	−0.307	0.082	−0.022	0.008
	—	0.074	—	−0.049	−0.054	0.014	−0.004	−0.049	−0.049 0.496	−0.505 0.068	0.068 −0.018	−0.018 0.004	0.004	−0.307	0.659	−0.247	0.067	−0.022
	—	—	0.072	0.013	−0.053	−0.053	0.013	0.013	0.013 −0.066	−0.066 0.500	−0.500 0.066	0.066 −0.013	−0.013	0.082	−0.247	0.644	−0.247	0.082
	0.053	0.026	0.034	−0.066	−0.049	−0.049	−0.066	0.184	−0.316 0.266	−0.234 0.250	−0.250 0.234	−0.266 0.316	−0.184	0.422	0.114	0.217	0.114	0.422
	0.067	—	0.059	−0.033	−0.025	−0.025	−0.033	0.217	−0.283 0.008	V0.008 0.250	−0.250 −0.006	−0.008 0.283	−0.217	0.628	−0.360	0.525	−0.360	0.628
	—	0.055	—	−0.033	−0.025	−0.025	−0.033	−0.033	−0.033 0.258	−0.242 0	0 0.242	−0.258 0.033	0.033	−0.205	0.474	−0.308	0.474	−0.205
	0.049	(2) 0.041 0.053	—	−0.075	−0.014	−0.028	−0.032	0.175	−0.325 0.311	−0.189 −0.014	−0.014 0.246	−0.255 0.032	0.032	0.366	0.282	−0.257	0.460	−0.201

续表

荷载图	跨内最大弯矩			支座弯矩				剪力						跨度中点挠度				
	M_1	M_2	M_3	M_B	M_C	M_D	M_E	Q_A	$Q_{B左}$ $Q_{B右}$	$Q_{C左}$ $Q_{C右}$	$Q_{D左}$ $Q_{D右}$	$Q_{E左}$ $Q_{E右}$	Q_F	f_1	f_2	f_3	f_4	f_5
A B C D E F	(1) — 0.066	0.039	0.044	−0.022	−0.070	−0.013	−0.036	−0.022	−0.022 0.202	−0.298 0.307	−0.198 −0.023	−0.023 0.286	−0.214	−0.136	0.263	0.319	−0.304	0.609
	0.063	—	—	−0.042	0.011	−0.003	0.001	0.208	−0.292 0.053	0.053 −0.014	−0.014 0.004	0.004 −0.001	−0.001	0.572	−0.192	0.051	−0.014	0.005
	—	0.051	—	−0.031	−0.034	0.009	−0.002	−0.031	−0.031 0.247	−0.253 0.043	0.043 −0.011	−0.011 0.002	0.002	−0.192	0.432	−0.154	0.042	−0.014
	—	—	0.050	0.008	−0.033	−0.033	0.008	0.008	0.008 −0.041	−0.041 0.250	−0.250 0.041	0.041 −0.008	−0.008	0.051	−0.154	0.422	−0.154	0.051
P P P P P	0.171	0.112	0.132	−0.158	−0.118	−0.118	−0.158	0.342	−0.658 0.540	−0.460 0.500	−0.500 0.460	−0.540 0.658	−0.342	1.097	0.356	0.603	0.356	1.097
P P P	0.211	—	0.191	−0.079	−0.059	−0.059	−0.079	0.421	−0.579 0.020	0.200 0.500	−0.500 −0.020	−0.020 0.579	−0.421	1.590	−0.863	1.343	−0.863	1.590
P P	—	0.181	—	−0.079	−0.059	−0.059	−0.079	−0.079	−0.079 0.520	−0.480 0	0 0.480	−0.520 0.079	0.079	−0.493	1.220	−0.740	1.220	−0.493
P P P	0.160	(2) 0.144 0.178	—	−0.179	−0.032	−0.066	−0.077	0.321	−0.679 0.647	−0.353 −0.034	−0.034 0.489	−0.511 0.077	0.077	0.962	0.760	−0.617	1.186	−0.482
P P P	(1) — 0.207	0.140	0.151	−0.052	−0.167	−0.031	−0.086	−0.052	−0.052 0.385	−0.615 0.637	−0.363 −0.056	−0.056 0.586	−0.414	−0.325	0.715	0.850	−0.729	1.545
P	0.200	—	—	−0.100	0.027	−0.007	0.002	0.400	−0.600 0.127	0.127 −0.034	−0.034 0.009	0.009 −0.002	−0.002	1.455	−0.460	0.123	−0.034	0.011
P	—	0.173	—	−0.073	−0.081	0.022	−0.005	−0.073	−0.073 0.493	−0.507 0.102	V0.102 −0.027	−0.027 0.005	0.005	−0.460	1.119	−0.370	0.101	−0.034

续表

荷载图	跨内最大弯矩			支座弯矩				剪力						跨度中点挠度				
	M_1	M_2	M_3	M_B	M_C	M_D	M_E	Q_A	$Q_{B左}$ $Q_{B右}$	$Q_{C左}$ $Q_{C右}$	$Q_{D左}$ $Q_{D右}$	$Q_{E左}$ $Q_{E右}$	Q_F	f_1	f_2	f_3	f_4	f_5
A B C P D E F	—	—	0.171	0.020	−0.079	−0.079	0.020	0.020	0.020 −0.099	−0.099 0.500	−0.500 −0.099	0.099 −0.020	−0.020	0.123	−0.370	1.097	−0.370	0.123
P P P P P	0.240	0.100	0.122	−0.281	−0.211	−0.211	−0.281	0.719	−1.281 1.070	−0.930 1.000	−1.000 0.930	−1.070 1.281	−0.719	1.795	0.479	0.918	0.479	1.795
P P P	0.287	—	0.228	−0.140	−0.105	−0.105	−0.140	0.860	−1.140 0.035	0.035 1.000	−1.000 −0.035	−0.035 1.140	−0.860	2.672	−1.535	2.234	−1.535	2.672
P P	—	0.216	—	−0.140	−0.105	−0.105	−0.140	−0.140	−0.140 1.035	−0.965 0	0.000 0.965	−1.035 0.140	0.140	−0.877	2.014	−1.316	2.014	−0.877
P P P	0.227	(2) 0.189/0.209	—	−0.319	−0.057	−0.118	−0.137	0.681	−1.319 1.262	−0.738 −0.061	−0.061 0.981	−1.019 0.137	0.137	1.556	1.197	−1.096	1.955	−0.857
P P P	(1) —/0.282	0.172	0.198	−0.093	−0.297	−0.054	−0.153	−0.093	−0.093 0.796	−1.204 1.243	−0.757 −0.099	−0.099 1.153	−0.847	−0.578	1.117	1.356	−1.296	2.592
P	0.274	—	—	−0.179	0.048	−0.013	0.003	0.821	−1.179 0.227	0.227 −0.061	−0.061 0.016	0.016 −0.003	−0.003	2.433	−0.817	0.219	−0.060	0.020
P	—	0.198	—	−0.131	−0.144	0.038	−0.010	−0.131	−0.131 0.987	−1.013 0.182	0.182 −0.048	−0.048 0.010	0.010	−0.817	1.835	−0.658	0.179	−0.060
P	—	—	0.193	0.035	−0.140	−0.140	0.035	0.035	0.035 −0.175	−0.175 1.000	−1.000 0.175	0.175 −0.035	−0.035	0.219	−0.658	1.795	−0.658	0.219

注：表中(1)分子及分母分别为 M_1 及 M_5 的弯矩系数；(2)分子及分母分别为 M_2 及 M_4 的弯矩系数。

附录8 双向板在均布荷载下的内力系数表

符号说明：

$$B_c = \frac{Eh^3}{12(1-\nu_c^2)}$$

式中：B_c——刚度；

E——弹性模量；

h——板厚；

ν_c——泊松比；

附表 8-1～附表 8-6 中：

f、f_{max}——板中心点的挠度和最大挠度；

m_x、$m_{x\max}$——平行于 l_x 方向板中心点单位板宽内的弯矩和板跨内最大弯矩；

m_y、$m_{y\max}$——平行于 l_y 方向板中心点单位板宽内的弯矩和板跨内最大弯矩；

m'_x——固定边中点沿 l_x 方向单位板宽内的弯矩；

m'_y——固定边中点沿 l_y 方向单位板宽内的弯矩；

-------- 代表简支边；⊔⊔⊔⊔⊔ 代表固定边。

正负号的规定：弯矩使板的受荷面受压者为正；挠度变位与荷载方向相同者为正。

附表 8-1 四边简支板

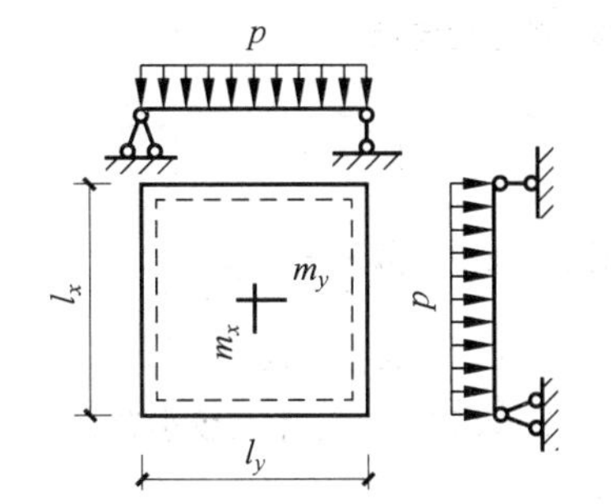

挠度＝表中系数×$\frac{pl^4}{B_c}$

$\nu_c=0$，弯矩＝表中系数×pl^2；

式中 l 取用 l_x 和 l_y 中之较小者。

l_x/l_y	f	m_x	m_y	l_x/l_y	f	m_x	m_y
0.50	0.01013	0.0965	0.0174	0.80	0.00603	0.0561	0.0334
0.55	0.00940	0.0892	0.0210	0.85	0.00547	0.0506	0.0348
0.60	0.00867	0.0820	0.0242	0.90	0.00496	0.0456	0.0358
0.65	0.00796	0.0750	0.0271	0.95	0.00449	0.0410	0.0364
0.70	0.00727	0.0683	0.0296	1.00	0.00406	0.0368	0.0368
0.75	0.00663	0.0620	0.0317				

附表 8-2 三边简支、一边固定板

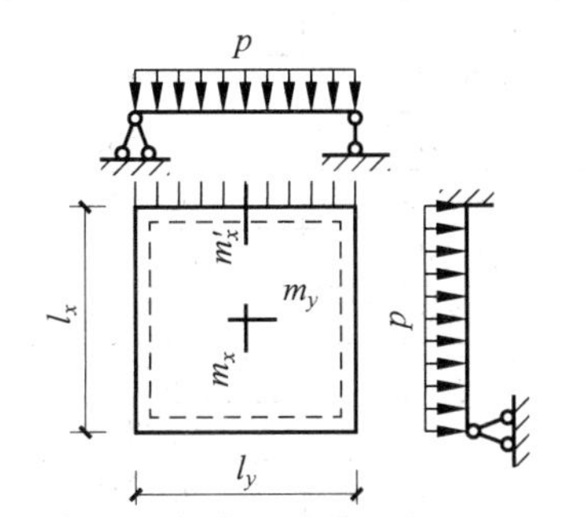

挠度＝表中系数×$\frac{pl^4}{B_c}$

$\nu_c=0$，弯矩＝表中系数×pl^2；

式中 l 取用 l_x 和 l_y 中之较小者。

l_x/l_y	l_y/l_x	f	f_{max}	m_x	m_{xmax}	m_y	m_{ymax}	m'_x
0.50		0.00488	0.00504	0.0583	0.0646	0.0060	0.0063	−0.1212
0.55		0.00471	0.00492	0.0563	0.0618	0.0081	0.0087	−0.1187
0.60		0.00453	0.00472	0.0539	0.0589	0.0104	0.0111	−0.1158
0.65		0.00432	0.00448	0.0513	0.0559	0.0126	0.0133	−0.1124
0.70		0.00410	0.00422	0.0485	0.0529	0.0148	0.0154	−0.1087
0.75		0.00388	0.00399	0.0457	0.0496	0.0168	0.0174	−0.1048
0.80		0.00365	0.00376	0.0428	0.0463	0.0187	0.0193	−0.1007
0.85		0.00343	0.00352	0.0400	0.0431	0.0204	0.0211	−0.0965
0.90		0.00321	0.00329	0.0372	0.0400	0.0219	0.0226	−0.0922
0.95		0.00299	0.00306	0.0345	0.0369	0.0232	0.0239	−0.0880
1.00	1.00	0.00279	0.00285	0.0319	0.0340	0.0243	0.0249	−0.0839
	0.95	0.00316	0.00324	0.0324	0.0345	0.0280	0.0287	−0.0882
	0.90	0.00360	0.00368	0.0328	0.0347	0.0322	0.0330	−0.0926
	0.85	0.00409	0.00417	0.0329	0.0347	0.0370	0.0378	−0.0970
	0.80	0.00464	0.00473	0.0326	0.0343	0.0424	0.0433	−0.1014
	0.75	0.00526	0.00536	0.0319	0.0335	0.0485	0.0494	−0.1056
	0.70	0.00595	0.00605	0.0308	0.0323	0.0553	0.0562	−0.1096
	0.65	0.00670	0.00680	0.0291	0.0306	0.0627	0.0637	−0.1133
	0.60	0.00752	0.00762	0.0268	0.0289	0.0707	0.0717	−0.1166
	0.55	0.00838	0.00848	0.0239	0.0271	0.0792	0.0801	−0.1193
	0.50	0.00927	0.00935	0.0205	0.0249	0.0880	0.0888	−0.1215

附表 8-3　对边简支、对边固定板

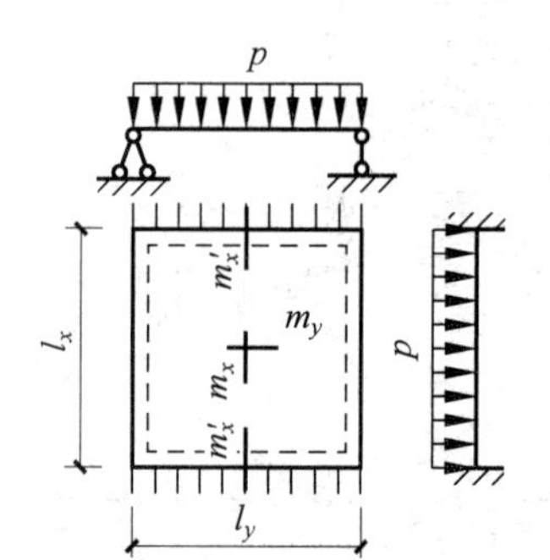

挠度＝表中系数×$\frac{pl^4}{B_c}$

$\nu_c=0$，弯矩＝表中系数×pl^2；

式中 l 取用 l_x 和 l_y 中之较小者。

l_x/l_y	l_y/l_x	f	m_x	m_y	m'_x
0.50		0.00261	0.0416	0.0017	−0.0843
0.55		0.00259	0.0410	0.0028	−0.0840
0.60		0.00255	0.0402	0.0042	−0.0834
0.65		0.00250	0.0392	0.0057	−0.0826
0.70		0.00243	0.0379	0.0072	−0.0814
0.75		0.00236	0.0366	0.0088	−0.0799
0.80		0.00228	0.0351	0.0103	−0.0782
0.85		0.00220	0.0335	0.0118	−0.0763
0.90		0.00211	0.0319	0.0133	−0.0743
0.95		0.00201	0.0302	0.0146	−0.0721
1.00	1.00	0.00192	0.0285	0.0158	−0.0698
	0.95	0.00223	0.0296	0.0189	−0.0746
	0.90	0.00260	0.0306	0.0224	−0.0797
	0.85	0.00303	0.0314	0.0266	−0.0850
	0.80	0.00354	0.0319	0.0316	−0.0904

续表

l_x/l_y	l_y/l_x	f	m_x	m_y	m_x'
	0.75	0.00413	0.0321	0.0374	−0.0959
	0.70	0.00482	0.0318	0.0441	−0.1013
	0.65	0.00560	0.0308	0.0518	−0.1066
	0.60	0.00647	0.0292	0.0604	−0.1114
	0.55	0.00743	0.0267	0.0698	−0.1156
	0.50	0.00844	0.0234	0.0798	−0.1191

附表 8-4 邻边简支、邻边固定板

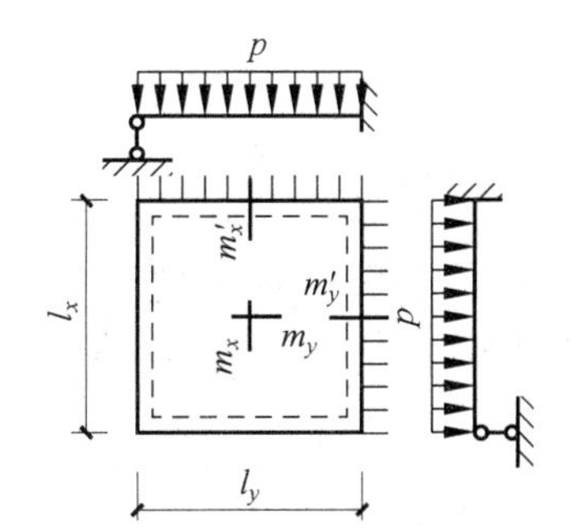

挠度＝表中系数×$\frac{pl^4}{B_c}$

$\nu_c=0$，弯矩＝表中系数×pl^2；

式中 l 取用 l_x 和 l_y 中之较小者。

l_x/l_y	f	f_{max}	m_x	$m_{x\max}$	m_y	$m_{y\max}$	m_x'	m_y'
0.50	0.00468	0.00471	0.0559	0.0562	0.0079	0.0135	−0.1179	−0.0786
0.55	0.00445	0.00454	0.0529	0.0530	0.0104	0.0153	−0.1140	−0.0785
0.60	0.00419	0.00429	0.0496	0.0498	0.0129	0.0169	−0.1095	−0.0782
0.65	0.00391	0.00399	0.0461	0.0465	0.0151	0.0183	−0.1045	−0.0777
0.70	0.00363	0.00368	0.0426	0.0432	0.0172	0.0195	−0.0992	−0.0770
0.75	0.00335	0.00340	0.0390	0.0396	0.0189	0.0206	−0.0938	−0.0760
0.80	0.00308	0.00313	0.0356	0.0361	0.0204	0.0218	−0.0883	−0.0748
0.85	0.00281	0.00286	0.0322	0.0328	0.0215	0.0229	−0.0829	−0.0733
0.90	0.00256	0.00261	0.0291	0.0297	0.0224	0.0238	−0.0776	−0.0716
0.95	0.00232	0.00237	0.0261	0.0267	0.0230	0.0244	−0.0726	−0.0698
1.00	0.00210	0.00215	0.0234	0.0249	0.0234	0.0249	−0.0677	−0.0677

附表 8-5 四边固定板

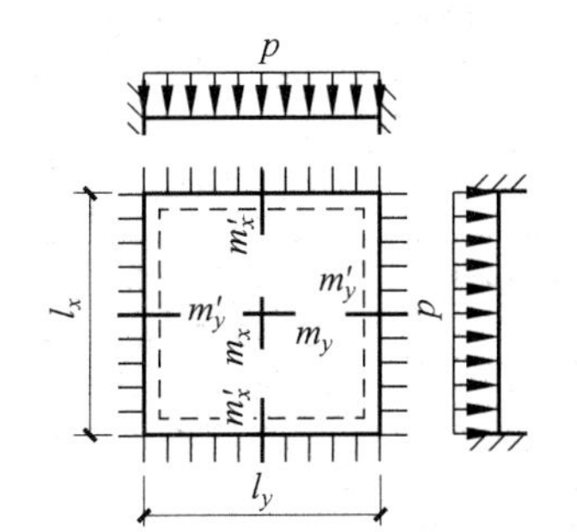

挠度＝表中系数×$\frac{pl^4}{B_c}$

$\nu_c=0$，弯矩＝表中系数×pl^2；

式中 l 取用 l_x 和 l_y 中之较小者。

l_x/l_y	f	m_x	m_y	m_x'	m_y'
0.50	0.00253	0.0400	0.0038	−0.0829	−0.0570
0.55	0.00246	0.0385	0.0056	−0.0814	−0.0571
0.60	0.00236	0.0367	0.0076	−0.0793	−0.0571
0.65	0.00224	0.0345	0.0095	−0.0766	−0.0571
0.70	0.00211	0.0321	0.0113	−0.0735	−0.0569

续表

l_x/l_y	f	m_x	m_y	m'_x	m'_y
0.75	0.00197	0.0296	0.0130	−0.0701	−0.0565
0.80	0.00182	0.0271	0.0144	−0.0664	−0.0559
0.85	0.00168	0.0246	0.0156	−0.0626	−0.0551
0.90	0.00153	0.0221	0.0165	−0.0588	−0. 0541
0.95	0.00140	0.0198	0.0172	−0.0550	−0.0528
1.00	0.00127	0.0176	0.0176	−0.0513	−0.0513

附表 8-6　三边固定、一边简支板

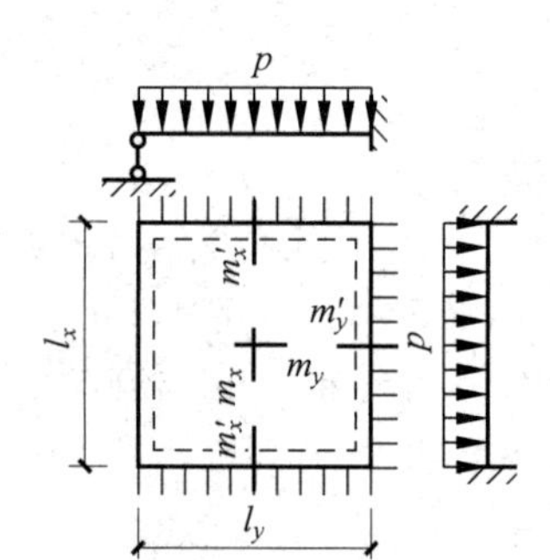

挠度＝表中系数×$\frac{pl^4}{B_c}$

$\nu_c=0$，弯矩＝表中系数×pl^2；

式中 l 取用 l_x 和 l_y 中之较小者。

l_x/l_y	l_y/l_x	f	f_{max}	m_x	m_{xmax}	m_y	m_{ymax}	m'_x	m'_y
0.50		0.00257	0.00258	0.04080	0.04090	0.00280	0.00890	−0.08360	−0.05690
0.55		0.00252	0.00255	0.03980	0.03990	0.00420	0.00930	−0.08270	−0.05700
0.60		0.00245	0.00249	0.03840	0.03860	0.00590	0.01050	−0.08140	−0.05710
0.65		0.00237	0.00240	0.03680	0.03710	0.00760	0.01160	−0.07960	−0.05720
0.70		0.00227	0.00229	0.03500	0.03540	0.00930	0.01270	−0.07740	−0.05720
0.75		0.00216	0.00219	0.03310	0.03350	0.01090	0.01370	−0.07500	−0.05720
0.80		0.00205	0.00208	0.03100	0.03140	0.01240	0.01470	−0.07220	−0.05700
0.85		0.00193	0.00196	0.02890	0.02930	0.01380	0.01550	−0.06930	−0.05670
0.90		0.00181	0.00184	0.02680	0.02730	0.01590	0.01630	−0.06630	−0.05630
0.95		0.00169	0.00172	0.02470	0.02520	0.01600	0.01720	−0.06310	−0.05580
1.00	1.00	0.00157	0.00160	0.02270	0.02310	0.01680	0.01800	−0.06000	−0.05500
	0.95	0.00178	0.00182	0.02290	0.02340	0.01940	0.02070	−0.06290	−0.05990
	0.90	0.00201	0.00206	0.02280	0.02340	0.02230	0.02380	−0.06560	−0.06530
	0.85	0.00227	0.00233	0.02250	0.02310	0.02550	0.02730	−0.06830	−0.07110
	0.80	0.00256	0.00262	0.02190	0.02240	0.02900	0.03110	−0.07070	−0.07720
	0.75	0.00286	0.00294	0.02080	0.02140	0.03290	0.03540	−0.07290	−0.08370
	0.70	0.00319	0.00327	0.01940	0.02000	0.03700	0.04000	−0.07480	−0.09030
	0.65	0.00352	0.00365	0.01750	0.01820	0.04120	0.04460	−0.07620	−0.09700
	0.60	0.00386	0.00403	0.01530	0.01600	0.04540	0.04930	−0.07730	−0.10330
	0.55	0.00419	0.00437	0.01270	0.01330	0.04960	0.05410	−0.07800	−0.10930
	0.50	0.00449	0.00463	0.00990	0.01030	0.05340	0.05880	−0.07840	−0.11460

参考文献

[1] 中华人民共和国住房和城乡建设部，国家市场监督管理总局. 工程结构通用规范：GB 55001—2021[S]. 北京：中国建筑工业出版社，2021.

[2] 中华人民共和国住房和城乡建设部，国家市场监督管理总局. 建筑与市政工程抗震通用规范：GB 55002—2021[S]. 北京：中国建筑工业出版社，2021.

[3] 中华人民共和国住房和城乡建设部，国家市场监督管理总局. 建筑与市政地基基础通用规范：GB 55003—2021[S]. 北京：中国建筑工业出版社，2021.

[4] 中华人民共和国住房和城乡建设部，国家市场监督管理总局. 混凝土结构通用规范：GB 55008—2021[S]. 北京：中国建筑工业出版社，2021.

[5] 中华人民共和国住房和城乡建设部，国家市场监督管理总局. 组合结构通用规范：GB 55004—2021[S]. 北京：中国建筑工业出版社，2021.

[6] 中华人民共和国住房和城乡建设部，国家市场监督管理总局. 钢结构通用规范：GB 55006—2021[S]. 北京：中国建筑工业出版社，2021.

[7] 中华人民共和国住房和城乡建设部，国家市场监督管理总局. 砌体结构通用规范：GB 55007—2021[S]. 北京：中国建筑工业出版社，2021.

[8] 中华人民共和国住房和城乡建设部，国家市场监督管理总局. 既有建筑鉴定与加固通用规范：GB 55021—2021[S]. 北京：中国建筑工业出版社，2021.

[9] 中华人民共和国住房和城乡建设部，国家市场监督管理总局. 建筑节能与可再生能源利用通用规范：GB 55015—2021[S]. 北京：中国建筑工业出版社，2021.

[10] 中华人民共和国住房和城乡建设部，中华人民共和国国家质量监督检验检疫总局. 工程结构可靠性设计统一标准：GB 50153—2008[S]. 北京：中国建筑工业出版社，2008.

[11] 中华人民共和国住房和城乡建设部，中华人民共和国国家质量监督检验检疫总局. 建筑结构可靠性设计统一标准：GB 50068—2018[S]. 北京：中国建筑工业出版社，2018.

[12] 中华人民共和国国家质量监督检验检疫总局，中国国家标准化管理委员会. 中国地震动参数区划图：GB 18306—2015[S]. 北京：中国标准出版社，2015.

[13] 中华人民共和国住房和城乡建设部，中华人民共和国国家质量监督检验检疫总局. 建筑结构荷载规范：GB 50009—2012[S]. 北京：中国建筑工业出版社，2012.

[14] 中华人民共和国住房和城乡建设部，中华人民共和国国家质量监督检验检疫总局. 混凝土结构设计规范(2015 年版)：GB 50010—2010[S]. 北京：中国建筑工业出版社，2015.

[15] 中华人民共和国住房和城乡建设部，中华人民共和国国家质量监督检验检疫总局. 建筑抗震设计规范(2016 年版)：GB 50011—2010 [S]. 北京：中国建筑工业出版社，2016.

[16] 中华人民共和国住房和城乡建设部，中华人民共和国国家质量监督检验检疫总局. 建筑工程抗震设防分类标准：GB 50223—2008[S]. 北京：中国建筑工业出版社，2008.

[17] 中华人民共和国住房和城乡建设部，国家市场监督管理总局. 建筑隔震设计标准：GB/T 51408—2021[S]. 北京：中国计划出版社，2021.

[18] 中华人民共和国住房和城乡建设部，中华人民共和国国家质量监督检验检疫总局. 钢结构设计标准：GB 50017—2017[S]. 北京：中国建筑工业出版社，2017.

[19] 中华人民共和国住房和城乡建设部，中华人民共和国国家质量监督检验检疫总局. 门式刚架轻型房屋钢结构技术规范：GB 51022—2015[S]. 北京：中国建筑工业出版社，2015.

[20] 中华人民共和国住房和城乡建设部，中华人民共和国国家质量监督检验检疫总局. 建筑地基基础设计规范：GB 50007—2011[S]. 北京：中国建筑工业出版社，2011.

[21] 中华人民共和国住房和城乡建设部，中华人民共和国国家质量监督检验检疫总局. 砌体结构设计规范：GB 50003—2011[S]. 北京：中国建筑工业出版社，2011.

[22] 中华人民共和国住房和城乡建设部，中华人民共和国国家质量监督检验检疫总局. 地下工程防水技术规范：GB 50108—2008[S]. 北京：中国计划出版社，2008.

[23] 中华人民共和国住房和城乡建设部，中华人民共和国国家质量监督检验检疫总局. 人民防空地下室设计规范：GB 50038—2005[S]. 北京：中国计划出版社，2005.

[24] 中华人民共和国住房和城乡建设部，国家市场监督管理总局. 绿色建筑评价标准：GB/T 50378—2019[S]. 北京：中国建筑工业出版社，2019.

[25] 国家市场监督管理总局，国家标准化管理委员会. 建筑抗震韧性评价标准：GB/T 38591—2020[S]. 北京：中国标准出版社，2020.
[26] 中华人民共和国住房和城乡建设部，国家市场监督管理总局. 混凝土结构耐久性设计标准：GB/T 50476—2019[S]. 北京：中国建筑工业出版社，2019.
[27] 中华人民共和国住房和城乡建设部，国家市场监督管理总局. 工业建筑防腐蚀设计标准：GB/T 50046—2018[S]. 北京：中国建筑工业出版社，2018.
[28] 中华人民共和国住房和城乡建设部，国家市场监督管理总局. 纤维增强复合材料工程应用技术标准：GB 50608—2020[S]. 北京：中国计划出版社，2020.
[29] 中华人民共和国住房和城乡建设部，中华人民共和国国家质量监督检验检疫总局. 民用建筑设计统一标准：GB 50352—2019[S]. 北京：中国建筑工业出版社，2019.
[30] 中华人民共和国住房和城乡建设部，中华人民共和国国家质量监督检验检疫总局. 建筑设计防火规范(2018 年版)：GB 50016—2014[S]. 北京：中国计划出版社，2014.
[31] 中华人民共和国住房和城乡建设部. 建筑工程设计文件编制深度规定(2016 版) [S]. 北京：中国建筑工业出版社，2017.
[32] 中华人民共和国住房和城乡建设部，中华人民共和国国家质量监督检验检疫总局. 建筑制图标准：GB/T 50104—2010 [S]. 北京：中国建筑工业出版社，2010.
[33] 中华人民共和国住房和城乡建设部，中华人民共和国国家质量监督检验检疫总局. 房屋建筑制图统一标准：GB 50001—2017[S]. 北京：中国建筑工业出版社，2017.
[34] 中华人民共和国住房和城乡建设部，中华人民共和国国家质量监督检验检疫总局. 建筑结构制图标准：GB/T 50105—2010[S]. 北京：中国建筑工业出版社，2010.
[35] 中华人民共和国住房和城乡建设部，中华人民共和国国家质量监督检验检疫总局. 厂房建筑模数协调标准：GB 50006—2010[S]. 北京：中国建筑工业出版社，2010.
[36] 中华人民共和国住房和城乡建设部，中华人民共和国国家质量监督检验检疫总局. 机械工业厂房结构设计规范：GB 50906—2013[S]. 北京：中国计划出版社，2013.
[37] 中华人民共和国国家质量监督检验检疫总局，中国国家标雅化管理委员会. 起重机设计规范：GB/T 3811—2008[S]. 北京：中国标准出版社，2008.
[38] 中华人民共和国住房和城乡建设部. 高层建筑混凝土结构技术规程：JGJ 3—2010[S]. 北京：中国建筑工业出版社，2010.
[39] 中华人民共和国住房和城乡建设部. 高层民用建筑钢结构技术规程：JGJ 99—2015[S]. 北京：中国建筑工业出版社，2015.
[40] 中华人民共和国住房和城乡建设部. 空间网格结构技术规程：JGJ 7—2010[S]. 北京：中国建筑工业出版社，2010.
[41] 中华人民共和国住房和城乡建设部. 索结构技术规程：JGJ 257—2012[S]. 北京：中国建筑工业出版社，2012.
[42] 中华人民共和国住房和城乡建设部. 装配式混凝土结构技术规程：JGJ 1—2014[S]. 北京：中国建筑工业出版社，2014.
[43] 中华人民共和国住房和城乡建设部. 建筑消能减震技术规程：JGJ 297—2013[S]. 北京：中国建筑工业出版社，2013.
[44] 中华人民共和国住房和城乡建设部. 混凝土异形柱结构技术规程：JGJ 149—2017[S]. 北京：中国建筑工业出版社，2017.
[45] 中华人民共和国住房和城乡建设部. 钢筋机械连接技术规程：JGJ 107—2016[S]. 北京：中国建筑工业出版社，2016.
[46] 中华人民共和国住房和城乡建设部. 无粘结预应力混凝土结构技术规程：JGJ 92—2016[S]. 北京：中国建筑工业出版社，2016.
[47] 中华人民共和国住房和城乡建设部. 高性能混凝土评价标准：JGJ/T 385—2015[S]. 北京：中国建筑工业出版社，2015.
[48] 中华人民共和国国家质量监督检验检疫总局，中国国家标准化管理委员会. 自密实混凝土应用技术规程：JGJ/T 283—2012[S]. 北京：中国建筑工业出版社，2012.
[49] 中华人民共和国住房和城乡建设部. 海砂混凝土应用技术规范：JGJ 206—2010[S]. 北京：中国建筑工业出版社，2010.
[50] 中华人民共和国国家质量监督检验检疫总局，中国国家标准化管理委员会. 混凝土和砂浆用再生细骨料：GB/T 25176—2010[S]. 北京：中国标准出版社，2010.
[51] 中华人民共和国国家质量监督检验检疫总局，中国国家标准化管理委员会. 混凝土用再生粗骨料：GB/T 25177—2010[S]. 北京：中国标准出版社，2010.

[52] 中华人民共和国住房和城乡建设部. 再生骨料应用技术规程：JGJ/T 240—2011[S]. 北京：中国建筑工业出版社，2011.

[53] 中国建筑标准设计研究院. 混凝土结构施工图平面整体表示方法制图规则和构造详图(现浇混凝土框架、剪力墙、梁、板)：22G101—1[S]. 北京：中国计划出版社，2022.

[54] 中国建筑标准设计研究院. 混凝土结构施工图平面整体表示方法制图规则和构造详图(现浇混凝土板式楼梯)：22G101—2[S]. 北京：中国计划出版社，2022.

[55] 中国建筑标准设计研究院. 混凝土结构施工图平面整体表示方法制图规则和构造详图(独立基础、条形基础、筏形基础、桩基础)：22G101—3[S]. 北京：中国计划出版社，2022.

[56] 北京市建筑研究研究院有限公司. 建筑物抗震构造详图(多层和高层钢筋混凝土房屋)：20G329—1[S]. 北京：中国计划出版社，2020.

[57] 中国建筑西北设计研究院有限公司. 建筑物抗震构造详图(多层砌体房屋和底部框架砌体房屋)：11G329—2[S]. 北京：中国计划出版社，2011.

[58] 中国航空规划建设发展有限公司. 建筑物抗震构造详图(单层工业厂房)：11G329—3[S]. 北京：中国计划出版社，2011.

[59] 中国建筑科学研究院有限公司，同济大学. 预应力混凝土双 T 板(坡板宽度 2.4m、3.0m；平板宽度 2.0m、2.4m、3.0m)：18G432—1[S]. 北京：中国计划出版社，2018.

[60] 中国石化北京石油化工工程公司，中国石化北京设计院. 预应力 V 形折板：95G437—1～6[S]. 北京：中国计划出版社，1995.

[61] 福建省轻纺工业设计院. 钢筋混凝土 V 形折板：95G358—1～5[S]. 北京：中国计划出版社，1995.

[62] 中国建筑标准设计研究院. 单层工业厂房设计选用(上、下册)：08G118[S]. 北京：中国计划出版社，2008.

[63] 中国建筑标准设计研究院. 单层工业厂房设计示例(一)：09SG117—1[S]. 北京：中国计划出版社，2009.

[64] 中国建筑标准设计研究院. 1.5m×6.0m 预应力混凝土屋面板(预应力混凝土部分)：04G410—1[S]. 北京：中国计划出版社，2004.

[65] 中国建筑标准设计研究院. 1.5m×6.0m 预应力混凝土屋面板(钢筋混凝土部分)：04G410—2[S]. 北京：中国计划出版社，2004.

[66] 铁道部专业设计院. 门型钢筋混凝土天窗架：94G316[S]. 北京：中国计划出版社，1994.

[67] 中国建筑标准设计研究院，北京中铁工建筑工程设计院. 钢天窗架：05G512[S]. 北京：中国计划出版社，2005.

[68] 冶金部包头钢铁设计研究院. 预应力混凝土折线形托架：96G433—1[S]. 北京：中国计划出版社，1996.

[69] 冶金部包头钢铁设计研究院. 预应力混凝土三角形托架：96G433—2[S]. 北京：中国计划出版社，1996.

[70] 北方交通大学勘察设计研究院，中国建筑标准设计研究院. 钢托架：05G513[S]. 北京：中国计划出版社，2005.

[71] 中元国际工程设计研究院. 钢筋混凝土折线形屋架：04G314[S]. 北京：中国计划出版社，2004.

[72] 中元国际工程设计研究院. 预应力混凝土折线形屋架：04G415—1[S]. 北京：中国计划出版社，2004.

[73] 北方交通大学勘察设计研究院，中国建筑标准设计研究院. 梯形钢屋架：05G511[S]. 北京：中国计划出版社，2005.

[74] 中国建筑标准设计研究院. 钢筋混凝土屋面梁：04G353—1～6[S]. 北京：中国计划出版社，2004.

[75] 东南大学华东预应力技术联合开发中心. 预应力混凝土工字形屋面梁(2005 年合订本)：05G414—1～5[S]. 北京：中国计划出版社，2005.

[76] 中国建筑标准设计研究院. 钢檩条、钢墙梁(2011 年合订本)：11G521—1～2[S]. 北京：中国计划出版社，2011.

[77] 中国建筑标准设计研究院. 单层工业厂房钢筋混凝土柱：05G335[S]. 北京：中国计划出版社，2005.

[78] 机械工业第一设计研究院. 钢筋混凝土吊车梁(2015 年合订本)15G323—1～2[S]. 北京：中国计划出版社，2015.

[79] 北京交大建筑勘察设计院有限公司，中国建筑标准设计研究院有限公司. 钢吊车梁(6m～9m)(2020 年合订本)：20G520—1～2[S]. 北京：中国计划出版社，2020.

[80] 机械工业第一设计研究院. 6m 后张法预应力混凝土吊车梁：04G426[S]. 北京：中国计划出版社，2004.

[81] 北京钢铁设计研究总院. 先张法预应力混凝土吊车梁：95G425[S]. 北京：中国计划出版社，1995.

[82] 中国中元国际工程有限公司. 吊车轨道联结及车挡(适用于混凝土结构)：17G325[S]. 北京：中国计划出版社，2017.

[83] 中冶京诚工程技术有限公司. 吊车轨道联结及车挡(适用于钢吊车梁)：05G525[S]. 北京：中国计划出版社，2005.

[84] 机械工业第一设计研究院. 柱间支撑：05G336[S]. 北京：中国计划出版社，2005.

[85] 中国电子工程设计院. 钢筋混凝土抗风柱：10SG334[S]. 北京：中国计划出版社，2010.

[86] 中国纺织工业设计院. 钢筋混凝土连系梁：04G321[S]. 北京：中国计划出版社，2004.

[87] 中国建筑西南设计研究院有限公司. 钢筋混凝土过梁：13G322—1～4[S]. 北京：中国计划出版社，2013.

[88] 中国昆仑工程公司. 钢筋混凝土基础梁：16G320[S]. 北京：中国计划出版社，2016.

[89] 兰州大学土木工程与力学学院，湖南大学土木工程学院. 预制带肋底板混凝土叠合楼板：14G443[S]. 北京：中国计划出版社，2014.

[90] 中国建筑标准设计研究院.预应力混凝土叠合板(50mm、60mm实心底板)：06SG439—1[S]. 北京：中国计划出版社，2006.

[91] 中国中元国际工程有限公司.钢筋混凝土结构预埋件：16G362[S]. 北京：中国计划出版社，2016.

[92] 北京国电华北电力工程有限公司(原华北电力设计院).钢筋混凝土雨篷(建筑、结构合订本)：03G372、03J501—2[S]. 北京：中国计划出版社，2003.

[93] 中国建筑标准设计研究院,中国航空工业规划设计研究院.建筑震害分析及实例图解：08CG09[S]. 北京：中国计划出版社，2008.

[94] 中国建筑标准设计研究院.民用建筑工程建筑施工图设计深度图样：09J801[S]. 北京：中国计划出版社，2009.

[95] 中国中元国际工程公司,中国建筑标准设计研究院.民用建筑工程建筑初步设计深度图样：09J802[S]. 北京：中国计划出版社，2009.

[96] 中国中元国际工程公司,中南建筑设计院,中国建筑标准设计研究院.民用建筑工程结构设计深度图样(2009年合订本)：G103～104[S]. 北京：中国计划出版社，2009.

[97] 中国电子工程设计院.施工图结构设计总说明(混凝土结构)：12SG121—1[S]. 北京：中国计划出版社，2012.

[98] 中国建筑标准设计研究院.民用建筑工程设计互提资料深度及图样-建筑专业：05SJ806[S]. 北京：中国计划出版社，2005.

[99] 中国建筑标准设计研究院.民用建筑工程设计互提资料深度及图样-结构专业：05SG105[S]. 北京：中国计划出版社，2005.

[100] 中国建筑标准设计研究院.建筑结构设计常用数据(钢筋混凝土结构、砌体结构、地基基础)：12G112—1[S]. 北京：中国计划出版社，2012.

[101] 罗福午,方鄂华,叶知满.混凝土结构及砌体结构：下册[M].2版.北京：中国建筑工业出版社,2003.

[102] 钱稼茹,赵作周,纪晓东,等.高层建筑结构设计[M].3版.北京：中国建筑工业出版社,2018.

[103] 东南大学,天津大学,同济大学.混凝土结构：上册 混凝土结构设计原理[M].7版.北京：中国建筑工业出版社,2020.

[104] 东南大学,天津大学,同济大学.混凝土结构：中册 混凝土结构与砌体结构设计[M].7版.北京：中国建筑工业出版社,2020.

[105] 东南大学,天津大学,同济大学.混凝土结构学习指导[M].3版.北京：中国建筑工业出版社,2020.

[106] 邱洪兴.建筑结构设计：第一册 基本教程[M].3版.北京：高等教育出版社,2018.

[107] 邱洪兴.建筑结构设计：第二册 设计示例[M].3版.北京：高等教育出版社,2020.

[108] 邱洪兴.建筑结构设计：第三册 学习指导[M].2版.北京：高等教育出版社,2014.

[109] 吕晓寅,刘林.混凝土房屋结构设计[M].北京：清华大学出版社,2009.

[110] 梁兴文.混凝土结构设计[M].4版.北京：中国建筑工业出版社,2019.

[111] 罗福午.建筑结构概念设计及案例[M].北京：清华大学出版社,2003.

[112] 帕克,波利.钢筋混凝土结构：上、下册[M].秦文钺,译.重庆：重庆大学出版社,1986.

[113] 莱昂哈特,门尼希.钢筋混凝土结构配筋原理[M].程积高,译.北京：水利水电出版社,1999.

[114] F.莱昂哈特,门希.钢筋混凝土结构设计原理[M].程积高,程鹏,译.北京：人民交通出版社,1991.

[115] 林同炎,斯多台斯伯利.结构概念和体系[M].2版.高立人,方鄂华,钱稼茹,译.北京：中国建筑工业出版社,1999.

[116] 鲍雷,普里斯特利.钢筋混凝土和砌体结构的抗震设计[M].戴瑞同,陈世鸣,译.北京：中国建筑工业出版社,2011.

[117] 唐兴荣.特殊和复杂高层建筑结构设计[M].北京：机械工业出版社,2006.

[118] 中国建筑科学研究院.2008年汶川地震建筑震害图片集[M].北京：中国建筑工业出版社,2008.

[119] 王亚勇,黄卫.汶川地震建筑震害启示录[M].北京：地震出版社,2009.

[120] 清华大学.汶川地震建筑震害分析及设计对策[M].北京：中国建筑工业出版社,2009.

[121] 亚斯明·萨拜娜·汗.工程结构体系创新：法兹勒·R.汗传[M].马乐为,史庆轩,周铁钢,译.北京：中国建筑工业出版社,2019.

[122] 马克·夏凯星.高层建筑设计：以结构为建筑[M].2版.刘栋,李兆凡,潘斌,译.北京：中国建筑工业出版社,2019.

[123] 计学闰,张晓颖,张清文.结构概念和体系[M].2版.北京：高等教育出版社,2018.

[124] 余安东.工程结构纵横谈[M].上海：同济大学出版社,2018.

[125] 中国有色工程有限公司.混凝土结构构造手册[M].5版.北京：中国建筑工业出版社,2016.

[126] 朱彦鹏.钢筋混凝土结构课程设计指南[M].2版.北京：中国建筑工业出版社,2014.

[127] 高等学校土木工程学科专业指导委员会.高等学校土木工程本科指导性专业规范[M].北京：中国建筑工业出版社,2011.

[128] 教育部高等学校教学指导委员会.普通高等学校本科专业类教学质量国家标准：上、下[M].北京：高等教育出版社,2018.

[129] 罗福午，石裕翔，张惠英. 单层工业厂房结构设计[M]. 2 版. 北京：清华大学出版社，1990.
[130] 易伟建. 混凝土结构试验与理论研究[M]. 北京：科学出版社，2012.
[131] 李爱群，丁幼亮，高振世. 工程结构抗震设计[M]. 3 版. 北京：中国建筑工业出版社，2018.
[132] 李国强，李杰，陈素文，等. 建筑结构抗震设计[M]. 4 版. 北京：中国建筑工业出版社，2014.
[133] 扎赛克. 建筑抗震概论[M]. 贾凡，译. 北京：中国建筑工业出版社，2010.
[134] 沈蒲生. 高层建筑结构疑难释义[M]. 2 版. 北京：中国建筑工业出版社，2011.
[135] 史庆轩，梁文兴. 高层建筑结构设计[M]. 3 版. 北京：科学出版社，2022.
[136] 朱炳寅. 高层建筑混凝土结构技术规程应用与分析[M]. 北京：中国建筑工业出版社，2012.
[137] 李爱群，丁幼亮. 工程结构抗震分析[M]. 北京：高等教育出版社，2010.
[138] 张敬书. 建筑结构设计基础与实务[M]. 北京：中国水利水电出版社，2009.
[139] 张敬书. 建筑结构设计常用规范条文解读[M]. 北京：中国水利水电出版社，2009.
[140] 周颖，吕西林. 智利地震钢筋混凝土高层建筑震害对我国高层结构设计的启示[J]. 建筑结构学报，2011，32(5)：17-23.
[141] 赵西安. 世界最高建筑迪拜哈利法塔结构设计和施工[J]. 建筑技术，2010，41(7)：625-629.
[142] 邵旭东，樊伟，黄政宇. 超高性能混凝土在结构中的应用[J]. 土木工程学报，2021，54(1)：1-13.
[143] 刘伟庆，方海，方园. 纤维增强复合材料及其结构研究进展[J]. 建筑结构学报，2019，40(4)：1-16.
[144] 汪大绥，包联进. 我国超高层建筑结构发展与展望[J]. 建筑结构，2019，49(19)：11-24.
[145] 姜健，吕大刚，陆新征，等. 建筑结构抗连续性倒塌研究进展与发展趋势[J]. 建筑结构学报，2022，43(1)：1-28.
[146] 翟长海，刘文，谢礼立. 城市抗震韧性评估研究进展[J]. 建筑结构学报，2018，39(9)：1-9.
[147] 丁洁民，吴宏磊，王世玉，等. 减隔震技术的发展与应用[J]. 建筑结构，2021，51(17)：25-33.
[148] 魏琏，王森. 高层建筑结构设计创新与规范发展[J]. 建筑结构，2021，51(17)：78-84.
[149] 石永久，余香林，班慧勇，等. 高性能结构钢材与钢结构体系研究与应用[J]. 建筑结构，2021，51(17)：145-151，128.
[150] 牛获涛，杨德柱，罗大明. 混凝土结构耐久性评定方法体系[J]. 建筑结构，2021，51(17)：115-121，114.
[151] 钱稼茹，高立人，方鄂华. 结构工程泰斗：林同炎教授的创新业绩[J]. 建筑结构，2004(11)：69-74.
[152] 蔚博琛，张敬书，于晓旭，等. 楼梯间外纵墙一字形墙肢的稳定性问题及处理[J]. 工程力学，2019，36(8)：133-140.
[153] 柳斌，张敬书，周家来. 小跨高比强化配筋连梁的抗震性能[J]. 世界地震工程，2019，35(1)：69-77.
[154] 陈婷婷，张敬书，金德保，等. 不同种类填充墙周期折减系数取值的分析[J]. 工程抗震与加固改造，2013，35(4)：48-53.
[155] 张敬书. 钢筋混凝土悬臂梁构造的若干问题[J]. 建筑结构，2001(3)：48-50.
[156] 张敬书，司伟龙，冯立平，等. 某钢筋混凝土粮食平房仓抗震设计中的问题及处理建议[J]. 工程抗震与加固改造，2012，34(5)：106-110，131.